国家电网有限公司
STATE GRID
CORPORATION OF CHINA

U0818018

（2019年版）

国家电网有限公司输变电工程
通用造价

高海拔地区
110～500kV输电线路分册

国家电网有限公司　颁布

中国电力出版社
CHINA ELECTRIC POWER PRESS

内容提要

《国家电网有限公司输变电工程通用造价》是国家电网有限公司标准化建设成果的重要组成部分，对统一建设标准、保证工程质量、提高设计效率具有重大意义。

《国家电网有限公司输变电工程通用造价（2019年版）》包括《高海拔地区110～500kV变电站分册》《高海拔地区110～500kV输电线路分册》2册。本分册为《高海拔地区110～500kV输电线路分册》，共四篇，第一篇为总论，包括概述、通用造价编制总体原则、通用造价编制工作过程及成果、通用造价编制依据及相关说明、通用造价编制内容；第二篇为典型方案说明及通用造价一览表，包括输电线路工程典型方案及模块划分说明和输电线路通用造价指标；第三篇为典型方案通用造价，包括各典型方案的基本技术条件、概算书；第四篇为使用说明与工程示例。

本书可供电力系统各设计单位，以及从事电力工程规划、管理、施工、安装、运行维护及销售等专业人员使用，并可供大专院校有关专业的师生参考。

图书在版编目（CIP）数据

国家电网有限公司输变电工程通用造价．高海拔地区110～500kV输电线路分册：2019年版／国家电网有限公司颁布．—北京：中国电力出版社，2019.9

ISBN 978-7-5198-3736-5

Ⅰ．①国…　Ⅱ．①国…　Ⅲ．①输电－电力工程－工程造价－中国②变电所－电力工程－工程造价－中国　Ⅳ．①TM7②TM63

中国版本图书馆CIP数据核字（2019）第211925号

出版发行：中国电力出版社
地　　址：北京市东城区北京站西街19号（邮政编码100005）
网　　址：http://www.cepp.sgcc.com.cn
责任编辑：罗　艳　高　芬
责任校对：黄　蓓　朱丽芳　闫秀英
装帧设计：张俊霞　赵姗姗
责任印制：石　雷

印　　刷：三河市万龙印装有限公司
版　　次：2019年11月第一版
印　　次：2019年11月北京第一次印刷
开　　本：880毫米×1230毫米　16开本
印　　张：27.25
字　　数：1016千字
定　　价：280.00元

《国家电网有限公司输变电工程通用造价（2019年版）》

工　作　组

组 长 单 位　国家电网有限公司基建部

副组长单位　国网经济技术研究院有限公司

成 员 单 位

国网西藏电力有限公司

国网四川省电力公司

国网甘肃省电力公司

国网青海省电力公司

四川电力设计咨询有限责任公司

中国电力工程顾问集团西南电力设计院有限公司

中国能源建设集团甘肃省电力设计院有限公司

四川南充电力设计有限公司

国网四川省电力公司经济技术研究院

国网甘肃省电力公司经济技术研究院

专　家　组

电力工程造价与定额管理总站	解改香　田进步
国网山东省电力公司	樊海荣
国网上海市电力公司	穆　松
国网陕西省电力公司	姚普及
国网青海省电力公司	卫周松
国网西藏电力有限公司	李　燕
国网天津市电力公司经济技术研究院	翟树军

电力规划与设计总院	杨　健　尹　鹏
	姜　楠　王　建
中国电力企业联合会建设技术经济咨询中心	贾海玲　谭　妍
	邬　敏　刘　彤
中国电力工程顾问集团西北电力设计院有限公司	沈吉洋　周春雨
中国电力工程顾问集团中南电力设计院有限公司	张平朗　陈传新
山东电力工程咨询院有限公司	马东海
河北省电力勘测设计院有限公司	刘　森
江苏省电力设计院有限公司	丘庆全
陕西省电力设计院有限公司	武　萍

《国家电网有限公司输变电工程通用造价　高海拔地区 110～500kV 输电线路分册（2019 年版）》

编制人员名单

国家电网有限公司基建部

审核　葛兆军　李锡成

编写　张　强　刘　薇　甘　羽　李　晋　何　波　丁伟伟

国网经济技术研究院有限公司

审核　雷体钧

编写　王红晋　陈　立　崔万福　冀凯琳　石维特　商　桑
李培栋　汪亚平　郑　燕　辛　诚　刘雅琼　陈天穹
张新洁　范潆丹　张梦莹

国网西藏电力有限公司

审核　易建山　张明勋　刘志宏

编写　秦　召　次　珍　薛鹏飞　包维雄　陈小明　白　玛
孙希胜　卫志强　周振东　肖丁文　郭　倩

国网四川省电力公司

审核　何远刚　刘　顿

编写　赵奎运　赵晓芳　董　斌　李　浩　赵晓丹　赵梦竹
赵振中　陈　霖

国网甘肃省电力公司

审核　冯玉功

编写　包权宗　丁政中

国网青海省电力公司

审核　田海丰

编写　田　巍

四川电力设计咨询有限责任公司

审核　赵庆斌

校核　苑金海　曾宪凯

编写　郭小帆　刘新臣　周阳蜜　王思路　刘文轩　吴家新　伏智山

中国电力工程顾问集团西南电力设计院有限公司

审核　王　劲

校核　袁　泉　杨　磊　肖　宇

编写　王　璟　唐　熠　王寒梅

中国能源建设集团甘肃省电力设计院有限公司

审核　孔　政

校核　杨立健　李　波

编写　张　波　张志强　张　嵘　时佳悦

四川南充电力设计有限公司

审核　张　德

校核　文　雁　冉　勇　杨　覃

编写　石　宇　饶　邦　杜旭辉　唐伦宇　贾鑫波

国网四川省电力公司经济技术研究院

审核 曾　鉴　苟全峰　杨　杰

编写 杜　英　余光秀　李　倩　周　飞　王　超　周　萍
胡　林　马天男　唐艺鸣　何璞玉

国网甘肃省电力公司经济技术研究院

审核 林东敏

编写 方昱璋　郭嘉成

序

电网是关系国计民生的重要基础设施。从党的十九大到二十大是“两个一百年”奋斗目标的历史交汇期，电力需求将保持持续增长。国家电网有限公司认真贯彻党中央、国务院决策部署，以“三型两网、世界一流”为战略目标，加快建设坚强智能电网，推动能源资源在更大范围实现优化配置，为经济社会发展提供安全、高效、清洁、可持续的电力供应。

以西藏为代表的高海拔地区是重要的国家安全屏障、生态安全屏障和战略资源储备基地，在党和国家战略全局中具有重要地位，具有特殊的地理环境、地质条件、生态环境，其工程设计条件、技术方案、计价体系自成一体。高海拔地区电网建设是坚强智能电网的重要组成部分，是促进地区经济社会发展的有力保障。大力推广通用设计、通用设备、通用造价和标准工艺(简称“三通一标”)，是以标准化提升电网发展质量的重要举措；是发挥规模效应，提高电网安全水平和经济效益的有效措施；是大力实施集成创新，促进资源节约型、环境友好型社会建设的具体行动；是加强工程造价管理、提高电网建设效益的重要手段；是宣传“国家电网”品牌、树立良好企业形象的有效途径。

国家电网有限公司组织有关研究机构、设计单位，融入模块化思维精心设计造价调整子模块，在充分调研、精心比选、反复论证的基础上，编制完成了《国家电网有限公司输变电工程通用造价　高海拔地区 110～500kV 变电站分册（2019 年版）》《国家电网有限公司输变电工程通用造价 高海拔地区 110～500kV 输电线路分册（2019 年版）》，首次覆盖了 110～500kV 高海拔地区输变电工程，为高海拔地区电网工程造价管控提供了依据和支撑。该书凝聚了我国电力系统广大专家学者、技术和技经工作人员的心血和智慧，是国家电网有限公司推行标准化建设的又一重要成果。希望本书的出版和应用，能够提高我国高海拔地区输变电工程建设水平，促进电网又好又快发展，为全面建成坚强智能电网、服务经济社会发展做出积极贡献。

刘泽洪

2019年10月

前　言

高海拔地区输变电工程通用造价是国家电网有限公司标准化建设成果的重要组成部分。为加强电网建设能力和投资效益，国家电网有限公司基建部（国家电网有限公司电力建设定额站）会同总部有关部门，组织国网经济技术研究院有限公司，国网西藏、四川、甘肃、青海电力公司，国网四川、甘肃经济技术研究院，四川电力设计咨询有限责任公司、中国电力工程顾问集团西南电力设计院有限公司、中国能源建设集团甘肃省电力设计院有限公司、四川南充电力设计有限公司等设计单位，以《国家电网公司输变电工程通用设计　西藏电网110～500kV变电站分册（2015年版）》《国家电网公司输变电工程通用设计　西藏电网110～500kV输电线路分册（2015年版）》为基础，兼顾四川、青海、甘肃高海拔地区工程建设和造价管理需求，以现行西藏地区电网工程建设预算定额与费用计算规定为依据，首次编制完成高海拔地区输变电工程通用造价。

《国家电网有限公司输变电工程通用造价　高海拔地区110～500kV变电站分册（2019年版）》《国家电网有限公司输变电工程通用造价　高海拔地区110～500kV输电线路分册（2019年版）》主要包括造价编制依据、工程主要技术条件、工程量和工程建设概算书等，主要特色如下：

一是，科学设置通用造价方案并测算形成各方案造价水平，主要包括：变电站工程14个基本方案，其中西藏地区8个、其他高海拔地区6个；子模块64个，其中西藏地区36个、其他高海拔地区28个，基本方案和子模块造价可以灵活组合，应用方便。输电线路工程设置了典型方案114个，其中西藏地区96个，其他高海拔地区18个。覆盖高海拔地区典型设计方案，达到应用效果最大化。

二是，进一步丰富国家电网有限公司工程通用造价标准体系内容，成为国家电网有限公司基建工程造价管理的重要措施。

三是，造价水平作为合理评价工程的技术经济指标，方便材料招标，加快设计、评审的进度，控制工程投资，降低电网工程建设和运行成本，提高电网工程建设效率，为建设坚强智能电网创造有利条件。

《国家电网有限公司输变电工程通用造价 高海拔地区 110～500kV 变电站分册（2019 年版）》《国家电网有限公司输变电工程通用造价 高海拔地区 110～500kV 输电线路分册（2019 年版）》均设置四篇，第一篇为总论，包括通用造价的意义、目的和工作思路、总体原则、工作过程、编制依据、编制内容；第二篇为典型方案说明及造价一览表，包括典型方案说明、典型方案和子模块的造价一览表；第三篇为典型方案（典型方案和子模块）通用造价，包括各方案基本技术条件、主要材料及指标、概算书；第四篇为使用说明与工程示例。

由于编者水平有限，加之时间较短，错误和遗漏在所难免，敬请各位读者批评指正。

编　者

2019 年 10 月

第四篇　使用说明与工程示例

第一篇　总　论

第1章　概　述

以西藏为代表的高海拔地区，具有特殊的高海拔地理环境、青藏高原冻土地区特殊地质条件、青藏高原薄弱的生态平衡特点，以及高海拔缺氧、高寒条件下施工安全和工艺质量等特殊性。这些特点决定了其工程设计条件、技术方案、计价体系自成一体，与常规地区工程差异较大，以平原地区通用设计方案和计价依据编制的《国家电网公司输变电工程通用造价（2014年版）》并不适用于该地区。2016年，国家电网公司基建部结合西藏电网建设需求和电网技术发展情况，发布了《国家电网公司输变电工程通用设计　西藏电网110～500kV变电站分册（2015年版）》《国家电网公司输变电工程通用设计　西藏电网110～500kV输电线路分册（2015年版）》，为高海拔地区的通用造价编制奠定了技术基础。本通用造价在西藏通用设计基础上，结合其他高海拔地区工程建设特点，同时参考平原地区通用设计对通用造价方案体系进行扩充，编制完成高海拔地区输变电工程通用造价，是对基建标准化体系的进一步深化和完善，为高海拔地区输变电工程造价管控提出统一标准，将有助于提高高海拔地区工程建设质量和造价管控水平。

1.1　目的和意义

高海拔地区输变电工程造价涉及国家电网有限公司（简称公司）经济效益和长远发展，建立工程造价标准化体系，合理控制工程造价，提高投资效益，既是电网发展方式转变的具体措施，也是公司发展方式转变的具体要求。高海拔地区输变电工程通用造价编制的目的是：完善工程造价标准，控制工程投资，降低电网工程建设和运行成本，合理评价工程的技术经济指标水平；辅助设备招标，加快设计、评审的进度，提高电网工程建设效率；为建设坚强的智能电网创造有利条件。

（1）编制通用造价是建设“资源节约型、环境友好型”社会的具体体现。

（2）编制通用造价是适应坚强智能电网建设需求，实现工程造价可控、在控的要求。

（3）编制通用造价是基建标准化管理体系重要建设内容，也是实现造价标准统一、内容深度统一的基础支撑。

（4）通用造价为电网项目可行性研究、初步设计、集中招标和工程竣工结算等工作的开展创造有利条件。

1.2　工作思路

以提高公司基建集约化、精益化管理、标准化建设水平为出发点，以合理、有效控制造价为目标，立足于满足实际工程建设管理需要，以输变电工程通用设计为基础，通过分析原有典型方案适应性，结合各地区各电压等级输变电工程的特点，优化提出既能满足当前建设要求又具有一定超前性的典型方案，按照现行设计规程规范、建设标准和概算编制依据，统筹考虑科技进步、资源节约、环境友好等因素，调整公司输变电工程通用造价标准，反映公司系统近年来实际工程造价的平均中等水平，为工程建设管理提供决策依据，促进电网建设与经济、社会、环境全面和谐发展。

1.3　适用范围

本通用造价适用于500kV及以下西藏自治区各种投资渠道建设的交流输变电工程，以及其他高海拔地区类似电压等级工程。高海拔地区包括四川省甘孜藏族自治州，阿坝藏族羌族自治州，凉山彝族自治州的木里藏族自治县、昭觉县、美姑县、布拖县、盐源县、越西县；青海省玉树藏族自治州、果洛藏族自治州、海北藏族自治州、海南藏族自治州、黄南藏族自治州、海西蒙古族藏族自治州；甘肃省甘南藏族自治州。

第2章 通用造价编制总体原则

2.1 编制总体原则

本通用造价编制工作认真贯彻落实公司电网工程建设“安全可靠、优质适用、性价合理”的总体标准。编制通用造价的总体原则为：方案典型，造价合理，编制科学；优化标准，使用简洁，灵活适用。

（1）方案典型，结合实际。本通用造价编制是以《国家电网公司输变电工程通用设计 西藏电网 110～500kV 变电站分册（2015 年版）》《国家电网公司输变电工程通用设计西藏电网 110～500kV 输电路分册（2015 年版）》和《国家电网公司关于印发国家电网公司标准化建设成果（35~750kV 输变电工程通用设计、通用设备）应用目录（2018 年版）的通知》为基础，通过对大量实际工程的统计、分析，结合各地区输变电工程建设实际特点，合理归并、科学优化的典型方案。

（2）标准统一，造价合理。统一输变电工程通用造价的编制原则、编制深度和编制依据，按照公司总体建设标准，综合考虑各地区工程建设实际情况，体现了近年输变电工程造价的综合平均水平。

（3）模块全面，边界清晰。本通用造价编制继续贯彻了模块化设计思想，明确了模块划分的边界条件，编制了典型方案和子模块的造价，最大限度满足工程设计方案需要，增强通用造价的适应性和灵活性。

（4）总结经验，科学编制。本通用造价编制工作通过分析典型方案的适应性，提出既能满足当前建设要求又具有一定超前性的典型方案，依据现行建设标准，使用现行概算编制依据，优化假设条件，引入综合本体造价指标，使通用造价更合理、更科学。

（5）使用灵活，简洁适用。变电站工程通用造价包括典型方案和子模块造价；输电线路工程通用造价包括典型方案的通用造价和综合单价。通过灵活组合，计算出实际工程相对应的通用造价水平，为分析工程造价的合理性提供依据。

2.2 推广应用总体原则

本通用造价在推广应用中应与通用设计相协调，从工程实际出发，充分考虑电网工程技术进步、国家政策等影响工程造价的各类因素，有效控制工程造价。

（1）处理好与通用设计的关系。通用造价在通用设计的基础上，按照工程造价管理的要求，合理调整完善了典型方案种类，进一步明确了所有方案的编制依据。变电工程通用造价归并了对造价影响不大的典型方案，补充了部分子模块；输电线路工程典型方案针对通用设计模块的适用条件，结合实际建设情况补充了典型工程断面、技术参数与外部条件，形成了可编制完整造价的典型方案。通用造价与通用设计的侧重点不同，但编制原则、技术条件一致。因此，在应用中可根据两者的特点，相互补充利用。

（2）因地制宜，加强对影响工程造价各类费用的控制。通用造价按照《西藏地区电网工程建设预算编制与计算规定（2013 年版）》（简称《预规》）确定了每个方案及模块各类费用的具体造价，对于计价依据明确的费用，在实际工程设计、评审、管理中必须严格把关；对于建设场地征用及清理费用等随地区及工程差异较大、计价依据未明确的费用，应进行合理的比较、分析、控制。

（3）滚动发展，与时俱进。根据国家有关工程造价文件修订、输变电工程技术创新和通用设计的修订及完善情况，应建立高海拔地区输变电工程通用造价滚动修编机制，不断更新、补充和完善，使通用造价及时体现电网技术进步、政策调整、市场变化，不断满足工程建设实际工作需要。

第3章 通用造价编制工作过程及成果

3.1 工作方式

本通用造价总体工作方式是：统一组织、分工明确；广泛调研、方案典型；定期协调、严格把关。

（1）统一组织。为加强公司输变电工程通用造价编制工作的组织协调，确保通用造价工作的质量和进度，2018 年 3 月成立国家电网公司高海拔地区输变电工程通用造价编制工作组。

组长单位：国家电网有限公司基建部（简称国网基建部）

副组长单位：国网经济技术研究院有限公司（简称国网经研院）

成员单位：国网西藏电力有限公司、国网四川省电力公司、国网甘肃省电力公司、国网青海省电力公司电力建设以及承担通用造价编制工作的设计单位

评审单位：中国电力工程顾问集团公司

中国电力企业联合会电力建设技术经济咨询中心（简称中电联技经中心）

（2）分工明确。对通用造价的编制工作进行了明确的分工，国网基建部负责总体协调；国网经研院负责协调各阶段编制内容，完成通用造价编制工作汇总、统稿；中国电力工程顾问集团公司、中电联技经中心负责技术方案、造价方案的把关和评审；由相关设计院完成典型方案的造价编制工作。

（3）广泛调研。为了保证编制后通用造价的代表性和典型性，在通用造价的编制过程中，编制工作组开展了深入和广泛的调研工作，在不同阶段充分征求各方的意见和建议，与实际工程建设紧密结合。

（4）方案典型。本通用造价的编制工作重点之一是对典型方案的代表性、科学性、合理性、灵活性进行分析。结合各地区各电压等级工程的特点，选取了既能满足当前建设要求又具有一定代表性的典型方案，并科学设定设计所需的边界条件。典型方案既有广泛的代表性，也具有鲜明的典型性，是通用造价的核心基础。

（5）定期协调。为了保证通用造价的进度安排共召开了 1 次方案审查会、1 次启动会、2 次协调会、2 次评审会，通过定期召开协调会，检查工作进展，推进整个编制工作的顺利开展，确保通用造价编制工作在统一的技术原则下进行，按期完成。

（6）严格把关。为保证通用造价编制工作的质量与效率，严格把关通用造价的技术条件、编制依据等关键环节进行，并对每个关键环节组织专家研讨与评审，通过每一步工作质量的把关，确保通用造价最终成果的科学性、合理性。

3.2　通用造价编制过程

通用造价编制工作于 2018 年 5 月启动，2019 年 7 月形成最终成果，期间召开多次协调会和集中工作会，明确各阶段工作任务，对技术方案进行把关，对编制原则和概算编制进行评审，提高通用造价科学性、正确性和合理性。具体编制过程如下：

2018 年 5 月，确定编制组人员，调研收资，编制研究报告大纲。

2018 年 6～9 月，召开高海拔地区输变电工程通用造价启动会，明确了通用造价编制的总体思路、编制原则、工作方案。重点开展了通用设计方案模拟设计和工程量测算。

2018 年 10 月～2019 年 2 月，召开第一次协调会，讨论确定了概算编制原则、依据及设备、材料价格。集中工作（第二次协调会），编制形成高海拔通用造价初稿，分析价格水平合理性。

2019 年 3～6 月，完成通用造价初稿审查，修改完善技术方案和造价水平。组织西藏、四川、青海、甘肃地区相关单位试用通用造价成果，反馈使用意见，根据意见修改完善通用造价。

2019 年 8～10 月，完成前言、序、编制委员会组成等的编写；完成高海拔通用造价一清样和二清样，具备出版条件。

3.3　通用造价编制成果

高海拔地区变电工程通用造价共有 14 个基本方案、64 个子模块。输电线路工程通用造价共有 26 个设计方案，114 个典型方案。

第 4 章　通用造价编制依据及相关说明

通用造价编制严格遵循国家有关法律法规、电网工程建设预算编制与计算标准和配套定额，以 2017 年为价格水平基准年，结合实际工程情况，确定通用造价编制依据。概算书的编制深度和内容符合现行《输变电工程初步设计概算编制导则》（简称《导则》、《预规》）要求，表现形式遵循《预规》规定的表格形式、项目划分和费用性质划分原则。

4.1　通用造价编制依据

按照最新的输电线路工程设计规范、规程和建设标准进行设计。通用造价编制依据性文件如下：

（1）《国家电网公司输变电工程通用设计 西藏电网 110～500kV 输电线路分册（2015 年版）》以及《国家电网公司关于印发国家电网公司标准化建设成果（35～750kV 输变电工程通用设计、通用设备）应用目录（2018 年版）的通知》（国家电网基建〔2018〕370 号）。

（2）项目划分及取费标准执行《西藏地区电网工程建设预算编制与计算规定（2013 年版）》及 DL/T 5467—2013《输变电工程初步设计概算编制导则》。

（3）定额采用《西藏地区电网工程预算定额估价表（2013 年版）》。

（4）主要设备、材料价格参照近期同类工程设备、材料招标价计列。

（5）装置性材料价格执行中国电力企业联合会发布的《西藏地区电网建设工程装置性材料预算综合预算价格及单项预算价格（2013 年版）》。

（6）建筑材料市场价按西藏地区、青海海西、四川甘孜地区 2018 年第三季度地方性材料信息价计列价差。

（7）定额人工费、材料和施工机械费价差调整执行国家电网公司电力建设定额站《转发定额总站〈电力工程造价与定额管理总站关于发布 2015 版电网技术改造和检修工程概预算定额 2018 年上半年价格水平调整系数的通知〉等 5 个文件的通知》（国家电网电定〔2018〕3 号）、《电力工程造价与定额总站关于青藏高原地区人工费调整系数（试行）的批复》（定额〔2018〕42 号）及《关于颁布<青藏高原地区电网工程计价调整规定（试行）>的通知》（国家电网电定〔2017〕32 号）。

（8）监理费执行国家电网公司办公厅《转发中电联关于落实〈国家发改委关于进一步放开建设项目专业服务价格的通知〉的指导意见的通知》（办基建〔2015〕100 号）。

（9）勘察设计费执行《关于印发国家电网公司输变电工程勘察设计费概算计列标准（2014 版）的通知》（国家电网电定〔2014〕19 号）。

（10）基本预备费取费标准执行《国家电网公司关于严格控制电网工程造价的通知》（国家电网基建〔2014〕85 号）。

（11）其他费用执行国家电网公司关于印发加强输变电工程其他费用管理意见的通知（国网电网基建〔2013〕1434 号）。

（12）施工图文件审查费执行《电力工程造价与定额管理总站关于印发输变电工程施工图文件评审费用暂行规定的通知》（定额〔2018〕40 号）。

（13）税金执行国家财政部《关于调整增值税税率的通知》（财税〔2018〕32 号）。

（14）工程造价为静态投资。

4.2 编制依据的相关说明

为了使通用造价有广泛的代表性，统一编制标准平台，对典型方案的设计条件和取费标准进行了必要的、适当的设定。具体如下：

（1）各典型方案的一般条件表中，电压等级、回路数、导地线型号、气象条件与相应通用设计模块的条件一致，杆塔形式从相应通用设计模块中选取。

（2）每个方案的地形条件都是按单一地形设定的，分平地、河网泥沼、丘陵、山地、高山、峻岭六种地形，基本涵盖实际工程所能遇到的地形情况。典型方案与地形的对应关系具体见各典型方案的一般条件表。

（3）地质条件、基础型式及比例、杆塔基数及类型比例、交叉跨越次数、混凝土量、土石方量等是依据电压等级不同、使用地区差异，结合近年大量实际工程统计分析，按平均水平设定的，具体见典型方案造价各章节的一般条件表、交叉跨越表和主要材料单位路径长度指标表的相关内容。

（4）取费标准按以下原则确定。

1）取费标准原则上按照现行规定执行，如前编制依据所述。

2）主要材料价格按 2018 年第三季度价格水平确定，具体见定额未计价材料价格表。未考虑超远距离运输相关费用。

3）材料运距依据公司系统实际工程平均水平综合测定，具体见材料运距表。

4）计价依据中标准不明确的费用，或虽然有标准但所计列费用在近年绝大部分工程中都不能满足实际需要因而必需补充计列的，经过对公司系统大量已建工程实际费用的测算后，按中等水平计列，具体见计价依据未明确费用一览表。

5）由于本册涉及多个地区，以下几项费率或价格与方案对应方式如下。

社会保险费：110～500kV 西藏通用设计对应方案执行西藏地区费率 28.68%；330kV 青海、甘肃高海拔增补方案执行青海地区费率 29.4%；220kV 四川高海拔增补方案执行四川地区费率 28.15%。

地方性材料价格：110～500kV 西藏通用设计对应方案执行西藏拉萨价格；330kV 青海、甘肃高海拔增补方案执行青海西宁价格；220kV 四川高海拔增补方案执行四川甘孜价格。

施工机械台班价差：110～500kV 西藏通用设计对应方案执行西藏地区价格；330kV 青海、甘肃高海拔增补方案执行青海地区价格；220kV 四川高海拔增补方案执行四川地区价格。

6）除上述费用外，还有一些在特定条件下才会发生的特殊费用，如集中拆迁、特殊地基处理、科研试验等，这些费用没有在通用造价中计列，具体工程根据实际情况计列。

4.3 建筑、安装工程费取费基数及费率一览表

安装工程费取费基数及费率一览表见表 4-1。

表 4-1 安装工程费取费基数及费率一览表

项目名称			安装工程费	
			取费基数	费率（%）
措施费	冬雨季施工增加费		人工费	7.23
	施工工具用具使用费		人工费	2.70
	临时设施费		人工费	6.59
	施工机构迁移费		人工费	2.20
	安全文明施工费		直接工程费	2.94
间接费	规费	社会保障费	人工费×1.02	见 4.2
		住房公积金	人工费×1.02	12
		危险作业意外伤害保险费	人工费	1.59
	企业管理费		人工费	21.82
	高原医疗保障费		人工费	1.53
	高原习服费		人工费	1.64
	施工企业配合调试费		人工费	0.53
利润			人工费	16.2
税金			直接费+间接费+利润	10

4.4 其他费用取费基数及费率一览表

110～500kV 线路工程其他费用取费基数及费率一览表见表 4-2～表 4-5。勘测费用标准表见表 4-6。

表 4-2 500kV 线路工程其他费用取费基数及费率一览表

序号	工程或费用名称	取费基数、计算方法或依据	费率（%）
1	建设场地征用及清理费	详见表 4-9	
2	项目建设管理费		
2.1	项目法人管理费	人工费×人工海拔调整系数	4.75
2.2	招标费	安装工程费	0.28
2.3	工程监理费	执行办基建〔2015〕100 号标准	
2.5	工程结算审核费	安装工程费	0.3
2.6	工程保险费	安装工程费+编制基准期价差	0.21
3	项目建设技术服务费		

续表 4-2

序号	工程或费用名称	取费基数、计算方法或依据	费率（%）
3.1	项目前期工作费	勘察费+基本设计费	12.16
3.3	勘察设计费		
3.3.1	勘察费		
3.3.1.1	勘测费	详见表 4-6	
3.3.1.2	海拉瓦优化选线费	单回 0.85 万元/km，双回 0.93 万元/km	
3.3.1.3	高清晰度卫片选线费	0.2 万元/km	
3.3.2	设计费		
3.3.2.1	基本设计费	执行国家电网电定〔2014〕19 号标准	
3.3.2.2	施工图预算编制费	基本设计费	10
3.3.2.3	竣工图编制费	基本设计费	8
3.4	设计文件评审费		
3.4.1	可研评审费	线路长度×评审费标准×调整系数	
3.4.2	初设评审费	线路长度×评审费标准×调整系数	
3.4.3	施工图文件审查费	执行定额〔2018〕40 号	
3.5	项目后评价费	人工费×人工海拔调整系数	1.5
3.6	工程建设检测费		
3.6.1	电力工程质量检测费	人工费×人工海拔调整系数	1.2
3.6.3	环境监测验收费	详见表 4-9	
3.6.4	水土保持项目验收及补偿费	详见表 4-9	
3.7	电力工程技术经济标准编制管理费	安装工程费	0.1
4	生产准备费		
4.2	工器具及办公家具购置费	人工费×人工海拔调整系数	0.62
4.3	生产职工培训及提前进场费	人工费×人工海拔调整系数	0.25

表 4-3　330kV 线路工程其他费用取费基数及费率一览表

序号	工程或费用名称	取费基数、计算方法或依据	费率（%）
1	建设场地征用及清理费	详见表 4-9	
2	项目建设管理费		
2.1	项目法人管理费	人工费×人工海拔调整系数	4.75
2.2	招标费	安装工程费	0.28
2.3	工程监理费	执行办基建〔2015〕100 号	
2.5	工程结算审核费	安装工程费	0.3
2.6	工程保险费	安装工程费+编制基准期价差	0.21
3	项目建设技术服务费		
3.1	项目前期工作费	勘察费+基本设计费	12.16
3.3	勘察设计费		
3.3.1	勘察费		

续表 4-3

序号	工程或费用名称	取费基数、计算方法或依据	费率（%）
3.3.1.1	勘测费	详见表 4-6	
3.3.1.2	海拉瓦优化选线费	单回 0.75 万元/km，双回 0.83 万元/km	
3.3.1.3	高清晰度卫片选线费	0.2 万元/km	
3.3.2	设计费		
3.3.2.1	基本设计费	执行国家电网电定〔2014〕19 号标准	
3.3.2.2	施工图预算编制费	基本设计费	10
3.3.2.3	竣工图编制费	基本设计费	8
3.4	设计文件评审费		
3.4.1	可研评审费	线路长度×评审费标准×调整系数	
3.4.2	初设评审费	线路长度×评审费标准×调整系数	
3.4.3	施工图文件审查费	执行定额〔2018〕40 号标准	
3.5	项目后评价费	人工费×人工海拔调整系数	1.5
3.6	工程建设检测费		
3.6.1	电力工程质量检测费	人工费×人工海拔调整系数	1.2
3.6.3	环境监测验收费	详见表 4-9	
3.6.4	水土保持项目验收及补偿费	详见表 4-9	
3.7	电力工程技术经济标准编制管理费	安装工程费	0.1
4	生产准备费		
4.2	工器具及办公家具购置费	人工费×人工海拔调整系数	0.62
4.3	生产职工培训及提前进场费	人工费×人工海拔调整系数	0.25

表 4-4　　220kV 线路工程其他费用取费基数及费率一览表

序号	工程或费用名称	取费基数、计算方法或依据	费率（%）
1	建设场地征用及清理费	详见表 4-9	
2	项目建设管理费		
2.1	项目法人管理费	人工费×人工海拔调整系数	4.92
2.2	招标费	安装工程费	0.37
2.3	工程监理费	执行办基建〔2015〕100 号标准	
2.5	工程结算审核费	安装工程费	0.35
2.6	工程保险费	安装工程费+编制基准期价差	0.21
3	项目建设技术服务费		
3.1	项目前期工作费	勘察费+基本设计费	12.16
3.3	勘察设计费		
3.3.1	勘察费		
3.3.1.1	勘测费	详见表 4-6	
3.3.1.2	海拉瓦优化选线费	单回 0.55 万元/km，双回 0.59 万元/km	
3.3.1.3	高清晰度卫片选线费	0.2 万元/km	

续表 4-4

序号	工程或费用名称	取费基数、计算方法或依据	费率（%）
3.3.2	设计费		
3.3.2.1	基本设计费	执行国家电网电定〔2014〕19 号标准	
3.3.2.2	施工图预算编制费	基本设计费	10
3.3.2.3	竣工图编制费	基本设计费	8
3.4	设计文件评审费		
3.4.1	可研评审费	线路长度×评审费标准×调整系数	
3.4.2	初设评审费	线路长度×评审费标准×调整系数	
3.4.3	施工图文件审查费	执行定额〔2018〕40 号标准	
3.5	项目后评价费	人工费×人工海拔调整系数	1.5
3.6	工程建设检测费		
3.6.1	电力工程质量检测费	人工费×人工海拔调整系数	1.2
3.6.3	环境监测验收费	详见表 4-9	
3.6.4	水土保持项目验收及补偿费	详见表 4-9	
3.7	电力工程技术经济标准编制管理费	安装工程费	0.1
4	生产准备费		
4.2	工器具及办公家具购置费	人工费×人工海拔调整系数	0.84
4.3	生产职工培训及提前进场费	人工费×人工海拔调整系数	0.34

表 4-5　　110kV 线路工程其他费用取费基数及费率一览表

序号	工程或费用名称	取费基数、计算方法或依据	费率（%）
1	建设场地征用及清理费	详见表 4-9	
2	项目建设管理费		
2.1	项目法人管理费	人工费×人工海拔调整系数	5.30
2.2	招标费	安装工程费	0.37
2.3	工程监理费	执行办基建〔2015〕100 号标准	
2.5	工程结算审核费	安装工程费	0.35
2.6	工程保险费	安装工程费+编制基准期价差	0.21
3	项目建设技术服务费		
3.1	项目前期工作费	勘察费+基本设计费	12.16
3.3	勘察设计费		
3.3.1	勘察费		
3.3.1.1	勘测费	详见表 4-6	
3.3.1.2	海拉瓦优化选线费	单回 0.48 万元/km，双回 0.51 万元/km	
3.3.1.3	高清晰度卫片选线费	0.2 万元/km	
3.3.2	设计费		
3.3.2.1	基本设计费	执行国家电网电定〔2014〕19 号标准	
3.3.2.2	施工图预算编制费	基本设计费	10

续表 4-5

序号	工程或费用名称	取费基数、计算方法或依据	费率（%）
3.3.2.3	竣工图编制费	基本设计费	8
3.4	设计文件评审费		
3.4.1	可研评审费	线路长度×评审费标准×调整系数	
3.4.2	初设评审费	线路长度×评审费标准×调整系数	
3.4.3	施工图文件审查费	执行定额〔2018〕40 号标准	
3.5	项目后评价费	人工费×人工海拔调整系数	1.5
3.6	工程建设检测费		
3.6.1	电力工程质量检测费	人工费×人工海拔调整系数	1.2
3.6.3	环境监测验收费	详见表 4-9	
3.6.4	水土保持项目验收及补偿费	详见表 4-9	
3.7	电力工程技术经济标准编制管理费	安装工程费	0.1
4	生产准备费		
4.2	工器具及办公家具购置费	人工费×人工海拔调整系数	0.95
4.3	生产职工培训及提前进场费	人工费×人工海拔调整系数	0.42

表 4-6　　**勘测费用标准表**　　单位：万元/ km

地形	平地	丘陵	河网泥沼	山地	高山	峻岭
500/330kV 标准	4	5	5.5	6	6.5	7
220kV 标准	2	3.5	4	4.5	5	7
110kV 标准	1.5	1.8	2	2.2	2.5	3

4.5　定额未计价材料选价一览表

定额未计价材料选价一览表见表 4-7。

表 4-7　　**定额未计价材料选价一览表**　　金额单位：元

序号	材料名称及规格型号	单位	取费单价	通用造价	备　注
一	基础材料				
1	基础钢筋（综合）	t	3705	4396	镀锌加 1700 元
2	地脚螺栓 35 号钢	t	4310	6466	
3	水泥 32.5	t	282.05	573	
4	水泥 42.5	t	333.33	655	
5	砂	m^3	58.25	126	
6	碎石	m^3	60.19	126	
7	毛石	m^3	60.19	121	
二	塔材（综合）				
1	角钢塔材	t	7437	8000	
三	导地线				
1	JL/G1A-185/30	t	16201	14686	
2	JL/G1A-240/30	t	16495	14903	

续表 4-7

序号	材料名称及规格型号	单位	取费单价	通用造价	备注
3	JL/G1A-400/50	t	16275	15490	
4	JL/G1A-500/45	t	16437	15521	
5	JL/G1A-630/45	t	17694	16487	
6	JLB20A-100	t	14881	13000	
7	JLB20A-120	t	16155	13500	
8	JLB20A-150		15927	14000	
四	绝缘子				
1	盘式绝缘子 70kN	片	89	89	
2	盘式绝缘子 120kN	片	117	117	
3	盘式绝缘子 420kN	片	327	327	
4	盘式瓷质绝缘子 U70CN	片	140	140	
5	复合绝缘子 120kN	支	609	609	
6	复合绝缘子 160kN	支	646	646	
7	复合绝缘子 300kN	支	815	815	
8	复合绝缘子 420kN	支	1021	1021	
五	导线间隔棒	套	367	367	
六	导线防振锤	只	89	89	
1	FRY-3（预绞丝）	个	88	88	
2	FRY-2（预绞丝）	个	64	64	
3	FRY-4（预绞丝）	个	121	121	
七	连接金具	t	18000	18000	

4.6 材料运距

材料运输的平均运输距离（简称运距）见表 4-8。

表 4-8 **材料运距表** 单位：km

地形条件	平地	丘陵	河网泥沼	山地	高山	峻岭
500kV/330kV 人力运距	0.3	0.6	0.7	0.9	1.3	1.5
220kV/110kV 人力运距	0.25	0.5	0.6	0.8	1.2	1.5
汽运	25	25	25	25	25	25

4.7 计价依据未明确费用

计价依据未明确，在实际工程需要发生的有关费用见表 4-9。

表 4-9 **计价依据未明确费用一览表**

序号	假设条件或费用项目	单位	标准（万元）			
			500kV	330kV	220kV	110kV
1	建设场地征用及清理费	单回 km	16	13	10	7
		双回 km	20	15	13	9
2	环境监测验收费	项	20	20	15	10

续表 4-9

序号	假设条件或费用项目	单位	标准（万元）			
			500kV	330kV	220kV	110kV
3	水土保持项目验收费	项	18	15	12	10
4	水土保持项目补偿费	km	按 1.7 元/m²×塔基占地面积			

第 5 章　通用造价编制内容

本通用造价的设计方案是在《国家电网公司输变电工程通用设计　西藏电网 110～500kV 输电线路分册（2015 年版）》和《国家电网公司关于印发国家电网公司标准化建设成果（35～750kV 输变电工程通用设计、通用设备）应用目录（2018 年版）的通知》（国家电网基建〔2018〕370 号）的基础上，依据通用设计各子模块所代表的通用设计方案，精选出在造价上有代表性的通用设计子模块方案（用设计子模块名称设定通用造价典型模块的名称），按单一地形选取断面构成通用造价的典型方案，编制通用造价。线路通用造价典型模块及主要参数一览表见表 5-1：

表 5-1　　线路通用造价典型模块及主要参数一览表

序号	通用设计子模块	通用造价典型模块	方案主要参数				
			回路数	导线型号	地线	覆冰（mm）	风速（m/s）
1	5XZA1	5XZA1	单回路	4×JL/G1A-500/45	JLB20A-150	10	29
2	5XZA3	5XZA3	单回路	4×JL/G1A-500/45	JLB20A-150	10	33
3	5XZA4	5XZA4	单回路	4×JL/G1A-500/45	JLB20A-150	15	31
4	5XZB1	5XZB1	双回路	4×JL/G1A-500/45	JLB20A-150	10	29
5	5D3	5GD3	双回路	4×JL/G1A-500/45	JLB20A-150	15	27
6	5E11	5GE11	双回路	4×JL/G1A-630/45	JLB20A -150	10	27
7	5E12	5GE12	双回路	4×JL/G1A-630/45	JLB20A -150	15	27
8	3A3	3GA3	单回路	2×JL/G1A-400/35	JLB20A-120	10	27
9	2XZA1	2XZA1	单回路	2×JL/G1A-240/30	JLB20A-120	10	29
10	2XZA2	2XZA2	单回路	2×JL/G1A-240/30	JLB20A-120	10	33
11	2XZB1	2XZB1	单回路	2×JL/G1A-400/50	JLB20A-120	10	29
12	2XZB2	2XZB2	单回路	2×JL/G1A-400/50	JLB20A-120	10	33
13	2XZC1	2XZC1	双回路	2×JL/G1A-240/30	JLB20A-120	10	29
14	2XZC2	2XZC2	双回路	2×JL/G1A-240/30	JLB20A-120	10	33
15	2XZD1	2XZD1	双回路	2×JL/G1A-400/50	JLB20A-120	10	29
16	2XZD2	2XZD2	双回路	2×JL/G1A-400/50	JLB20A-120	10	33
17	2B11	2GB11	单回路	2×JL/G1A-400/50	JLB20A-150	10	27
18	2B12	2GB12	单回路	2×JL/G1A-400/50	JLB20A-150	15	27
19	2D4	2GD4	双回路	2×JL/G1A-300/40	JLB20A-150	15	27
20	2E16	2GE16	双回路	2×JL/G1A-400/50	JLB20A-150	10	27
21	1XZA1	1XZA1	单回路	JL/G1A-185/30	JLB20A-100	10	29
22	1XZA2	1XZA2	单回路	JL/G1A-185/30	JLB20A-100	10	33
23	1XZB1	1XZB1	双回路	JL/G1A-240/30	JLB20A-100	10	29

续表 5-1

序号	通用设计子模块	通用造价典型模块	方案主要参数				
			回路数	导线型号	地线	覆冰（mm）	风速（m/s）
24	1XZB2	1XZB2	双回路	JL/G1A-240/30	JLB20A-100	10	33
25	1D18	1GD18	双回路	JL/G1A-300/40	JLB20A-100	15	29
26	1X3	1GX3	单回路	JL/G1A-240/30	JLB20A-100	15	28.5

（1）确定典型方案。通用设计模块是从对铁塔尺寸和重量影响较大的线路回路数、气象条件、导线截面、适用地形、铁塔型式和海拔等方面考虑的。根据《国家电网公司输变电工程通用设计　西藏电网 110～500kV 输电线路分册（2015 年版）》通用设计模块，一一对应设置 16 个通用造价典型模块，并根据各地区工程建设管理需要，从《国家电网公司关于印发国家电网公司标准化建设成果（35～750kV 输变电工程通用设计、通用设备）应用目录（2018 年版）的通知》中选取 10 个高海拔模块设置对应的通用造价典型模块，依据各模块设置适用地形及气象条件，构成典型方案共 114 个。

（2）统一通用造价编制依据。根据国家法律、法规、现行概预算管理制度研究通用造价编制的依据；通用造价编制中，对现行概预算管理制度没有规定，但工程建设确实需要发生的费用，按照实际工程综合平均水平进行规定计列；根据工程实际情况和市场供需确定输电线路工程通用造价编制的材料价格。

（3）编制通用造价。根据评审确定的典型方案、通用造价编制依据，编制各方案的通用造价。

第二篇 典型方案说明及通用造价一览表

第6章 典型方案说明

典型方案分为西藏地区典型方案和其他高海拔地区增补方案两部分。西藏地区典型方案的编号与通用设计的子模块编号保持一致，形成对应关系；其他高海拔地区增补方案的编号在通用设计的子模块编号中间增加字母“G”，代表“高海拔”，同样一一对应关系。在通用设计杆塔子模块编号的后面增加地形代码，构成通用造价典型方案的编号。其中：“P”表示平地、“H”表示河网泥沼、“Q”表示丘陵、“S”表示山地、“G”表示高山、“J”表示峻岭。典型方案一览表见表6-1和表6-2。

表6-1 西藏地区典型方案一览表

序号	典型方案编号	回路数	导地线规格型号	气象条件	主要杆塔形式	地形	平均海拔（m）	设计单位
1	5XZA1-P	单回路	4×JL/G1A-500/45，JLB20A-150	10mm，29m/s	酒杯型/干字型	平地	3500	西南电力设计院
2	5XZA1-H					河网泥沼		
3	5XZA1-Q					丘陵		
4	5XZA1-S					山地		
5	5XZA1-G					高山		
6	5XZA1-J					峻岭		
7	5XZA3-P	单回路	4×JL/G1A-500/45，JLB20A-150	10mm，33m/s	酒杯型/干字型	平地	4500	
8	5XZA3-H					河网泥沼		
9	5XZA3-Q					丘陵		
10	5XZA3-S					山地		
11	5XZA3-G					高山		
12	5XZA3-J					峻岭		
13	5XZA4-P	单回路	4×JL/G1A-500/45，JLB20A-150	15mm，31m/s	酒杯型/干字型	平地	3500	
14	5XZA4-H					河网泥沼		
15	5XZA4-Q					丘陵		
16	5XZA4-S					山地		
17	5XZA4-G					高山		
18	5XZA4-J					峻岭		
19	5XZB1-P	双回路	4×JL/G1A-500/45，JLB20A-150	10mm，29m/s	鼓型	平地	3500	
20	5XZB1-H					河网泥沼		

续表 6-1

序号	典型方案编号	回路数	导地线规格型号	气象条件	主要杆塔形式	地形	平均海拔（m）	设计单位
21	5XZB1-Q	双回路	4×JL/G1A-500/45，JLB20A-150	10mm，29m/s	鼓型	丘陵	3500	西南电力设计院
22	5XZB1-S					山地		
23	5XZB1-G					高山		
24	5XZB1-J					峻岭		
25	2XZA1-P	单回路	2×JL/G1A-240/30，JLB20A-120	10mm，29m/s	酒杯型/干字型	平地	3500	四川电力设计咨询有限责任公司
26	2XZA1-H					河网泥沼		
27	2XZA1-Q					丘陵		
28	2XZA1-S					山地		
29	2XZA1-G					高山		
30	2XZA1-J					峻岭		
31	2XZA2-P	单回路	2×JL/G1A-240/30，JLB20A-120	10mm，33m/s	酒杯型/干字型	平地	4500	
32	2XZA2-H					河网泥沼		
33	2XZA2-Q					丘陵		
34	2XZA2-S					山地		
35	2XZA2-J					高山		
36	2XZA2-G					峻岭		
37	2XZB1-P	单回路	2×JL/G1A-400/50，JLB20A-120	10mm，29m/s	酒杯型/干字型	平地	3500	
38	2XZB1-H					河网泥沼		
39	2XZB1-Q					丘陵		
40	2XZB1-S					山地		
41	2XZB1-G					高山		
42	2XZB1-J					峻岭		
43	2XZB2-P	单回路	2×JL/G1A-400/50，JLB20A-120	10mm，33m/s	酒杯型/干字型	平地	4500	
44	2XZB2-H					河网泥沼		
45	2XZB2-Q					丘陵		
46	2XZB2-S					山地		
47	2XZB2-G					高山		
48	2XZB2-J					峻岭		
49	2XZC1-P	双回路	2×JL/G1A-240/30，JLB20A-120	10mm，29m/s	鼓型	平地	3500	
50	2XZC1-H					河网泥沼		
51	2XZC1-Q					丘陵		
52	2XZC1-S					山地		
53	2XZC1-G					高山		
54	2XZC1-J					峻岭		

续表 6-1

序号	典型方案编号	回路数	导地线规格型号	气象条件	主要杆塔形式	地形	平均海拔（m）	设计单位
55	2XZC2-P	双回路	2×JL/G1A-240/30，JLB20A-120	10mm，33m/s	鼓型	平地	4500	四川电力设计咨询有限责任公司
56	2XZC2-H					河网泥沼		
57	2XZC2-Q					丘陵		
58	2XZC2-S					山地		
59	2XZC2-G					高山		
60	2XZC2-J					峻岭		
61	2XZD1-P	双回路	2×JL/G1A-400/50，JLB20A-120	10mm，29m/s	鼓型	平地	3500	
62	2XZD1-H					河网泥沼		
63	2XZD1-Q					丘陵		
64	2XZD1-S					山地		
65	2XZD1-G					高山		
66	2XZD1-J					峻岭		
67	2XZD2-P	双回路	2×JL/G1A-400/50，JLB20A-120	10mm，33m/s	鼓型	平地	4500	
68	2XZD2-H					河网泥沼		
69	2XZD2-Q					丘陵		
70	2XZD2-S					山地		
71	2XZD2-G					高山		
72	2XZD2-J					峻岭		
73	1XZA1-P	单回路	JL/G1A-185/30，JLB20A-100	10mm，29m/s	酒杯型	平地	3500	
74	1XZA1-H					河网泥沼		
75	1XZA1-Q					丘陵		
76	1XZA1-S					山地		
77	1XZA1-G					高山		
78	1XZA1-J					峻岭		
79	1XZA2-P	单回路	JL/G1A-185/30，JLB20A-100	10mm，33m/s	酒杯型	平地	4500	
80	1XZA2-H					河网泥沼		
81	1XZA2-Q					丘陵		
82	1XZA2-S					山地		
83	1XZA2-G					高山		
84	1XZA2-J					峻岭		
85	1XZB1-P	双回路	JL/G1A-240/30，JLB20A-100	10mm，29m/s	鼓型	平地	3500	
86	1XZB1-H					河网泥沼		
87	1XZB1-Q					丘陵		
88	1XZB1-S					山地		
89	1XZB2-G					高山		
90	1XZB2-J					峻岭		

续表 6-1

序号	典型方案编号	回路数	导地线规格型号	气象条件	主要杆塔形式	地形	平均海拔（m）	设计单位
91	1XZB2-P	双回路	JL/G1A-240/30，JLB20A-100	10mm，33m/s	鼓型	平地	4500	四川电力设计咨询有限责任公司
92	1XZB2-H					河网泥沼		
93	1XZB2-Q					丘陵		
94	1XZB2-S					山地		
95	1XZB2-G					高山		
96	1XZB2-J					峻岭		

表 6-2　　其他高海拔地区增补方案一览表

序号	典型方案编号	回路数	导地线规格型号	气象条件	主要杆塔形式	地形	平均海拔（m）	设计单位
1	5GD3-J	双回路	4×JL/G1A-500/45，JLB20A-150	15mm，27m/s	鼓型	峻岭	3500	西南电力设计院
2	5GE11-J	双回路	4×JL/G1A-630/45，JLB20A-150	10mm，27m/s	鼓型	峻岭	3500	
3	5GE12-J	双回路	4×JL/G1A-630/45，JLB20A-150	15mm，27m/s	鼓型	峻岭	3500	
4	3GA3-P	单回路	2×JL/G1A-400/35，JLB20A-120	10mm，27m/s	猫头型/干字型	平地	3250	甘肃省电力设计院有限公司
5	3GA3-Q					丘陵		
6	3GA3-S					山地		
7	2GB11-J	单回路	2×JL/G1A-400/50，JLB20A-150	10mm，27m/s	猫头型/干字型	峻岭	2750	四川电力设计咨询有限责任公司
8	2GB12-J	单回路	2×JL/G1A-400/50，JLB20A-150	15mm，27m/s	猫头型/干字型	峻岭	2750	
9	2GD4-J	双回路	2×JL/G1A-300/40，JLB20A-150	15mm，27m/s	鼓型	峻岭	2750	
10	2GE16-J	双回路	2×JL/G1A-400/50，JLB20A-150	10mm，27m/s	鼓型	峻岭	2750	
11	1GD18-S	双回路	JL/G1A-300/40，JLB20A-100	15mm，29m/s	鼓型	山地	3000	南充电力设计院
12	1GD18-G					高山		
13	1GD18-J					峻岭		
14	1GX3-P	单回路	JL/G1A-240/30，JLB20A-100	15mm，28.5m/s	酒杯型	平地	3000	
15	1GX3-Q					丘陵		
16	1GX3-S					山地		
17	1GX3-G					高山		
18	1GX3-J					峻岭		

第 7 章　典型方案通用造价指标一览表

针对每个典型方案，编制完整概算，计算典型方案的各项技术指标及经济指标。典型方案通用造价技术指标一览表见表 7-1 和表 7-2；典型方案通用造价经济指标一览表见表 7-3 和表 7-4。

表 7-1　　西藏地区典型方案通用造价技术指标一览表

序号	典型方案编号	导线（t/km）	地线（t/km）	塔数（基/km）	塔材（t/km）	基础钢材（t/km）	基础混凝土（m^3/km）	基坑开方（m^3/km）	接地钢材（t/km）	接地开方（m^3/km）	合成绝缘子（支/km）	盘式绝缘子（片/km）	防振锤（个/km）	挂线金具（t/km）	护坡、排洪沟（m^3/km）
1	5XZA1-P	20.53	2.00	2.50	51.77	5.75	76.62	454.38	1.19	370.90	15.00	126.48	84.00	3.10	0.00
2	5XZA1-H	20.53	2.00	2.50	51.92	12.85	142.77	945.15	1.19	370.90	15.00	126.48	84.00	3.10	0.00
3	5XZA1-Q	20.63	2.00	2.40	66.25	8.27	103.35	398.92	1.13	353.40	14.40	163.68	84.00	3.10	10.00
4	5XZA1-S	20.83	2.00	2.20	66.86	8.55	104.31	258.68	1.07	337.00	13.20	208.32	84.00	3.10	20.00
5	5XZA1-G	20.93	2.00	2.00	69.10	9.16	107.79	118.57	1.01	318.80	12.00	260.40	84.00	3.10	30.00
6	5XZA1-J	21.04	2.00	2.40	86.01	12.54	139.34	153.27	1.23	388.80	14.40	446.40	84.00	4.80	30.00
7	5XZA3-P	20.53	2.00	2.50	61.56	6.83	91.11	540.26	1.19	370.90	15.00	134.64	84.00	3.10	0.00
8	5XZA3-H	20.53	2.00	2.50	61.87	15.31	170.15	1126.38	1.19	370.90	15.00	134.64	84.00	3.10	0.00
9	5XZA3-Q	20.63	2.00	2.40	80.46	10.04	125.51	484.47	1.13	353.40	14.40	174.24	84.00	3.10	10.00
10	5XZA3-S	20.83	2.00	2.20	81.09	10.37	126.49	313.70	1.07	337.00	13.20	221.76	84.00	3.10	20.00
11	5XZA3-G	20.93	2.00	2.00	81.75	10.84	127.53	140.28	1.01	318.80	12.00	277.20	84.00	3.10	30.00
12	5XZA3-J	21.04	2.00	2.40	98.12	14.31	158.95	174.84	1.23	388.80	14.40	475.20	84.00	4.80	30.00
13	5XZA4-P	20.53	2.00	2.50	64.15	7.12	94.94	563.00	1.19	370.90	15.00	126.48	84.00	3.10	0.00
14	5XZA4-H	20.53	2.00	2.50	64.29	15.91	176.80	1170.42	1.19	370.90	15.00	126.48	84.00	3.10	0.00
15	5XZA4-Q	20.63	2.00	2.40	81.33	10.40	126.87	489.73	1.13	353.40	14.40	163.68	84.00	3.10	10.00
16	5XZA4-S	20.83	2.00	2.20	82.86	10.99	129.25	320.55	1.07	337.00	13.20	208.32	84.00	3.10	20.00
17	5XZA4-G	20.93	2.00	2.00	83.77	11.11	130.68	143.75	1.01	318.80	12.00	260.40	84.00	3.10	30.00
18	5XZA4-J	21.04	2.00	2.40	101.79	14.84	164.91	181.40	1.23	388.80	14.40	446.40	84.00	4.80	30.00
19	5XZB1-P	41.06	2.00	2.50	119.60	13.20	165.04	978.70	1.19	370.90	27.96	252.96	168.00	6.20	0.00
20	5XZB1-H	41.06	2.00	2.50	120.04	34.03	324.11	2145.64	1.19	370.90	27.96	252.96	168.00	6.20	0.00
21	5XZB1-Q	41.26	2.00	2.40	152.93	18.46	217.16	838.22	1.13	353.40	26.16	327.36	168.00	6.20	10.00
22	5XZB1-S	41.67	2.00	2.20	157.83	19.72	224.12	555.82	1.07	337.00	23.04	416.64	168.00	6.20	20.00
23	5XZB1-G	41.87	2.00	2.00	165.23	20.79	236.28	259.91	1.01	318.80	19.80	520.80	168.00	6.20	30.00

续表 7-1

序号	典型方案编号	导线（t/km）	地线（t/km）	塔数（基/km）	塔材（t/km）	基础钢材（t/km）	基础混凝土（m^3/km）	基坑开方（m^3/km）	接地钢材（t/km）	接地开方（m^3/km）	合成绝缘子（支/km）	盘式绝缘子（片/km）	防振锤（个/km）	挂线金具（t/km）	护坡、排洪沟（m^3/km）
24	5XZB1-J	42.07	2.00	2.40	215.16	29.57	324.89	357.38	1.23	388.80	21.60	892.80	168.00	7.60	30.00
25	2XZA1-P	5.53	1.62	2.70	29.47	3.84	45.52	260.00	0.22	71.52	0.00	428.74	62.00	0.69	0.00
26	2XZA1-H	5.53	1.62	2.70	29.48	7.13	70.60	338.00	0.21	67.23	0.00	428.52	62.00	0.69	0.00
27	2XZA1-Q	5.53	1.62	2.58	28.23	3.33	40.47	158.00	0.42	87.82	0.00	423.38	63.00	0.69	10.00
28	2XZA1-S	5.53	1.62	2.40	28.72	3.68	48.41	115.00	0.48	85.11	0.00	437.48	62.00	0.70	20.00
29	2XZA1-G	5.53	1.62	2.31	31.50	3.78	49.79	58.00	0.49	88.19	0.00	482.68	61.00	0.74	30.00
30	2XZA1-J	5.53	1.62	2.38	36.92	4.36	58.49	71.00	0.54	93.23	0.00	604.55	59.00	0.89	30.00
31	2XZA2-P	5.53	1.62	2.70	34.64	4.51	53.50	305.00	0.22	71.52	0.00	447.11	62.00	0.69	0.00
32	2XZA2-H	5.53	1.62	2.70	34.61	8.37	82.88	397.00	0.21	67.23	0.00	446.88	62.00	0.69	0.00
33	2XZA2-Q	5.53	1.62	2.58	33.20	3.92	47.59	186.00	0.42	87.82	0.00	442.00	63.00	0.69	10.00
34	2XZA2-S	5.53	1.62	2.40	33.27	4.26	56.08	133.00	0.48	85.11	0.00	456.19	62.00	0.70	20.00
35	2XZA2-G	5.53	1.62	2.31	36.28	4.35	57.35	67.00	0.49	88.19	0.00	503.25	61.00	0.74	30.00
36	2XZA2-J	5.53	1.62	2.38	42.09	4.97	66.68	81.00	0.54	93.23	0.00	630.21	59.00	0.89	30.00
37	2XZB1-P	9.06	1.62	2.70	31.64	4.12	48.87	279.00	0.22	71.52	0.00	428.74	62.00	0.69	0.00
38	2XZB1-H	9.06	1.62	2.70	31.67	7.66	75.85	363.00	0.21	67.23	0.00	428.52	62.00	0.69	0.00
39	2XZB1-Q	9.06	1.62	2.58	30.52	3.60	43.75	171.00	0.42	87.82	0.00	423.38	63.00	0.69	10.00
40	2XZB1-S	9.06	1.62	2.40	30.60	3.92	51.58	122.00	0.48	85.11	0.00	437.48	62.00	0.70	20.00
41	2XZB1-G	9.06	1.62	2.31	33.17	3.98	52.43	62.00	0.49	88.19	0.00	482.68	61.00	0.74	30.00
42	2XZB1-J	9.06	1.62	2.38	38.70	4.57	61.31	74.00	0.54	93.23	0.00	604.55	59.00	0.89	30.00
43	2XZB2-P	9.06	1.62	2.70	40.28	5.25	62.20	356.00	0.22	71.52	0.00	447.11	62.00	0.69	0.00
44	2XZB2-H	9.06	1.62	2.70	40.29	9.74	96.49	462.00	0.21	67.23	0.00	446.88	62.00	0.69	0.00
45	2XZB2-Q	9.06	1.62	2.58	38.84	4.58	55.67	244.00	0.42	87.82	0.00	442.00	63.00	0.69	10.00
46	2XZB2-S	9.06	1.62	2.40	38.21	4.89	64.41	153.00	0.48	85.11	0.00	456.19	62.00	0.70	20.00

续表 7-1

序号	典型方案编号	导线（t/km）	地线（t/km）	塔数（基/km）	塔材（t/km）	基础钢材（t/km）	基础混凝土（m^3/km）	基坑开方（m^3/km）	接地钢材（t/km）	接地开方（m^3/km）	合成绝缘子（支/km）	盘式绝缘子（片/km）	防振锤（个/km）	挂线金具（t/km）	护坡、排洪沟（m^3/km）
47	2XZB2-G	9.06	1.62	2.31	39.97	4.80	63.18	74.00	0.49	88.19	0.00	503.25	61.00	0.74	30.00
48	2XZB2-J	9.06	1.62	2.38	45.41	5.36	71.93	87.00	0.54	93.23	0.00	630.21	59.00	0.89	30.00
49	2XZC1-P	11.06	1.62	2.70	56.81	7.40	87.74	568.00	0.22	71.52	0.00	827.51	103.00	1.02	0.00
50	2XZC1-H	11.06	1.62	2.70	56.86	13.75	136.16	703.00	0.21	67.23	0.00	827.08	103.00	1.02	0.00
51	2XZC1-Q	11.06	1.62	2.58	54.47	6.43	78.07	359.00	0.42	87.82	0.00	832.12	108.00	1.05	10.00
52	2XZC1-S	11.06	1.62	2.40	54.41	6.97	91.72	230.00	0.48	85.11	0.00	877.50	107.00	1.13	20.00
53	2XZC1-G	11.06	1.62	2.31	62.70	7.52	99.10	116.00	0.49	88.19	0.00	975.18	103.00	1.24	30.00
54	2XZC1-J	11.06	1.62	2.38	74.15	8.75	117.46	146.00	0.54	93.23	0.00	1238.48	101.00	1.58	30.00
55	2XZC2-P	11.06	1.62	2.70	66.63	8.68	102.89	673.00	0.22	71.52	0.00	892.71	103.00	1.02	0.00
56	2XZC2-H	11.06	1.62	2.70	66.63	16.11	159.57	833.00	0.21	67.23	0.00	892.25	103.00	1.02	0.00
57	2XZC2-Q	11.06	1.62	2.58	63.44	7.48	90.93	425.00	0.42	87.82	0.00	897.70	108.00	1.05	10.00
58	2XZC2-S	11.06	1.62	2.40	62.89	8.06	106.02	272.00	0.48	85.11	0.00	946.55	107.00	1.13	20.00
59	2XZC2-G	11.06	1.62	2.31	72.09	8.65	113.94	136.00	0.49	88.19	0.00	1051.65	103.00	1.24	30.00
60	2XZC2-J	11.06	1.62	2.38	84.39	9.96	133.68	170.00	0.54	93.23	0.00	1335.27	101.00	1.58	30.00
61	2XZD1-P	18.12	1.62	2.70	67.83	8.84	104.76	649.00	0.22	71.52	0.00	827.51	103.00	1.02	0.00
62	2XZD1-H	18.12	1.62	2.70	67.85	16.40	162.48	802.00	0.21	67.23	0.00	827.08	103.00	1.02	0.00
63	2XZD1-Q	18.12	1.62	2.58	65.61	7.74	94.04	409.00	0.42	87.82	0.00	832.12	108.00	1.05	10.00
64	2XZD1-S	18.12	1.62	2.40	66.21	8.48	111.61	263.00	0.48	85.11	0.00	877.50	107.00	1.13	20.00
65	2XZD1-G	18.12	1.62	2.31	72.92	8.75	115.27	130.00	0.49	88.19	0.00	975.18	103.00	1.24	30.00
66	2XZD1-J	18.12	1.62	2.38	87.51	10.33	138.63	162.00	0.54	93.23	0.00	1238.48	101.00	1.58	30.00
67	2XZD2-P	18.12	1.62	2.70	82.19	10.71	126.93	688.00	0.22	71.52	0.00	892.71	103.00	1.02	0.00
68	2XZD2-H	18.12	1.62	2.70	82.27	19.89	197.01	846.00	0.21	67.23	0.00	892.25	103.00	1.02	0.00
69	2XZD2-Q	18.12	1.62	2.58	79.48	9.38	113.92	432.00	0.42	87.82	0.00	897.70	108.00	1.05	10.00

续表 7-1

序号	典型方案编号	导线（t/km）	地线（t/km）	塔数（基/km）	塔材（t/km）	基础钢材（t/km）	基础混凝土（m^3/km）	基坑开方（m^3/km）	接地钢材（t/km）	接地开方（m^3/km）	合成绝缘子（支/km）	盘式绝缘子（片/km）	防振锤（个/km）	挂线金具（t/km）	护坡、排洪沟（m^3/km）
70	2XZD2-S	18.12	1.62	2.40	79.81	10.22	134.53	278.00	0.48	85.11	0.00	946.55	107.00	1.13	20.00
71	2XZD2-G	18.12	1.62	2.31	89.54	10.75	141.54	140.00	0.49	88.19	0.00	1051.65	103.00	1.24	30.00
72	2XZD2-J	18.12	1.62	2.38	106.48	12.57	168.68	172.00	0.54	93.23	0.00	1335.27	101.00	1.58	30.00
73	1XZA1-P	2.19	1.35	2.80	17.94	3.71	44.15	252.00	0.23	72.54	0.00	239.22	41.00	0.24	0.00
74	1XZA1-H	2.19	1.35	2.80	18.26	4.96	53.98	332.00	0.22	69.80	0.00	239.10	41.00	0.24	0.00
75	1XZA1-Q	2.19	1.35	2.68	16.86	2.99	36.50	142.00	0.45	90.66	0.00	228.45	42.00	0.23	10.00
76	1XZA1-S	2.19	1.35	2.50	18.56	3.62	43.84	104.00	0.50	88.37	0.00	225.86	40.00	0.23	20.00
77	1XZA1-G	2.19	1.35	2.41	20.17	3.73	46.90	55.00	0.51	91.46	0.00	272.14	39.00	0.27	30.00
78	1XZA1-J	2.19	1.35	2.38	20.17	4.11	51.84	61.00	0.54	92.71	0.00	328.71	42.00	0.33	30.00
79	1XZA2-P	2.19	1.35	2.80	19.35	3.90	47.61	272.00	0.23	72.54	0.00	257.05	41.00	0.24	0.00
80	1XZA2-H	2.19	1.35	2.80	19.60	5.32	57.95	357.00	0.22	69.80	0.00	256.92	41.00	0.24	0.00
81	1XZA2-Q	2.19	1.35	2.68	18.09	3.21	39.16	152.00	0.45	90.66	0.00	245.48	42.00	0.23	10.00
82	1XZA2-S	2.19	1.35	2.50	20.16	3.93	47.61	113.00	0.50	88.37	0.00	242.66	40.00	0.23	20.00
83	1XZA2-G	2.19	1.35	2.41	22.06	4.08	51.30	60.00	0.51	91.46	0.00	292.30	39.00	0.27	30.00
84	1XZA2-J	2.19	1.35	2.38	21.82	4.45	56.09	66.00	0.54	92.71	0.00	352.90	42.00	0.33	30.00
85	1XZB1-P	5.53	1.35	2.80	28.22	6.72	61.36	351.00	0.23	72.54	0.00	478.45	62.00	0.44	0.00
86	1XZB1-H	5.53	1.35	2.80	28.67	7.95	74.08	466.00	0.22	69.80	0.00	478.20	62.00	0.44	0.00
87	1XZB1-Q	5.53	1.35	2.68	26.63	5.74	56.54	220.00	0.45	90.66	0.00	456.90	66.00	0.42	10.00
88	1XZB1-S	5.53	1.35	2.50	29.02	6.21	61.43	139.00	0.50	88.37	0.00	451.71	65.00	0.41	20.00
89	1XZB1-G	5.53	1.35	2.41	31.29	6.46	63.95	74.00	0.51	91.46	0.00	544.28	64.00	0.50	30.00
90	1XZB1-J	5.53	1.35	2.38	31.15	7.15	70.82	83.00	0.54	92.71	0.00	657.43	70.00	0.61	30.00
91	1XZB2-P	5.53	1.35	2.80	32.31	7.69	70.24	401.00	0.23	72.54	0.00	514.11	62.00	0.44	0.00
92	1XZB2-H	5.53	1.35	2.80	33.00	9.15	85.27	536.00	0.22	69.80	0.00	513.84	62.00	0.44	0.00

续表 7-1

序号	典型方案编号	导线（t/km）	地线（t/km）	塔数（基/km）	塔材（t/km）	基础钢材（t/km）	基础混凝土（m^3/km）	基坑开方（m^3/km）	接地钢材（t/km）	接地开方（m^3/km）	合成绝缘子（支/km）	盘式绝缘子（片/km）	防振锤（个/km）	挂线金具（t/km）	护坡、排洪沟（m^3/km）
93	1XZB2-Q	5.53	1.35	2.68	30.42	6.56	64.59	251.00	0.45	90.66	0.00	490.95	66.00	0.42	10.00
94	1XZB2-S	5.53	1.35	2.50	34.08	7.29	72.14	163.00	0.50	88.37	0.00	485.31	65.00	0.41	20.00
95	1XZB2-G	5.53	1.35	2.41	36.87	7.61	75.37	87.00	0.51	91.46	0.00	584.60	64.00	0.50	30.00
96	1XZB2-J	5.53	1.35	2.38	36.38	8.35	82.71	97.00	0.54	92.71	0.00	705.80	70.00	0.61	30.00

表 7-2　其他高海拔地区增补方案通用造价技术指标一览表

序号	典型方案编号	导线（t/km）	地线（t/km）	塔数（基/km）	塔材（t/km）	基础钢材（t/km）	基础混凝土（m^3/km）	基坑开方（m^3/km）	接地钢材（t/km）	接地开方（m^3/km）	合成绝缘子（支/km）	盘式绝缘子（片/km）	防振锤（个/km）	挂线金具（t/km）	护坡、排洪沟（m^3/km）
1	5GD3-J	41.58	1.43	2.40	253.34	30.20	342.10	366.05	1.19	281.88	0.00	1742.98	104	6.12	35.00
2	5GE11-J	51.29	1.43	2.40	248.49	32.10	365.30	390.87	1.19	281.88	0.00	1742.98	104	6.33	35.00
3	5GE12-J	51.29	1.43	2.40	287.32	34.10	387.90	415.05	1.19	281.88	0.00	1742.98	104	6.33	35.00
4	3GA3-P	8.38	1.70	2.6	35.07	4.22	48.16	391.06	0.30	117.00	12.72	189.44	69	0.70	0.00
5	3GA3-Q	8.38	1.70	2.5	34.24	4.09	48.69	218.54	0.30	112.50	11.68	162.28	88	0.70	10.00
6	3GA3-S	8.42	1.70	2.3	35.09	3.83	47.21	159.73	0.30	103.50	10.57	156.63	81	0.70	20.00
7	2GB12-J	9.06	1.98	2.12	38.90	7.70	94.50	113.38	0.22	76.60	0.00	363.00	36	0.94	55.00
8	2GB11-J	9.06	1.98	2.12	34.50	7.20	88.90	106.68	0.22	76.60	0.00	363.00	36	0.94	55.00
9	2GE16-J	18.12	1.98	2.12	72.60	12.00	146.10	180.50	0.22	76.60	0.00	642.00	72	1.64	55.00
10	2GD4-J	13.57	1.98	2.12	61.40	10.80	132.30	158.78	0.22	76.60	0.00	642.00	72	1.64	55.00
11	1GD18-S	6.90	1.36	2.68	35.10	6.20	80.81	198.73	0.46	104.00	0.00	459.00	68.4	0.45	16.00
12	1GD18-G	6.90	1.36	2.56	35.00	8.35	93.30	188.88	0.44	99.00	0.00	508.00	66.9	0.51	18.00
13	1GD18-J	6.90	1.36	2.46	36.34	9.19	103.82	184.85	0.43	95.00	0.00	592.00	66.5	0.59	24.00
14	1GX3-P	2.76	1.35	3.04	23.30	4.10	45.30	400.00	0.35	68.00	0.00	252.00	26.8	0.31	15.00
15	1GX3-Q	2.76	1.35	3.10	24.50	4.60	52.20	360.00	0.40	64.00	0.00	257.00	28.5	0.32	15.00
16	1GX3-S	2.76	1.35	2.68	24.60	5.70	64.10	265.00	0.46	62.00	0.00	264.00	47.2	0.34	10.00
17	1GX3-G	2.76	1.35	2.56	25.10	6.10	73.50	190.00	0.44	56.00	0.00	292.00	49.2	0.37	10.00
18	1GX3-J	2.76	1.35	2.46	26.80	6.70	81.20	80.00	0.43	48.00	0.00	338.00	53.1	0.37	10.00

表 7-3 西藏地区典型方案通用造价经济指标一览表

序号	典型方案编号	回路数	气象条件	导线型号	地线型号	单位路径长度造价		综合单价			
						本体工程（万元/km）	静态投资（万元/km）	基础工程（元/m^3）	杆塔工程（元/t）	架线工程（元/km）	附件工程（元/基）
1	5XZA1-P	单回路	10mm, 29m/s	4×JL/G1A-500/45	JLB20A-150	143.28	188.34	2985	9265	472358	84107
2	5XZA1-H	单回路	10mm, 29m/s	4×JL/G1A-500/45	JLB20A-150	183.42	239.86	4270	9699	469409	85748
3	5XZA1-Q	单回路	10mm, 29m/s	4×JL/G1A-500/45	JLB20A-150	174.60	227.10	2978	9737	475843	101318
4	5XZA1-S	单回路	10mm, 29m/s	4×JL/G1A-500/45	JLB20A-150	211.92	273.36	4289	10896	497890	133322
5	5XZA1-G	单回路	10mm, 29m/s	4×JL/G1A-500/45	JLB20A-150	255.54	326.58	5478	11958	518727	185863
6	5XZA1-J	单回路	10mm, 29m/s	4×JL/G1A-500/45	JLB20A-150	349.54	438.70	6827	12617	524523	255658
7	5XZA3-P	单回路	10mm, 33m/s	4×JL/G1A-500/45	JLB20A-150	166.02	215.56	3377	9606	487228	90452
8	5XZA3-H	单回路	10mm, 33m/s	4×JL/G1A-500/45	JLB20A-150	221.32	285.58	4872	10138	483547	92480
9	5XZA3-Q	单回路	10mm, 33m/s	4×JL/G1A-500/45	JLB20A-150	209.82	269.28	3488	10170	491331	109957
10	5XZA3-S	单回路	10mm, 33m/s	4×JL/G1A-500/45	JLB20A-150	260.40	331.48	5084	11577	517305	146674
11	5XZA3-G	单回路	10mm, 33m/s	4×JL/G1A-500/45	JLB20A-150	314.90	397.72	6565	12891	541880	207903
12	5XZA3-J	单回路	10mm, 33m/s	4×JL/G1A-500/45	JLB20A-150	428.46	533.40	8231	13705	548712	288634
13	5XZA4-P	单回路	15mm, 31m/s	4×JL/G1A-500/45	JLB20A-150	162.52	211.30	2705	10037	472358	84107
14	5XZA4-H	单回路	15mm, 31m/s	4×JL/G1A-500/45	JLB20A-150	211.14	273.36	4339	9694	469409	85748
15	5XZA4-Q	单回路	15mm, 31m/s	4×JL/G1A-500/45	JLB20A-150	196.26	252.98	2990	9714	475843	101336
16	5XZA4-S	单回路	15mm, 31m/s	4×JL/G1A-500/45	JLB20A-150	239.58	306.48	4298	10827	497890	133322
17	5XZA4-G	单回路	15mm, 31m/s	4×JL/G1A-500/45	JLB20A-150	285.00	361.80	5472	11893	518727	185863
18	5XZA4-J	单回路	15mm, 31m/s	4×JL/G1A-500/45	JLB20A-150	386.18	482.58	6823	12551	524523	255658
19	5XZB1-P	双回路	10mm, 29m/s	4×JL/G1A-500/45	JLB20A-150	290.98	361.12	2935	9248	874556	160893
20	5XZB1-H	双回路	10mm,29m/s	4×JL/G1A-500/45	JLB20A-150	390.42	485.02	4517	9440	874556	161924
21	5XZB1-Q	双回路	10mm, 29m/s	4×JL/G1A-500/45	JLB20A-150	359.66	444.12	3154	9769	880182	192812
22	5XZB1-S	双回路	10mm, 29m/s	4×JL/G1A-500/45	JLB20A-150	433.80	534.20	4422	10929	915078	251954
23	5XZB1-G	双回路	10mm, 29m/s	4×JL/G1A-500/45	JLB20A-150	527.08	646.68	5481	12619	946626	347858

续表 7-3

序号	典型方案编号	回路数	气象条件	导线型号	地线型号	单位路径长度造价		综合单价			
						本体工程（万元/km）	静态投资（万元/km）	基础工程（元/m^3）	杆塔工程（元/t）	架线工程（元/km）	附件工程（元/基）
24	5XZB1-J	双回路	10mm, 29m/s	4×JL/G1A-500/45	JLB20A-150	733.78	892.78	6809	12770	955635	458910
25	2XZA1-P	单回路	10mm, 29m/s	2×JL/G1A-240/30	JLB20A-120	68.56	95.65	2789	9353	169025	35223
26	2XZA1-H	单回路	10mm, 29m/s	2×JL/G1A-240/30	JLB20A-120	84.64	118.02	4040	9775	168912	35841
27	2XZA1-Q	单回路	10mm, 29m/s	2×JL/G1A-240/30	JLB20A-120	70.14	99.37	2916	9786	170590	37277
28	2XZA1-S	单回路	10mm, 29m/s	2×JL/G1A-240/30	JLB20A-120	88.96	122.66	4044	10719	180892	44448
29	2XZA1-G	单回路	10mm, 29m/s	2×JL/G1A-240/30	JLB20A-120	114.14	154.91	5463	11829	195217	58156
30	2XZA1-J	单回路	10mm, 29m/s	2×JL/G1A-240/30	JLB20A-120	148.53	198.53	7086	12610	198836	76488
31	2XZA2-P	单回路	10mm, 33m/s	2×JL/G1A-240/30	JLB20A-120	80.28	109.70	3142	9533	177617	38066
32	2XZA2-H	单回路	10mm, 33m/s	2×JL/G1A-240/30	JLB20A-120	102.40	139.52	4656	10029	177474	38833
33	2XZA2-Q	单回路	10mm, 33m/s	2×JL/G1A-240/30	JLB20A-120	83.06	114.86	3389	10045	179469	40413
34	2XZA2-S	单回路	10mm, 33m/s	2×JL/G1A-240/30	JLB20A-120	108.34	147.18	4789	11392	191619	48672
35	2XZA2-G	单回路	10mm, 33m/s	2×JL/G1A-240/30	JLB20A-120	141.30	187.65	6537	12759	208559	64834
36	2XZA2-J	单回路	10mm, 33m/s	2×JL/G1A-240/30	JLB20A-120	185.76	243.59	8542	13725	212836	86268
37	2XZB1-P	单回路	10mm, 29m/s	2×JL/G1A-400/50	JLB20A-120	77.48	105.31	2747	9341	230309	35223
38	2XZB1-H	单回路	10mm, 29m/s	2×JL/G1A-400/50	JLB20A-120	95.02	129.48	4042	9773	229938	35841
39	2XZB1-Q	单回路	10mm, 29m/s	2×JL/G1A-400/50	JLB20A-120	79.60	109.68	2910	9783	232063	37307
40	2XZB1-S	单回路	10mm, 29m/s	2×JL/G1A-400/50	JLB20A-120	98.80	134.58	4040	10716	243315	44448
41	2XZB1-G	单回路	10mm, 29m/s	2×JL/G1A-400/50	JLB20A-120	124.27	165.98	5458	11826	258417	58156
42	2XZB1-J	单回路	10mm, 29m/s	2×JL/G1A-400/50	JLB20A-120	159.61	210.84	7080	12607	262231	76488
43	2XZB2-P	单回路	10mm, 33m/s	2×JL/G1A-400/50	JLB20A-120	94.37	125.67	3078	9528	239378	38066
44	2XZB2-H	单回路	10mm, 33m/s	2×JL/G1A-400/50	JLB20A-120	119.52	159.10	4549	10024	238918	38833
45	2XZB2-Q	单回路	10mm, 33m/s	2×JL/G1A-400/50	JLB20A-120	98.57	132.54	3460	10039	241451	40413
46	2XZB2-S	单回路	10mm, 33m/s	2×JL/G1A-400/50	JLB20A-120	125.20	166.42	4781	11386	254716	48672
47	2XZB2-G	单回路	10mm, 33m/s	2×JL/G1A-400/50	JLB20A-120	157.30	205.82	6529	12754	272568	64834

续表 7-3

序号	典型方案编号	回路数	气象条件	导线型号	地线型号	单位路径长度造价		综合单价			
						本体工程（万元/km）	静态投资（万元/km）	基础工程（元/m³）	杆塔工程（元/t）	架线工程（元/km）	附件工程（元/基）
48	2XZB2-J	单回路	10mm, 33m/s	2×JL/G1A-400/50	JLB20A-120	203.73	264.10	8679	13721	277073	86268
49	2XZC1-P	双回路	10mm, 29m/s	2×JL/G1A-240/30	JLB20A-120	124.40	163.14	2519	9256	289607	65867
50	2XZC1-H	双回路	10mm, 29m/s	2×JL/G1A-240/30	JLB20A-120	153.58	201.74	3725	9671	289917	67060
51	2XZC1-Q	双回路	10mm, 29m/s	2×JL/G1A-240/30	JLB20A-120	128.00	169.15	2855	9683	292234	70855
52	2XZC1-S	双回路	10mm, 29m/s	2×JL/G1A-240/30	JLB20A-120	161.26	211.18	4021	10758	309166	86267
53	2XZC1-G	双回路	10mm, 29m/s	2×JL/G1A-240/30	JLB20A-120	212.43	273.47	5410	11867	331769	114237
54	2XZC1-J	双回路	10mm, 29m/s	2×JL/G1A-240/30	JLB20A-120	280.36	357.27	7023	12641	337464	152564
55	2XZC2-P	双回路	10mm, 33m/s	2×JL/G1A-240/30	JLB20A-120	146.76	189.92	2871	9520	303060	72769
56	2XZC2-H	双回路	10mm, 33m/s	2×JL/G1A-240/30	JLB20A-120	185.36	240.14	4219	10014	303390	74261
57	2XZC2-Q	双回路	10mm, 33m/s	2×JL/G1A-240/30	JLB20A-120	152.36	198.43	3327	10029	306165	78392
58	2XZC2-S	双回路	10mm, 33m/s	2×JL/G1A-240/30	JLB20A-120	196.52	253.60	4769	11368	326135	96294
59	2XZC2-G	双回路	10mm, 33m/s	2×JL/G1A-240/30	JLB20A-120	263.46	334.96	6483	12695	352898	129479
60	2XZC2-J	双回路	10mm, 33m/s	2×JL/G1A-240/30	JLB20A-120	351.23	442.51	8477	13642	359638	174599
61	2XZD1-P	双回路	10mm, 29m/s	2×JL/G1A-400/50	JLB20A-120	150.92	193.66	2484	9223	411792	65867
62	2XZD1-H	双回路	10mm, 29m/s	2×JL/G1A-400/50	JLB20A-120	185.02	238.36	3667	9631	412271	67060
63	2XZD1-Q	双回路	10mm, 29m/s	2×JL/G1A-400/50	JLB20A-120	156.61	202.26	2848	9644	414768	70855
64	2XZD1-S	双回路	10mm, 29m/s	2×JL/G1A-400/50	JLB20A-120	196.42	252.18	4022	10751	433434	86267
65	2XZD1-G	双回路	10mm, 29m/s	2×JL/G1A-400/50	JLB20A-120	248.11	315.12	5402	11828	456877	114218
66	2XZD1-J	双回路	10mm, 29m/s	2×JL/G1A-400/50	JLB20A-120	328.34	413.58	7014	12593	463432	152564
67	2XZD2-P	双回路	10mm, 33m/s	2×JL/G1A-400/50	JLB20A-120	181.05	229.74	2829	9539	426137	72769
68	2XZD2-H	双回路	10mm, 33m/s	2×JL/G1A-400/50	JLB20A-120	229.12	291.58	4208	10036	426665	74261
69	2XZD2-Q	双回路	10mm, 33m/s	2×JL/G1A-400/50	JLB20A-120	190.04	242.36	3319	10050	429653	78392
70	2XZD2-S	双回路	10mm, 33m/s	2×JL/G1A-400/50	JLB20A-120	245.46	311.28	4762	11393	451655	96294
71	2XZD2-G	双回路	10mm, 33m/s	2×JL/G1A-400/50	JLB20A-120	321.86	403.85	6472	12734	480013	129475

续表 7-3

序号	典型方案编号	回路数	气象条件	导线型号	地线型号	单位路径长度造价		综合单价			
						本体工程（万元/km）	静态投资（万元/km）	基础工程（元/m^3）	杆塔工程（元/t）	架线工程（元/km）	附件工程（元/基）
72	2XZD2-J	双回路	10mm, 33m/s	2×JL/G1A-400/50	JLB20A-120	432.21	538.07	8464	13672	487152	174599
73	1XZA1-P	单回路	10mm, 29m/s	JL/G1A-185/30	JLB20A-100	43.98	63.67	2629	9491	91225	15798
74	1XZA1-H	单回路	10mm, 29m/s	JL/G1A-185/30	JLB20A-100	53.86	76.42	3945	9951	91442	16100
75	1XZA1-Q	单回路	10mm, 29m/s	JL/G1A-185/30	JLB20A-100	45.50	65.89	2919	9965	92278	16256
76	1XZA1-S	单回路	10mm, 29m/s	JL/G1A-185/30	JLB20A-100	62.96	87.94	4032	11196	99613	18392
77	1XZA1-G	单回路	10mm, 29m/s	JL/G1A-185/30	JLB20A-100	84.58	114.68	5449	12380	109963	25713
78	1XZA1-J	单回路	10mm, 29m/s	JL/G1A-185/30	JLB20A-100	105.38	140.69	7072	13143	112588	34352
79	1XZA2-P	单回路	10mm, 33m/s	JL/G1A-185/30	JLB20A-100	50.27	71.30	3011	9885	97195	17478
80	1XZA2-H	单回路	10mm, 33m/s	JL/G1A-185/30	JLB20A-100	62.62	87.06	4573	10450	97470	17853
81	1XZA2-Q	单回路	10mm, 33m/s	JL/G1A-185/30	JLB20A-100	52.04	77.86	3330	10466	98444	18018
82	1XZA2-S	单回路	10mm, 33m/s	JL/G1A-185/30	JLB20A-100	75.18	102.78	4779	11978	107095	20546
83	1XZA2-G	单回路	10mm, 33m/s	JL/G1A-185/30	JLB20A-100	102.95	137.00	6531	13229	119306	29133
84	1XZA2-J	单回路	10mm, 33m/s	JL/G1A-185/30	JLB20A-100	129.31	169.68	8538	14213	122400	39271
85	1XZB1-P	双回路	10mm, 29m/s	JL/G1A-240/30	JLB20A-100	70.66	96.51	2707	9357	167035	30660
86	1XZB1-H	双回路	10mm, 29m/s	JL/G1A-240/30	JLB20A-100	83.36	112.70	3915	9791	167774	31243
87	1XZB1-Q	双回路	10mm, 29m/s	JL/G1A-240/30	JLB20A-100	73.95	101.01	2938	9806	168839	31583
88	1XZB1-S	双回路	10mm, 29m/s	JL/G1A-240/30	JLB20A-100	96.40	129.08	4121	10972	180938	35802
89	1XZB1-G	双回路	10mm, 29m/s	JL/G1A-240/30	JLB20A-100	125.13	164.30	5560	11998	197165	50335
90	1XZB1-J	双回路	10mm, 29m/s	JL/G1A-240/30	JLB20A-100	154.05	200.02	7192	12784	201265	65736
91	1XZB2-P	双回路	10mm, 33m/s	JL/G1A-240/30	JLB20A-100	82.78	111.20	3030	9717	176353	33977
92	1XZB2-H	双回路	10mm, 33m/s	JL/G1A-240/30	JLB20A-100	100.56	133.56	4500	10249	177231	34711
93	1XZB2-Q	双回路	10mm, 33m/s	JL/G1A-240/30	JLB20A-100	88.12	118.23	3422	10265	178485	35070
94	1XZB2-S	双回路	10mm, 33m/s	JL/G1A-240/30	JLB20A-100	119.90	157.60	4871	11563	192753	40063

续表 7-3

序号	典型方案编号	回路数	气象条件	导线型号	地线型号	单位路径长度造价		综合单价			
						本体工程（万元/km）	静态投资（万元/km）	基础工程（元/m³）	杆塔工程（元/t）	架线工程（元/km）	附件工程（元/基）
95	1XZB2-G	双回路	10mm, 33m/s	JL/G1A-240/30	JLB20A-100	159.67	206.04	6650	12956	211930	57112
96	1XZB2-J	双回路	10mm, 33m/s	JL/G1A-240/30	JLB20A-100	198.69	254.01	8668	13926	216772	75391

表 7-4 其他高海拔地区增补方案通用造价经济指标一览表

序号	典型方案编号	回路数	气象条件	导线型号	地线型号	单位路径长度造价		综合单价			
						本体工程（万元/km）	静态投资（万元/km）	基础工程（元/m³）	杆塔工程（元/t）	架线工程（元/km）	附件工程（元/基）
1	5GD3-J	双回路	15mm, 27m/s	4×JL/G1A-500/45	JLB20A-150	830.08	1002.92	6480	13602	951588	572778
2	5GE11-J	双回路	10mm, 27m/s	4×JL/G1A-630/45	JLB20A-150	860.94	1034.38	6461	13513	1186861	580331
3	5GE12-J	双回路	15mm, 27m/s	4×JL/G1A-630/45	JLB20A-150	928.86	1113.94	6465	13475	1204336	580331
4	3GA3-P	单回路	10mm, 27m/s	2×JL/G1A-400/35	JLB20A-120	83.60	116.80	3210	9259	239531	34211
5	3GA3-Q	单回路	10mm, 27m/s	2×JL/G1A-400/35	JLB20A-120	87.60	123.42	3716	9681	229476	36993
6	3GA3-S	单回路	10mm, 27m/s	2×JL/G1A-400/35	JLB20A-120	106.72	147.02	5659	10799	241982	44195
7	2GB12-J	单回路	15mm, 27m/s	2×JL/G1A-400/50	JLB20A-150	171.72	229.94	6261	12190	263667	59255
8	2GB11-J	单回路	10mm, 27m/s	2×JL/G1A-400/50	JLB20A-150	162.20	215.46	6252	12209	263801	59545
9	2GE16-J	双回路	10mm, 27m/s	2×JL/G1A-400/50	JLB20A-150	283.54	361.70	6248	12058	461117	106667
10	2GD4-J	双回路	15mm, 27m/s	2×JL/G1A-300/40	JLB20A-150	256.86	331.04	6244	12089	379937	118897
11	1GD18-S	双回路	15mm, 29m/s	JL/G1A-300/40	JLB20A-100	118.88	143.46	4541	10685	210328	30716
12	1GD18-G	双回路	15mm, 29m/s	JL/G1A-300/40	JLB20A-100	158.86	187.34	6518	11754	242560	42008
13	1GD18-J	双回路	15mm, 29m/s	JL/G1A-300/40	JLB20A-100	202.80	235.72	8367	12479	262502	56059
14	1GX3-P	单回路	15mm, 28.5m/s	JL/G1A-240/30	JLB20A-100	56.22	72.20	2926	9348	101060	11858
15	1GX3-Q	单回路	15mm, 28.5m/s	JL/G1A-240/30	JLB20A-100	64.74	82.10	3383	9784	104026	12240
16	1GX3-S	单回路	15mm, 28.5m/s	JL/G1A-240/30	JLB20A-100	83.32	102.94	4512	10729	117705	17691
17	1GX3-G	单回路	15mm, 28.5m/s	JL/G1A-240/30	JLB20A-100	104.66	126.70	5541	11605	137659	23807
18	1GX3-J	单回路	15mm, 28.5m/s	JL/G1A-240/30	JLB20A-100	129.38	153.48	6743	12494	149735	31100

第三篇　典型方案通用造价

第8章　典型方案5XZA1-P通用造价

8.1　基本技术条件

典型方案5XZA1-P为《国家电网公司输变电工程通用设计　西藏电网110～500kV输电线路分册（2015年版）》中5XZA1模块在平地地形条件下的典型方案，直线塔采用酒杯型铁塔，耐张塔采用干字型铁塔，按照平均海拔3500m编制概算。典型方案5XZA1-P一般条件、交叉跨越、主要材料单位路径长度指标分别见表8-1～表8-3。

表8-1　　典型方案5XZA1-P一般条件表

<table>
<tr><td colspan="2">电压等级（kV）</td><td colspan="4">500</td><td colspan="4">回路数</td><td colspan="4">单回路</td></tr>
<tr><td colspan="2">导线型号</td><td colspan="4">4×JL/G1A-500/45</td><td colspan="4">地线型号</td><td colspan="4">JLB20A-150</td></tr>
<tr><td colspan="2">路径长度（km）</td><td colspan="4">50</td><td colspan="4" rowspan="2">气象条件</td><td colspan="2">覆冰（mm）</td><td colspan="2">风速（m/s）</td></tr>
<tr><td colspan="2">地形</td><td colspan="4">平地</td><td colspan="2">10</td><td colspan="2">29</td></tr>
<tr><td rowspan="2">地质条件</td><td>条件</td><td>普通土</td><td colspan="2">坚土</td><td>松砂石</td><td>水坑</td><td colspan="2">泥水坑</td><td>流沙坑</td><td>干砂坑</td><td colspan="2">岩石（爆破）</td><td>岩石（人工）</td></tr>
<tr><td>比例（%）</td><td>5</td><td colspan="2">40</td><td>50</td><td>5</td><td colspan="2"></td><td></td><td></td><td colspan="2"></td><td></td></tr>
<tr><td rowspan="2">基础</td><td>型式</td><td colspan="2">板式</td><td colspan="2">台阶</td><td colspan="2">掏挖</td><td colspan="2">岩石嵌固</td><td colspan="2">岩石锚固</td><td colspan="2">灌注桩</td></tr>
<tr><td>比例（%）</td><td colspan="2">70</td><td colspan="2"></td><td colspan="2">20</td><td colspan="2"></td><td colspan="2"></td><td colspan="2">10</td></tr>
<tr><td rowspan="2">铁塔</td><td>类别</td><td colspan="2">直线</td><td colspan="2">耐张</td><td colspan="2">总基数（基）</td><td colspan="2" rowspan="2">运距（km）</td><td colspan="2">人力</td><td colspan="2">汽车</td></tr>
<tr><td>比例（%）</td><td colspan="2">86</td><td colspan="2">14</td><td colspan="2">125</td><td colspan="2">0.3</td><td colspan="2">25</td></tr>
<tr><td colspan="7" rowspan="2">路径长度单位造价（万元/km）</td><td colspan="3">本体造价</td><td colspan="4">143.28</td></tr>
<tr><td colspan="3">静态造价</td><td colspan="4">188.34</td></tr>
</table>

表8-2　　典型方案5XZA1-P交叉跨越表

序号	被跨越物名称	跨越次数	备注
1	铁路		
2	高速公路		双向四车道以上
	一般公路	2	
3	500kV电力线		
	220kV电力线	1	
	110kV电力线	1	
	66kV电力线		
	35kV电力线	2	
	10kV电力线	6	
	低压线	24	380V及以下线路

续表 8-2

序号	被跨越物名称	跨　越　次　数	备　　注
4	通信线	24	
5	河流	5	
6	水库		

表 8-3　　　　典型方案 5XZA1-P 主要材料路径长度单位指标

<table>
<tr><th colspan="2">项目</th><th colspan="3">数据</th><th>项目</th><th>数据</th></tr>
<tr><td colspan="2">导线（t/km）</td><td colspan="3">20.53</td><td>地线（t/km）</td><td>2.00</td></tr>
<tr><td colspan="2">塔数（基/km）</td><td colspan="3">2.50</td><td>铁塔钢材（t/km）</td><td>51.77</td></tr>
<tr><td colspan="2">基础钢材（t/km）</td><td colspan="3">5.75</td><td>接地钢材（t/km）</td><td>1.19</td></tr>
<tr><td colspan="2">合成绝缘子（支/km）</td><td colspan="3">15.00</td><td rowspan="2">间隔棒（个/km）</td><td rowspan="2">67.00</td></tr>
<tr><td colspan="2">盘式绝缘子（片/km）</td><td colspan="3">126.48</td></tr>
<tr><td colspan="2">防振锤（个/km）</td><td colspan="3">84.00</td><td>挂线金具（t/km）</td><td>3.10</td></tr>
<tr><td rowspan="2">土石方量（m³/km）</td><td>类型</td><td>基面</td><td>基坑</td><td>接地</td><td>混凝土（m³/km）</td><td>76.62</td></tr>
<tr><td>数量</td><td></td><td>454.38</td><td>370.90</td><td>护坡、排水沟、保坎（m³/km）</td><td></td></tr>
</table>

8.2 概算书

概算投资为静态投资，编制依据见第 4 章。500kV 输电线路工程典型方案 5XZA1-P 总概算表、安装工程费用汇总概算表、其他费用概算表分别见表 8-4～表 8-6。

表 8-4　　　　典型方案 5XZA1-P 总概算表

序号	工程或费用名称	费用金额（万元）	各项占总计（%）	单位投资（万元/km）
一	架空输电线路本体工程	7164	76.08	143.28
二	辅助设施工程			
	小计	7164	76.08	143.28
三	编制期价差	399	4.24	7.9
四	其他费用	1742	18.50	34.84
、	其中：建设场地征用及清理费	800	8.50	16
五	基本预备费	93	0.99	1.86
六	特殊项目	19	0.20	0.38
	工程静态投资	9417	100.00	188.34

表 8-5　　　　典型方案 5XZA1-P 安装工程费用汇总概算表　　　　金额单位：元

序号	工程或费用名称	取费基数	费率（%）	基础工程	杆塔工程	接地工程	架线工程	附件工程	辅助工程	合计	各项占总计（%）	单位投资（元/km）
一	直接费（C）			7487622	22202129	1407001	22206771	9237937	33536	62574996	87.34	1251499.92
1	直接工程费（B）	1)+2)		6650207	21352529	1269052	21436201	8790718	30908	59529615	83.09	1190592.30
1）	定额直接费			4367706	2004480	583397	2524068	1409543	30908	10920102	15.24	218402.04
	其中：人工费（A）			3428943	1604227	537595	1159537	1168169	9180	7907651	11.04	158153.02
	机械费			739402	378982	43392	1211636	220681	13244	2607337	3.64	52146.74

续表 8-5

序号	工程或费用名称	取费基数	费率（%）	基础工程	杆塔工程	接地工程	架线工程	附件工程	辅助工程	合计	各项占总计（%）	单位投资（元/km）
2）	装置性材料费			2282501	19348049	685655	18912133	7381175		48609513	67.85	972190.26
2	措施费			837415	849600	137949	770570	447219	2628	3045381	4.25	60907.62
1）	冬雨季施工增加费	A	7.23	247912	115986	38869	83834	84459	664	571724	0.80	11434.48
2）	施工工具用具使用费	A	2.7	92582	43314	14515	31308	31541	248	213508	0.30	4270.16
3）	临时设施费	B	6.59	225967	105718	35428	76413	76982	605	521113	0.73	10422.26
4）	施工机构迁移费	A	2.20	75437	35293	11827	25509	25700	202	173968	0.24	3479.36
5）	安全文明施工费	B	2.94	195517	549289	37310	553506	228537	909	1565068	2.18	31301.36
二	间接费			2352392	1100565	368813	795489	801411	6299	5424969	7.57	108499.38
1	规费			1477326	691165	231618	499576	503295	3956	3406936	4.76	68138.72
1）	社会保险费	A	29.25	1003104	469301	157268	339211	341737	2686	2313307	3.23	46266.14
2）	住房公积金	A	12.24	419702	196357	65802	141928	142984	1124	967897	1.35	19357.94
3）	危险作业意外伤害保险费	A	1.59	54520	25507	8548	18437	18574	146	125732	0.18	2514.64
2	企业管理费	A	21.82	748196	350042	117304	253011	254894	2003	1725450	2.41	34509.00
3	高原医疗保障费	A	1.53	52463	24545	8225	17741	17873	140	120987	0.17	2419.74
4	高原习服费	A	1.64	56234	26310	8817	19016	19157	151	129685	0.18	2593.70
5	施工企业配合调试费	C	0.53	18173	8503	2849	6145	6192	49	41911	0.06	838.22
三	利润	一+二	16.2	555488	259885	87091	187845	189243	1487	1281039	1.79	25620.78
四	税金	一+二+三	10.0	1039550	421453	186290	427797	284742	4132	2363964	3.30	47279.28
	安装工程费合计	一～四合计		11435052	23984032	2049195	23617902	10513333	45454	71644968	100.00	1432899.36
	各项占总计（%）			16	33	3	33	15	0	100		
	单位投资（元 / km）			228701	479681	40984	472358	210267	909	1432899		

表 8-6　　典型方案 5XZA1-P 其他费用概算表　　金额单位：元

序号	工程或费用名称	编制依据及计算说明	合　价
1	建设场地征用及清理费		8000000
2	项目建设管理费		1884984

续表 8-6

序号	工程或费用名称	编制依据及计算说明	合　价
2.1	项目法人管理费	（取费人工费×人工海拔调整系数）×4.75%	375613
2.2	招标费	安装工程费×0.28%	200606
2.3	工程监理费		935000
2.5	工程结算审核费	安装工程费×0.30%	214935
2.6	工程保险费	（安装工程费+编制年价差）×0.21%	158830
3	项目建设技术服务费		7466896
3.1	项目前期工作费	（勘察费+基本设计费）×12.16%	541560
3.3	勘察设计费		5542946
3.3.1	勘察费		2000000
3.3.1.1	海拉瓦优化选线	50km×0.85 万元/km	425000
3.3.1.2	高清晰度卫片选线	50km×0.20 万元/km	100000
3.3.2	设计费	国家电网电定〔2014〕19 号	3017946
3.4	设计文件评审费		690000
3.4.1	可行性研究设计文件评审费	50km×0.36 万元/km	180000
3.4.2	初步设计文件评审费	50km×0.49 万元/km	245000
3.4.3	施工图文件审查费	50km×0.53 万元/km	265000
3.5	项目后评价费	（取费人工费×人工海拔调整系数）×1.50%	118615
3.6	工程建设检测费		502130
3.6.1	电力工程质量检测费	（取费人工费×人工海拔调整系数）×1.20%	94892
3.6.3	环境监测验收费		200000
3.6.4	水土保持项目验收及补偿费		207238
3.7	电力工程技术经济标准编制管理费	安装工程费×0.10%	71645
4	生产准备费		68796
4.2	工器具及办公家具购置费	（取费人工费×人工海拔调整系数）×0.62%	49027
4.3	生产职工培训及提前进场费	（取费人工费×人工海拔调整系数）×0.25%	19769
	合计		17420676

第 9 章　典型方案 5XZA1-H 通用造价

9.1　基本技术条件

典型方案 5XZA1-H 为《国家电网公司输变电工程通用设计　西藏电网 110～500kV 输电线路分册（2015 年版）》中 5XZA1 模块在河网泥沼地形条件下的典型方案，直线塔采用酒杯型铁塔，耐张塔采用干字型铁塔。按照平均海拔 3500m 编制概算。典型方案 5XZA1-H 一般条件、交叉跨越、主要材料单位路径长度指标分别见表 9-1～表 9-3。

表 9-1　　典型方案 5XZA1-H 一般条件表

电压等级（kV）		500			回路数			单回路		
导线型号		4×JL/G1A-500/45			地线型号			JLB20A-150		
路径长度（km）		50			气象条件			覆冰（mm）		风速（m/s）
地形		河网泥沼						10		29
地质条件	条件	普通土	坚土	松砂石	水坑	泥水坑	流沙坑	干砂坑	岩石（爆破）	岩石（人工）
	比例（%）				50	50				
基础	型式	板式	台阶		掏挖	岩石嵌固		岩石锚固		灌注桩
	比例（%）	80								20
铁塔	类别	直线	耐张		总基数（基）	运距（km）		人力		汽车
	比例（%）	86	14		125			0.7		25
路径长度单位造价（万元/km）					本体造价			183.42		
					静态造价			239.86		

表 9-2　　典型方案 5XZA1-H 交叉跨越表

序号	被跨越物名称	跨 越 次 数	备 注
1	铁路		
2	高速公路		双向四车道以上
	一般公路	2	
3	500kV 电力线		
	220kV 电力线	1	
	110kV 电力线	1	
	66kV 电力线		
	35kV 电力线	2	
	10kV 电力线	6	
	低压线	10	380V 及以下线路
4	通信线	10	
5	河流	15	
6	水库		

表 9-3　　典型方案 5XZA1-H 主要材料路径长度单位指标

项目					数据	项目	数据
导线（t/km）					20.53	地线（t/km）	2.00
塔数（基/km）					2.50	铁塔钢材（t/km）	51.92
基础钢材（t/km）					12.85	接地钢材（t/km）	1.19
合成绝缘子（支/km）					15.00	间隔棒（个/km）	67.00
盘式绝缘子（片/km）					126.48		
防振锤（个/km）					84.00	挂线金具（t/km）	3.10
土石方量（m^3/km）	类型	基面	基坑	接地		混凝土（m^3/km）	142.77
	数量		945.15	370.90		护坡、排水沟、保坎（m^3/km）	

9.2 概算书

概算投资为静态投资，编制依据见第 4 章。500kV 输电线路工程典型方案 5XZA1-H 总概算表、安装工程费用汇总概算表、其他费用概算表分别见表 9-4～表 9-6。

表 9-4　　典型方案 5XZA1-H 总概算表

序号	工程或费用名称	费用金额（万元）	各项占总计（%）	单位投资（万元/km）
一	架空输电线路本体工程	9171	76.47	183.42
二	辅助设施工程			
	小计	9171	76.47	183.42
三	编制期价差	692	5.77	13.84
四	其他费用	1992	16.61	39.84
	其中：建设场地征用及清理费	800	6.67	16
五	基本预备费	119	0.99	2.38
六	特殊项目	19	0.16	0.38
	工程静态投资	11993	100.00	239.86

表 9-5　　典型方案 5XZA1-H 安装工程费用汇总概算表　　金额单位：元

序号	工程或费用名称	取费基数	费率（%）	基础工程	杆塔工程	接地工程	架线工程	附件工程	辅助工程	合计	各项占总计（%）	单位投资（元/km）
一	直接费（C）			19582712	22885811	1303289	22114377	9352531	33536	75272256	82.08	1505445.12
1	直接工程费（B）	1)+2)		17280795	21930086	1183675	21362577	8886618	30908	70674659	77.06	1413493.18
1）	定额直接费			12872406	2528223	498020	2450444	1505443	30908	19885444	21.68	397708.88
	其中：人工费（A）			9582587	2081592	453067	1070827	1252972	9180	14450225	15.76	289004.50
	机械费			2485592	425321	42543	1246364	231778	13244	4444842	4.85	88896.84
2）	装置性材料费			4408389	19401863	685655	18912133	7381175		50789215	55.38	1015784.30
2	措施费			2301917	955725	119614	751800	465913	2628	4597597	5.01	91951.94
1）	冬雨季施工增加费	A	7.23	692821	150500	32757	77421	90590	664	1044753	1.14	20895.06
2）	施工工具用具使用费	A	2.7	258729	56203	12233	28912	33830	248	390155	0.43	7803.10
3）	临时设施费	B	6.59	631494	137176	29857	70567	82572	605	952271	1.04	19045.42
4）	施工机构迁移费	A	2.20	210817	45795	9967	23558	27565	202	317904	0.35	6358.08
5）	安全文明施工费	B	2.94	508056	566051	34800	551342	231356	909	1892514	2.06	37850.28
二	间接费			6574036	1428054	310821	734629	859590	6299	9913429	10.81	198268.58
1	规费			4128561	896833	195200	461354	539831	3956	6225735	6.79	124514.70
1）	社会保险费	A	29.25	2803290	608949	132540	313259	366544	2686	4227268	4.61	84545.36
2）	住房公积金	A	12.24	1172909	254787	55456	131069	153364	1124	1768709	1.93	35374.18
3）	危险作业意外伤害保险费	A	1.59	152362	33097	7204	17026	19923	146	229758	0.25	4595.16
2	企业管理费	A	21.82	2090920	454203	98858	233655	273398	2003	3153037	3.44	63060.74

续表9-5

序号	工程或费用名称	取费基数	费率（%）	基础工程	杆塔工程	接地工程	架线工程	附件工程	辅助工程	合计	各项占总计（%）	单位投资（元/km）
3	高原医疗保障费	A	1.53	146613	31848	6931	16384	19170	140	221086	0.24	4421.72
4	高原习服费	A	1.64	157155	34138	7431	17561	20549	151	236985	0.26	4739.70
5	施工企业配合调试费	C	0.53	50787	11032	2401	5675	6642	49	76586	0.08	1531.72
三	利润	一+二	16.2	1552379	337218	73397	173474	202981	1487	2340936	2.55	46818.72
四	税金	一+二+三	10.0	2770913	524922	168751	411035	303392	4132	4183145	4.56	83662.90
	安装工程费合计	一～四合计		30480040	25176005	1856258	23433515	10718494	45454	91709766	100.00	1834195.32
	各项占总计（%）			33	27	2	26	12	0	100		
	单位投资（元/km）			609601	503520	37125	468670	214370	909	1834195		

表9-6　　典型方案5XZA1-H其他费用概算表　　金额单位：元

序号	工程或费用名称	编制依据及计算说明	合　价
1	建设场地征用及清理费		8000000
2	项目建设管理费		2453922
2.1	项目法人管理费	（取费人工费×人工海拔调整系数）×4.75%	686386
2.2	招标费	安装工程费×0.28%	256787
2.3	工程监理费		1028500
2.5	工程结算审核费	安装工程费×0.30%	275129
2.6	工程保险费	（安装工程费+编制年价差）×0.21%	207120
3	项目建设技术服务费		9340906
3.1	项目前期工作费	（勘察费+基本设计费）×12.16%	707981
3.3	勘察设计费		7053821
3.3.1	勘察费		2750000
3.3.1.1	海拉瓦优化选线	50km×0.85万元/km	425000
3.3.1.2	高清晰度卫片选线	50km×0.20万元/km	100000
3.3.2	设计费	国家电网电定〔2014〕19号	3778821
3.4	设计文件评审费		690000
3.4.1	可行性研究设计文件评审费	50km×0.36万元/km	180000
3.4.2	初步设计文件评审费	50km×0.49万元/km	245000
3.4.3	施工图文件审查费	50km×0.53万元/km	265000
3.5	项目后评价费	（取费人工费×人工海拔调整系数）×1.50%	216753
3.6	工程建设检测费		580641
3.6.1	电力工程质量检测费	（取费人工费×人工海拔调整系数）×1.20%	173403
3.6.3	环境监测验收费		200000
3.6.4	水土保持项目验收及补偿费		207238

续表 9-6

序号	工程或费用名称	编制依据及计算说明	合　价
3.7	电力工程技术经济标准编制管理费	安装工程费×0.10%	91710
4	生产准备费		125717
4.2	工器具及办公家具购置费	（取费人工费×人工海拔调整系数）×0.62%	89591
4.3	生产职工培训及提前进场费	（取费人工费×人工海拔调整系数）×0.25%	36126
	合计		19920545

第 10 章　典型方案 5XZA1-Q 通用造价

10.1　基本技术条件

典型方案 5XZA1-Q 为《国家电网公司输变电工程通用设计　西藏电网 110～500kV 输电线路分册（2015 年版）》中 5XZA1 模块在丘陵地形条件下的典型方案，直线塔采用酒杯型铁塔，耐张塔采用干字型铁塔。按照平均海拔 3500m 编制概算。典型方案 5XZA1-Q 一般条件、交叉跨越、主要材料单位路径长度指标分别见表 10-1～表 10-3。

表 10-1　　**典型方案 5XZA1-Q 一般条件表**

电压等级（kV）		500			回路数			单回路		
导线型号		4×JL/G1A-500/45			地线型号			JLB20A-150		
路径长度（km）		50			气象条件			覆冰（mm）		风速（m/s）
地形		丘陵						10		29
地质条件	条件	普通土	坚土	松砂石	水坑	泥水坑	流沙坑	干砂坑	岩石（爆破）	岩石（人工）
	比例（%）	25	25	30					10	10
基础	型式	板式	台阶		掏挖		岩石嵌固	岩石锚固		灌注桩
	比例（%）	40			60					
铁塔	类别	直线	耐张		总基数（基）		运距（km）	人力		汽车
	比例（%）	82	18		120			0.6		25
路径长度单位造价（万元/km）				本体造价			174.60			
				静态造价			227.10			

表 10-2　　**典型方案 5XZA1-Q 交叉跨越表**

序号	被跨越物名称	跨　越　次　数	备　　注
1	铁路		
2	高速公路		双向四车道以上
	一般公路	2	
3	500kV 电力线		
	220kV 电力线	1	
	110kV 电力线	1	
	66kV 电力线		
	35kV 电力线	2	
	10kV 电力线	6	
	低压线	24	380V 及以下线路

续表 10-2

序号	被跨越物名称	跨 越 次 数	备　注
4	通信线	24	
5	河流	5	
6	水库		

表 10-3　　典型方案 5XZA1-Q 主要材料路径长度单位指标

项目		数据			项目	数据
导线（t/km）		20.63			地线（t/km）	2.00
塔数（基/km）		2.40			铁塔钢材（t/km）	66.25
基础钢材（t/km）		8.27			接地钢材（t/km）	1.13
合成绝缘子（支/km）		14.40			间隔棒（个/km）	69.00
盘式绝缘子（片/km）		163.68				
防振锤（个/km）		84.00			挂线金具（t/km）	3.10
土石方量（m^3/km）	类型	基面	基坑	接地	混凝土（m^3/km）	103.35
	数量	5.00	398.92	353.40	护坡、排水沟、保坎（m^3/km）	10.00

10.2 概算书

概算投资为静态投资，编制依据见第 4 章。500kV 输电线路工程典型方案 5XZA1-Q 总概算表、安装工程费用汇总概算表、其他费用概算表分别见表 10-4～表 10-6。

表 10-4　　典型方案 5XZA1-Q 总概算表

序号	工程或费用名称	费用金额（万元）	各项占总计（%）	单位投资（万元/km）
一	架空输电线路本体工程	8730	76.88	174.60
二	辅助设施工程			
	小计	8730	76.88	174.60
三	编制期价差	587	5.17	11.74
四	其他费用	1907	16.79	38.14
	其中：建设场地征用及清理费	800	7.05	16
五	基本预备费	112	0.99	2.24
六	特殊项目	19	0.17	0.38
	工程静态投资	11355	100.00	227.10

表 10-5　　典型方案 5XZA1-Q 安装工程费用汇总概算表　　金额单位：元

序号	工程或费用名称	取费基数	费率（%）	基础工程	杆塔工程	接地工程	架线工程	附件工程	辅助工程	合计	各项占总计（%）	单位投资（元/km）
一	直接费（C）			9912683	29278392	1807661	22325930	10496246	574785	74395697	85.22	1487913.94
1	直接工程费（B）	1)+2)		8755068	28048084	1601496	21543540	9950842	501207	70400237	80.64	1408004.74
1)	定额直接费			5630065	3291267	926601	2631407	1834742	390937	14705019	16.84	294100.38
	其中：人工费（A）			4808845	2703567	849788	1205816	1526363	314312	11408691	13.07	228173.82
	机械费			613216	557232	49310	1272696	285076	67898	2845428	3.26	56908.56
2)	装置性材料费			3125003	24756817	674895	18912133	8116100	110270	55695218	63.80	1113904.36

续表 10-5

序号	工程或费用名称	取费基数	费率（%）	基础工程	杆塔工程	接地工程	架线工程	附件工程	辅助工程	合计	各项占总计（%）	单位投资（元/km）
2	措施费			1157615	1230308	206165	782390	545404	73578	3995460	4.58	79909.20
1）	冬雨季施工增加费	A	7.23	347680	195468	61440	87180	110356	22726	824850	0.94	16497.00
2）	施工工具用具使用费	A	2.7	129839	72996	22945	32557	41212	8486	308035	0.35	6160.70
3）	临时设施费	B	6.59	316903	178165	56000	79463	100587	20714	751832	0.86	15036.64
4）	施工机构迁移费	A	2.20	105794	59479	18696	26528	33580	6915	250992	0.29	5019.84
5）	安全文明施工费	B	2.94	257399	724200	47084	556662	259669	14737	1859751	2.13	37195.02
二	间接费			3299060	1854756	582988	827237	1047145	215634	7826820	8.97	156536.40
1	规费			2071844	1164806	366122	519513	657618	135420	4915323	5.63	98306.46
1）	社会保险费	A	29.25	1406780	790902	248597	352749	446522	91950	3337500	3.82	66750.00
2）	住房公积金	A	12.24	588603	330917	104014	147592	186827	38472	1396425	1.60	27928.50
3）	危险作业意外伤害保险费	A	1.59	76461	42987	13511	19172	24269	4998	181398	0.21	3627.96
2	企业管理费	A	21.82	1049290	589919	185424	263109	333052	68583	2489377	2.85	49787.54
3	高原医疗保障费	A	1.53	73575	41364	13002	18448	23353	4809	174551	0.20	3491.02
4	高原习服费	A	1.64	78865	44338	13936	19776	25032	5155	187102	0.21	3742.04
5	施工企业配合调试费	C	0.53	25486	14329	4504	6391	8090	1667	60467	0.07	1209.34
三	利润	一+二	16.2	779033	437978	137666	195342	247271	50918	1848208	2.12	36964.16
四	税金	一+二+三	10.0	1399078	681431	252831	443638	367456	84134	3228568	3.70	64571.36
	安装工程费合计	一～四合计		15389854	32252557	2781146	23792147	12158118	925471	87299293	100.00	1745985.86
	各项占总计（%）			18	37	3	27	14	1	100		
	单位投资（元 / km）			307797	645051	55623	475843	243162	18509	1745986		

表 10-6　　　　典型方案 5XZA1-Q 其他费用概算表　　　　金额单位：元

序号	工程或费用名称	编制依据及计算说明	合　价
1	建设场地征用及清理费		8000000
2	项目建设管理费		2178902
2.1	项目法人管理费	（取费人工费×人工海拔调整系数）×4.75%	541913
2.2	招标费	安装工程费×0.28%	244438
2.3	工程监理费		935000
2.5	工程结算审核费	安装工程费×0.30%	261898
2.6	工程保险费	（安装工程费+编制年价差）×0.21%	195653
3	项目建设技术服务费		8792314
3.1	项目前期工作费	（勘察费+基本设计费）×12.16%	661046
3.3	勘察设计费		6636572
3.3.1	勘察费		2500000
3.3.1.1	海拉瓦优化选线	50km×0.85 万元/km	425000
3.3.1.2	高清晰度卫片选线	50km×0.20 万元/km	100000
3.3.2	设计费	国家电网电定〔2014〕19 号	3611572
3.4	设计文件评审费		690000

续表 10-6

序号	工程或费用名称	编制依据及计算说明	合　价
3.4.1	可行性研究设计文件评审费	50km×0.36 万元/km	180000
3.4.2	初步设计文件评审费	50km×0.49 万元/km	245000
3.4.3	施工图文件审查费	50km×0.53 万元/km	265000
3.5	项目后评价费	（取费人工费×人工海拔调整系数）×1.50%	171130
3.6	工程建设检测费		546267
3.6.1	电力工程质量检测费	（取费人工费×人工海拔调整系数）×1.20%	136904
3.6.3	环境监测验收费		200000
3.6.4	水土保持项目验收及补偿费		209363
3.7	电力工程技术经济标准编制管理费	安装工程费×0.10%	87299
4	生产准备费		99256
4.2	工器具及办公家具购置费	（取费人工费×人工海拔调整系数）×0.62%	70734
4.3	生产职工培训及提前进场费	（取费人工费×人工海拔调整系数）×0.25%	28522
	合计		19070472

第 11 章　典型方案 5XZA1-S 通用造价

11.1　基本技术条件

典型方案 5XZA1-S 为《国家电网公司输变电工程通用设计　西藏电网 110～500kV 输电线路分册（2015 年版）》中 5XZA1 模块在山地地形条件下的典型方案，直线塔采用酒杯型铁塔，耐张塔采用干字型铁塔。按照平均海拔 3500m 编制概算。典型方案 5XZA1-S 一般条件、交叉跨越、主要材料单位路径长度指标分别见表 11-1～表 11-3。

表 11-1　　典型方案 5XZA1-S 一般条件表

电压等级（kV）		500			回路数			单回路		
导线型号		4×JL/G1A-500/45			地线型号			JLB20A-150		
路径长度（km）		50			气象条件			覆冰（mm）		风速（m/s）
地形		山地						10		29
地质条件	条件	普通土	坚土	松砂石	水坑	泥水坑	流沙坑	干砂坑	岩石（爆破）	岩石（人工）
	比例（%）	10	10	30					25	25
基础	型式	板式		台阶	掏挖		岩石嵌固	岩石锚固		灌注桩
	比例（%）	20			80					
铁塔	类别	直线		耐张	总基数（基）		运距（km）	人力		汽车
	比例（%）	75		25	110			0.9		25
路径长度单位造价（万元/km）					本体造价			211.92		
					静态造价			273.36		

表 11-2　　典型方案 5XZA1-S 交叉跨越表

序号	被跨越物名称	跨　越　次　数	备　　注
1	铁路		
2	高速公路		双向四车道以上
	一般公路	2	

续表 11-2

序号	被跨越物名称	跨越次数	备注
3	500kV 电力线		
	220kV 电力线	1	
	110kV 电力线	1	
	66kV 电力线		
	35kV 电力线	2	
	10kV 电力线	6	
	低压线	24	380V 及以下线路
4	通信线	24	
5	河流	5	
6	水库		

表 11-3　　典型方案 5XZA1-S 主要材料路径长度单位指标

项目		数据			项目	数据
导线（t/km）		20.83			地线（t/km）	2.00
塔数（基/km）		2.20			铁塔钢材（t/km）	66.86
基础钢材（t/km）		8.55			接地钢材（t/km）	1.07
合成绝缘子（支/km）		13.20			间隔棒（个/km）	71.00
盘式绝缘子（片/km）		208.32				
防振锤（个/km）		84.00			挂线金具（t/km）	3.10
土石方量（m^3/km）	类型	基面	基坑	接地	混凝土（m^3/km）	104.31
	数量	5.00	258.68	337.00	护坡、排水沟、保坎（m^3/km）	20.00

11.2 概算书

概算投资为静态投资，编制依据见第 4 章。500kV 输电线路工程典型方案 5XZA1-S 总概算表、安装工程费用汇总概算表、其他费用概算表分别见表 11-4～表 11-6。

表 11-4　　典型方案 5XZA1-S 总概算表

序号	工程或费用名称	费用金额（万元）	各项占总计（%）	单位投资（万元/km）
一	架空输电线路本体工程	10596	77.53	211.92
二	辅助设施工程			
	小计	10596	77.53	211.92
三	编制期价差	792	5.79	15.84
四	其他费用	2126	15.55	42.52
	其中：建设场地征用及清理费	800	5.85	16
五	基本预备费	135	0.99	2.70
六	特殊项目	19	0.14	0.38
	工程静态投资	13668	100.00	273.36

表 11-5　　**典型方案 5XZA1-S 安装工程费用汇总概算表**　　金额单位：元

序号	工程或费用名称	取费基数	费率（%）	基础工程	杆塔工程	接地工程	架线工程	附件工程	辅助工程	合计	各项占总计（%）	单位投资（元/km）
一	直接费（C）			13798601	31703124	2572691	23078086	12280295	2001758	85434555	80.63	1708691.10
1	直接工程费（B）	1)+2)		12003335	30106093	2236813	22220611	11564901	1704984	79836737	75.35	1596734.74
1）	定额直接费			8775965	5120341	1564767	3308478	2624955	1480873	22875379	21.59	457507.58
	其中：人工费（A）			7704965	4344304	1442931	1500589	2198750	1317553	18509092	17.47	370181.84
	机械费			837387	745407	59613	1654994	399830	154085	3851316	3.63	77026.32
2）	装置性材料费			3227370	24985752	672046	18912133	8939946	224111	56961358	53.76	1139227.16
2	措施费			1795266	1597031	335878	857475	715394	296774	5597818	5.28	111956.36
1）	冬雨季施工增加费	A	7.23	557069	314093	104323	108492	158970	95259	1338206	1.26	26764.12
2）	施工工具用具使用费	A	2.7	208034	117296	38959	40516	59366	35575	499746	0.47	9994.92
3）	临时设施费	B	6.59	507757	286290	95089	98888	144898	86826	1219748	1.15	24394.96
4）	施工机构迁移费	A	2.20	169508	95575	31745	33012	48372	28987	407199	0.38	8143.98
5）	安全文明施工费	B	2.94	352898	783777	65762	576567	303788	50127	2132919	2.01	42658.38
二	间接费			5285914	2980366	989905	1029463	1508431	903896	12697975	11.98	253959.50
1	规费			3319606	1871700	621671	646514	947310	567656	7974457	7.53	159489.14
1）	社会保险费	A	29.25	2254010	1270883	422114	438982	643223	385437	5414649	5.11	108292.98
2）	住房公积金	A	12.24	943087	531743	176615	183673	269127	161270	2265515	2.14	45310.30
3）	危险作业意外伤害保险费	A	1.59	122509	69074	22942	23859	34960	20949	294293	0.28	5885.86
2	企业管理费	A	21.82	1681224	947927	314847	327428	479768	287490	4038684	3.81	80773.68
3	高原医疗保障费	A	1.53	117886	66468	22076	22958	33640	20158	283186	0.27	5663.72
4	高原习服费	A	1.64	126362	71247	23664	24610	36059	21609	303551	0.29	6071.02
5	施工企业配合调试费	C	0.53	40836	23024	7647	7953	11654	6983	98097	0.09	1961.94
三	利润	一+二	16.2	1248204	703777	233754	243096	356197	213444	2998472	2.83	59969.44
四	税金	一+二+三	10.0	2033272	1040152	379636	543851	520498	311910	4829319	4.56	96586.38
	安装工程费合计	一～四合计		22365991	36427419	4175986	24894496	14665421	3431008	105960321	100.00	2119206.42
	各项占总计（%）			22	34	4	23	14	3	100		
	单位投资（元/km）			447320	728548	83520	497890	293308	68620	2119207		

表 11-6　　**典型方案 5XZA1-S 其他费用概算表**　　金额单位：元

序号	工程或费用名称	编制依据及计算说明	合　价
1	建设场地征用及清理费		8000000
2	项目建设管理费		2761397
2.1	项目法人管理费	（取费人工费×人工海拔调整系数）×4.75%	879182
2.2	招标费	安装工程费×0.28%	296689
2.3	工程监理费		1028500
2.5	工程结算审核费	安装工程费×0.30%	317881

续表 11-6

序号	工程或费用名称	编制依据及计算说明	合　价
2.6	工程保险费	（安装工程费+编制年价差）×0.21%	239145
3	项目建设技术服务费		10339490
3.1	项目前期工作费	（勘察费+基本设计费）×12.16%	791805
3.3	勘察设计费		7844215
3.3.1	勘察费		3000000
3.3.1.1	海拉瓦优化选线	50km×0.85 万元/km	425000
3.3.1.2	高清晰度卫片选线	50km×0.20 万元/km	100000
3.3.2	设计费	国家电网电定〔2014〕19 号	4319215
3.4	设计文件评审费		690000
3.4.1	可行性研究设计文件评审费	50km×0.36 万元/km	180000
3.4.2	初步设计文件评审费	50km×0.49 万元/km	245000
3.4.3	施工图文件审查费	50km×0.53 万元/km	265000
3.5	项目后评价费	（取费人工费×人工海拔调整系数）×1.50%	277636
3.6	工程建设检测费		629874
3.6.1	电力工程质量检测费	（取费人工费×人工海拔调整系数）×1.20%	222109
3.6.3	环境监测验收费		200000
3.6.4	水土保持项目验收及补偿费		207765
3.7	电力工程技术经济标准编制管理费	安装工程费×0.10%	105960
4	生产准备费		161029
4.2	工器具及办公家具购置费	（取费人工费×人工海拔调整系数）×0.62%	114756
4.3	生产职工培训及提前进场费	（取费人工费×人工海拔调整系数）×0.25%	46273
	合计		21261916

第 12 章　典型方案 5XZA1-G 通用造价

12.1　基本技术条件

典型方案 5XZA1-G 为《国家电网公司输变电工程通用设计　西藏电网 110～500kV 输电线路分册（2015 年版）》中 5XZA1 模块在高山地形条件下的典型方案，直线塔采用酒杯型铁塔，耐张塔采用干字型铁塔。按照平均海拔 3500m 编制概算。典型方案 5XZA1-G 一般条件、交叉跨越、主要材料单位路径长度指标分别见表 12-1～表 12-3。

表 12-1　　典型方案 5XZA1-G 一般条件表

电压等级（kV）		500			回路数		单回路		
导线型号		4×JL/G1A-500/45			地线型号		JLB20A-150		
路径长度（km）		50			气象条件		覆冰（mm）		风速（m/s）
地形		高山					10		29
地质条件	条件	普通土	坚土	松砂石	水坑	泥水坑	流沙坑	干砂坑	岩石（爆破）	岩石（人工）
	比例（%）	10	10	30					25	25

续表 12-1

基础	型式	板式	台阶	掏挖	岩石嵌固	岩石锚固	灌注桩
	比例（%）			100			
铁塔	类别	直线	耐张	总基数（基）	运距（km）	人力	汽车
	比例（%）	65	35	100		1.3	25
路径长度单位造价（万元/km）				本体造价		255.54	
				静态造价		326.58	

表 12-2　　典型方案 5XZA1-G 交叉跨越表

序号	被跨越物名称	跨越次数	备注
1	铁路		
2	高速公路		双向四车道以上
	一般公路	2	
3	500kV 电力线		
	220kV 电力线	1	
	110kV 电力线	1	
	66kV 电力线		
	35kV 电力线	2	
	10kV 电力线	6	
	低压线	24	380V 及以下线路
4	通信线	24	
5	河流	5	
6	水库		

表 12-3　　典型方案 5XZA1-G 主要材料路径长度单位指标

项目		数据			项目	数据
导线（t/km）		20.93			地线（t/km）	2.00
塔数（基/km）		2.00			铁塔钢材（t/km）	69.10
基础钢材（t/km）		9.16			接地钢材（t/km）	1.01
合成绝缘子（支/km）		12.00			间隔棒（个/km）	74.00
盘式绝缘子（片/km）		260.40				
防振锤（个/km）		84.00			挂线金具（t/km）	3.10
土石方量（m^3/km）	类型	基面	基坑	接地	混凝土（m^3/km）	107.79
	数量	10.00	118.57	318.80	护坡、排水沟、保坎（m^3/km）	30.00

12.2　概算书

概算投资为静态投资，编制依据见第 4 章。500kV 输电线路工程典型方案 5XZA1-G 总概算表、安装工程费用汇总概算表、其他费用概算表分别见表 12-4～表 12-6。

表 12-4　　典型方案 5XZA1-G 总概算表

序号	工程或费用名称	费用金额（万元）	各项占总计（%）	单位投资（万元/km）
一	架空输电线路本体工程	12777	78.24	255.54
二	辅助设施工程			

续表 12-4

序号	工程或费用名称	费用金额（万元）	各项占总计（%）	单位投资（万元/km）
	小计	12777	78.24	255.54
三	编制期价差	1031	6.31	20.62
四	其他费用	2341	14.34	46.82
	其中：建设场地征用及清理费	800	4.90	16
五	基本预备费	161	0.99	3.22
六	特殊项目	19	0.12	0.38
	工程静态投资	16329	100.00	326.58

表 12-5　　典型方案 5XZA1-G 安装工程费用汇总概算表　　金额单位：元

序号	工程或费用名称	取费基数	费率（%）	基础工程	杆塔工程	接地工程	架线工程	附件工程	辅助工程	合计	各项占总计（%）	单位投资（元/km）
一	直接费（C）			17716075	34731465	2635257	23785505	14914863	4572857	98356022	76.98	1967120.44
1	直接工程费（B）	1)+2)		15253296	32731638	2285344	22856419	13909742	3843877	90880316	71.13	1817606.32
1）	定额直接费			11856711	6909823	1625787	3944286	4000428	3507709	31844744	24.92	636894.88
	其中：人工费（A）			10760317	6101767	1510279	1783262	3399133	3290431	26845189	21.01	536903.78
	机械费			912750	776955	56659	2008129	571321	207434	4533248	3.55	90664.96
2）	装置性材料费			3396585	25821815	659557	18912133	9909314	336168	59035572	46.20	1180711.44
2	措施费			2462779	1999827	349913	929086	1005121	728980	7475706	5.85	149514.12
1）	冬雨季施工增加费	A	7.23	777971	441158	109193	128929	245758	237899	1940908	1.52	38818.16
2）	施工工具用具使用费	A	2.7	290529	164747	40778	48148	91776	88842	724820	0.57	14496.40
3）	临时设施费	B	6.59	709105	402106	99527	117517	224003	216840	1769098	1.38	35381.96
4）	施工机构迁移费	A	2.20	236727	134239	33226	39231	74781	72389	590593	0.46	11811.86
5）	安全文明施工费	B	2.94	448447	857577	67189	595261	368803	113010	2450287	1.92	49005.74
二	间接费			7382007	4186057	1036112	1223389	2331941	2257369	18416875	14.41	368337.50
1	规费			4635975	2628886	650688	768301	1464482	1417650	11565982	9.05	231319.64
1）	社会保险费	A	29.25	3147823	1785011	441817	521675	994383	962583	7853292	6.15	157065.84
2）	住房公积金	A	12.24	1317063	746856	184858	218272	416053	402749	3285851	2.57	65717.02
3）	危险作业意外伤害保险费	A	1.59	171089	97019	24013	28354	54046	52318	426839	0.33	8536.78
2	企业管理费	A	21.82	2347901	1331405	329543	389108	741691	717972	5857620	4.58	117152.40
3	高原医疗保障费	A	1.53	164633	93357	23108	27284	52006	50343	410731	0.32	8214.62
4	高原习服费	A	1.64	176469	100069	24769	29245	55746	53963	440261	0.34	8805.22
5	施工企业配合调试费	C	0.53	57029	32340	8004	9451	18016	17441	142281	0.11	2845.62
三	利润	一+二	16.2	1743171	988487	244665	288889	550659	533050	4348921	3.40	86978.42
四	税金	一+二+三	10.0	2684125	1408419	391603	638565	788815	736328	6647855	5.20	132957.10

续表 12-5

序号	工程或费用名称	取费基数	费率（%）	基础工程	杆塔工程	接地工程	架线工程	附件工程	辅助工程	合计	各项占总计（%）	单位投资（元/km）
	安装工程费合计	一～四合计		29525378	41314428	4307637	25936348	18586278	8099604	127769673	100.00	2555393.46
	各项占总计（%）			24	32	3	20	15	6	100		
	单位投资（元/km）			590508	826289	86153	518727	371726	161992	2555393		

表 12-6　　典型方案 5XZA1-G 其他费用概算表　　金额单位：元

序号	工程或费用名称	编制依据及计算说明	合　价
1	建设场地征用及清理费		8000000
2	项目建设管理费		3428167
2.1	项目法人管理费	（取费人工费×人工海拔调整系数）×4.75%	1275146
2.2	招标费	安装工程费×0.28%	357755
2.3	工程监理费		1122000
2.5	工程结算审核费	安装工程费×0.30%	383309
2.6	工程保险费	（安装工程费+编制年价差）×0.21%	289957
3	项目建设技术服务费		11745934
3.1	项目前期工作费	（勘察费+基本设计费）×12.16%	901435
3.3	勘察设计费		8895633
3.3.1	勘察费		3250000
3.3.1.1	海拉瓦优化选线	50km×0.85 万元/km	425000
3.3.1.2	高清晰度卫片选线	50km×0.20 万元/km	100000
3.3.2	设计费	国家电网电定〔2014〕19 号	5120633
3.4	设计文件评审费		690000
3.4.1	可行性研究设计文件评审费	50km×0.36 万元/km	180000
3.4.2	初步设计文件评审费	50km×0.49 万元/km	245000
3.4.3	施工图文件审查费	50km×0.53 万元/km	265000
3.5	项目后评价费	（取费人工费×人工海拔调整系数）×1.50%	402678
3.6	工程建设检测费		728418
3.6.1	电力工程质量检测费	（取费人工费×人工海拔调整系数）×1.20%	322142
3.6.3	环境监测验收费		200000
3.6.4	水土保持项目验收及补偿费		206276
3.7	电力工程技术经济标准编制管理费	安装工程费×0.10%	127770
4	生产准备费		233553
4.2	工器具及办公家具购置费	（取费人工费×人工海拔调整系数）×0.62%	166440
4.3	生产职工培训及提前进场费	（取费人工费×人工海拔调整系数）×0.25%	67113
	合计		23407654

第 13 章　典型方案 5XZA1-J 通用造价

13.1　基本技术条件

典型方案 5XZA1-J 为《国家电网公司输变电工程通用设计　西藏电网 110～500kV 输电线路分册（2015 年版）》中 5XZA1 模块在峻岭地形条件下的典型方案，直线塔采用酒杯型铁塔，耐张塔采用干字型铁塔。按照平均海拔 3500m 编制概算。典型方案 5XZA1-J 一般条件、交叉跨越、主要材料单位路径长度指标分别见表 13-1～表 13-3。

表 13-1　　典型方案 5XZA1-J 一般条件表

电压等级（kV）		500			回路数			单回路		
导线型号		4×JL/G1A-500/45			地线型号			JLB20A-150		
路径长度（km）		50			气象条件			覆冰（mm）		风速（m/s）
地形		峻岭						10		29
地质条件	条件	普通土	坚土	松砂石	水坑	泥水坑	流沙坑	干砂坑	岩石（爆破）	岩石（人工）
	比例（%）	10	10	30					25	25
基础	型式	板式	台阶		掏挖	岩石嵌固		岩石锚固		灌注桩
	比例（%）				100					
铁塔	类别	直线	耐张		总基数（基）	运距（km）		人力		汽车
	比例（%）	50	50		120			1.5		25
路径长度单位造价（万元/km）					本体造价			349.54		
					静态造价			438.70		

表 13-2　　典型方案 5XZA1-J 交叉跨越表

序号	被跨越物名称	跨　越　次　数	备　　注
1	铁路		
2	高速公路		双向四车道以上
	一般公路	2	
3	500kV 电力线		
	220kV 电力线	1	
	110kV 电力线	1	
	66kV 电力线		
	35kV 电力线	2	
	10kV 电力线	6	
	低压线	24	380V 及以下线路
4	通信线	24	
5	河流	5	
6	水库		

表 13-3　　　　典型方案 5XZA1-J 主要材料路径长度单位指标

项目		数据			项目	数据
导线（t/km）		21.04			地线（t/km）	2.00
塔数（基/km）		2.40			铁塔钢材（t/km）	86.01
基础钢材（t/km）		12.54			接地钢材（t/km）	1.23
合成绝缘子（支/km）		14.40			间隔棒（个/km）	84.00
盘式绝缘子（片/km）		446.40				
防振锤（个/km）		84.00			挂线金具（t/km）	4.80
土石方量（m^3/km）	类型	基面	基坑	接地	混凝土（m^3/km）	139.34
	数量	10.00	153.27	388.80	护坡、排水沟、保坎（m^3/km）	30.00

13.2　概算书

概算投资为静态投资，编制依据见第 4 章。500kV 输电线路工程典型方案 5XZA1-J 总概算表、安装工程费用汇总概算表、其他费用概算表分别见表 13-4～表 13-6。

表 13-4　　　　典型方案 5XZA1-J 总概算表

序号	工程或费用名称	费用金额（万元）	各项占总计（%）	单位投资（万元/km）
一	架空输电线路本体工程	17477	79.68	349.54
二	辅助设施工程			
	小计	17477	79.68	349.54
三	编制期价差	1503	6.85	30.06
四	其他费用	2719	12.40	54.38
	其中：建设场地征用及清理费	800	3.65	16
五	基本预备费	217	0.99	4.34
六	特殊项目	19	0.09	0.38
	工程静态投资	21935	100.00	438.70

表 13-5　　　　典型方案 5XZA1-J 安装工程费用汇总概算表　　　　金额单位：元

序号	工程或费用名称	取费基数	费率（%）	基础工程	杆塔工程	接地工程	架线工程	附件工程	辅助工程	合计	各项占总计（%）	单位投资（元/km）
一	直接费（C）			28008291	44760623	3212889	23982848	24077531	5978763	130020945	74.39	2600418.90
1	直接工程费（B）	1)+2)		23942680	42003097	2770681	23033947	22336423	5001173	119088001	68.14	2381760.02
1)	定额直接费			19441658	9859169	2068080	4121814	7174498	4665005	47330224	27.08	946604.48
	其中：人工费（A）			17957776	8830185	1927072	1861228	6120901	4436728	41133890	23.54	822677.80
	机械费			1248821	992044	69416	2107691	1009732	218433	5646137	3.23	112922.74
2)	装置性材料费			4501022	32143928	702601	18912133	15161925	336168	71757777	41.06	1435155.54
2	措施费			4065611	2757526	442208	948901	1741108	977590	10932944	6.26	218658.88
1)	冬雨季施工增加费	A	7.23	1298347	638422	139327	134566	442542	320774	2973978	1.70	59479.56
2)	施工工具用具使用费	A	2.7	484860	238415	52031	50253	165264	119792	1110615	0.64	22212.30
3)	临时设施费	B	6.59	1183417	581909	126995	122655	403367	292381	2710724	1.55	54214.48
4)	施工机构迁移费	A	2.20	395072	194264	42396	40947	134660	97608	904947	0.52	18098.94

续表 13-5

序号	工程或费用名称	取费基数	费率（%）	基础工程	杆塔工程	接地工程	架线工程	附件工程	辅助工程	合计	各项占总计（%）	单位投资（元/km）
5）	安全文明施工费	B	2.94	703915	1104516	81459	600480	595275	147035	3232680	1.85	64653.60
二	间接费			12319751	6057860	1322050	1276876	4199184	3043771	28219492	16.15	564389.84
1	规费			7736928	3804397	830261	801891	2637129	1911520	17722126	10.14	354442.52
1）	社会保险费	A	29.25	5253368	2583182	563746	544483	1790608	1297922	12033309	6.89	240666.18
2）	住房公积金	A	12.24	2198031	1080815	235874	227815	749199	543055	5034789	2.88	100695.78
3）	危险作业意外伤害保险费	A	1.59	285529	140400	30641	29593	97322	70543	654028	0.37	13080.56
2	企业管理费	A	21.82	3918386	1926746	420487	406120	1335581	968094	8975414	5.14	179508.28
3	高原医疗保障费	A	1.53	274754	135102	29484	28477	93650	67881	629348	0.36	12586.96
4	高原习服费	A	1.64	294507	144815	31604	30524	100383	72762	674595	0.39	13491.90
5	施工企业配合调试费	C	0.53	95176	46800	10214	9864	32441	23514	218009	0.12	4360.18
三	利润	一+二	16.2	2909160	1430490	312185	301519	991586	718750	6663690	3.81	133273.80
四	税金	一+二+三	10.0	4323721	2010505	484713	664911	1410638	974128	9868616	5.65	197372.32
	安装工程费合计	一～四合计		47560923	54259478	5331837	26226154	30678939	10715412	174772743	100.00	3495454.86
	各项占总计（%）			27	31	3	15	18	6	100		
	单位投资（元/km）			951218	1085190	106637	524523	613579	214308	3495455		

表 13-6　　典型方案 5XZA1-J 其他费用概算表　　金额单位：元

序号	工程或费用名称	编制依据及计算说明	合　价
1	建设场地征用及清理费		8000000
2	项目建设管理费		4581638
2.1	项目法人管理费	（取费人工费×人工海拔调整系数）×4.75%	1953860
2.2	招标费	安装工程费×0.28%	489364
2.3	工程监理费		1215500
2.5	工程结算审核费	安装工程费×0.30%	524318
2.6	工程保险费	（安装工程费+编制年价差）×0.21%	398596
3	项目建设技术服务费		14254689
3.1	项目前期工作费	（勘察费+基本设计费）×12.16%	1092728
3.3	勘察设计费		10773091
3.3.1	勘察费		3500000
3.3.1.1	海拉瓦优化选线	50km×0.85 万元/km	425000
3.3.1.2	高清晰度卫片选线	50km×0.20 万元/km	100000
3.3.2	设计费	国家电网电定〔2014〕19 号	6748091
3.4	设计文件评审费		690000
3.4.1	可行性研究设计文件评审费	50km×0.36 万元/km	180000
3.4.2	初步设计文件评审费	50km×0.49 万元/km	245000

续表 13-6

序号	工程或费用名称	编制依据及计算说明	合　价
3.4.3	施工图文件审查费	50km×0.53 万元/km	265000
3.5	项目后评价费	（取费人工费×人工海拔调整系数）×1.50%	617008
3.6	工程建设检测费		907089
3.6.1	电力工程质量检测费	（取费人工费×人工海拔调整系数）×1.20%	493607
3.6.3	环境监测验收费		200000
3.6.4	水土保持项目验收及补偿费		213482
3.7	电力工程技术经济标准编制管理费	安装工程费×0.10%	174773
4	生产准备费		357865
4.2	工器具及办公家具购置费	（取费人工费×人工海拔调整系数）×0.62%	255030
4.3	生产职工培训及提前进场费	（取费人工费×人工海拔调整系数）×0.25%	102835
	合计		27194192

第 14 章　典型方案 5XZA3-P 通用造价

14.1　基本技术条件

典型方案 5XZA3-P 为《国家电网公司输变电工程通用设计　西藏电网 110～500kV 输电线路分册（2015 年版）》中 5XZA3 模块在平地地形条件下的典型方案，直线塔采用酒杯型铁塔，耐张塔采用干字型铁塔。按照平均海拔 4500m 编制概算。典型方案 5XZA3-P 一般条件、交叉跨越、主要材料单位路径长度指标分别见表 14-1～表 14-3。

表 14-1　　典型方案 5XZA3-P 一般条件表

电压等级（kV）		500			回路数		单回路			
导线型号		4×JL/G1A-500/45			地线型号		JLB20A-150			
路径长度（km）		50			气象条件		覆冰（mm）		风速（m/s）	
地形		平地					10		33	
地质条件	条件	普通土	坚土	松砂石	水坑	泥水坑	流沙坑	干砂坑	岩石（爆破）	岩石（人工）
	比例（%）	5	40	50	5					
基础	型式	板式	台阶		掏挖	岩石嵌固	岩石锚固		灌注桩	
	比例（%）	70			20				10	
铁塔	类别	直线	耐张		总基数（基）	运距（km）	人力		汽车	
	比例（%）	86	14		125		0.3		25	
路径长度单位造价（万元/km）					本体造价		166.02			
					静态造价		215.56			

表 14-2　　典型方案 5XZA3-P 交叉跨越表

序号	被跨越物名称	跨越次数	备　注
1	铁路		
2	高速公路		双向四车道以上
	一般公路	2	

续表 14-2

序号	被跨越物名称	跨 越 次 数	备 注
3	500kV 电力线		
	220kV 电力线	1	
	110kV 电力线	1	
	66kV 电力线		
	35kV 电力线	2	
	10kV 电力线	6	
	低压线	24	380V 及以下线路
4	通信线	24	
5	河流	5	
6	水库		

表 14-3　　典型方案 5XZA3-P 主要材料路径长度单位指标

<table>
<tr><td colspan="2">项目</td><td colspan="3">数据</td><td>项目</td><td>数据</td></tr>
<tr><td colspan="2">导线（t/km）</td><td colspan="3">20.53</td><td>地线（t/km）</td><td>2.00</td></tr>
<tr><td colspan="2">塔数（基/km）</td><td colspan="3">2.50</td><td>铁塔钢材（t/km）</td><td>61.56</td></tr>
<tr><td colspan="2">基础钢材（t/km）</td><td colspan="3">6.83</td><td>接地钢材（t/km）</td><td>1.19</td></tr>
<tr><td colspan="2">合成绝缘子（支/km）</td><td colspan="3">15.00</td><td rowspan="2">间隔棒（个/km）</td><td rowspan="2">67.00</td></tr>
<tr><td colspan="2">盘式绝缘子（片/km）</td><td colspan="3">134.64</td></tr>
<tr><td colspan="2">防振锤（个/km）</td><td colspan="3">84.00</td><td>挂线金具（t/km）</td><td>3.10</td></tr>
<tr><td rowspan="2">土石方量（m³/km）</td><td>类型</td><td>基面</td><td>基坑</td><td>接地</td><td>混凝土（m³/km）</td><td>91.11</td></tr>
<tr><td>数量</td><td></td><td>540.26</td><td>370.90</td><td>护坡、排水沟、保坎（m³/km）</td><td></td></tr>
</table>

14.2 概算书

概算投资为静态投资，编制依据见第 4 章。500kV 输电线路工程典型方案 5XZA3-P 总概算表、安装工程费用汇总概算表、其他费用概算表分别见表 14-4～表 14-6。

表 14-4　　典型方案 5XZA3-P 总概算表

序号	工程或费用名称	费用金额（万元）	各项占总计（%）	单位投资（万元/km）
一	架空输电线路本体工程	8301	77.02	166.02
二	辅助设施工程			
	小计	8301	77.02	166.02
三	编制期价差	527	4.89	10.54
四	其他费用	1824	16.92	36.48
	其中：建设场地征用及清理费	800	7.42	16
五	基本预备费	107	0.99	2.14
六	特殊项目	19	0.18	0.38
	工程静态投资	10778	100.00	215.56

表 14-5　　**典型方案 5XZA3-P 安装工程费用汇总概算表**　　金额单位：元

序号	工程或费用名称	取费基数	费率（%）	基础工程	杆塔工程	接地工程	架线工程	附件工程	辅助工程	合计	各项占总计（%）	单位投资（元/km）
一	直接费（C）			9856552	26976191	1565892	22649617	9735856	37369	70821477	85.31	1416429.54
1	直接工程费（B）	1)+2)		8689493	25868660	1400237	21816423	9224448	34236	67033497	80.75	1340669.94
1）	定额直接费			5978182	2862969	714582	2904290	1707189	34236	14201448	17.11	284028.96
	其中：人工费（A）			4869588	2352049	665005	1434346	1445892	11356	10778236	12.98	215564.72
	机械费			878700	485617	47167	1317049	240548	14396	2983477	3.59	59669.54
2）	装置性材料费			2711311	23005691	685655	18912133	7517259		52832049	63.64	1056640.98
2	措施费			1167059	1107531	165655	833194	511408	3133	3787980	4.56	75759.60
1）	冬雨季施工增加费	A	7.23	352072	170053	48080	103704	104538	821	779268	0.94	15585.36
2）	施工工具用具使用费	A	2.7	131478	63505	17955	38727	39040	307	291012	0.35	5820.24
3）	临时设施费	B	6.59	320906	155000	43824	94523	95284	748	710285	0.86	14205.70
4）	施工机构迁移费	A	2.20	107132	51745	14630	31556	31809	250	237122	0.29	4742.44
5）	安全文明施工费	B	2.94	255471	667228	41166	564684	240737	1007	1770293	2.13	35405.86
二	间接费			3340732	1613597	456221	984022	991940	7791	7394303	8.91	147886.06
1	规费			2098013	1013356	286512	617976	622949	4893	4643699	5.59	92873.98
1）	社会保险费	A	29.25	1424549	688068	194541	419604	422981	3322	3153065	3.80	63061.30
2）	住房公积金	A	12.24	596038	287891	81397	175565	176978	1390	1319259	1.59	26385.18
3）	危险作业意外伤害保险费	A	1.59	77426	37397	10574	22807	22990	181	171375	0.21	3427.50
2	企业管理费	A	21.82	1062545	513217	145104	312974	315494	2478	2351812	2.83	47036.24
3	高原医疗保障费	A	1.53	74504	35986	10174	21946	22122	174	164906	0.20	3298.12
4	高原习服费	A	1.64	79862	38573	10906	23523	23712	186	176762	0.21	3535.24
5	施工企业配合调试费	C	0.53	25808	12465	3525	7603	7663	60	57124	0.07	1142.48
三	利润	一+二	16.2	788873	381032	107731	232364	234235	1840	1746075	2.10	34921.50
四	税金	一+二+三	10.0	1398617	596513	212985	495387	344477	4700	3052679	3.68	61053.58
	安装工程费合计	一～四合计		15384774	29567333	2342829	24361390	11306508	51700	83014534	100.00	1660290.68
	各项占总计（%）			19	36	3	28	14	0	100		
	单位投资（元/km）			307695	591347	46857	487228	226130	1034	1660291		

表 14-6　　**典型方案 5XZA3-P 其他费用概算表**　　金额单位：元

序号	工程或费用名称	编制依据及计算说明	合　价
1	建设场地征用及清理费		8000000
2	项目建设管理费		2113844
2.1	项目法人管理费	（取费人工费×人工海拔调整系数）×4.75%	511966
2.2	招标费	安装工程费×0.28%	232441
2.3	工程监理费		935000

续表 14-6

序号	工程或费用名称	编制依据及计算说明	合　价
2.5	工程结算审核费	安装工程费×0.30%	249044
2.6	工程保险费	（安装工程费+编制年价差）×0.21%	185393
3	项目建设技术服务费		8030181
3.1	项目前期工作费	（勘察费+基本设计费）×12.16%	584183
3.3	勘察设计费		5974090
3.3.1	勘察费		2000000
3.3.1.1	海拉瓦优化选线	50km×0.85 万元/km	425000
3.3.1.2	高清晰度卫片选线	50km×0.20 万元/km	100000
3.3.2	设计费	国家电网电定〔2014〕19 号	3449090
3.4	设计文件评审费		690000
3.4.1	可行性研究设计文件评审费	50km×0.36 万元/km	180000
3.4.2	初步设计文件评审费	50km×0.49 万元/km	245000
3.4.3	施工图文件审查费	50km×0.53 万元/km	265000
3.5	项目后评价费	（取费人工费×人工海拔调整系数）×1.50%	161674
3.6	工程建设检测费		537219
3.6.1	电力工程质量检测费	（取费人工费×人工海拔调整系数）×1.20%	129339
3.6.3	环境监测验收费		200000
3.6.4	水土保持项目验收及补偿费		207880
3.7	电力工程技术经济标准编制管理费	安装工程费×0.10%	83015
4	生产准备费		93771
4.2	工器具及办公家具购置费	（取费人工费×人工海拔调整系数）×0.62%	66825
4.3	生产职工培训及提前进场费	（取费人工费×人工海拔调整系数）×0.25%	26946
	合计		18237796

第 15 章　典型方案 5XZA3-H 通用造价

15.1　基本技术条件

典型方案 5XZA3-H 为《国家电网公司输变电工程通用设计　西藏电网 110～500kV 输电线路分册（2015 年版）》中 5XZA3 模块在河网泥沼地形条件下的典型方案，直线塔采用酒杯型铁塔，耐张塔采用干字型铁塔。按照平均海拔 4500m 编制概算。典型方案 5XZA3-H 一般条件、交叉跨越、主要材料单位路径长度指标分别见表 15-1～表 15-3。

表 15-1　　典型方案 5XZA3-H 一般条件表

<table>
<tr><td colspan="2">电压等级（kV）</td><td colspan="3">500</td><td colspan="2">回路数</td><td colspan="3">单回路</td></tr>
<tr><td colspan="2">导线型号</td><td colspan="3">4×JL/G1A-500/45</td><td colspan="2">地线型号</td><td colspan="3">JLB20A-150</td></tr>
<tr><td colspan="2">路径长度（km）</td><td colspan="3">50</td><td colspan="2" rowspan="2">气象条件</td><td colspan="2">覆冰（mm）</td><td>风速（m/s）</td></tr>
<tr><td colspan="2">地形</td><td colspan="3">河网泥沼</td><td colspan="2">10</td><td>33</td></tr>
<tr><td rowspan="2">地质条件</td><td>条件</td><td>普通土</td><td>坚土</td><td>松砂石</td><td>水坑</td><td>泥水坑</td><td>流沙坑</td><td>干砂坑</td><td>岩石（爆破）</td><td>岩石（人工）</td></tr>
<tr><td>比例（%）</td><td></td><td></td><td></td><td>50</td><td>50</td><td></td><td></td><td></td><td></td></tr>
</table>

续表 15-1

基础	型式	板式	台阶	掏挖	岩石嵌固	岩石锚固	灌注桩
	比例（%）	80					20
铁塔	类别	直线	耐张	总基数（基）	运距（km）	人力	汽车
	比例（%）	86	14	125		0.7	25
路径长度单位造价（万元/km）				本体造价		221.32	
				静态造价		285.58	

表 15-2　　典型方案 5XZA3-H 交叉跨越表

序号	被跨越物名称	跨　越　次　数	备　　注
1	铁路		
2	高速公路		双向四车道以上
	一般公路	2	
3	500kV 电力线		
	220kV 电力线	1	
	110kV 电力线	1	
	66kV 电力线		
	35kV 电力线	2	
	10kV 电力线	6	
	低压线	10	380V 及以下线路
4	通信线	10	
5	河流	15	
6	水库		

表 15-3　　典型方案 5XZA3-H 主要材料路径长度单位指标

项目		数据			项目	数据
导线（t/km）		20.53			地线（t/km）	2.00
塔数（基/km）		2.50			铁塔钢材（t/km）	61.87
基础钢材（t/km）		15.31			接地钢材（t/km）	1.19
合成绝缘子（支/km）		15.00			间隔棒（个/km）	67.00
盘式绝缘子（片/km）		134.64				
防振锤（个/km）		84.00			挂线金具（t/km）	3.10
土石方量（m^3/km）	类型	基面	基坑	接地	混凝土（m^3/km）	170.15
	数量		1126.38	370.90	护坡、排水沟、保坎（m^3/km）	

15.2　概算书

概算投资为静态投资，编制依据见第 4 章。500kV 输电线路工程典型方案 5XZA3-H 总概算表、安装工程费用汇总概算表、其他费用概算表分别见表 15-4～表 15-6。

表 15-4　　典型方案 5XZA3-H 总概算表

序号	工程或费用名称	费用金额（万元）	各项占总计（%）	单位投资（万元/km）
一	架空输电线路本体工程	11066	77.50	221.32
二	辅助设施工程			
	小计	11066	77.50	221.32
三	编制期价差	917	6.42	18.34
四	其他费用	2136	14.96	42.72
	其中：建设场地征用及清理费	800	5.60	16
五	基本预备费	141	0.99	2.82
六	特殊项目	19	0.13	0.38
	工程静态投资	14279	100.00	285.58

表 15-5　　典型方案 5XZA3-H 安装工程费用汇总概算表　　金额单位：元

序号	工程或费用名称	取费基数	费率（%）	基础工程	杆塔工程	接地工程	架线工程	附件工程	辅助工程	合计	各项占总计（%）	单位投资（元/km）
一	直接费（C）			26105208	28019062	1437734	22534755	9876787	37369	88010915	79.53	1760218.30
1	直接工程费（B）	1)+2)		22877854	26753572	1294753	21724796	9342149	34236	82027360	74.13	1640547.20
1）	定额直接费			17625746	3630686	609098	2812663	1824890	34236	26537319	23.98	530746.38
	其中：人工费（A）			13647149	3059412	560444	1324612	1551495	11356	20154468	18.21	403089.36
	机械费			3035238	545877	46244	1354798	252646	14396	5249199	4.74	104983.98
2）	装置性材料费			5252108	23122886	685655	18912133	7517259		55490041	50.15	1109800.82
2	措施费			3227354	1265490	142981	809959	534638	3133	5983555	5.41	119671.10
1）	冬雨季施工增加费	A	7.23	986688	221196	40520	95770	112173	821	1457168	1.32	29143.36
2）	施工工具用具使用费	A	2.7	368473	82604	15132	35765	41891	307	544172	0.49	10883.44
3）	临时设施费	B	6.59	899347	201615	36933	87292	102243	748	1328178	1.20	26563.56
4）	施工机构迁移费	A	2.20	300237	67307	12331	29141	34133	250	443399	0.40	8867.98
5）	安全文明施工费	B	2.94	672609	692768	38065	561991	244198	1007	2210638	2.00	44212.76
二	间接费			9362491	2098878	384486	908739	1064385	7791	13826770	12.50	276535.40
1	规费			5879738	1318117	241461	570697	668445	4893	8683351	7.85	173667.02
1）	社会保险费	A	29.25	3992336	895001	163952	387502	453874	3322	5895987	5.33	117919.74
2）	住房公积金	A	12.24	1670411	374472	68598	162133	189902	1390	2466906	2.23	49338.12
3）	危险作业意外伤害保险费	A	1.59	216991	48644	8911	21062	24669	181	320458	0.29	6409.16
2	企业管理费	A	21.82	2977808	667563	122289	289030	338535	2478	4397703	3.97	87954.06
3	高原医疗保障费	A	1.53	208801	46809	8574	20267	23738	174	308363	0.28	6167.26
4	高原习服费	A	1.64	223813	50174	9191	21724	25444	186	330532	0.30	6610.64
5	施工企业配合调试费	C	0.53	72331	16215	2971	7021	8223	60	106821	0.10	2136.42
三	利润	一+二	16.2	2210839	495624	90792	214587	251343	1840	3265025	2.95	65300.50

续表 15-5

序号	工程或费用名称	取费基数	费率（%）	基础工程	杆塔工程	接地工程	架线工程	附件工程	辅助工程	合计	各项占总计（%）	单位投资（元/km）
四	税金	一+二+三	10.0	3767855	749067	191302	474595	367526	4700	5555045	5.02	111100.90
	安装工程费合计	一～四合计		41446393	31362631	2104314	24132676	11560041	51700	110657755	100.00	2213155.10
	各项占总计（%）			37	28	2	22	11	0	100		
	单位投资（元/km）			828928	627253	42086	482654	231201	1034	2213155		

表 15-6　典型方案 5XZA3-H 其他费用概算表　金额单位：元

序号	工程或费用名称	编制依据及计算说明	合　价
1	建设场地征用及清理费		8000000
2	项目建设管理费		2879287
2.1	项目法人管理费	（取费人工费×人工海拔调整系数）×4.75%	957337
2.2	招标费	安装工程费×0.28%	309842
2.3	工程监理费		1028500
2.5	工程结算审核费	安装工程费×0.30%	331973
2.6	工程保险费	（安装工程费+编制年价差）×0.21%	251635
3	项目建设技术服务费		10304071
3.1	项目前期工作费	（勘察费+基本设计费）×12.16%	779016
3.3	勘察设计费		7772346
3.3.1	勘察费		2750000
3.3.1.1	海拉瓦优化选线	50km×0.85 万元/km	425000
3.3.1.2	高清晰度卫片选线	50km×0.20 万元/km	100000
3.3.2	设计费	国家电网电定〔2014〕19 号	4497346
3.4	设计文件评审费		690000
3.4.1	可行性研究设计文件评审费	50km×0.36 万元/km	180000
3.4.2	初步设计文件评审费	50km×0.49 万元/km	245000
3.4.3	施工图文件审查费	50km×0.53 万元/km	265000
3.5	项目后评价费	（取费人工费×人工海拔调整系数）×1.50%	302317
3.6	工程建设检测费		649734
3.6.1	电力工程质量检测费	（取费人工费×人工海拔调整系数）×1.20%	241854
3.6.3	环境监测验收费		200000
3.6.4	水土保持项目验收及补偿费		207880
3.7	电力工程技术经济标准编制管理费	安装工程费×0.10%	110658
4	生产准备费		175344
4.2	工器具及办公家具购置费	（取费人工费×人工海拔调整系数）×0.62%	124958
4.3	生产职工培训及提前进场费	（取费人工费×人工海拔调整系数）×0.25%	50386
	合计		21358702

第 16 章　典型方案 5XZA3-Q 通用造价

16.1　基本技术条件

典型方案 5XZA3-Q 为《国家电网公司输变电工程通用设计　西藏电网 110～500kV 输电线路分册（2015 年版）》中 5XZA3 模块在丘陵地形条件下的典型方案，直线塔采用酒杯型铁塔，耐张塔采用干字型铁塔。按照平均海拔 4500m 编制概算。典型方案 5XZA3-Q 一般条件、交叉跨越、主要材料单位路径长度指标分别见表 16-1～表 16-3。

表 16-1　　典型方案 5XZA3-Q 一般条件表

<table>
<tr><td colspan="2">电压等级（kV）</td><td colspan="5">500</td><td colspan="4">回路数</td><td colspan="4">单回路</td></tr>
<tr><td colspan="2">导线型号</td><td colspan="5">4×JL/G1A-500/45</td><td colspan="4">地线型号</td><td colspan="4">JLB20A-150</td></tr>
<tr><td colspan="2">路径长度（km）</td><td colspan="5">50</td><td colspan="4" rowspan="2">气象条件</td><td colspan="2">覆冰（mm）</td><td colspan="2">风速（m/s）</td></tr>
<tr><td colspan="2">地形</td><td colspan="5">丘陵</td><td colspan="2">10</td><td colspan="2">33</td></tr>
<tr><td rowspan="2">地质条件</td><td>条件</td><td>普通土</td><td colspan="2">坚土</td><td colspan="2">松砂石</td><td>水坑</td><td colspan="2">泥水坑</td><td>流沙坑</td><td>干砂坑</td><td colspan="2">岩石（爆破）</td><td>岩石（人工）</td></tr>
<tr><td>比例（%）</td><td>25</td><td colspan="2">25</td><td colspan="2">30</td><td></td><td colspan="2"></td><td></td><td></td><td colspan="2">10</td><td>10</td></tr>
<tr><td rowspan="2">基础</td><td>型式</td><td colspan="2">板式</td><td colspan="3">台阶</td><td colspan="2">掏挖</td><td colspan="2">岩石嵌固</td><td colspan="2">岩石锚固</td><td colspan="2">灌注桩</td></tr>
<tr><td>比例（%）</td><td colspan="2">40</td><td colspan="3"></td><td colspan="2">60</td><td colspan="2"></td><td colspan="2"></td><td colspan="2"></td></tr>
<tr><td rowspan="2">铁塔</td><td>类别</td><td colspan="2">直线</td><td colspan="3">耐张</td><td colspan="2">总基数（基）</td><td colspan="2" rowspan="2">运距（km）</td><td colspan="2">人力</td><td colspan="2">汽车</td></tr>
<tr><td>比例（%）</td><td colspan="2">82</td><td colspan="3">18</td><td colspan="2">120</td><td colspan="2">0.6</td><td colspan="2">25</td></tr>
<tr><td colspan="6" rowspan="2">路径长度单位造价（万元/km）</td><td colspan="5">本体造价</td><td colspan="4">209.82</td></tr>
<tr><td colspan="5">静态造价</td><td colspan="4">269.28</td></tr>
</table>

表 16-2　　典型方案 5XZA3-Q 交叉跨越表

序号	被跨越物名称	跨越次数	备注
1	铁路		
2	高速公路		双向四车道以上
	一般公路	2	
3	500kV 电力线		
	220kV 电力线	1	
	110kV 电力线	1	
	66kV 电力线		
	35kV 电力线	2	
	10kV 电力线	6	
	低压线	24	380V 及以下线路
4	通信线	24	
5	河流	5	
6	水库		

表 16-3　　　　典型方案 5XZA3-Q 主要材料路径长度单位指标

项目		数据			项目	数据
导线（t/km）		20.63			地线（t/km）	2.00
塔数（基/km）		2.40			铁塔钢材（t/km）	80.46
基础钢材（t/km）		10.04			接地钢材（t/km）	1.13
合成绝缘子（支/km）		14.40			间隔棒（个/km）	69.00
盘式绝缘子（片/km）		174.24				
防振锤（个/km）		84.00			挂线金具（t/km）	3.10
土石方量（m^3/km）	类型	基面	基坑	接地	混凝土（m^3/km）	125.51
	数量	5.00	484.47	353.40	护坡、排水沟、保坎（m^3/km）	10.00

16.2 概算书

概算投资为静态投资，编制依据见第 4 章。500kV 输电线路工程典型方案 5XZA3-Q 总概算表、安装工程费用汇总概算表、其他费用概算表分别见表 16-4～表 16-6。

表 16-4　　　　典型方案 5XZA3-Q 总概算表

序号	工程或费用名称	费用金额（万元）	各项占总计（%）	单位投资（万元/km）
一	架空输电线路本体工程	10491	77.92	209.82
二	辅助设施工程			
	小计	10491	77.92	209.82
三	编制期价差	786	5.84	15.72
四	其他费用	2035	15.11	40.7
	其中：建设场地征用及清理费	800	5.94	16
五	基本预备费	133	0.99	2.66
六	特殊项目	19	0.14	0.38
	工程静态投资	13464	100.00	269.28

表 16-5　　　　典型方案 5XZA3-Q 安装工程费用汇总概算表　　　　金额单位：元

序号	工程或费用名称	取费基数	费率（%）	基础工程	杆塔工程	接地工程	架线工程	附件工程	辅助工程	合计	各项占总计（%）	单位投资（元/km）
一	直接费（C）			13779792	36511881	2057097	22787589	11146123	671491	86953973	82.89	1739079.46
1	直接工程费（B）	1）+2）		12073594	34855668	1807186	21940043	10516678	581606	81774775	77.95	1635495.50
1）	定额直接费			8279131	4788068	1132291	3027910	2224469	471336	19923205	18.99	398464.10
	其中：人工费（A）			7218129	4024629	1051188	1491594	1890229	388805	16064574	15.31	321291.48
	机械费			809223	727340	53600	1383421	310864	73804	3358252	3.20	67165.04
2）	装置性材料费			3794463	30067600	674895	18912133	8292209	110270	61851570	58.96	1237031.40
2	措施费			1706198	1656213	249911	847546	629445	89885	5179198	4.94	103583.96
1）	冬雨季施工增加费	A	7.23	521871	290980	76001	107843	136664	28111	1161470	1.11	23229.40
2）	施工工具用具使用费	A	2.7	194890	108665	28381	40273	51037	10499	433745	0.41	8674.90
3）	临时设施费	B	6.59	475675	265223	69272	98296	124566	25622	1058654	1.01	21173.08

续表 16-5

序号	工程或费用名称	取费基数	费率（%）	基础工程	杆塔工程	接地工程	架线工程	附件工程	辅助工程	合计	各项占总计（%）	单位投资（元/km）
4）	施工机构迁移费	A	2.20	158798	88542	23126	32815	41585	8554	353420	0.34	7068.40
5）	安全文明施工费	B	2.94	354964	902803	53131	568319	275593	17099	2171909	2.07	43438.18
二	间接费			4951923	2761057	721155	1023294	1296773	266737	11020939	10.51	220418.78
1	规费			3109857	1733971	452893	642639	814386	167513	6921259	6.60	138425.18
1）	社会保险费	A	29.25	2111591	1177364	307514	436351	552967	113741	4699528	4.48	93990.56
2）	住房公积金	A	12.24	883499	492615	128665	182572	231364	47590	1966305	1.87	39326.10
3）	危险作业意外伤害保险费	A	1.59	114767	63992	16714	23716	30055	6182	255426	0.24	5108.52
2	企业管理费	A	21.82	1574996	878174	229368	325466	412448	84838	3505290	3.34	70105.80
3	高原医疗保障费	A	1.53	110437	61577	16083	22822	28920	5949	245788	0.23	4915.76
4	高原习服费	A	1.64	118377	66004	17240	24462	31000	6377	263460	0.25	5269.20
5	施工企业配合调试费	C	0.53	38256	21331	5571	7905	10019	2060	85142	0.08	1702.84
三	利润	一+二	16.2	1169336	651990	170293	241638	306217	62987	2602461	2.48	52049.22
四	税金	一+二+三	10.0	1990105	985733	294854	514038	445690	100121	4330541	4.13	86610.82
	安装工程费合计	一～四合计		21891156	40910661	3243399	24566559	13194803	1101336	104907914	100.00	2098158.28
	各项占总计（%）			21	39	3	23	13	1	100		
	单位投资（元/km）			437823	818213	64868	491331	263896	22027	2098158		

表 16-6　　典型方案 5XZA3-Q 其他费用概算表　　金额单位：元

序号	工程或费用名称	编制依据及计算说明	合　价
1	建设场地征用及清理费		8000000
2	项目建设管理费		2543355
2.1	项目法人管理费	（取费人工费×人工海拔调整系数）×4.75%	763067
2.2	招标费	安装工程费×0.28%	293742
2.3	工程监理费		935000
2.5	工程结算审核费	安装工程费×0.30%	314724
2.6	工程保险费	（安装工程费+编制年价差）×0.21%	236822
3	项目建设技术服务费		9667508
3.1	项目前期工作费	（勘察费+基本设计费）×12.16%	727060
3.3	勘察设计费		7304307
3.3.1	勘察费		2500000
3.3.1.1	海拉瓦优化选线	50km×0.85 万元/km	425000
3.3.1.2	高清晰度卫片选线	50km×0.20 万元/km	100000
3.3.2	设计费	国家电网电定〔2014〕19 号	4279307
3.4	设计文件评审费		690000

续表 16-6

序号	工程或费用名称	编制依据及计算说明	合　价
3.4.1	可行性研究设计文件评审费	50km×0.36 万元/km	180000
3.4.2	初步设计文件评审费	50km×0.49 万元/km	245000
3.4.3	施工图文件审查费	50km×0.53 万元/km	265000
3.5	项目后评价费	（取费人工费×人工海拔调整系数）×1.50%	240969
3.6	工程建设检测费		600264
3.6.1	电力工程质量检测费	（取费人工费×人工海拔调整系数）×1.20%	192775
3.6.3	环境监测验收费		200000
3.6.4	水土保持项目验收及补偿费		207489
3.7	电力工程技术经济标准编制管理费	安装工程费×0.10%	104908
4	生产准备费		139761
4.2	工器具及办公家具购置费	（取费人工费×人工海拔调整系数）×0.62%	99600
4.3	生产职工培训及提前进场费	（取费人工费×人工海拔调整系数）×0.25%	40161
	合计		20350624

第 17 章　典型方案 5XZA3-S 通用造价

17.1　基本技术条件

典型方案 5XZA3-S 为《国家电网公司输变电工程通用设计　西藏电网 110～500kV 输电线路分册（2015 年版）》中 5XZA3 模块在山地地形条件下的典型方案，直线塔采用酒杯型铁塔，耐张塔采用干字型铁塔。按照平均海拔 4500m 编制概算。典型方案 5XZA3-S 一般条件、交叉跨越、主要材料单位路径长度指标分别见表 17-1～表 17-3。

表 17-1　典型方案 5XZA3-S 一般条件表

电压等级（kV）		500			回路数			单回路		
导线型号		4×JL/G1A-500/45			地线型号			JLB20A-150		
路径长度（km）		50			气象条件			覆冰（mm）		风速（m/s）
地形		山地						10		33
地质条件	条件	普通土	坚土	松砂石	水坑	泥水坑	流沙坑	干砂坑	岩石（爆破）	岩石（人工）
	比例（%）	10	10	30					25	25
基础	型式	板式		台阶	掏挖		岩石嵌固	岩石锚固		灌注桩
	比例（%）	20			80					
铁塔	类别	直线		耐张	总基数（基）		运距（km）	人力		汽车
	比例（%）	75		25	110			0.9		25
路径长度单位造价（万元/km）					本体造价			260.40		
					静态造价			331.48		

表 17-2　　典型方案 5XZA3-S 交叉跨越表

序号	被跨越物名称	跨越次数	备注
1	铁路		
2	高速公路		双向四车道以上
	一般公路	2	
3	500kV 电力线		
	220kV 电力线	1	
	110kV 电力线	1	
	66kV 电力线		
	35kV 电力线	2	
	10kV 电力线	6	
	低压线	24	380V 及以下线路
4	通信线	24	
5	河流	5	
6	水库		

表 17-3　　典型方案 5XZA3-S 主要材料路径长度单位指标

项目		数据			项目	数据
导线（t/km）		20.83			地线（t/km）	2.00
塔数（基/km）		2.20			铁塔钢材（t/km）	81.09
基础钢材（t/km）		10.37			接地钢材（t/km）	1.07
合成绝缘子（支/km）		13.20			间隔棒（个/km）	71.00
盘式绝缘子（片/km）		221.76				
防振锤（个/km）		84.00			挂线金具（t/km）	3.10
土石方量（m^3/km）	类型	基面	基坑	接地	混凝土（m^3/km）	126.49
	数量	5.00	313.70	337.00	护坡、排水沟、保坎（m^3/km）	20.00

17.2 概算书

概算投资为静态投资，编制依据见第 4 章。500kV 输电线路工程典型方案 5XZA3-S 总概算表、安装工程费用汇总概算表、其他费用概算表分别见表 17-4～表 17-6。

表 17-4　　典型方案 5XZA3-S 总概算表

序号	工程或费用名称	费用金额（万元）	各项占总计（%）	单位投资（万元/km）
一	架空输电线路本体工程	13020	78.56	260.40
二	辅助设施工程			
	小计	13020	78.56	260.40
三	编制期价差	1063	6.41	21.26
四	其他费用	2308	13.93	46.16
	其中：建设场地征用及清理费	800	4.83	16
五	基本预备费	164	0.99	3.28
六	特殊项目	19	0.11	0.38
	工程静态投资	16574	100.00	331.48

表 17-5 **典型方案 5XZA3-S 安装工程费用汇总概算表** 金额单位：元

序号	工程或费用名称	取费基数	费率（%）	基础工程	杆塔工程	接地工程	架线工程	附件工程	辅助工程	合计	各项占总计（%）	单位投资（元/km）
一	直接费（C）			19461075	39953932	2994078	23658978	13188926	2395452	101652441	78.07	2033048.82
1	直接工程费（B）	1)+2)		16810049	37759207	2583974	22720235	12352614	2030650	94256729	72.39	1885134.58
1）	定额直接费			12904263	7457141	1911928	3808102	3188529	1806539	31076502	23.87	621530.04
	其中：人工费（A）			11521430	6450364	1784906	1856229	2725823	1629814	25968566	19.94	519371.32
	机械费			1102040	970526	64799	1798978	436238	167490	4540071	3.49	90801.42
2）	装置性材料费			3905786	30302066	672046	18912133	9164085	224111	63180227	48.52	1263604.54
2	措施费			2651026	2194725	410104	938743	836312	364802	7395712	5.68	147914.24
1）	冬雨季施工增加费	A	7.23	832999	466362	129050	134206	197077	117835	1877529	1.44	37550.58
2）	施工工具用具使用费	A	2.7	311078	174160	48192	50118	73597	44006	701151	0.54	14023.02
3）	临时设施费	B	6.59	759262	425079	117625	122325	179631	107404	1711326	1.31	34226.52
4）	施工机构迁移费	A	2.20	253471	141908	39268	40838	59968	35856	571309	0.44	11426.18
5）	安全文明施工费	B	2.94	494216	987216	75969	591256	326039	59701	2534397	1.95	50687.94
二	间接费			7904160	4425208	1224516	1273445	1870025	1118118	17815472	13.68	356309.44
1	规费			4963893	2779075	769008	799737	1174394	702190	11188297	8.59	223765.94
1）	社会保险费	A	29.25	3370479	1886990	522156	543021	797413	476786	7596845	5.83	151936.90
2）	住房公积金	A	12.24	1410223	789524	218472	227202	333640	199489	3178550	2.44	63571.00
3）	危险作业意外伤害保险费	A	1.59	183191	102561	28380	29514	43341	25915	412902	0.32	8258.04
2	企业管理费	A	21.82	2513975	1407469	389466	405029	594775	355626	5666340	4.35	113326.80
3	高原医疗保障费	A	1.53	176278	98691	27310	28400	41705	24937	397321	0.31	7946.42
4	高原习服费	A	1.64	188951	105786	29272	30441	44703	26728	425881	0.33	8517.62
5	施工企业配合调试费	C	0.53	61063	34187	9460	9838	14448	8637	137633	0.11	2752.66
三	利润	一+二	16.2	1866472	1044959	289155	300709	441583	264029	4206907	3.23	84138.14
四	税金	一+二+三	10.0	2923170	1512203	450774	632099	633645	377759	6529650	5.01	130593.00
	安装工程费合计	一～四合计		32154877	46936302	4958523	25865231	16134179	4155358	130204470	100.00	2604089.40
	各项占总计（%）			25	36	4	20	12	3	100		
	单位投资（元/km）			643098	938726	99170	517305	322684	83107	2604089		

表 17-6 **典型方案 5XZA3-S 其他费用概算表** 金额单位：元

序号	工程或费用名称	编制依据及计算说明	合　价
1	建设场地征用及清理费		8000000
2	项目建设管理费		3312951
2.1	项目法人管理费	（取费人工费×人工海拔调整系数）×4.75%	1233507
2.2	招标费	安装工程费×0.28%	364573
2.3	工程监理费		1028500

续表 17-6

序号	工程或费用名称	编制依据及计算说明	合　价
2.5	工程结算审核费	安装工程费×0.30%	390613
2.6	工程保险费	（安装工程费+编制年价差）×0.21%	295758
3	项目建设技术服务费		11536858
3.1	项目前期工作费	（勘察费+基本设计费）×12.16%	879369
3.3	勘察设计费		8729937
3.3.1	勘察费		3000000
3.3.1.1	海拉瓦优化选线	50km×0.85 万元/km	425000
3.3.1.2	高清晰度卫片选线	50km×0.20 万元/km	100000
3.3.2	设计费	国家电网电定〔2014〕19 号	5204937
3.4	设计文件评审费		690000
3.4.1	可行性研究设计文件评审费	50km×0.36 万元/km	180000
3.4.2	初步设计文件评审费	50km×0.49 万元/km	245000
3.4.3	施工图文件审查费	50km×0.53 万元/km	265000
3.5	项目后评价费	（取费人工费×人工海拔调整系数）×1.50%	389528
3.6	工程建设检测费		717820
3.6.1	电力工程质量检测费	（取费人工费×人工海拔调整系数）×1.20%	311623
3.6.3	环境监测验收费		200000
3.6.4	水土保持项目验收及补偿费		206197
3.7	电力工程技术经济标准编制管理费	安装工程费×0.10%	130204
4	生产准备费		225926
4.2	工器具及办公家具购置费	（取费人工费×人工海拔调整系数）×0.62%	161005
4.3	生产职工培训及提前进场费	（取费人工费×人工海拔调整系数）×0.25%	64921
	合计		23075735

第 18 章　典型方案 5XZA3-G 通用造价

18.1　基本技术条件

典型方案 5XZA3-G 为《国家电网公司输变电工程通用设计　西藏电网 110～500kV 输电线路分册（2015 年版）》中 5XZA3 模块在高山地形条件下的典型方案，直线塔采用酒杯型铁塔，耐张塔采用干字型铁塔。按照平均海拔 4500m 编制概算。典型方案 5XZA3-G 一般条件、交叉跨越、主要材料单位路径长度指标分别见表 18-1～表 18-3。

表 18-1　　典型方案 5XZA3-G 一般条件表

<table>
<tr><td colspan="2">电压等级（kV）</td><td colspan="2">500</td><td colspan="2">回路数</td><td colspan="4">单回路</td></tr>
<tr><td colspan="2">导线型号</td><td colspan="2">4×JL/G1A-500/45</td><td colspan="2">地线型号</td><td colspan="4">JLB20A-150</td></tr>
<tr><td colspan="2">路径长度（km）</td><td colspan="2">50</td><td colspan="2" rowspan="2">气象条件</td><td colspan="2">覆冰（mm）</td><td colspan="2">风速（m/s）</td></tr>
<tr><td colspan="2">地形</td><td colspan="2">高山</td><td colspan="2">10</td><td colspan="2">33</td></tr>
<tr><td rowspan="2">地质条件</td><td>条件</td><td>普通土</td><td>坚土</td><td>松砂石</td><td>水坑</td><td>泥水坑</td><td>流沙坑</td><td>干砂坑</td><td>岩石（爆破）</td><td>岩石（人工）</td></tr>
<tr><td>比例（%）</td><td>10</td><td>10</td><td>30</td><td></td><td></td><td></td><td></td><td>25</td><td>25</td></tr>
</table>

续表 18-1

基础	型式	板式	台阶	掏挖	岩石嵌固	岩石锚固	灌注桩
	比例（%）			100			
铁塔	类别	直线	耐张	总基数（基）	运距（km）	人力	汽车
	比例（%）	65	35	100		1.3	25
路径长度单位造价（万元/km）				本体造价		314.90	
				静态造价		397.72	

表 18-2　　典型方案 5XZA3-G 交叉跨越表

序号	被跨越物名称	跨 越 次 数	备　注
1	铁路		
2	高速公路		双向四车道以上
	一般公路	2	
3	500kV 电力线		
	220kV 电力线	1	
	110kV 电力线	1	
	66kV 电力线		
	35kV 电力线	2	
	10kV 电力线	6	
	低压线	24	380V 及以下线路
4	通信线	24	
5	河流	5	
6	水库		

表 18-3　　典型方案 5XZA3-G 主要材料路径长度单位指标

项目		数据			项目	数据
导线（t/km）		20.93			地线（t/km）	2.00
塔数（基/km）		2.00			铁塔钢材（t/km）	81.75
基础钢材（t/km）		10.84			接地钢材（t/km）	1.01
合成绝缘子（支/km）		12.00			间隔棒（个/km）	74.00
盘式绝缘子（片/km）		277.20				
防振锤（个/km）		84.00			挂线金具（t/km）	3.10
土石方量（m^3/km）	类型	基面	基坑	接地	混凝土（m^3/km）	127.53
	数量	10.00	140.28	318.80	护坡、排水沟、保坎（m^3/km）	30.00

18.2　概算书

概算投资为静态投资，编制依据见第 4 章。500kV 输电线路工程典型方案 5XZA3-G 总概算表、安装工程费用汇总概算表、其他费用概算表分别见表 18-4～表 18-6。

表 18-4　　典型方案 5XZA3-G 总概算表

序号	工程或费用名称	费用金额（万元）	各项占总计（%）	单位投资（万元/km）
一	架空输电线路本体工程	15745	79.18	314.90
二	辅助设施工程			

续表 18-4

序号	工程或费用名称	费用金额（万元）	各项占总计（%）	单位投资（万元/km）
	小计	15745	79.18	314.90
三	编制期价差	1360	6.83	27.20
四	其他费用	2565	12.90	51.30
	其中：建设场地征用及清理费	800	4.02	16
五	基本预备费	197	0.99	3.94
六	特殊项目	19	0.10	0.38
	工程静态投资	19886	100.00	397.72

表 18-5 典型方案 5XZA3-G 安装工程费用汇总概算表 金额单位：元

序号	工程或费用名称	取费基数	费率（%）	基础工程	杆塔工程	接地工程	架线工程	附件工程	辅助工程	合计	各项占总计（%）	单位投资（元/km）
一	直接费（C）			24709723	43159324	3075796	24479524	16250270	5540178	117214815	74.45	2344296.30
1	直接工程费（B）	1)+2)		21142505	40435154	2648210	23453759	15059345	4641755	107380728	68.20	2147614.56
1)	定额直接费			17124981	9885694	1988653	4541626	4869858	4305587	42716399	27.13	854327.98
	其中：人工费（A）			15735187	8863713	1868215	2205894	4217186	4070264	36960459	23.47	739209.18
	机械费			1173419	985793	61589	2182837	622582	225479	5251699	3.34	105033.98
2)	装置性材料费			4017524	30549460	659557	18912133	10189487	336168	64664329	41.07	1293286.58
2	措施费			3567218	2724170	427586	1025765	1190925	898423	9834087	6.25	196681.74
1)	冬雨季施工增加费	A	7.23	1137654	640846	135072	159486	304903	294279	2672240	1.70	53444.80
2)	施工工具用具使用费	A	2.7	424850	239320	50442	59559	113864	109898	997933	0.63	19958.66
3)	临时设施费	B	6.59	1036949	584118	123115	145368	277912	268231	2435693	1.55	48713.86
4)	施工机构迁移费	A	2.20	346174	195001	41100	48530	92778	89547	813130	0.52	16262.60
5)	安全文明施工费	B	2.94	621591	1064885	77857	612822	401468	136468	2915091	1.85	58301.82
二	间接费			10794966	6080860	1281670	1513333	2893160	2792364	25356353	16.10	507127.06
1	规费			6779346	3818842	804902	950388	1816934	1753633	15924045	10.11	318480.90
1)	社会保险费	A	29.25	4603171	2592991	546528	645312	1233696	1190715	10812413	6.87	216248.26
2)	住房公积金	A	12.24	1925986	1084918	228669	270002	516184	498201	4523960	2.87	90479.20
3)	危险作业意外伤害保险费	A	1.59	250189	140933	29705	35074	67054	64717	587672	0.37	11753.44
2	企业管理费	A	21.82	3433418	1934062	407645	481326	920190	888131	8064772	5.12	161295.44
3	高原医疗保障费	A	1.53	240748	135614	28584	33751	64523	62276	565496	0.36	11309.92
4	高原习服费	A	1.64	258058	145365	30638	36176	69162	66752	606151	0.38	12123.02
5	施工企业配合调试费	C	0.53	83396	46977	9901	11692	22351	21572	195889	0.12	3917.78
三	利润	一+二	16.2	2549100	1435921	302650	357355	683184	659383	5987593	3.80	119751.86
四	税金	一+二+三	10.0	3805379	2012665	466012	743808	963712	899193	8890769	5.65	177815.38
	安装工程费合计	一～四合计		41859168	52688770	5126128	27094020	20790326	9891118	157449530	100.00	3148990.60

续表 18-5

序号	工程或费用名称	取费基数	费率（%）	基础工程	杆塔工程	接地工程	架线工程	附件工程	辅助工程	合计	各项占总计（%）	单位投资（元/km）
	各项占总计（%）			27	33	3	17	14	6	100		
	单位投资（元/km）			837183	1053776	102523	541880	415807	197822	3148991		

表 18-6　　典型方案 5XZA3-G 其他费用概算表　　金额单位：元

序号	工程或费用名称	编制依据及计算说明	合　价
1	建设场地征用及清理费		8000000
2	项目建设管理费		4150044
2.1	项目法人管理费	（取费人工费×人工海拔调整系数）×4.75%	1755622
2.2	招标费	安装工程费×0.28%	440859
2.3	工程监理费		1122000
2.5	工程结算审核费	安装工程费×0.30%	472349
2.6	工程保险费	（安装工程费+编制年价差）×0.21%	359214
3	项目建设技术服务费		13176729
3.1	项目前期工作费	（勘察费+基本设计费）×12.16%	1003030
3.3	勘察设计费		9923283
3.3.1	勘察费		3250000
3.3.1.1	海拉瓦优化选线	50km×0.85 万元/km	425000
3.3.1.2	高清晰度卫片选线	50km×0.20 万元/km	100000
3.3.2	设计费	国家电网电定〔2014〕19 号	6148283
3.4	设计文件评审费		690000
3.4.1	可行性研究设计文件评审费	50km×0.36 万元/km	180000
3.4.2	初步设计文件评审费	50km×0.49 万元/km	245000
3.4.3	施工图文件审查费	50km×0.53 万元/km	265000
3.5	项目后评价费	（取费人工费×人工海拔调整系数）×1.50%	554407
3.6	工程建设检测费		848559
3.6.1	电力工程质量检测费	（取费人工费×人工海拔调整系数）×1.20%	443526
3.6.3	环境监测验收费		200000
3.6.4	水土保持项目验收及补偿费		205033
3.7	电力工程技术经济标准编制管理费	安装工程费×0.10%	157450
4	生产准备费		321556
4.2	工器具及办公家具购置费	（取费人工费×人工海拔调整系数）×0.62%	229155
4.3	生产职工培训及提前进场费	（取费人工费×人工海拔调整系数）×0.25%	92401
	合计		25648329

第19章　典型方案5XZA3-J通用造价

19.1　基本技术条件

典型方案5XZA3-J为《国家电网公司输变电工程通用设计　西藏电网110～500kV输电线路分册（2015年版）》中5XZA3模块在峻岭地形条件下的典型方案，直线塔采用酒杯型铁塔，耐张塔采用干字型铁塔。按照平均海拔4500m编制概算。典型方案5XZA3-J一般条件、交叉跨越、主要材料单位路径长度指标分别见表19-1～表19-3。

表19-1　　典型方案5XZA3-J一般条件表

<table>
<tr><td colspan="2">电压等级（kV）</td><td colspan="3">500</td><td colspan="3">回路数</td><td colspan="3">单回</td></tr>
<tr><td colspan="2">导线型号</td><td colspan="3">4×JL/G1A-500/45</td><td colspan="3">地线型号</td><td colspan="3">JLB20A-150</td></tr>
<tr><td colspan="2">路径长度（km）</td><td colspan="3">50</td><td colspan="3" rowspan="2">气象条件</td><td colspan="2">覆冰（mm）</td><td>风速（m/s）</td></tr>
<tr><td colspan="2">地形</td><td colspan="3">峻岭</td><td colspan="2">10</td><td>33</td></tr>
<tr><td rowspan="2">地质条件</td><td>条件</td><td>普通土</td><td>坚土</td><td>松砂石</td><td>水坑</td><td>泥水坑</td><td>流沙坑</td><td>干砂坑</td><td>岩石（爆破）</td><td>岩石（人工）</td></tr>
<tr><td>比例（%）</td><td>10</td><td>10</td><td>30</td><td></td><td></td><td></td><td></td><td>25</td><td>25</td></tr>
<tr><td rowspan="2">基础</td><td>型式</td><td colspan="2">板式</td><td>台阶</td><td colspan="2">掏挖</td><td>岩石嵌固</td><td colspan="2">岩石锚固</td><td>灌注桩</td></tr>
<tr><td>比例（%）</td><td colspan="2"></td><td></td><td colspan="2">100</td><td></td><td colspan="2"></td><td></td></tr>
<tr><td rowspan="2">铁塔</td><td>类别</td><td colspan="2">直线</td><td>耐张</td><td colspan="2">总基数（基）</td><td rowspan="2">运距（km）</td><td colspan="2">人力</td><td>汽车</td></tr>
<tr><td>比例（%）</td><td colspan="2">50</td><td>50</td><td colspan="2">120</td><td colspan="2">1.5</td><td>25</td></tr>
<tr><td colspan="5" rowspan="2">路径长度单位造价（万元/km）</td><td colspan="3">本体造价</td><td colspan="3">428.46</td></tr>
<tr><td colspan="3">静态造价</td><td colspan="3">533.40</td></tr>
</table>

表19-2　　典型方案5XZA3-J交叉跨越表

序号	被跨越物名称	跨越次数	备注
1	铁路		
2	高速公路		双向四车道以上
	一般公路	2	
3	500kV电力线		
	220kV电力线	1	
	110kV电力线	1	
	66kV电力线		
	35kV电力线	2	
	10kV电力线	6	
	低压线	24	380V及以下线路
4	通信线	24	
5	河流	5	
6	水库		

表 19-3　　　　　　　　典型方案 5XZA3-J 主要材料路径长度单位指标

项目		数据			项目	数据
导线（t/km）		21.04			地线（t/km）	2.00
塔数（基/km）		2.40			铁塔钢材（t/km）	98.12
基础钢材（t/km）		14.31			接地钢材（t/km）	1.23
合成绝缘子（支/km）		14.40			间隔棒（个/km）	84.00
盘式绝缘子（片/km）		475.20				
防振锤（个/km）		84.00			挂线金具（t/km）	4.80
土石方量（m^3/km）	类型	基面	基坑	接地	混凝土（m^3/km）	158.95
	数量	10.00	174.84	388.80	护坡、排水沟、保坎（m^3/km）	30.00

19.2　概算书

概算投资为静态投资，编制依据见第 4 章。500kV 输电线路工程典型方案 5XZA3-J 总概算表、安装工程费用汇总概算表、其他费用概算表分别见表 19-4～表 19-6。

表 19-4　　　　　　　　典型方案 5XZA3-J 总概算表

序号	工程或费用名称	费用金额（万元）	各项占总计（%）	单位投资（万元/km）
一	架空输电线路本体工程	21423	80.33	428.46
二	辅助设施工程			
	小计	21423	80.33	428.46
三	编制期价差	1939	7.27	38.78
四	其他费用	3025	11.34	60.50
	其中：建设场地征用及清理费	800	3.00	16
五	基本预备费	264	0.99	5.28
六	特殊项目	19	0.07	0.38
	工程静态投资	26670	100.00	533.40

表 19-5　　　　　　　　典型方案 5XZA3-J 安装工程费用汇总概算表　　　　　　　　金额单位：元

序号	工程或费用名称	取费基数	费率（%）	基础工程	杆塔工程	接地工程	架线工程	附件工程	辅助工程	合计	各项占总计（%）	单位投资（元/km）
一	直接费（C）			37981628	53956329	3774745	24708262	26463731	7277587	154162282	71.96	3083245.64
1	直接工程费（B）	1)+2)		32289059	50307993	3233437	23658426	24387259	6071681	139947855	65.33	2798957.10
1）	定额直接费			27154141	13641958	2530836	4746293	8745037	5735513	62553778	29.20	1251075.56
	其中：人工费（A）			25337984	12382469	2383789	2302338	7600668	5488233	55495481	25.91	1109909.62
	机械费			1548504	1217641	75455	2291060	1100305	237436	6470401	3.02	129408.02
2）	装置性材料费			5134918	36666035	702601	18912133	15642222	336168	77394077	36.13	1547881.54
2	措施费			5692569	3648336	541308	1049836	2076472	1205906	14214427	6.64	284288.54
1）	冬雨季施工增加费	A	7.23	1831936	895253	172348	166459	549528	396800	4012324	1.87	80246.48
2）	施工工具用具使用费	A	2.7	684126	334327	64363	62163	205218	148183	1498380	0.70	29967.60

续表 19-5

序号	工程或费用名称	取费基数	费率（%）	基础工程	杆塔工程	接地工程	架线工程	附件工程	辅助工程	合计	各项占总计（%）	单位投资（元/km）
3）	临时设施费	B	6.59	1669773	816004	157091	151724	500884	361674	3657150	1.71	73143.00
4）	施工机构迁移费	A	2.20	557436	272414	52444	50651	167215	120741	1220901	0.57	24418.02
5）	安全文明施工费	B	2.94	949298	1330338	95062	618839	653627	178508	3825672	1.79	76513.44
二	间接费			17382873	8494870	1635376	1579498	5214364	3765146	38072127	17.77	761442.54
1	规费			10916618	5334864	1027032	991941	3274672	2364550	23909677	11.16	478193.54
1）	社会保险费	A	29.25	7412374	3622368	697353	673526	2223499	1605528	16234648	7.58	324692.96
2）	住房公积金	A	12.24	3101370	1515615	291777	281807	930322	671759	6792650	3.17	135853.00
3）	危险作业意外伤害保险费	A	1.59	402874	196881	37902	36608	120851	87263	882379	0.41	17647.58
2	企业管理费	A	21.82	5528748	2701855	520143	502370	1658466	1197532	12109114	5.65	242182.28
3	高原医疗保障费	A	1.53	387672	189451	36472	35226	116291	83971	849083	0.40	16981.66
4	高原习服费	A	1.64	415543	203073	39094	37758	124651	90006	910125	0.42	18202.50
5	施工企业配合调试费	C	0.53	134292	65627	12635	12203	40284	29087	294128	0.14	5882.56
三	利润	一+二	16.2	4104753	2005960	386173	372979	1231308	889095	8990268	4.20	179805.36
四	税金	一+二+三	10.0	5946926	2779113	579630	774861	1726719	1193183	13000432	6.07	260008.64
	安装工程费合计	一～四合计		65416180	67236272	6375924	27435600	34636122	13125011	214225109	100.00	4284502.18
	各项占总计（%）			31	31	3	13	16	6	100		
	单位投资（元/km）			1308324	1344725	127518	548712	692722	262500	4284502		

表 19-6　　典型方案 5XZA3-J 其他费用概算表　　金额单位：元

序号	工程或费用名称	编制依据及计算说明	合　价
1	建设场地征用及清理费		8000000
2	项目建设管理费		5584630
2.1	项目法人管理费	（取费人工费×人工海拔调整系数）×4.75%	2636035
2.2	招标费	安装工程费×0.28%	599830
2.3	工程监理费		1215500
2.5	工程结算审核费	安装工程费×0.30%	642675
2.6	工程保险费	（安装工程费+编制年价差）×0.21%	490590
3	项目建设技术服务费		16181821
3.1	项目前期工作费	（勘察费+基本设计费）×12.16%	1227775
3.3	勘察设计费		12139109
3.3.1	勘察费		3500000
3.3.1.1	海拉瓦优化选线	50km×0.85 万元/km	425000
3.3.1.2	高清晰度卫片选线	50km×0.20 万元/km	100000
3.3.2	设计费	国家电网电定〔2014〕19 号	8114109
3.4	设计文件评审费		690000

续表 19-6

序号	工程或费用名称	编制依据及计算说明	合 价
3.4.1	可行性研究设计文件评审费	50km×0.36 万元/km	180000
3.4.2	初步设计文件评审费	50km×0.49 万元/km	245000
3.4.3	施工图文件审查费	50km×0.53 万元/km	265000
3.5	项目后评价费	（取费人工费×人工海拔调整系数）×1.50%	832432
3.6	工程建设检测费		1078280
3.6.1	电力工程质量检测费	（取费人工费×人工海拔调整系数）×1.20%	665946
3.6.3	环境监测验收费		200000
3.6.4	水土保持项目验收及补偿费		212334
3.7	电力工程技术经济标准编制管理费	安装工程费×0.10%	214225
4	生产准备费		482811
4.2	工器具及办公家具购置费	（取费人工费×人工海拔调整系数）×0.62%	344072
4.3	生产职工培训及提前进场费	（取费人工费×人工海拔调整系数）×0.25%	138739
	合计		30249262

第 20 章 典型方案 5XZA4-P 通用造价

20.1 基本技术条件

典型方案 5XZA4-P 为《国家电网公司输变电工程通用设计 西藏电网 110～500kV 输电线路分册（2015 年版）》中 5XZA4 模块在平地地形条件下的典型方案，直线塔采用酒杯型铁塔，耐张塔采用干字型铁塔。按照平均海拔 3500m 编制概算。典型方案 5XZA4-P 一般条件、交叉跨越、主要材料单位路径长度指标分别见表 20-1～表 20-3。

表 20-1　　典型方案 5XZA4-P 一般条件表

电压等级（kV）		500			回路数			单回路		
导线型号		4×JL/G1A-500/45			地线型号			JLB20A-150		
路径长度（km）		50			气象条件			覆冰（mm）		风速（m/s）
地形		平地						15		31
地质条件	条件	普通土	坚土	松砂石	水坑	泥水坑	流沙坑	干砂坑	岩石（爆破）	岩石（人工）
	比例（%）	5	40	50	5					
基础	型式	板式	台阶		掏挖	岩石嵌固		岩石锚固		灌注桩
	比例（%）	70			20					10
铁塔	类别	直线	耐张		总基数（基）	运距（km）		人力		汽车
	比例（%）	86	14		125			0.3		25
路径长度单位造价（万元/km）					本体造价			162.52		
					静态造价			211.30		

表 20-2　　**典型方案 5XZA4-P 交叉跨越表**

序号	被跨越物名称	跨越次数	备注
1	铁路		
2	高速公路		双向四车道以上
	一般公路	2	
3	500kV 电力线		
	220kV 电力线	1	
	110kV 电力线	1	
	66kV 电力线		
	35kV 电力线	2	
	10kV 电力线	6	
	低压线	24	380V 及以下线路
4	通信线	24	
5	河流	5	
6	水库		

表 20-3　　**典型方案 5XZA4-P 主要材料路径长度单位指标**

<table>
<tr><td colspan="2">项目</td><td colspan="3">数据</td><td>项目</td><td>数据</td></tr>
<tr><td colspan="2">导线（t/km）</td><td colspan="3">20.53</td><td>地线（t/km）</td><td>2.00</td></tr>
<tr><td colspan="2">塔数（基/km）</td><td colspan="3">2.50</td><td>铁塔钢材（t/km）</td><td>64.15</td></tr>
<tr><td colspan="2">基础钢材（t/km）</td><td colspan="3">7.12</td><td>接地钢材（t/km）</td><td>1.19</td></tr>
<tr><td colspan="2">合成绝缘子（支/km）</td><td colspan="3">15.00</td><td rowspan="2">间隔棒（个/km）</td><td rowspan="2">67.00</td></tr>
<tr><td colspan="2">盘式绝缘子（片/km）</td><td colspan="3">126.48</td></tr>
<tr><td colspan="2">防振锤（个/km）</td><td colspan="3">84.00</td><td>挂线金具（t/km）</td><td>3.10</td></tr>
<tr><td rowspan="2">土石方量（m³/km）</td><td>类型</td><td>基面</td><td>基坑</td><td>接地</td><td>混凝土（m³/km）</td><td>94.94</td></tr>
<tr><td>数量</td><td></td><td>563.00</td><td>370.90</td><td>护坡、排水沟、保坎（m³/km）</td><td></td></tr>
</table>

20.2 概算书

概算投资为静态投资，编制依据见第 4 章。500kV 输电线路工程典型方案 5XZA4-P 总概算表、安装工程费用汇总概算表、其他费用概算表分别见表 20-4～表 20-6。

表 20-4　　**典型方案 5XZA4-P 总概算表**

序号	工程或费用名称	费用金额（万元）	各项占总计（%）	单位投资（万元/km）
一	架空输电线路本体工程	8126	76.92	162.52
二	辅助设施工程			
	小计	8126	76.92	162.52
三	编制期价差	511	4.84	10.22
四	其他费用	1805	17.08	36.10
	其中：建设场地征用及清理费	800	7.57	16
五	基本预备费	104	0.98	2.08
六	特殊项目	19	0.18	0.38
	工程静态投资	10565	100.00	211.30

表 20-5　　典型方案 5XZA4-P 安装工程费用汇总概算表　　金额单位：元

序号	工程或费用名称	取费基数	费率（%）	基础工程	杆塔工程	接地工程	架线工程	附件工程	辅助工程	合计	各项占总计（%）	单位投资（元/km）
一	直接费（C）			8511602	28925670	1407001	22206771	9237937	33536	70322517	86.54	1406450.34
1	直接工程费（B）	1)+2)		7590181	27653398	1269052	21436201	8790718	30908	66770458	82.17	1335409.16
1)	定额直接费			4766118	3680697	583397	2524068	1409543	30908	12994731	15.99	259894.62
	其中：人工费（A）			3730063	2972731	537595	1159537	1168169	9180	9577275	11.79	191545.50
	机械费			798199	574089	43392	1211636	220681	13244	2861241	3.52	57224.82
2)	装置性材料费			2824063	23972701	685655	18912133	7381175		53775727	66.18	1075514.54
2	措施费			921421	1272272	137949	770570	447219	2628	3552059	4.37	71041.18
1)	冬雨季施工增加费	A	7.23	269685	214928	38869	83834	84459	664	692439	0.85	13848.78
2)	施工工具用具使用费	A	2.7	100711	80264	14515	31308	31541	248	258587	0.32	5171.74
3)	临时设施费	B	6.59	245811	195903	35428	76413	76982	605	631142	0.78	12622.84
4)	施工机构迁移费	A	2.20	82062	65400	11827	25509	25700	202	210700	0.26	4214.00
5)	安全文明施工费	B	2.94	223152	715777	37310	553506	228537	909	1759191	2.16	35183.82
二	间接费			2558971	2039414	368813	795489	801411	6299	6570397	8.09	131407.94
1	规费			1607060	1280772	231618	499576	503295	3956	4126277	5.08	82525.54
1)	社会保险费	A	29.25	1091192	869643	157268	339211	341737	2686	2801737	3.45	56034.74
2)	住房公积金	A	12.24	456560	363862	65802	141928	142984	1124	1172260	1.44	23445.20
3)	危险作业意外伤害保险费	A	1.59	59308	47267	8548	18437	18574	146	152280	0.19	3045.60
2	企业管理费	A	21.82	813899	648650	117304	253011	254894	2003	2089761	2.57	41795.22
3	高原医疗保障费	A	1.53	57070	45483	8225	17741	17873	140	146532	0.18	2930.64
4	高原习服费	A	1.64	61173	48753	8817	19016	19157	151	157067	0.19	3141.34
5	施工企业配合调试费	C	0.53	19769	15756	2849	6145	6192	49	50760	0.06	1015.20
三	利润	一+二	16.2	604270	481582	87091	187845	189243	1487	1551518	1.91	31030.36
四	税金	一+二+三	10.0	1167484	747397	186290	427797	284742	4132	2817842	3.47	56356.84
	安装工程费合计	一～四合计		12842327	32194063	2049195	23617902	10513333	45454	81262274	100.00	1625245.48
	各项占总计（%）			15	40	3	29	13	0	100		
	单位投资（元/km）			256847	643881	40984	472358	210267	909	1625245		

表 20-6　　典型方案 5XZA4-P 其他费用概算表　　金额单位：元

序号	工程或费用名称	编制依据及计算说明	合　价
1	建设场地征用及清理费		8000000
2	项目建设管理费		2042617
2.1	项目法人管理费	（取费人工费×人工海拔调整系数）×4.75%	454921
2.2	招标费	安装工程费×0.28%	227534

续表 20-6

序号	工程或费用名称	编制依据及计算说明	合　价
2.3	工程监理费		935000
2.5	工程结算审核费	安装工程费×0.30%	243787
2.6	工程保险费	（安装工程费+编制年价差）×0.21%	181375
3	项目建设技术服务费		7922985
3.1	项目前期工作费	（勘察费+基本设计费）×12.16%	577614
3.3	勘察设计费		5907643
3.3.1	勘察费		2000000
3.3.1.1	海拉瓦优化选线	50km×0.85 万元/km	425000
3.3.1.2	高清晰度卫片选线	50km×0.20 万元/km	100000
3.3.2	设计费	国家电网电定〔2014〕19 号	3382643
3.4	设计文件评审费		690000
3.4.1	可行性研究设计文件评审费	50km×0.36 万元/km	180000
3.4.2	初步设计文件评审费	50km×0.49 万元/km	245000
3.4.3	施工图文件审查费	50km×0.53 万元/km	265000
3.5	项目后评价费	（取费人工费×人工海拔调整系数）×1.50%	143659
3.6	工程建设检测费		522807
3.6.1	电力工程质量检测费	（取费人工费×人工海拔调整系数）×1.20%	114927
3.6.3	环境监测验收费		200000
3.6.4	水土保持项目验收及补偿费		207880
3.7	电力工程技术经济标准编制管理费	安装工程费×0.10%	81262
4	生产准备费		83322
4.2	工器具及办公家具购置费	（取费人工费×人工海拔调整系数）×0.62%	59379
4.3	生产职工培训及提前进场费	（取费人工费×人工海拔调整系数）×0.25%	23943
	合计		18048924

第 21 章　典型方案 5XZA4-H 通用造价

21.1　基本技术条件

典型方案 5XZA4-H 为《国家电网公司输变电工程通用设计　西藏电网 110～500kV 输电线路分册（2015 年版）》中 5XZA4 模块在河网泥沼地形条件下的典型方案，直线塔采用酒杯型铁塔，耐张塔采用干字型铁塔。按照平均海拔 3500m 编制概算。典型方案 5XZA4-H 一般条件、交叉跨越、主要材料单位路径长度指标分别见表 21-1～表 21-3。

表 21-1　　典型方案 5XZA4-H 一般条件表

电压等级（kV）	500	回路数	单回路	
导线型号	4×JL/G1A-500/45	地线型号	JLB20A-150	
路径长度（km）	50	气象条件	覆冰（mm）	风速（m/s）
地形	河网泥沼		15	31

续表 21-1

地质条件	条件	普通土	坚土	松砂石	水坑	泥水坑	流沙坑	干砂坑	岩石（爆破）	岩石（人工）
	比例（%）				50	50				
基础	型式	板式	台阶	掏挖	岩石嵌固	岩石锚固	灌注桩			
	比例（%）	80		20						
铁塔	类别	直线	耐张	总基数（基）	运距（km）	人力	汽车			
	比例（%）	86	14	125		0.7	25			
路径长度单位造价（万元/km）		本体造价	211.14							
		静态造价	273.36							

表 21-2　　典型方案 5XZA4-H 交叉跨越表

序号	被跨越物名称	跨　越　次　数	备　　注
1	铁路		
2	高速公路		双向四车道以上
	一般公路	2	
3	500kV 电力线		
	220kV 电力线	1	
	110kV 电力线	1	
	66kV 电力线		
	35kV 电力线	2	
	10kV 电力线	6	
	低压线	10	380V 及以下线路
4	通信线	10	
5	河流	15	
6	水库		

表 21-3　　典型方案 5XZA4-H 主要材料路径长度单位指标

项目		数据			项目	数据
导线（t/km）		20.53			地线（t/km）	2.00
塔数（基/km）		2.50			铁塔钢材（t/km）	64.29
基础钢材（t/km）		15.91			接地钢材（t/km）	1.19
合成绝缘子（支/km）		15.00			间隔棒（个/km）	67.00
盘式绝缘子（片/km）		126.48				
防振锤（个/km）		84.00			挂线金具（t/km）	3.10
土石方量（m³/km）	类型	基面	基坑	接地	混凝土（m³/km）	176.80
	数量		1170.42	370.90	护坡、排水沟、保坎（m³/km）	

21.2　概算书

概算投资为静态投资，编制依据见第 4 章。500kV 输电线路工程典型方案 5XZA4-H 总概算表、安装工程费用汇总概算表、其他费用概算表分别见表 21-4～表 21-6。

表 21-4　　　　典型方案 5XZA4-H 总概算表

序号	工程或费用名称	费用金额（万元）	各项占总计（%）	单位投资（万元/km）
一	架空输电线路本体工程	10557	77.23	211.14
二	辅助设施工程			
	小计	10557	77.23	211.14
三	编制期价差	869	6.36	17.38
四	其他费用	2088	15.28	41.76
	其中：建设场地征用及清理费	800	5.85	16
五	基本预备费	135	0.99	2.70
六	特殊项目	19	0.14	0.38
	工程静态投资	13668	100.00	273.36

表 21-5　　　　典型方案 5XZA4-H 安装工程费用汇总概算表　　　　金额单位：元

序号	工程或费用名称	取费基数	费率（%）	基础工程	杆塔工程	接地工程	架线工程	附件工程	辅助工程	合计	各项占总计（%）	单位投资（元/km）
一	直接费（C）			24537694	28329850	1303289	22114377	9352531	33536	85671277	81.15	1713425.54
1	直接工程费（B）	1）+2）		21621937	27147283	1183675	21362577	8886618	30908	80232998	76.00	1604659.96
1）	定额直接费			16166801	3121665	498020	2450444	1505443	30908	23773281	22.52	475465.62
	其中：人工费（A）			12179872	2574174	453067	1070827	1252972	9180	17540092	16.61	350801.84
	机械费			3009796	521299	42543	1246364	231778	13244	5065024	4.80	101300.48
2）	装置性材料费			5455136	24025618	685655	18912133	7381175		56459717	53.48	1129194.34
2	措施费			2915757	1182567	119614	751800	465913	2628	5438279	5.15	108765.58
1）	冬雨季施工增加费	A	7.23	880605	186113	32757	77421	90590	664	1268150	1.20	25363.00
2）	施工工具用具使用费	A	2.7	328856	69502	12233	28912	33830	248	473581	0.45	9471.62
3）	临时设施费	B	6.59	802654	169638	29857	70567	82572	605	1155893	1.09	23117.86
4）	施工机构迁移费	A	2.20	267957	56632	9967	23558	27565	202	385881	0.37	7717.62
5）	安全文明施工费	B	2.94	635685	700682	34800	551342	231356	909	2154774	2.04	43095.48
二	间接费			8355878	1765985	310821	734629	859590	6299	12033202	11.40	240664.04
1	规费			5247574	1109057	195200	461354	539831	3956	7556972	7.16	151139.44
1）	社会保险费	A	29.25	3563099	753049	132540	313259	366544	2686	5131177	4.86	102623.54
2）	住房公积金	A	12.24	1490816	315079	55456	131069	153364	1124	2146908	2.03	42938.16
3）	危险作业意外伤害保险费	A	1.59	193659	40929	7204	17026	19923	146	278887	0.26	5577.74
2	企业管理费	A	21.82	2657649	561685	98858	233655	273398	2003	3827248	3.63	76544.96
3	高原医疗保障费	A	1.53	186351	39384	6931	16384	19170	140	268360	0.25	5367.20
4	高原习服费	A	1.64	199750	42216	7431	17561	20549	151	287658	0.27	5753.16
5	施工企业配合调试费	C	0.53	64554	13643	2401	5675	6642	49	92964	0.09	1859.28
三	利润	一+二	16.2	1973140	417016	73397	173474	202981	1487	2841495	2.69	56829.90

续表 21-5

序号	工程或费用名称	取费基数	费率（%）	基础工程	杆塔工程	接地工程	架线工程	附件工程	辅助工程	合计	各项占总计（%）	单位投资（元/km）
四	税金	一+二+三	10.0	3486672	648724	168751	411035	303392	4132	5022706	4.76	100454.12
	安装工程费合计	一～四合计		38353384	31161575	1856258	23433515	10718494	45454	105568680	100.00	2111373.60
	各项占总计（%）			36	30	2	22	10	0	100		
	单位投资（元/km）			767068	623232	37125	468670	214370	909	2111374		

表 21-6　　典型方案 5XZA4-H 其他费用概算表　　金额单位：元

序号	工程或费用名称	编制依据及计算说明	合　价
1	建设场地征用及清理费		8000000
2	项目建设管理费		2713889
2.1	项目法人管理费	（取费人工费×人工海拔调整系数）×4.75%	833154
2.2	招标费	安装工程费×0.28%	295592
2.3	工程监理费		1028500
2.5	工程结算审核费	安装工程费×0.30%	316706
2.6	工程保险费	（安装工程费+编制年价差）×0.21%	239937
3	项目建设技术服务费		10016331
3.1	项目前期工作费	（勘察费+基本设计费）×12.16%	759937
3.3	勘察设计费		7579363
3.3.1	勘察费		2750000
3.3.1.1	海拉瓦优化选线	50km×0.85 万元/km	425000
3.3.1.2	高清晰度卫片选线	50km×0.20 万元/km	100000
3.3.2	设计费	国家电网电定〔2014〕19 号	4304363
3.4	设计文件评审费		690000
3.4.1	可行性研究设计文件评审费	50km×0.36 万元/km	180000
3.4.2	初步设计文件评审费	50km×0.49 万元/km	245000
3.4.3	施工图文件审查费	50km×0.53 万元/km	265000
3.5	项目后评价费	（取费人工费×人工海拔调整系数）×1.50%	263101
3.6	工程建设检测费		618361
3.6.1	电力工程质量检测费	（取费人工费×人工海拔调整系数）×1.20%	210481
3.6.3	环境监测验收费		200000
3.6.4	水土保持项目验收及补偿费		207880
3.7	电力工程技术经济标准编制管理费	安装工程费×0.10%	105569
4	生产准备费		152599
4.2	工器具及办公家具购置费	（取费人工费×人工海拔调整系数）×0.62%	108749
4.3	生产职工培训及提前进场费	（取费人工费×人工海拔调整系数）×0.25%	43850
	合计		20882819

第 22 章　典型方案 5XZA4-Q 通用造价

22.1　基本技术条件

典型方案 5XZA4-Q 为《国家电网公司输变电工程通用设计　西藏电网 110～500kV 输电线路分册（2015 年版）》中 5XZA4 模块在丘陵地形条件下的典型方案，直线塔采用酒杯型铁塔，耐张塔采用干字型铁塔。按照平均海拔 3500m 编制概算。典型方案 5XZA4-Q 一般条件、交叉跨越、主要材料单位路径长度指标分别见表 22-1～表 22-3。

表 22-1　　典型方案 5XZA4-Q 一般条件表

<table>
<tr><td colspan="2">电压等级（kV）</td><td colspan="3">500</td><td colspan="3">回路数</td><td colspan="3">单回路</td></tr>
<tr><td colspan="2">导线型号</td><td colspan="3">4×JL/G1A-500/45</td><td colspan="3">地线型号</td><td colspan="3">JLB20A-150</td></tr>
<tr><td colspan="2">路径长度（km）</td><td colspan="3">50</td><td colspan="3" rowspan="2">气象条件</td><td colspan="2">覆冰（mm）</td><td>风速（m/s）</td></tr>
<tr><td colspan="2">地形</td><td colspan="3">丘陵</td><td colspan="2">15</td><td>31</td></tr>
<tr><td rowspan="2">地质条件</td><td>条件</td><td>普通土</td><td>坚土</td><td>松砂石</td><td>水坑</td><td>泥水坑</td><td>流沙坑</td><td>干砂坑</td><td>岩石（爆破）</td><td>岩石（人工）</td></tr>
<tr><td>比例（%）</td><td>25</td><td>25</td><td>30</td><td></td><td></td><td></td><td></td><td>10</td><td>10</td></tr>
<tr><td rowspan="2">基础</td><td>型式</td><td colspan="2">板式</td><td>台阶</td><td colspan="2">掏挖</td><td>岩石嵌固</td><td colspan="2">岩石锚固</td><td>灌注桩</td></tr>
<tr><td>比例（%）</td><td colspan="2">40</td><td></td><td colspan="2">60</td><td></td><td colspan="2"></td><td></td></tr>
<tr><td rowspan="2">铁塔</td><td>类别</td><td colspan="2">直线</td><td>耐张</td><td colspan="2">总基数（基）</td><td rowspan="2">运距（km）</td><td colspan="2">人力</td><td>汽车</td></tr>
<tr><td>比例（%）</td><td colspan="2">82</td><td>18</td><td colspan="2">120</td><td colspan="2">0.6</td><td>25</td></tr>
<tr><td colspan="5" rowspan="2">路径长度单位造价（万元/km）</td><td colspan="3">本体造价</td><td colspan="3">196.26</td></tr>
<tr><td colspan="3">静态造价</td><td colspan="3">252.98</td></tr>
</table>

表 22-2　　典型方案 5XZA4-Q 交叉跨越表

序号	被跨越物名称	跨越次数	备注
1	铁路		
2	高速公路		双向四车道以上
	一般公路	2	
3	500kV 电力线		
	220kV 电力线	1	
	110kV 电力线	1	
	66kV 电力线		
	35kV 电力线	2	
	10kV 电力线	6	
	低压线	24	380V 及以下线路
4	通信线	24	
5	河流	5	
6	水库		

表 22-3　　典型方案 5XZA4-Q 主要材料路径长度单位指标

项目					数据	项目	数据
导线（t/km）					20.63	地线（t/km）	2.00
塔数（基/km）					2.40	铁塔钢材（t/km）	81.33
基础钢材（t/km）					10.40	接地钢材（t/km）	1.13
合成绝缘子（支/km）					14.40	间隔棒（个/km）	69.00
盘式绝缘子（片/km）					163.68		
防振锤（个/km）					84.00	挂线金具（t/km）	3.10
土石方量（m^3/km）	类型	基面	基坑	接地		混凝土（m^3/km）	126.87
	数量	5.00	489.73	353.40		护坡、排水沟、保坎（m^3/km）	10.00

22.2 概算书

概算投资为静态投资，编制依据见第 4 章。500kV 输电线路工程典型方案 5XZA4-Q 总概算表、安装工程费用汇总概算表、其他费用概算表分别见表 22-4～表 22-6。

表 22-4　　典型方案 5XZA4-Q 总概算表

序号	工程或费用名称	费用金额（万元）	各项占总计（%）	单位投资（万元/km）
一	架空输电线路本体工程	9813	77.58	196.26
二	辅助设施工程			
	小计	9813	77.58	196.26
三	编制期价差	716	5.66	14.32
四	其他费用	1976	15.62	39.52
	其中：建设场地征用及清理费	800	6.32	16
五	基本预备费	125	0.99	2.5
六	特殊项目	19	0.15	0.38
	工程静态投资	12649	100.00	252.98

表 22-5　　典型方案 5XZA4-Q 安装工程费用汇总概算表　　金额单位：元

序号	工程或费用名称	取费基数	费率（%）	基础工程	杆塔工程	接地工程	架线工程	附件工程	辅助工程	合计	各项占总计（%）	单位投资（元/km）
一	直接费（C）			12228937	35890196	1807661	22325930	10498415	574785	83325924	84.92	1666518.48
1	直接工程费（B）	1)+2)		10804950	34387903	1601496	21543540	9952949	501207	78792045	80.30	1575840.90
1)	定额直接费			6919344	3994279	926601	2631407	1834810	390937	16697378	17.02	333947.56
	其中：人工费（A）			5909830	3282931	849788	1205816	1526406	314312	13089083	13.34	261781.66
	机械费			754874	675542	49310	1272696	285100	67898	3105420	3.16	62108.40
2)	装置性材料费			3885606	30393624	674895	18912133	8118139	110270	62094667	63.28	1241893.34
2	措施费			1423987	1502293	206165	782390	545466	73578	4533879	4.62	90677.58
1)	冬雨季施工增加费	A	7.23	427281	237356	61440	87180	110359	22726	946342	0.96	18926.84
2)	施工工具用具使用费	A	2.7	159566	88639	22945	32557	41213	8486	353406	0.36	7068.12
3)	临时设施费	B	6.59	389457	216345	56000	79463	100590	20714	862569	0.88	17251.38
4)	施工机构迁移费	A	2.20	130017	72225	18696	26528	33581	6915	287962	0.29	5759.24

续表 22-5

序号	工程或费用名称	取费基数	费率（%）	基础工程	杆塔工程	接地工程	架线工程	附件工程	辅助工程	合计	各项占总计（%）	单位投资（元/km）
5）	安全文明施工费	B	2.94	317666	887728	47084	556662	259723	14737	2083600	2.12	41672.00
二	间接费			4054379	2252221	582988	827237	1047175	215634	8979634	9.15	179592.68
1	规费			2546192	1414416	366122	519513	657637	135420	5639300	5.75	112786.00
1）	社会保险费	A	29.25	1728862	960388	248597	352749	446535	91950	3829081	3.90	76581.62
2）	住房公积金	A	12.24	723364	401830	104014	147592	186832	38472	1602104	1.63	32042.08
3）	危险作业意外伤害保险费	A	1.59	93966	52198	13511	19172	24270	4998	208115	0.21	4162.30
2	企业管理费	A	21.82	1289524	716336	185424	263109	333061	68583	2856037	2.91	57120.74
3	高原医疗保障费	A	1.53	90420	50229	13002	18448	23354	4809	200262	0.20	4005.24
4	高原习服费	A	1.64	96921	53840	13936	19776	25033	5155	214661	0.22	4293.22
5	施工企业配合调试费	C	0.53	31322	17400	4504	6391	8090	1667	69374	0.07	1387.48
三	利润	一+二	16.2	957393	531834	137666	195342	247278	50918	2120431	2.16	42408.62
四	税金	一+二+三	10.0	1724072	828062	252831	443638	367473	84134	3700210	3.77	74004.20
	安装工程费合计	一～四合计		18964781	39502313	2781146	23792147	12160341	925471	98126199	100.00	1962523.98
	各项占总计（%）			19	40	3	24	12	1	100		
	单位投资（元/km）			379296	790046	55623	475843	243207	18509	1962524		

表 22-6　　典型方案 5XZA4-Q 其他费用概算表

序号	工程或费用名称	编制依据及计算说明	合　价
1	建设场地征用及清理费		8000000
2	项目建设管理费		2346969
2.1	项目法人管理费	（取费人工费×人工海拔调整系数）×4.75%	621731
2.2	招标费	安装工程费×0.28%	274753
2.3	工程监理费		935000
2.5	工程结算审核费	安装工程费×0.30%	294379
2.6	工程保险费	（安装工程费+编制年价差）×0.21%	221106
3	项目建设技术服务费		9297794
3.1	项目前期工作费	（勘察费+基本设计费）×12.16%	701636
3.3	勘察设计费		7047138
3.3.1	勘察费		2500000
3.3.1.1	海拉瓦优化选线	50km×0.85 万元/km	425000
3.3.1.2	高清晰度卫片选线	50km×0.20 万元/km	100000
3.3.2	设计费	国家电网电定〔2014〕19 号	4022138
3.4	设计文件评审费		690000
3.4.1	可行性研究设计文件评审费	50km×0.36 万元/km	180000

续表 22-6

序号	工程或费用名称	编制依据及计算说明	合　价
3.4.2	初步设计文件评审费	50km×0.49 万元/km	245000
3.4.3	施工图文件审查费	50km×0.53 万元/km	265000
3.5	项目后评价费	（取费人工费×人工海拔调整系数）×1.50%	196336
3.6	工程建设检测费		564558
3.6.1	电力工程质量检测费	（取费人工费×人工海拔调整系数）×1.20%	157069
3.6.3	环境监测验收费		200000
3.6.4	水土保持项目验收及补偿费		207489
3.7	电力工程技术经济标准编制管理费	安装工程费×0.10%	98126
4	生产准备费		113875
4.2	工器具及办公家具购置费	（取费人工费×人工海拔调整系数）×0.62%	81152
4.3	生产职工培训及提前进场费	（取费人工费×人工海拔调整系数）×0.25%	32723
	合计		19758638

第 23 章　典型方案 5XZA4-S 通用造价

23.1　基本技术条件

典型方案 5XZA4-S 为《国家电网公司输变电工程通用设计　西藏电网 110～500kV 输电线路分册（2015 年版）》中 5XZA4 模块在山地地形条件下的典型方案，直线塔采用酒杯型铁塔，耐张塔采用干字型铁塔。按照平均海拔 3500m 编制概算。典型方案 5XZA4-S 一般条件、交叉跨越、主要材料单位路径长度指标分别见表 23-1～表 23-3。

表 23-1　　典型方案 5XZA4-S 一般条件表

电压等级（kV）		500			回路数			单回路		
导线型号		4×JL/G1A-500/45			地线型号			JLB20A-150		
路径长度（km）		50			气象条件			覆冰（mm）		风速（m/s）
地形		山地						15		31
地质条件	条件	普通土	坚土	松砂石	水坑	泥水坑	流沙坑	干砂坑	岩石（爆破）	岩石（人工）
	比例（%）	10	10	30					25	25
基础	型式	板式		台阶	掏挖	岩石嵌固		岩石锚固		灌注桩
	比例（%）	20			80					
铁塔	类别	直线		耐张	总基数（基）	运距（km）		人力		汽车
	比例（%）	75		25	110			0.9		25
路径长度单位造价（万元/km）					本体造价			239.58		
					静态造价			306.48		

表 23-2　　典型方案 5XZA4-S 交叉跨越表

序号	被跨越物名称	跨　越　次　数	备　　注
1	铁路		
2	高速公路		双向四车道以上
	一般公路	2	

续表 23-2

序号	被跨越物名称	跨越次数	备注
3	500kV 电力线		
	220kV 电力线	1	
	110kV 电力线	1	
	66kV 电力线		
	35kV 电力线	2	
	10kV 电力线	6	
	低压线	24	380V 及以下线路
4	通信线	24	
5	河流	5	
6	水库		

表 23-3　　典型方案 5XZA4-S 主要材料路径长度单位指标

项目					数据	项目	数据
导线（t/km）					20.83	地线（t/km）	2.00
塔数（基/km）					2.20	铁塔钢材（t/km）	82.86
基础钢材（t/km）					10.99	接地钢材（t/km）	1.07
合成绝缘子（支/km）					13.20	间隔棒（个/km）	71.00
盘式绝缘子（片/km）					208.32		
防振锤（个/km）					84.00	挂线金具（t/km）	3.10
土石方量（m^3/km）	类型	基面	基坑	接地		混凝土（m^3/km）	129.25
	数量	5.00	320.55	337.00		护坡、排水沟、保坎（m^3/km）	20.00

23.2 概算书

概算投资为静态投资，编制依据见第 4 章。500kV 输电线路工程典型方案 5XZA4-S 总概算表、安装工程费用汇总概算表、其他费用概算表分别见表 23-4～表 23-6。

表 23-4　　典型方案 5XZA4-S 总概算表

序号	工程或费用名称	费用金额（万元）	各项占总计（%）	单位投资（万元/km）
一	架空输电线路本体工程	11979	78.18	239.58
二	辅助设施工程			
	小计	11979	78.18	239.58
三	编制期价差	955	6.23	19.10
四	其他费用	2219	14.48	44.38
	其中：建设场地征用及清理费	800	5.22	16
五	基本预备费	152	0.99	3.04
六	特殊项目	19	0.12	0.38
	工程静态投资	15324	100.00	306.48

表 23-5　　**典型方案 5XZA4-S 安装工程费用汇总概算表**　　金额单位：元

序号	工程或费用名称	取费基数	费率（%）	基础工程	杆塔工程	接地工程	架线工程	附件工程	辅助工程	合计	各项占总计（%）	单位投资（元/km）
一	直接费（C）			17161872	39130229	2572691	23078086	12280295	2001758	96224931	80.32	1924498.62
1	直接工程费（B）	1)+2)		14937113	37178478	2236813	22220611	11564901	1704984	89842900	75.00	1796858.00
1）	定额直接费			10865957	6213378	1564767	3308478	2624955	1480873	26058408	21.75	521168.16
	其中：人工费（A）			9538510	5258003	1442931	1500589	2198750	1317553	21256336	17.74	425126.72
	机械费			1040318	919659	59613	1654994	399830	154085	4228499	3.53	84569.98
2）	装置性材料费			4071156	30965100	672046	18912133	8939946	224111	63784492	53.24	1275689.84
2	措施费			2224759	1951751	335878	857475	715394	296774	6382031	5.33	127640.62
1）	冬雨季施工增加费	A	7.23	689634	380154	104323	108492	158970	95259	1536832	1.28	30736.64
2）	施工工具用具使用费	A	2.7	257539	141966	38959	40516	59366	35575	573921	0.48	11478.42
3）	临时设施费	B	6.59	628588	346502	95089	98888	144898	86826	1400791	1.17	28015.82
4）	施工机构迁移费	A	2.20	209847	115676	31745	33012	48372	28987	467639	0.39	9352.78
5）	安全文明施工费	B	2.94	439151	967453	65762	576567	303788	50127	2402848	2.01	48056.96
二	间接费			6543800	3607201	989905	1029463	1508431	903896	14582696	12.17	291653.92
1	规费			4109571	2265358	621671	646514	947310	567656	9158080	7.64	183161.60
1）	社会保险费	A	29.25	2790396	1538177	422114	438982	643223	385437	6218329	5.19	124366.58
2）	住房公积金	A	12.24	1167513	643579	176615	183673	269127	161270	2601777	2.17	52035.54
3）	危险作业意外伤害保险费	A	1.59	151662	83602	22942	23859	34960	20949	337974	0.28	6759.48
2	企业管理费	A	21.82	2081304	1147297	314847	327428	479768	287490	4638134	3.87	92762.68
3	高原医疗保障费	A	1.53	145939	80448	22076	22958	33640	20158	325219	0.27	6504.38
4	高原习服费	A	1.64	156432	86231	23664	24610	36059	21609	348605	0.29	6972.10
5	施工企业配合调试费	C	0.53	50554	27867	7647	7953	11654	6983	112658	0.09	2253.16
三	利润	一+二	16.2	1545238	851797	233754	243096	356197	213444	3443526	2.87	68870.52
四	税金	一+二+三	10.0	2525091	1262413	379636	543851	520498	311910	5543399	4.63	110867.98
	安装工程费合计	一～四合计		27776001	44851640	4175986	24894496	14665421	3431008	119794552	100.00	2395891.04
	各项占总计（%）			23	37	3	22	12	3	100		
	单位投资（元/km）			555520	897033	83520	497890	293308	68620	2395891		

表 23-6　　**典型方案 5XZA4-S 其他费用概算表**　　金额单位：元

序号	工程或费用名称	编制依据及计算说明	合　价
1	建设场地征用及清理费		8000000
2	项目建设管理费		3004607
2.1	项目法人管理费	（取费人工费×人工海拔调整系数）×4.75%	1009676
2.2	招标费	安装工程费×0.28%	335425

续表 23-6

序号	工程或费用名称	编制依据及计算说明	合　价
2.3	工程监理费		1028500
2.5	工程结算审核费	安装工程费×0.30%	359384
2.6	工程保险费	（安装工程费+编制年价差）×0.21%	271622
3	项目建设技术服务费		11002403
3.1	项目前期工作费	（勘察费+基本设计费）×12.16%	843669
3.3	勘察设计费		8368821
3.3.1	勘察费		3000000
3.3.1.1	海拉瓦优化选线	50km×0.85 万元/km	425000
3.3.1.2	高清晰度卫片选线	50km×0.20 万元/km	100000
3.3.2	设计费	国家电网电定〔2014〕19 号	4843821
3.4	设计文件评审费		690000
3.4.1	可行性研究设计文件评审费	50km×0.36 万元/km	180000
3.4.2	初步设计文件评审费	50km×0.49 万元/km	245000
3.4.3	施工图文件审查费	50km×0.53 万元/km	265000
3.5	项目后评价费	（取费人工费×人工海拔调整系数）×1.50%	318845
3.6	工程建设检测费		661273
3.6.1	电力工程质量检测费	（取费人工费×人工海拔调整系数）×1.20%	255076
3.6.3	环境监测验收费		200000
3.6.4	水土保持项目验收及补偿费		206197
3.7	电力工程技术经济标准编制管理费	安装工程费×0.10%	119795
4	生产准备费		184930
4.2	工器具及办公家具购置费	（取费人工费×人工海拔调整系数）×0.62%	131789
4.3	生产职工培训及提前进场费	（取费人工费×人工海拔调整系数）×0.25%	53141
	合计		22191940

第 24 章　典型方案 5XZA4-G 通用造价

24.1　基本技术条件

典型方案 5XZA4-G 为《国家电网公司输变电工程通用设计　西藏电网 110～500kV 输电线路分册（2015 年版）》中 5XZA4 模块在高山地形条件下的典型方案，直线塔采用酒杯型铁塔，耐张塔采用干字型铁塔。按照平均海拔 3500m 编制概算。典型方案 5XZA4-G 一般条件、交叉跨越、主要材料单位路径长度指标分别见表 24-1～表 24-3。

表 24-1　　典型方案 5XZA4-G 一般条件表

电压等级（kV）		500			回路数		单回路			
导线型号		4×JL/G1A-500/45			地线型号		JLB20A-150			
路径长度（km）		50			气象条件		覆冰（mm）			风速（m/s）
地形		高山					15			31
地质条件	条件	普通土	坚土	松砂石	水坑	泥水坑	流沙坑	干砂坑	岩石（爆破）	岩石（人工）
	比例（%）	10	10	30					25	25

续表 24-1

基础	型式	板式	台阶	掏挖	岩石嵌固	岩石锚固	灌注桩
	比例（%）			100			
铁塔	类别	直线	耐张	总基数（基）	运距（km）	人力	汽车
	比例（%）	65	35	100		1.3	25
路径长度单位造价（万元/km）				本体造价	285.00		
				静态造价	361.80		

表 24-2　　典型方案 5XZA4-G 交叉跨越表

序号	被跨越物名称	跨　越　次　数	备　　注
1	铁路		
2	高速公路		双向四车道以上
	一般公路	2	
3	500kV 电力线		
	220kV 电力线	1	
	110kV 电力线	1	
	66kV 电力线		
	35kV 电力线	2	
	10kV 电力线	6	
	低压线	24	380V 及以下线路
4	通信线	24	
5	河流	5	
6	水库		

表 24-3　　典型方案 5XZA4-G 主要材料路径长度单位指标

项目		数据			项目	数据
导线（t/km）		20.93			地线（t/km）	2.00
塔数（基/km）		2.00			铁塔钢材（t/km）	83.77
基础钢材（t/km）		11.11			接地钢材（t/km）	1.01
合成绝缘子（支/km）		12.00			间隔棒（个/km）	74.00
盘式绝缘子（片/km）		260.40				
防振锤（个/km）		84.00			挂线金具（t/km）	3.10
土石方量（m^3/km）	类型	基面	基坑	接地	混凝土（m^3/km）	130.68
	数量	10.00	143.75	318.80	护坡、排水沟、保坎（m^3/km）	30.00

24.2　概算书

概算投资为静态投资，编制依据见第 4 章。500kV 输电线路工程典型方案 5XZA4-G 总概算表、安装工程费用汇总概算表、其他费用概算表分别见表 24-4～表 24-6。

表 24-4 **典型方案 5XZA4-G 总概算表**

序号	工程或费用名称	费用金额（万元）	各项占总计（%）	单位投资（万元/km）
一	架空输电线路本体工程	14250	78.77	285.00
二	辅助设施工程			
	小计	14250	78.77	285.00
三	编制期价差	1203	6.65	24.06
四	其他费用	2439	13.48	48.78
	其中：建设场地征用及清理费	800	4.42	16
五	基本预备费	179	0.99	3.58
六	特殊项目	19	0.11	0.38
	工程静态投资	18090	100.00	361.80

表 24-5 **典型方案 5XZA4-G 安装工程费用汇总概算表** 金额单位：元

序号	工程或费用名称	取费基数	费率（%）	基础工程	杆塔工程	接地工程	架线工程	附件工程	辅助工程	合计	各项占总计（%）	单位投资（元/km）
一	直接费（C）			21456626	41955116	2635257	23785505	14914863	4572857	109320224	76.72	2186404.48
1	直接工程费（B）	1)+2)		18474416	39555903	2285344	22856419	13909742	3843877	100925701	70.83	2018514.02
1）	定额直接费			14356588	8252148	1625787	3944286	4000428	3507709	35686946	25.04	713738.92
	其中：人工费（A）			13029187	7282258	1510279	1783262	3399133	3290431	30294550	21.26	605891.00
	机械费			1106001	933959	56659	2008129	571321	207434	4883503	3.43	97670.06
2）	装置性材料费			4117828	31303755	659557	18912133	9909314	336168	65238755	45.78	1304775.10
2	措施费			2982210	2399213	349913	929086	1005121	728980	8394523	5.89	167890.46
1）	冬雨季施工增加费	A	7.23	942010	526507	109193	128929	245758	237899	2190296	1.54	43805.92
2）	施工工具用具使用费	A	2.7	351787	196621	40778	48148	91776	88842	817952	0.57	16359.04
3）	临时设施费	B	6.59	858624	479900	99527	117517	224003	216840	1996411	1.40	39928.22
4）	施工机构迁移费	A	2.20	286642	160209	33226	39231	74781	72389	666478	0.47	13329.56
5）	安全文明施工费	B	2.94	543147	1035976	67189	595261	368803	113010	2723386	1.91	54467.72
二	间接费			8938546	4995920	1036112	1223389	2331941	2257369	20783277	14.58	415665.54
1	规费			5613496	3137488	650688	768301	1464482	1417650	13052105	9.16	261042.10
1）	社会保险费	A	29.25	3811559	2130352	441817	521675	994383	962583	8862369	6.22	177247.38
2）	住房公积金	A	12.24	1594773	891348	184858	218272	416053	402749	3708053	2.60	74161.06
3）	危险作业意外伤害保险费	A	1.59	207164	115788	24013	28354	54046	52318	481683	0.34	9633.66
2	企业管理费	A	21.82	2842969	1588988	329543	389108	741691	717972	6610271	4.64	132205.42
3	高原医疗保障费	A	1.53	199347	111419	23108	27284	52006	50343	463507	0.33	9270.14
4	高原习服费	A	1.64	213679	119429	24769	29245	55746	53963	496831	0.35	9936.62
5	施工企业配合调试费	C	0.53	69055	38596	8004	9451	18016	17441	160563	0.11	3211.26
三	利润	一+二	16.2	2110728	1179726	244665	288889	550659	533050	4907717	3.44	98154.34
四	税金	一+二+三	10.0	3250590	1682700	391603	638565	788815	736328	7488601	5.26	149772.02

续表 24-5

序号	工程或费用名称	取费基数	费率（%）	基础工程	杆塔工程	接地工程	架线工程	附件工程	辅助工程	合计	各项占总计（%）	单位投资（元/km）
	安装工程费合计	一～四合计		35756490	49813462	4307637	25936348	18586278	8099604	142499819	100.00	2849996.38
	各项占总计（%）			25	35	3	18	13	6	100		
	单位投资（元/km）			715130	996269	86153	518727	371726	161992	2849996		

表 24-6　　典型方案 5XZA4-G 其他费用概算表　　金额单位：元

序号	工程或费用名称	编制依据及计算说明	合　价
1	建设场地征用及清理费		8000000
2	项目建设管理费		3711992
2.1	项目法人管理费	（取费人工费×人工海拔调整系数）×4.75%	1438991
2.2	招标费	安装工程费×0.28%	398999
2.3	工程监理费		1122000
2.5	工程结算审核费	安装工程费×0.30%	427499
2.6	工程保险费	（安装工程费+编制年价差）×0.21%	324503
3	项目建设技术服务费		12413000
3.1	项目前期工作费	（勘察费+基本设计费）×12.16%	951857
3.3	勘察设计费		9405657
3.3.1	勘察费		3250000
3.3.1.1	海拉瓦优化选线	50km×0.85 万元/km	425000
3.3.1.2	高清晰度卫片选线	50km×0.20 万元/km	100000
3.3.2	设计费	国家电网电定〔2014〕19 号	5630657
3.4	设计文件评审费		690000
3.4.1	可行性研究设计文件评审费	50km×0.36 万元/km	180000
3.4.2	初步设计文件评审费	50km×0.49 万元/km	245000
3.4.3	施工图文件审查费	50km×0.53 万元/km	265000
3.5	项目后评价费	（取费人工费×人工海拔调整系数）×1.50%	454418
3.6	工程建设检测费		768568
3.6.1	电力工程质量检测费	（取费人工费×人工海拔调整系数）×1.20%	363535
3.6.3	环境监测验收费		200000
3.6.4	水土保持项目验收及补偿费		205033
3.7	电力工程技术经济标准编制管理费	安装工程费×0.10%	142500
4	生产准备费		263562
4.2	工器具及办公家具购置费	（取费人工费×人工海拔调整系数）×0.62%	187826
4.3	生产职工培训及提前进场费	（取费人工费×人工海拔调整系数）×0.25%	75736
	合计		24388554

第 25 章　典型方案 5XZA4-J 通用造价

25.1　基本技术条件

典型方案 5XZA4-J 为《国家电网公司输变电工程通用设计　西藏电网 110～500kV 输电线路分册（2015 年版）》中 5XZA4 模块在峻岭地形条件下的典型方案，直线塔采用酒杯型铁塔，耐张塔采用干字型铁塔。按照平均海拔高度 3500m 编制概算。典型方案 5XZA4-J 一般条件、交叉跨越、主要材料单位路径长度指标分别见表 25-1～表 25-3。

表 25-1　典型方案 5XZA4-J 一般条件表

电压等级（kV）		500			回路数			单回路		
导线型号		4×JL/G1A-500/45			地线型号			JLB20A-150		
路径长度（km）		50			气象条件			覆冰（mm）		风速（m/s）
地形		峻岭						15		31
地质条件	条件	普通土	坚土	松砂石	水坑	泥水坑	流沙坑	干砂坑	岩石（爆破）	岩石（人工）
	比例（%）	10	10	30					25	25
基础	型式	板式	台阶		掏挖	岩石嵌固		岩石锚固		灌注桩
	比例（%）				100					
铁塔	类别	直线	耐张		总基数（基）	运距（km）		人力		汽车
	比例（%）	50	50		120			1.5		25
路径长度单位造价（万元/km）					本体造价			386.18		
					静态造价			482.58		

表 25-2　典型方案 5XZA4-J 交叉跨越表

序号	被跨越物名称	跨越次数	备注
1	铁路		
2	高速公路		双向四车道以上
	一般公路	2	
3	500kV 电力线		
	220kV 电力线	1	
	110kV 电力线	1	
	66kV 电力线		
	35kV 电力线	2	
	10kV 电力线	6	
	低压线	24	380V 及以下线路
4	通信线	24	
5	河流	5	
6	水库		

表 25-3 典型方案 5XZA4-J 主要材料路径长度单位指标

项目				数据	项目	数据
导线（t/km）				21.04	地线（t/km）	2.00
塔数（基/km）				2.40	铁塔钢材（t/km）	101.79
基础钢材（t/km）				14.84	接地钢材（t/km）	1.23
合成绝缘子（支/km）				14.40	间隔棒（个/km）	84.00
盘式绝缘子（片/km）				446.40		
防振锤（个/km）				84.00	挂线金具（t/km）	4.80
土石方量（m^3/km）	类型	基面	基坑	接地	混凝土（m^3/km）	164.91
	数量	10.00	181.40	388.80	护坡、排水沟、保坎（m^3/km）	30.00

25.2 概算书

概算投资为静态投资，编制依据见第 4 章。500kV 输电线路工程典型方案 5XZA4-J 总概算表、安装工程费用汇总概算表、其他费用概算表分别见表 25-4～表 25-6。

表 25-4 典型方案 5XZA4-J 总概算表

序号	工程或费用名称	费用金额（万元）	各项占总计（%）	单位投资（万元/km）
一	架空输电线路本体工程	19309	80.02	386.18
二	辅助设施工程			
	小计	19309	80.02	386.18
三	编制期价差	1717	7.12	34.34
四	其他费用	2845	11.79	56.90
	其中：建设场地征用及清理费	800	3.32	16
五	基本预备费	239	0.99	4.78
六	特殊项目	19	0.08	0.38
	工程静态投资	24129	100.00	482.58

表 25-5 典型方案 5XZA4-J 安装工程费用汇总概算表 金额单位：元

序号	工程或费用名称	取费基数	费率（%）	基础工程	杆塔工程	接地工程	架线工程	附件工程	辅助工程	合计	各项占总计（%）	单位投资（元/km）
一	直接费（C）			33128717	52792963	3212889	23982848	24077531	5978763	143173711	74.15	2863474.22
1	直接工程费（B）	1)+2）		28320093	49560719	2770681	23033947	22336423	5001173	131023036	67.86	2620460.72
1）	定额直接费			22994071	11519360	2068080	4121814	7174498	4665005	52542828	27.21	1050856.56
	其中：人工费（A）			21239376	10306916	1927072	1861228	6120901	4436728	45892221	23.77	917844.42
	机械费			1477529	1170495	69416	2107691	1009732	218433	6053296	3.13	121065.92
2）	装置性材料费			5326022	38041359	702601	18912133	15161925	336168	78480208	40.64	1569604.16
2	措施费			4808624	3232244	442208	948901	1741108	977590	12150675	6.29	243013.50
1）	冬雨季施工增加费	A	7.23	1535608	745190	139327	134566	442542	320774	3318007	1.72	66360.14
2）	施工工具用具使用费	A	2.7	573463	278286	52031	50253	165264	119792	1239089	0.64	24781.78
3）	临时设施费	B	6.59	1399675	679226	126995	122655	403367	292381	3024299	1.57	60485.98

续表 25-5

序号	工程或费用名称	取费基数	费率（%）	基础工程	杆塔工程	接地工程	架线工程	附件工程	辅助工程	合计	各项占总计（%）	单位投资（元/km）
4）	施工机构迁移费	A	2.20	467267	226752	42396	40947	134660	97608	1009630	0.52	20192.60
5）	安全文明施工费	B	2.94	832611	1302790	81459	600480	595275	147035	3559650	1.84	71193.00
二	间接费			14571060	7070956	1322050	1276876	4199184	3043771	31483897	16.31	629677.94
1	规费			9150772	4440631	830261	801891	2637129	1911520	19772204	10.24	395444.08
1）	社会保险费	A	29.25	6213367	3015185	563746	544483	1790608	1297922	13425311	6.95	268506.22
2）	住房公积金	A	12.24	2599699	1261566	235874	227815	749199	543055	5617208	2.91	112344.16
3）	危险作业意外伤害保险费	A	1.59	337706	163880	30641	29593	97322	70543	729685	0.38	14593.70
2	企业管理费	A	21.82	4634431	2248969	420487	406120	1335581	968094	10013682	5.19	200273.64
3	高原医疗保障费	A	1.53	324962	157696	29484	28477	93650	67881	702150	0.36	14043.00
4	高原习服费	A	1.64	348326	169033	31604	30524	100383	72762	752632	0.39	15052.64
5	施工企业配合调试费	C	0.53	112569	54627	10214	9864	32441	23514	243229	0.13	4864.58
三	利润	一+二	16.2	3440778	1669721	312185	301519	991586	718750	7434539	3.85	148690.78
四	税金	一+二+三	10.0	5114056	2349228	484713	664911	1410638	974128	10997674	5.70	219953.48
	安装工程费合计	一～四合计		56254611	63882868	5331837	26226154	30678939	10715412	193089821	100.00	3861796.42
	各项占总计（%）			29	33	3	14	16	6	100		
	单位投资（元/km）			1125092	1277657	106637	524523	613579	214308	3861796		

表 25-6　　典型方案 5XZA4-J 其他费用概算表　　金额单位：元

序号	工程或费用名称	编制依据及计算说明	合　价
1	建设场地征用及清理费		8000000
2	项目建设管理费		4956844
2.1	项目法人管理费	（取费人工费×人工海拔调整系数）×4.75%	2179880
2.2	招标费	安装工程费×0.28%	540651
2.3	工程监理费		1215500
2.5	工程结算审核费	安装工程费×0.30%	579269
2.6	工程保险费	（安装工程费+编制年价差）×0.21%	441544
3	项目建设技术服务费		15097253
3.1	项目前期工作费	（勘察费+基本设计费）×12.16%	1155428
3.3	勘察设计费		11407311
3.3.1	勘察费		3500000
3.3.1.1	海拉瓦优化选线	50km×0.85 万元/km	425000
3.3.1.2	高清晰度卫片选线	50km×0.20 万元/km	100000
3.3.2	设计费	国家电网电定〔2014〕19 号	7382311
3.4	设计文件评审费		690000
3.4.1	可行性研究设计文件评审费	50km×0.36 万元/km	180000

续表 25-6

序号	工程或费用名称	编制依据及计算说明	合　价
3.4.2	初步设计文件评审费	50km×0.49 万元/km	245000
3.4.3	施工图文件审查费	50km×0.53 万元/km	265000
3.5	项目后评价费	（取费人工费×人工海拔调整系数）×1.50%	688383
3.6	工程建设检测费		963041
3.6.1	电力工程质量检测费	（取费人工费×人工海拔调整系数）×1.20%	550707
3.6.3	环境监测验收费		200000
3.6.4	水土保持项目验收及补偿费		212334
3.7	电力工程技术经济标准编制管理费	安装工程费×0.10%	193090
4	生产准备费		399263
4.2	工器具及办公家具购置费	（取费人工费×人工海拔调整系数）×0.62%	284532
4.3	生产职工培训及提前进场费	（取费人工费×人工海拔调整系数）×0.25%	114731
	合计		28453360

第 26 章　典型方案 5XZB1-P 通用造价

26.1　基本技术条件

典型方案 5XZB1-P 为《国家电网公司输变电工程通用设计　西藏电网 110～500kV 输电线路分册（2015 年版）》中 5XZB1 模块在平地地形条件下的典型方案，直线塔、耐张塔均采用鼓型铁塔。按照平均海拔 3500m 编制概算。典型方案 5XZB1-P 一般条件、交叉跨越、主要材料单位路径长度指标分别见表 26-1～表 26-3。

表 26-1　　典型方案 5XZB1-P 一般条件表

<table>
<tr><td colspan="2">电压等级（kV）</td><td colspan="3">500</td><td colspan="3">回路数</td><td colspan="3">双回路</td></tr>
<tr><td colspan="2">导线型号</td><td colspan="3">4×JL/G1A-500/45</td><td colspan="3">地线型号</td><td colspan="3">JLB20A-150</td></tr>
<tr><td colspan="2">路径长度（km）</td><td colspan="3">50</td><td colspan="3" rowspan="2">气象条件</td><td colspan="2">覆冰（mm）</td><td>风速（m/s）</td></tr>
<tr><td colspan="2">地形</td><td colspan="3">平地</td><td colspan="2">10</td><td>29</td></tr>
<tr><td rowspan="2">地质条件</td><td>条件</td><td>普通土</td><td>坚土</td><td>松砂石</td><td>水坑</td><td>泥水坑</td><td>流沙坑</td><td>干砂坑</td><td>岩石（爆破）</td><td>岩石（人工）</td></tr>
<tr><td>比例（%）</td><td>5</td><td>40</td><td>50</td><td>5</td><td></td><td></td><td></td><td></td><td></td></tr>
<tr><td rowspan="2">基础</td><td>型式</td><td colspan="2">板式</td><td>台阶</td><td colspan="2">掏挖</td><td>岩石嵌固</td><td>岩石锚固</td><td colspan="2">灌注桩</td></tr>
<tr><td>比例（%）</td><td colspan="2">70</td><td></td><td colspan="2">20</td><td></td><td></td><td colspan="2">10</td></tr>
<tr><td rowspan="2">铁塔</td><td>类别</td><td colspan="2">直线</td><td>耐张</td><td colspan="2">总基数（基）</td><td rowspan="2">运距（km）</td><td>人力</td><td colspan="2">汽车</td></tr>
<tr><td>比例（%）</td><td colspan="2">86</td><td>14</td><td colspan="2">125</td><td>0.3</td><td colspan="2">25</td></tr>
<tr><td colspan="5" rowspan="2">路径长度单位造价（万元/km）</td><td colspan="3">本体造价</td><td colspan="3">290.98</td></tr>
<tr><td colspan="3">静态造价</td><td colspan="3">361.12</td></tr>
</table>

表 26-2　　典型方案 5XZB1-P 交叉跨越表

序号	被跨越物名称	跨　越　次　数	备　　注
1	铁路		
2	高速公路		双向四车道以上
	一般公路	2	

续表 26-2

序号	被跨越物名称	跨 越 次 数	备 注
3	500kV 电力线		
	220kV 电力线	1	
	110kV 电力线	1	
	66kV 电力线		
	35kV 电力线	2	
	10kV 电力线	6	
	低压线	24	380V 及以下线路
4	通信线	24	
5	河流	5	
6	水库		

表 26-3　　典型方案 5XZB1-P 主要材料路径长度单位指标

<table>
<tr><th colspan="2">项目</th><th colspan="3">数据</th><th>项目</th><th>数据</th></tr>
<tr><td colspan="2">导线（t/km）</td><td colspan="3">41.06</td><td>地线（t/km）</td><td>2.00</td></tr>
<tr><td colspan="2">塔数（基/km）</td><td colspan="3">2.50</td><td>铁塔钢材（t/km）</td><td>119.60</td></tr>
<tr><td colspan="2">基础钢材（t/km）</td><td colspan="3">13.20</td><td>接地钢材（t/km）</td><td>1.19</td></tr>
<tr><td colspan="2">合成绝缘子（支/km）</td><td colspan="3">27.96</td><td rowspan="2">间隔棒（个/km）</td><td rowspan="2">134.00</td></tr>
<tr><td colspan="2">盘式绝缘子（片/km）</td><td colspan="3">252.96</td></tr>
<tr><td colspan="2">防振锤（个/km）</td><td colspan="3">168.00</td><td>挂线金具（t/km）</td><td>6.20</td></tr>
<tr><td rowspan="2">土石方量
（m^3/km）</td><td>类型</td><td>基面</td><td>基坑</td><td>接地</td><td>混凝土（m^3/km）</td><td>165.04</td></tr>
<tr><td>数量</td><td></td><td>978.70</td><td>370.90</td><td>护坡、排水沟、保坎（m^3/km）</td><td></td></tr>
</table>

26.2 概算书

概算投资为静态投资，编制依据见第 4 章。500kV 输电线路工程典型方案 5XZB1-P 总概算表、安装工程费用汇总概算表、其他费用概算表分别见表 26-4～表 26-6。

表 26-4　　典型方案 5XZB1-P 总概算表

序号	工程或费用名称	费用金额（万元）	各项占总计（%）	单位投资（万元/km）
一	架空输电线路本体工程	14549	80.57	290.98
二	辅助设施工程			
	小计	14549	80.57	290.98
三	编制期价差	856	4.74	17.12
四	其他费用	2453	13.59	49.06
	其中：建设场地征用及清理费	1000	5.54	20
五	基本预备费	179	0.99	3.58
六	特殊项目	19	0.11	0.38
	工程静态投资	18056	100.00	361.12

表 26-5　　**典型方案 5XZB1-P 安装工程费用汇总概算表**　　金额单位：元

序号	工程或费用名称	取费基数	费率（%）	基础工程	杆塔工程	接地工程	架线工程	附件工程	辅助工程	合计	各项占总计（%）	单位投资（元/km）
一	直接费（C）			15957090	51233955	1407001	41527691	17860324	57009	128043070	88.01	2560861.40
1	直接工程费（B）	1)+2)		14201076	49281702	1269052	40159323	17032974	52544	121996671	83.85	2439933.42
1)	定额直接费			9075788	4584282	583397	3963200	2471016	52544	20730227	14.25	414604.54
	其中：人工费（A）			7150121	3657379	537595	1786953	2059792	15606	15207446	10.45	304148.92
	机械费			1537200	873087	43392	1978864	373748	22515	4828806	3.32	96576.12
2)	装置性材料费			5125288	44697420	685655	36196123	14561958		101266444	69.60	2025328.88
2	措施费			1756014	1952253	137949	1368368	827350	4465	6046399	4.16	120927.98
1)	冬雨季施工增加费	A	7.23	516954	264429	38869	129197	148923	1128	1099500	0.76	21990.00
2)	施工工具用具使用费	A	2.7	193052	98750	14515	48247	55615	421	410600	0.28	8212.00
3)	临时设施费	B	6.59	471193	241021	35428	117760	135740	1028	1002170	0.69	20043.40
4)	施工机构迁移费	A	2.20	157303	80463	11827	39313	45315	343	334564	0.23	6691.28
5)	安全文明施工费	B	2.94	417512	1267590	37310	1033851	441757	1545	3199565	2.20	63991.30
二	间接费			4905269	2509108	368813	1225921	1413098	10706	10432915	7.17	208658.30
1	规费			3080559	1575745	231618	769891	887441	6723	6551977	4.50	131039.54
1)	社会保险费	A	29.25	2091697	1069929	157268	522755	602572	4565	4448786	3.06	88975.72
2)	住房公积金	A	12.24	875175	447663	65802	218723	252119	1910	1861392	1.28	37227.84
3)	危险作业意外伤害保险费	A	1.59	113687	58153	8548	28413	32750	248	241799	0.17	4835.98
2	企业管理费	A	21.82	1560156	798040	117304	389913	449446	3405	3318264	2.28	66365.28
3	高原医疗保障费	A	1.53	109397	55958	8225	27340	31514	239	232673	0.16	4653.46
4	高原习服费	A	1.64	117261	59981	8817	29306	33780	256	249401	0.17	4988.02
5	施工企业配合调试费	C	0.53	37896	19384	2849	9471	10917	83	80600	0.06	1612.00
三	利润	一+二	16.2	1158320	592496	87091	289487	333686	2528	2463608	1.69	49272.16
四	税金	一+二+三	10.0	2202068	963814	186290	684697	504515	7024	4548408	3.13	90968.16
	安装工程费合计	一～四合计		24222747	55299373	2049195	43727796	20111623	77267	145488001	100.00	2909760.02
	各项占总计（%）			17	38	1	30	14	0	100		
	单位投资（元/km）			484455	1105987	40984	874556	402233	1545	2909760		

表 26-6　　**典型方案 5XZB1-P 其他费用概算表**　　金额单位：元

序号	工程或费用名称	编制依据及计算说明	合　价
1	建设场地征用及清理费		10000000
2	项目建设管理费		3124686
2.1	项目法人管理费	（取费人工费×人工海拔调整系数）×4.75%	722354
2.2	招标费	安装工程费×0.28%	407366

续表 26-6

序号	工程或费用名称	编制依据及计算说明	合　价
2.3	工程监理费		1235000
2.5	工程结算审核费	安装工程费×0.30%	436464
2.6	工程保险费	（安装工程费+编制年价差）×0.21%	323502
3	项目建设技术服务费		11276108
3.1	项目前期工作费	（勘察费+基本设计费）×12.16%	810085
3.3	勘察设计费		8299121
3.3.1	勘察费		2000000
3.3.1.1	海拉瓦优化选线	50km×0.93 万元/km	465000
3.3.1.2	高清晰度卫片选线	50km×0.20 万元/km	100000
3.3.2	设计费	国家电网电定〔2014〕19 号	5734121
3.4	设计文件评审费		1189000
3.4.1	可行性研究设计文件评审费	50km×0.36 万元/km	324000
3.4.2	初步设计文件评审费	50km×0.49 万元/km	441000
3.4.3	施工图文件审查费	50km×0.53 万元/km	424000
3.5	项目后评价费	（取费人工费×人工海拔调整系数）×1.50%	228112
3.6	工程建设检测费		604302
3.6.1	电力工程质量检测费	（取费人工费×人工海拔调整系数）×1.20%	182489
3.6.3	环境监测验收费		200000
3.6.4	水土保持项目验收及补偿费		221813
3.7	电力工程技术经济标准编制管理费	安装工程费×0.10%	145488
4	生产准备费		132305
4.2	工器具及办公家具购置费	（取费人工费×人工海拔调整系数）×0.62%	94286
4.3	生产职工培训及提前进场费	（取费人工费×人工海拔调整系数）×0.25%	38019
	合计		24533099

第 27 章　典型方案 5XZB1-H 通用造价

27.1　基本技术条件

典型方案 5XZB1-H 为《国家电网公司输变电工程通用设计　西藏电网 110～500kV 输电线路分册（2015 年版）》中 5XZB1 模块在河网泥沼地形条件下的典型方案，直线塔、耐张塔均采用鼓型铁塔。按照平均海拔 3500m 编制概算。典型方案 5XZB1-H 一般条件、交叉跨越、主要材料单位路径长度指标分别见表 27-1～表 27-3。

表 27-1　　典型方案 5XZB1-H 一般条件表

电压等级（kV）	500	回路数	双回路	
导线型号	4×JL/G1A-500/45	地线型号	JLB20A-150	
路径长度（km）	50	气象条件	覆冰（mm）	风速（m/s）
地形	河网泥沼		10	29

续表 27-1

地质条件	条件	普通土	坚土	松砂石	水坑	泥水坑	流沙坑	干砂坑	岩石（爆破）	岩石（人工）
	比例（%）				50	50				
基础	型式	板式		台阶	掏挖		岩石嵌固	岩石锚固		灌注桩
	比例（%）	80								20
铁塔	类别	直线		耐张	总基数（基）		运距（km）	人力		汽车
	比例（%）	86		14	125			0.7		25
路径长度单位造价（万元/km）					本体造价			390.42		
					静态造价			485.02		

表 27-2　　典型方案 5XZB1-H 交叉跨越表

序号	被跨越物名称	跨越次数	备注
1	铁路		
2	高速公路		双向四车道以上
	一般公路	2	
3	500kV 电力线		
	220kV 电力线	1	
	110kV 电力线	1	
	66kV 电力线		
	35kV 电力线	2	
	10kV 电力线	6	
	低压线	10	380V 及以下线路
4	通信线	10	
5	河流	15	
6	水库		

表 27-3　　典型方案 5XZB1-H 主要材料路径长度单位指标

<table>
<tr><td colspan="2">项目</td><td colspan="3">数据</td><td>项目</td><td>数据</td></tr>
<tr><td colspan="2">导线（t/km）</td><td colspan="3">41.06</td><td>地线（t/km）</td><td>2.00</td></tr>
<tr><td colspan="2">塔数（基/km）</td><td colspan="3">2.50</td><td>铁塔钢材（t/km）</td><td>120.04</td></tr>
<tr><td colspan="2">基础钢材（t/km）</td><td colspan="3">34.03</td><td>接地钢材（t/km）</td><td>1.19</td></tr>
<tr><td colspan="2">合成绝缘子（支/km）</td><td colspan="3">27.96</td><td rowspan="2">间隔棒（个/km）</td><td rowspan="2">134.00</td></tr>
<tr><td colspan="2">盘式绝缘子（片/km）</td><td colspan="3">252.96</td></tr>
<tr><td colspan="2">防振锤（个/km）</td><td colspan="3">168.00</td><td>挂线金具（t/km）</td><td>6.20</td></tr>
<tr><td rowspan="2">土石方量（m^3/km）</td><td>类型</td><td>基面</td><td>基坑</td><td>接地</td><td>混凝土（m^3/km）</td><td>324.11</td></tr>
<tr><td>数量</td><td></td><td>2145.64</td><td>370.90</td><td>护坡、排水沟、保坎（m^3/km）</td><td></td></tr>
</table>

27.2 概算书

概算投资为静态投资，编制依据见第 4 章。500kV 输电线路工程典型方案 5XZB1-H 总概算表、安装工程费用汇总概算表、其他费用概算表分别见表 27-4～表 27-6。

表 27-4 **典型方案 5XZB1-H 总概算表**

序号	工程或费用名称	费用金额（万元）	各项占总计（%）	单位投资（万元/km）
一	架空输电线路本体工程	19521	80.50	390.42
二	辅助设施工程			
	小计	19521	80.50	390.42
三	编制期价差	1550	6.39	31
四	其他费用	2921	12.04	58.42
	其中：建设场地征用及清理费	1000	4.12	20
五	基本预备费	240	0.99	4.8
六	特殊项目	19	0.08	0.38
	工程静态投资	24251	100.00	485.02

表 27-5 **典型方案 5XZB1-H 安装工程费用汇总概算表** 金额单位：元

序号	工程或费用名称	取费基数	费率（%）	基础工程	杆塔工程	接地工程	架线工程	附件工程	辅助工程	合计	各项占总计（%）	单位投资（元/km）
一	直接费（C）			46763321	52058963	1273781	41242041	17930693	57009	159325808	81.62	3186516.16
1	直接工程费（B）	1)+2)		41186227	49991931	1159248	39917590	17091289	52544	149398829	76.53	2987976.58
1）	定额直接费			30996135	5127687	473593	3721467	2529331	52544	42900757	21.98	858015.14
	其中：人工费（A）			23323818	4162593	429756	1590322	2115028	15606	31637123	16.21	632742.46
	机械费			5942903	907077	41427	1955503	376827	22515	9246252	4.74	184925.04
2）	装置性材料费			10190092	44864244	685655	36196123	14561958		106498072	54.56	2129961.44
2	措施费			5577094	2067032	114533	1324451	839404	4465	9926979	5.09	198539.58
1）	冬雨季施工增加费	A	7.23	1686312	300956	31072	114980	152916	1128	2287364	1.17	45747.28
2）	施工工具用具使用费	A	2.7	629744	112390	11603	42938	57106	421	854202	0.44	17084.04
3）	临时设施费	B	6.59	1537039	274315	28321	104802	139380	1028	2084885	1.07	41697.70
4）	施工机构迁移费	A	2.20	513124	91577	9455	34987	46530	343	696016	0.36	13920.32
5）	安全文明施工费	B	2.94	1210875	1287794	34082	1026744	443472	1545	4004512	2.05	80090.24
二	间接费			16001071	2855706	294831	1091026	1450993	10706	21704333	11.12	434086.66
1	规费			10048833	1793412	185158	685176	911240	6723	13630542	6.98	272610.84
1）	社会保险费	A	29.25	6823150	1217725	125721	465233	618731	4565	9255125	4.74	185102.50
2）	住房公积金	A	12.24	2854835	509502	52603	194656	258880	1910	3872386	1.98	77447.72
3）	危险作业意外伤害保险费	A	1.59	370848	66185	6834	25287	33629	248	503031	0.26	10060.62
2	企业管理费	A	21.82	5089257	908278	93772	347008	461498	3405	6903218	3.54	138064.36
3	高原医疗保障费	A	1.53	356854	63687	6574	24332	32359	239	484045	0.25	9680.90
4	高原习服费	A	1.64	382511	68267	7049	26081	34686	256	518850	0.27	10377.00
5	施工企业配合调试费	C	0.53	123616	22062	2278	8429	11210	83	167678	0.09	3353.56
三	利润	一+二	16.2	3778458	674341	69621	257633	342634	2528	5125215	2.63	102504.30

续表 27-5

序号	工程或费用名称	取费基数	费率（%）	基础工程	杆塔工程	接地工程	架线工程	附件工程	辅助工程	合计	各项占总计（%）	单位投资（元/km）
四	税金	一+二+三	10.0	6654286	1072477	163823	639458	516236	7024	9053304	4.64	181066.08
	安装工程费合计	一～四合计		73197136	56661487	1802056	43230158	20240556	77267	195208660	100.00	3904173.20
	各项占总计（%）			38	29	1	22	10	0	100		
	单位投资（元/km）			1463943	1133230	36041	864603	404811	1545	3904173		

表 27-6　　**典型方案 5XZB1-H 其他费用概算表**　　金额单位：元

序号	工程或费用名称	编制依据及计算说明	合　价
1	建设场地征用及清理费		10000000
2	项目建设管理费		4435953
2.1	项目法人管理费	（取费人工费×人工海拔调整系数）×4.75%	1502763
2.2	招标费	安装工程费×0.28%	546584
2.3	工程监理费		1358500
2.5	工程结算审核费	安装工程费×0.30%	585626
2.6	工程保险费	（安装工程费+编制年价差）×0.21%	442480
3	项目建设技术服务费		14502379
3.1	项目前期工作费	（勘察费+基本设计费）×12.16%	1071481
3.3	勘察设计费		10770674
3.3.1	勘察费		2750000
3.3.1.1	海拉瓦优化选线	50km×0.93 万元/km	465000
3.3.1.2	高清晰度卫片选线	50km×0.20 万元/km	100000
3.3.2	设计费	国家电网电定〔2014〕19 号	7455674
3.4	设计文件评审费		1189000
3.4.1	可行性研究设计文件评审费	50km×0.36 万元/km	324000
3.4.2	初步设计文件评审费	50km×0.49 万元/km	441000
3.4.3	施工图文件审查费	50km×0.53 万元/km	424000
3.5	项目后评价费	（取费人工费×人工海拔调整系数）×1.50%	474557
3.6	工程建设检测费		801458
3.6.1	电力工程质量检测费	（取费人工费×人工海拔调整系数）×1.20%	379645
3.6.3	环境监测验收费		200000
3.6.4	水土保持项目验收及补偿费		221813
3.7	电力工程技术经济标准编制管理费	安装工程费×0.10%	195209
4	生产准备费		275243
4.2	工器具及办公家具购置费	（取费人工费×人工海拔调整系数）×0.62%	196150
4.3	生产职工培训及提前进场费	（取费人工费×人工海拔调整系数）×0.25%	79093
	合计		29213575

第 28 章　典型方案 5XZB1-Q 通用造价

28.1　基本技术条件

典型方案 5XZB1-Q 为《国家电网公司输变电工程通用设计　西藏电网 110～500kV 输电线路分册（2015 年版）》中 5XZB1 模块在丘陵地形条件下的典型方案，直线塔、耐张塔均采用鼓型铁塔。按照平均海拔 3500m 编制概算。典型方案 5XZB1-Q 一般条件、交叉跨越、主要材料单位路径长度指标分别见表 28-1～表 28-3。

表 28-1　　典型方案 5XZB1-Q 一般条件表

电压等级（kV）		500			回路数			双回路		
导线型号		4×LGJ-500/45			地线型号			JLB20A-150		
路径长度（km）		50			气象条件			覆冰（mm）		风速（m/s）
地形		丘陵						10		29
地质条件	条件	普通土	坚土	松砂石	水坑	泥水坑	流沙坑	干砂坑	岩石（爆破）	岩石（人工）
	比例（%）	25	25	30					10	10
基础	型式	板式	台阶	掏挖	岩石嵌固	岩石锚固	灌注桩			
	比例（%）	40		60						
铁塔	类别	直线	耐张	总基数（基）	运距（km）	人力	汽车			
	比例（%）	82	18	120		0.6	25			
路径长度单位造价（万元/km）					本体造价			359.66		
					静态造价			444.12		

表 28-2　　典型方案 5XZB1-Q 交叉跨越表

序号	被跨越物名称	跨越次数	备注
1	铁路		
2	高速公路		双向四车道以上
	一般公路	2	
3	500kV 电力线		
	220kV 电力线	1	
	110kV 电力线	1	
	66kV 电力线		
	35kV 电力线	2	
	10kV 电力线	6	
	低压线	24	380V 及以下线路
4	通信线	24	
5	河流	5	
6	水库		

表 28-3　　　　典型方案 5XZB1-Q 主要材料路径长度单位指标

项目		数据			项目	数据
导线（t/km）		41.26			地线（t/km）	2.00
塔数（基/km）		2.40			铁塔钢材（t/km）	152.93
基础钢材（t/km）		18.46			接地钢材（t/km）	1.13
合成绝缘子（支/km）		26.16			间隔棒（个/km）	138.00
盘式绝缘子（片/km）		327.36				
防振锤（个/km）		168.00			挂线金具（t/km）	6.20
土石方量（m^3/km）	类型	基面	基坑	接地	混凝土（m^3/km）	217.16
	数量	5.00	838.22	353.40	护坡、排水沟、保坎（m^3/km）	10.00

28.2　概算书

概算投资为静态投资，编制依据见第 4 章。500kV 输电线路工程典型方案 5XZB1-Q 总概算表、安装工程费用汇总概算表、其他费用概算表分别见表 28-4～表 28-6。

表 28-4　　　　典型方案 5XZB1-Q 总概算表

序号	工程或费用名称	费用金额（万元）	各项占总计（%）	单位投资（万元/km）
一	架空输电线路本体工程	17983	80.98	359.66
二	辅助设施工程			
	小计	17983	80.98	359.66
三	编制期价差	1249	5.62	24.98
四	其他费用	2735	12.32	54.7
	其中：建设场地征用及清理费	1000	4.50	20
五	基本预备费	220	0.99	4.4
六	特殊项目	19	0.09	0.38
	工程静态投资	22206	100.00	444.12

表 28-5　　　　典型方案 5XZB1-Q 安装工程费用汇总概算表　　　　金额单位：元

序号	工程或费用名称	取费基数	费率（%）	基础工程	杆塔工程	接地工程	架线工程	附件工程	辅助工程	合计	各项占总计（%）	单位投资（元/km）
一	直接费（C）			21993508	67736409	1807661	41720998	20216515	598258	154073349	85.68	3081466.98
1	直接工程费（B）	1)+2)		19405418	64876311	1601496	40333722	19214665	522843	145954455	81.16	2919089.10
1）	定额直接费			12530953	7726525	926601	4137599	3201372	412573	28935623	16.09	578712.46
	其中：人工费（A）			10777612	6327643	849788	1860566	2680670	320738	22817017	12.69	456340.34
	机械费			1334481	1304783	49310	2079650	478851	77169	5324244	2.96	106484.88
2）	装置性材料费			6874465	57149786	674895	36196123	16013293	110270	117018832	65.07	2340376.64
2	措施费			2588090	2860098	206165	1387276	1001850	75415	8118894	4.51	162377.88
1）	冬雨季施工增加费	A	7.23	779221	457488	61440	134519	193813	23190	1649671	0.92	32993.42
2）	施工工具用具使用费	A	2.7	290996	170847	22945	50235	72378	8659	616060	0.34	12321.20
3）	临时设施费	B	6.59	710246	416991	56000	122611	176656	21137	1503641	0.84	30072.82
4）	施工机构迁移费	A	2.20	237108	139208	18696	40933	58975	7056	501976	0.28	10039.52

续表 28-5

序号	工程或费用名称	取费基数	费率（%）	基础工程	杆塔工程	接地工程	架线工程	附件工程	辅助工程	合计	各项占总计（%）	单位投资（元/km）
5）	安全文明施工费	B	2.94	570519	1675564	47084	1038978	500028	15373	3847546	2.14	76950.92
二	间接费			7393874	4341017	582988	1276422	1839045	220041	15653387	8.70	313067.74
1	规费			4643427	2726202	366122	801605	1154940	138187	9830483	5.47	196609.66
1）	社会保险费	A	29.25	3152883	1851089	248597	544289	784203	93829	6674890	3.71	133497.80
2）	住房公积金	A	12.24	1319180	774504	104014	227733	328114	39258	2792803	1.55	55856.06
3）	危险作业意外伤害保险费	A	1.59	171364	100609	13511	29583	42623	5100	362790	0.20	7255.80
2	企业管理费	A	21.82	2351676	1380692	185424	405976	584921	69985	4978674	2.77	99573.48
3	高原医疗保障费	A	1.53	164897	96813	13002	28467	41014	4908	349101	0.19	6982.02
4	高原习服费	A	1.64	176753	103774	13936	30513	43963	5260	374199	0.21	7483.98
5	施工企业配合调试费	C	0.53	57121	33536	4504	9861	14207	1701	120930	0.07	2418.60
三	利润	一+二	16.2	1745973	1025078	137666	301411	434268	51959	3696355	2.06	73927.10
四	税金	一+二+三	10.0	3113336	1595272	252831	710270	647654	87026	6406389	3.56	128127.78
	安装工程费合计	一～四合计		34246691	74697776	2781146	44009101	23137482	957284	179829480	100.00	3596589.60
	各项占总计（%）			19	42	2	24	12	1	100		
	单位投资（元/km）			684934	1493956	55623	880182	462750	19146	3596590		

表 28-6　　典型方案 5XZB1-Q 其他费用概算表　　金额单位：元

序号	工程或费用名称	编制依据及计算说明	合　价
1	建设场地征用及清理费		10000000
2	项目建设管理费		3765690
2.1	项目法人管理费	（取费人工费×人工海拔调整系数）×4.75%	1083808
2.2	招标费	安装工程费×0.28%	503523
2.3	工程监理费		1235000
2.5	工程结算审核费	安装工程费×0.30%	539488
2.6	工程保险费	（安装工程费+编制年价差）×0.21%	403871
3	项目建设技术服务费		13382675
3.1	项目前期工作费	（勘察费+基本设计费）×12.16%	988438
3.3	勘察设计费		9988178
3.3.1	勘察费		2500000
3.3.1.1	海拉瓦优化选线	50km×0.93 万元/km	465000
3.3.1.2	高清晰度卫片选线	50km×0.20 万元/km	100000
3.3.2	设计费	国家电网电定〔2014〕19 号	6923178
3.4	设计文件评审费		1189000
3.4.1	可行性研究设计文件评审费	50km×0.36 万元/km	324000
3.4.2	初步设计文件评审费	50km×0.49 万元/km	441000

续表 28-6

序号	工程或费用名称	编制依据及计算说明	合　价
3.4.3	施工图文件审查费	50km×0.53 万元/km	424000
3.5	项目后评价费	（取费人工费×人工海拔调整系数）×1.50%	342255
3.6	工程建设检测费		694975
3.6.1	电力工程质量检测费	（取费人工费×人工海拔调整系数）×1.20%	273804
3.6.3	环境监测验收费		200000
3.6.4	水土保持项目验收及补偿费		221171
3.7	电力工程技术经济标准编制管理费	安装工程费×0.10%	179829
4	生产准备费		198509
4.2	工器具及办公家具购置费	（取费人工费×人工海拔调整系数）×0.62%	141466
4.3	生产职工培训及提前进场费	（取费人工费×人工海拔调整系数）×0.25%	57043
	合计		27346874

第 29 章　典型方案 5XZB1-S 通用造价

29.1　基本技术条件

典型方案 5XZB1-S 为《国家电网公司输变电工程通用设计　西藏电网 110～500kV 输电线路分册（2015 年版）》中 5XZB1 模块在山地地形条件下的典型方案，直线塔、耐张塔均采用鼓型铁塔。按照平均海拔 3500m 编制概算。典型方案 5XZB1-S 一般条件、交叉跨越、主要材料单位路径长度指标分别见表 29-1～表 29-3。

表 29-1　典型方案 5XZB1-S 一般条件表

电压等级（kV）		500			回路数		双回路		
导线型号		4×JL/G1A-500/45			地线型号		JLB20A-150		
路径长度（km）		50			气象条件		覆冰（mm）		风速（m/s）
地形		山地					10		29
地质条件	条件	普通土	坚土	松砂石	水坑	泥水坑	流沙坑	干砂坑	岩石（爆破）	岩石（人工）
	比例（%）	10	10	30					25	25
基础	型式	板式	台阶		掏挖	岩石嵌固	岩石锚固		灌注桩	
	比例（%）	20			80					
铁塔	类别	直线	耐张		总基数（基）	运距（km）	人力		汽车	
	比例（%）	75	25		110		0.9		25	
路径长度单位造价（万元/km）					本体造价		433.80			
					静态造价		534.20			

表 29-2　典型方案 5XZB1-S 交叉跨越表

序号	被跨越物名称	跨　越　次　数	备　注
1	铁路		
2	高速公路		双向四车道以上
	一般公路	2	

续表 29-2

序号	被跨越物名称	跨越次数	备注
3	500kV 电力线		
	220kV 电力线	1	
	110kV 电力线	1	
	66kV 电力线		
	35kV 电力线	2	
	10kV 电力线	6	
	低压线	24	380V 及以下线路
4	通信线	24	
5	河流	5	
6	水库		

表 29-3　　典型方案 5XZB1-S 主要材料路径长度单位指标

项目		数据			项目	数据
导线（t/km）		41.67			地线（t/km）	2.00
塔数（基/km）		2.20			铁塔钢材（t/km）	157.83
基础钢材（t/km）		19.72			接地钢材（t/km）	1.07
合成绝缘子（支/km）		23.04			间隔棒（个/km）	142.00
盘式绝缘子（片/km）		416.64				
防振锤（个/km）		168.00			挂线金具（t/km）	6.20
土石方量（m^3/km）	类型	基面	基坑	接地	混凝土（m^3/km）	224.12
	数量	5.00	555.82	337.00	护坡、排水沟、保坎（m^3/km）	20.00

29.2 概算书

概算投资为静态投资，编制依据见第 4 章。500kV 输电线路工程典型方案 5XZB1-S 总概算表、安装工程费用汇总概算表、其他费用概算表分别见表 29-4～表 29-6。

表 29-4　　典型方案 5XZB1-S 总概算表

序号	工程或费用名称	费用金额（万元）	各项占总计（%）	单位投资（万元/km）
一	架空输电线路本体工程	21690	81.20	433.80
二	辅助设施工程			
	小计	21690	81.20	433.80
三	编制期价差	1647	6.17	32.94
四	其他费用	3090	11.57	61.80
	其中：建设场地征用及清理费	1000	3.74	20
五	基本预备费	264	0.99	5.28
六	特殊项目	19	0.07	0.38
	工程静态投资	26710	100.00	534.20

表 29-5　　　　**典型方案 5XZB1-S 安装工程费用汇总概算表**　　　　金额单位：元

序号	工程或费用名称	取费基数	费率（%）	基础工程	杆塔工程	接地工程	架线工程	附件工程	辅助工程	合计	各项占总计（%）	单位投资（元/km）
一	直接费（C）			30604802	74996954	2572691	42917506	23526897	2017592	176636442	81.44	3532728.84
1	直接工程费（B）	1)+2)		26632588	71206650	2236813	41412495	22222574	1720487	165431607	76.27	3308632.14
1）	定额直接费			19357095	12222624	1564767	5216372	4573852	1496376	44431086	20.48	888621.72
	其中：人工费（A）			17036408	10342242	1442931	2320072	3859407	1316904	36317964	16.74	726359.28
	机械费			1829324	1784791	59613	2698917	667465	162957	7203067	3.32	144061.34
2）	装置性材料费			7275493	58984026	672046	36196123	17648722	224111	121000521	55.79	2420010.42
2	措施费			3972214	3790304	335878	1505011	1304323	297105	11204835	5.17	224096.70
1）	冬雨季施工增加费	A	7.23	1231733	747744	104323	167741	279035	95211	2625787	1.21	52515.74
2）	施工工具用具使用费	A	2.7	459983	279241	38959	62642	104204	35557	980586	0.45	19611.72
3）	临时设施费	B	6.59	1122699	681554	95089	152893	254335	86782	2393352	1.10	47867.04
4）	施工机构迁移费	A	2.20	374801	227529	31745	51041	84907	28972	798995	0.37	15979.90
5）	安全文明施工费	B	2.94	782998	1854236	65762	1070694	581842	50583	4406115	2.03	88122.30
二	间接费			11687658	7095191	989905	1591659	2647707	903451	24915571	11.49	498311.42
1	规费			7339967	4455851	621671	999578	1662786	567375	15647228	7.21	312944.56
1）	社会保险费	A	29.25	4983831	3025519	422114	678713	1129031	385246	10624454	4.90	212489.08
2）	住房公积金	A	12.24	2085257	1265890	176615	283976	472391	161190	4445319	2.05	88906.38
3）	危险作业意外伤害保险费	A	1.59	270879	164442	22942	36889	61364	20939	577455	0.27	11549.10
2	企业管理费	A	21.82	3717344	2256677	314847	506239	842123	287349	7924579	3.65	158491.58
3	高原医疗保障费	A	1.53	260657	158236	22076	35497	59049	20149	555664	0.26	11113.28
4	高原习服费	A	1.64	279397	169613	23664	38049	63294	21598	595615	0.27	11912.30
5	施工企业配合调试费	C	0.53	90293	54814	7647	12296	20455	6980	192485	0.09	3849.70
三	利润	一+二	16.2	2759897	1675444	233754	375851	625223	213339	5883508	2.71	117670.16
四	税金	一+二+三	10.0	4505236	2478356	379636	868889	915111	313438	9460666	4.36	189213.32
	安装工程费合计	一～四合计		49557593	86245945	4175986	45753905	27714938	3447820	216896187	100.00	4337923.74
	各项占总计（%）			22	40	2	21	13	2	100		
	单位投资（元/km）			991152	1724919	83520	915078	554299	68956	4337924		

表 29-6　　　　**典型方案 5XZB1-S 其他费用概算表**　　　　金额单位：元

序号	工程或费用名称	编制依据及计算说明	合　价
1	建设场地征用及清理费		10000000
2	项目建设管理费		4831670
2.1	项目法人管理费	（取费人工费×人工海拔调整系数）×4.75%	1725103
2.2	招标费	安装工程费×0.28%	607309
2.3	工程监理费		1358500

续表 29-6

序号	工程或费用名称	编制依据及计算说明	合　价
2.5	工程结算审核费	安装工程费×0.30%	650689
2.6	工程保险费	（安装工程费+编制年价差）×0.21%	490069
3	项目建设技术服务费		15753356
3.1	项目前期工作费	（勘察费+基本设计费）×12.16%	1176119
3.3	勘察设计费		11771594
3.3.1	勘察费		3000000
3.3.1.1	海拉瓦优化选线	50km×0.93 万元/km	465000
3.3.1.2	高清晰度卫片选线	50km×0.20 万元/km	100000
3.3.2	设计费	国家电网电定〔2014〕19 号	8206594
3.4	设计文件评审费		1189000
3.4.1	可行性研究设计文件评审费	50km×0.36 万元/km	324000
3.4.2	初步设计文件评审费	50km×0.49 万元/km	441000
3.4.3	施工图文件审查费	50km×0.53 万元/km	424000
3.5	项目后评价费	（取费人工费×人工海拔调整系数）×1.50%	544769
3.6	工程建设检测费		854978
3.6.1	电力工程质量检测费	（取费人工费×人工海拔调整系数）×1.20%	435816
3.6.3	环境监测验收费		200000
3.6.4	水土保持项目验收及补偿费		219162
3.7	电力工程技术经济标准编制管理费	安装工程费×0.10%	216896
4	生产准备费		315966
4.2	工器具及办公家具购置费	（取费人工费×人工海拔调整系数）×0.62%	225171
4.3	生产职工培训及提前进场费	（取费人工费×人工海拔调整系数）×0.25%	90795
	合计		30900992

第 30 章　典型方案 5XZB1-G 通用造价

30.1　基本技术条件

典型方案 5XZB1-G 为《国家电网公司输变电工程通用设计　西藏电网 110～500kV 输电线路分册（2015 年版）》中 5XZB1 模块在高山地形条件下的典型方案，直线塔、耐张塔均采用鼓型铁塔。按照平均海拔 3500m 编制概算。典型方案 5XZB1-G 一般条件、交叉跨越、主要材料单位路径长度指标分别见表 30-1～表 30-3。

表 30-1　　典型方案 5XZB1-G 一般条件表

电压等级（kV）		500			回路数			双回路		
导线型号		4×JL/G1A-500/45			地线型号			JLB20A-150		
路径长度（km）		50			气象条件			覆冰（mm）		风速（m/s）
地形		高山						10		29
地质条件	条件	普通土	坚土	松砂石	水坑	泥水坑	流沙坑	干砂坑	岩石（爆破）	岩石（人工）
	比例（%）	10	10	30					25	25

续表 30-1

基础	型式	板式	台阶	掏挖	岩石嵌固	岩石锚固	灌注桩
	比例（%）			100			
铁塔	类别	直线	耐张	总基数（基）	运距（km）	人力	汽车
	比例（%）	65	35	100		1.3	25
路径长度单位造价（万元/km）			本体造价			527.08	
			静态造价			646.68	

表 30-2　　典型方案 5XZB1-G 交叉跨越表

序号	被跨越物名称	跨越次数	备注
1	铁路		
2	高速公路		双向四车道以上
	一般公路	2	
3	500kV 电力线		
	220kV 电力线	1	
	110kV 电力线	1	
	66kV 电力线		
	35kV 电力线	2	
	10kV 电力线	6	
	低压线	24	380V 及以下线路
4	通信线	24	
5	河流	5	
6	水库		

表 30-3　　典型方案 5XZB1-G 主要材料路径长度单位指标

项目		数据			项目	数据
导线（t/km）		41.87			地线（t/km）	2.00
塔数（基/km）		2.00			铁塔钢材（t/km）	165.23
基础钢材（t/km）		20.79			接地钢材（t/km）	1.01
合成绝缘子（支/km）		19.80			间隔棒（个/km）	148.00
盘式绝缘子（片/km）		520.80				
防振锤（个/km）		168.00			挂线金具（t/km）	6.20
土石方量（m^3/km）	类型	基面	基坑	接地	混凝土（m^3/km）	236.28
	数量	10.00	259.91	318.80	护坡、排水沟、保坎（m^3/km）	30.00

30.2　概算书

概算投资为静态投资，编制依据见第 4 章。500kV 输电线路工程典型方案 5XZB1-G 总概算表、安装工程费用汇总概算表、其他费用概算表分别见表 30-4～表 30-6。

表 30-4　　典型方案 5XZB1-G 总概算表

序号	工程或费用名称	费用金额（万元）	各项占总计（%）	单位投资（万元/km）
一	架空输电线路本体工程	26354	81.51	527.08
二	辅助设施工程			

续表 30-4

序号	工程或费用名称	费用金额（万元）	各项占总计（%）	单位投资（万元/km）
	小计	26354	81.51	527.08
三	编制期价差	2148	6.64	42.96
四	其他费用	3493	10.80	69.86
	其中：建设场地征用及清理费	1000	3.09	20
五	基本预备费	320	0.99	6.4
六	特殊项目	19	0.06	0.38
	工程静态投资	32334	100.00	646.68

表 30-5　　典型方案 5XZB1-G 安装工程费用汇总概算表　　金额单位：元

序号	工程或费用名称	取费基数	费率（%）	基础工程	杆塔工程	接地工程	架线工程	附件工程	辅助工程	合计	各项占总计（%）	单位投资（元/km）
一	直接费（C）			38942419	86147089	2635257	43994043	28346752	4583698	204649258	77.65	4092985.16
1	直接工程费（B）	1)+2)		33557244	80876583	2285344	42381628	26529902	3855347	189486048	71.90	3789720.96
1）	定额直接费			25894333	19127258	1625787	6185505	6953314	3519179	63305376	24.02	1266107.52
	其中：人工费（A）			23496748	16790540	1510279	2741603	5962474	3285278	53786922	20.41	1075738.44
	机械费			2003857	2066052	56659	3246519	937842	216106	8527035	3.24	170540.70
2）	装置性材料费			7662911	61749325	659557	36196123	19576588	336168	126180672	47.88	2523613.44
2	措施费			5385175	5270506	349913	1612415	1816850	728351	15163210	5.75	303264.20
1）	冬雨季施工增加费	A	7.23	1698815	1213956	109193	198218	431086	237526	3888794	1.48	77775.88
2）	施工工具用具使用费	A	2.7	634412	453345	40778	74023	160987	88702	1452247	0.55	29044.94
3）	临时设施费	B	6.59	1548436	1106496	99527	180672	392927	216500	3544558	1.34	70891.16
4）	施工机构迁移费	A	2.20	516929	369392	33226	60315	131175	72275	1183312	0.45	23666.24
5）	安全文明施工费	B	2.94	986583	2127317	67189	1099187	700675	113348	5094299	1.93	101885.98
二	间接费			16119708	11518982	1036112	1880849	4090496	2253831	36899978	14.00	737999.56
1	规费			10123339	7234036	650688	1181192	2568872	1415428	23173555	8.79	463471.10
1）	社会保险费	A	29.25	6873739	4911905	441817	802028	1744261	961075	15734825	5.97	314696.50
2）	住房公积金	A	12.24	2876002	2055162	184858	335572	729807	402117	6583518	2.50	131670.36
3）	危险作业意外伤害保险费	A	1.59	373598	266969	24013	43592	94804	52236	855212	0.32	17104.24
2	企业管理费	A	21.82	5126990	3663696	329543	598218	1301012	716848	11736307	4.45	234726.14
3	高原医疗保障费	A	1.53	359500	256896	23108	41946	91226	50264	822940	0.31	16458.80
4	高原习服费	A	1.64	385346	275365	24769	44963	97785	53878	882106	0.33	17642.12
5	施工企业配合调试费	C	0.53	124533	88989	8004	14530	31601	17413	285070	0.11	5701.40
三	利润	一+二	16.2	3806473	2720067	244665	444140	965920	532215	8713480	3.31	174269.60
四	税金	一+二+三	10.0	5886860	3863681	391603	1012290	1382658	736975	13274067	5.04	265481.34

续表 30-5

序号	工程或费用名称	取费基数	费率（%）	基础工程	杆塔工程	接地工程	架线工程	附件工程	辅助工程	合计	各项占总计（%）	单位投资（元/km）
	安装工程费合计	一～四合计		64755460	104249819	4307637	47331322	34785826	8106719	263536783	100.00	5270735.66
	各项占总计（%）			24	40	2	18	13	3	100		
	单位投资（元/km）			1295109	2084996	86153	946626	695717	162134	5270736		

表 30-6　　典型方案 5XZB1-G 其他费用概算表　　金额单位：元

序号	工程或费用名称	编制依据及计算说明	合　价
1	建设场地征用及清理费		10000000
2	项目建设管理费		6163927
2.1	项目法人管理费	（取费人工费×人工海拔调整系数）×4.75%	2554879
2.2	招标费	安装工程费×0.28%	737903
2.3	工程监理费		1482000
2.5	工程结算审核费	安装工程费×0.30%	790610
2.6	工程保险费	（安装工程费+编制年价差）×0.21%	598535
3	项目建设技术服务费		18302103
3.1	项目前期工作费	（勘察费+基本设计费）×12.16%	1364130
3.3	勘察设计费		13615855
3.3.1	勘察费		3250000
3.3.1.1	海拉瓦优化选线	50km×0.93 万元/km	465000
3.3.1.2	高清晰度卫片选线	50km×0.20 万元/km	100000
3.3.2	设计费	国家电网电定〔2014〕19 号	9800855
3.4	设计文件评审费		1189000
3.4.1	可行性研究设计文件评审费	50km×0.36 万元/km	324000
3.4.2	初步设计文件评审费	50km×0.49 万元/km	441000
3.4.3	施工图文件审查费	50km×0.53 万元/km	424000
3.5	项目后评价费	（取费人工费×人工海拔调整系数）×1.50%	806804
3.6	工程建设检测费		1062777
3.6.1	电力工程质量检测费	（取费人工费×人工海拔调整系数）×1.20%	645443
3.6.3	环境监测验收费		200000
3.6.4	水土保持项目验收及补偿费		217334
3.7	电力工程技术经济标准编制管理费	安装工程费×0.10%	263537
4	生产准备费		467946
4.2	工器具及办公家具购置费	（取费人工费×人工海拔调整系数）×0.62%	333479
4.3	生产职工培训及提前进场费	（取费人工费×人工海拔调整系数）×0.25%	134467
	合计		34933976

第31章 典型方案5XZB1-J通用造价

31.1 基本技术条件

典型方案5XZB1-J为《国家电网公司输变电工程通用设计 西藏电网110～500kV输电线路分册（2015年版）》中5XZB1模块在峻岭地形条件下的典型方案，直线塔、耐张塔均采用鼓型铁塔。按照平均海拔3500m编制概算。典型方案5XZB1-J一般条件、交叉跨越、主要材料单位路径长度指标分别见表31-1～表31-3。

表31-1　　典型方案5XZB1-J一般条件表

<table>
<tr><td colspan="2">电压等级（kV）</td><td colspan="3">500</td><td colspan="3">回路数</td><td colspan="3">双回路</td></tr>
<tr><td colspan="2">导线型号</td><td colspan="3">4×JL/G1A-500/45</td><td colspan="3">地线型号</td><td colspan="3">JLB20A-150</td></tr>
<tr><td colspan="2">路径长度（km）</td><td colspan="3">50</td><td colspan="3" rowspan="2">气象条件</td><td colspan="2">覆冰（mm）</td><td>风速（m/s）</td></tr>
<tr><td colspan="2">地形</td><td colspan="3">峻岭</td><td colspan="2">10</td><td>29</td></tr>
<tr><td rowspan="2">地质条件</td><td>条件</td><td>普通土</td><td>坚土</td><td>松砂石</td><td>水坑</td><td>泥水坑</td><td>流沙坑</td><td>干砂坑</td><td>岩石（爆破）</td><td>岩石（人工）</td></tr>
<tr><td>比例（%）</td><td>10</td><td>10</td><td>30</td><td></td><td></td><td></td><td></td><td>25</td><td>25</td></tr>
<tr><td rowspan="2">基础</td><td>型式</td><td colspan="2">板式</td><td>台阶</td><td colspan="2">掏挖</td><td>岩石嵌固</td><td colspan="2">岩石锚固</td><td>灌注桩</td></tr>
<tr><td>比例（%）</td><td colspan="2"></td><td></td><td colspan="2">100</td><td></td><td colspan="2"></td><td></td></tr>
<tr><td rowspan="2">铁塔</td><td>类别</td><td colspan="2">直线</td><td>耐张</td><td colspan="2">总基数（基）</td><td rowspan="2">运距（km）</td><td colspan="2">人力</td><td>汽车</td></tr>
<tr><td>比例（%）</td><td colspan="2">50</td><td>50</td><td colspan="2">120</td><td colspan="2">1.5</td><td>25</td></tr>
<tr><td colspan="5" rowspan="2">路径长度单位造价（万元/km）</td><td colspan="3">本体造价</td><td colspan="3">733.78</td></tr>
<tr><td colspan="3">静态造价</td><td colspan="3">892.78</td></tr>
</table>

表31-2　　典型方案5XZB1-J交叉跨越表

序号	被跨越物名称	跨越次数	备注
1	铁路		
2	高速公路		双向四车道以上
	一般公路	2	
3	500kV电力线		
	220kV电力线	1	
	110kV电力线	1	
	66kV电力线		
	35kV电力线	2	
	10kV电力线	6	
	低压线	24	380V及以下线路
4	通信线	24	
5	河流	5	
6	水库		

表 31-3　　典型方案 5XZB1-J 主要材料路径长度单位指标

项目		数据			项目	数据
导线（t/km）		42.07			地线（t/km）	2.00
塔数（基/km）		2.40			铁塔钢材（t/km）	215.16
基础钢材（t/km）		29.57			接地钢材（t/km）	1.23
合成绝缘子（支/km）		21.60			间隔棒（个/km）	168.00
盘式绝缘子（片/km）		892.80				
防振锤（个/km）		168.00			挂线金具（t/km）	7.60
土石方量（m^3/km）	类型	基面	基坑	接地	混凝土（m^3/km）	324.89
	数量	10.00	357.38	388.80	护坡、排水沟、保坎（m^3/km）	30.00

31.2 概算书

概算投资为静态投资，编制依据见第 4 章。500kV 输电线路工程典型方案 5XZB1-J 总概算表、安装工程费用汇总概算表、其他费用概算表分别见表 31-4～表 31-6。

表 31-4　　典型方案 5XZB1-J 总概算表

序号	工程或费用名称	费用金额（万元）	各项占总计（%）	单位投资（万元/km）
一	架空输电线路本体工程	36689	82.19	733.78
二	辅助设施工程			
	小计	36689	82.19	733.78
三	编制期价差	3230	7.24	64.60
四	其他费用	4259	9.54	85.18
	其中：建设场地征用及清理费	1000	2.23	20
五	基本预备费	442	0.99	8.84
六	特殊项目	19	0.04	0.38
	工程静态投资	44639	100.00	892.78

表 31-5　　典型方案 5XZB1-J 安装工程费用汇总概算表　　金额单位：元

序号	工程或费用名称	取费基数	费率（%）	基础工程	杆塔工程	接地工程	架线工程	附件工程	辅助工程	合计	各项占总计（%）	单位投资（元/km）
一	直接费（C）			65208465	112919308	3212889	44302337	43595694	5989017	275227710	75.02	5504554.20
1	直接工程费（B）	1)+2)		55765999	105877202	2770681	42659417	40525487	5012161	252610947	68.85	5052218.94
1）	定额直接费			45128192	25471490	2068080	6463294	12359098	4675993	96166147	26.21	1923322.94
	其中：人工费（A）			41682397	22732051	1927072	2860935	10645507	4431093	84279055	22.97	1685581.10
	机械费			2909373	2566243	69416	3404976	1637767	227105	10814880	2.95	216297.60
2）	装置性材料费			10637807	80405712	702601	36196123	28166389	336168	156444800	42.64	3128896.00
2	措施费			9442466	7042106	442208	1642920	3070207	976856	22616763	6.16	452335.26
1）	冬雨季施工增加费	A	7.23	3013637	1643527	139327	206845	769670	320366	6093372	1.66	121867.44
2）	施工工具用具使用费	A	2.7	1125425	613765	52031	77245	287429	119639	2275534	0.62	45510.68
3）	临时设施费	B	6.59	2746870	1498043	126995	188536	701539	292009	5553992	1.51	111079.84
4）	施工机构迁移费	A	2.20	917013	500106	42396	62940	234201	97484	1854140	0.51	37082.80

续表 31-5

序号	工程或费用名称	取费基数	费率（%）	基础工程	杆塔工程	接地工程	架线工程	附件工程	辅助工程	合计	各项占总计（%）	单位投资（元/km）
5）	安全文明施工费	B	2.94	1639521	2786665	81459	1107354	1077368	147358	6839725	1.86	136794.50
二	间接费			28595793	15595097	1322050	1962715	7303242	3039905	57818802	15.76	1156376.04
1	规费			17958444	9793877	830261	1232604	4586510	1909091	36310787	9.90	726215.74
1）	社会保险费	A	29.25	12193768	6650034	563746	836937	3114237	1296272	24654994	6.72	493099.88
2）	住房公积金	A	12.24	5101926	2782403	235874	350178	1303010	542365	10315756	2.81	206315.12
3）	危险作业意外伤害保险费	A	1.59	662750	361440	30641	45489	169263	70454	1340037	0.37	26800.74
2	企业管理费	A	21.82	9095099	4960133	420487	624256	2322849	966864	18389688	5.01	367793.76
3	高原医疗保障费	A	1.53	637741	347801	29484	43772	162876	67796	1289470	0.35	25789.40
4	高原习服费	A	1.64	683592	372806	31604	46920	174586	72670	1382178	0.38	27643.56
5	施工企业配合调试费	C	0.53	220917	120480	10214	15163	56421	23484	446679	0.12	8933.58
三	利润	一+二	16.2	6752548	3682592	312185	463472	1724573	717837	13653207	3.72	273064.14
四	税金	一+二+三	10.0	10055681	5179129	484713	1053239	2445713	974676	20193151	5.50	403863.02
	安装工程费合计	一～四合计		110612487	137376126	5331837	47781763	55069222	10721435	366892870	100.00	7337857.40
	各项占总计（%）			30	37	1	13	15	3	100		
	单位投资（元/km）			2212250	2747522	106637	955635	1101384	214429	7337857		

表 31-6　　典型方案 5XZB1-J 其他费用概算表　　金额单位：元

序号	工程或费用名称	编制依据及计算说明	合　价
1	建设场地征用及清理费		10000000
2	项目建设管理费		8575031
2.1	项目法人管理费	（取费人工费×人工海拔调整系数）×4.75%	4003255
2.2	招标费	安装工程费×0.28%	1027300
2.3	工程监理费		1605500
2.5	工程结算审核费	安装工程费×0.30%	1100679
2.6	工程保险费	（安装工程费+编制年价差）×0.21%	838297
3	项目建设技术服务费		23279103
3.1	项目前期工作费	（勘察费+基本设计费）×12.16%	1732738
3.3	勘察设计费		17286869
3.3.1	勘察费		3500000
3.3.1.1	海拉瓦优化选线	50km×0.93 万元/km	465000
3.3.1.2	高清晰度卫片选线	50km×0.20 万元/km	100000
3.3.2	设计费	国家电网电定〔2014〕19 号	13221869
3.4	设计文件评审费		1189000
3.4.1	可行性研究设计文件评审费	50km×0.36 万元/km	324000

续表 31-6

序号	工程或费用名称	编制依据及计算说明	合　价
3.4.2	初步设计文件评审费	50km×0.49 万元/km	441000
3.4.3	施工图文件审查费	50km×0.53 万元/km	424000
3.5	项目后评价费	（取费人工费×人工海拔调整系数）×1.50%	1264186
3.6	工程建设检测费		1439417
3.6.1	电力工程质量检测费	（取费人工费×人工海拔调整系数）×1.20%	1011349
3.6.3	环境监测验收费		200000
3.6.4	水土保持项目验收及补偿费		228068
3.7	电力工程技术经济标准编制管理费	安装工程费×0.10%	366893
4	生产准备费		733228
4.2	工器具及办公家具购置费	（取费人工费×人工海拔调整系数）×0.62%	522530
4.3	生产职工培训及提前进场费	（取费人工费×人工海拔调整系数）×0.25%	210698
	合计		42587362

第 32 章　典型方案 2XZA1-P 通用造价

32.1　基本技术条件

典型方案 2XZA1-P 为《国家电网公司输变电工程通用设计　西藏电网 110～500kV 输电线路分册（2015 年版）》中 2XZA1 模块在平地地形条件下的典型方案，直线塔采用酒杯型、耐张塔采用干字型铁塔，按照平均海拔 3500m 编制概算。典型方案 2XZA1-P 一般条件、交叉跨越、主要材料单位路径长度指标分别见表 32-1～表 32-3。

表 32-1　　典型方案 2XZA1-P 一般条件表

电压等级（kV）		220			回路数			单回路		
导线型号		2×JL/G1A-240/30			地线型号			JLB20A-120		
路径长度（km）		49.974			气象条件			覆冰（mm）		风速（m/s）
地形		平地						10		29
地质条件	条件	普通土	坚土	松砂石	水坑	泥水坑	流沙坑	干砂坑	岩石（爆破）	岩石（人工）
	比例（%）	5	40	50	5					
基础	型式	板式	台阶		掏挖	岩石嵌固		岩石锚固		灌注桩
	比例（%）	70			20					10
铁塔	类别	直线	耐张		总基数（基）	运距（km）		人力		汽车
	比例（%）	81	19		135			0.25		25
路径长度单位造价（万元/km）					本体造价			68.56		
					静态造价			95.65		

表 32-2　　典型方案 2XZA1-P 交叉跨越表

序号	被跨越物名称	跨 越 次 数	备　注
1	铁路		
2	高速公路		双向四车道以上
	一般公路	5	

续表 32-2

序号	被跨越物名称	跨越次数	备注
3	500kV 电力线		
	220kV 电力线		
	110kV 电力线	1	
	66kV 电力线		
	35kV 电力线	2	
	10kV 电力线	10	
	低压线	20	380V 及以下线路
4	通信线	15	
5	河流	1	
6	水库		

表 32-3　　典型方案 2XZA1-P 主要材料路径长度单位指标

<table>
<tr><th colspan="2">项目</th><th colspan="3">数据</th><th>项目</th><th>数据</th></tr>
<tr><td colspan="2">导线（t/km）</td><td colspan="3">5.53</td><td>地线（t/km）</td><td>1.62</td></tr>
<tr><td colspan="2">塔数（基/km）</td><td colspan="3">2.70</td><td>铁塔钢材（t/km）</td><td>29.47</td></tr>
<tr><td colspan="2">基础钢材（t/km）</td><td colspan="3">3.84</td><td>接地钢材（t/km）</td><td>0.22</td></tr>
<tr><td colspan="2">合成绝缘子（支/km）</td><td colspan="3"></td><td rowspan="2">间隔棒（个/km）</td><td rowspan="2"></td></tr>
<tr><td colspan="2">盘式绝缘子（片/km）</td><td colspan="3">428.74</td></tr>
<tr><td colspan="2">防振锤（个/km）</td><td colspan="3">62.00</td><td>挂线金具（t/km）</td><td>0.69</td></tr>
<tr><td rowspan="2">土石方量（m^3/km）</td><td>类型</td><td>基面</td><td>基坑</td><td>接地</td><td>混凝土（m^3/km）</td><td>45.52</td></tr>
<tr><td>数量</td><td></td><td>218.00</td><td>71.52</td><td>护坡、排水沟、保坎（m^3/km）</td><td></td></tr>
</table>

32.2 概算书

概算投资为静态投资，编制依据见第 4 章。220kV 输电线路工程典型方案 2XZA1-P 总概算表、安装工程费用汇总概算表、其他费用概算表分别见表 32-4～表 32-6。

表 32-4　　典型方案 2XZA1-P 总概算表

序号	工程或费用名称	费用金额（万元）	各项占总计（%）	单位投资（万元/km）
一	架空输电线路本体工程	3426	71.67	68.56
二	辅助设施工程			
	小计	3426	71.67	68.56
三	编制期价差	234	4.90	4.68
四	其他费用	1032	21.59	20.65
	其中：建设场地征用及清理费	500		
五	基本预备费	70	1.46	1.40
六	特殊项目（现场人员管理系统）	18	0.38	0.36
	工程静态投资	4780	100.00	95.65

表 32-5　　**典型方案 2XZA1-P 安装工程费用汇总概算表**　　金额单位：元

序号	工程或费用名称	取费基数	费率（%）	基础工程	杆塔工程	接地工程	架线工程	附件工程	辅助工程	合计	各项占总计（%）	单位投资（元/km）
一	直接费			4635210	12709634	187778	7643168	4218621	20076	29414487	85.85	588596
1	直接工程费			4143963	12213850	162582	7325191	4022157	18352	27886095	81.39	558012
1.1	定额直接费			2580490	1199398	119217	1410229	579766	18352	5907452	17.24	118211
1.1.1	人工费		100.000	1973368	968863	109061	676295	491841	6324	4225752	12.33	84559
1.1.2	材料费			147104	11185	670	70690	7869	4242	241760	0.71	4838
1.1.3	施工机械使用费		100.000	460018	219350	9486	663244	80056	7786	1439940	4.20	28814
1.2	装置性材料费			1563473	11014452	43365	5914962	3442391		21978643	64.15	439802
2	措施费			491247	495784	25196	317977	196464	1724	1528392	4.46	30584
2.1	冬雨季施工增加费		7.230	142674	70048	7885	48896	35560	457	305520	0.89	6114
2.2	夜间施工增加费											
2.3	施工工具用具使用费		2.700	53281	26159	2945	18259	13280	171	114095	0.33	2283
2.4	临时设施费		6.590	130045	63849	7187	44568	32413	417	278479	0.81	5572
2.5	施工机构转移费		2.200	43414	21315	2400	14878	10820	139	92966	0.27	1860
2.6	安全文明施工费		2.940	121833	314413	4779	191376	104391	540	737332	2.15	14754
二	间接费			1353808	664679	74821	463965	337421	4340	2899034	8.46	58011
1	规费			850205	417425	46988	291375	211903	2725	1820621	5.31	36431
1.1	社会保险费		29.254	577289	283431	31905	197843	143883	1850	1236201	3.61	24737
1.2	住房公积金		12.240	241540	118589	13349	82779	60200	774	517231	1.51	10350
1.3	危险作业意外伤害保险费		1.590	31376	15405	1734	10753	7820	101	67189	0.20	1344
2	企业管理费		21.820	430589	211406	23797	147567	107320	1380	922059	2.69	18451
3	高原医疗保障费		1.530	30193	14824	1669	10347	7525	97	64655	0.19	1294
4	高原习服费		1.640	32362	15889	1789	11092	8066	104	69302	0.20	1387
5	施工企业配合调试费		0.530	10459	5135	578	3584	2607	34	22397	0.07	448
三	利润		16.200	319686	156956	17668	109560	79679	1024	684573	2.00	13699
四	税金		10.000	630871	251682	28026	230173	119333	2544	1262629	3.69	25266
五	合计			6939575	13782951	308293	8446866	4755054	27984	34260723	100.00	685571
	各项占总计（%）			20	40	1	25	14	0	100		
	单位投资（元/km）			138864	275802	6169	169025	95151	560	685571		

表 32-6　　**典型方案 2XZA1-P 其他费用概算表**　　金额单位：元

序号	工程或费用名称	编制依据及计算说明	合　价
1	建设场地征用及清理费	建设场地征用及清理费	4997400
2	项目建设管理费		1207588
2.1	项目法人管理费	（取费人工费×人工海拔调整系数）×4.92%	207907
2.2	招标费	本体工程费×0.37%	126765
2.3	工程监理费		676148

续表 32-6

序号	工程或费用名称	编制依据及计算说明	合　价
2.5	工程结算审核费	本体工程费×0.35%	119913
2.6	工程保险费	（本体工程费+编制基准期价差）×0.21%	76855
3	项目建设技术服务费		4063954
3.1	项目前期工作费	（勘测费+基本设计费）×12.16%	255424
3.3	勘察设计费		2673524
3.3.1	勘察费		1374285
3.3.1.1	勘测费	20000 元/km×线路亘长	999480
3.3.1.2	海拉瓦优化选线费	5500 元/km×线路亘长	274857
3.3.1.3	高清晰度卫片选线费	2000 元/km×线路亘长	99948
3.3.2	设计费		1299239
3.3.2.1	基本设计费	基本设计费	1101050
3.3.2.2	施工图预算编制费	基本设计费×10%	110105
3.3.2.3	竣工图编制费	基本设计费×8%	88084
3.4	设计文件评审费		694157
3.4.1	可行性研究设计文件评审费	（2200 元/km×线路亘长）×1.8	197897
3.4.2	初步设计文件评审费	（3300 元/km×线路亘长）×1.8	296846
3.4.3	施工图文件审查费		199414
3.5	项目后评价费	（取费人工费×人工海拔调整系数）×1.5%	63386
3.6	工程建设检测费		343202
3.6.1	电力工程质量检测费	（取费人工费×人工海拔调整系数）×1.2%	50709
3.6.3	环境监测验收费		150000
3.6.4	水土保持项目验收及补偿费		142493
3.7	电力工程技术经济标准编制管理费	本体工程费×0.1%	34261
4	生产准备费		49864
4.2	工器具及办公家具购置费	（取费人工费×人工海拔调整系数）×0.84%	35496
4.3	生产职工培训及提前进场费	（取费人工费×人工海拔调整系数）×0.34%	14368
	合计		10318806

第 33 章　典型方案 2XZA1-H 通用造价

33.1　基本技术条件

典型方案 2XZA1-H 为《国家电网公司输变电工程通用设计　西藏电网 110～500kV 输电线路分册（2015 年版）》中 2XZA1 模块在河网泥沼地形条件下的典型方案，直线塔采用酒杯型、耐张塔采用干字型铁塔，按照平均海拔 3500m 编制概算。典型方案 2XZA1-H 一般条件、交叉跨越、主要材料单位路径长度指标分别见表 33-1～表 33-3。

表 33-1 **典型方案 2XZA1-H 一般条件表**

电压等级（kV）		220			回路数			单回路		
导线型号		2×JL/G1A-240/30			地线型号			JLB20A-120		
路径长度（km）		50			气象条件			覆冰（mm）		风速（m/s）
地形		河网泥沼						10		29
地质条件	条件	普通土	坚土	松砂石	水坑	泥水坑	流沙坑	干砂坑	岩石（爆破）	岩石（人工）
	比例（%）				50	50				
基础	型式	板式	台阶		掏挖	岩石嵌固		岩石锚固		灌注桩
	比例（%）	80								20
铁塔	类别	直线	耐张		总基数（基）	运距（km）		人力		汽车
	比例（%）	81	19		135			0.6		25
路径长度单位造价（万元/km）					本体造价			84.64		
					静态造价			118.02		

表 33-2 **典型方案 2XZA1-H 交叉跨越表**

序号	被跨越物名称	跨 越 次 数	备 注
1	铁路		
2	高速公路		双向四车道以上
	一般公路	3	
3	500kV 电力线		
	220kV 电力线		
	110kV 电力线	1	
	66kV 电力线		
	35kV 电力线		
	10kV 电力线	7	
	低压线	15	380V 及以下线路
4	通信线	10	
5	河流	8	
6	水库		

表 33-3 **典型方案 2XZA1-H 主要材料路径长度单位指标**

项目		数据			项目	数据
导线（t/km）		5.53			地线（t/km）	1.62
塔数（基/km）		2.70			铁塔钢材（t/km）	29.48
基础钢材（t/km）		7.13			接地钢材（t/km）	0.21
合成绝缘子（支/km）					间隔棒（个/km）	
盘式绝缘子（片/km）		428.52				
防振锤（个/km）		62.00			挂线金具（t/km）	0.69
土石方量（m^3/km）	类型	基面	基坑	接地	混凝土（m^3/km）	70.60
	数量		435.00	67.23	护坡、排水沟、保坎（m^3/km）	

33.2 概算书

概算投资为静态投资，编制依据见第 4 章。220kV 输电线路工程典型方案 2XZA1-H 总概算表、安装工程费用汇总概算表、其他费用概算表分别见表 33-4～表 33-6。

表 33-4　　典型方案 2XZA1-H 总概算表

序号	工程或费用名称	费用金额（万元）	各项占总计（%）	单位投资（万元/km）
一	架空输电线路本体工程	4232	71.71	84.64
二	辅助设施工程			
	小计	4232	71.71	84.64
三	编制期价差	352	5.97	7.04
四	其他费用	1212	20.54	24.24
	其中：建设场地征用及清理费	500		
五	基本预备费	87	1.47	1.74
六	特殊项目（现场人员管理系统）	18	0.31	0.36
	工程静态投资	5901	100.00	118.02

表 33-5　　典型方案 2XZA1-H 安装工程费用汇总概算表　　金额单位：元

序号	工程或费用名称	取费基数	费率（%）	基础工程	杆塔工程	接地工程	架线工程	附件工程	辅助工程	合计	各项占总计（%）	单位投资（元/km）
一	直接费			9284550	13057172	202173	7648950	4265002	20076	34477923	81.47	689558
1	直接工程费			8230037	12503793	173999	7332248	4060885	18352	32319314	76.37	646386
1.1	定额直接费			5760520	1486470	133266	1414208	618494	18352	9431310	22.29	188626
1.1.1	人工费		100.000	4340534	1231059	123174	668434	526638	6324	6896163	16.29	137923
1.1.2	材料费			380868	11167	652	52227	7869	4242	457025	1.08	9141
1.1.3	施工机械使用费		100.000	1039118	244244	9440	693547	83987	7786	2078122	4.91	41562
1.2	装置性材料费			2469517	11017323	40733	5918040	3442391		22888004	54.08	457760
2	措施费			1054513	553379	28174	316702	204117	1724	2158609	5.10	43172
2.1	冬雨季施工增加费		7.230	313821	89006	8906	48327	38077	457	498594	1.18	9972
2.2	夜间施工增加费											
2.3	施工工具用具使用费		2.700	117194	33238	3326	18048	14219	171	186196	0.44	3724
2.4	临时设施费		6.590	286042	81127	8117	44050	34706	417	454459	1.07	9089
2.5	施工机构转移费		2.200	95492	27083	2710	14706	11586	139	151716	0.36	3034
2.6	安全文明施工费		2.940	241964	322925	5115	191571	105529	540	867644	2.05	17353
二	间接费			2977778	844556	84502	458573	361297	4340	4731046	11.18	94621
1	规费			1870074	530390	53068	287988	226898	2725	2971143	7.02	59423
1.1	社会保险费		29.254	1269780	360134	36033	195544	154063	1850	2017404	4.77	40348
1.2	住房公积金		12.240	531280	150682	15077	81816	64461	774	844090	1.99	16882
1.3	危险作业意外伤害保险费		1.590	69014	19574	1958	10628	8374	101	109649	0.26	2193
2	企业管理费		21.820	947105	268617	26877	145852	114913	1380	1504744	3.56	30095

续表 33-5

序号	工程或费用名称	取费基数	费率（%）	基础工程	杆塔工程	接地工程	架线工程	附件工程	辅助工程	合计	各项占总计（%）	单位投资（元/km）
3	高原医疗保障费		1.530	66410	18835	1885	10227	8058	97	105512	0.25	2110
4	高原习服费		1.640	71185	20189	2020	10963	8637	104	113098	0.27	2262
5	施工企业配合调试费		0.530	23004	6525	652	3543	2791	34	36549	0.09	731
三	利润		16.200	703166	199432	19954	108286	85315	1024	1117177	2.64	22344
四	税金		10.000	1296550	308383	30663	229777	126923	2544	1994840	4.71	39897
五	合计			14262044	14409543	337292	8445586	4838537	27984	42320986	100.00	846420
	各项占总计（%）			34	34	1	20	11	0	100		
	单位投资（元/km）			285241	288191	6746	168912	96771	560	846420		

表 33-6　　典型方案 2XZA1-H 其他费用概算表　　金额单位：元

序号	工程或费用名称	编制依据及计算说明	合　价
1	建设场地征用及清理费	建设场地征用及清理费	5000000
2	项目建设管理费		1484414
2.1	项目法人管理费	（取费人工费×人工海拔调整系数）×4.92%	339291
2.2	招标费	本体工程费×0.37%	156588
2.3	工程监理费		744150
2.5	工程结算审核费	本体工程费×0.35%	148123
2.6	工程保险费	（本体工程费+编制基准期价差）×0.21%	96262
3	项目建设技术服务费		5550604
3.1	项目前期工作费	（勘察费+基本设计费）×12.16%	375237
3.3	勘察设计费		3959857
3.3.1	勘察费		2375000
3.3.1.1	勘测费	40000 元/km×线路亘长	2000000
3.3.1.2	海拉瓦优化选线费	5500 元/km×线路亘长	275000
3.3.1.3	高清晰度卫片选线费	2000 元/km×线路亘长	100000
3.3.2	设计费		1584857
3.3.2.1	基本设计费	基本设计费	1343099
3.3.2.2	施工图预算编制费	基本设计费×10%	134310
3.3.2.3	竣工图编制费	基本设计费×8%	107448
3.4	设计文件评审费		694500
3.4.1	可行性研究设计文件评审费	（2200 元/km×线路亘长）×1.8	198000
3.4.2	初步设计文件评审费	（3300 元/km×线路亘长）×1.8	297000
3.4.3	施工图文件审查费		199500
3.5	项目后评价费	（取费人工费×人工海拔调整系数）×1.5%	103442
3.6	工程建设检测费		375247

续表 33-6

序号	工程或费用名称	编制依据及计算说明	合　价
3.6.1	电力工程质量检测费	（取费人工费×人工海拔调整系数）×1.2%	82754
3.6.3	环境监测验收费		150000
3.6.4	水土保持项目验收及补偿费		142493
3.7	电力工程技术经济标准编制管理费	本体工程费×0.1%	42321
4	生产准备费		81375
4.2	工器具及办公家具购置费	（取费人工费×人工海拔调整系数）×0.84%	57928
4.3	生产职工培训及提前进场费	（取费人工费×人工海拔调整系数）×0.34%	23447
	合计		12116393

第 34 章　典型方案 2XZA1-Q 通用造价

34.1　基本技术条件

典型方案 2XZA1-Q 为《国家电网公司输变电工程通用设计　西藏电网 110～500kV 输电线路分册（2015 年版）》中 2XZA1 模块在丘陵地形条件下的典型方案，直线塔采用酒杯型、耐张塔采用干字型铁塔，按照平均海拔 3500m 编制概算。典型方案 2XZA1-Q 一般条件、交叉跨越、主要材料单位路径长度指标分别见表 34-1～表 34-3。

表 34-1　　典型方案 2XZA1-Q 一般条件表

<table>
<tr><td colspan="2">电压等级（kV）</td><td colspan="3">220</td><td colspan="3">回路数</td><td colspan="3">单回路</td></tr>
<tr><td colspan="2">导线型号</td><td colspan="3">2×JL/G1A-240/30</td><td colspan="3">地线型号</td><td colspan="3">JLB20A-120</td></tr>
<tr><td colspan="2">路径长度（km）</td><td colspan="3">50.4</td><td colspan="3" rowspan="2">气象条件</td><td colspan="2">覆冰（mm）</td><td>风速（m/s）</td></tr>
<tr><td colspan="2">地形</td><td colspan="3">丘陵</td><td colspan="2">10</td><td>29</td></tr>
<tr><td rowspan="2">地质条件</td><td>条件</td><td>普通土</td><td>坚土</td><td>松砂石</td><td>水坑</td><td>泥水坑</td><td>流沙坑</td><td>干砂坑</td><td>岩石（爆破）</td><td>岩石（人工）</td></tr>
<tr><td>比例（%）</td><td>25</td><td>25</td><td>30</td><td></td><td></td><td></td><td></td><td>10</td><td>10</td></tr>
<tr><td rowspan="2">基础</td><td>型式</td><td colspan="2">板式</td><td>台阶</td><td colspan="2">掏挖</td><td>岩石嵌固</td><td colspan="2">岩石锚固</td><td>灌注桩</td></tr>
<tr><td>比例（%）</td><td colspan="2">40</td><td></td><td colspan="2">60</td><td></td><td colspan="2"></td><td></td></tr>
<tr><td rowspan="2">铁塔</td><td>类别</td><td colspan="2">直线</td><td>耐张</td><td colspan="2">总基数（基）</td><td rowspan="2">运距（km）</td><td colspan="2">人力</td><td>汽车</td></tr>
<tr><td>比例（%）</td><td colspan="2">80</td><td>20</td><td colspan="2">130</td><td colspan="2">0.5</td><td>25</td></tr>
<tr><td colspan="5" rowspan="2">路径长度单位造价（万元/km）</td><td colspan="3">本体造价</td><td colspan="3">70.14</td></tr>
<tr><td colspan="3">静态造价</td><td colspan="3">99.37</td></tr>
</table>

表 34-2　　典型方案 2XZA1-Q 交叉跨越表

序号	被跨越物名称	跨　越　次　数	备　　注
1	铁路		
2	高速公路		双向四车道以上
	一般公路	5	
3	500kV 电力线		
	220kV 电力线		
	110kV 电力线	1	

续表 34-2

序号	被跨越物名称	跨越次数	备注
3	66kV 电力线		
	35kV 电力线	1	
	10kV 电力线	10	
	低压线	20	380V 及以下线路
4	通信线	15	
5	河流	1	
6	水库		

表 34-3 典型方案 2XZA1-Q 主要材料路径长度单位指标

项目		数据			项目	数据
导线（t/km）		5.53			地线（t/km）	1.62
塔数（基/km）		2.58			铁塔钢材（t/km）	28.23
基础钢材（t/km）		3.33			接地钢材（t/km）	0.42
合成绝缘子（支/km）					间隔棒（个/km）	
盘式绝缘子（片/km）		423.38				
防振锤（个/km）		63.00			挂线金具（t/km）	0.69
土石方量（m^3/km）	类型	基面	基坑	接地	混凝土（m^3/km）	40.47
	数量	5.00	143.00	87.82	护坡、排水沟、保坎（m^3/km）	10.00

34.2 概算书

概算投资为静态投资，编制依据见第 4 章。220kV 输电线路工程典型方案 2XZA1-Q 总概算表、安装工程费用汇总概算表、其他费用概算表分别见表 34-4～表 34-6。

表 34-4 典型方案 2XZA1-Q 总概算表

序号	工程或费用名称	费用金额（万元）	各项占总计（%）	单位投资（万元/km）
一	架空输电线路本体工程	3535	70.59	70.14
二	辅助设施工程			
	小计	3535	70.59	70.14
三	编制期价差	246	4.91	4.88
四	其他费用	1135	22.66	22.52
	其中：建设场地征用及清理费	504		
五	基本预备费	74	1.48	1.47
六	特殊项目（现场人员管理系统）	18	0.36	0.36
	工程静态投资	5008	100.00	99.37

表 34-5 典型方案 2XZA1-Q 安装工程费用汇总概算表 金额单位：元

序号	工程或费用名称	取费基数	费率（%）	基础工程	杆塔工程	接地工程	架线工程	附件工程	辅助工程	合计	各项占总计（%）	单位投资（元/km）
一	直接费			4603210	12516652	374663	7762252	4272507	246598	29775882	84.23	590791
1	直接工程费			4080415	11985894	324188	7436210	4068230	213600	28108537	79.51	557709

续表 34-5

序号	工程或费用名称	取费基数	费率（%）	基础工程	杆塔工程	接地工程	架线工程	附件工程	辅助工程	合计	各项占总计（%）	单位投资（元/km）
1.1	定额直接费			2653916	1434228	240773	1470823	619494	164614	6583848	18.62	130632
1.1.1	人工费		100.000	2151863	1181465	218714	703024	526486	142727	4924279	13.93	97704
1.1.2	材料费			147529	10683	7247	66380	7880	5670	245389	0.69	4869
1.1.3	施工机械使用费		100.000	354524	242080	14812	701419	85128	16217	1414180	4.00	28059
1.2	装置性材料费			1426499	10551666	83415	5965387	3448736	48986	21524689	60.89	427077
2	措施费			522795	530758	50475	326042	204277	32998	1667345	4.72	33082
2.1	冬雨季施工增加费		7.230	155580	85420	15814	50829	38064	10319	356026	1.01	7064
2.2	夜间施工增加费											
2.3	施工工具用具使用费		2.700	58101	31900	5905	18981	14216	3854	132957	0.38	2638
2.4	临时设施费		6.590	141809	77859	14413	46330	34695	9406	324512	0.92	6439
2.5	施工机构转移费		2.200	47341	25992	4812	15466	11583	3139	108333	0.31	2149
2.6	安全文明施工费		2.940	119964	309587	9531	194436	105719	6280	745517	2.11	14792
二	间接费			1476263	810533	150046	482301	361189	97919	3378251	9.56	67029
1	规费			927108	509022	94231	302891	226831	61494	2121577	6.00	42095
1.1	社会保险费		29.254	629506	345626	63983	205662	154018	41754	1440549	4.08	28582
1.2	住房公积金		12.240	263388	144611	26771	86050	64442	17469	602731	1.71	11959
1.3	危险作业意外伤害保险费		1.590	34214	18785	3477	11179	8371	2271	78297	0.22	1554
2	企业管理费		21.820	469537	257796	47723	153399	114880	31143	1074478	3.04	21319
3	高原医疗保障费		1.530	32924	18077	3347	10756	8054	2184	75342	0.21	1495
4	高原习服费		1.640	35290	19376	3587	11529	8634	2341	80757	0.23	1602
5	施工企业配合调试费		0.530	11404	6262	1158	3726	2790	757	26097	0.07	518
三	利润		16.200	348602	191397	35432	113890	85291	23121	797733	2.26	15828
四	税金		10.000	642808	296691	56014	239306	127026	36764	1398609	3.96	27750
五	合计			7070883	13815273	616155	8597749	4846013	404402	35350475	100.00	701398
	各项占总计（%）			20	39	2	24	14	1	100		
	单位投资（元/km）			140295	274113	12225	170590	96151	8024	701398		

表 34-6　　典型方案 2XZA1-Q 其他费用概算表　　金额单位：元

序号	工程或费用名称	编制依据及计算说明	合　价
1	建设场地征用及清理费	建设场地征用及清理费	5040000
2	项目建设管理费		1258103
2.1	项目法人管理费	（取费人工费×人工海拔调整系数）×4.92%	242275
2.2	招标费	本体工程费×0.37%	130797
2.3	工程监理费		681912
2.5	工程结算审核费	本体工程费×0.35%	123727
2.6	工程保险费	（本体工程费+编制基准期价差）×0.21%	79392

续表 34-6

序号	工程或费用名称	编制依据及计算说明	合　价
3	项目建设技术服务费		4991968
3.1	项目前期工作费	（勘测费+基本设计费）×12.16%	352369
3.3	勘察设计费		3479854
3.3.1	勘察费		2142000
3.3.1.1	勘测费	35000 元/km×线路亘长	1764000
3.3.1.2	海拉瓦优化选线费	5500 元/km×线路亘长	277200
3.3.1.3	高清晰度卫片选线费	2000 元/km×线路亘长	100800
3.3.2	设计费		1337854
3.3.2.1	基本设计费	基本设计费	1133775
3.3.2.2	施工图预算编制费	基本设计费×10%	113377
3.3.2.3	竣工图编制费	基本设计费×8%	90702
3.4	设计文件评审费		699780
3.4.1	可行性研究设计文件评审费	（2200 元/km×线路亘长）×1.8	199584
3.4.2	初步设计文件评审费	（3300 元/km×线路亘长）×1.8	299376
3.4.3	施工图文件审查费		200820
3.5	项目后评价费	（取费人工费×人工海拔调整系数）×1.5%	73864
3.6	工程建设检测费		350751
3.6.1	电力工程质量检测费	（取费人工费×人工海拔调整系数）×1.2%	59091
3.6.3	环境监测验收费		150000
3.6.4	水土保持项目验收及补偿费		141660
3.7	电力工程技术经济标准编制管理费	本体工程费×0.1%	35350
4	生产准备费		58107
4.2	工器具及办公家具购置费	（取费人工费×人工海拔调整系数）×0.84%	41364
4.3	生产职工培训及提前进场费	（取费人工费×人工海拔调整系数）×0.34%	16743
	合计		11348178

第 35 章　典型方案 2XZA1-S 通用造价

35.1　基本技术条件

典型方案 2XZA1-S 为《国家电网公司输变电工程通用设计　西藏电网 110～500kV 输电线路分册（2015 年版）》中 2XZA1 模块在山地地形条件下的典型方案，直线塔采用酒杯型、耐张塔采用干字型铁塔，按照平均海拔 3500m 编制概算。典型方案 2XZA1-S 一般条件、交叉跨越、主要材料单位路径长度指标分别见表 35-1～表 35-3。

表 35-1　　典型方案 2XZA1-S 一般条件表

电压等级（kV）	220	回路数	单回路	
导线型号	2×JL/G1A-240/30	地线型号	JLB20A-120	
路径长度（km）	50	气象条件	覆冰（mm）	风速（m/s）
地形	山地		10	29

续表 35-1

<table>
<tr><td rowspan="2">地质条件</td><td>条件</td><td>普通土</td><td>坚土</td><td>松砂石</td><td>水坑</td><td>泥水坑</td><td>流沙坑</td><td>干砂坑</td><td>岩石（爆破）</td><td>岩石（人工）</td></tr>
<tr><td>比例（%）</td><td>10</td><td>10</td><td>30</td><td></td><td></td><td></td><td></td><td>25</td><td>25</td></tr>
<tr><td rowspan="2">基础</td><td>型式</td><td>板式</td><td>台阶</td><td>掏挖</td><td>岩石嵌固</td><td>岩石锚固</td><td>灌注桩</td></tr>
<tr><td>比例（%）</td><td>20</td><td></td><td>70</td><td></td><td>5</td><td>5</td></tr>
<tr><td rowspan="2">铁塔</td><td>类别</td><td>直线</td><td>耐张</td><td>总基数（基）</td><td rowspan="2">运距（km）</td><td>人力</td><td>汽车</td></tr>
<tr><td>比例（%）</td><td>75</td><td>25</td><td>120</td><td>0.8</td><td>25</td></tr>
<tr><td colspan="4" rowspan="2">路径长度单位造价（万元/km）</td><td colspan="2">本体造价</td><td colspan="2">88.96</td></tr>
<tr><td colspan="2">静态造价</td><td colspan="2">122.66</td></tr>
</table>

表 35-2　　　　典型方案 2XZA1-S 交叉跨越表

序号	被跨越物名称	跨 越 次 数	备 注
1	铁路		
2	高速公路		双向四车道以上
	一般公路	5	
3	500kV 电力线		
	220kV 电力线		
	110kV 电力线		
	66kV 电力线		
	35kV 电力线	1	
	10kV 电力线	5	
	低压线	10	380V 及以下线路
4	通信线	10	
5	河流	1	
6	水库		

表 35-3　　　　典型方案 2XZA1-S 主要材料路径长度单位指标

<table>
<tr><td colspan="2">项目</td><td colspan="3">数据</td><td>项目</td><td>数据</td></tr>
<tr><td colspan="2">导线（t/km）</td><td colspan="3">5.53</td><td>地线（t/km）</td><td>1.62</td></tr>
<tr><td colspan="2">塔数（基/km）</td><td colspan="3">2.40</td><td>铁塔钢材（t/km）</td><td>28.72</td></tr>
<tr><td colspan="2">基础钢材（t/km）</td><td colspan="3">3.68</td><td>接地钢材（t/km）</td><td>0.48</td></tr>
<tr><td colspan="2">合成绝缘子（支/km）</td><td colspan="3"></td><td rowspan="2">间隔棒（个/km）</td><td rowspan="2"></td></tr>
<tr><td colspan="2">盘式绝缘子（片/km）</td><td colspan="3">437.48</td></tr>
<tr><td colspan="2">防振锤（个/km）</td><td colspan="3">62.00</td><td>挂线金具（t/km）</td><td>0.70</td></tr>
<tr><td rowspan="2">土石方量（m³/km）</td><td>类型</td><td>基面</td><td>基坑</td><td>接地</td><td>混凝土（m³/km）</td><td>48.41</td></tr>
<tr><td>数量</td><td>5.00</td><td>105.00</td><td>85.11</td><td>护坡、排水沟、保坎（m³/km）</td><td>20.00</td></tr>
</table>

35.2 概算书

概算投资为静态投资，编制依据见第 4 章。220kV 输电线路工程典型方案 2XZA1-S 总概算表、安装工程费用汇总概算表、其他费用概算表分别见表 35-4～表 35-6。

表 35-4　　典型方案 2XZA1-S 总概算表

序号	工程或费用名称	费用金额（万元）	各项占总计（%）	单位投资（万元/km）
一	架空输电线路本体工程	4448	72.53	88.96
二	辅助设施工程			
	小计	4448	72.53	88.96
三	编制期价差	367	5.98	7.34
四	其他费用	1210	19.73	24.20
	其中：建设场地征用及清理费	500		
五	基本预备费	90	1.47	1.80
六	特殊项目（现场人员管理系统）	18	0.29	0.36
	工程静态投资	6133	100.00	122.66

表 35-5　　典型方案 2XZA1-S 安装工程费用汇总概算表　　金额单位：元

序号	工程或费用名称	取费基数	费率（%）	基础工程	杆塔工程	接地工程	架线工程	附件工程	辅助工程	合计	各项占总计（%）	单位投资（元/km）
一	直接费			7654615	13477252	587853	8056020	4570276	795670	35141686	79.00	702834
1	直接工程费			6671289	12814851	503116	7698209	4325434	675574	32688473	73.49	653769
1.1	定额直接费			5002478	2082519	408436	1780169	823438	577593	10674633	24.00	213493
1.1.1	人工费		100.000	4205072	1758408	373643	830549	703925	535441	8407038	18.90	168141
1.1.2	材料费			201790	10493	16189	43213	8501	11327	291513	0.66	5830
1.1.3	施工机械使用费		100.000	595616	313618	18604	906407	111012	30825	1976082	4.44	39522
1.2	装置性材料费			1668811	10732332	94680	5918040	3501996	97981	22013840	49.49	440277
2	措施费			983326	662401	84737	357811	244842	120096	2453213	5.51	49064
2.1	冬雨季施工增加费		7.230	304027	127133	27014	60049	50893	38712	607828	1.37	12157
2.2	夜间施工增加费											
2.3	施工工具用具使用费		2.700	113537	47477	10088	22425	19006	14457	226990	0.51	4540
2.4	临时设施费		6.590	277114	115879	24623	54734	46389	35286	554025	1.25	11081
2.5	施工机构转移费		2.200	92512	38685	8220	18272	15486	11779	184954	0.42	3699
2.6	安全文明施工费		2.940	196136	333227	14792	202331	113068	19862	879416	1.98	17588
二	间接费			2884846	1206339	256334	569791	482922	367337	5767569	12.97	115351
1	规费			1811713	757593	160981	357835	303279	230691	3622092	8.14	72442
1.1	社会保险费		29.254	1230152	514405	109306	242970	205926	156639	2459398	5.53	49188
1.2	住房公积金		12.240	514701	215229	45734	101659	86160	65538	1029021	2.31	20580
1.3	危险作业意外伤害保险费		1.590	66860	27959	5941	13206	11193	8514	133673	0.30	2673
2	企业管理费		21.820	917546	383685	81528	181225	153597	116833	1834414	4.12	36688
3	高原医疗保障费		1.530	64337	26903	5717	12708	10770	8193	128628	0.29	2573
4	高原习服费		1.640	68963	28838	6128	13621	11545	8781	137876	0.31	2758
5	施工企业配合调试费		0.530	22287	9320	1980	4402	3731	2839	44559	0.10	891
三	利润		16.200	681222	284862	60530	134549	114036	86741	1361940	3.06	27239

续表 35-5

序号	工程或费用名称	取费基数	费率（%）	基础工程	杆塔工程	接地工程	架线工程	附件工程	辅助工程	合计	各项占总计（%）	单位投资（元/km）
四	税金		10.000	1122069	423612	90472	284232	166523	124975	2211883	4.97	44238
五	合计			12342752	15392065	995189	9044592	5333757	1374723	44483078	100.00	889662
	各项占总计（%）			28	35	2	20	12	3	100		
	单位投资（元/km）			246855	307841	19904	180892	106675	27494	889662		

表 35-6　　典型方案 2XZA1-S 其他费用概算表　　金额单位：元

序号	工程或费用名称	编制依据及计算说明	合　价
1	建设场地征用及清理费	建设场地征用及清理费	5000000
2	项目建设管理费		1579169
2.1	项目法人管理费	（取费人工费×人工海拔调整系数）×4.92%	413626
2.2	招标费	本体工程费×0.37%	164587
2.3	工程监理费		744150
2.5	工程结算审核费	本体工程费×0.35%	155691
2.6	工程保险费	（本体工程费+编制基准期价差）×0.21%	101115
3	项目建设技术服务费		5426455
3.1	项目前期工作费	（勘测费+基本设计费）×12.16%	384016
3.3	勘察设计费		3786472
3.3.1	勘察费		2125000
3.3.1.1	勘测费	35000 元/km×线路亘长	1750000
3.3.1.2	海拉瓦优化选线费	5500 元/km×线路亘长	275000
3.3.1.3	高清晰度卫片选线费	2000 元/km×线路亘长	100000
3.3.2	设计费		1661472
3.3.2.1	基本设计费	基本设计费	1408027
3.3.2.2	施工图预算编制费	基本设计费×10%	140803
3.3.2.3	竣工图编制费	基本设计费×8%	112642
3.4	设计文件评审费		694500
3.4.1	可行性研究设计文件评审费	（2200 元/km×线路亘长）×1.8	198000
3.4.2	初步设计文件评审费	（3300 元/km×线路亘长）×1.8	297000
3.4.3	施工图文件审查费		199500
3.5	项目后评价费	（取费人工费×人工海拔调整系数）×1.5%	126106
3.6	工程建设检测费		390878
3.6.1	电力工程质量检测费	（取费人工费×人工海拔调整系数）×1.2%	100884
3.6.3	环境监测验收费		150000
3.6.4	水土保持项目验收及补偿费		139994
3.7	电力工程技术经济标准编制管理费	本体工程费×0.1%	44483
4	生产准备费		99203
4.2	工器具及办公家具购置费	（取费人工费×人工海拔调整系数）×0.84%	70619

续表 35-6

序号	工程或费用名称	编制依据及计算说明	合　价
4.3	生产职工培训及提前进场费	（取费人工费×人工海拔调整系数）×0.34%	28584
	合计		12104827

第 36 章　典型方案 2XZA1-G 通用造价

36.1　基本技术条件

典型方案 2XZA1-G 为《国家电网公司输变电工程通用设计　西藏电网 110～500kV 输电线路分册（2015 年版）》中 2XZA1 模块在高山地形条件下的典型方案，直线塔采用酒杯型、耐张塔采用干字型铁塔，按照平均海拔 3500m 编制概算。典型方案 2XZA1-G 一般条件、交叉跨越、主要材料单位路径长度指标分别见表 36-1～表 36-3。

表 36-1　　典型方案 2XZA1-G 一般条件表

<table>
<tr><td colspan="2">电压等级（kV）</td><td colspan="5">220</td><td colspan="4">回路数</td><td colspan="5">单回路</td></tr>
<tr><td colspan="2">导线型号</td><td colspan="5">2×JL/G1A-240/30</td><td colspan="4">地线型号</td><td colspan="5">JLB20A-120</td></tr>
<tr><td colspan="2">路径长度（km）</td><td colspan="5">49.86</td><td colspan="4" rowspan="2">气象条件</td><td colspan="3">覆冰（mm）</td><td colspan="2">风速（m/s）</td></tr>
<tr><td colspan="2">地形</td><td colspan="5">高山</td><td colspan="3">10</td><td colspan="2">29</td></tr>
<tr><td rowspan="2">地质条件</td><td>条件</td><td>普通土</td><td colspan="2">坚土</td><td colspan="2">松砂石</td><td>水坑</td><td colspan="2">泥水坑</td><td colspan="2">流沙坑</td><td>干砂坑</td><td colspan="2">岩石（爆破）</td><td>岩石（人工）</td></tr>
<tr><td>比例（%）</td><td>10</td><td colspan="2">10</td><td colspan="2">30</td><td></td><td colspan="2"></td><td colspan="2"></td><td></td><td colspan="2">25</td><td>25</td></tr>
<tr><td rowspan="2">基础</td><td>型式</td><td colspan="2">板式</td><td colspan="3">台阶</td><td colspan="2">掏挖</td><td colspan="3">岩石嵌固</td><td colspan="2">岩石锚固</td><td colspan="2">灌注桩</td></tr>
<tr><td>比例（%）</td><td colspan="2"></td><td colspan="3"></td><td colspan="2">90</td><td colspan="3"></td><td colspan="2">5</td><td colspan="2">5</td></tr>
<tr><td rowspan="2">铁塔</td><td>类别</td><td colspan="2">直线</td><td colspan="3">耐张</td><td colspan="2">总基数（基）</td><td colspan="3" rowspan="2">运距（km）</td><td colspan="2">人力</td><td colspan="2">汽车</td></tr>
<tr><td>比例（%）</td><td colspan="2">65</td><td colspan="3">35</td><td colspan="2">115</td><td colspan="2">1.2</td><td colspan="2">25</td></tr>
<tr><td colspan="6" rowspan="2">路径长度单位造价（万元/km）</td><td colspan="6">本体造价</td><td colspan="4">114.14</td></tr>
<tr><td colspan="6">静态造价</td><td colspan="4">154.91</td></tr>
</table>

表 36-2　　典型方案 2XZA1-G 交叉跨越表

序号	被跨越物名称	跨越次数	备　注
1	铁路		
2	高速公路		双向四车道以上
	一般公路	5	
3	500kV 电力线		
	220kV 电力线		
	110kV 电力线		
	66kV 电力线		
	35kV 电力线		
	10kV 电力线	5	
	低压线	10	380V 及以下线路
4	通信线	10	
5	河流	1	
6	水库		

表 36-3　　　　典型方案 2XZA1-G 主要材料路径长度单位指标

<table>
<tr><td colspan="2">项目</td><td colspan="3">数据</td><td>项目</td><td>数据</td></tr>
<tr><td colspan="2">导线（t/km）</td><td colspan="3">5.53</td><td>地线（t/km）</td><td>1.62</td></tr>
<tr><td colspan="2">塔数（基/km）</td><td colspan="3">2.31</td><td>铁塔钢材（t/km）</td><td>31.50</td></tr>
<tr><td colspan="2">基础钢材（t/km）</td><td colspan="3">3.78</td><td>接地钢材（t/km）</td><td>0.49</td></tr>
<tr><td colspan="2">合成绝缘子（支/km）</td><td colspan="3"></td><td rowspan="2">间隔棒（个/km）</td><td rowspan="2"></td></tr>
<tr><td colspan="2">盘式绝缘子（片/km）</td><td colspan="3">482.68</td></tr>
<tr><td colspan="2">防振锤（个/km）</td><td colspan="3">61.00</td><td>挂线金具（t/km）</td><td>0.74</td></tr>
<tr><td rowspan="2">土石方量（m³/km）</td><td>类型</td><td>基面</td><td>基坑</td><td>接地</td><td>混凝土（m³/km）</td><td>49.79</td></tr>
<tr><td>数量</td><td>10.00</td><td>65.00</td><td>88.19</td><td>护坡、排水沟、保坎（m³/km）</td><td>30.00</td></tr>
</table>

36.2　概算书

概算投资为静态投资，编制依据见第 4 章。220kV 输电线路工程典型方案 2XZA1-G 总概算表、安装工程费用汇总概算表、其他费用概算表分别见表 36-4～表 36-6。

表 36-4　　　　典型方案 2XZA1-G 总概算表

序号	工程或费用名称	费用金额（万元）	各项占总计（%）	单位投资（万元/km）
一	架空输电线路本体工程	5691	73.67	114.14
二	辅助设施工程			
	小计	5691	73.67	114.14
三	编制期价差	504	6.53	10.11
四	其他费用	1397	18.09	28.02
	其中：建设场地征用及清理费	499		
五	基本预备费	114	1.48	2.29
六	特殊项目（现场人员管理系统）	18	0.23	0.36
	工程静态投资	7724	100.00	154.91

表 36-5　　　　典型方案 2XZA1-G 安装工程费用汇总概算表　　　　金额单位：元

序号	工程或费用名称	取费基数	费率（%）	基础工程	杆塔工程	接地工程	架线工程	附件工程	辅助工程	合计	各项占总计（%）	单位投资（元/km）
一	直接费			10606666	15735369	657920	8513903	5445619	1724990	42684467	75.01	856086
1	直接工程费			9131548	14845726	561400	8107159	5095422	1450450	39191705	68.87	786035
1.1	定额直接费			7374258	3075118	464313	2205684	1332955	1303871	15756199	27.69	316009
1.1.1	人工费		100.000	6445777	2675852	427428	1027368	1151365	1238755	12966545	22.79	260059
1.1.2	材料费			201095	11351	16705	38665	10222	14842	292880	0.51	5874
1.1.3	施工机械使用费		100.000	727386	387915	20180	1139651	171368	50274	2496774	4.39	50076
1.2	装置性材料费			1757290	11770608	97087	5901475	3762467	146579	23435506	41.18	470026
2	措施费			1475118	889643	96520	406744	350197	274540	3492762	6.14	70051
2.1	冬雨季施工增加费		7.230	466029	193464	30903	74279	83243	89562	937480	1.65	18802
2.2	夜间施工增加费											
2.3	施工工具用具使用费		2.700	174037	72248	11541	27739	31086	33446	350097	0.62	7022

续表 36-5

序号	工程或费用名称	取费基数	费率（%）	基础工程	杆塔工程	接地工程	架线工程	附件工程	辅助工程	合计	各项占总计（%）	单位投资（元/km）
2.4	临时设施费		6.590	424776	176339	28168	67703	75875	81635	854496	1.50	17138
2.5	施工机构转移费		2.200	141808	58869	9403	22602	25330	27253	285265	0.50	5721
2.6	安全文明施工费		2.940	268468	388723	16505	214421	134663	42644	1065424	1.87	21368
二	间接费			4422059	1835742	293235	704815	789882	849838	8895571	15.63	178411
1	规费			2777098	1152864	184155	442631	496054	533707	5586509	9.82	112044
1.1	社会保险费		29.254	1885647	782794	125040	300547	336820	362386	3793234	6.67	76078
1.2	住房公积金		12.240	788963	327524	52318	125750	140927	151624	1587106	2.79	31831
1.3	危险作业意外伤害保险费		1.590	102488	42546	6797	16334	18307	19697	206169	0.36	4135
2	企业管理费		21.820	1406468	583871	93265	224172	251228	270297	2829301	4.97	56745
3	高原医疗保障费		1.530	98620	40941	6540	15719	17615	18953	198388	0.35	3979
4	高原习服费		1.640	105711	43884	7010	16848	18883	20315	212651	0.37	4265
5	施工企业配合调试费		0.530	34162	14182	2265	5445	6102	6566	68722	0.12	1378
三	利润		16.200	1044216	433488	69243	166433	186522	200678	2100580	3.69	42130
四	税金		10.000	1607294	623399	102040	348368	265956	277551	3224608	5.67	64673
五	合计			17680235	18627998	1122438	9733519	6687979	3053057	56905226	100.00	1141300
	各项占总计（%）			31	33	2	17	12	5	100		
	单位投资（元/km）			354598	373606	22512	195217	134135	61232	1141300		

表 36-6　　典型方案 2XZA1-G 其他费用概算表　　金额单位：元

序号	工程或费用名称	编制依据及计算说明	合　价
1	建设场地征用及清理费	建设场地征用及清理费	4986000
2	项目建设管理费		1987291
2.1	项目法人管理费	（取费人工费×人工海拔调整系数）×4.92%	637954
2.2	招标费	本体工程费×0.37%	210549
2.3	工程监理费		809527
2.5	工程结算审核费	本体工程费×0.35%	199168
2.6	工程保险费	（本体工程费+编制基准期价差）×0.21%	130093
3	项目建设技术服务费		6841915
3.1	项目前期工作费	（勘测费+基本设计费）×12.16%	516435
3.3	勘察设计费		4936665
3.3.1	勘察费		2866950
3.3.1.1	勘测费	50000 元/km×线路亘长	2493000
3.3.1.2	海拉瓦优化选线费	5500 元/km×线路亘长	274230
3.3.1.3	高清晰度卫片选线费	2000 元/km×线路亘长	99720
3.3.2	设计费		2069715
3.3.2.1	基本设计费	基本设计费	1753995

续表 36-6

序号	工程或费用名称	编制依据及计算说明	合　价
3.3.2.2	施工图预算编制费	基本设计费×10%	175400
3.3.2.3	竣工图编制费	基本设计费×8%	140320
3.4	设计文件评审费		692652
3.4.1	可行性研究设计文件评审费	（2200 元/km×线路亘长）×1.8	197446
3.4.2	初步设计文件评审费	（3300 元/km×线路亘长）×1.8	296168
3.4.3	施工图文件审查费		199038
3.5	项目后评价费	（取费人工费×人工海拔调整系数）×1.5%	194498
3.6	工程建设检测费		444760
3.6.1	电力工程质量检测费	（取费人工费×人工海拔调整系数）×1.2%	155599
3.6.3	环境监测验收费		150000
3.6.4	水土保持项目验收及补偿费		139161
3.7	电力工程技术经济标准编制管理费	本体工程费×0.1%	56905
4	生产准备费		153005
4.2	工器具及办公家具购置费	（取费人工费×人工海拔调整系数）×0.84%	108919
4.3	生产职工培训及提前进场费	（取费人工费×人工海拔调整系数）×0.34%	44086
	合计		13968211

第 37 章　典型方案 2XZA1-J 通用造价

37.1　基本技术条件

典型方案 2XZA1-J 为《国家电网公司输变电工程通用设计　西藏电网 110～500kV 输电线路分册（2015 年版）》中 2XZA1 模块在峻岭地形条件下的典型方案，直线塔采用酒杯型、耐张塔采用干字型铁塔，按照平均海拔 3500m 编制概算。典型方案 2XZA1-J 一般条件、交叉跨越、主要材料单位路径长度指标分别见表 37-1～表 37-3。

表 37-1　　典型方案 2XZA1-J 一般条件表

电压等级（kV）		220			回路数			单回路		
导线型号		2×JL/G1A-240/30			地线型号			JLB20A-120		
路径长度（km）		50.36			气象条件			覆冰（mm）		风速（m/s）
地形		峻岭						10		29
地质条件	条件	普通土	坚土	松砂石	水坑	泥水坑	流沙坑	干砂坑	岩石（爆破）	岩石（人工）
	比例（%）	10	10	30					25	25
基础	型式	板式	台阶	掏挖	岩石嵌固	岩石锚固	灌注桩			
	比例（%）			90		5	5			
铁塔	类别	直线	耐张	总基数（基）	运距（km）	人力	汽车			
	比例（%）	50	50	120		1.5	25			
路径长度单位造价（万元/km）				本体造价		148.53				
				静态造价		198.53				

表 37-2　　典型方案 2XZA1-J 交叉跨越表

序号	被跨越物名称	跨越次数	备注
1	铁路		
2	高速公路		双向四车道以上
	一般公路	5	
3	500kV 电力线		
	220kV 电力线		
	110kV 电力线		
	66kV 电力线		
	35kV 电力线		
	10kV 电力线	5	
	低压线	10	380V 及以下线路
4	通信线	10	
5	河流	1	
6	水库		

表 37-3　　典型方案 2XZA1-J 主要材料路径长度单位指标

项目		数据			项目	数据
导线（t/km）		5.53			地线（t/km）	1.62
塔数（基/km）		2.38			铁塔钢材（t/km）	36.92
基础钢材（t/km）		4.36			接地钢材（t/km）	0.54
合成绝缘子（支/km）					间隔棒（个/km）	
盘式绝缘子（片/km）		604.55				
防振锤（个/km）		59.00			挂线金具（t/km）	0.89
土石方量（m^3/km）	类型	基面	基坑	接地	混凝土（m^3/km）	58.49
	数量	10.00	75.00	93.23	护坡、排水沟、保坎（m^3/km）	30.00

37.2　概算书

概算投资为静态投资，编制依据见第 4 章。220kV 输电线路工程典型方案 2XZA1-J 总概算表、安装工程费用汇总概算表、其他费用概算表分别见表 37-4～表 37-6。

表 37-4　　典型方案 2XZA1-J 总概算表

序号	工程或费用名称	费用金额（万元）	各项占总计（%）	单位投资（万元/km）
一	架空输电线路本体工程	7480	74.82	148.53
二	辅助设施工程			
	小计	7480	74.82	148.53
三	编制期价差	697	6.97	13.84
四	其他费用	1656	16.56	32.88
	其中：建设场地征用及清理费	504		
五	基本预备费	147	1.47	2.92
六	特殊项目（现场人员管理系统）	18	0.18	0.36
	工程静态投资	9998	100.00	198.53

表 37-5　　典型方案 2XZA1-J 安装工程费用汇总概算表　　金额单位：元

序号	工程或费用名称	取费基数	费率（%）	基础工程	杆塔工程	接地工程	架线工程	附件工程	辅助工程	合计	各项占总计（%）	单位投资（元/km）
一	直接费			15781885	19226336	740375	8722017	7222346	2298999	53991958	72.18	1072120
1	直接工程费			13463263	18047168	631278	8298477	6703674	1923445	49067305	65.60	974331
1.1	定额直接费			11417806	4248328	523912	2337822	2094070	1775395	22397333	29.94	444745
1.1.1	人工费		100.000	10271380	3763615	483635	1088323	1816930	1704075	19127958	25.57	379824
1.1.2	材料费			235103	13143	17857	38875	13902	14948	333828	0.45	6629
1.1.3	施工机械使用费		100.000	911323	471570	22420	1210624	263238	56372	2935547	3.92	58291
1.2	装置性材料费			2045457	13798840	107366	5960655	4609604	148050	26669972	35.66	529586
2	措施费			2318622	1179168	109097	423540	518672	375554	4924653	6.58	97789
2.1	冬雨季施工增加费		7.230	742622	272109	34967	78686	131364	123204	1382952	1.85	27461
2.2	夜间施工增加费											
2.3	施工工具用具使用费		2.700	277327	101618	13058	29385	49057	46011	516456	0.69	10255
2.4	临时设施费		6.590	676883	248022	31872	71720	119735	112300	1260532	1.69	25030
2.5	施工机构转移费		2.200	225970	82800	10640	23943	39973	37490	420816	0.56	8356
2.6	安全文明施工费		2.940	395820	474619	18560	219806	178543	56549	1343897	1.80	26686
二	间接费			7046578	2581990	331793	746633	1246486	1169065	13122545	17.54	260575
1	规费			4425322	1621516	208370	468894	782806	734183	8241091	11.02	163644
1.1	社会保险费		29.254	3004789	1101008	141483	318379	531525	498509	5595693	7.48	111114
1.2	住房公积金		12.240	1257217	460666	59198	133211	222392	208579	2341263	3.13	46491
1.3	危险作业意外伤害保险费		1.590	163316	59842	7689	17304	28889	27095	304135	0.41	6039
2	企业管理费		21.820	2241215	821221	105529	237472	396454	371829	4173720	5.58	82878
3	高原医疗保障费		1.530	157152	57583	7399	16651	27798	26073	292656	0.39	5811
4	高原习服费		1.640	168450	61723	7931	17848	29798	27948	313698	0.42	6229
5	施工企业配合调试费		0.530	54439	19947	2564	5768	9630	9032	101380	0.14	2013
三	利润		16.200	1663964	609706	78348	176308	294343	276060	3098729	4.14	61532
四	税金		10.000	2449243	861919	115052	368431	415357	374413	4584415	6.13	91033
五	合计			26941670	23279951	1265568	10013389	9178532	4118537	74797647	100.00	1485259
	各项占总计（%）			36	31	2	13	12	6	100		
	单位投资（元/km）			534982	462271	25130	198836	182258	81782	1485259		

表 37-6　　典型方案 2XZA1-J 其他费用概算表　　金额单位：元

序号	工程或费用名称	编制依据及计算说明	合　价
1	建设场地征用及清理费	建设场地征用及清理费	5036000
2	项目建设管理费		2537132
2.1	项目法人管理费	（取费人工费×人工海拔调整系数）×4.92%	941096
2.2	招标费	本体工程费×0.37%	276751

续表 37-6

序号	工程或费用名称	编制依据及计算说明	合　价
2.3	工程监理费		885782
2.5	工程结算审核费	本体工程费×0.35%	261792
2.6	工程保险费	（本体工程费+编制基准期价差）×0.21%	171711
3	项目建设技术服务费		8762201
3.1	项目前期工作费	（勘测费+基本设计费）×12.16%	698758
3.3	勘察设计费		6523877
3.3.1	勘察费		3902900
3.3.1.1	勘测费	70000 元/km×线路亘长	3525200
3.3.1.2	海拉瓦优化选线费	5500 元/km×线路亘长	276980
3.3.1.3	高清晰度卫片选线费	2000 元/km×线路亘长	100720
3.3.2	设计费		2620977
3.3.2.1	基本设计费	基本设计费	2221167
3.3.2.2	施工图预算编制费	基本设计费×10%	222117
3.3.2.3	竣工图编制费	基本设计费×8%	177693
3.4	设计文件评审费		699252
3.4.1	可行性研究设计文件评审费	（2200 元/km×线路亘长）×1.8	199426
3.4.2	初步设计文件评审费	（3300 元/km×线路亘长）×1.8	299138
3.4.3	施工图文件审查费		200688
3.5	项目后评价费	（取费人工费×人工海拔调整系数）×1.5%	286919
3.6	工程建设检测费		478597
3.6.1	电力工程质量检测费	（取费人工费×人工海拔调整系数）×1.2%	229535
3.6.3	环境监测验收费		150000
3.6.4	水土保持项目验收及补偿费		99062
3.7	电力工程技术经济标准编制管理费	本体工程费×0.1%	74798
4	生产准备费		225710
4.2	工器具及办公家具购置费	（取费人工费×人工海拔调整系数）×0.84%	160675
4.3	生产职工培训及提前进场费	（取费人工费×人工海拔调整系数）×0.34%	65035
	合计		16561043

第 38 章　典型方案 2XZA2-P 通用造价

38.1　基本技术条件

典型方案 2XZA2-P 为《国家电网公司输变电工程通用设计西藏电网 110～500kV 输电线路分册（2015 年版）》中 2XZA2 模块在平地地形条件下的典型方案，直线塔采用酒杯型、耐张塔采用干字型铁塔，按照平均海拔 4500m 编制概算。典型方案 2XZA2-P 一般条件、交叉跨越、主要材料单位路径长度指标分别见表 38-1～表 38-3。

表 38-1　　**典型方案 2XZA2-P 一般条件表**

电压等级（kV）		220			回路数			单回路		
导线型号		2×JL/G1A-240/30			地线型号			JLB20A-120		
路径长度（km）		49.974			气象条件			覆冰（mm）		风速（m/s）
地形		平地						10		33
地质条件	条件	普通土	坚土	松砂石	水坑	泥水坑	流沙坑	干砂坑	岩石（爆破）	岩石（人工）
	比例（%）	5	40	50	5					
基础	型式	板式	台阶		掏挖	岩石嵌固		岩石锚固		灌注桩
	比例（%）	70			20					10
铁塔	类别	直线	耐张		总基数（基）	运距（km）		人力		汽车
	比例（%）	81	19		135			0.25		25
路径长度单位造价（万元/km）					本体造价			80.28		
					静态造价			109.7		

表 38-2　　**典型方案 2XZA2-P 交叉跨越表**

序号	被跨越物名称	跨　越　次　数	备　　注
1	铁路		
2	高速公路		双向四车道以上
	一般公路	5	
3	500kV 电力线		
	220kV 电力线		
	110kV 电力线	1	
	66kV 电力线		
	35kV 电力线	2	
	10kV 电力线	10	
	低压线	20	380V 及以下线路
4	通信线	15	
5	河流	1	
6	水库		

表 38-3　　**典型方案 2XZA2-P 主要材料路径长度单位指标**

项目					数据	项目	数据
导线（t/km）					5.53	地线（t/km）	1.62
塔数（基/km）					2.70	铁塔钢材（t/km）	34.64
基础钢材（t/km）					4.51	接地钢材（t/km）	0.22
合成绝缘子（支/km）						间隔棒（个/km）	
盘式绝缘子（片/km）					447.11		
防振锤（个/km）					62.00	挂线金具（t/km）	0.69
土石方量（m^3/km）	类型	基面	基坑	接地		混凝土（m^3/km）	53.50
	数量		256.00	71.52		护坡、排水沟、保坎（m^3/km）	

38.2　概算书

概算投资为静态投资，编制依据见第 4 章。220kV 输电线路工程典型方案 2XZA2-P 总概算表、安装工程费用汇总概算表、其他费用概算表分别见表 38-4～表 38-6。

表 38-4　典型方案 2XZA2-P 总概算表

序号	工程或费用名称	费用金额（万元）	各项占总计（%）	单位投资（万元/km）
一	架空输电线路本体工程	4012	73.18	80.28
二	辅助设施工程			
	小计	4012	73.18	80.28
三	编制期价差	302	5.51	6.04
四	其他费用	1069	19.50	21.39
	其中：建设场地征用及清理费	500		
五	基本预备费	81	1.48	1.62
六	特殊项目（现场人员管理系统）	18	0.33	0.36
	工程静态投资	5482	100.00	109.70

表 38-5　典型方案 2XZA2-P 安装工程费用汇总概算表　金额单位：元

序号	工程或费用名称	取费基数	费率（%）	基础工程	杆塔工程	接地工程	架线工程	附件工程	辅助工程	合计	各项占总计（%）	单位投资（元/km）
一	直接费			5996748	15108070	222689	7897566	4478003	22597	33725673	84.07	674864
1	直接工程费			5320648	14496237	191413	7543175	4253259	20528	31825260	79.33	636836
1.1	定额直接费			3486899	1550664	148048	1628213	704285	20528	7538637	18.79	150851
1.1.1	人工费		123.700	2776036	1272178	137018	836577	608919	7823	5638551	14.06	112830
1.1.2	材料费			158520	12663	670	70690	7906	4242	254691	0.63	5096
1.1.3	施工机械使用费		108.700	552343	265823	10360	720946	87460	8463	1645395	4.10	32925
1.2	装置性材料费			1833749	12945573	43365	5914962	3548974		24286623	60.54	485985
2	措施费			676100	611833	31276	354391	224744	2069	1900413	4.74	38028
2.1	冬雨季施工增加费		7.230	200708	91979	9906	60484	44024	566	407667	1.02	8158
2.2	夜间施工增加费											
2.3	施工工具用具使用费		2.700	74953	34349	3700	22587	16441	211	152241	0.38	3046
2.4	临时设施费		6.590	182940	83836	9029	55131	40127	516	371579	0.93	7435
2.5	施工机构转移费		2.200	61072	27987	3014	18404	13396	172	124045	0.31	2482
2.6	安全文明施工费		2.940	156427	373682	5627	197785	110756	604	844881	2.11	16906
二	间接费			1904472	872764	94001	573924	417742	5367	3868270	9.64	77406
1	规费			1196027	548105	59034	360430	262347	3371	2429314	6.06	48612
1.1	社会保险费		29.254	812102	372163	40084	244732	178133	2289	1649503	4.11	33007
1.2	住房公积金		12.240	339786	155715	16771	102397	74532	958	690159	1.72	13810
1.3	危险作业意外伤害保险费		1.590	44139	20227	2179	13301	9682	124	89652	0.22	1794
2	企业管理费		21.820	605731	277589	29897	182541	132866	1707	1230331	3.07	24619
3	高原医疗保障费		1.530	42474	19464	2097	12799	9316	120	86270	0.22	1726

续表 38-5

序号	工程或费用名称	取费基数	费率（%）	基础工程	杆塔工程	接地工程	架线工程	附件工程	辅助工程	合计	各项占总计（%）	单位投资（元/km）
4	高原习服费		1.640	45527	20864	2247	13720	9986	128	92472	0.23	1850
5	施工企业配合调试费		0.530	14713	6742	726	4434	3227	41	29883	0.07	598
三	利润		16.200	449718	206092	22197	135526	98644	1267	913444	2.28	18278
四	税金		10.000	835094	324135	33888	269205	144542	2923	1609787	4.01	32212
五	合计			9186032	16511061	372775	8876221	5138931	32154	40117174	100.00	802761
	各项占总计（%）			23	41	1	22	13	0	100		
	单位投资（元/km）			183816	330393	7459	177617	102832	643	802761		

表 38-6　　典型方案 2XZA2-P 其他费用概算表　　金额单位：元

序号	工程或费用名称	编制依据及计算说明	合　价
1	建设场地征用及清理费	建设场地征用及清理费	4997400
2	项目建设管理费		1508896
2.1	项目法人管理费	（取费人工费×人工海拔调整系数）×4.92%	277417
2.2	招标费	本体工程费×0.37%	148434
2.3	工程监理费		852057
2.5	工程结算审核费	本体工程费×0.35%	140410
2.6	工程保险费	（本体工程费+编制基准期价差）×0.21%	90578
3	项目建设技术服务费		4119311
3.1	项目前期工作费	（勘测费+基本设计费）×12.16%	276810
3.3	勘察设计费		2881049
3.3.1	勘察费		1374285
3.3.1.1	勘测费	20000 元/km×线路亘长	999480
3.3.1.2	海拉瓦优化选线费	5500 元/km×线路亘长	274857
3.3.1.3	高清晰度卫片选线费	2000 元/km×线路亘长	99948
3.3.2	设计费		1506764
3.3.2.1	基本设计费	基本设计费	1276919
3.3.2.2	施工图预算编制费	基本设计费×10%	127692
3.3.2.3	竣工图编制费	基本设计费×8%	102153
3.4	设计文件评审费		474271
3.4.1	可行性研究设计文件评审费	2200 元/km×线路亘长	109943
3.4.2	初步设计文件评审费	3300 元/km×线路亘长	164914
3.4.3	施工图文件审查费		199414
3.5	项目后评价费	（取费人工费×人工海拔调整系数）×1.5%	84578
3.6	工程建设检测费		362486
3.6.1	电力工程质量检测费	（取费人工费×人工海拔调整系数）×1.2%	67663
3.6.3	环境监测验收费		150000
3.6.4	水土保持项目验收及补偿费		144823

续表 38-6

序号	工程或费用名称	编制依据及计算说明	合　价
3.7	电力工程技术经济标准编制管理费	本体工程费×0.1%	40117
4	生产准备费		66535
4.2	工器具及办公家具购置费	（取费人工费×人工海拔调整系数）×0.84%	47364
4.3	生产职工培训及提前进场费	（取费人工费×人工海拔调整系数）×0.34%	19171
	合计		10692142

第 39 章　典型方案 2XZA2-H 通用造价

39.1　基本技术条件

典型方案 2XZA2-H 为《国家电网公司输变电工程通用设计　西藏电网 110～500kV 输电线路分册（2015 年版）》中 2XZA2 模块在河网泥沼地形条件下的典型方案，直线塔采用酒杯型、耐张塔采用干字型铁塔，按照平均海拔 4500m 编制概算。典型方案 2XZA2-H 一般条件、交叉跨越、主要材料单位路径长度指标分别见表 39-1～表 39-3。

表 39-1　　典型方案 2XZA2-H 一般条件表

电压等级（kV）		220			回路数			单回路		
导线型号		2×JL/G1A-240/30			地线型号			JLB20A-120		
路径长度（km）		50			气象条件			覆冰（mm）		风速（m/s）
地形		河网泥沼						10		33
地质条件	条件	普通土	坚土	松砂石	水坑	泥水坑	流沙坑	干砂坑	岩石（爆破）	岩石（人工）
	比例（%）				50	50				
基础	型式	板式	台阶		掏挖	岩石嵌固		岩石锚固		灌注桩
	比例（%）	80								20
铁塔	类别	直线	耐张		总基数（基）	运距（km）		人力		汽车
	比例（%）	81	19		135			0.6		25
路径长度单位造价（万元/km）					本体造价			102.4		
					静态造价			139.52		

表 39-2　　典型方案 2XZA2-H 交叉跨越表

序号	被跨越物名称	跨　越　次　数	备　　注
1	铁路		
2	高速公路		双向四车道以上
	一般公路	3	
3	500kV 电力线		
	220kV 电力线		
	110kV 电力线	1	
	66kV 电力线		
	35kV 电力线		

续表 39-2

序号	被跨越物名称	跨越次数	备注
3	10kV 电力线	7	
	低压线	15	380V 及以下线路
4	通信线	10	
5	河流	8	
6	水库		

表 39-3　　典型方案 2XZA2-H 主要材料路径长度单位指标

<table>
<tr><th colspan="2">项目</th><th colspan="3">数据</th><th>项目</th><th>数据</th></tr>
<tr><td colspan="2">导线（t/km）</td><td colspan="3">5.53</td><td>地线（t/km）</td><td>1.62</td></tr>
<tr><td colspan="2">塔数（基/km）</td><td colspan="3">2.70</td><td>铁塔钢材（t/km）</td><td>34.61</td></tr>
<tr><td colspan="2">基础钢材（t/km）</td><td colspan="3">8.37</td><td>接地钢材（t/km）</td><td>0.21</td></tr>
<tr><td colspan="2">合成绝缘子（支/km）</td><td colspan="3"></td><td rowspan="2">间隔棒（个/km）</td><td rowspan="2"></td></tr>
<tr><td colspan="2">盘式绝缘子（片/km）</td><td colspan="3">446.88</td></tr>
<tr><td colspan="2">防振锤（个/km）</td><td colspan="3">62.00</td><td>挂线金具（t/km）</td><td>0.69</td></tr>
<tr><td rowspan="2">土石方量（m³/km）</td><td>类型</td><td>基面</td><td>基坑</td><td>接地</td><td>混凝土（m³/km）</td><td>82.88</td></tr>
<tr><td>数量</td><td></td><td>510.00</td><td>67.23</td><td>护坡、排水沟、保坎（m³/km）</td><td></td></tr>
</table>

39.2 概算书

概算投资为静态投资，编制依据见第 4 章。220kV 输电线路工程典型方案 2XZA2-H 总概算表、安装工程费用汇总概算表、其他费用概算表分别见表 39-4～表 39-6。

表 39-4　　典型方案 2XZA2-H 总概算表

序号	工程或费用名称	费用金额（万元）	各项占总计（%）	单位投资（万元/km）
一	架空输电线路本体工程	5120	73.39	102.40
二	辅助设施工程			
	小计	5120	73.39	102.40
三	编制期价差	457	6.55	9.14
四	其他费用	1278	18.32	25.56
	其中：建设场地征用及清理费	500		
五	基本预备费	103	1.48	2.06
六	特殊项目（现场人员管理系统）	18	0.26	0.36
	工程静态投资	6976	100.00	139.52

表 39-5　　典型方案 2XZA2-H 安装工程费用汇总概算表　　金额单位：元

序号	工程或费用名称	取费基数	费率（%）	基础工程	杆塔工程	接地工程	架线工程	附件工程	辅助工程	合计	各项占总计（%）	单位投资（元/km）
一	直接费			12371127	15567517	238532	7903794	4535284	22597	40638851	79.37	812777
1	直接工程费			10909291	14876643	204013	7551005	4301000	20528	37862480	73.95	757250
1.1	定额直接费			8014836	1942671	163280	1632965	752026	20528	12526306	24.46	250526
1.1.1	人工费		123.700	6095639	1634409	152366	826852	652368	7823	9369457	18.30	187389

续表 39-5

序号	工程或费用名称	取费基数	费率（%）	基础工程	杆塔工程	接地工程	架线工程	附件工程	辅助工程	合计	各项占总计（%）	单位投资（元/km）
1.1.2	材料费			440309	12651	652	52227	7906	4242	517987	1.01	10360
1.1.3	施工机械使用费		108.700	1478888	295611	10262	753886	91752	8463	2638862	5.15	52777
1.2	装置性材料费			2894455	12933972	40733	5918040	3548974		25336174	49.48	506723
2	措施费			1461836	690874	34519	352789	234284	2069	2776371	5.42	55527
2.1	冬雨季施工增加费		7.230	440715	118168	11016	59781	47166	566	677412	1.32	13548
2.2	夜间施工增加费											
2.3	施工工具用具使用费		2.700	164583	44129	4113	22325	17615	211	252976	0.49	5060
2.4	临时设施费		6.590	401703	107707	10040	54489	42991	516	617446	1.21	12349
2.5	施工机构转移费		2.200	134103	35957	3352	18191	14352	172	206127	0.40	4123
2.6	安全文明施工费		2.940	320732	384913	5998	198003	112160	604	1022410	2.00	20448
二	间接费			4181853	1121271	104529	567255	447550	5367	6427825	12.55	128557
1	规费			2626246	704169	65646	356242	281066	3371	4036740	7.88	80735
1.1	社会保险费		29.254	1783218	478130	44573	241887	190844	2289	2740941	5.35	54819
1.2	住房公积金		12.240	746107	200052	18650	101207	79850	958	1146824	2.24	22936
1.3	危险作业意外伤害保险费		1.590	96921	25987	2423	13148	10372	124	148975	0.29	2980
2	企业管理费		21.820	1330069	356629	33247	180418	142347	1707	2044417	3.99	40888
3	高原医疗保障费		1.530	93263	25006	2331	12652	9981	120	143353	0.28	2867
4	高原习服费		1.640	99968	26804	2498	13560	10698	128	153656	0.30	3073
5	施工企业配合调试费		0.530	32307	8663	807	4383	3458	41	49659	0.10	993
三	利润		16.200	987493	264774	24684	133950	105684	1267	1517852	2.96	30357
四	税金		10.000	1754048	401960	36775	268696	153954	2923	2618356	5.11	52367
五	合计			19294521	17355522	404520	8873695	5242472	32154	51202884	100.00	1024058
	各项占总计（%）			38	34	1	17	10	0	100		
	单位投资（元/km）			385890	347110	8090	177474	104849	643	1024058		

表 39-6　　典型方案 2XZA2-H 其他费用概算表　　金额单位：元

序号	工程或费用名称	编制依据及计算说明	合　价
1	建设场地征用及清理费	建设场地征用及清理费	5000000
2	项目建设管理费		1884504
2.1	项目法人管理费	（取费人工费×人工海拔调整系数）×4.92%	460977
2.2	招标费	本体工程费×0.37%	189451
2.3	工程监理费		937750
2.5	工程结算审核费	本体工程费×0.35%	179210
2.6	工程保险费	（本体工程费+编制基准期价差）×0.21%	117116
3	项目建设技术服务费		5780909
3.1	项目前期工作费	（勘测费+基本设计费）×12.16%	438381

续表 39-6

序号	工程或费用名称	编制依据及计算说明	合　价
3.3	勘察设计费		4269027
3.3.1	勘察费		2375000
3.3.1.1	勘测费	40000 元/km×线路亘长	2000000
3.3.1.2	海拉瓦优化选线费	5500 元/km×线路亘长	275000
3.3.1.3	高清晰度卫片选线费	2000 元/km×线路亘长	100000
3.3.2	设计费		1894027
3.3.2.1	基本设计费	基本设计费	1605107
3.3.2.2	施工图预算编制费	基本设计费×10%	160511
3.3.2.3	竣工图编制费	基本设计费×8%	128409
3.4	设计文件评审费		474500
3.4.1	可行性研究设计文件评审费	2200 元/km×线路亘长	110000
3.4.2	初步设计文件评审费	3300 元/km×线路亘长	165000
3.4.3	施工图文件审查费		199500
3.5	项目后评价费	（取费人工费×人工海拔调整系数）×1.5%	140542
3.6	工程建设检测费		407256
3.6.1	电力工程质量检测费	（取费人工费×人工海拔调整系数）×1.2%	112433
3.6.3	环境监测验收费		150000
3.6.4	水土保持项目验收及补偿费		144823
3.7	电力工程技术经济标准编制管理费	本体工程费×0.1%	51203
4	生产准备费		110559
4.2	工器具及办公家具购置费	（取费人工费×人工海拔调整系数）×0.84%	78703
4.3	生产职工培训及提前进场费	（取费人工费×人工海拔调整系数）×0.34%	31856
	合计		12775972

第 40 章　典型方案 2XZA2-Q 通用造价

40.1　基本技术条件

典型方案 2XZA2-Q 为《国家电网公司输变电工程通用设计　西藏电网 110～500kV 输电线路分册（2015 年版）》中 2XZA2 模块在丘陵地形条件下的典型方案，直线塔采用酒杯型、耐张塔采用干字型铁塔，按照平均海拔 4500m 编制概算。典型方案 2XZA2-Q 一般条件、交叉跨越、主要材料单位路径长度指标分别见表 40-1～表 40-3。

表 40-1　　典型方案 2XZA2-Q 一般条件表

电压等级（kV）		220			回路数		单回路			
导线型号		2×JL/G1A-240/30			地线型号		JLB20A-120			
路径长度（km）		50.4			气象条件		覆冰（mm）			风速（m/s）
地形		丘陵					10			33
地质条件	条件	普通土	坚土	松砂石	水坑	泥水坑	流沙坑	干砂坑	岩石（爆破）	岩石（人工）
	比例（%）	25	25	30					10	10

续表 40-1

基础	型式	板式	台阶	掏挖	岩石嵌固	岩石锚固	灌注桩
	比例（%）	40		60			
铁塔	类别	直线	耐张	总基数（基）	运距（km）	人力	汽车
	比例（%）	80	20	130		0.5	25
路径长度单位造价（万元/km）			本体造价			83.06	
			静态造价			114.86	

表 40-2　　典型方案 2XZA2-Q 交叉跨越表

序号	被跨越物名称	跨越次数	备注
1	铁路		
2	高速公路		双向四车道以上
	一般公路	5	
3	500kV 电力线		
	220kV 电力线		
	110kV 电力线	1	
	66kV 电力线		
	35kV 电力线	1	
	10kV 电力线	10	
	低压线	20	380V 及以下线路
4	通信线	15	
5	河流	1	
6	水库		

表 40-3　　典型方案 2XZA2-Q 主要材料路径长度单位指标

项目		数据			项目	数据
导线（t/km）		5.53			地线（t/km）	1.62
塔数（基/km）		2.58			铁塔钢材（t/km）	33.20
基础钢材（t/km）		3.92			接地钢材（t/km）	0.42
合成绝缘子（支/km）					间隔棒（个/km）	
盘式绝缘子（片/km）		442.00				
防振锤（个/km）		63.00			挂线金具（t/km）	0.69
土石方量（m^3/km）	类型	基面	基坑	接地	混凝土（m^3/km）	47.59
	数量	5.00	168.00	87.82	护坡、排水沟、保坎（m^3/km）	10.00

40.2 概算书

概算投资为静态投资，编制依据见第 4 章。220kV 输电线路工程典型方案 2XZA2-Q 总概算表、安装工程费用汇总概算表、其他费用概算表分别见表 40-4～表 40-6。

表 40-4　　典型方案 2XZA2-Q 总概算表

序号	工程或费用名称	费用金额（万元）	各项占总计（%）	单位投资（万元/km）
一	架空输电线路本体工程	4186	72.31	83.06
二	辅助设施工程			
	小计	4186	72.31	83.06
三	编制期价差	322	5.56	6.39
四	其他费用	1178	20.35	23.37
	其中：建设场地征用及清理费	504		
五	基本预备费	85	1.47	1.69
六	特殊项目（现场人员管理系统）	18	0.31	0.36
	工程静态投资	5789	100.00	114.86

表 40-5　　典型方案 2XZA2-Q 安装工程费用汇总概算表　　金额单位：元

序号	工程或费用名称	取费基数	费率（%）	基础工程	杆塔工程	接地工程	架线工程	附件工程	辅助工程	合计	各项占总计（%）	单位投资（元/km）
一	直接费			6148747	14951811	441831	8027775	4546410	289224	34405798	82.19	682655
1	直接工程费			5407478	14287426	379641	7663851	4311867	248854	32299117	77.16	640855
1.1	定额直接费			3734343	1880309	296226	1698464	753228	199868	8562438	20.45	169890
1.1.1	人工费		123.700	3110521	1574026	272591	869641	652262	176567	6655608	15.90	132056
1.1.2	材料费			171631	12125	7313	66380	7918	5671	271038	0.65	5378
1.1.3	施工机械使用费		108.700	452191	294158	16322	762443	93048	17630	1635792	3.91	32456
1.2	装置性材料费			1673135	12407117	83415	5965387	3558639	48986	23736679	56.70	470966
2	措施费			741269	664385	62190	363924	234543	40370	2106681	5.03	41799
2.1	冬雨季施工增加费		7.230	224891	113802	19708	62875	47159	12766	481201	1.15	9548
2.2	夜间施工增加费											
2.3	施工工具用具使用费		2.700	83984	42499	7360	23480	17611	4767	179701	0.43	3565
2.4	临时设施费		6.590	204983	103729	17964	57309	42983	11636	438604	1.05	8702
2.5	施工机构转移费		2.200	68431	34628	5996	19132	14349	3884	146420	0.35	2905
2.6	安全文明施工费		2.940	158980	369727	11162	201128	112441	7317	860755	2.06	17078
二	间接费			2133941	1079844	187009	596608	447477	121132	4566011	10.91	90595
1	规费			1340137	678153	117443	374676	281019	76072	2867500	6.85	56895
1.1	社会保险费		29.254	909952	460465	79744	254404	190812	51653	1947030	4.65	38632
1.2	住房公积金		12.240	380728	192661	33365	106445	79837	21612	814648	1.95	16164
1.3	危险作业意外伤害保险费		1.590	49457	25027	4334	13827	10370	2807	105822	0.25	2100
2	企业管理费		21.820	678715	343453	59479	189756	142324	38527	1452254	3.47	28815
3	高原医疗保障费		1.530	47590	24082	4171	13305	9979	2702	101829	0.24	2020
4	高原习服费		1.640	51013	25814	4471	14262	10698	2896	109154	0.26	2166
5	施工企业配合调试费		0.530	16486	8342	1445	4609	3457	935	35274	0.08	700
三	利润		16.200	503904	254992	44160	140882	105667	28603	1078208	2.58	21393
四	税金		10.000	878660	387954	67300	279988	154091	43896	1811889	4.33	35950

续表 40-5

序号	工程或费用名称	取费基数	费率（%）	基础工程	杆塔工程	接地工程	架线工程	附件工程	辅助工程	合计	各项占总计（%）	单位投资（元/km）
五	合计			9665252	16674601	740300	9045253	5253645	482855	41861906	100.00	830593
	各项占总计（%）			23	40	2	22	13	1	100		
	单位投资（元/km）			191771	330845	14688	179469	104239	9580	830594		

表 40-6　　典型方案 2XZA2-Q 其他费用概算表　　金额单位：元

序号	工程或费用名称	编制依据及计算说明	合　价
1	建设场地征用及清理费	建设场地征用及清理费	5040000
2	项目建设管理费		1582852
2.1	项目法人管理费	（取费人工费×人工海拔调整系数）×4.92%	327456
2.2	招标费	本体工程费×0.37%	154889
2.3	工程监理费		859320
2.5	工程结算审核费	本体工程费×0.35%	146517
2.6	工程保险费	（本体工程费+编制基准期价差）×0.21%	94670
3	项目建设技术服务费		5080222
3.1	项目前期工作费	（勘测费+基本设计费）×12.16%	376147
3.3	勘察设计费		3710589
3.3.1	勘察费		2142000
3.3.1.1	勘测费	35000 元/km×线路亘长	1764000
3.3.1.2	海拉瓦优化选线费	5500 元/km×线路亘长	277200
3.3.1.3	高清晰度卫片选线费	2000 元/km×线路亘长	100800
3.3.2	设计费		1568589
3.3.2.1	基本设计费	基本设计费	1329313
3.3.2.2	施工图预算编制费	基本设计费×10%	132931
3.3.2.3	竣工图编制费	基本设计费×8%	106345
3.4	设计文件评审费		478020
3.4.1	可行性研究设计文件评审费	2200 元/km×线路亘长	110880
3.4.2	初步设计文件评审费	3300 元/km×线路亘长	166320
3.4.3	施工图文件审查费		200820
3.5	项目后评价费	（取费人工费×人工海拔调整系数）×1.5%	99834
3.6	工程建设检测费		373770
3.6.1	电力工程质量检测费	（取费人工费×人工海拔调整系数）×1.2%	79867
3.6.3	环境监测验收费		150000
3.6.4	水土保持项目验收及补偿费		143903
3.7	电力工程技术经济标准编制管理费	本体工程费×0.1%	41862
4	生产准备费		78536
4.2	工器具及办公家具购置费	（取费人工费×人工海拔调整系数）×0.84%	55907
4.3	生产职工培训及提前进场费	（取费人工费×人工海拔调整系数）×0.34%	22629
	合计		11781610

第 41 章　典型方案 2XZA2-S 通用造价

41.1　基本技术条件

典型方案 2XZA2-S 为《国家电网公司输变电工程通用设计　西藏电网 110～500kV 输电线路分册（2015 年版）》中 2XZA2 模块在山地地形条件下的典型方案，直线塔采用酒杯型、耐张塔采用干字型铁塔，按照平均海拔 4500m 编制概算。典型方案 2XZA2-S 一般条件、交叉跨越、主要材料单位路径长度指标分别见表 41-1～表 41-3。

表 41-1　　　　典型方案 2XZA2-S 一般条件表

电压等级（kV）		220			回路数		单回路			
导线型号		2×JL/G1A-240/30			地线型号		JLB20A-120			
路径长度（km）		50			气象条件		覆冰（mm）		风速（m/s）	
地形		山地					10		33	
地质条件	条件	普通土	坚土	松砂石	水坑	泥水坑	流沙坑	干砂坑	岩石（爆破）	岩石（人工）
	比例（%）	10	10	30					25	25
基础	型式	板式	台阶	掏挖	岩石嵌固	岩石锚固	灌注桩			
	比例（%）	20		70		5	5			
铁塔	类别	直线	耐张	总基数（基）	运距（km）	人力	汽车			
	比例（%）	75	25	120		0.8	25			
路径长度单位造价（万元/km）					本体造价		108.34			
					静态造价		147.18			

表 41-2　　　　典型方案 2XZA2-S 交叉跨越表

序号	被跨越物名称	跨越次数	备注
1	铁路		
2	高速公路		双向四车道以上
	一般公路	5	
3	500kV 电力线		
	220kV 电力线		
	110kV 电力线		
	66kV 电力线		
	35kV 电力线	1	
	10kV 电力线	10	
	低压线	10	380V 及以下线路
4	通信线	10	
5	河流	1	
6	水库		

表 41-3　　典型方案 2XZA2-S 主要材料路径长度单位指标

<table>
<tr><td colspan="2">项目</td><td colspan="3">数据</td><td>项目</td><td>数据</td></tr>
<tr><td colspan="2">导线（t/km）</td><td colspan="3">5.53</td><td>地线（t/km）</td><td>1.62</td></tr>
<tr><td colspan="2">塔数（基/km）</td><td colspan="3">2.40</td><td>铁塔钢材（t/km）</td><td>33.27</td></tr>
<tr><td colspan="2">基础钢材（t/km）</td><td colspan="3">4.26</td><td>接地钢材（t/km）</td><td>0.48</td></tr>
<tr><td colspan="2">合成绝缘子（支/km）</td><td colspan="3"></td><td rowspan="2">间隔棒（个/km）</td><td rowspan="2"></td></tr>
<tr><td colspan="2">盘式绝缘子（片/km）</td><td colspan="3">456.19</td></tr>
<tr><td colspan="2">防振锤（个/km）</td><td colspan="3">62.00</td><td>挂线金具（t/km）</td><td>0.70</td></tr>
<tr><td rowspan="2">土石方量（m³/km）</td><td>类型</td><td>基面</td><td>基坑</td><td>接地</td><td>混凝土（m³/km）</td><td>56.08</td></tr>
<tr><td>数量</td><td>5.00</td><td>122.00</td><td>85.11</td><td>护坡、排水沟、保坎（m³/km）</td><td>20.00</td></tr>
</table>

41.2　概算书

概算投资为静态投资，编制依据见第 4 章。220kV 输电线路工程典型方案 2XZA2-S 总概算表、安装工程费用汇总概算表、其他费用概算表分别见表 41-4～表 41-6。

表 41-4　　典型方案 2XZA2-S 总概算表

序号	工程或费用名称	费用金额（万元）	各项占总计（%）	单位投资（万元/km）
一	架空输电线路本体工程	5417	73.61	108.34
二	辅助设施工程			
	小计	5417	73.61	108.34
三	编制期价差	478	6.50	9.56
四	其他费用	1338	18.18	26.76
	其中：建设场地征用及清理费	500		
五	基本预备费	108	1.47	2.16
六	特殊项目（现场人员管理系统）	18	0.24	0.36
	工程静态投资	7359	100.00	147.18

表 41-5　　典型方案 2XZA2-S 安装工程费用汇总概算表　　金额单位：元

序号	工程或费用名称	取费基数	费率（%）	基础工程	杆塔工程	接地工程	架线工程	附件工程	辅助工程	合计	各项占总计（%）	单位投资（元/km）
一	直接费			10301583	16224536	700091	8376671	4897567	952833	41453281	76.52	829066
1	直接工程费			8915706	15352533	595663	7973907	4613065	805168	38256042	70.62	765121
1.1	定额直接费			6984453	2919002	500983	2055867	1002795	707187	14170287	26.16	283406
1.1.1	人工费		123.700	6002957	2516397	464283	1027390	872935	662352	11546314	21.31	230926
1.1.2	材料费			232271	12085	16250	43213	8539	11328	323686	0.60	6474
1.1.3	施工机械使用费		108.700	749225	390520	20450	985264	121321	33507	2300287	4.25	46006
1.2	装置性材料费			1931253	12433531	94680	5918040	3610270	97981	24085755	44.46	481715
2	措施费			1385877	872003	104428	402764	284502	147665	3197239	5.90	63945
2.1	冬雨季施工增加费		7.230	434014	181935	33568	74281	63113	47888	834799	1.54	16696
2.2	夜间施工增加费											
2.3	施工工具用具使用费		2.700	162081	67943	12536	27740	23569	17883	311752	0.58	6235

续表 41-5

序号	工程或费用名称	取费基数	费率（%）	基础工程	杆塔工程	接地工程	架线工程	附件工程	辅助工程	合计	各项占总计（%）	单位投资（元/km）
2.4	临时设施费		6.590	395595	165830	30596	67704	57526	43650	760901	1.40	15218
2.5	施工机构转移费		2.200	132065	55361	10215	22603	19205	14572	254021	0.47	5080
2.6	安全文明施工费		2.940	262122	400934	17513	210436	121089	23672	1035766	1.91	20715
二	间接费			4118267	1726349	318516	704829	598867	454398	7921226	14.62	158425
1	规费			2586313	1084165	200031	442640	376095	285367	4974611	9.18	99492
1.1	社会保险费		29.254	1756105	736147	135821	300552	255369	193764	3377758	6.24	67555
1.2	住房公积金		12.240	734762	308007	56828	125753	106847	81072	1413269	2.61	28265
1.3	危险作业意外伤害保险费		1.590	95446	40011	7382	16335	13879	10531	183584	0.34	3672
2	企业管理费		21.820	1309845	549077	101306	224176	190474	144526	2519404	4.65	50388
3	高原医疗保障费		1.530	91845	38501	7104	15719	13356	10134	176659	0.33	3533
4	高原习服费		1.640	98449	41269	7614	16849	14316	10862	189359	0.35	3787
5	施工企业配合调试费		0.530	31815	13337	2461	5445	4626	3509	61193	0.11	1224
三	利润		16.200	972479	407657	75213	166437	141415	107302	1870503	3.45	37410
四	税金		10.000	1539233	592501	109382	332991	202758	151453	2928318	5.41	58566
五	合计			16931562	18951043	1203202	9580928	5840607	1665986	54173328	100.00	1083467
	各项占总计（%）			31	35	2	18	11	3	100		
	单位投资（元/km）			338631	379021	24064	191619	116812	33320	1083467		

表 41-6　　典型方案 2XZA2-S 其他费用概算表　　金额单位：元

序号	工程或费用名称	编制依据及计算说明	合　价
1	建设场地征用及清理费	建设场地征用及清理费	5000000
2	项目建设管理费		2019669
2.1	项目法人管理费	（取费人工费×人工海拔调整系数）×4.92%	568079
2.2	招标费	本体工程费×0.37%	200441
2.3	工程监理费		937750
2.5	工程结算审核费	本体工程费×0.35%	189607
2.6	工程保险费	（本体工程费+编制基准期价差）×0.21%	123792
3	项目建设技术服务费		6221247
3.1	项目前期工作费	（勘测费+基本设计费）×12.16%	478212
3.3	勘察设计费		4610546
3.3.1	勘察费		2625000
3.3.1.1	勘测费	45000 元/km×线路亘长	2250000
3.3.1.2	海拉瓦优化选线费	5500 元/km×线路亘长	275000
3.3.1.3	高清晰度卫片选线费	2000 元/km×线路亘长	100000
3.3.2	设计费		1985546
3.3.2.1	基本设计费	基本设计费	1682666

续表 41-6

序号	工程或费用名称	编制依据及计算说明	合　价
3.3.2.2	施工图预算编制费	基本设计费×10%	168267
3.3.2.3	竣工图编制费	基本设计费×8%	134613
3.4	设计文件评审费		474500
3.4.1	可行性研究设计文件评审费	2200 元/km×线路亘长	110000
3.4.2	初步设计文件评审费	3300 元/km×线路亘长	165000
3.4.3	施工图文件审查费		199500
3.5	项目后评价费	（取费人工费×人工海拔调整系数）×1.5%	173195
3.6	工程建设检测费		430621
3.6.1	电力工程质量检测费	（取费人工费×人工海拔调整系数）×1.2%	138556
3.6.3	环境监测验收费		150000
3.6.4	水土保持项目验收及补偿费		142065
3.7	电力工程技术经济标准编制管理费	本体工程费×0.1%	54173
4	生产准备费		136246
4.2	工器具及办公家具购置费	（取费人工费×人工海拔调整系数）×0.84%	96989
4.3	生产职工培训及提前进场费	（取费人工费×人工海拔调整系数）×0.34%	39257
	合计		13377162

第 42 章　典型方案 2XZA2-G 通用造价

42.1　基本技术条件

典型方案 2XZA2-G 为《国家电网公司输变电工程通用设计　西藏电网 110～500kV 输电线路分册（2015 年版）》中 2XZA2 模块在高山地形条件下的典型方案，直线塔采用酒杯型、耐张塔采用干字型铁塔，按照平均海拔 4500m 编制概算。典型方案 2XZA2-G 一般条件、交叉跨越、主要材料单位路径长度指标分别见表 42-1～表 42-3。

表 42-1　　典型方案 2XZA2-G 一般条件表

<table>
<tr><td colspan="2">电压等级（kV）</td><td colspan="3">220</td><td colspan="3">回路数</td><td colspan="3">单回路</td></tr>
<tr><td colspan="2">导线型号</td><td colspan="3">2×JL/G1A-240/30</td><td colspan="3">地线型号</td><td colspan="3">JLB20A-120</td></tr>
<tr><td colspan="2">路径长度（km）</td><td colspan="3">49.86</td><td colspan="3" rowspan="2">气象条件</td><td colspan="2">覆冰（mm）</td><td>风速（m/s）</td></tr>
<tr><td colspan="2">地形</td><td colspan="3">高山</td><td colspan="2">10</td><td>33</td></tr>
<tr><td rowspan="2">地质条件</td><td>条件</td><td>普通土</td><td>坚土</td><td>松砂石</td><td>水坑</td><td>泥水坑</td><td>流沙坑</td><td>干砂坑</td><td>岩石（爆破）</td><td>岩石（人工）</td></tr>
<tr><td>比例（%）</td><td>10</td><td>10</td><td>30</td><td></td><td></td><td></td><td></td><td>25</td><td>25</td></tr>
<tr><td rowspan="2">基础</td><td>型式</td><td colspan="2">板式</td><td>台阶</td><td colspan="2">掏挖</td><td>岩石嵌固</td><td colspan="2">岩石锚固</td><td>灌注桩</td></tr>
<tr><td>比例（%）</td><td colspan="2"></td><td></td><td colspan="2">90</td><td></td><td colspan="2">5</td><td>5</td></tr>
<tr><td rowspan="2">铁塔</td><td>类别</td><td colspan="2">直线</td><td>耐张</td><td colspan="2">总基数（基）</td><td rowspan="2">运距（km）</td><td colspan="2">人力</td><td>汽车</td></tr>
<tr><td>比例（%）</td><td colspan="2">65</td><td>35</td><td colspan="2">115</td><td colspan="2">1.2</td><td>25</td></tr>
<tr><td colspan="5" rowspan="2">路径长度单位造价（万元/km）</td><td colspan="3">本体造价</td><td colspan="3">141.30</td></tr>
<tr><td colspan="3">静态造价</td><td colspan="3">187.65</td></tr>
</table>

表 42-2　　典型方案 2XZA2-G 交叉跨越表

序号	被跨越物名称	跨越次数	备注
1	铁路		
2	高速公路		双向四车道以上
	一般公路	5	
3	500kV 电力线		
	220kV 电力线		
	110kV 电力线		
	66kV 电力线		
	35kV 电力线		
	10kV 电力线	5	
	低压线	10	380V 及以下线路
4	通信线	10	
5	河流	1	
6	水库		

表 42-3　　典型方案 2XZA2-G 主要材料路径长度单位指标

项目		数据			项目	数据
导线（t/km）		5.53			地线（t/km）	1.62
塔数（基/km）		2.31			铁塔钢材（t/km）	36.28
基础钢材（t/km）		4.35			接地钢材（t/km）	0.49
合成绝缘子（支/km）					间隔棒（个/km）	
盘式绝缘子（片/km）		503.25				
防振锤（个/km）		61.00			挂线金具（t/km）	0.74
土石方量（m³/km）	类型	基面	基坑	接地	混凝土（m³/km）	57.35
	数量	10.00	75.00	88.19	护坡、排水沟、保坎（m³/km）	30.00

42.2 概算书

概算投资为静态投资，编制依据见第 4 章。220kV 输电线路工程典型方案 2XZA2-G 总概算表、安装工程费用汇总概算表、其他费用概算表分别见表 42-4～表 42-6。

表 42-4　　典型方案 2XZA2-G 总概算表

序号	工程或费用名称	费用金额（万元）	各项占总计（%）	单位投资（万元/km）
一	架空输电线路本体工程	7045	75.30	141.30
二	辅助设施工程			
	小计	7045	75.30	141.30
三	编制期价差	657	7.02	13.18
四	其他费用	1498	16.01	30.04
	其中：建设场地征用及清理费	499		
五	基本预备费	138	1.47	2.77
六	特殊项目（现场人员管理系统）	18	0.19	0.36
	工程静态投资	9356	100.00	187.65

表 42-5　　典型方案 2XZA2-G 安装工程费用汇总概算表　　金额单位：元

序号	工程或费用名称	取费基数	费率（%）	基础工程	杆塔工程	接地工程	架线工程	附件工程	辅助工程	合计	各项占总计（%）	单位投资（元/km）
一	直接费			14388349	19043547	784506	8912194	5919516	2086664	51134776	72.59	1025567
1	直接工程费			12313008	17860458	665742	8449795	5505867	1748408	46543278	66.07	933479
1.1	定额直接费			10292404	4302361	568655	2548320	1625646	1601829	20939215	29.72	419960
1.1.1	人工费		123.700	9152445	3808667	529863	1270855	1428376	1532340	17722546	25.16	355446
1.1.2	材料费			230248	13008	16734	38665	10263	14842	323760	0.46	6493
1.1.3	施工机械使用费		108.700	909711	480686	22058	1238800	187007	54647	2892909	4.11	58021
1.2	装置性材料费			2020604	13558097	97087	5901475	3880221	146579	25604063	36.35	513519
2	措施费			2075341	1183089	118764	462399	413649	338256	4591498	6.52	92088
2.1	冬雨季施工增加费		7.230	661722	275366	38309	91883	103271	110788	1281339	1.82	25699
2.2	夜间施工增加费											
2.3	施工工具用具使用费		2.700	247116	102834	14306	34313	38566	41373	478508	0.68	9597
2.4	临时设施费		6.590	603147	250992	34919	83750	94130	100981	1167919	1.66	23424
2.5	施工机构转移费		2.200	201354	83791	11657	27959	31425	33711	389897	0.55	7820
2.6	安全文明施工费		2.940	362002	470106	19573	224494	146257	51403	1273835	1.81	25548
二	间接费			6278943	2612898	363507	871857	979922	1051250	12158377	17.26	243850
1	规费			3943239	1640926	228287	547535	615401	660195	7635583	10.84	153140
1.1	社会保险费		29.254	2677456	1114187	155007	371776	417857	448272	5184555	7.36	103982
1.2	住房公积金		12.240	1120259	466181	64856	155553	174833	187559	2169241	3.08	43507
1.3	危险作业意外伤害保险费		1.590	145524	60558	8424	20206	22711	24364	281787	0.40	5652
2	企业管理费		21.820	1997064	831051	115616	277301	311671	334357	3867060	5.49	77558
3	高原医疗保障费		1.530	140032	58273	8107	19444	21855	23446	271157	0.38	5438
4	高原习服费		1.640	150100	62462	8690	20842	23425	25131	290650	0.41	5829
5	施工企业配合调试费		0.530	48508	20186	2807	6735	7570	8121	93927	0.13	1884
三	利润		16.200	1482695	617004	85839	205879	231398	248240	2871055	4.08	57582
四	税金		10.000	2214999	871535	123385	408846	325062	338615	4282442	6.08	85889
五	合计			24364986	23144984	1357237	10398776	7455898	3724769	70446650	100.00	1412889
	各项占总计（%）			34	33	2	15	11	5	100		
	单位投资（元/km）			488668	464199	27221	208559	149537	74704	1412889		

表 42-6　　典型方案 2XZA2-G 其他费用概算表　　金额单位：元

序号	工程或费用名称	编制依据及计算说明	合　价
1	建设场地征用及清理费	建设场地征用及清理费	4986000
2	项目建设管理费		2561038
2.1	项目法人管理费	（取费人工费×人工海拔调整系数）×4.92%	871949
2.2	招标费	本体工程费×0.37%	260653
2.3	工程监理费		1020136

续表 42-6

序号	工程或费用名称	编制依据及计算说明	合　价
2.5	工程结算审核费	本体工程费×0.35%	246563
2.6	工程保险费	（本体工程费+编制基准期价差）×0.21%	161737
3	项目建设技术服务费		7226670
3.1	项目前期工作费	（勘测费+基本设计费）×12.16%	559428
3.3	勘察设计费		5353873
3.3.1	勘察费		2866950
3.3.1.1	勘测费	50000 元/km×线路亘长	2493000
3.3.1.2	海拉瓦优化选线费	5500 元/km×线路亘长	274230
3.3.1.3	高清晰度卫片选线费	2000 元/km×线路亘长	99720
3.3.2	设计费		2486923
3.3.2.1	基本设计费	基本设计费	2107562
3.3.2.2	施工图预算编制费	基本设计费×10%	210756
3.3.2.3	竣工图编制费	基本设计费×8%	168605
3.4	设计文件评审费		473268
3.4.1	可行性研究设计文件评审费	2200 元/km×线路亘长	109692
3.4.2	初步设计文件评审费	3300 元/km×线路亘长	164538
3.4.3	施工图文件审查费		199038
3.5	项目后评价费	（取费人工费×人工海拔调整系数）×1.5%	265838
3.6	工程建设检测费		503816
3.6.1	电力工程质量检测费	（取费人工费×人工海拔调整系数）×1.2%	212671
3.6.3	环境监测验收费		150000
3.6.4	水土保持项目验收及补偿费		141145
3.7	电力工程技术经济标准编制管理费	本体工程费×0.1%	70447
4	生产准备费		209126
4.2	工器具及办公家具购置费	（取费人工费×人工海拔调整系数）×0.84%	148869
4.3	生产职工培训及提前进场费	（取费人工费×人工海拔调整系数）×0.34%	60257
	合计		14982834

第 43 章　典型方案 2XZA2-J 通用造价

43.1　基本技术条件

典型方案 2XZA2-J 为《国家电网公司输变电工程通用设计　西藏电网 110～500kV 输电线路分册（2015 年版）》中 2XZA2 模块在峻岭地形条件下的典型方案，直线塔采用酒杯型、耐张塔采用干字型铁塔，按照平均海拔 4500m 编制概算。典型方案 2XZA2-J 一般条件、交叉跨越、主要材料单位路径长度指标分别见表 43-1～表 43-3。

表 43-1　　**典型方案 2XZA2-J 一般条件表**

电压等级（kV）		220			回路数			单回路		
导线型号		2×JL/G1A-240/30			地线型号			JLB20A-120		
路径长度（km）		50.36			气象条件			覆冰（mm）		风速（m/s）
地形		峻岭						10		33
地质条件	条件	普通土	坚土	松砂石	水坑	泥水坑	流沙坑	干砂坑	岩石（爆破）	岩石（人工）
	比例（%）	10	10	30					25	25
基础	型式	板式	台阶		掏挖		岩石嵌固	岩石锚固		灌注桩
	比例（%）				90			5		5
铁塔	类别	直线	耐张		总基数（基）		运距（km）	人力		汽车
	比例（%）	50	50		120			1.5		25
路径长度单位造价（万元/km）					本体造价			185.76		
					静态造价			243.59		

表 43-2　　**典型方案 2XZA2-J 交叉跨越表**

序号	被跨越物名称	跨　越　次　数	备　　注
1	铁路		
2	高速公路		双向四车道以上
	一般公路	5	
3	500kV 电力线		
	220kV 电力线		
	110kV 电力线		
	66kV 电力线		
	35kV 电力线		
	10kV 电力线	5	
	低压线	10	380V 及以下线路
4	通信线	10	
5	河流	1	
6	水库		

表 43-3　　**典型方案 2XZA2-J 主要材料路径长度单位指标**

项目		数据			项目	数据
导线（t/km）		5.53			地线（t/km）	1.62
塔数（基/km）		2.38			铁塔钢材（t/km）	42.09
基础钢材（t/km）		4.97			接地钢材（t/km）	0.54
合成绝缘子（支/km）					间隔棒（个/km）	
盘式绝缘子（片/km）		630.21				
防振锤（个/km）		59.00			挂线金具（t/km）	0.89
土石方量（m^3/km）	类型	基面	基坑	接地	混凝土（m^3/km）	66.68
	数量	10.00	86.00	93.23	护坡、排水沟、保坎（m^3/km）	30.00

43.2 概算书

概算投资为静态投资，编制依据见第 4 章。220kV 输电线路工程典型方案 2XZA2-J 总概算表、安装工程费用汇总概算表、其他费用概算表分别见表 43-4～表 43-6。

表 43-4　　典型方案 2XZA2-J 总概算表

序号	工程或费用名称	费用金额（万元）	各项占总计（%）	单位投资（万元/km）
一	架空输电线路本体工程	9355	76.26	185.76
二	辅助设施工程			
	小计	9355	76.26	185.76
三	编制期价差	907	7.39	18.01
四	其他费用	1806	14.72	35.86
	其中：建设场地征用及清理费	504		
五	基本预备费	181	1.48	3.59
六	特殊项目（现场人员管理系统）	18	0.15	0.36
	工程静态投资	12267	100.00	243.59

表 43-5　　典型方案 2XZA2-J 安装工程费用汇总概算表　　金额单位：元

序号	工程或费用名称	取费基数	费率（%）	基础工程	杆塔工程	接地工程	架线工程	附件工程	辅助工程	合计	各项占总计（%）	单位投资（元/km）
一	直接费			21407742	23191224	883242	9144239	7931166	2795419	65353032	69.86	1297717
1	直接工程费			18169448	21626501	749031	8661734	7313147	2332240	58852101	62.91	1168628
1.1	定额直接费			15839955	5897078	641665	2701079	2556091	2184190	29820058	31.88	592138
1.1.1	人工费		123.700	14445052	5302891	599298	1346256	2255067	2107964	26056528	27.85	517405
1.1.2	材料费			266659	14919	17882	38875	13953	14949	367237	0.39	7292
1.1.3	施工机械使用费		108.700	1128244	579268	24485	1315948	287071	61277	3396293	3.63	67440
1.2	装置性材料费			2329493	15729423	107366	5960655	4757056	148050	29032043	31.03	576490
2	措施费			3238294	1564723	134211	482505	618019	463179	6500931	6.95	129089
2.1	冬雨季施工增加费		7.230	1044377	383400	43330	97335	163041	152406	1883889	2.01	37408
2.2	夜间施工增加费											
2.3	施工工具用具使用费		2.700	390016	143178	16181	36349	60887	56915	703526	0.75	13970
2.4	临时设施费		6.590	951929	349461	39494	88719	148609	138915	1717127	1.84	34097
2.5	施工机构转移费		2.200	317791	116664	13184	29617	49612	46375	573243	0.61	11383
2.6	安全文明施工费		2.940	534181	572020	22022	230485	195870	68568	1623146	1.74	32231
二	间接费			9909883	3637997	411144	923585	1547067	1446148	17875824	19.11	354961
1	规费			6223506	2284698	258202	580021	971573	908195	11226195	12.00	222919
1.1	社会保险费		29.254	4225755	1551308	175319	393834	659697	616664	7622577	8.15	151362
1.2	住房公积金		12.240	1768074	649074	73354	164782	276020	258015	3189319	3.41	63330
1.3	危险作业意外伤害保险费		1.590	229677	84316	9529	21405	35856	33516	414299	0.44	8227
2	企业管理费		21.820	3151909	1157091	130767	293754	492056	459959	5685536	6.08	112898
3	高原医疗保障费		1.530	221009	81134	9170	20597	34503	32253	398666	0.43	7916

续表 43-5

序号	工程或费用名称	取费基数	费率（%）	基础工程	杆塔工程	接地工程	架线工程	附件工程	辅助工程	合计	各项占总计（%）	单位投资（元/km）
4	高原习服费		1.640	236900	86968	9829	22078	36983	34570	427328	0.46	8485
5	施工企业配合调试费		0.530	76559	28106	3176	7135	11952	11171	138099	0.15	2742
三	利润		16.200	2340099	859068	97086	218094	365321	341490	4221158	4.51	83820
四	税金		10.000	3365772	1195887	139148	432527	508650	458306	6100290	6.52	121134
五	合计			37023496	28884176	1530620	10718445	10352204	5041363	93550304	100.00	1857631
	各项占总计（%）			40	31	2	11	11	5	100		
	单位投资（元/km）			735177	573554	30394	212836	205564	100106	1857631		

表 43-6　　典型方案 2XZA2-J 其他费用概算表　　金额单位：元

序号	工程或费用名称	编制依据及计算说明	合　价
1	建设场地征用及清理费	建设场地征用及清理费	5036000
2	项目建设管理费		3287275
2.1	项目法人管理费	（取费人工费×人工海拔调整系数）×4.92%	1281981
2.2	招标费	本体工程费×0.37%	346136
2.3	工程监理费		1116229
2.5	工程结算审核费	本体工程费×0.35%	327426
2.6	工程保险费	（本体工程费+编制基准期价差）×0.21%	215503
3	项目建设技术服务费		9426748
3.1	项目前期工作费	（勘测费+基本设计费）×12.16%	758297
3.3	勘察设计费		7101642
3.3.1	勘察费		3902900
3.3.1.1	勘测费	70000 元/km×线路亘长	3525200
3.3.1.2	海拉瓦优化选线费	5500 元/km×线路亘长	276980
3.3.1.3	高清晰度卫片选线费	2000 元/km×线路亘长	100720
3.3.2	设计费		3198742
3.3.2.1	基本设计费	基本设计费	2710798
3.3.2.2	施工图预算编制费	基本设计费×10%	271080
3.3.2.3	竣工图编制费	基本设计费×8%	216864
3.4	设计文件评审费		477668
3.4.1	可行性研究设计文件评审费	2200 元/km×线路亘长	110792
3.4.2	初步设计文件评审费	3300 元/km×线路亘长	166188
3.4.3	施工图文件审查费		200688
3.5	项目后评价费	（取费人工费×人工海拔调整系数）×1.5%	390848
3.6	工程建设检测费		604743
3.6.1	电力工程质量检测费	（取费人工费×人工海拔调整系数）×1.2%	312678
3.6.3	环境监测验收费		150000
3.6.4	水土保持项目验收及补偿费		142065

续表 43-6

序号	工程或费用名称	编制依据及计算说明	合　价
3.7	电力工程技术经济标准编制管理费	本体工程费×0.1%	93550
4	生产准备费		307467
4.2	工器具及办公家具购置费	（取费人工费×人工海拔调整系数）×0.84%	218875
4.3	生产职工培训及提前进场费	（取费人工费×人工海拔调整系数）×0.34%	88592
	合计		18057490

第 44 章　典型方案 2XZB1-P 通用造价

44.1　基本技术条件

典型方案 2XZB1-P 为《国家电网公司输变电工程通用设计　西藏电网 110～500kV 输电线路分册（2015 年版）》中 2XZB1 模块在平地地形条件下的典型方案，直线塔采用酒杯型、耐张塔采用干字型铁塔，按照平均海拔 3500m 编制概算。典型方案 2XZB1-P 一般条件、交叉跨越、主要材料单位路径长度指标分别见表 44-1～表 44-3。

表 44-1　　典型方案 2XZB1-P 一般条件表

<table>
<tr><td colspan="2">电压等级（kV）</td><td colspan="3">220</td><td colspan="3">回路数</td><td colspan="3">单回路</td></tr>
<tr><td colspan="2">导线型号</td><td colspan="3">2×JL/G1A-400/50</td><td colspan="3">地线型号</td><td colspan="3">JLB20A-120</td></tr>
<tr><td colspan="2">路径长度（km）</td><td colspan="3">49.974</td><td colspan="3" rowspan="2">气象条件</td><td colspan="2">覆冰（mm）</td><td>风速（m/s）</td></tr>
<tr><td colspan="2">地形</td><td colspan="3">平地</td><td colspan="2">10</td><td>29</td></tr>
<tr><td rowspan="2">地质条件</td><td>条件</td><td>普通土</td><td>坚土</td><td>松砂石</td><td>水坑</td><td>泥水坑</td><td>流沙坑</td><td>干砂坑</td><td>岩石（爆破）</td><td>岩石（人工）</td></tr>
<tr><td>比例（%）</td><td>5</td><td>40</td><td>50</td><td>5</td><td></td><td></td><td></td><td></td><td></td></tr>
<tr><td rowspan="2">基础</td><td>型式</td><td>板式</td><td colspan="2">台阶</td><td colspan="2">掏挖</td><td>岩石嵌固</td><td colspan="2">岩石锚固</td><td>灌注桩</td></tr>
<tr><td>比例（%）</td><td>70</td><td colspan="2"></td><td colspan="2">20</td><td></td><td colspan="2"></td><td>10</td></tr>
<tr><td rowspan="2">铁塔</td><td>类别</td><td>直线</td><td colspan="2">耐张</td><td colspan="2">总基数（基）</td><td rowspan="2">运距（km）</td><td colspan="2">人力</td><td>汽车</td></tr>
<tr><td>比例（%）</td><td>81</td><td colspan="2">19</td><td colspan="2">135</td><td colspan="2">0.25</td><td>25</td></tr>
<tr><td colspan="5" rowspan="2">路径长度单位造价（万元/km）</td><td colspan="3">本体造价</td><td colspan="3">77.48</td></tr>
<tr><td colspan="3">静态造价</td><td colspan="3">105.31</td></tr>
</table>

表 44-2　　典型方案 2XZB1-P 交叉跨越表

序号	被跨越物名称	跨　越　次　数	备　注
1	铁路		
2	高速公路		双向四车道以上
	一般公路	5	
3	500kV 电力线		
	220kV 电力线		
	110kV 电力线	1	
	66kV 电力线		
	35kV 电力线	2	

续表 44-2

序号	被跨越物名称	跨越次数	备注
3	10kV 电力线	10	
	低压线	20	380V 及以下线路
4	通信线	15	
5	河流	1	
6	水库		

表 44-3　　典型方案 2XZB1-P 主要材料路径长度单位指标

项目		数据			项目	数据
导线（t/km）		9.06			地线（t/km）	1.62
塔数（基/km）		2.70			铁塔钢材（t/km）	31.64
基础钢材（t/km）		4.12			接地钢材（t/km）	0.22
合成绝缘子（支/km）					间隔棒（个/km）	
盘式绝缘子（片/km）		428.74				
防振锤（个/km）		62.00			挂线金具（t/km）	0.69
土石方量（m^3/km）	类型	基面	基坑	接地	混凝土（m^3/km）	48.87
	数量		234.00	71.52	护坡、排水沟、保坎（m^3/km）	

44.2　概算书

概算投资为静态投资，编制依据见第 4 章。220kV 输电线路工程典型方案 2XZB1-P 总概算表、安装工程费用汇总概算表、其他费用概算表分别见表 44-4～表 44-6。

表 44-4　　典型方案 2XZB1-P 总概算表

序号	工程或费用名称	费用金额（万元）	各项占总计（%）	单位投资（万元/km）
一	架空输电线路本体工程	3872	73.57	77.48
二	辅助设施工程			
	小计	3872	73.57	77.48
三	编制期价差	261	4.96	5.22
四	其他费用	1034	19.65	20.69
	其中：建设场地征用及清理费	500		
五	基本预备费	78	1.48	1.56
六	特殊项目（现场人员管理系统）	18	0.34	0.36
	工程静态投资	5263	100.00	105.31

表 44-5　　典型方案 2XZB1-P 安装工程费用汇总概算表　　金额单位：元

序号	工程或费用名称	取费基数	费率（%）	基础工程	杆塔工程	接地工程	架线工程	附件工程	辅助工程	合计	各项占总计（%）	单位投资（元/km）
一	直接费			4905254	13635923	189901	10656993	4218621	20076	33626768	86.84	672885
1	直接工程费			4386530	13105160	164333	10258123	4022157	18352	31954655	82.52	639426
1.1	定额直接费			2709482	1278742	120968	1510623	579766	18352	6217933	16.06	124423
1.1.1	人工费		100.000	2082043	1033330	110767	709166	491841	6324	4433471	11.45	88716

续表 44-5

序号	工程或费用名称	取费基数	费率（%）	基础工程	杆塔工程	接地工程	架线工程	附件工程	辅助工程	合计	各项占总计（%）	单位投资（元/km）
1.1.2	材料费			146796	11953	670	75796	7869	4242	247326	0.64	4949
1.1.3	施工机械使用费		100.000	480643	233459	9531	725661	80056	7786	1537136	3.97	30759
1.2	装置性材料费			1677048	11826418	43365	8747500	3442391		25736722	66.46	515002
2	措施费			518724	530763	25568	398870	196464	1724	1672113	4.32	33460
2.1	冬雨季施工增加费		7.230	150532	74710	8009	51272	35560	457	320540	0.83	6414
2.2	夜间施工增加费											
2.3	施工工具用具使用费		2.700	56215	27900	2991	19148	13280	171	119705	0.31	2395
2.4	临时设施费		6.590	137207	68096	7300	46734	32413	417	292167	0.75	5846
2.5	施工机构转移费		2.200	45805	22733	2437	15601	10820	139	97535	0.25	1952
2.6	安全文明施工费		2.940	128965	337324	4831	266115	104391	540	842166	2.17	16852
二	间接费			1428367	708906	75992	486515	337421	4340	3041541	7.85	60862
1	规费			897029	445200	47723	305537	211903	2725	1910117	4.93	38222
1.1	社会保险费		29.254	609081	302290	32404	207460	143883	1850	1296968	3.35	25953
1.2	住房公积金		12.240	254843	126480	13558	86802	60200	774	542657	1.40	10859
1.3	危险作业意外伤害保险费		1.590	33105	16430	1761	11275	7820	101	70492	0.18	1411
2	企业管理费		21.820	454302	225472	24170	154740	107320	1380	967384	2.50	19358
3	高原医疗保障费		1.530	31855	15810	1695	10850	7525	97	67832	0.18	1357
4	高原习服费		1.640	34146	16947	1817	11630	8066	104	72710	0.19	1455
5	施工企业配合调试费		0.530	11035	5477	587	3758	2607	34	23498	0.06	470
三	利润		16.200	337292	167399	17944	114885	79679	1024	718223	1.85	14372
四	税金		10.000	667091	268581	28383	251090	119333	2544	1337022	3.45	26754
五	合计			7338004	14780809	312220	11509483	4755054	27984	38723554	100.00	774874
	各项占总计（%）			19	38	1	30	12	0	100		
	单位投资（元/km）			146836	295770	6248	230309	95151	560	774874		

表 44-6 **典型方案 2XZB1-P 其他费用概算表** 金额单位：元

序号	工程或费用名称	编制依据及计算说明	合价
1	建设场地征用及清理费	建设场地征用及清理费	4997400
2	项目建设管理费		1259887
2.1	项目法人管理费	（取费人工费×人工海拔调整系数）×4.92%	218127
2.2	招标费	本体工程费×0.37%	143277
2.3	工程监理费		676148
2.5	工程结算审核费	本体工程费×0.35%	135532
2.6	工程保险费	（本体工程费+编制基准期价差）×0.21%	86803
3	项目建设技术服务费		4029962
3.1	项目前期工作费	（勘测费+基本设计费）×12.16%	271721
3.3	勘察设计费		2831665

续表 44-6

序号	工程或费用名称	编制依据及计算说明	合　价
3.3.1	勘察费		1374285
3.3.1.1	勘测费	20000 元/km×线路亘长	999480
3.3.1.2	海拉瓦优化选线费	5500 元/km×线路亘长	274857
3.3.1.3	高清晰度卫片选线费	2000 元/km×线路亘长	99948
3.3.2	设计费		1457380
3.3.2.1	基本设计费	基本设计费	1235068
3.3.2.2	施工图预算编制费	基本设计费×10%	123507
3.3.2.3	竣工图编制费	基本设计费×8%	98805
3.4	设计文件评审费		474271
3.4.1	可行性研究设计文件评审费	2200 元/km×线路亘长	109943
3.4.2	初步设计文件评审费	3300 元/km×线路亘长	164914
3.4.3	施工图文件审查费		199414
3.5	项目后评价费	（取费人工费×人工海拔调整系数）×1.5%	66502
3.6	工程建设检测费		347079
3.6.1	电力工程质量检测费	（取费人工费×人工海拔调整系数）×1.2%	53202
3.6.3	环境监测验收费		150000
3.6.4	水土保持项目验收及补偿费		143877
3.7	电力工程技术经济标准编制管理费	本体工程费×0.1%	38724
4	生产准备费		52315
4.2	工器具及办公家具购置费	（取费人工费×人工海拔调整系数）×0.84%	37241
4.3	生产职工培训及提前进场费	（取费人工费×人工海拔调整系数）×0.34%	15074
	合计		10339564

第 45 章　典型方案 2XZB1-H 通用造价

45.1　基本技术条件

典型方案 2XZB1-H 为《国家电网公司输变电工程通用设计　西藏电网 110～500kV 输电线路分册（2015 年版）》中 2XZB1 模块在河网泥沼地形条件下的典型方案，直线塔采用酒杯型、耐张塔采用干字型铁塔，按照平均海拔 3500m 编制概算。典型方案 2XZB1-H 一般条件、交叉跨越、主要材料单位路径长度指标分别见表 45-1～表 45-3。

表 45-1　　典型方案 2XZB1-H 一般条件表

电压等级（kV）		220			回路数		单回路			
导线型号		2×JL/G1A-400/50			地线型号		JLB20A-120			
路径长度（km）		50			气象条件		覆冰（mm）			风速（m/s）
地形		河网泥沼					10			29
地质条件	条件	普通土	坚土	松砂石	水坑	泥水坑	流沙坑	干砂坑	岩石（爆破）	岩石（人工）
	比例（%）				50	50				

续表 45-1

<table>
<tr><td rowspan="2">基础</td><td>型式</td><td>板式</td><td>台阶</td><td>掏挖</td><td>岩石嵌固</td><td>岩石锚固</td><td>灌注桩</td></tr>
<tr><td>比例（%）</td><td>80</td><td></td><td></td><td></td><td></td><td>20</td></tr>
<tr><td rowspan="2">铁塔</td><td>类别</td><td>直线</td><td>耐张</td><td>总基数（基）</td><td rowspan="2">运距（km）</td><td>人力</td><td>汽车</td></tr>
<tr><td>比例（%）</td><td>81</td><td>19</td><td>135</td><td>0.6</td><td>25</td></tr>
<tr><td colspan="4" rowspan="2">路径长度单位造价（万元/km）</td><td colspan="2">本体造价</td><td colspan="2">95.02</td></tr>
<tr><td colspan="2">静态造价</td><td colspan="2">129.48</td></tr>
</table>

表 45-2　　典型方案 2XZB1-H 交叉跨越表

<table>
<tr><td>序号</td><td>被跨越物名称</td><td>跨　越　次　数</td><td>备　　注</td></tr>
<tr><td>1</td><td>铁路</td><td></td><td></td></tr>
<tr><td rowspan="2">2</td><td>高速公路</td><td></td><td>双向四车道以上</td></tr>
<tr><td>一般公路</td><td>3</td><td></td></tr>
<tr><td rowspan="7">3</td><td>500kV 电力线</td><td></td><td></td></tr>
<tr><td>220kV 电力线</td><td></td><td></td></tr>
<tr><td>110kV 电力线</td><td>1</td><td></td></tr>
<tr><td>66kV 电力线</td><td></td><td></td></tr>
<tr><td>35kV 电力线</td><td></td><td></td></tr>
<tr><td>10kV 电力线</td><td>7</td><td></td></tr>
<tr><td>低压线</td><td>15</td><td>380V 及以下线路</td></tr>
<tr><td>4</td><td>通信线</td><td>10</td><td></td></tr>
<tr><td>5</td><td>河流</td><td>8</td><td></td></tr>
<tr><td>6</td><td>水库</td><td></td><td></td></tr>
</table>

表 45-3　　典型方案 2XZB1-H 主要材料路径长度单位指标

<table>
<tr><td colspan="2">项目</td><td colspan="3">数据</td><td>项目</td><td>数据</td></tr>
<tr><td colspan="2">导线（t/km）</td><td colspan="3">9.06</td><td>地线（t/km）</td><td>1.62</td></tr>
<tr><td colspan="2">塔数（基/km）</td><td colspan="3">2.70</td><td>铁塔钢材（t/km）</td><td>31.67</td></tr>
<tr><td colspan="2">基础钢材（t/km）</td><td colspan="3">7.66</td><td>接地钢材（t/km）</td><td>0.21</td></tr>
<tr><td colspan="2">合成绝缘子（支/km）</td><td colspan="3"></td><td rowspan="2">间隔棒（个/km）</td><td rowspan="2"></td></tr>
<tr><td colspan="2">盘式绝缘子（片/km）</td><td colspan="3">428.52</td></tr>
<tr><td colspan="2">防振锤（个/km）</td><td colspan="3">62.00</td><td>挂线金具（t/km）</td><td>0.69</td></tr>
<tr><td rowspan="2">土石方量（m³/km）</td><td>类型</td><td>基面</td><td>基坑</td><td>接地</td><td>混凝土（m³/km）</td><td>75.85</td></tr>
<tr><td>数量</td><td></td><td>467.00</td><td>67.23</td><td>护坡、排水沟、保坎（m³/km）</td><td></td></tr>
</table>

45.2　概算书

概算投资为静态投资，编制依据见第 4 章。220kV 输电线路工程典型方案 2XZB1-H 总概算表、安装工程费用汇总概算表、其他费用概算表分别见表 45-4～表 45-6。

表 45-4　　典型方案 2XZB1-H 总概算表

序号	工程或费用名称	费用金额（万元）	各项占总计（%）	单位投资（万元/km）
一	架空输电线路本体工程	4751	73.38	95.02
二	辅助设施工程			
	小计	4751	73.38	95.02
三	编制期价差	388	5.99	7.76
四	其他费用	1222	18.88	24.44
	其中：建设场地征用及清理费	500		
五	基本预备费	95	1.47	1.90
六	特殊项目（现场人员管理系统）	18	0.28	0.36
	工程静态投资	6474	100.00	129.48

表 45-5　　典型方案 2XZB1-H 安装工程费用汇总概算表　　金额单位：元

序号	工程或费用名称	取费基数	费率（%）	基础工程	杆塔工程	接地工程	架线工程	附件工程	辅助工程	合计	各项占总计（%）	单位投资（元/km）
一	直接费			10048697	14025096	202173	10657253	4265002	20076	39218297	82.55	784366
1	直接工程费			8928020	13430845	173999	10260812	4060885	18352	36872913	77.61	737458
1.1	定额直接费			6276136	1594374	133266	1508757	618494	18352	10149379	21.36	202988
1.1.1	人工费		100.000	4584364	1321524	123174	695869	526638	6324	7257893	15.28	145158
1.1.2	材料费			406269	11961	652	57335	7869	4242	488328	1.03	9767
1.1.3	施工机械使用费		100.000	1285503	260889	9440	755553	83987	7786	2403158	5.06	48063
1.2	装置性材料费			2651884	11836471	40733	8752055	3442391		26723534	56.25	534471
2	措施费			1120677	594251	28174	396441	204117	1724	2345384	4.94	46908
2.1	冬雨季施工增加费		7.230	331449	95547	8906	50311	38077	457	524747	1.10	10495
2.2	夜间施工增加费											
2.3	施工工具用具使用费		2.700	123778	35682	3326	18788	14219	171	195964	0.41	3919
2.4	临时设施费		6.590	302110	87089	8117	45858	34706	417	478297	1.01	9566
2.5	施工机构转移费		2.200	100856	29074	2710	15309	11586	139	159674	0.34	3193
2.6	安全文明施工费		2.940	262484	346859	5115	266175	105529	540	986702	2.08	19734
二	间接费			3145058	906618	84502	477392	361297	4340	4979207	10.48	99584
1	规费			1975129	569365	53068	299808	226898	2725	3126993	6.58	62540
1.1	社会保险费		29.254	1341110	386599	36033	203569	154063	1850	2123224	4.47	42464
1.2	住房公积金		12.240	561127	161754	15077	85175	64461	774	888368	1.87	17767
1.3	危险作业意外伤害保险费		1.590	72892	21012	1958	11064	8374	101	115401	0.24	2308
2	企业管理费		21.820	1000308	288357	26877	151838	114913	1380	1583673	3.33	31673
3	高原医疗保障费		1.530	70141	20219	1885	10646	8058	97	111046	0.23	2221
4	高原习服费		1.640	75183	21673	2020	11412	8637	104	119029	0.25	2381
5	施工企业配合调试费		0.530	24297	7004	652	3688	2791	34	38466	0.08	769
三	利润		16.200	742667	214087	19954	112731	85315	1024	1175778	2.47	23516
四	税金		10.000	1393643	330933	30663	249533	126923	2544	2134239	4.49	42685

续表 45-5

序号	工程或费用名称	取费基数	费率（%）	基础工程	杆塔工程	接地工程	架线工程	附件工程	辅助工程	合计	各项占总计（%）	单位投资（元/km）
五	合计			15330065	15476734	337292	11496909	4838537	27984	47507521	100.00	950150
	各项占总计（%）			32	33	1	24	10	0	100		
	单位投资（元/km）			306601	309535	6746	229938	96771	560	950150		

表 45-6　　典型方案 2XZB1-H 其他费用概算表　　金额单位：元

序号	工程或费用名称	编制依据及计算说明	合价
1	建设场地征用及清理费	建设场地征用及清理费	5000000
2	项目建设管理费		1551215
2.1	项目法人管理费	（取费人工费×人工海拔调整系数）×4.92%	357088
2.2	招标费	本体工程费×0.37%	175778
2.3	工程监理费		744150
2.5	工程结算审核费	本体工程费×0.35%	166276
2.6	工程保险费	（本体工程费+编制基准期价差）×0.21%	107923
3	项目建设技术服务费		5580952
3.1	项目前期工作费	（勘测费+基本设计费）×12.16%	425460
3.3	勘察设计费		4143644
3.3.1	勘察费		2375000
3.3.1.1	勘测费	40000 元/km×线路亘长	2000000
3.3.1.2	海拉瓦优化选线费	5500 元/km×线路亘长	275000
3.3.1.3	高清晰度卫片选线费	2000 元/km×线路亘长	100000
3.3.2	设计费		1768644
3.3.2.1	基本设计费	基本设计费	1498851
3.3.2.2	施工图预算编制费	基本设计费×10%	149885
3.3.2.3	竣工图编制费	基本设计费×8%	119908
3.4	设计文件评审费		474500
3.4.1	可行性研究设计文件评审费	2200 元/km×线路亘长	110000
3.4.2	初步设计文件评审费	3300 元/km×线路亘长	165000
3.4.3	施工图文件审查费		199500
3.5	项目后评价费	（取费人工费×人工海拔调整系数）×1.5%	108868
3.6	工程建设检测费		380972
3.6.1	电力工程质量检测费	（取费人工费×人工海拔调整系数）×1.2%	87095
3.6.3	环境监测验收费		150000
3.6.4	水土保持项目验收及补偿费		143877
3.7	电力工程技术经济标准编制管理费	本体工程费×0.1%	47508
4	生产准备费		85643
4.2	工器具及办公家具购置费	（取费人工费×人工海拔调整系数）×0.84%	60966
4.3	生产职工培训及提前进场费	（取费人工费×人工海拔调整系数）×0.34%	24677
	合计		12217810

第 46 章　典型方案 2XZB1-Q 通用造价

46.1　基本技术条件

典型方案 2XZB1-Q 为《国家电网公司输变电工程通用设计　西藏电网 110～500kV 输电线路分册（2015 年版）》中 2XZB1 模块在丘陵地形条件下的典型方案，直线塔采用酒杯型、耐张塔采用干字型铁塔，按照平均海拔 3500m 编制概算。典型方案 2XZB1-Q 一般条件、交叉跨越、主要材料单位路径长度指标分别见表 46-1～表 46-3。

表 46-1　　典型方案 2XZB1-Q 一般条件表

<table>
<tr><td colspan="2">电压等级（kV）</td><td colspan="4">220</td><td colspan="4">回路数</td><td colspan="4">单回路</td></tr>
<tr><td colspan="2">导线型号</td><td colspan="4">2×JL/G1A-400/50</td><td colspan="4">地线型号</td><td colspan="4">JLB20A-120</td></tr>
<tr><td colspan="2">路径长度（km）</td><td colspan="4">50.4</td><td colspan="4" rowspan="2">气象条件</td><td colspan="2">覆冰（mm）</td><td colspan="2">风速（m/s）</td></tr>
<tr><td colspan="2">地形</td><td colspan="4">丘陵</td><td colspan="2">10</td><td colspan="2">29</td></tr>
<tr><td rowspan="2">地质条件</td><td>条件</td><td>普通土</td><td colspan="2">坚土</td><td>松砂石</td><td>水坑</td><td colspan="2">泥水坑</td><td>流沙坑</td><td>干砂坑</td><td colspan="2">岩石（爆破）</td><td>岩石（人工）</td></tr>
<tr><td>比例（%）</td><td>25</td><td colspan="2">25</td><td>30</td><td></td><td colspan="2"></td><td></td><td></td><td colspan="2">10</td><td>10</td></tr>
<tr><td rowspan="2">基础</td><td>型式</td><td colspan="2">板式</td><td colspan="2">台阶</td><td colspan="2">掏挖</td><td colspan="2">岩石嵌固</td><td colspan="2">岩石锚固</td><td colspan="2">灌注桩</td></tr>
<tr><td>比例（%）</td><td colspan="2">40</td><td colspan="2"></td><td colspan="2">60</td><td colspan="2"></td><td colspan="2"></td><td colspan="2"></td></tr>
<tr><td rowspan="2">铁塔</td><td>类别</td><td colspan="2">直线</td><td colspan="2">耐张</td><td colspan="2">总基数（基）</td><td colspan="2" rowspan="2">运距（km）</td><td colspan="2">人力</td><td colspan="2">汽车</td></tr>
<tr><td>比例（%）</td><td colspan="2">80</td><td colspan="2">20</td><td colspan="2">130</td><td colspan="2">0.5</td><td colspan="2">25</td></tr>
<tr><td colspan="6" rowspan="2">路径长度单位造价（万元/km）</td><td colspan="4">本体造价</td><td colspan="4">79.60</td></tr>
<tr><td colspan="4">静态造价</td><td colspan="4">109.68</td></tr>
</table>

表 46-2　　典型方案 2XZB1-Q 交叉跨越表

序号	被跨越物名称	跨越次数	备注
1	铁路		
2	高速公路		双向四车道以上
	一般公路	5	
3	500kV 电力线		
	220kV 电力线		
	110kV 电力线	1	
	66kV 电力线		
	35kV 电力线	1	
	10kV 电力线	10	
	低压线	20	380V 及以下线路
4	通信线	15	
5	河流	1	
6	水库		

表 46-3　　典型方案 2XZB1-Q 主要材料路径长度单位指标

项目		数据			项目	数据
导线（t/km）		9.06			地线（t/km）	1.62
塔数（基/km）		2.58			铁塔钢材（t/km）	30.52
基础钢材（t/km）		3.60			接地钢材（t/km）	0.42
合成绝缘子（支/km）					间隔棒（个/km）	
盘式绝缘子（片/km）		423.84				
防振锤（个/km）		63.00			挂线金具（t/km）	0.69
土石方量（m³/km）	类型	基面	基坑	接地	混凝土（m³/km）	43.75
	数量	5.00	155.00	87.82	护坡、排水沟、保坎（m³/km）	10.00

46.2 概算书

概算投资为静态投资，编制依据见第 4 章。220kV 输电线路工程典型方案 2XZB1-Q 总概算表、安装工程费用汇总概算表、其他费用概算表分别见表 46-4～表 46-6。

表 46-4　　典型方案 2XZB1-Q 总概算表

序号	工程或费用名称	费用金额（万元）	各项占总计（%）	单位投资（万元/km）
一	架空输电线路本体工程	4012	72.57	79.60
二	辅助设施工程			
	小计	4012	72.57	79.60
三	编制期价差	278	5.03	5.52
四	其他费用	1139	20.60	22.60
	其中：建设场地征用及清理费	504		
五	基本预备费	81	1.47	1.61
六	特殊项目（现场人员管理系统）	18	0.33	0.36
	工程静态投资	5528	100.00	109.68

表 46-5　　典型方案 2XZB1-Q 安装工程费用汇总概算表　　金额单位：元

序号	工程或费用名称	取费基数	费率（%）	基础工程	杆塔工程	接地工程	架线工程	附件工程	辅助工程	合计	各项占总计（%）	单位投资（元/km）
一	直接费			4966199	13526054	374663	10808376	4276365	246598	34198255	85.23	678537
1	直接工程费			4402366	12952653	324188	10400130	4071982	213600	32364919	80.67	642161
1.1	定额直接费			2861992	1547495	240773	1578054	619569	164614	7012497	17.48	139137
1.1.1	人工费		100.000	2320533	1275913	218714	738553	526540	142727	5222980	13.02	103631
1.1.2	材料费			158618	11508	7247	71529	7881	5670	262453	0.65	5207
1.1.3	施工机械使用费		100.000	382841	260074	14812	767972	85148	16217	1527064	3.81	30299
1.2	装置性材料费			1540374	11405158	83415	8822076	3452413	48986	25352422	63.19	503024
2	措施费			563833	573401	50475	408246	204383	32998	1833336	4.57	36376
2.1	冬雨季施工增加费		7.230	167774	92249	15814	53398	38068	10319	377622	0.94	7493
2.2	夜间施工增加费											
2.3	施工工具用具使用费		2.700	62655	34450	5905	19941	14218	3854	141023	0.35	2798

续表 46-5

序号	工程或费用名称	取费基数	费率（%）	基础工程	杆塔工程	接地工程	架线工程	附件工程	辅助工程	合计	各项占总计（%）	单位投资（元/km）
2.4	临时设施费		6.590	152923	84083	14413	48671	34699	9406	344195	0.86	6829
2.5	施工机构转移费		2.200	51051	28070	4812	16249	11584	3139	114905	0.29	2280
2.6	安全文明施工费		2.940	129430	334549	9531	269987	105814	6280	855591	2.13	16976
二	间接费			1591978	875327	150046	506675	361226	97919	3583171	8.93	71095
1	规费			999778	549714	94231	318197	226854	61494	2250268	5.61	44648
1.1	社会保险费		29.254	678849	373256	63983	216056	154034	41754	1527932	3.81	30316
1.2	住房公积金		12.240	284033	156171	26771	90399	64448	17469	639291	1.59	12684
1.3	危险作业意外伤害保险费		1.590	36896	20287	3477	11742	8372	2271	83045	0.21	1648
2	企业管理费		21.820	506340	278404	47723	161152	114891	31143	1139653	2.84	22612
3	高原医疗保障费		1.530	35504	19522	3347	11300	8056	2184	79913	0.20	1586
4	高原习服费		1.640	38057	20925	3587	12112	8635	2341	85657	0.21	1700
5	施工企业配合调试费		0.530	12299	6762	1158	3914	2790	757	27680	0.07	549
三	利润		16.200	375927	206698	35432	119646	85299	23121	846123	2.11	16788
四	税金		10.000	693411	320293	56014	261262	127047	36764	1494791	3.73	29659
五	合计			7627515	14928372	616155	11695959	4849937	404402	40122340	100.00	796078
	各项占总计（%）			19	37	2	29	12	1	100		
	单位投资（元/km）			151340	296198	12225	232063	96229	8024	796078		

表 46-6　　典型方案 2XZB1-Q 其他费用概算表　　金额单位：元

序号	工程或费用名称	编制依据及计算说明	合　价
1	建设场地征用及清理费	建设场地征用及清理费	5040000
2	项目建设管理费		1317860
2.1	项目法人管理费	（取费人工费×人工海拔调整系数）×4.92%	256971
2.2	招标费	本体工程费×0.37%	148453
2.3	工程监理费		681912
2.5	工程结算审核费	本体工程费×0.35%	140428
2.6	工程保险费	（本体工程费+编制基准期价差）×0.21%	90096
3	项目建设技术服务费		4970898
3.1	项目前期工作费	（勘测费+基本设计费）×12.16%	369795
3.3	勘察设计费		3648947
3.3.1	勘察费		2142000
3.3.1.1	勘测费	35000 元/km×线路亘长	1764000
3.3.1.2	海拉瓦优化选线费	5500 元/km×线路亘长	277200
3.3.1.3	高清晰度卫片选线费	2000 元/km×线路亘长	100800
3.3.2	设计费		1506947
3.3.2.1	基本设计费	基本设计费	1277074

续表 46-6

序号	工程或费用名称	编制依据及计算说明	合　价
3.3.2.2	施工图预算编制费	基本设计费×10%	127707
3.3.2.3	竣工图编制费	基本设计费×8%	102166
3.4	设计文件评审费		478020
3.4.1	可行性研究设计文件评审费	2200 元/km×线路亘长	110880
3.4.2	初步设计文件评审费	3300 元/km×线路亘长	166320
3.4.3	施工图文件审查费		200820
3.5	项目后评价费	（取费人工费×人工海拔调整系数）×1.5%	78345
3.6	工程建设检测费		355669
3.6.1	电力工程质量检测费	（取费人工费×人工海拔调整系数）×1.2%	62676
3.6.3	环境监测验收费		150000
3.6.4	水土保持项目验收及补偿费		142993
3.7	电力工程技术经济标准编制管理费	本体工程费×0.1%	40122
4	生产准备费		61631
4.2	工器具及办公家具购置费	（取费人工费×人工海拔调整系数）×0.84%	43873
4.3	生产职工培训及提前进场费	（取费人工费×人工海拔调整系数）×0.34%	17758
	合计		11390389

第 47 章　典型方案 2XZB1-S 通用造价

47.1　基本技术条件

典型方案 2XZB1-S 为《国家电网公司输变电工程通用设计　西藏电网 110～500kV 输电线路分册（2015 年版）》中 2XZB1 模块在山地地形条件下的典型方案，直线塔采用酒杯型、耐张塔采用干字型铁塔，按照平均海拔 3500m 编制概算。典型方案 2XZB1-S 一般条件、交叉跨越、主要材料单位路径长度指标分别见表 47-1～表 47-3。

表 47-1　　典型方案 2XZB1-S 一般条件表

电压等级（kV）	220	回路数	单回路	
导线型号	2×JL/G1A-400/50	地线型号	JLB20A-120	
路径长度（km）	50	气象条件	覆冰（mm）	风速（m/s）
地形	山地		10	29

地质条件	条件	普通土	坚土	松砂石	水坑	泥水坑	流沙坑	干砂坑	岩石（爆破）	岩石（人工）
	比例（%）	10	10	30					25	25

基础	型式	板式	台阶	掏挖	岩石嵌固	岩石锚固	灌注桩
	比例（%）	20		70		5	5

铁塔	类别	直线	耐张	总基数（基）	运距（km）	人力	汽车
	比例（%）	75	25	120		0.8	25

路径长度单位造价（万元/km）	本体造价	98.80
	静态造价	134.58

表 47-2 典型方案 2XZB1-S 交叉跨越表

序号	被跨越物名称	跨越次数	备注
1	铁路		
2	高速公路		双向四车道以上
	一般公路	5	
3	500kV 电力线		
	220kV 电力线		
	110kV 电力线		
	66kV 电力线		
	35kV 电力线	1	
	10kV 电力线	10	
	低压线	10	380V 及以下线路
4	通信线	10	
5	河流	1	
6	水库		

表 47-3 典型方案 2XZB1-S 主要材料路径长度单位指标

项目		数据			项目	数据
导线（t/km）		9.06			地线（t/km）	1.62
塔数（基/km）		2.40			铁塔钢材（t/km）	30.60
基础钢材（t/km）		3.92			接地钢材（t/km）	0.48
合成绝缘子（支/km）					间隔棒（个/km）	
盘式绝缘子（片/km）		437.48				
防振锤（个/km）		62.00			挂线金具（t/km）	0.70
土石方量（m^3/km）	类型	基面	基坑	接地	混凝土（m^3/km）	51.58
	数量	5.00	112.00	85.11	护坡、排水沟、保坎（m^3/km）	20.00

47.2 概算书

概算投资为静态投资，编制依据见第 4 章。220kV 输电线路工程典型方案 2XZB1-S 总概算表、安装工程费用汇总概算表、其他费用概算表分别见表 47-4～表 47-6。

表 47-4 典型方案 2XZB1-S 总概算表

序号	工程或费用名称	费用金额（万元）	各项占总计（%）	单位投资（万元/km）
一	架空输电线路本体工程	4940	73.41	98.80
二	辅助设施工程			
	小计	4940	73.41	98.80
三	编制期价差	399	5.93	7.98
四	其他费用	1273	18.92	25.46
	其中：建设场地征用及清理费	500		
五	基本预备费	99	1.47	1.98
六	特殊项目（现场人员管理系统）	18	0.27	0.36
	工程静态投资	6729	100.00	134.58

表 47-5　　典型方案 2XZB1-S 安装工程费用汇总概算表　　金额单位：元

序号	工程或费用名称	取费基数	费率（%）	基础工程	杆塔工程	接地工程	架线工程	附件工程	辅助工程	合计	各项占总计（%）	单位投资（元/km）
一	直接费			8148549	14356786	587853	11111068	4570276	795670	39570202	80.10	791404
1	直接工程费			7102098	13651306	503116	10668592	4325434	675574	36926120	74.75	738522
1.1	定额直接费			5323432	2216027	408436	1916537	823438	577593	11265463	22.80	225309
1.1.1	人工费		100.000	4474628	1872397	373643	877737	703925	535441	8837771	17.89	176755
1.1.2	材料费			214396	11150	16189	48321	8501	11327	309884	0.63	6198
1.1.3	施工机械使用费		100.000	634408	332480	18604	990479	111012	30825	2117808	4.29	42356
1.2	装置性材料费			1778666	11435279	94680	8752055	3501996	97981	25660657	51.94	513213
2	措施费			1046451	705480	84737	442476	244842	120096	2644082	5.35	52882
2.1	冬雨季施工增加费		7.230	323515	135374	27014	63460	50893	38712	638968	1.29	12779
2.2	夜间施工增加费											
2.3	施工工具用具使用费		2.700	120814	50555	10088	23699	19006	14457	238619	0.48	4772
2.4	临时设施费		6.590	294878	123391	24623	57843	46389	35286	582410	1.18	11648
2.5	施工机构转移费		2.200	98442	41193	8220	19311	15486	11779	194431	0.39	3889
2.6	安全文明施工费		2.940	208802	354967	14792	278163	113068	19862	989654	2.00	19793
二	间接费			3069775	1284540	256334	602162	482922	367337	6063070	12.27	121261
1	规费			1927849	806704	160981	378164	303279	230691	3807668	7.71	76153
1.1	社会保险费		29.254	1309007	547751	109306	256773	205926	156639	2585402	5.23	51708
1.2	住房公积金		12.240	547695	229182	45734	107435	86160	65538	1081744	2.19	21635
1.3	危险作业意外伤害保险费		1.590	71147	29771	5941	13956	11193	8514	140522	0.28	2810
2	企业管理费		21.820	976364	408557	81528	191522	153597	116833	1928401	3.90	38568
3	高原医疗保障费		1.530	68462	28648	5717	13429	10770	8193	135219	0.27	2704
4	高原习服费		1.640	73384	30708	6128	14395	11545	8781	144941	0.29	2899
5	施工企业配合调试费		0.530	23716	9923	1980	4652	3731	2839	46841	0.09	937
三	利润		16.200	724890	303329	60530	142194	114036	86741	1431720	2.90	28634
四	税金		10.000	1194321	450938	90472	310337	166523	124975	2337566	4.73	46751
五	合计			13137535	16395593	995189	12165761	5333757	1374723	49402558	100.00	988051
	各项占总计（%）			26	33	2	25	11	3	100		
	单位投资（元/km）			262751	327912	19904	243315	106675	27494	988051		

表 47-6　　典型方案 2XZB1-S 其他费用概算表　　金额单位：元

序号	工程或费用名称	编制依据及计算说明	合　价
1	建设场地征用及清理费	建设场地征用及清理费	5000000
2	项目建设管理费		1646800
2.1	项目法人管理费	（取费人工费×人工海拔调整系数）×4.92%	434818
2.2	招标费	本体工程费×0.37%	182789
2.3	工程监理费		744150

续表 47-6

序号	工程或费用名称	编制依据及计算说明	合　价
2.5	工程结算审核费	本体工程费×0.35%	172909
2.6	工程保险费	（本体工程费+编制基准期价差）×0.21%	112134
3	项目建设技术服务费		5977323
3.1	项目前期工作费	（勘测费+基本设计费）×12.16%	462780
3.3	勘察设计费		4460796
3.3.1	勘察费		2625000
3.3.1.1	勘测费	45000 元/km×线路亘长	2250000
3.3.1.2	海拉瓦优化选线费	5500 元/km×线路亘长	275000
3.3.1.3	高清晰度卫片选线费	2000 元/km×线路亘长	100000
3.3.2	设计费		1835796
3.3.2.1	基本设计费	基本设计费	1555759
3.3.2.2	施工图预算编制费	基本设计费×10%	155576
3.3.2.3	竣工图编制费	基本设计费×8%	124461
3.4	设计文件评审费		474500
3.4.1	可行性研究设计文件评审费	2200 元/km×线路亘长	110000
3.4.2	初步设计文件评审费	3300 元/km×线路亘长	165000
3.4.3	施工图文件审查费		199500
3.5	项目后评价费	（取费人工费×人工海拔调整系数）×1.5%	132567
3.6	工程建设检测费		397277
3.6.1	电力工程质量检测费	（取费人工费×人工海拔调整系数）×1.2%	106053
3.6.3	环境监测验收费		150000
3.6.4	水土保持项目验收及补偿费		141224
3.7	电力工程技术经济标准编制管理费	本体工程费×0.1%	49403
4	生产准备费		104285
4.2	工器具及办公家具购置费	（取费人工费×人工海拔调整系数）×0.84%	74237
4.3	生产职工培训及提前进场费	（取费人工费×人工海拔调整系数）×0.34%	30048
	合计		12728408

第 48 章　典型方案 2XZB1-G 通用造价

48.1　基本技术条件

典型方案 2XZB1-G 为《国家电网公司输变电工程通用设计　西藏电网 110～500kV 输电线路分册（2015 年版）》中 2XZB1 模块在高山地形条件下的典型方案，直线塔采用酒杯型、耐张塔采用干字型铁塔，按照平均海拔 3500m 编制概算。典型方案 2XZB1-G 一般条件、交叉跨越、主要材料单位路径长度指标分别见表 48-1～表 48-3。

表 48-1 **典型方案 2XZB1-G 一般条件表**

电压等级（kV）		220			回路数			单回路		
导线型号		2×JL/G1A-400/50			地线型号			JLB20A-120		
路径长度（km）		49.86			气象条件			覆冰（mm）		风速（m/s）
								10		29
地形		高山								
地质条件	条件	普通土	坚土	松砂石	水坑	泥水坑	流沙坑	干砂坑	岩石（爆破）	岩石（人工）
	比例（%）	10	10	30					25	25
基础	型式	板式	台阶		掏挖	岩石嵌固		岩石锚固		灌注桩
	比例（%）				90			5		5
铁塔	类别	直线	耐张		总基数（基）	运距（km）		人力		汽车
	比例（%）	65	35		115			1.2		25
路径长度单位造价（万元/km）					本体造价			124.27		
					静态造价			165.98		

表 48-2 **典型方案 2XZB1-G 交叉跨越表**

序号	被跨越物名称	跨 越 次 数	备 注
1	铁路		
2	高速公路		双向四车道以上
	一般公路	5	
3	500kV 电力线		
	220kV 电力线		
	110kV 电力线		
	66kV 电力线		
	35kV 电力线		
	10kV 电力线	5	
	低压线	10	380V 及以下线路
4	通信线	10	
5	河流	1	
6	水库		

表 48-3 **典型方案 2XZB1-G 主要材料路径长度单位指标**

项目		数据			项目	数据
导线（t/km）		9.06			地线（t/km）	1.62
塔数（基/km）		2.31			铁塔钢材（t/km）	33.17
基础钢材（t/km）		3.98			接地钢材（t/km）	0.49
合成绝缘子（支/km）					间隔棒（个/km）	
盘式绝缘子（片/km）		482.68				
防振锤（个/km）		61.00			挂线金具（t/km）	0.74
土石方量（m^3/km）	类型	基面	基坑	接地	混凝土（m^3/km）	52.43
	数量	10.00	68.00	88.19	护坡、排水沟、保坎（m^3/km）	30.00

48.2　概算书

概算投资为静态投资，编制依据见第 4 章。220kV 输电线路工程典型方案 2XZB1-G 总概算表、安装工程费用汇总概算表、其他费用概算表分别见表 48-4～表 48-6。

表 48-4　　典型方案 2XZB1-G 总概算表

序号	工程或费用名称	费用金额（万元）	各项占总计（%）	单位投资（万元/km）
一	架空输电线路本体工程	6196	74.87	124.27
二	辅助设施工程			
	小计	6196	74.87	124.27
三	编制期价差	538	6.50	10.79
四	其他费用	1402	16.94	28.12
	其中：建设场地征用及清理费	499		
五	基本预备费	122	1.47	2.45
六	特殊项目（现场人员管理系统）	18	0.22	0.36
	工程静态投资	8276	100.00	165.98

表 48-5　　典型方案 2XZB1-G 安装工程费用汇总概算表　　金额单位：元

序号	工程或费用名称	取费基数	费率（%）	基础工程	杆塔工程	接地工程	架线工程	附件工程	辅助工程	合计	各项占总计（%）	单位投资（元/km）
一	直接费			11159077	16568009	657920	11587323	5445619	1724762	47142710	76.08	945502
1	直接工程费			9607228	15631413	561400	11093603	5095422	1450260	43439326	70.11	871226
1.1	定额直接费			7758066	3235664	464313	2366062	1332955	1303701	16460761	26.57	330140
1.1.1	人工费		100.000	6780963	2816828	427428	1084190	1151365	1238590	13499364	21.79	270745
1.1.2	材料费			211331	11930	16705	43760	10222	14840	308788	0.50	6193
1.1.3	施工机械使用费		100.000	765772	406906	20180	1238112	171368	50271	2652609	4.28	53201
1.2	装置性材料费			1849162	12395749	97087	8727541	3762467	146559	26978565	43.54	541086
2	措施费			1551849	936596	96520	493720	350197	274502	3703384	5.98	74276
2.1	冬雨季施工增加费		7.230	490264	203656	30903	78387	83243	89550	976003	1.58	19575
2.2	夜间施工增加费											
2.3	施工工具用具使用费		2.700	183087	76054	11541	29273	31086	33442	364483	0.59	7310
2.4	临时设施费		6.590	446866	185629	28168	71449	75875	81623	889610	1.44	17842
2.5	施工机构转移费		2.200	149180	61971	9403	23852	25330	27249	296985	0.48	5956
2.6	安全文明施工费		2.940	282452	409286	16505	290759	134663	42638	1176303	1.90	23592
二	间接费			4652013	1932456	293235	743799	789882	849722	9261107	14.95	185742
1	规费			2921511	1213602	184155	467114	496054	533634	5816070	9.39	116648
1.1	社会保险费		29.254	1983703	824035	125040	317170	336820	362336	3949104	6.37	79204
1.2	住房公积金		12.240	829990	344780	52318	132705	140927	151604	1652324	2.67	33139
1.3	危险作业意外伤害保险费		1.590	107818	44787	6797	17239	18307	19694	214642	0.35	4305
2	企业管理费		21.820	1479606	614632	93265	236570	251228	270260	2945561	4.75	59077
3	高原医疗保障费		1.530	103749	43097	6540	16588	17615	18950	206539	0.33	4142

续表 48-5

序号	工程或费用名称	取费基数	费率（%）	基础工程	杆塔工程	接地工程	架线工程	附件工程	辅助工程	合计	各项占总计（%）	单位投资（元/km）
4	高原习服费		1.640	111208	46196	7010	17781	18883	20313	221391	0.36	4440
5	施工企业配合调试费		0.530	35939	14929	2265	5746	6102	6565	71546	0.12	1435
三	利润		16.200	1098516	456327	69243	175639	186522	200651	2186898	3.53	43861
四	税金		10.000	1690960	656105	102040	377922	265956	277514	3370497	5.44	67599
五	合计			18600566	19612897	1122438	12884683	6687979	3052649	61961212	100.00	1242704
	各项占总计（%）			30	31	2	21	11	5	100		
	单位投资（元/km）			373056	393359	22512	258417	134135	61224	1242704		

表 48-6 **典型方案 2XZB1-G 其他费用概算表** 金额单位：元

序号	工程或费用名称	编制依据及计算说明	合　价
1	建设场地征用及清理费	建设场地征用及清理费	4986000
2	项目建设管理费		2061235
2.1	项目法人管理费	（取费人工费×人工海拔调整系数）×4.92%	664169
2.2	招标费	本体工程费×0.37%	229256
2.3	工程监理费		809527
2.5	工程结算审核费	本体工程费×0.35%	216864
2.6	工程保险费	（本体工程费+编制基准期价差）×0.21%	141419
3	项目建设技术服务费		6814977
3.1	项目前期工作费	（勘测费+基本设计费）×12.16%	532487
3.3	勘察设计费		5092439
3.3.1	勘察费		2866950
3.3.1.1	勘测费	50000 元/km×线路亘长	2493000
3.3.1.2	海拉瓦优化选线费	5500 元/km×线路亘长	274230
3.3.1.3	高清晰度卫片选线费	2000 元/km×线路亘长	99720
3.3.2	设计费		2225489
3.3.2.1	基本设计费	基本设计费	1886007
3.3.2.2	施工图预算编制费	基本设计费×10%	188601
3.3.2.3	竣工图编制费	基本设计费×8%	150881
3.4	设计文件评审费		473268
3.4.1	可行性研究设计文件评审费	2200 元/km×线路亘长	109692
3.4.2	初步设计文件评审费	3300 元/km×线路亘长	164538
3.4.3	施工图文件审查费		199038
3.5	项目后评价费	（取费人工费×人工海拔调整系数）×1.5%	202490
3.6	工程建设检测费		452332
3.6.1	电力工程质量检测费	（取费人工费×人工海拔调整系数）×1.2%	161992
3.6.3	环境监测验收费		150000
3.6.4	水土保持项目验收及补偿费		140340

续表 48-6

序号	工程或费用名称	编制依据及计算说明	合　价
3.7	电力工程技术经济标准编制管理费	本体工程费×0.1%	61961
4	生产准备费		159293
4.2	工器具及办公家具购置费	（取费人工费×人工海拔调整系数）×0.84%	113395
4.3	生产职工培训及提前进场费	（取费人工费×人工海拔调整系数）×0.34%	45898
	合计		14021505

第 49 章　典型方案 2XZB1-J 通用造价

49.1　基本技术条件

典型方案 2XZB1-J 为《国家电网公司输变电工程通用设计　西藏电网 110～500kV 输电线路分册（2015 年版）》中 2XZB1 模块在峻岭地形条件下的典型方案，直线塔采用酒杯型、耐张塔采用干字型铁塔，按照平均海拔 3500m 编制概算。典型方案 2XZB1-J 一般条件、交叉跨越、主要材料单位路径长度指标分别见表 49-1～表 49-3。

表 49-1　　典型方案 2XZB1-J 一般条件表

电压等级（kV）		220			回路数			单回路		
导线型号		2×JL/G1A-400/50			地线型号			JLB20A-120		
路径长度（km）		50.36			气象条件			覆冰（mm）		风速（m/s）
地形		峻岭						10		29
地质条件	条件	普通土	坚土	松砂石	水坑	泥水坑	流沙坑	干砂坑	岩石（爆破）	岩石（人工）
	比例（%）	10	10	30					25	25
基础	型式	板式		台阶	掏挖		岩石嵌固	岩石锚固		灌注桩
	比例（%）				90			5		5
铁塔	类别	直线		耐张	总基数（基）		运距（km）	人力		汽车
	比例（%）	50		50	120			1.5		25
路径长度单位造价（万元/km）					本体造价			159.61		
					静态造价			210.84		

表 49-2　　典型方案 2XZB1-J 交叉跨越表

序号	被跨越物名称	跨　越　次　数	备　　注
1	铁路		
2	高速公路		双向四车道以上
	一般公路	5	
3	500kV 电力线		
	220kV 电力线		
	110kV 电力线		
	66kV 电力线		
	35kV 电力线		
	10kV 电力线	5	
	低压线	10	380V 及以下线路

续表 49-2

序号	被跨越物名称	跨越次数	备注
4	通信线	10	
5	河流	1	
6	水库		

表 49-3　　典型方案 2XZB1-J 主要材料路径长度单位指标

项目		数据			项目	数据
导线（t/km）		9.06			地线（t/km）	1.62
塔数（基/km）		2.38			铁塔钢材（t/km）	38.70
基础钢材（t/km）		4.57			接地钢材（t/km）	0.54
合成绝缘子（支/km）					间隔棒（个/km）	
盘式绝缘子（片/km）		604.55				
防振锤（个/km）		59.00			挂线金具（t/km）	0.89
土石方量（m^3/km）	类型	基面	基坑	接地	混凝土（m^3/km）	61.31
	数量	10.00	79.00	93.23	护坡、排水沟、保坎（m^3/km）	30.00

49.2 概算书

概算投资为静态投资，编制依据见第 4 章。220kV 输电线路工程典型方案 2XZB1-J 总概算表、安装工程费用汇总概算表、其他费用概算表分别见表 49-4～表 49-6。

表 49-4　　典型方案 2XZB1-J 总概算表

序号	工程或费用名称	费用金额（万元）	各项占总计（%）	单位投资（万元/km）
一	架空输电线路本体工程	8038	75.70	159.61
二	辅助设施工程			
	小计	8038	75.70	159.61
三	编制期价差	736	6.93	14.61
四	其他费用	1669	15.72	33.14
	其中：建设场地征用及清理费	504		
五	基本预备费	157	1.48	3.12
六	特殊项目（现场人员管理系统）	18	0.17	0.36
	工程静态投资	10618	100.00	210.84

表 49-5　　典型方案 2XZB1-J 安装工程费用汇总概算表　　金额单位：元

序号	工程或费用名称	取费基数	费率（%）	基础工程	杆塔工程	接地工程	架线工程	附件工程	辅助工程	合计	各项占总计（%）	单位投资（元/km）
一	直接费			16526763	20148057	740375	11833074	7222346	2298693	58769308	73.12	1166984
1	直接工程费			14098783	18912466	631278	11321042	6703674	1923189	53590432	66.67	1064147
1.1	定额直接费			11956468	4449918	523912	2505979	2094070	1775160	23305507	29.00	462778
1.1.1	人工费		100.000	10755743	3943510	483635	1148190	1816930	1703847	19851855	24.70	394199
1.1.2	材料费			245944	13754	17857	44020	13902	14947	350424	0.44	6958
1.1.3	施工机械使用费		100.000	954781	492654	22420	1313769	263238	56366	3103228	3.86	61621

续表 49-5

序号	工程或费用名称	取费基数	费率（%）	基础工程	杆塔工程	接地工程	架线工程	附件工程	辅助工程	合计	各项占总计（%）	单位投资（元/km）
1.2	装置性材料费			2142315	14462548	107366	8815063	4609604	148029	30284925	37.68	601369
2	措施费			2427980	1235591	109097	512032	518672	375504	5178876	6.44	102837
2.1	冬雨季施工增加费		7.230	777641	285116	34967	83015	131364	123189	1435292	1.79	28501
2.2	夜间施工增加费											
2.3	施工工具用具使用费		2.700	290406	106475	13058	31001	49057	46004	536001	0.67	10643
2.4	临时设施费		6.590	708803	259877	31872	75666	119735	112284	1308237	1.63	25978
2.5	施工机构转移费		2.200	236626	86757	10640	25260	39973	37485	436741	0.54	8672
2.6	安全文明施工费		2.940	414504	497366	18560	297090	178543	56542	1462605	1.82	29043
二	间接费			7378872	2705405	331793	787705	1246486	1168908	13619169	16.94	270436
1	规费			4634005	1699022	208370	494687	782806	734086	8552976	10.64	169837
1.1	社会保险费		29.254	3146486	1153635	141483	335892	531525	498443	5807464	7.23	115319
1.2	住房公积金		12.240	1316503	482685	59198	140539	222392	208551	2429868	3.02	48250
1.3	危险作业意外伤害保险费		1.590	171016	62702	7689	18256	28889	27092	315644	0.39	6268
2	企业管理费		21.820	2346904	860474	105529	250535	396454	371779	4331675	5.39	86014
3	高原医疗保障费		1.530	164563	60336	7399	17567	27798	26069	303732	0.38	6031
4	高原习服费		1.640	176395	64673	7931	18831	29798	27943	325571	0.41	6465
5	施工企业配合调试费		0.530	57005	20900	2564	6085	9630	9031	105215	0.13	2089
三	利润		16.200	1742430	638849	78348	186007	294343	276022	3215999	4.00	63860
四	税金		10.000	2564807	902977	115052	399172	415357	374362	4771727	5.94	94752
五	合计			28212872	24395288	1265568	13205958	9178532	4117985	80376203	100.00	1596033
	各项占总计（%）			36	30	2	16	11	5	100		
	单位投资（元/km）			560224	484418	25130	262231	182258	81771	1596033		

表 49-6　　典型方案 2XZB1-J 其他费用概算表　　金额单位：元

序号	工程或费用名称	编制依据及计算说明	合　价
1	建设场地征用及清理费	建设场地征用及清理费	5036000
2	项目建设管理费		2625455
2.1	项目法人管理费	（取费人工费×人工海拔调整系数）×4.92%	976711
2.2	招标费	本体工程费×0.37%	297392
2.3	工程监理费		885782
2.5	工程结算审核费	本体工程费×0.35%	281317
2.6	工程保险费	（本体工程费+编制基准期价差）×0.21%	184253
3	项目建设技术服务费		8797489
3.1	项目前期工作费	（勘测费+基本设计费）×12.16%	716470
3.3	勘察设计费		6695751
3.3.1	勘察费		3902900

续表 49-6

序号	工程或费用名称	编制依据及计算说明	合　价
3.3.1.1	勘测费	70000 元/km×线路亘长	3525200
3.3.1.2	海拉瓦优化选线费	5500 元/km×线路亘长	276980
3.3.1.3	高清晰度卫片选线费	2000 元/km×线路亘长	100720
3.3.2	设计费		2792851
3.3.2.1	基本设计费	基本设计费	2366823
3.3.2.2	施工图预算编制费	基本设计费×10%	236682
3.3.2.3	竣工图编制费	基本设计费×8%	189346
3.4	设计文件评审费		477668
3.4.1	可行性研究设计文件评审费	2200 元/km×线路亘长	110792
3.4.2	初步设计文件评审费	3300 元/km×线路亘长	166188
3.4.3	施工图文件审查费		200688
3.5	项目后评价费	（取费人工费×人工海拔调整系数）×1.5%	297778
3.6	工程建设检测费		529446
3.6.1	电力工程质量检测费	（取费人工费×人工海拔调整系数）×1.2%	238222
3.6.3	环境监测验收费		150000
3.6.4	水土保持项目验收及补偿费		141224
3.7	电力工程技术经济标准编制管理费	本体工程费×0.1%	80376
4	生产准备费		234252
4.2	工器具及办公家具购置费	（取费人工费×人工海拔调整系数）×0.84%	166756
4.3	生产职工培训及提前进场费	（取费人工费×人工海拔调整系数）×0.34%	67496
	合计		16693196

第 50 章　典型方案 2XZB2-P 通用造价

50.1　基本技术条件

典型方案 2XZB2-P 为《国家电网公司输变电工程通用设计　西藏电网 110～500kV 输电线路分册（2015 年版）》中 2XZB2 模块在平地地形条件下的典型方案，直线塔采用酒杯型、耐张塔采用干字型铁塔，按照平均海拔 4500m 编制概算。典型方案 2XZB2-P 一般条件、交叉跨越、主要材料单位路径长度指标分别见表 50-1～表 50-3。

表 50-1　　典型方案 2XZB2-P 一般条件表

电压等级（kV）		220			回路数			单回路		
导线型号		2×JL/G1A-400/50			地线型号			JLB20A-120		
路径长度（km）		49.974			气象条件			覆冰（mm）		风速（m/s）
地形		平地						10		33
地质条件	条件	普通土	坚土	松砂石	水坑	泥水坑	流沙坑	干砂坑	岩石（爆破）	岩石（人工）
	比例（%）	5	40	50	5					
基础	型式	板式		台阶	掏挖	岩石嵌固		岩石锚固		灌注桩
	比例（%）	70			20					10

续表 50-1

铁塔	类别	直线	耐张	总基数（基）	运距（km）	人力	汽车
	比例（%）	81	19	135		0.25	25
路径长度单位造价（万元/km）				本体造价		94.37	
				静态造价		125.67	

表 50-2　　典型方案 2XZB2-P 交叉跨越表

序号	被跨越物名称	跨　越　次　数	备　　注
1	铁路		
2	高速公路		双向四车道以上
	一般公路	5	
3	500kV 电力线		
	220kV 电力线		
	110kV 电力线	1	
	66kV 电力线		
	35kV 电力线	2	
	10kV 电力线	10	
	低压线	20	380V 及以下线路
4	通信线	15	
5	河流	1	
6	水库		

表 50-3　　典型方案 2XZB2-P 主要材料路径长度单位指标

项目		数据			项目	数据
导线（t/km）		9.06			地线（t/km）	1.62
塔数（基/km）		2.70			铁塔钢材（t/km）	40.28
基础钢材（t/km）		5.25			接地钢材（t/km）	0.22
合成绝缘子（支/km）					间隔棒（个/km）	
盘式绝缘子（片/km）		447.11				
防振锤（个/km）		62.00			挂线金具（t/km）	0.69
土石方量（m^3/km）	类型	基面	基坑	接地	混凝土（m^3/km）	62.20
	数量		298.00	71.52	护坡、排水沟、保坎（m^3/km）	

50.2　概算书

概算投资为静态投资，编制依据见第 4 章。220kV 输电线路工程典型方案 2XZB2-P 总概算表、安装工程费用汇总概算表、其他费用概算表分别见表 50-4～表 50-6。

表 50-4　　典型方案 2XZB2-P 总概算表

序号	工程或费用名称	费用金额（万元）	各项占总计（%）	单位投资（万元/km）
一	架空输电线路本体工程	4716	75.10	94.37
二	辅助设施工程			
	小计	4716	75.10	94.37

续表 50-4

序号	工程或费用名称	费用金额（万元）	各项占总计（%）	单位投资（万元/km）
三	编制期价差	361	5.75	7.22
四	其他费用	1092	17.38	21.85
	其中：建设场地征用及清理费	500		
五	基本预备费	93	1.48	1.86
六	特殊项目（现场人员管理系统）	18	0.29	0.36
	工程静态投资	6280	100.00	125.67

表 50-5　　典型方案 2XZB2-P 安装工程费用汇总概算表　　金额单位：元

序号	工程或费用名称	取费基数	费率（%）	基础工程	杆塔工程	接地工程	架线工程	附件工程	辅助工程	合计	各项占总计（%）	单位投资（元/km）
一	直接费			6840012	17561362	222689	10926458	4478003	22597	40051121	84.92	801439
1	直接工程费			6071217	16850541	191413	10489329	4253259	20528	37876287	80.31	757920
1.1	定额直接费			3942430	1797607	148048	1741829	704285	20528	8354727	17.71	167181
1.1.1	人工费		123.700	3153305	1476874	137018	877239	608919	7823	6261178	13.28	125289
1.1.2	材料费			180573	14643	670	75796	7906	4242	283830	0.60	5680
1.1.3	施工机械使用费		108.700	608552	306090	10360	788794	87460	8463	1809719	3.84	36213
1.2	装置性材料费			2128787	15052934	43365	8747500	3548974		29521560	62.60	590738
2	措施费			768795	710821	31276	437129	224744	2069	2174834	4.61	43519
2.1	冬雨季施工增加费		7.230	227985	106778	9906	63424	44024	566	452683	0.96	9058
2.2	夜间施工增加费											
2.3	施工工具用具使用费		2.700	85140	39875	3700	23685	16441	211	169052	0.36	3383
2.4	临时设施费		6.590	207803	97326	9029	57810	40127	516	412611	0.87	8257
2.5	施工机构转移费		2.200	69373	32491	3014	19299	13396	172	137745	0.29	2756
2.6	安全文明施工费		2.940	178494	434351	5627	272911	110756	604	1002743	2.13	20065
二	间接费			2163294	1013196	94001	601821	417742	5367	4295421	9.11	85953
1	规费			1358570	636297	59034	377949	262347	3371	2697568	5.72	53979
1.1	社会保险费		29.254	922468	432045	40084	256627	178133	2289	1831646	3.88	36652
1.2	住房公积金		12.240	385965	180769	16771	107374	74532	958	766369	1.62	15335
1.3	危险作业意外伤害保险费		1.590	50137	23483	2179	13948	9682	124	99553	0.21	1992
2	企业管理费		21.820	688051	322254	29897	191414	132866	1707	1366189	2.90	27338
3	高原医疗保障费		1.530	48245	22596	2097	13421	9316	120	95795	0.20	1917
4	高原习服费		1.640	51715	24221	2247	14387	9986	128	102684	0.22	2055
5	施工企业配合调试费		0.530	16713	7828	726	4650	3227	41	33185	0.07	664
三	利润		16.200	510836	239254	22197	142112	98644	1267	1014310	2.15	20297
四	税金		10.000	951415	376088	33888	292290	144542	2923	1801146	3.82	36042
五	合计			10465557	19189900	372775	11962681	5138931	32154	47161998	100.00	943731
	各项占总计（%）			22	41	1	25	11	0	100		
	单位投资（元/km）			209420	383998	7459	239378	102832	643	943731		

表 50-6　　**典型方案 2XZB2-P 其他费用概算表**　　金额单位：元

序号	工程或费用名称	编制依据及计算说明	合　价
1	建设场地征用及清理费	建设场地征用及清理费	4997400
2	项目建设管理费		1430380
2.1	项目法人管理费	（取费人工费×人工海拔调整系数）×4.92%	308050
2.2	招标费	本体工程费×0.37%	174499
2.3	工程监理费		676148
2.5	工程结算审核费	本体工程费×0.35%	165067
2.6	工程保险费	（本体工程费+编制基准期价差）×0.21%	106616
3	项目建设技术服务费		4419980
3.1	项目前期工作费	（勘测费+基本设计费）×12.16%	302535
3.3	勘察设计费		3130685
3.3.1	勘察费		1374285
3.3.1.1	勘测费	20000 元/km×线路亘长	999480
3.3.1.2	海拉瓦优化选线费	5500 元/km×线路亘长	274857
3.3.1.3	高清晰度卫片选线费	2000 元/km×线路亘长	99948
3.3.2	设计费		1756400
3.3.2.1	基本设计费	基本设计费	1488475
3.3.2.2	施工图预算编制费	基本设计费×10%	148847
3.3.2.3	竣工图编制费	基本设计费×8%	119078
3.4	设计文件评审费		474271
3.4.1	可行性研究设计文件评审费	2200 元/km×线路亘长	109943
3.4.2	初步设计文件评审费	3300 元/km×线路亘长	164914
3.4.3	施工图文件审查费		199414
3.5	项目后评价费	（取费人工费×人工海拔调整系数）×1.5%	93918
3.6	工程建设检测费		371409
3.6.1	电力工程质量检测费	（取费人工费×人工海拔调整系数）×1.2%	75134
3.6.3	环境监测验收费		150000
3.6.4	水土保持项目验收及补偿费		146275
3.7	电力工程技术经济标准编制管理费	本体工程费×0.1%	47162
4	生产准备费		73882
4.2	工器具及办公家具购置费	（取费人工费×人工海拔调整系数）×0.84%	52594
4.3	生产职工培训及提前进场费	（取费人工费×人工海拔调整系数）×0.34%	21288
	合计		10921642

第 51 章　典型方案 2XZB2-H 通用造价

51.1　基本技术条件

典型方案 2XZB2-H 为《国家电网公司输变电工程通用设计　西藏电网 110～500kV 输电线路分册（2015 年版）》中 2XZB2 模块在河网泥沼地形条件下的典型方案，直线塔采用酒杯型、耐张塔采用干字型铁塔，按照平均海拔 4500m 编制概算。典型方案 2XZB2-H 一般条件、交叉跨越、主要材料单位路径长度指标分别见表 51-1～表 51-3。

表 51-1　　　　典型方案 2XZB2-H 一般条件表

<table>
<tr><td colspan="2">电压等级（kV）</td><td colspan="3">220</td><td colspan="2">回路数</td><td colspan="4">单回路</td></tr>
<tr><td colspan="2">导线型号</td><td colspan="3">2×JL/G1A-400/50</td><td colspan="2">地线型号</td><td colspan="4">JLB20A-120</td></tr>
<tr><td colspan="2">路径长度（km）</td><td colspan="3">50</td><td colspan="2" rowspan="2">气象条件</td><td colspan="2">覆冰（mm）</td><td colspan="2">风速（m/s）</td></tr>
<tr><td colspan="2">地形</td><td colspan="3">河网泥沼</td><td colspan="2">10</td><td colspan="2">33</td></tr>
<tr><td rowspan="2">地质条件</td><td>条件</td><td>普通土</td><td>坚土</td><td>松砂石</td><td>水坑</td><td>泥水坑</td><td>流沙坑</td><td>干砂坑</td><td>岩石（爆破）</td><td>岩石（人工）</td></tr>
<tr><td>比例（%）</td><td></td><td></td><td></td><td>50</td><td>50</td><td></td><td></td><td></td><td></td></tr>
<tr><td rowspan="2">基础</td><td>型式</td><td>板式</td><td colspan="2">台阶</td><td>掏挖</td><td colspan="2">岩石嵌固</td><td colspan="2">岩石锚固</td><td>灌注桩</td></tr>
<tr><td>比例（%）</td><td>80</td><td colspan="2"></td><td></td><td colspan="2"></td><td colspan="2"></td><td>20</td></tr>
<tr><td rowspan="2">铁塔</td><td>类别</td><td>直线</td><td colspan="2">耐张</td><td>总基数（基）</td><td colspan="2" rowspan="2">运距（km）</td><td colspan="2">人力</td><td>汽车</td></tr>
<tr><td>比例（%）</td><td>81</td><td colspan="2">19</td><td>135</td><td colspan="2">0.6</td><td>25</td></tr>
<tr><td colspan="4" rowspan="2">路径长度单位造价（万元/km）</td><td colspan="3">本体造价</td><td colspan="4">119.52</td></tr>
<tr><td colspan="3">静态造价</td><td colspan="4">159.10</td></tr>
</table>

表 51-2　　　　典型方案 2XZB2-H 交叉跨越表

序号	被跨越物名称	跨　越　次　数	备　　注
1	铁路		
2	高速公路		双向四车道以上
	一般公路	3	
3	500kV 电力线		
	220kV 电力线		
	110kV 电力线	1	
	66kV 电力线		
	35kV 电力线		
	10kV 电力线	7	
	低压线	15	380V 及以下线路
4	通信线	10	
5	河流	8	
6	水库		

表 51-3　　典型方案 2XZB2-H 主要材料路径长度单位指标

<table>
<tr><td colspan="2">项目</td><td colspan="3">数据</td><td>项目</td><td>数据</td></tr>
<tr><td colspan="2">导线（t/km）</td><td colspan="3">9.06</td><td>地线（t/km）</td><td>1.62</td></tr>
<tr><td colspan="2">塔数（基/km）</td><td colspan="3">2.70</td><td>铁塔钢材（t/km）</td><td>40.29</td></tr>
<tr><td colspan="2">基础钢材（t/km）</td><td colspan="3">9.74</td><td>接地钢材（t/km）</td><td>0.21</td></tr>
<tr><td colspan="2">合成绝缘子（支/km）</td><td colspan="3"></td><td rowspan="2">间隔棒（个/km）</td><td rowspan="2"></td></tr>
<tr><td colspan="2">盘式绝缘子（片/km）</td><td colspan="3">446.88</td></tr>
<tr><td colspan="2">防振锤（个/km）</td><td colspan="3">62.00</td><td>挂线金具（t/km）</td><td>0.69</td></tr>
<tr><td rowspan="2">土石方量（m³/km）</td><td>类型</td><td>基面</td><td>基坑</td><td>接地</td><td>混凝土（m³/km）</td><td>96.49</td></tr>
<tr><td>数量</td><td></td><td>594.00</td><td>67.23</td><td>护坡、排水沟、保坎（m³/km）</td><td></td></tr>
</table>

51.2　概算书

概算投资为静态投资，编制依据见第 4 章。220kV 输电线路工程典型方案 2XZB2-H 总概算表、安装工程费用汇总概算表、其他费用概算表分别见表 51-4～表 51-6。

表 51-4　　典型方案 2XZB2-H 总概算表

序号	工程或费用名称	费用金额（万元）	各项占总计（%）	单位投资（万元/km）
一	架空输电线路本体工程	5976	75.12	119.52
二	辅助设施工程			
	小计	5976	75.12	119.52
三	编制期价差	538	6.76	10.76
四	其他费用	1306	16.42	26.12
	其中：建设场地征用及清理费	500		
五	基本预备费	117	1.47	2.34
六	特殊项目（现场人员管理系统）	18	0.23	0.36
	工程静态投资	7955	100.00	159.10

表 51-5　　典型方案 2XZB2-H 安装工程费用汇总概算表　　金额单位：元

序号	工程或费用名称	取费基数	费率（%）	基础工程	杆塔工程	接地工程	架线工程	附件工程	辅助工程	合计	各项占总计（%）	单位投资（元/km）
一	直接费			14083963	18116277	238532	10925562	4535284	22597	47922215	80.18	958444
1	直接工程费			12423710	17312703	204013	10491465	4301000	20528	44753419	74.88	895068
1.1	定额直接费			9060627	2255023	163280	1739410	752026	20528	13990894	23.41	279818
1.1.1	人工费		123.700	6917714	1899867	152366	860790	652368	7823	10490928	17.55	209819
1.1.2	材料费			506212	14644	652	57335	7906	4242	590991	0.99	11820
1.1.3	施工机械使用费		108.700	1636701	340512	10262	821285	91752	8463	2908975	4.87	58180
1.2	装置性材料费			3363083	15057680	40733	8752055	3548974		30762525	51.47	615251
2	措施费			1660253	803574	34519	434097	234284	2069	3168796	5.30	63376
2.1	冬雨季施工增加费		7.230	500151	137360	11016	62235	47166	566	758494	1.27	15170
2.2	夜间施工增加费											
2.3	施工工具用具使用费		2.700	186778	51296	4113	23242	17615	211	283255	0.47	5665

续表 51-5

序号	工程或费用名称	取费基数	费率（%）	基础工程	杆塔工程	接地工程	架线工程	附件工程	辅助工程	合计	各项占总计（%）	单位投资（元/km）
2.4	临时设施费		6.590	455877	125201	10040	56726	42991	516	691351	1.16	13827
2.5	施工机构转移费		2.200	152190	41797	3352	18937	14352	172	230800	0.39	4616
2.6	安全文明施工费		2.940	365257	447920	5998	272957	112160	604	1204896	2.02	24098
二	间接费			4745831	1303384	104529	590536	447550	5367	7197197	12.04	143944
1	规费			2980429	818538	65646	370861	281066	3371	4519911	7.56	90398
1.1	社会保险费		29.254	2023708	555787	44573	251815	190844	2289	3069016	5.14	61380
1.2	住房公积金		12.240	846729	232543	18650	105360	79850	958	1284090	2.15	25682
1.3	危险作业意外伤害保险费		1.590	109992	30208	2423	13686	10372	124	166805	0.28	3336
2	企业管理费		21.820	1509446	414551	33247	187825	142347	1707	2289123	3.83	45782
3	高原医疗保障费		1.530	105842	29068	2331	13170	9981	120	160512	0.27	3210
4	高原习服费		1.640	113450	31157	2498	14118	10698	128	172049	0.29	3441
5	施工企业配合调试费		0.530	36664	10070	807	4562	3458	41	55602	0.09	1112
三	利润		16.200	1120669	307778	24684	139448	105684	1267	1699530	2.84	33991
四	税金		10.000	1995046	466976	36775	290350	153954	2923	2946024	4.93	58920
五	合计			21945509	20194415	404520	11945896	5242472	32154	59764966	100.00	1195299
	各项占总计（%）			36	34	1	20	9	0	100		
	单位投资（元/km）			438910	403888	8090	238918	104849	643	1195299		

表 51-6　　典型方案 2XZB2-H 其他费用概算表　　金额单位：元

序号	工程或费用名称	编制依据及计算说明	合　价
1	建设场地征用及清理费	建设场地征用及清理费	5000000
2	项目建设管理费		1827421
2.1	项目法人管理费	（取费人工费×人工海拔调整系数）×4.92%	516154
2.2	招标费	本体工程费×0.37%	221130
2.3	工程监理费		744150
2.5	工程结算审核费	本体工程费×0.35%	209177
2.6	工程保险费	（本体工程费+编制基准期价差）×0.21%	136810
3	项目建设技术服务费		6112182
3.1	项目前期工作费	（勘测费+基本设计费）×12.16%	465565
3.3	勘察设计费		4532822
3.3.1	勘察费		2375000
3.3.1.1	勘测费	40000 元/km×线路亘长	2000000
3.3.1.2	海拉瓦优化选线费	5500 元/km×线路亘长	275000
3.3.1.3	高清晰度卫片选线费	2000 元/km×线路亘长	100000
3.3.2	设计费		2157822
3.3.2.1	基本设计费	基本设计费	1828663
3.3.2.2	施工图预算编制费	基本设计费×10%	182866

续表 51-6

序号	工程或费用名称	编制依据及计算说明	合　价
3.3.2.3	竣工图编制费	基本设计费×8%	146293
3.4	设计文件评审费		474500
3.4.1	可行性研究设计文件评审费	2200 元/km×线路亘长	110000
3.4.2	初步设计文件评审费	3300 元/km×线路亘长	165000
3.4.3	施工图文件审查费		199500
3.5	项目后评价费	（取费人工费×人工海拔调整系数）×1.5%	157364
3.6	工程建设检测费		422166
3.6.1	电力工程质量检测费	（取费人工费×人工海拔调整系数）×1.2%	125891
3.6.3	环境监测验收费		150000
3.6.4	水土保持项目验收及补偿费		146275
3.7	电力工程技术经济标准编制管理费	本体工程费×0.1%	59765
4	生产准备费		123793
4.2	工器具及办公家具购置费	（取费人工费×人工海拔调整系数）×0.84%	88124
4.3	生产职工培训及提前进场费	（取费人工费×人工海拔调整系数）×0.34%	35669
	合计		13063396

第 52 章　典型方案 2XZB2-Q 通用造价

52.1　基本技术条件

典型方案 2XZB2-Q 为《国家电网公司输变电工程通用设计　西藏电网 110～500kV 输电线路分册（2015 年版）》中 2XZB2 模块在丘陵地形条件下的典型方案，直线塔采用酒杯型、耐张塔采用干字型铁塔，按照平均海拔 4500m 编制概算。典型方案 2XZB2-Q 一般条件、交叉跨越、主要材料单位路径长度指标分别见表 52-1～表 52-3。

表 52-1　　典型方案 2XZB2-Q 一般条件表

电压等级（kV）		220			回路数		单回路			
导线型号		2×JL/G1A-400/50			地线型号		JLB20A-120			
路径长度（km）		50.4			气象条件		覆冰（mm）		风速（m/s）	
地形		丘陵					10		33	
地质条件	条件	普通土	坚土	松砂石	水坑	泥水坑	流沙坑	干砂坑	岩石（爆破）	岩石（人工）
	比例（%）	25	25	30					10	10
基础	型式	板式	台阶		掏挖	岩石嵌固		岩石锚固		灌注桩
	比例（%）	40			60					
铁塔	类别	直线	耐张		总基数（基）	运距（km）		人力		汽车
	比例（%）	80	20		130			0.5		25
路径长度单位造价（万元/km）					本体造价			98.57		
					静态造价			132.54		

表 52-2　　典型方案 2XZB2-Q 交叉跨越表

<table>
<tr><th>序号</th><th>被跨越物名称</th><th>跨越次数</th><th>备注</th></tr>
<tr><td>1</td><td>铁路</td><td></td><td></td></tr>
<tr><td rowspan="2">2</td><td>高速公路</td><td></td><td>双向四车道以上</td></tr>
<tr><td>一般公路</td><td>5</td><td></td></tr>
<tr><td rowspan="7">3</td><td>500kV 电力线</td><td></td><td></td></tr>
<tr><td>220kV 电力线</td><td></td><td></td></tr>
<tr><td>110kV 电力线</td><td>1</td><td></td></tr>
<tr><td>66kV 电力线</td><td></td><td></td></tr>
<tr><td>35kV 电力线</td><td>1</td><td></td></tr>
<tr><td>10kV 电力线</td><td>10</td><td></td></tr>
<tr><td>低压线</td><td>20</td><td>380V 及以下线路</td></tr>
<tr><td>4</td><td>通信线</td><td>15</td><td></td></tr>
<tr><td>5</td><td>河流</td><td>1</td><td></td></tr>
<tr><td>6</td><td>水库</td><td></td><td></td></tr>
</table>

表 52-3　　典型方案 2XZB2-Q 主要材料路径长度单位指标

<table>
<tr><th colspan="2">项目</th><th colspan="3">数据</th><th>项目</th><th>数据</th></tr>
<tr><td colspan="2">导线（t/km）</td><td colspan="3">9.06</td><td>地线（t/km）</td><td>1.62</td></tr>
<tr><td colspan="2">塔数（基/km）</td><td colspan="3">2.58</td><td>铁塔钢材（t/km）</td><td>38.84</td></tr>
<tr><td colspan="2">基础钢材（t/km）</td><td colspan="3">4.58</td><td>接地钢材（t/km）</td><td>0.42</td></tr>
<tr><td colspan="2">合成绝缘子（支/km）</td><td colspan="3"></td><td rowspan="2">间隔棒（个/km）</td><td rowspan="2"></td></tr>
<tr><td colspan="2">盘式绝缘子（片/km）</td><td colspan="3">442.00</td></tr>
<tr><td colspan="2">防振锤（个/km）</td><td colspan="3">63.00</td><td>挂线金具（t/km）</td><td>0.69</td></tr>
<tr><td rowspan="2">土石方量（m³/km）</td><td>类型</td><td>基面</td><td>基坑</td><td>接地</td><td>混凝土（m³/km）</td><td>55.67</td></tr>
<tr><td>数量</td><td>5.00</td><td>197.00</td><td>87.82</td><td>护坡、排水沟、保坎（m³/km）</td><td>10.00</td></tr>
</table>

52.2 概算书

概算投资为静态投资，编制依据见第 4 章。220kV 输电线路工程典型方案 2XZB2-Q 总概算表、安装工程费用汇总概算表、其他费用概算表分别见表 52-4～表 52-6。

表 52-4　　典型方案 2XZB2-Q 总概算表

序号	工程或费用名称	费用金额（万元）	各项占总计（%）	单位投资（万元/km）
一	架空输电线路本体工程	4968	74.37	98.57
二	辅助设施工程			
	小计	4968	74.37	98.57
三	编制期价差	389	5.82	7.72
四	其他费用	1207	18.07	23.95
	其中：建设场地征用及清理费	504		
五	基本预备费	98	1.47	1.94
六	特殊项目（现场人员管理系统）	18	0.27	0.36
	工程静态投资	6680	100.00	132.54

表 52-5 典型方案 **2XZB2-Q** 安装工程费用汇总概算表 金额单位：元

序号	工程或费用名称	取费基数	费率（%）	基础工程	杆塔工程	接地工程	架线工程	附件工程	辅助工程	合计	各项占总计（%）	单位投资（元/km）
一	直接费			7336946	17483749	439050	11090102	4546410	289203	41185460	82.90	817172
1	直接工程费			6450454	16707268	377311	10641981	4311867	248836	38737717	77.97	768605
1.1	定额直接费			4494920	2193044	293896	1819905	753228	199850	9754843	19.64	193548
1.1.1	人工费		123.700	3722482	1838449	270549	913590	652262	176553	7573885	15.25	150275
1.1.2	材料费			199029	14102	7247	71529	7918	5670	305495	0.61	6061
1.1.3	施工机械使用费		108.700	573409	340493	16100	834786	93048	17627	1875463	3.78	37212
1.2	装置性材料费			1955534	14514224	83415	8822076	3558639	48986	28982874	58.34	575057
2	措施费			886492	776481	61739	448121	234543	40367	2447743	4.93	48566
2.1	冬雨季施工增加费		7.230	269135	132920	19560	66052	47159	12765	547591	1.10	10865
2.2	夜间施工增加费											
2.3	施工工具用具使用费		2.700	100507	49638	7305	24667	17611	4766	204494	0.41	4057
2.4	临时设施费		6.590	245311	121153	17829	60206	42983	11635	499117	1.00	9903
2.5	施工机构转移费		2.200	81895	40446	5952	20099	14349	3884	166625	0.34	3306
2.6	安全文明施工费		2.940	189644	432324	11093	277097	112441	7317	1029916	2.07	20435
二	间接费			2553772	1261249	185609	626758	447477	121124	5195989	10.46	103095
1	规费			1603794	792077	116564	393610	281019	76067	3263131	6.57	64745
1.1	社会保险费		29.254	1088974	537820	79147	267261	190812	51649	2215663	4.46	43962
1.2	住房公积金		12.240	455632	225026	33115	111823	79837	21611	927044	1.87	18394
1.3	危险作业意外伤害保险费		1.590	59188	29231	4302	14526	10370	2807	120424	0.24	2389
2	企业管理费		21.820	812246	401150	59034	199345	142324	38524	1652623	3.33	32790
3	高原医疗保障费		1.530	56955	28128	4140	13978	9979	2702	115882	0.23	2299
4	高原习服费		1.640	61048	30151	4437	14983	10698	2896	124213	0.25	2465
5	施工企业配合调试费		0.530	19729	9743	1434	4842	3457	935	40140	0.08	796
三	利润		16.200	603042	297828	43829	148002	105667	28601	1226969	2.47	24345
四	税金		10.000	1049376	452860	66849	304279	154091	43893	2071348	4.17	41098
五	合计			11543136	19495686	10.000	1049376	452860	482821	49679766	100.00	985710
	各项占总计（%）			23	39	1	25	11	1	100		
	单位投资（元/km）			229030	386819	14590	241451	104239	9580	985710		

表 52-6 典型方案 **2XZB2-Q** 其他费用概算表 金额单位：元

序号	工程或费用名称	编制依据及计算说明	合　　价
1	建设场地征用及清理费	建设场地征用及清理费	5040000
2	项目建设管理费		1524731
2.1	项目法人管理费	（取费人工费×人工海拔调整系数）×4.92%	372635
2.2	招标费	本体工程费×0.37%	183815

续表 52-6

序号	工程或费用名称	编制依据及计算说明	合　价
2.3	工程监理费		681912
2.5	工程结算审核费	本体工程费×0.35%	173879
2.6	工程保险费	（本体工程费+编制基准期价差）×0.21%	112490
3	项目建设技术服务费		5419810
3.1	项目前期工作费	（勘测费+基本设计费）×12.16%	404695
3.3	勘察设计费		3987618
3.3.1	勘察费		2142000
3.3.1.1	勘测费	35000 元/km×线路亘长	1764000
3.3.1.2	海拉瓦优化选线费	5500 元/km×线路亘长	277200
3.3.1.3	高清晰度卫片选线费	2000 元/km×线路亘长	100800
3.3.2	设计费		1845618
3.3.2.1	基本设计费	基本设计费	1564083
3.3.2.2	施工图预算编制费	基本设计费×10%	156408
3.3.2.3	竣工图编制费	基本设计费×8%	125127
3.4	设计文件评审费		478020
3.4.1	可行性研究设计文件评审费	2200 元/km×线路亘长	110880
3.4.2	初步设计文件评审费	3300 元/km×线路亘长	166320
3.4.3	施工图文件审查费		200820
3.5	项目后评价费	（取费人工费×人工海拔调整系数）×1.5%	113608
3.6	工程建设检测费		386189
3.6.1	电力工程质量检测费	（取费人工费×人工海拔调整系数）×1.2%	90887
3.6.3	环境监测验收费		150000
3.6.4	水土保持项目验收及补偿费		145302
3.7	电力工程技术经济标准编制管理费	本体工程费×0.1%	49680
4	生产准备费		89372
4.2	工器具及办公家具购置费	（取费人工费×人工海拔调整系数）×0.84%	63621
4.3	生产职工培训及提前进场费	（取费人工费×人工海拔调整系数）×0.34%	25751
	合计		12073913

第 53 章　典型方案 2XZB2-S 通用造价

53.1　基本技术条件

典型方案 2XZB2-S 为《国家电网公司输变电工程通用设计　西藏电网 110～500kV 输电线路分册（2015 年版）》中 2XZB2 模块在山地地形条件下的典型方案，直线塔采用酒杯型、耐张塔采用干字型铁塔，按照平均海拔 4500m 编制概算。典型方案 2XZB2-S 一般条件、交叉跨越、主要材料单位路径长度指标分别见表 53-1～表 53-3。

表 53-1　　**典型方案 2XZB2-S 一般条件表**

电压等级（kV）		220			回路数			单回路		
导线型号		2×JL/G1A-400/50			地线型号			JLB20A-120		
路径长度（km）		50			气象条件			覆冰（mm）		风速（m/s）
地形		山地						10		33
地质条件	条件	普通土	坚土	松砂石	水坑	泥水坑	流沙坑	干砂坑	岩石（爆破）	岩石（人工）
	比例（%）	10	10	30					25	25
基础	型式	板式	台阶		掏挖	岩石嵌固		岩石锚固		灌注桩
	比例（%）	20			70			5		5
铁塔	类别	直线	耐张		总基数（基）	运距（km）		人力		汽车
	比例（%）	75	25		120			0.8		25
路径长度单位造价（万元/km）					本体造价			125.20		
					静态造价			166.42		

表 53-2　　**典型方案 2XZB2-S 交叉跨越表**

序号	被跨越物名称	跨　越　次　数	备　　注
1	铁路		
2	高速公路		双向四车道以上
	一般公路	5	
3	500kV 电力线		
	220kV 电力线		
	110kV 电力线		
	66kV 电力线		
	35kV 电力线	1	
	10kV 电力线	10	
	低压线	10	380V 及以下线路
4	通信线	10	
5	河流	1	
6	水库		

表 53-3　　**典型方案 2XZB2-S 主要材料路径长度单位指标**

项目		数据			项目	数据
导线（t/km）		9.06			地线（t/km）	1.62
塔数（基/km）		2.40			铁塔钢材（t/km）	38.21
基础钢材（t/km）		4.89			接地钢材（t/km）	0.48
合成绝缘子（支/km）					间隔棒（个/km）	
盘式绝缘子（片/km）		456.19				
防振锤（个/km）		62.00			挂线金具（t/km）	0.70
土石方量（m^3/km）	类型	基面	基坑	接地	混凝土（m^3/km）	64.41
	数量	5.00	140.00	85.11	护坡、排水沟、保坎（m^3/km）	20.00

53.2 概算书

概算投资为静态投资，编制依据见第4章。220kV输电线路工程典型方案2XZB2-S总概算表、安装工程费用汇总概算表、其他费用概算表分别见表53-4～表53-6。

表53-4　　典型方案2XZB2-S总概算表

序号	工程或费用名称	费用金额（万元）	各项占总计（%）	单位投资（万元/km）
一	架空输电线路本体工程	6260	75.22	125.20
二	辅助设施工程			
	小计	6260	75.22	125.20
三	编制期价差	553	6.65	11.06
四	其他费用	1367	16.43	27.34
	其中：建设场地征用及清理费	500		
五	基本预备费	123	1.48	2.46
六	特殊项目（现场人员管理系统）	18	0.22	0.36
	工程静态投资	8321	100.00	166.42

表53-5　　典型方案2XZB2-S安装工程费用汇总概算表　　金额单位：元

序号	工程或费用名称	取费基数	费率（%）	基础工程	杆塔工程	接地工程	架线工程	附件工程	辅助工程	合计	各项占总计（%）	单位投资（元/km）
一	直接费			11811747	18624800	697254	11452854	4897567	952819	48437041	77.37	968741
1	直接工程费			10222990	17624183	593287	10962788	4613065	805156	44821469	71.59	896429
1.1	定额直接费			8006272	3344827	498607	2210733	1002795	707175	15770409	25.19	315408
1.1.1	人工费		123.700	6881416	2886662	462196	1085761	872935	662341	12851311	20.53	257026
1.1.2	材料费			265278	13810	16189	48321	8539	11327	363464	0.58	7269
1.1.3	施工机械使用费		108.700	859578	444355	20222	1076651	121321	33507	2555634	4.08	51113
1.2	装置性材料费			2216718	14279356	94680	8752055	3610270	97981	29051060	46.40	581021
2	措施费			1588757	1000617	103967	490066	284502	147663	3615572	5.78	72311
2.1	冬雨季施工增加费		7.230	497526	208705	33417	78500	63113	47887	929148	1.48	18583
2.2	夜间施工增加费											
2.3	施工工具用具使用费		2.700	185799	77940	12479	29315	23569	17883	346985	0.55	6940
2.4	临时设施费		6.590	453485	190231	30459	71551	57526	43649	846901	1.35	16938
2.5	施工机构转移费		2.200	151391	63507	10169	23887	19205	14572	282731	0.45	5655
2.6	安全文明施工费		2.940	300556	460234	17443	286813	121089	23672	1209807	1.93	24196
二	间接费			4720927	1980365	317086	744876	598867	454390	8816511	14.08	176330
1	规费			2964790	1243689	199133	467789	376095	285363	5536859	8.84	110737
1.1	社会保险费		29.254	2013090	844464	135211	317628	255369	193761	3759523	6.01	75190
1.2	住房公积金		12.240	842286	353327	56573	132897	106847	81071	1573001	2.51	31460
1.3	危险作业意外伤害保险费		1.590	109414	45898	7349	17264	13879	10531	204335	0.33	4087
2	企业管理费		21.820	1501525	629869	100851	236914	190474	144523	2804156	4.48	56083
3	高原医疗保障费		1.530	105286	44166	7072	16612	13356	10134	196626	0.31	3933

续表 53-5

序号	工程或费用名称	取费基数	费率（%）	基础工程	杆塔工程	接地工程	架线工程	附件工程	辅助工程	合计	各项占总计（%）	单位投资（元/km）
4	高原习服费		1.640	112855	47341	7580	17806	14316	10861	210759	0.34	4215
5	施工企业配合调试费		0.530	36471	15300	2450	5755	4626	3509	68111	0.11	1362
三	利润		16.200	1114790	467639	74875	175894	141415	107300	2081913	3.33	41638
四	税金		10.000	1764746	679345	108921	362157	202758	151450	3269377	5.22	65388
五	合计			19412210	21752149	1198136	12735781	5840607	1665959	62604842	100.00	1252097
	各项占总计（%）			31	35	2	20	9	3	100		
	单位投资（元/km）			388244	435043	23963	254716	116812	33319	1252097		

表 53-6　　典型方案 2XZB2-S 其他费用概算表　　金额单位：元

序号	工程或费用名称	编制依据及计算说明	合　价
1	建设场地征用及清理费	建设场地征用及清理费	5000000
2	项目建设管理费		1970274
2.1	项目法人管理费	（取费人工费×人工海拔调整系数）×4.92%	632285
2.2	招标费	本体工程费×0.37%	231638
2.3	工程监理费		744150
2.5	工程结算审核费	本体工程费×0.35%	219117
2.6	工程保险费	（本体工程费+编制基准期价差）×0.21%	143084
3	项目建设技术服务费		6552747
3.1	项目前期工作费	（勘测费+基本设计费）×12.16%	504982
3.3	勘察设计费		4870318
3.3.1	勘察费		2625000
3.3.1.1	勘测费	45000 元/km×线路亘长	2250000
3.3.1.2	海拉瓦优化选线费	5500 元/km×线路亘长	275000
3.3.1.3	高清晰度卫片选线费	2000 元/km×线路亘长	100000
3.3.2	设计费		2245318
3.3.2.1	基本设计费	基本设计费	1902812
3.3.2.2	施工图预算编制费	基本设计费×10%	190281
3.3.2.3	竣工图编制费	基本设计费×8%	152225
3.4	设计文件评审费		474500
3.4.1	可行性研究设计文件评审费	2200 元/km×线路亘长	110000
3.4.2	初步设计文件评审费	3300 元/km×线路亘长	165000
3.4.3	施工图文件审查费		199500
3.5	项目后评价费	（取费人工费×人工海拔调整系数）×1.5%	192770
3.6	工程建设检测费		447572
3.6.1	电力工程质量检测费	（取费人工费×人工海拔调整系数）×1.2%	154216
3.6.3	环境监测验收费		150000
3.6.4	水土保持项目验收及补偿费		143356

续表 53-6

序号	工程或费用名称	编制依据及计算说明	合　价
3.7	电力工程技术经济标准编制管理费	本体工程费×0.1%	62605
4	生产准备费		151645
4.2	工器具及办公家具购置费	（取费人工费×人工海拔调整系数）×0.84%	107951
4.3	生产职工培训及提前进场费	（取费人工费×人工海拔调整系数）×0.34%	43694
	合计		13674666

第 54 章　典型方案 2XZB2-G 通用造价

54.1　基本技术条件

典型方案 2XZB2-G 为《国家电网公司输变电工程通用设计　西藏电网 110～500kV 输电线路分册（2015 年版）》中 2XZB2 模块在高山地形条件下的典型方案，直线塔采用酒杯型、耐张塔采用干字型铁塔，按照平均海拔 4500m 编制概算。典型方案 2XZB2-G 一般条件、交叉跨越、主要材料单位路径长度指标分别见表 54-1～表 54-3。

表 54-1　　典型方案 2XZB2-G 一般条件表

<table>
<tr><td colspan="2">电压等级（kV）</td><td colspan="3">220</td><td colspan="2">回路数</td><td colspan="3">单回路</td></tr>
<tr><td colspan="2">导线型号</td><td colspan="3">2×JL/G1A-400/50</td><td colspan="2">地线型号</td><td colspan="3">JLB20A-120</td></tr>
<tr><td colspan="2">路径长度（km）</td><td colspan="3">49.86</td><td colspan="2" rowspan="2">气象条件</td><td colspan="2">覆冰（mm）</td><td>风速（m/s）</td></tr>
<tr><td colspan="2">地形</td><td colspan="3">高山</td><td colspan="2">10</td><td>33</td></tr>
<tr><td rowspan="2">地质条件</td><td>条件</td><td>普通土</td><td>坚土</td><td>松砂石</td><td>水坑</td><td>泥水坑</td><td>流沙坑</td><td>干砂坑</td><td>岩石（爆破）</td><td>岩石（人工）</td></tr>
<tr><td>比例（%）</td><td>10</td><td>10</td><td>30</td><td></td><td></td><td></td><td></td><td>25</td><td>25</td></tr>
<tr><td rowspan="2">基础</td><td>型式</td><td>板式</td><td>台阶</td><td>掏挖</td><td>岩石嵌固</td><td>岩石锚固</td><td>灌注桩</td></tr>
<tr><td>比例（%）</td><td></td><td></td><td>90</td><td></td><td>5</td><td>5</td></tr>
<tr><td rowspan="2">铁塔</td><td>类别</td><td>直线</td><td>耐张</td><td>总基数（基）</td><td rowspan="2">运距（km）</td><td>人力</td><td>汽车</td></tr>
<tr><td>比例（%）</td><td>65</td><td>35</td><td>115</td><td>1.2</td><td>25</td></tr>
<tr><td colspan="4" rowspan="2">路径长度单位造价（万元/km）</td><td colspan="2">本体造价</td><td colspan="2">157.30</td></tr>
<tr><td colspan="2">静态造价</td><td colspan="2">205.82</td></tr>
</table>

表 54-2　　典型方案 2XZB2-G 交叉跨越表

序号	被跨越物名称	跨　越　次　数	备　　注
1	铁路		
2	高速公路		双向四车道以上
	一般公路	5	
3	500kV 电力线		
	220kV 电力线		
	110kV 电力线		
	66kV 电力线		
	35kV 电力线		
	10kV 电力线	5	
	低压线	10	380V 及以下线路

续表 54-2

序号	被跨越物名称	跨　越　次　数	备　　注
4	通信线	10	
5	河流	1	
6	水库		

表 54-3　　典型方案 2XZB2-G 主要材料路径长度单位指标

项目		数据			项目	数据
导线（t/km）		9.06			地线（t/km）	1.62
塔数（基/km）		2.31			铁塔钢材（t/km）	39.97
基础钢材（t/km）		4.80			接地钢材（t/km）	0.49
合成绝缘子（支/km）					间隔棒（个/km）	
盘式绝缘子（片/km）		503.25				
防振锤（个/km）		61.00			挂线金具（t/km）	0.74
土石方量（m^3/km）	类型	基面	基坑	接地	混凝土（m^3/km）	63.18
	数量	10.00	82.00	88.19	护坡、排水沟、保坎（m^3/km）	30.00

54.2　概算书

概算投资为静态投资，编制依据见第 4 章。220kV 输电线路工程典型方案 2XZB2-G 总概算表、安装工程费用汇总概算表、其他费用概算表分别见表 54-4～表 54-6。

表 54-4　　典型方案 2XZB2-G 总概算表

序号	工程或费用名称	费用金额（万元）	各项占总计（%）	单位投资（万元/km）
一	架空输电线路本体工程	7843	76.43	157.30
二	辅助设施工程			
	小计	7843	76.43	157.30
三	编制期价差	725	7.06	14.54
四	其他费用	1525	14.86	30.59
	其中：建设场地征用及清理费	499		
五	基本预备费	151	1.47	3.03
六	特殊项目（现场人员管理系统）	18	0.18	0.36
	工程静态投资	10262	100.00	205.82

表 54-5　　典型方案 2XZB2-G 安装工程费用汇总概算表　　金额单位：元

序号	工程或费用名称	取费基数	费率（%）	基础工程	杆塔工程	接地工程	架线工程	附件工程	辅助工程	合计	各项占总计（%）	单位投资（元/km）
一	直接费			15835711	20975247	782969	12010813	5919516	2086393	57610649	73.45	1155448
1	直接工程费			13551784	19672414	664456	11458271	5505867	1748179	52600971	67.07	1054973
1.1	定额直接费			11326515	4734209	567369	2730730	1625646	1601620	22586089	28.80	452990
1.1.1	人工费		123.700	10072135	4193663	528729	1341142	1428376	1532136	19096181	24.35	382996
1.1.2	材料费			252725	14288	16705	43760	10263	14840	352581	0.45	7071
1.1.3	施工机械使用费		108.700	1001655	526258	21935	1345828	187007	54644	3137327	4.00	62923

续表 54-5

序号	工程或费用名称	取费基数	费率（%）	基础工程	杆塔工程	接地工程	架线工程	附件工程	辅助工程	合计	各项占总计（%）	单位投资（元/km）
1.2	装置性材料费			2225269	14938205	97087	8727541	3880221	146559	30014882	38.27	601983
2	措施费			2283927	1302833	118513	552542	413649	338214	5009678	6.39	100475
2.1	冬雨季施工增加费		7.230	728215	303202	38227	96964	103271	110774	1380653	1.76	27691
2.2	夜间施工增加费											
2.3	施工工具用具使用费		2.700	271948	113229	14275	36210	38566	41367	515595	0.66	10341
2.4	临时设施费		6.590	663755	276362	34844	88382	94130	100969	1258442	1.60	25240
2.5	施工机构转移费		2.200	221587	92260	11632	29506	31425	33707	420117	0.54	8426
2.6	安全文明施工费		2.940	398422	517780	19535	301480	146257	51397	1434871	1.83	28778
二	间接费			6909888	2877021	362728	920076	979922	1051107	13100742	16.70	262751
1	规费			4339479	1806797	227798	577818	615401	660107	8227400	10.49	165010
1.1	社会保险费		29.254	2946502	1226814	154675	392338	417857	448212	5586398	7.12	112042
1.2	住房公积金		12.240	1232829	513304	64717	164156	174833	187534	2337373	2.98	46879
1.3	危险作业意外伤害保险费		1.590	160148	66679	8406	21324	22711	24361	303629	0.39	6090
2	企业管理费		21.820	2197740	915058	115369	292637	311671	334312	4166787	5.31	83570
3	高原医疗保障费		1.530	154104	64163	8089	20519	21855	23442	292172	0.37	5860
4	高原习服费		1.640	165183	68776	8671	21995	23425	25126	313176	0.40	6281
5	施工企业配合调试费		0.530	53382	22227	2801	7107	7570	8120	101207	0.13	2030
三	利润		16.200	1631686	679374	85655	217265	231398	248206	3093584	3.94	62045
四	税金		10.000	2437728	959343	123135	442062	325062	338570	4625900	5.90	92778
五	合计			26815013	25490985	1354487	13590216	7455898	3724276	78430875	100.00	1573022
	各项占总计（%）			33	33	2	17	10	5	100		
	单位投资（元/km）			537806	511251	27166	272568	149537	74695	1573022		

表 54-6　　　　典型方案 2XZB2-G 其他费用概算表　　　　金额单位：元

序号	工程或费用名称	编制依据及计算说明	合　价
1	建设场地征用及清理费	建设场地征用及清理费	4986000
2	项目建设管理费		2493701
2.1	项目法人管理费	（取费人工费×人工海拔调整系数）×4.92%	939532
2.2	招标费	本体工程费×0.37%	290194
2.3	工程监理费		809527
2.5	工程结算审核费	本体工程费×0.35%	274508
2.6	工程保险费	（本体工程费+编制基准期价差）×0.21%	179940
3	项目建设技术服务费		7544322
3.1	项目前期工作费	（勘测费+基本设计费）×12.16%	584778
3.3	勘察设计费		5599865
3.3.1	勘察费		2866950

续表 54-6

序号	工程或费用名称	编制依据及计算说明	合 价
3.3.1.1	勘测费	50000 元/km×线路亘长	2493000
3.3.1.2	海拉瓦优化选线费	5500 元/km×线路亘长	274230
3.3.1.3	高清晰度卫片选线费	2000 元/km×线路亘长	99720
3.3.2	设计费		2732915
3.3.2.1	基本设计费	基本设计费	2316030
3.3.2.2	施工图预算编制费	基本设计费×10%	231603
3.3.2.3	竣工图编制费	基本设计费×8%	185282
3.4	设计文件评审费		473268
3.4.1	可行性研究设计文件评审费	2200 元/km×线路亘长	109692
3.4.2	初步设计文件评审费	3300 元/km×线路亘长	164538
3.4.3	施工图文件审查费		199038
3.5	项目后评价费	(取费人工费×人工海拔调整系数)×1.5%	286443
3.6	工程建设检测费		521537
3.6.1	电力工程质量检测费	(取费人工费×人工海拔调整系数)×1.2%	229154
3.6.3	环境监测验收费		150000
3.6.4	水土保持项目验收及补偿费		142383
3.7	电力工程技术经济标准编制管理费	本体工程费×0.1%	78431
4	生产准备费		225335
4.2	工器具及办公家具购置费	(取费人工费×人工海拔调整系数)×0.84%	160408
4.3	生产职工培训及提前进场费	(取费人工费×人工海拔调整系数)×0.34%	64927
	合计		15249358

第 55 章 典型方案 2XZB2-J 通用造价

55.1 基本技术条件

典型方案 2XZB2-J 为《国家电网公司输变电工程通用设计 西藏电网 110～500kV 输电线路分册（2015 年版）》中 2XZB2 模块在峻岭地形条件下的典型方案，直线塔采用酒杯型、耐张塔采用干字型铁塔，按照平均海拔 4500m 编制概算。典型方案 2XZB2-J 一般条件、交叉跨越、主要材料单位路径长度指标分别见表 55-1～表 55-3。

表 55-1 典型方案 2XZB2-J 一般条件表

<table>
<tr><td colspan="2">电压等级（kV）</td><td colspan="3">220</td><td colspan="2">回路数</td><td colspan="4">单回路</td></tr>
<tr><td colspan="2">导线型号</td><td colspan="3">2×JL/G1A-400/50</td><td colspan="2">地线型号</td><td colspan="4">JLB20A-120</td></tr>
<tr><td colspan="2">路径长度（km）</td><td colspan="3">50.36</td><td colspan="2" rowspan="2">气象条件</td><td colspan="3">覆冰（mm）</td><td>风速（m/s）</td></tr>
<tr><td colspan="2">地形</td><td colspan="3">峻岭</td><td colspan="3">10</td><td>33</td></tr>
<tr><td rowspan="2">地质条件</td><td>条件</td><td>普通土</td><td>坚土</td><td>松砂石</td><td>水坑</td><td>泥水坑</td><td>流沙坑</td><td>干砂坑</td><td>岩石（爆破）</td><td>岩石（人工）</td></tr>
<tr><td>比例（%）</td><td>10</td><td>10</td><td>30</td><td></td><td></td><td></td><td></td><td>25</td><td>25</td></tr>
</table>

续表 55-1

基础	型式	板式	台阶	掏挖	岩石嵌固	岩石锚固	灌注桩
	比例（%）			90		5	5
铁塔	类别	直线	耐张	总基数（基）	运距（km）	人力	汽车
	比例（%）	50	50	120		1.5	25
路径长度单位造价（万元/km）				本体造价		203.73	
				静态造价		264.10	

表 55-2　　**典型方案 2XZB2-J 交叉跨越表**

序号	被跨越物名称	跨越次数	备注
1	铁路		
2	高速公路		双向四车道以上
	一般公路	5	
3	500kV 电力线		
	220kV 电力线		
	110kV 电力线		
	66kV 电力线		
	35kV 电力线		
	10kV 电力线	5	
	低压线	10	380V 及以下线路
4	通信线	10	
5	河流	1	
6	水库		

表 55-3　　**典型方案 2XZB2-J 主要材料路径长度单位指标**

<table>
<tr><td colspan="2">项目</td><td colspan="3">数据</td><td>项目</td><td>数据</td></tr>
<tr><td colspan="2">导线（t/km）</td><td colspan="3">9.06</td><td>地线（t/km）</td><td>1.62</td></tr>
<tr><td colspan="2">塔数（基/km）</td><td colspan="3">2.38</td><td>铁塔钢材（t/km）</td><td>45.41</td></tr>
<tr><td colspan="2">基础钢材（t/km）</td><td colspan="3">5.36</td><td>接地钢材（t/km）</td><td>0.54</td></tr>
<tr><td colspan="2">合成绝缘子（支/km）</td><td colspan="3"></td><td rowspan="2">间隔棒（个/km）</td><td rowspan="2"></td></tr>
<tr><td colspan="2">盘式绝缘子（片/km）</td><td colspan="3">630.21</td></tr>
<tr><td colspan="2">防振锤（个/km）</td><td colspan="3">59.00</td><td>挂线金具（t/km）</td><td>0.89</td></tr>
<tr><td rowspan="2">土石方量（m³/km）</td><td>类型</td><td>基面</td><td>基坑</td><td>接地</td><td>混凝土（m³/km）</td><td>71.93</td></tr>
<tr><td>数量</td><td>10.00</td><td>93.00</td><td>93.23</td><td>护坡、排水沟、保坎（m³/km）</td><td>30.00</td></tr>
</table>

55.2 概算书

概算投资为静态投资，编制依据见第 4 章。220kV 输电线路工程典型方案 2XZB2-J 总概算表、安装工程费用汇总概算表、其他费用概算表分别见表 55-4～表 55-6。

表 55-4　　**典型方案 2XZB2-J 总概算表**

序号	工程或费用名称	费用金额（万元）	各项占总计（%）	单位投资（万元/km）
一	架空输电线路本体工程	10260	77.15	203.73
二	辅助设施工程			

续表 55-4

序号	工程或费用名称	费用金额（万元）	各项占总计（%）	单位投资（万元/km）
	小计	10260	77.15	203.73
三	编制期价差	986	7.41	19.58
四	其他费用	1840	13.83	36.54
	其中：建设场地征用及清理费	504		
五	基本预备费	196	1.47	3.89
六	特殊项目（现场人员管理系统）	18	0.14	0.36
	工程静态投资	13300	100.00	264.10

表 55-5　典型方案 2XZB2-J 安装工程费用汇总概算表　金额单位：元

序号	工程或费用名称	取费基数	费率（%）	基础工程	杆塔工程	接地工程	架线工程	附件工程	辅助工程	合计	各项占总计（%）	单位投资（元/km）
一	直接费			23463085	25012341	881830	12281795	7931166	2795019	72365236	70.53	1436959
1	直接工程费			19913866	23324938	747850	11707461	7313147	2331906	65339168	63.68	1297442
1.1	定额直接费			17403279	6356446	640484	2892398	2556091	2183877	32032575	31.22	636072
1.1.1	人工费		123.700	15832003	5718333	598256	1420311	2255067	2107660	27931630	27.22	554639
1.1.2	材料费			286874	16059	17857	44020	13953	14947	393710	0.38	7818
1.1.3	施工机械使用费		108.700	1284402	622054	24371	1428067	287071	61270	3707235	3.61	73615
1.2	装置性材料费			2510587	16968492	107366	8815063	4757056	148029	33306593	32.46	661370
2	措施费			3549219	1687403	133980	574334	618019	463113	7026068	6.85	139517
2.1	冬雨季施工增加费		7.230	1144653	413436	43254	102688	163041	152384	2019456	1.97	40100
2.2	夜间施工增加费											
2.3	施工工具用具使用费		2.700	427465	154395	16153	38349	60887	56906	754155	0.74	14975
2.4	临时设施费		6.590	1043329	376839	39425	93599	148609	138895	1840696	1.79	36551
2.5	施工机构转移费		2.200	348304	125803	13161	31247	49612	46369	614496	0.60	12202
2.6	安全文明施工费		2.940	585468	616930	21987	308451	195870	68559	1797265	1.75	35688
二	间接费			10861387	3923008	410429	974389	1547067	1445938	19162218	18.68	380505
1	规费			6821060	2463687	257753	611927	971573	908064	12034064	11.73	238961
1.1	社会保险费		29.254	4631494	1672841	175014	415499	659697	616574	8171119	7.96	162254
1.2	住房公积金		12.240	1937837	699924	73227	173845	276020	257978	3418831	3.33	67888
1.3	危险作业意外伤害保险费		1.590	251729	90922	9512	22583	35856	33512	444114	0.43	8819
2	企业管理费		21.820	3454543	1247741	130540	309912	492056	459892	6094684	5.94	121022
3	高原医疗保障费		1.530	242230	87491	9154	21730	34503	32247	427355	0.42	8486
4	高原习服费		1.640	259645	93781	9812	23293	36983	34565	458079	0.45	9096
5	施工企业配合调试费		0.530	83909	30308	3170	7527	11952	11170	148036	0.14	2940
三	利润		16.200	2564784	926370	96917	230090	365321	341441	4524923	4.41	89852

续表 55-5

序号	工程或费用名称	取费基数	费率（%）	基础工程	杆塔工程	接地工程	架线工程	附件工程	辅助工程	合计	各项占总计（%）	单位投资（元/km）
四	税金		10.000	3688926	1289323	138918	467121	508650	458240	6551178	6.38	130087
五	合计			40578182	31151042	1528094	13953395	10352204	5040638	102603555	100.00	2037402
	各项占总计（%）			40	30	1	14	10	5	100		
	单位投资（元/km）			805762	618567	30343	277073	205564	100092	2037402		

表 55-6　　典型方案 2XZB2-J 其他费用概算表　　金额单位：元

序号	工程或费用名称	编制依据及计算说明	合　价
1	建设场地征用及清理费	建设场地征用及清理费	5036000
2	项目建设管理费		3234939
2.1	项目法人管理费	（取费人工费×人工海拔调整系数）×4.92%	1374236
2.2	招标费	（本体工程费）×0.37%	379633
2.3	工程监理费		885782
2.5	工程结算审核费	本体工程费×0.35%	359112
2.6	工程保险费	（本体工程费+编制基准期价差）×0.21%	236176
3	项目建设技术服务费		9795394
3.1	项目前期工作费	（勘测费+基本设计费）×12.16%	787041
3.3	勘察设计费		7380571
3.3.1	勘察费		3902900
3.3.1.1	勘测费	70000 元/km×线路亘长	3525200
3.3.1.2	海拉瓦优化选线费	5500 元/km×线路亘长	276980
3.3.1.3	高清晰度卫片选线费	2000 元/km×线路亘长	100720
3.3.2	设计费		3477671
3.3.2.1	基本设计费	基本设计费	2947179
3.3.2.2	施工图预算编制费	基本设计费×10%	294718
3.3.2.3	竣工图编制费	基本设计费×8%	235774
3.4	设计文件评审费		477668
3.4.1	可行性研究设计文件评审费	2200 元/km×线路亘长	110792
3.4.2	初步设计文件评审费	3300 元/km×线路亘长	166188
3.4.3	施工图文件审查费		200688
3.5	项目后评价费	（取费人工费×人工海拔调整系数）×1.5%	418974
3.6	工程建设检测费		628536
3.6.1	电力工程质量检测费	（取费人工费×人工海拔调整系数）×1.2%	335180
3.6.3	环境监测验收费		150000
3.6.4	水土保持项目验收及补偿费		143356
3.7	电力工程技术经济标准编制管理费	本体工程费×0.1%	102604
4	生产准备费		329594
4.2	工器具及办公家具购置费	（取费人工费×人工海拔调整系数）×0.84%	234626

续表 55-6

序号	工程或费用名称	编制依据及计算说明	合　价
4.3	生产职工培训及提前进场费	（取费人工费×人工海拔调整系数）×0.34%	94968
	合计		18395927

第 56 章　典型方案 2XZC1-P 通用造价

56.1　基本技术条件

典型方案 2XZC1-P 为《国家电网公司输变电工程通用设计　西藏电网 110～500kV 输电线路分册（2015 年版）》中 2XZC1 模块在平地地形条件下的典型方案，直线塔与耐张塔采用鼓型铁塔，按照平均海拔 3500m 编制概算。典型方案 2XZC1-P 一般条件、交叉跨越、主要材料单位路径长度指标分别见表 56-1～表 56-3。

表 56-1　　典型方案 2XZC1-P 一般条件表

电压等级（kV）		220			回路数			双回路		
导线型号		2×JL/G1A-240/30			地线型号			JLB20A-120		
路径长度（km）		49.974			气象条件			覆冰（mm）		风速（m/s）
地形		平地						10		29
地质条件	条件	普通土	坚土	松砂石	水坑	泥水坑	流沙坑	干砂坑	岩石（爆破）	岩石（人工）
	比例（%）	5	40	50	5					
基础	型式	板式	台阶		掏挖	岩石嵌固		岩石锚固		灌注桩
	比例（%）	70			20					10
铁塔	类别	直线	耐张		总基数（基）	运距（km）		人力		汽车
	比例（%）	81	19		135			0.25		25
路径长度单位造价（万元/km）					本体造价			124.40		
					静态造价			163.14		

表 56-2　　典型方案 2XZC1-P 交叉跨越表

序号	被跨越物名称	跨　越　次　数	备　注
1	铁路		
2	高速公路		双向四车道以上
	一般公路	5	
3	500kV 电力线		
	220kV 电力线		
	110kV 电力线	1	
	66kV 电力线		
	35kV 电力线	2	
	10kV 电力线	10	
	低压线	20	380V 及以下线路
4	通信线	15	
5	河流	1	
6	水库		

表 56-3　　典型方案 2XZC1-P 主要材料路径长度单位指标

项目		数据			项目	数据
导线（t/km）		11.06			地线（t/km）	1.62
塔数（基/km）		2.70			铁塔钢材（t/km）	56.81
基础钢材（t/km）		7.40			接地钢材（t/km）	0.22
合成绝缘子（支/km）					间隔棒（个/km）	
盘式绝缘子（片/km）		827.51				
防振锤（个/km）		103.00			挂线金具（t/km）	1.02
土石方量（m³/km）	类型	基面	基坑	接地	混凝土（m³/km）	87.74
	数量		423.00	71.52	护坡、排水沟、保坎（m³/km）	

56.2 概算书

概算投资为静态投资，编制依据见第 4 章。220kV 输电线路工程典型方案 2XZC1-P 总概算表、安装工程费用汇总概算表、其他费用概算表分别见表 56-4～表 56-6。

表 56-4　　典型方案 2XZC1-P 总概算表

序号	工程或费用名称	费用金额（万元）	各项占总计（%）	单位投资（万元/km）
一	架空输电线路本体工程	6217	76.26	124.40
二	辅助设施工程			
	小计	6217	76.26	124.40
三	编制期价差	437	5.36	8.74
四	其他费用	1361	16.69	27.23
	其中：建设场地征用及清理费	650		
五	基本预备费	120	1.47	2.40
六	特殊项目（现场人员管理系统）	18	0.22	0.36
	工程静态投资	8153	100.00	163.14

表 56-5　　典型方案 2XZC1-P 安装工程费用汇总概算表　　金额单位：元

序号	工程或费用名称	取费基数	费率（%）	基础工程	杆塔工程	接地工程	架线工程	附件工程	辅助工程	合计	各项占总计（%）	单位投资（元/km）
一	直接费			8178912	24351224	189901	13212050	7839846	34128	53806061	86.55	1076681
1	直接工程费			7330818	23421478	164333	12682977	7465048	31199	51095853	82.19	1022449
1.1	定额直接费			4335733	2190002	120968	2171393	1137285	31199	9986580	16.06	199836
1.1.1	人工费		100.000	3379102	1748235	110767	1062055	965795	10751	7276705	11.70	145610
1.1.2	材料费			239404	19672	670	87602	14506	7212	369066	0.59	7385
1.1.3	施工机械使用费		100.000	717227	422095	9531	1021736	156984	13236	2340809	3.77	46841
1.2	装置性材料费			2995085	21231476	43365	10511584	6327763		41109273	66.13	822613
2	措施费				21231476		10511584	6327763		38070823	61.24	761813
2.1	冬雨季施工增加费			2995085		43365				3038450	4.89	60801
2.2	夜间施工增加费			848094	929746	25568	529073	374798	2929	2710208	4.36	54232
2.3	施工工具用具使用费		7.230	244310	126397	8009	76787	69828	777	526108	0.85	10528

续表 56-5

序号	工程或费用名称	取费基数	费率（%）	基础工程	杆塔工程	接地工程	架线工程	附件工程	辅助工程	合计	各项占总计（%）	单位投资（元/km）
2.4	临时设施费											
2.5	施工机构转移费		2.700	91235	47202	2991	28675	26077	290	196470	0.32	3931
2.6	安全文明施工费		6.590	222683	115209	7300	69989	63646	708	479535	0.77	9596
二	间接费		2.200	74340	38461	2437	23365	21248	237	160088	0.26	3203
1	规费		2.940	215526	602477	4831	330257	193999	917	1348007	2.17	26974
1.1	社会保险费			2318198	1199359	75992	728612	662575	7375	4992111	8.03	99894
1.2	住房公积金			1455852	753209	47723	457576	416104	4632	3135096	5.04	62735
1.3	危险作业意外伤害保险费		29.254	988523	511428	32404	310694	282534	3145	2128728	3.42	42597
2	企业管理费		12.240	413602	213984	13558	129996	118214	1316	890670	1.43	17823
3	高原医疗保障费		1.590	53727	27797	1761	16886	15356	171	115698	0.19	2315
4	高原习服费		21.820	737320	381465	24170	231740	210736	2346	1587777	2.55	31772
5	施工企业配合调试费		1.530	51700	26748	1695	16249	14777	164	111333	0.18	2228
三	利润		1.640	55418	28671	1817	17418	15839	176	119339	0.19	2388
四	税金		10.000	1104453	460232	28383	360114	233112	4325	2190619	3.52	43835
五	合计			12148979	26294029	312220	14472829	8891992	47570	62167619	100.00	1243999
	各项占总计（%）			20	42	1	23	14	0	100		
	单位投资（元/km）			243106	526154	6248	289607	177932	952	1243999		

表 56-6 **典型方案 2XZC1-P 其他费用概算表** 金额单位：元

序号	工程或费用名称	编制依据及计算说明	合 价
1	建设场地征用及清理费	建设场地征用及清理费	6496620
2	项目建设管理费		1797400
2.1	项目法人管理费	（取费人工费×人工海拔调整系数）×4.92%	358014
2.2	招标费	本体工程费×0.37%	230020
2.3	工程监理费		852057
2.5	工程结算审核费	本体工程费×0.35%	217587
2.6	工程保险费	（本体工程费+编制基准期价差）×0.21%	139722
3	项目建设技术服务费		5232950
3.1	项目前期工作费	（勘测费+基本设计费）×12.16%	351531
3.3	勘察设计费		3626124
3.3.1	勘察费		1394275
3.3.1.1	勘测费	20000 元/km×线路亘长	999480
3.3.1.2	海拉瓦优化选线费	5900 元/km×线路亘长	294847
3.3.1.3	高清晰度卫片选线费	2000 元/km×线路亘长	99948
3.3.2	设计费		2231849
3.3.2.1	基本设计费	基本设计费	1891397
3.3.2.2	施工图预算编制费	基本设计费×10%	189140

续表 56-6

序号	工程或费用名称	编制依据及计算说明	合　价
3.3.2.3	竣工图编制费	基本设计费×8%	151312
3.4	设计文件评审费		694157
3.4.1	可行性研究设计文件评审费	（2200 元/km×线路亘长）×1.8	197897
3.4.2	初步设计文件评审费	（3300 元/km×线路亘长）×1.8	296846
3.4.3	施工图文件审查费		199414
3.5	项目后评价费	（取费人工费×人工海拔调整系数）×1.5%	109151
3.6	工程建设检测费		389819
3.6.1	电力工程质量检测费	（取费人工费×人工海拔调整系数）×1.2%	87320
3.6.3	环境监测验收费		150000
3.6.4	水土保持项目验收及补偿费		152499
3.7	电力工程技术经济标准编制管理费	本体工程费×0.1%	62168
4	生产准备费		85865
4.2	工器具及办公家具购置费	（取费人工费×人工海拔调整系数）×0.84%	61124
4.3	生产职工培训及提前进场费	（取费人工费×人工海拔调整系数）×0.34%	24741
	合计		13612835

第 57 章　典型方案 2XZC1-H 通用造价

57.1　基本技术条件

典型方案 2XZC1-H 为《国家电网公司输变电工程通用设计　西藏电网 110～500kV 输电线路分册（2015 年版）》中 2XZC1 模块在河网泥沼地形条件下的典型方案，直线塔与耐张塔采用鼓型铁塔，按照平均海拔 3500m 编制概算。典型方案 2XZC1-H 一般条件、交叉跨越、主要材料单位路径长度指标分别见表 57-1～表 57-3。

表 57-1　　典型方案 2XZC1-H 一般条件表

电压等级（kV）		220			回路数		双回路			
导线型号		2×JL/G1A-240/30			地线型号		JLB20A-120			
路径长度（km）		50			气象条件		覆冰（mm）		风速（m/s）	
地形		河网泥沼					10		29	
地质条件	条件	普通土	坚土	松砂石	水坑	泥水坑	流沙坑	干砂坑	岩石（爆破）	岩石（人工）
	比例（%）				50	50				
基础	型式	板式	台阶	掏挖	岩石嵌固	岩石锚固	灌注桩			
	比例（%）	80					20			
铁塔	类别	直线	耐张	总基数（基）	运距（km）	人力	汽车			
	比例（%）	81	19	135		0.6	25			
路径长度单位造价（万元/km）			本体造价		153.58					
			静态造价		201.74					

表 57-2　　**典型方案 2XZC1-H 交叉跨越表**

序号	被跨越物名称	跨　越　次　数	备　　注
1	铁路		
2	高速公路		双向四车道以上
	一般公路	3	
3	500kV 电力线		
	220kV 电力线		
	110kV 电力线	1	
	66kV 电力线		
	35kV 电力线		
	10kV 电力线	7	
	低压线	15	380V 及以下线路
4	通信线	10	
5	河流	8	
6	水库		

表 57-3　　**典型方案 2XZC1-H 主要材料路径长度单位指标**

<table>
<tr><td colspan="2">项目</td><td colspan="3">数据</td><td>项目</td><td>数据</td></tr>
<tr><td colspan="2">导线（t/km）</td><td colspan="3">11.06</td><td>地线（t/km）</td><td>1.62</td></tr>
<tr><td colspan="2">塔数（基/km）</td><td colspan="3">2.70</td><td>铁塔钢材（t/km）</td><td>56.86</td></tr>
<tr><td colspan="2">基础钢材（t/km）</td><td colspan="3">13.75</td><td>接地钢材（t/km）</td><td>0.21</td></tr>
<tr><td colspan="2">合成绝缘子（支/km）</td><td colspan="3"></td><td rowspan="2">间隔棒（个/km）</td><td rowspan="2"></td></tr>
<tr><td colspan="2">盘式绝缘子（片/km）</td><td colspan="3">827.08</td></tr>
<tr><td colspan="2">防振锤（个/km）</td><td colspan="3">103.00</td><td>挂线金具（t/km）</td><td>1.02</td></tr>
<tr><td rowspan="2">土石方量（m^3/km）</td><td>类型</td><td>基面</td><td>基坑</td><td>接地</td><td>混凝土（m^3/km）</td><td>136.16</td></tr>
<tr><td>数量</td><td></td><td>865.00</td><td>67.23</td><td>护坡、排水沟、保坎（m^3/km）</td><td></td></tr>
</table>

57.2　概算书

概算投资为静态投资，编制依据见第 4 章。220kV 输电线路工程典型方案 2XZC1-H 总概算表、安装工程费用汇总概算表、其他费用概算表分别见表 57-4～表 57-6。

表 57-4　　**典型方案 2XZC1-H 总概算表**

序号	工程或费用名称	费用金额（万元）	各项占总计（%）	单位投资（万元/km）
一	架空输电线路本体工程	7679	76.13	153.58
二	辅助设施工程			
	小计	7679	76.13	153.58
三	编制期价差	652	6.46	13.04
四	其他费用	1589	15.75	31.78
	其中：建设场地征用及清理费	650		
五	基本预备费	149	1.48	2.98
六	特殊项目（现场人员管理系统）	18	0.18	0.36
	工程静态投资	10087	100.00	201.74

表 57-5　　典型方案 2XZC1-H 安装工程费用汇总概算表　　金额单位：元

序号	工程或费用名称	取费基数	费率（%）	基础工程	杆塔工程	接地工程	架线工程	附件工程	辅助工程	合计	各项占总计（%）	单位投资（元/km）
一	直接费			16700321	25023903	202173	13238540	7929404	34128	63128469	82.21	1262569
1	直接工程费			14860698	23984786	173999	12709820	7539852	31199	59300354	77.22	1186007
1.1	定额直接费			10134954	2736000	133266	2192763	1212089	31199	16440271	21.41	328805
1.1.1	人工费		100.000	7493155	2244398	123174	1056073	1032877	10751	11960428	15.58	239209
1.1.2	材料费			689883	19687	652	68705	14506	7212	800645	1.04	16013
1.1.3	施工机械使用费		100.000	1951916	471915	9440	1067985	164706	13236	3679198	4.79	73584
1.2	装置性材料费			4725744	21248786	40733	10517057	6327763		42860083	55.82	857202
2	措施费			1839623	1039117	28174	528720	389552	2929	3828115	4.99	76562
2.1	冬雨季施工增加费		7.230	541755	162270	8906	76354	74676	777	864738	1.13	17295
2.2	夜间施工增加费											
2.3	施工工具用具使用费		2.700	202315	60598	3326	28514	27888	290	322931	0.42	6459
2.4	临时设施费		6.590	493799	147906	8117	69595	68067	708	788192	1.03	15764
2.5	施工机构转移费		2.200	164849	49376	2710	23233	22723	237	263128	0.34	5263
2.6	安全文明施工费		2.940	436905	618967	5115	331024	196198	917	1589126	2.07	31783
二	间接费			5140603	1539749	84502	724508	708594	7375	8205331	10.69	164107
1	规费			3228350	966978	53068	454999	445005	4632	5153032	6.71	103061
1.1	社会保险费		29.254	2192047	656577	36033	308944	302157	3145	3498903	4.56	69978
1.2	住房公积金		12.240	917162	274715	15077	129263	126425	1316	1463958	1.91	29279
1.3	危险作业意外伤害保险费		1.590	119141	35686	1958	16792	16423	171	190171	0.25	3803
2	企业管理费		21.820	1635006	489728	26877	230435	225373	2346	2609765	3.40	52195
3	高原医疗保障费		1.530	114645	34339	1885	16157	15803	164	182993	0.24	3660
4	高原习服费		1.640	122888	36808	2020	17320	16939	176	196151	0.26	3923
5	施工企业配合调试费		0.530	39714	11896	652	5597	5474	57	63390	0.08	1268
三	利润		16.200	1213891	363593	19954	171084	167325	1742	1937589	2.52	38752
四	税金		10.000	2305483	567846	30663	361708	247756	4325	3517781	4.58	70356
五	合计			25360298	27495091	337292	14495840	9053079	47570	76789170	100.00	1535783
	各项占总计（%）			33	36	0	19	12	0	100		
	单位投资（元/km）			507206	549902	6746	289917	181062	951	1535783		

表 57-6　　典型方案 2XZC1-H 其他费用概算表　　金额单位：元

序号	工程或费用名称	编制依据及计算说明	合　价
1	建设场地征用及清理费	建设场地征用及清理费	6500000
2	项目建设管理费		2254041
2.1	项目法人管理费	（取费人工费×人工海拔调整系数）×4.92%	588453
2.2	招标费	本体工程费×0.37%	284120

续表 57-6

序号	工程或费用名称	编制依据及计算说明	合　价
2.3	工程监理费		937750
2.5	工程结算审核费	本体工程费×0.35%	268762
2.6	工程保险费	（本体工程费+编制基准期价差）×0.21%	174956
3	项目建设技术服务费		6993671
3.1	项目前期工作费	（勘测费+基本设计费）×12.16%	519617
3.3	勘察设计费		5077335
3.3.1	勘察费		2395000
3.3.1.1	勘测费	40000 元/km×线路亘长	2000000
3.3.1.2	海拉瓦优化选线费	5900 元/km×线路亘长	295000
3.3.1.3	高清晰度卫片选线费	2000 元/km×线路亘长	100000
3.3.2	设计费		2682335
3.3.2.1	基本设计费	基本设计费	2273165
3.3.2.2	施工图预算编制费	基本设计费×10%	227317
3.3.2.3	竣工图编制费	基本设计费×8%	181853
3.4	设计文件评审费		694500
3.4.1	可行性研究设计文件评审费	（2200 元/km×线路亘长）×1.8	198000
3.4.2	初步设计文件评审费	（3300 元/km×线路亘长）×1.8	297000
3.4.3	施工图文件审查费		199500
3.5	项目后评价费	（取费人工费×人工海拔调整系数）×1.5%	179406
3.6	工程建设检测费		446024
3.6.1	电力工程质量检测费	（取费人工费×人工海拔调整系数）×1.2%	143525
3.6.3	环境监测验收费		150000
3.6.4	水土保持项目验收及补偿费		152499
3.7	电力工程技术经济标准编制管理费	本体工程费×0.1%	76789
4	生产准备费		141133
4.2	工器具及办公家具购置费	（取费人工费×人工海拔调整系数）×0.84%	100468
4.3	生产职工培训及提前进场费	（取费人工费×人工海拔调整系数）×0.34%	40665
	合计		15888845

第 58 章　典型方案 2XZC1-Q 通用造价

58.1　基本技术条件

典型方案 2XZC1-Q 为《国家电网公司输变电工程通用设计　西藏电网 110～500kV 输电线路分册（2015 年版）》中 2XZC1 模块在丘陵地形条件下的典型方案，直线塔与耐张塔采用鼓型铁塔，按照平均海拔 3500m 编制概算。典型方案 2XZC1-Q 一般条件、交叉跨越、主要材料单位路径长度指标分别见表 58-1～表 58-3。

表 58-1 **典型方案 2XZC1-Q 一般条件表**

电压等级（kV）		220			回路数		双回路			
导线型号		2×JL/G1A-240/30			地线型号		JLB20A-120			
路径长度（km）		50.4			气象条件		覆冰（mm）		风速（m/s）	
地形		丘陵					10		29	
地质条件	条件	普通土	坚土	松砂石	水坑	泥水坑	流沙坑	干砂坑	岩石（爆破）	岩石（人工）
	比例（%）	25	25	30					10	10
基础	型式	板式	台阶		掏挖		岩石嵌固	岩石锚固		灌注桩
	比例（%）	40			60					
铁塔	类别	直线	耐张		总基数（基）		运距（km）	人力		汽车
	比例（%）	80	20		130			0.5		25
路径长度单位造价（万元/km）					本体造价		128.00			
					静态造价		169.15			

表 58-2 **典型方案 2XZC1-Q 交叉跨越表**

序号	被跨越物名称	跨 越 次 数	备 注
1	铁路		
2	高速公路		双向四车道以上
	一般公路	5	
3	500kV 电力线		
	220kV 电力线		
	110kV 电力线	1	
	66kV 电力线		
	35kV 电力线	1	
	10kV 电力线	10	
	低压线	20	380V 及以下线路
4	通信线	15	
5	河流	1	
6	水库		

表 58-3 **典型方案 2XZC1-Q 主要材料路径长度单位指标**

项目		数据			项目	数据
导线（t/km）		11.06			地线（t/km）	1.62
塔数（基/km）		2.58			铁塔钢材（t/km）	54.47
基础钢材（t/km）		6.43			接地钢材（t/km）	0.42
合成绝缘子（支/km）					间隔棒（个/km）	
盘式绝缘子（片/km）		832.12				
防振锤（个/km）		108.00			挂线金具（t/km）	1.05
土石方量（m^3/km）	类型	基面	基坑	接地	混凝土（m^3/km）	78.07
	数量	5.00	278.00	87.82	护坡、排水沟、保坎（m^3/km）	10.00

58.2 概算书

概算投资为静态投资，编制依据见第 4 章。220kV 输电线路工程典型方案 2XZC1-Q 总概算表、安装工程费用汇总概算表、其他费用概算表分别见表 58-4～表 58-6。

表 58-4　　典型方案 2XZC1-Q 总概算表

序号	工程或费用名称	费用金额（万元）	各项占总计（%）	单位投资（万元/km）
一	架空输电线路本体工程	6451	75.67	128.00
二	辅助设施工程			
	小计	6451	75.67	128.00
三	编制期价差	453	5.31	8.99
四	其他费用	1477	17.33	29.31
	其中：建设场地征用及清理费	655		
五	基本预备费	126	1.48	2.50
六	特殊项目（现场人员管理系统）	18	0.21	0.36
	工程静态投资	8525	100.00	169.15

表 58-5　　典型方案 2XZC1-Q 安装工程费用汇总概算表　　金额单位：元

序号	工程或费用名称	取费基数	费率（%）	基础工程	杆塔工程	接地工程	架线工程	附件工程	辅助工程	合计	各项占总计（%）	单位投资（元/km）
一	直接费			8705648	23995072	374663	13414848	8084329	137692	54712252	84.82	1085561
1	直接工程费			7722633	22997758	324188	12872222	7690504	117363	51724668	80.19	1026283
1.1	定额直接费			4985737	2643175	240773	2271022	1217329	116391	11474427	17.79	227667
1.1.1	人工费		100.000	4038305	2156717	218714	1106676	1035168	90171	8645751	13.40	171543
1.1.2	材料费			269439	18861	7247	83402	14666	8641	402256	0.62	7981
1.1.3	施工机械使用费		100.000	677993	467597	14812	1080944	167495	17579	2426420	3.76	48143
1.2	装置性材料费			2736896	20354583	83415	10601200	6473175	972	40250241	62.40	798616
2	措施费			983015	997314	50475	542626	393825	20329	2987584	4.63	59277
2.1	冬雨季施工增加费		7.230	291970	155931	15814	80013	74843	6518	625089	0.97	12403
2.2	夜间施工增加费											
2.3	施工工具用具使用费		2.700	109034	58232	5905	29880	27950	2435	233436	0.36	4632
2.4	临时设施费		6.590	266124	142128	14413	72929	68217	5942	569753	0.88	11305
2.5	施工机构转移费		2.200	88842	47447	4812	24346	22774	1984	190205	0.29	3774
2.6	安全文明施工费		2.940	227045	593576	9531	335458	200041	3450	1369101	2.12	27165
二	间接费			2770438	1479594	150046	759225	710167	61859	5931329	9.20	117685
1	规费			1739863	929199	94231	476801	445992	38849	3724935	5.77	73907
1.1	社会保险费		29.254	1181366	630925	63983	323747	302828	26379	2529228	3.92	50183
1.2	住房公积金		12.240	494288	263983	26771	135457	126705	11036	1058240	1.64	20997
1.3	危险作业意外伤害保险费		1.590	64209	34291	3477	17597	16459	1434	137467	0.21	2728
2	企业管理费		21.820	881158	470596	47723	241476	225873	19675	1886501	2.92	37431
3	高原医疗保障费		1.530	61786	32998	3347	16932	15839	1379	132281	0.21	2625

续表 58-5

序号	工程或费用名称	取费基数	费率（%）	基础工程	杆塔工程	接地工程	架线工程	附件工程	辅助工程	合计	各项占总计（%）	单位投资（元/km）
4	高原习服费		1.640	66228	35370	3587	18150	16977	1478	141790	0.22	2813
5	施工企业配合调试费		0.530	21403	11431	1158	5866	5486	478	45822	0.07	909
三	利润		16.200	654206	349388	35432	179282	167698	14608	1400614	2.17	27790
四	税金		10.000	1213030	546947	56014	375215	248902	21417	2461525	3.82	48840
五	合计			13343322	26371001	616155	14728570	9211096	235576	64505720	100.00	1279875
	各项占总计（%）			21	41	1	23	14	0	100		
	单位投资（元/km）			264748	523234	12225	292234	182760	4674	1279875		

表 58-6　　典型方案 2XZC1-Q 其他费用概算表　　金额单位：元

序号	工程或费用名称	编制依据及计算说明	合　价
1	建设场地征用及清理费	建设场地征用及清理费	6552000
2	项目建设管理费		1894111
2.1	项目法人管理费	（取费人工费×人工海拔调整系数）×4.92%	425371
2.2	招标费	本体工程费×0.37%	238671
2.3	工程监理费		859320
2.5	工程结算审核费	本体工程费×0.35%	225770
2.6	工程保险费	（本体工程费+编制基准期价差）×0.21%	144979
3	项目建设技术服务费		6216981
3.1	项目前期工作费	（勘测费+基本设计费）×12.16%	451920
3.3	勘察设计费		4466044
3.3.1	勘察费		2162160
3.3.1.1	勘测费	35000 元/km×线路亘长	1764000
3.3.1.2	海拉瓦优化选线费	5900 元/km×线路亘长	297360
3.3.1.3	高清晰度卫片选线费	2000 元/km×线路亘长	100800
3.3.2	设计费		2303884
3.3.2.1	基本设计费	基本设计费	1952444
3.3.2.2	施工图预算编制费	基本设计费×10%	195244
3.3.2.3	竣工图编制费	基本设计费×8%	156196
3.4	设计文件评审费		699780
3.4.1	可行性研究设计文件评审费	（2200 元/km×线路亘长）×1.8	199584
3.4.2	初步设计文件评审费	（3300 元/km×线路亘长）×1.8	299376
3.4.3	施工图文件审查费		200820
3.5	项目后评价费	（取费人工费×人工海拔调整系数）×1.5%	129686
3.6	工程建设检测费		405045
3.6.1	电力工程质量检测费	（取费人工费×人工海拔调整系数）×1.2%	103749
3.6.3	环境监测验收费		150000
3.6.4	水土保持项目验收及补偿费		151296

续表 58-6

序号	工程或费用名称	编制依据及计算说明	合　价
3.7	电力工程技术经济标准编制管理费	（本体工程费）×0.1%	64506
4	生产准备费		102020
4.2	工器具及办公家具购置费	（取费人工费×人工海拔调整系数）×0.84%	72624
4.3	生产职工培训及提前进场费	（取费人工费×人工海拔调整系数）×0.34%	29396
	合计		14765112

第 59 章　典型方案 2XZC1-S 通用造价

59.1　基本技术条件

典型方案 2XZC1-S 为《国家电网公司输变电工程通用设计　西藏电网 110～500kV 输电线路分册（2015 年版）》中 2XZC1 模块在山地地形条件下的典型方案，直线塔与耐张塔采用鼓型铁塔，按照平均海拔 3500m 编制概算。典型方案 2XZC1-S 一般条件、交叉跨越、主要材料单位路径长度指标分别见表 59-1～表 59-3。

表 59-1　　典型方案 2XZC1-S 一般条件表

电压等级（kV）		220			回路数			双回路		
导线型号		2×JL/G1A-240/30			地线型号			JLB20A-120		
路径长度（km）		50			气象条件			覆冰（mm）		风速（m/s）
地形		山地						10		29
地质条件	条件	普通土	坚土	松砂石	水坑	泥水坑	流沙坑	干砂坑	岩石（爆破）	岩石（人工）
	比例（%）	10	10	30					25	25
基础	型式	板式	台阶		掏挖	岩石嵌固		岩石锚固		灌注桩
	比例（%）	20			70			5		5
铁塔	类别	直线	耐张		总基数（基）	运距（km）		人力		汽车
	比例（%）	75	25		120			0.8		25
路径长度单位造价（万元/km）					本体造价			161.26		
					静态造价			211.18		

表 59-2　　典型方案 2XZC1-S 交叉跨越表

序号	被跨越物名称	跨　越　次　数	备　注
1	铁路		
2	高速公路		双向四车道以上
	一般公路	5	
3	500kV 电力线		
	220kV 电力线		
	110kV 电力线		
	66kV 电力线		
	35kV 电力线	1	
	10kV 电力线	5	
	低压线	10	380V 及以下线路

续表 59-2

序号	被跨越物名称	跨越次数	备注
4	通信线	10	
5	河流	1	
6	水库		

表 59-3　　典型方案 2XZC1-S 主要材料路径长度单位指标

项目					数据	项目	数据
导线（t/km）					11.06	地线（t/km）	1.62
塔数（基/km）					2.58	铁塔钢材（t/km）	54.41
基础钢材（t/km）					6.97	接地钢材（t/km）	0.48
合成绝缘子（支/km）						间隔棒（个/km）	
盘式绝缘子（片/km）					877.50		
防振锤（个/km）					107.00	挂线金具（t/km）	1.13
土石方量（m^3/km）	类型	基面	基坑	接地		混凝土（m^3/km）	91.72
	数量	5.00	209.00	85.11		护坡、排水沟、保坎（m^3/km）	20.00

59.2 概算书

概算投资为静态投资，编制依据见第 4 章。220kV 输电线路工程典型方案 2XZC1-S 总概算表、安装工程费用汇总概算表、其他费用概算表分别见表 59-4～表 59-6。

表 59-4　　典型方案 2XZC1-S 总概算表

序号	工程或费用名称	费用金额（万元）	各项占总计（%）	单位投资（万元/km）
一	架空输电线路本体工程	8063	76.36	161.26
二	辅助设施工程			
	小计	8063	76.36	161.26
三	编制期价差	663	6.28	13.26
四	其他费用	1659	15.71	33.18
	其中：建设场地征用及清理费	650		
五	基本预备费	156	1.48	3.12
六	特殊项目（现场人员管理系统）	18	0.17	0.36
	工程静态投资	10559	100.00	211.18

表 59-5　　典型方案 2XZC1-S 安装工程费用汇总概算表　　金额单位：元

序号	工程或费用名称	取费基数	费率（%）	基础工程	杆塔工程	接地工程	架线工程	附件工程	辅助工程	合计	各项占总计（%）	单位投资（元/km）
一	直接费			14368178	25598746	587853	13888904	8846426	809733	64099840	79.50	1281997
1	直接工程费			12523328	24335066	503116	13293448	8367625	688431	59711014	74.05	1194220
1.1	定额直接费			9377271	4000723	408436	2776391	1624272	590450	18777543	23.29	375551
1.1.1	人工费		100.000	7888156	3369149	373643	1320906	1388557	539877	14880288	18.45	297606
1.1.2	材料费			372159	18687	16189	59712	16034	14298	497079	0.62	9942
1.1.3	施工机械使用费		100.000	1116956	612887	18604	1395773	219681	36275	3400176	4.22	68004

续表 59-5

序号	工程或费用名称	取费基数	费率（%）	基础工程	杆塔工程	接地工程	架线工程	附件工程	辅助工程	合计	各项占总计（%）	单位投资（元/km）
1.2	装置性材料费			3146057	20334343	94680	10517057	6743353	97981	40933471	50.77	818669
2	措施费			1844850	1263680	84737	595456	478801	121302	4388826	5.44	87777
2.1	冬雨季施工增加费		7.230	570314	243590	27014	95502	100393	39032	1075845	1.33	21517
2.2	夜间施工增加费											
2.3	施工工具用具使用费		2.700	212980	90967	10088	35665	37492	14577	401769	0.50	8035
2.4	临时设施费		6.590	519830	222027	24623	87047	91505	35577	980609	1.22	19612
2.5	施工机构转移费		2.200	173540	74121	8220	29060	30549	11877	327367	0.41	6547
2.6	安全文明施工费		2.940	368186	632975	14792	348182	218862	20239	1603236	1.99	32065
二	间接费			5411592	2311373	256334	906195	952606	370377	10208477	12.66	204170
1	规费			3398533	1451565	160981	569099	598246	232601	6411025	7.95	128221
1.1	社会保险费		29.254	2307601	985611	109306	386418	406208	157936	4353080	5.40	87062
1.2	住房公积金		12.240	965510	412384	45734	161678	169960	66081	1821347	2.26	36427
1.3	危险作业意外伤害保险费		1.590	125422	53570	5941	21003	22078	8584	236598	0.29	4732
2	企业管理费		21.820	1721196	735149	81528	288222	302983	117801	3246879	4.03	64938
3	高原医疗保障费		1.530	120689	51548	5717	20210	21245	8260	227669	0.28	4553
4	高原习服费		1.640	129366	55254	6128	21663	22772	8853	244036	0.30	4881
5	施工企业配合调试费		0.530	41808	17857	1980	7001	7360	2862	78868	0.10	1577
三	利润		16.200	1277881	545802	60530	213987	224946	87460	2410606	2.99	48212
四	税金		10.000	2105765	812158	90472	449203	328062	126758	3912418	4.85	78248
五	合计			23163416	29268079	995189	15458289	10352040	1394328	80631341	100.00	1612627
	各项占总计（%）			29	36	1	19	13	2	100		
	单位投资（元/km）			463268	585361	19904	309166	207041	27887	1612627		

表 59-6　　典型方案 2XZC1-S 其他费用概算表　　金额单位：元

序号	工程或费用名称	编制依据及计算说明	合　价
1	建设场地征用及清理费	建设场地征用及清理费	6500000
2	项目建设管理费		2433652
2.1	项目法人管理费	（取费人工费×人工海拔调整系数）×4.92%	732110
2.2	招标费	本体工程费×0.37%	298336
2.3	工程监理费		937750
2.5	工程结算审核费	本体工程费×0.35%	282210
2.6	工程保险费	（本体工程费+编制基准期价差）×0.21%	183246
3	项目建设技术服务费		7483713
3.1	项目前期工作费	（勘测费+基本设计费）×12.16%	562216
3.3	勘察设计费		5445711
3.3.1	勘察费		2645000

续表 59-6

序号	工程或费用名称	编制依据及计算说明	合　价
3.3.1.1	勘测费	45000 元/km×线路亘长	2250000
3.3.1.2	海拉瓦优化选线费	5900 元/km×线路亘长	295000
3.3.1.3	高清晰度卫片选线费	5900 元/km×线路亘长	100000
3.3.2	设计费		2800711
3.3.2.1	基本设计费	基本设计费	2373484
3.3.2.2	施工图预算编制费	基本设计费×10%	237348
3.3.2.3	竣工图编制费	基本设计费×8%	189879
3.4	设计文件评审费		694500
3.4.1	可行性研究设计文件评审费	（2200 元/km×线路亘长）×1.8	198000
3.4.2	初步设计文件评审费	（3300 元/km×线路亘长）×1.8	297000
3.4.3	施工图文件审查费		199500
3.5	项目后评价费	（取费人工费×人工海拔调整系数）×1.5%	223204
3.6	工程建设检测费		477451
3.6.1	电力工程质量检测费	（取费人工费×人工海拔调整系数）×1.2%	178563
3.6.3	环境监测验收费		150000
3.6.4	水土保持项目验收及补偿费		148888
3.7	电力工程技术经济标准编制管理费	本体工程费×0.1%	80631
4	生产准备费		175587
4.2	工器具及办公家具购置费	（取费人工费×人工海拔调整系数）×0.84%	124994
4.3	生产职工培训及提前进场费	（取费人工费×人工海拔调整系数）×0.34%	50593
	合计		16592952

第 60 章　典型方案 2XZC1-G 通用造价

60.1　基本技术条件

典型方案 2XZC1-G 为《国家电网公司输变电工程通用设计　西藏电网 110～500kV 输电线路分册（2015 年版）》中 2XZC1 模块在高山地形条件下的典型方案，直线塔与耐张塔采用鼓型铁塔，按照平均海拔 3500m 编制概算。典型方案 2XZC1-G 一般条件、交叉跨越、主要材料单位路径长度指标分别见表 60-1～表 60-3。

表 60-1　　典型方案 2XZC1-G 一般条件表

<table>
<tr><td colspan="2">电压等级（kV）</td><td colspan="4">220</td><td colspan="4">回路数</td><td colspan="4">双回路</td></tr>
<tr><td colspan="2">导线型号</td><td colspan="4">2×JL/G1A-240/30</td><td colspan="4">地线型号</td><td colspan="4">JLB20A-120</td></tr>
<tr><td colspan="2">路径长度（km）</td><td colspan="4">49.86</td><td colspan="4" rowspan="2">气象条件</td><td colspan="3">覆冰（mm）</td><td>风速（m/s）</td></tr>
<tr><td colspan="2">地形</td><td colspan="4">高山</td><td colspan="3">10</td><td>29</td></tr>
<tr><td rowspan="2">地质条件</td><td>条件</td><td>普通土</td><td colspan="2">坚土</td><td>松砂石</td><td>水坑</td><td colspan="2">泥水坑</td><td colspan="2">流沙坑</td><td>干砂坑</td><td>岩石（爆破）</td><td>岩石（人工）</td></tr>
<tr><td>比例（%）</td><td>10</td><td colspan="2">10</td><td>30</td><td></td><td colspan="2"></td><td colspan="2"></td><td></td><td>25</td><td>25</td></tr>
<tr><td rowspan="2">基础</td><td>型式</td><td colspan="2">板式</td><td colspan="2">台阶</td><td colspan="2">掏挖</td><td colspan="3">岩石嵌固</td><td colspan="2">岩石锚固</td><td>灌注桩</td></tr>
<tr><td>比例（%）</td><td colspan="2"></td><td colspan="2"></td><td colspan="2">90</td><td colspan="3"></td><td colspan="2">5</td><td>5</td></tr>
</table>

续表 60-1

铁塔	类别	直线	耐张	总基数（基）	运距（km）	人力	汽车
	比例（%）	65	35	115		1.2	25
路径长度单位造价（万元/km）				本体造价		212.43	
				静态造价		273.47	

表 60-2　　典型方案 2XZC1-G 交叉跨越表

序号	被跨越物名称	跨越次数	备注
1	铁路		
2	高速公路		双向四车道以上
	一般公路	5	
3	500kV 电力线		
	220kV 电力线		
	110kV 电力线		
	66kV 电力线		
	35kV 电力线		
	10kV 电力线	5	
	低压线	10	380V 及以下线路
4	通信线	10	
5	河流	1	
6	水库		

表 60-3　　典型方案 2XZC1-G 主要材料路径长度单位指标

项目		数据			项目	数据
导线（t/km）		11.06			地线（t/km）	1.62
塔数（基/km）		2.31			铁塔钢材（t/km）	62.70
基础钢材（t/km）		7.52			接地钢材（t/km）	0.49
合成绝缘子（支/km）					间隔棒（个/km）	
盘式绝缘子（片/km）		975.18				
防振锤（个/km）		103.00			挂线金具（t/km）	1.24
土石方量（m^3/km）	类型	基面	基坑	接地	混凝土（m^3/km）	99.10
	数量	10.00	129.00	88.19	护坡、排水沟、保坎（m^3/km）	30.00

60.2　概算书

概算投资为静态投资，编制依据见第 4 章。220kV 输电线路工程典型方案 2XZC1-G 总概算表、安装工程费用汇总概算表、其他费用概算表分别见表 60-4～表 60-6。

表 60-4　　典型方案 2XZC1-G 总概算表

序号	工程或费用名称	费用金额（万元）	各项占总计（%）	单位投资（万元/km）
一	架空输电线路本体工程	10592	77.69	212.43
二	辅助设施工程			
	小计	10592	77.69	212.43

续表 60-4

序号	工程或费用名称	费用金额（万元）	各项占总计（%）	单位投资（万元/km）
三	编制期价差	942	6.91	18.89
四	其他费用	1882	13.80	37.75
	其中：建设场地征用及清理费	648		
五	基本预备费	201	1.47	4.03
六	特殊项目（现场人员管理系统）	18	0.13	0.36
	工程静态投资	13635	100.00	273.47

表 60-5　　典型方案 2XZC1-G 安装工程费用汇总概算表　　金额单位：元

序号	工程或费用名称	取费基数	费率（%）	基础工程	杆塔工程	接地工程	架线工程	附件工程	辅助工程	合计	各项占总计（%）	单位投资（元/km）
一	直接费			20916348	31395754	657920	14603473	10677915	1738769	79990179	75.52	1604296
1	直接工程费			18010682	29614851	561400	13930030	9987153	1463070	73567186	69.45	1475475
1.1	定额直接费			14526538	6183355	464313	3442424	2639616	1316511	28572757	26.97	573060
1.1.1	人工费		100.000	12693124	5370002	427428	1636887	2279437	1242982	23649860	22.33	474325
1.1.2	材料费			391197	21393	16705	55101	19517	17809	521722	0.49	10464
1.1.3	施工机械使用费		100.000	1442217	791960	20180	1750436	340662	55720	4401175	4.16	88271
1.2	装置性材料费			3484144	23431496	97087	10487606	7347537	146559	44994429	42.48	902415
2	措施费			2905666	1780903	96520	673443	690762	275699	6422993	6.06	128821
2.1	冬雨季施工增加费		7.230	917713	388251	30903	118347	164803	89867	1709884	1.61	34294
2.2	夜间施工增加费											
2.3	施工工具用具使用费		2.700	342714	144990	11541	44196	61544	33560	638545	0.60	12807
2.4	临时设施费		6.590	836477	353883	28168	107871	150215	81912	1558526	1.47	31258
2.5	施工机构转移费		2.200	279248	118140	9403	36012	50148	27346	520297	0.49	10435
2.6	安全文明施工费		2.940	529514	775639	16505	367017	264052	43014	1995741	1.88	40027
二	间接费			8707992	3684036	293235	1122968	1563783	852734	16224748	15.32	325406
1	规费			5468706	2313612	184155	705236	982073	535526	10189308	9.62	204358
1.1	社会保险费		29.254	3713247	1570940	125040	478855	666827	363621	6918530	6.53	138759
1.2	住房公积金		12.240	1553639	657289	52318	200354	279003	152141	2894744	2.73	58057
1.3	危险作业意外伤害保险费		1.590	201820	85383	6797	26027	36243	19764	376034	0.36	7542
2	企业管理费		21.820	2769640	1171734	93265	357168	497372	271219	5160398	4.87	103498
3	高原医疗保障费		1.530	194205	82161	6540	25044	34875	19017	361842	0.34	7257
4	高原习服费		1.640	208167	88068	7010	26844	37382	20384	387855	0.37	7779
5	施工企业配合调试费		0.530	67274	28461	2265	8676	12081	6588	125345	0.12	2514
三	利润		16.200	2056286	869940	69243	265176	369268	201363	3831276	3.62	76841
四	税金		10.000	3168063	1251823	102040	550401	526343	279287	5877957	5.55	117889
五	合计			34848689	37201553	1122438	16542018	13137309	3072153	105924160	100.00	2124432
	各项占总计（%）			33	35	1	16	12	3	100		
	单位投资（元/km）			698931	746120	22512	331769	263484	61616	2124432		

表 60-6 典型方案 2XZC1-G 其他费用概算表 金额单位：元

序号	工程或费用名称	编制依据及计算说明	合价
1	建设场地征用及清理费	建设场地征用及清理费	6481800
2	项目建设管理费		3188582
2.1	项目法人管理费	（取费人工费×人工海拔调整系数）×4.92%	1163573
2.2	招标费	本体工程费×0.37%	391919
2.3	工程监理费		1020136
2.5	工程结算审核费	本体工程费×0.35%	370735
2.6	工程保险费	（本体工程费+编制基准期价差）×0.21%	242219
3	项目建设技术服务费		8873748
3.1	项目前期工作费	（勘测费+基本设计费）×12.16%	672069
3.3	勘察设计费		6466872
3.3.1	勘察费		2886894
3.3.1.1	勘测费	50000 元/km×线路亘长	2493000
3.3.1.2	海拉瓦优化选线费	5900 元/km×线路亘长	294174
3.3.1.3	高清晰度卫片选线费	2000 元/km×线路亘长	99720
3.3.2	设计费		3579978
3.3.2.1	基本设计费	基本设计费	3033880
3.3.2.2	施工图预算编制费	基本设计费×10%	303388
3.3.2.3	竣工图编制费	基本设计费×8%	242710
3.4	设计文件评审费		692652
3.4.1	可行性研究设计文件评审费	（2200 元/km×线路亘长）×1.8	197446
3.4.2	初步设计文件评审费	（3300 元/km×线路亘长）×1.8	296168
3.4.3	施工图文件审查费		199038
3.5	项目后评价费	（取费人工费×人工海拔调整系数）×1.5%	354748
3.6	工程建设检测费		581483
3.6.1	电力工程质量检测费	（取费人工费×人工海拔调整系数）×1.2%	283798
3.6.3	环境监测验收费		150000
3.6.4	水土保持项目验收及补偿费		147685
3.7	电力工程技术经济标准编制管理费	本体工程费×0.1%	105924
4	生产准备费		279069
4.2	工器具及办公家具购置费	（取费人工费×人工海拔调整系数）×0.84%	198659
4.3	生产职工培训及提前进场费	（取费人工费×人工海拔调整系数）×0.34%	80410
	合计		18823199

第 61 章 典型方案 2XZC1-J 通用造价

61.1 基本技术条件

典型方案 2XZC1-J 为《国家电网公司输变电工程通用设计 西藏电网 110～500kV 输电线路分册（2015 年版）》中 2XZC1 模块在峻岭地形条件下的典型方案，直线塔与耐张塔采用鼓型铁塔，按照平均海拔 3500m 编制概算。典型方案 2XZC1-J 一般条件、交叉跨越、主要材料单位路径长度指标分别见表 61-1～表 61-3。

表 61-1　　典型方案 2XZC1-J 一般条件表

<table>
<tr><td colspan="2">电压等级（kV）</td><td colspan="3">220</td><td colspan="2">回路数</td><td colspan="4">双回路</td></tr>
<tr><td colspan="2">导线型号</td><td colspan="3">2×JL/G1A-240/30</td><td colspan="2">地线型号</td><td colspan="4">JLB20A-120</td></tr>
<tr><td colspan="2">路径长度（km）</td><td colspan="3">50.36</td><td colspan="2" rowspan="2">气象条件</td><td colspan="2">覆冰（mm）</td><td colspan="2">风速（m/s）</td></tr>
<tr><td colspan="2">地形</td><td colspan="3">峻岭</td><td colspan="2">10</td><td colspan="2">29</td></tr>
<tr><td rowspan="2">地质条件</td><td>条件</td><td>普通土</td><td>坚土</td><td>松砂石</td><td>水坑</td><td>泥水坑</td><td>流沙坑</td><td>干砂坑</td><td>岩石（爆破）</td><td>岩石（人工）</td></tr>
<tr><td>比例（%）</td><td>10</td><td>10</td><td>30</td><td></td><td></td><td></td><td></td><td>25</td><td>25</td></tr>
<tr><td rowspan="2">基础</td><td>型式</td><td>板式</td><td colspan="2">台阶</td><td>掏挖</td><td colspan="2">岩石嵌固</td><td colspan="2">岩石锚固</td><td>灌注桩</td></tr>
<tr><td>比例（%）</td><td></td><td colspan="2"></td><td>90</td><td colspan="2"></td><td colspan="2">5</td><td>5</td></tr>
<tr><td rowspan="2">铁塔</td><td>类别</td><td>直线</td><td colspan="2">耐张</td><td>总基数（基）</td><td colspan="2" rowspan="2">运距（km）</td><td colspan="2">人力</td><td>汽车</td></tr>
<tr><td>比例（%）</td><td>50</td><td colspan="2">50</td><td>120</td><td colspan="2">1.5</td><td>25</td></tr>
<tr><td colspan="5" rowspan="2">路径长度单位造价（万元/km）</td><td colspan="3">本体造价</td><td colspan="3">280.36</td></tr>
<tr><td colspan="3">静态造价</td><td colspan="3">357.27</td></tr>
</table>

表 61-2　　典型方案 2XZC1-J 交叉跨越表

序号	被跨越物名称	跨越次数	备注
1	铁路		
2	高速公路		双向四车道以上
	一般公路	5	
3	500kV 电力线		
	220kV 电力线		
	110kV 电力线		
	66kV 电力线		
	35kV 电力线		
	10kV 电力线	5	
	低压线	10	380V 及以下线路
4	通信线	10	
5	河流	1	
6	水库		

表 61-3　　典型方案 2XZC1-J 主要材料路径长度单位指标

项目		数据			项目	数据
导线（t/km）		11.06			地线（t/km）	1.62
塔数（基/km）		2.38			铁塔钢材（t/km）	74.15
基础钢材（t/km）		8.75			接地钢材（t/km）	0.54
合成绝缘子（支/km）					间隔棒（个/km）	
盘式绝缘子（片/km）		1238.48				
防振锤（个/km）		101.00			挂线金具（t/km）	1.58
土石方量（m^3/km）	类型	基面	基坑	接地	混凝土（m^3/km）	117.46
	数量	10.00	152.00	93.23	护坡、排水沟、保坎（m^3/km）	30.00

61.2　概算书

概算投资为静态投资，编制依据见第 4 章。220kV 输电线路工程典型方案 2XZC1-J 总概算表、安装工程费用汇总概算表、其他费用概算表分别见表 61-4～表 61-6。

表 61-4　　典型方案 2XZC1-J 总概算表

序号	工程或费用名称	费用金额（万元）	各项占总计（%）	单位投资（万元/km）
一	架空输电线路本体工程	14119	78.47	280.36
二	辅助设施工程			
	小计	14119	78.47	280.36
三	编制期价差	1320	7.34	26.21
四	其他费用	2269	12.61	45.06
	其中：建设场地征用及清理费	655		
五	基本预备费	266	1.48	5.28
六	特殊项目（现场人员管理系统）	18	0.10	0.36
	工程静态投资	17992	100.00	357.27

表 61-5　　典型方案 2XZC1-J 安装工程费用汇总概算表　　金额单位：元

序号	工程或费用名称	取费基数	费率（%）	基础工程	杆塔工程	接地工程	架线工程	附件工程	辅助工程	合计	各项占总计（%）	单位投资（元/km）
一	直接费			31421764	38678084	740375	14941750	14414875	2312723	102509571	72.60	2035536
1	直接工程费			26809110	36300397	631278	14241304	13381702	1936018	93299809	66.08	1852657
1.1	定额直接费			22715305	8591501	523912	3648527	4167906	1787989	41435140	29.35	822779
1.1.1	人工费		100.000	20429837	7600650	483635	1734526	3615487	1708258	35572393	25.19	706362
1.1.2	材料费			462295	25203	17857	55466	26951	17916	605688	0.43	12027
1.1.3	施工机械使用费		100.000	1823173	965648	22420	1858535	525468	61815	5257059	3.72	104390
1.2	装置性材料费			4093805	27708896	107366	10592777	9213796	148029	51864669	36.73	1029878
2	措施费			4612654	2377687	109097	700446	1033173	376705	9209762	6.52	182879
2.1	冬雨季施工增加费		7.230	1477077	549527	34967	125407	261400	123508	2571886	1.82	51070
2.2	夜间施工增加费											
2.3	施工工具用具使用费		2.700	551606	205218	13058	46832	97618	46123	960455	0.68	19072

续表 61-5

序号	工程或费用名称	取费基数	费率(%)	基础工程	杆塔工程	接地工程	架线工程	附件工程	辅助工程	合计	各项占总计(%)	单位投资(元/km)
2.4	临时设施费		6.590	1346326	500883	31872	114305	238261	112574	2344221	1.66	46549
2.5	施工机构转移费		2.200	449457	167214	10640	38160	79541	37582	782594	0.55	15540
2.6	安全文明施工费		2.940	788188	954845	18560	375742	356353	56918	2550606	1.81	50647
二	间接费			14015686	5214352	331793	1189954	2480369	1171930	24404084	17.28	484593
1	规费			8801991	3274665	208370	747304	1557697	735985	15326012	10.85	304329
1.1	社会保险费		29.254	5976545	2223494	141483	507419	1057675	499733	10406349	7.37	206639
1.2	住房公积金		12.240	2500612	930320	59198	212306	442536	209091	4354063	3.08	86459
1.3	危险作业意外伤害保险费		1.590	324834	120851	7689	27579	57486	27161	565600	0.40	11231
2	企业管理费		21.820	4457790	1658462	105529	378474	788900	372742	7761897	5.50	154128
3	高原医疗保障费		1.530	312577	116290	7399	26538	55316	26135	544255	0.39	10807
4	高原习服费		1.640	335050	124651	7931	28445	59293	28015	583385	0.41	11584
5	施工企业配合调试费		0.530	108278	40284	2564	9193	19163	9053	188535	0.13	3744
三	利润		16.200	3309633	1231305	78348	280993	585709	276737	5762725	4.08	114431
四	税金		10.000	4874709	1741485	115052	581992	826715	376140	8516093	6.03	169104
五	合计			53621792	46865226	1265568	16994689	18307668	4137530	141192473	100.00	2803663
	各项占总计(%)			38	33	1	12	13	3	100		
	单位投资(元/km)			1064769	930604	25130	337464	363536	82159	2803663		

表 61-6 **典型方案 2XZC1-J 其他费用概算表** 金额单位：元

序号	工程或费用名称	编制依据及计算说明	合　价
1	建设场地征用及清理费	建设场地征用及清理费	6546800
2	项目建设管理费		4121336
2.1	项目法人管理费	（取费人工费×人工海拔调整系数）×4.92%	1750162
2.2	招标费	本体工程费×0.37%	522412
2.3	工程监理费		1030366
2.5	工程结算审核费	本体工程费×0.35%	494174
2.6	工程保险费	（本体工程费+编制基准期价差）×0.21%	324222
3	项目建设技术服务费		11598979
3.1	项目前期工作费	（勘测费+基本设计费）×12.16%	909560
3.3	勘察设计费		8589632
3.3.1	勘察费		3923044
3.3.1.1	勘测费	70000 元/km×线路亘长	3525200
3.3.1.2	海拉瓦优化选线费	5900 元/km×线路亘长	297124
3.3.1.3	高清晰度卫片选线费	2000 元/km×线路亘长	100720
3.3.2	设计费		4666588
3.3.2.1	基本设计费	基本设计费	3954735

续表 61-6

序号	工程或费用名称	编制依据及计算说明	合　价
3.3.2.2	施工图预算编制费	基本设计费×10%	395474
3.3.2.3	竣工图编制费	基本设计费×8%	316379
3.4	设计文件评审费		699252
3.4.1	可行性研究设计文件评审费	（2200 元/km×线路亘长）×1.8	199426
3.4.2	初步设计文件评审费	（3300 元/km×线路亘长）×1.8	299138
3.4.3	施工图文件审查费		200688
3.5	项目后评价费	（取费人工费×人工海拔调整系数）×1.5%	533586
3.6	工程建设检测费		725757
3.6.1	电力工程质量检测费	（取费人工费×人工海拔调整系数）×1.2%	426869
3.6.3	环境监测验收费		150000
3.6.4	水土保持项目验收及补偿费		148888
3.7	电力工程技术经济标准编制管理费	本体工程费×0.1%	141192
4	生产准备费		419754
4.2	工器具及办公家具购置费	（取费人工费×人工海拔调整系数）×0.84%	298808
4.3	生产职工培训及提前进场费	（取费人工费×人工海拔调整系数）×0.34%	120946
	合计		22686869

第 62 章　典型方案 2XZC2-P 通用造价

62.1　基本技术条件

典型方案 2XZC2-P 为《国家电网公司输变电工程通用设计　西藏电网 110～500kV 输电线路分册（2015 年版）》中 2XZC2 模块在平地地形条件下的典型方案，直线塔与耐张塔采用鼓型铁塔，按照平均海拔 4500m 编制概算。典型方案 2XZC2-P 一般条件、交叉跨越、主要材料单位路径长度指标分别见表 62-1～表 62-3。

表 62-1　　典型方案 2XZC2-P 一般条件表

电压等级（kV）		220			回路数		双回路		
导线型号		2×JL/G1A-240/30			地线型号		JLB20A-120		
路径长度（km）		49.974			气象条件		覆冰（mm）		风速（m/s）
地形		平地					10		33
地质条件	条件	普通土	坚土	松砂石	水坑	泥水坑	流沙坑	干砂坑	岩石（爆破）	岩石（人工）
	比例（%）	5	40	50	5					
基础	型式	板式	台阶		掏挖	岩石嵌固	岩石锚固		灌注桩
	比例（%）	70			20				10
铁塔	类别	直线	耐张		总基数（基）	运距（km）	人力		汽车
	比例（%）	81	19		135		0.25		25
路径长度单位造价（万元/km）				本体造价			146.76		
				静态造价			189.92		

表 62-2　　**典型方案 2XZC2-P 交叉跨越表**

序号	被跨越物名称	跨越次数	备注
1	铁路		
2	高速公路		双向四车道以上
	一般公路	5	
3	500kV 电力线		
	220kV 电力线		
	110kV 电力线	1	
	66kV 电力线		
	35kV 电力线	2	
	10kV 电力线	10	
	低压线	20	380V 及以下线路
4	通信线	15	
5	河流	1	
6	水库		

表 62-3　　**典型方案 2XZC2-P 主要材料路径长度单位指标**

项目		数据			项目	数据
导线（t/km）		11.06			地线（t/km）	1.62
塔数（基/km）		2.70			铁塔钢材（t/km）	66.63
基础钢材（t/km）		8.68			接地钢材（t/km）	0.22
合成绝缘子（支/km）					间隔棒（个/km）	
盘式绝缘子（片/km）		892.71				
防振锤（个/km）		103.00			挂线金具（t/km）	1.02
土石方量（m^3/km）	类型	基面	基坑	接地	混凝土（m^3/km）	102.89
	数量		496.00	71.52	护坡、排水沟、保坎（m^3/km）	

62.2　概算书

概算投资为静态投资，编制依据见第 4 章。220kV 输电线路工程典型方案 2XZC2-P 总概算表、安装工程费用汇总概算表、其他费用概算表分别见表 62-4～表 62-6。

表 62-4　　**典型方案 2XZC2-P 总概算表**

序号	工程或费用名称	费用金额（万元）	各项占总计（%）	单位投资（万元/km）
一	架空输电线路本体工程	7334	77.27	146.76
二	辅助设施工程			
	小计	7334	77.27	146.76
三	编制期价差	564	5.94	11.29
四	其他费用	1435	15.12	28.71
	其中：建设场地征用及清理费	650		
五	基本预备费	140	1.48	2.80
六	特殊项目（现场人员管理系统）	18	0.19	0.36
	工程静态投资	9491	100.00	189.92

表 62-5 典型方案 2XZC2-P 安装工程费用汇总概算表 金额单位：元

序号	工程或费用名称	取费基数	费率（%）	基础工程	杆塔工程	接地工程	架线工程	附件工程	辅助工程	合计	各项占总计（%）	单位投资（元/km）
一	直接费			10668916	29043202	222689	13609780	8525887	38415	62108889	84.68	1242824
1	直接工程费			9487162	27872201	191413	13023574	8091022	34899	58700271	80.03	1174616
1.1	定额直接费			5978117	2973456	148048	2511990	1383360	34899	13029870	17.77	260733
1.1.1	人工费		123.700	4822811	2417451	137018	1313762	1196517	13299	9900858	13.50	198120
1.1.2	材料费			276768	22177	670	87602	14639	7212	409068	0.56	8186
1.1.3	施工机械使用费		108.700	878538	533828	10360	1110626	172204	14388	2719944	3.71	54427
1.2	装置性材料费			3509045	24898745	43365	10511584	6707662		45670401	62.27	913883
2	措施费			1181754	1171001	31276	586206	434865	3516	3408618	4.65	68208
2.1	冬雨季施工增加费		7.230	348690	174782	9906	94985	86508	962	715833	0.98	14324
2.2	夜间施工增加费											
2.3	施工工具用具使用费		2.700	130216	65271	3700	35471	32306	359	267323	0.36	5349
2.4	临时设施费		6.590	317823	159310	9029	86577	78850	876	652465	0.89	13056
2.5	施工机构转移费		2.200	106102	53184	3014	28903	26324	293	217820	0.30	4359
2.6	安全文明施工费		2.940	278923	718454	5627	340270	210877	1026	1555177	2.12	31120
二	间接费			3308640	1658468	94001	901294	820861	9122	6792386	9.26	135918
1	规费			2077860	1041534	59034	566021	515508	5729	4265686	5.82	85358
1.1	社会保险费		29.254	1410865	707201	40084	384327	350029	3890	2896396	3.95	57958
1.2	住房公积金		12.240	590312	295896	16771	160805	146454	1628	1211866	1.65	24250
1.3	危险作业意外伤害保险费		1.590	76683	38437	2179	20889	19025	211	157424	0.21	3150
2	企业管理费		21.820	1052338	527488	29897	286663	261080	2902	2160368	2.95	43230
3	高原医疗保障费		1.530	73788	36987	2097	20101	18307	203	151483	0.21	3031
4	高原习服费		1.640	79094	39646	2247	21546	19624	218	162375	0.22	3249
5	施工企业配合调试费		0.530	25560	12813	726	6963	6342	70	52474	0.07	1050
三	利润		16.200	781296	391627	22197	212830	193835	2154	1603939	2.19	32095
四	税金		10.000	1475885	619455	33888	421233	283293	4969	2838723	3.87	56804
五	合计			16234737	31712752	372775	15145137	9823876	54660	73343937	100.00	1467642
	各项占总计（%）			22	43	1	21	13	0	100		
	单位投资（元/km）			324864	634585	7459	303060	196580	1094	1467642		

表 62-6 典型方案 2XZC2-P 其他费用概算表 金额单位：元

序号	工程或费用名称	编制依据及计算说明	合价
1	建设场地征用及清理费	建设场地征用及清理费	6496620
2	项目建设管理费		2033125
2.1	项目法人管理费	（取费人工费×人工海拔调整系数）×4.92%	487122
2.2	招标费	本体工程费×0.37%	271373

续表 62-6

序号	工程或费用名称	编制依据及计算说明	合　价
2.3	工程监理费		852057
2.5	工程结算审核费	本体工程费×0.35%	256704
2.6	工程保险费	（本体工程费+编制基准期价差）×0.21%	165869
3	项目建设技术服务费		5700493
3.1	项目前期工作费	（勘测费+基本设计费）×12.16%	387015
3.3	勘察设计费		3970463
3.3.1	勘察费		1394275
3.3.1.1	勘测费	20000 元/km×线路亘长	999480
3.3.1.2	海拉瓦优化选线费	5900 元/km×线路亘长	294847
3.3.1.3	高清晰度卫片选线费	2000 元/km×线路亘长	99948
3.3.2	设计费		2576188
3.3.2.1	基本设计费	基本设计费	2183210
3.3.2.2	施工图预算编制费	基本设计费×10%	218321
3.3.2.3	竣工图编制费	基本设计费×8%	174657
3.4	设计文件评审费		694157
3.4.1	可行性研究设计文件评审费	（2200 元/km×线路亘长）×1.8	197897
3.4.2	初步设计文件评审费	（3300 元/km×线路亘长）×1.8	296846
3.4.3	施工图文件审查费		199414
3.5	项目后评价费	（取费人工费×人工海拔调整系数）×1.5%	148513
3.6	工程建设检测费		427001
3.6.1	电力工程质量检测费	（取费人工费×人工海拔调整系数）×1.2%	118810
3.6.3	环境监测验收费		150000
3.6.4	水土保持项目验收及补偿费		158191
3.7	电力工程技术经济标准编制管理费	本体工程费×0.1%	73344
4	生产准备费		116830
4.2	工器具及办公家具购置费	（取费人工费×人工海拔调整系数）×0.84%	83167
4.3	生产职工培训及提前进场费	（取费人工费×人工海拔调整系数）×0.34%	33663
	合计		14347068

第 63 章　典型方案 2XZC2-H 通用造价

63.1　基本技术条件

典型方案 2XZC2-H 为《国家电网公司输变电工程通用设计　西藏电网 110～500kV 输电线路分册（2015 年版）》中 2XZC2 模块在河网泥沼地形条件下的典型方案，直线塔与耐张塔采用鼓型铁塔，按照平均海拔 4500m 编制概算。典型方案 2XZC2-H 一般条件、交叉跨越、主要材料单位路径长度指标分别见表 63-1～表 63-3。

表 63-1　　　典型方案 2XZC2-H 一般条件表

电压等级（kV）		220			回路数		双回路			
导线型号		2×JL/G1A-240/30			地线型号		JLB20A-120			
路径长度（km）		50			气象条件		覆冰（mm）		风速（m/s）	
地形		河网					10		33	
地质条件	条件	普通土	坚土	松砂石	水坑	泥水坑	流沙坑	干砂坑	岩石（爆破）	岩石（人工）
	比例（%）				50	50				
基础	型式	板式	台阶	掏挖	岩石嵌固	岩石锚固	灌注桩			
	比例（%）	80					20			
铁塔	类别	直线	耐张	总基数（基）	运距（km）	人力	汽车			
	比例（%）	81	19	135		0.6	25			
路径长度单位造价（万元/km）				本体造价		185.36				
				静态造价		240.14				

表 63-2　　　典型方案 2XZC2-H 交叉跨越表

序号	被跨越物名称	跨　越　次　数	备　　注
1	铁路		
2	高速公路		双向四车道以上
	一般公路	3	
3	500kV 电力线		
	220kV 电力线		
	110kV 电力线	1	
	66kV 电力线		
	35kV 电力线		
	10kV 电力线	7	
	低压线	15	380V 及以下线路
4	通信线	10	
5	河流	8	
6	水库		

表 63-3　　　典型方案 2XZC2-H 主要材料路径长度单位指标

项目		数据			项目	数据
导线（t/km）		11.06			地线（t/km）	1.62
塔数（基/km）		2.70			铁塔钢材（t/km）	66.63
基础钢材（t/km）		16.11			接地钢材（t/km）	0.21
合成绝缘子（支/km）					间隔棒（个/km）	
盘式绝缘子（片/km）		892.25				
防振锤（个/km）		103.00			挂线金具（t/km）	1.02
土石方量（m^3/km）	类型	基面	基坑	接地	混凝土（m^3/km）	159.57
	数量		1014.00	67.23	护坡、排水沟、保坎（m^3/km）	

63.2 概算书

概算投资为静态投资，编制依据见第 4 章。220kV 输电线路工程典型方案 2XZC2-H 总概算表、安装工程费用汇总概算表、其他费用概算表分别见表 63-4～表 63-6。

表 63-4　　典型方案 2XZC2-H 总概算表

序号	工程或费用名称	费用金额（万元）	各项占总计（%）	单位投资（万元/km）
一	架空输电线路本体工程	9268	77.19	185.36
二	辅助设施工程			
	小计	9268	77.19	185.36
三	编制期价差	843	7.02	16.86
四	其他费用	1701	14.17	34.02
	其中：建设场地征用及清理费	650		
五	基本预备费	177	1.47	3.54
六	特殊项目（现场人员管理系统）	18	0.15	0.36
	工程静态投资	12007	100.00	240.14

表 63-5　　典型方案 2XZC2-H 安装工程费用汇总概算表　　金额单位：元

序号	工程或费用名称	取费基数	费率（%）	基础工程	杆塔工程	接地工程	架线工程	附件工程	辅助工程	合计	各项占总计（%）	单位投资（元/km）
一	直接费			21520941	29954396	238532	13638690	8637313	38415	74028287	79.87	1480566
1	直接工程费			18958472	28631205	204013	13053024	8183912	34899	69065525	74.52	1381311
1.1	定额直接费			13427324	3729582	163280	2535967	1476250	34899	21367302	23.05	427346
1.1.1	人工费		123.700	10710961	3111294	152366	1306362	1280942	13299	16575224	17.88	331504
1.1.2	材料费			801733	22179	652	68705	14639	7212	915120	0.99	18302
1.1.3	施工机械使用费		108.700	1914630	596109	10262	1160900	180669	14388	3876958	4.18	77539
1.2	装置性材料费			5531148	24901623	40733	10517057	6707662		47698223	51.47	953964
2	措施费			2562469	1323191	34519	585666	453401	3516	4962762	5.35	99255
2.1	冬雨季施工增加费		7.230	774402	224947	11016	94450	92612	962	1198389	1.29	23968
2.2	夜间施工增加费											
2.3	施工工具用具使用费		2.700	289197	84005	4113	35272	34585	359	447531	0.48	8951
2.4	临时设施费		6.590	705851	205034	10040	86089	84414	876	1092304	1.18	21846
2.5	施工机构转移费		2.200	235640	68448	3352	28740	28182	293	364655	0.39	7293
2.6	安全文明施工费		2.940	557379	740757	5998	341115	213608	1026	1859883	2.01	37198
二	间接费			7348146	2134472	104529	896218	878778	9122	11371265	12.27	227425
1	规费			4614710	1340470	65646	562835	551882	5729	7141272	7.71	142825
1.1	社会保险费		29.254	3133385	910178	44573	382164	374727	3890	4848917	5.23	96978
1.2	住房公积金		12.240	1311021	380822	18650	159899	156787	1628	2028807	2.19	40576
1.3	危险作业意外伤害保险费		1.590	170304	49470	2423	20772	20368	211	263548	0.28	5271
2	企业管理费		21.820	2337131	678884	33247	285048	279501	2902	3616713	3.90	72334
3	高原医疗保障费		1.530	163878	47603	2331	19987	19598	203	253600	0.27	5072

续表 63-5

序号	工程或费用名称	取费基数	费率（%）	基础工程	杆塔工程	接地工程	架线工程	附件工程	辅助工程	合计	各项占总计（%）	单位投资（元/km）
4	高原习服费		1.640	175659	51025	2498	21424	21008	218	271832	0.29	5437
5	施工企业配合调试费		0.530	56768	16490	807	6924	6789	70	87848	0.09	1757
三	利润		16.200	1735175	504030	24684	211630	207513	2154	2685186	2.90	53704
四	税金		10.000	3060426	769127	36775	422949	301595	4969	4595841	4.96	91917
五	合计			33664688	33362025	404520	15169487	10025199	54660	92680579	100.00	1853612
	各项占总计（%）			37	36	0	16	11	0	100		
	单位投资（元/km）			673294	667241	8090	303390	200504	1093	1853612		

表 63-6　　典型方案 2XZC2-H 其他费用概算表　　金额单位：元

序号	工程或费用名称	编制依据及计算说明	合　价
1	建设场地征用及清理费	建设场地征用及清理费	6500000
2	项目建设管理费		2632885
2.1	项目法人管理费	（取费人工费×人工海拔调整系数）×4.92%	815501
2.2	招标费	本体工程费×0.37%	342918
2.3	工程监理费		937750
2.5	工程结算审核费	本体工程费×0.35%	324382
2.6	工程保险费	（本体工程费+编制基准期价差）×0.21%	212334
3	项目建设技术服务费		7679921
3.1	项目前期工作费	（勘测费+基本设计费）×12.16%	570072
3.3	勘察设计费		5566946
3.3.1	勘察费		2395000
3.3.1.1	勘测费	40000 元/km×线路亘长	2000000
3.3.1.2	海拉瓦优化选线费	5900 元/km×线路亘长	295000
3.3.1.3	高清晰度卫片选线费	2000 元/km×线路亘长	100000
3.3.2	设计费		3171946
3.3.2.1	基本设计费	基本设计费	2688090
3.3.2.2	施工图预算编制费	基本设计费×10%	268809
3.3.2.3	竣工图编制费	基本设计费×8%	215047
3.4	设计文件评审费		694500
3.4.1	可行性研究设计文件评审费	（2200 元/km×线路亘长）×1.8	198000
3.4.2	初步设计文件评审费	（3300 元/km×线路亘长）×1.8	297000
3.4.3	施工图文件审查费		199500
3.5	项目后评价费	（取费人工费×人工海拔调整系数）×1.5%	248628
3.6	工程建设检测费		507094
3.6.1	电力工程质量检测费	（取费人工费×人工海拔调整系数）×1.2%	198903
3.6.3	环境监测验收费		150000
3.6.4	水土保持项目验收及补偿费		158191

续表 63-6

序号	工程或费用名称	编制依据及计算说明	合　价
3.7	电力工程技术经济标准编制管理费	本体工程费×0.1%	92681
4	生产准备费		195588
4.2	工器具及办公家具购置费	（取费人工费×人工海拔调整系数）×0.84%	139232
4.3	生产职工培训及提前进场费	（取费人工费×人工海拔调整系数）×0.34%	56356
	合计		17008394

第 64 章　典型方案 2XZC2-Q 通用造价

64.1　基本技术条件

典型方案 2XZC2-Q 为《国家电网公司输变电工程通用设计　西藏电网 110～500kV 输电线路分册（2015 年版）》中 2XZC2 模块在丘陵地形条件下的典型方案，直线塔与耐张塔采用鼓型铁塔，按照平均海拔 4500m 编制概算。典型方案 2XZC2-Q 一般条件、交叉跨越、主要材料单位路径长度指标分别见表 64-1～表 64-3。

表 64-1　　典型方案 2XZC2-Q 一般条件表

电压等级（kV）		220			回路数		双回路			
导线型号		2×JL/G1A-240/30			地线型号		JLB20A-120			
路径长度（km）		50.4			气象条件		覆冰（mm）		风速（m/s）	
地形		丘陵					10		33	
地质条件	条件	普通土	坚土	松砂石	水坑	泥水坑	流沙坑	干砂坑	岩石（爆破）	岩石（人工）
	比例（%）	25	25	30					10	10
基础	型式	板式	台阶	掏挖	岩石嵌固	岩石锚固	灌注桩			
	比例（%）	40		60						
铁塔	类别	直线	耐张	总基数（基）	运距（km）	人力	汽车			
	比例（%）	80	20	130		0.5	25			
路径长度单位造价（万元/km）			本体造价		152.36					
			静态造价		198.43					

表 64-2　　典型方案 2XZC2-Q 交叉跨越表

序号	被跨越物名称	跨　越　次　数	备　注
1	铁路		
2	高速公路		双向四车道以上
	一般公路	5	
3	500kV 电力线		
	220kV 电力线		
	110kV 电力线	1	
	66kV 电力线		
	35kV 电力线	1	
	10kV 电力线	10	
	低压线	20	380V 及以下线路

续表 64-2

序号	被跨越物名称	跨越次数	备注
4	通信线	15	
5	河流	1	
6	水库		

表 64-3　　典型方案 2XZC2-Q 主要材料路径长度单位指标

项目		数据			项目	数据
导线（t/km）		11.06			地线（t/km）	1.62
塔数（基/km）		2.58			铁塔钢材（t/km）	63.44
基础钢材（t/km）		7.48			接地钢材（t/km）	0.42
合成绝缘子（支/km）					间隔棒（个/km）	
盘式绝缘子（片/km）		897.70				
防振锤（个/km）		108.00			挂线金具（t/km）	1.05
土石方量（m^3/km）	类型	基面	基坑	接地	混凝土（m^3/km）	90.93
	数量	5.00	324.00	87.82	护坡、排水沟、保坎（m^3/km）	10.00

64.2　概算书

概算投资为静态投资，编制依据见第 4 章。220kV 输电线路工程典型方案 2XZC2-Q 总概算表、安装工程费用汇总概算表、其他费用概算表分别见表 64-4～表 64-6。

表 64-4　　典型方案 2XZC2-Q 总概算表

序号	工程或费用名称	费用金额（万元）	各项占总计（%）	单位投资（万元/km）
一	架空输电线路本体工程	7679	76.78	152.36
二	辅助设施工程			
	小计	7679	76.78	152.36
三	编制期价差	596	5.96	11.83
四	其他费用	1560	15.60	30.95
	其中：建设场地征用及清理费	655		
五	基本预备费	148	1.48	2.94
六	特殊项目（现场人员管理系统）	18	0.18	0.36
	工程静态投资	10001	100.00	198.43

表 64-5　　典型方案 2XZC2-Q 安装工程费用汇总概算表　　金额单位：元

序号	工程或费用名称	取费基数	费率（%）	基础工程	杆塔工程	接地工程	架线工程	附件工程	辅助工程	合计	各项占总计（%）	单位投资（元/km）
一	直接费			11543518	28553589	439050	13830748	8799208	305021	63471134	82.66	1259348
1	直接工程费			10158290	27290781	377311	13228546	8341240	263207	59659375	77.70	1183718
1.1	定额直接费			6974003	3582083	293896	2627346	1482557	214221	15174106	19.76	301074
1.1.1	人工费		123.700	5804361	2973402	270549	1368958	1283898	182029	11883197	15.48	235778
1.1.2	材料费			312110	21126	7247	83402	14800	8640	447325	0.58	8875
1.1.3	施工机械使用费		108.700	857532	587555	16100	1174986	183859	23552	2843584	3.70	56420

续表 64-5

序号	工程或费用名称	取费基数	费率（%）	基础工程	杆塔工程	接地工程	架线工程	附件工程	辅助工程	合计	各项占总计（%）	单位投资（元/km）
1.2	装置性材料费			3184287	23708698	83415	10601200	6858683	48986	44485269	57.93	882644
2	措施费			1385228	1262808	61739	602202	457968	41814	3811759	4.96	75630
2.1	冬雨季施工增加费		7.230	419655	214977	19560	98976	92826	13161	859155	1.12	17047
2.2	夜间施工增加费											
2.3	施工工具用具使用费		2.700	156717	80282	7305	36963	34665	4914	320846	0.42	6366
2.4	临时设施费		6.590	382507	195947	17829	90214	84608	11995	783100	1.02	15538
2.5	施工机构转移费		2.200	127695	65415	5952	30117	28246	4005	261430	0.34	5187
2.6	安全文明施工费		2.940	298654	706187	11093	345932	217623	7739	1587228	2.07	31493
二	间接费			3982022	2039872	185609	939160	880805	124879	8152347	10.62	161753
1	规费			2500750	1281060	116564	589801	553155	78425	5119755	6.67	101582
1.1	社会保险费		29.254	1698007	869839	79147	400475	375592	53250	3476310	4.53	68974
1.2	住房公积金		12.240	710454	363944	33115	167560	157149	22281	1454503	1.89	28859
1.3	危险作业意外伤害保险费		1.590	92289	47277	4302	21766	20414	2894	188942	0.25	3749
2	企业管理费		21.820	1266511	648796	59034	298707	280146	39719	2592913	3.38	51447
3	高原医疗保障费		1.530	88807	45493	4140	20945	19644	2785	181814	0.24	3607
4	高原习服费		1.640	95191	48764	4437	22451	21056	2986	194885	0.25	3867
5	施工企业配合调试费		0.530	30763	15759	1434	7256	6804	964	62980	0.08	1250
三	利润		16.200	940307	481691	43829	221771	207991	29488	1925077	2.51	38196
四	税金		10.000	1646585	736645	66849	439048	302933	45939	3237999	4.22	64246
五	合计			18112432	31811797	735337	15430727	10190937	505327	76786557	100.00	1523543
	各项占总计（%）			24	41	1	20	13	1	100		
	单位投资（元/km）			359374	631186	14590	306165	202201	10026	1523543		

表 64-6　　　　典型方案 2XZC2-Q 其他费用概算表　　　　金额单位：元

序号	工程或费用名称	编制依据及计算说明	合　价
1	建设场地征用及清理费	建设场地征用及清理费	6552000
2	项目建设管理费		2170602
2.1	项目法人管理费	（取费人工费×人工海拔调整系数）×4.92%	584653
2.2	招标费	本体工程费×0.37%	284110
2.3	工程监理费		859320
2.5	工程结算审核费	本体工程费×0.35%	268753
2.6	工程保险费	（本体工程费+编制基准期价差）×0.21%	173766
3	项目建设技术服务费		6739516
3.1	项目前期工作费	（勘测费+基本设计费）×12.16%	490911
3.3	勘察设计费		4844415
3.3.1	勘察费		2162160
3.3.1.1	勘测费	35000 元/km×线路亘长	1764000

续表 64-6

序号	工程或费用名称	编制依据及计算说明	合　价
3.3.1.2	海拉瓦优化选线费	5900 元/km×线路亘长	297360
3.3.1.3	高清晰度卫片选线费	2000 元/km×线路亘长	100800
3.3.2	设计费		2682255
3.3.2.1	基本设计费	基本设计费	2273097
3.3.2.2	施工图预算编制费	基本设计费×10%	227310
3.3.2.3	竣工图编制费	基本设计费×8%	181848
3.4	设计文件评审费		699780
3.4.1	可行性研究设计文件评审费	（2200 元/km×线路亘长）×1.8	199584
3.4.2	初步设计文件评审费	（3300 元/km×线路亘长）×1.8	299376
3.4.3	施工图文件审查费		200820
3.5	项目后评价费	（取费人工费×人工海拔调整系数）×1.5%	178248
3.6	工程建设检测费		449375
3.6.1	电力工程质量检测费	（取费人工费×人工海拔调整系数）×1.2%	142598
3.6.3	环境监测验收费		150000
3.6.4	水土保持项目验收及补偿费		156777
3.7	电力工程技术经济标准编制管理费	（本体工程费）×0.1%	76787
4	生产准备费		140222
4.2	工器具及办公家具购置费	（取费人工费×人工海拔调整系数）×0.84%	99819
4.3	生产职工培训及提前进场费	（取费人工费×人工海拔调整系数）×0.34%	40403
	合计		15602340

第 65 章　典型方案 2XZC2-S 通用造价

65.1　基本技术条件

典型方案 2XZC2-S 为《国家电网公司输变电工程通用设计　西藏电网 110～500kV 输电线路分册（2015 年版）》中 2XZC2 模块在山地地形条件下的典型方案，直线塔与耐张塔采用鼓型铁塔，按照平均海拔 4500m 编制概算。典型方案 2XZC2-S 一般条件、交叉跨越、主要材料单位路径长度指标分别见表 65-1～表 65-3。

表 65-1　　典型方案 2XZC2-S 一般条件表

<table>
<tr><td colspan="2">电压等级（kV）</td><td colspan="3">220</td><td colspan="3">回路数</td><td colspan="3">双回路</td></tr>
<tr><td colspan="2">导线型号</td><td colspan="3">2×JL/G1A-240/30</td><td colspan="3">地线型号</td><td colspan="3">JLB20A-120</td></tr>
<tr><td colspan="2">路径长度（km）</td><td colspan="3">50</td><td colspan="3" rowspan="2">气象条件</td><td colspan="2">覆冰（mm）</td><td>风速（m/s）</td></tr>
<tr><td colspan="2">地形</td><td colspan="3">山地</td><td colspan="2">10</td><td>33</td></tr>
<tr><td rowspan="2">地质条件</td><td>条件</td><td>普通土</td><td>坚土</td><td>松砂石</td><td>水坑</td><td>泥水坑</td><td>流沙坑</td><td>干砂坑</td><td>岩石（爆破）</td><td>岩石（人工）</td></tr>
<tr><td>比例（%）</td><td>10</td><td>10</td><td>30</td><td></td><td></td><td></td><td></td><td>25</td><td>25</td></tr>
<tr><td rowspan="2">基础</td><td>型式</td><td colspan="2">板式</td><td>台阶</td><td colspan="2">掏挖</td><td>岩石嵌固</td><td colspan="2">岩石锚固</td><td>灌注桩</td></tr>
<tr><td>比例（%）</td><td colspan="2">20</td><td></td><td colspan="2">70</td><td></td><td colspan="2">5</td><td>5</td></tr>
</table>

续表 65-1

铁塔	类别	直线	耐张	总基数（基）	运距（km）	人力	汽车
	比例（%）	75	25	120		0.8	25
路径长度单位造价（万元/km）				本体造价		196.52	
				静态造价		253.60	

表 65-2　　典型方案 2XZC2-S 交叉跨越表

序号	被跨越物名称	跨 越 次 数	备　注
1	铁路		
2	高速公路		
	一般公路	5	
3	500kV 电力线		
	220kV 电力线		
	110kV 电力线		
	66kV 电力线		
	35kV 电力线	1	
	10kV 电力线	5	
	低压线	10	380V 及以下线路
4	通信线	10	
5	河流	1	
6	水库		

表 65-3　　典型方案 2XZC2-S 主要材料路径长度单位指标

项目		数据			项目	数据
导线（t/km）		11.06			地线（t/km）	1.62
塔数（基/km）		2.40			铁塔钢材（t/km）	62.89
基础钢材（t/km）		8.06			接地钢材（t/km）	0.48
合成绝缘子（支/km）					间隔棒（个/km）	
盘式绝缘子（片/km）		946.55				
防振锤（个/km）		107.00			挂线金具（t/km）	1.13
土石方量（m^3/km）	类型	基面	基坑	接地	混凝土（m^3/km）	106.02
	数量	5.00	241.00	85.11	护坡、排水沟、保坎（m^3/km）	20.00

65.2 概算书

概算投资为静态投资，编制依据见第 4 章。220kV 输电线路工程典型方案 2XZC2-S 总概算表、安装工程费用汇总概算表、其他费用概算表分别见表 65-4～表 65-6。

表 65-4　　典型方案 2XZC2-S 总概算表

序号	工程或费用名称	费用金额（万元）	各项占总计（%）	单位投资（万元/km）
一	架空输电线路本体工程	9826	77.50	196.52
二	辅助设施工程			
	小计	9826	77.50	196.52

续表 65-4

序号	工程或费用名称	费用金额（万元）	各项占总计（%）	单位投资（万元/km）
三	编制期价差	862	6.80	17.24
四	其他费用	1787	14.09	35.74
	其中：建设场地征用及清理费	650		
五	基本预备费	187	1.47	3.74
六	特殊项目（现场人员管理系统）	18	0.14	0.36
	工程静态投资	12680	100.00	253.60

表 65-5　　典型方案 2XZC2-S 安装工程费用汇总概算表　　金额单位：元

序号	工程或费用名称	取费基数	费率（%）	基础工程	杆塔工程	接地工程	架线工程	附件工程	辅助工程	合计	各项占总计（%）	单位投资（元/km）
一	直接费			19323620	30643494	697254	14394768	9690850	968637	75718623	77.06	1514372
1	直接工程费			16724131	29004964	593287	13727935	9128179	819527	69998023	71.24	1399960
1.1	定额直接费			13090703	5501418	498607	3210878	1983146	721546	25006298	25.45	500126
1.1.1	人工费		123.700	11259609	4706808	462196	1633961	1725761	667817	20456152	20.82	409123
1.1.2	材料费			428657	20889	16189	59712	16174	14297	555918	0.57	11118
1.1.3	施工机械使用费		108.700	1402437	773721	20222	1517205	241211	39432	3994228	4.07	79885
1.2	装置性材料费			3633428	23503546	94680	10517057	7145033	97981	44991725	45.79	899835
2	措施费			2599489	1638530	103967	666833	562671	149110	5720600	5.82	114412
2.1	冬雨季施工增加费		7.230	814071	340302	33417	118135	124773	48283	1478981	1.51	29580
2.2	夜间施工增加费											
2.3	施工工具用具使用费		2.700	304010	127083	12479	44117	46596	18031	552316	0.56	11046
2.4	临时设施费		6.590	742008	310179	30459	107678	113727	44009	1348060	1.37	26961
2.5	施工机构转移费		2.200	247711	103550	10169	35947	37967	14693	450037	0.46	9001
2.6	安全文明施工费		2.940	491689	757416	17443	360956	239608	24094	1891206	1.92	37824
二	间接费			7724541	3229061	317086	1120964	1183941	458145	14033738	14.28	280675
1	规费			4851089	2027883	199133	703975	743528	287721	8813329	8.97	176267
1.1	社会保险费		29.254	3293886	1376930	135211	477998	504854	195362	5984241	6.09	119685
1.2	住房公积金		12.240	1378175	576114	56573	199997	211234	81741	2503834	2.55	50077
1.3	危险作业意外伤害保险费		1.590	179028	74839	7349	25980	27440	10618	325254	0.33	6505
2	企业管理费		21.820	2456847	1027026	100851	356531	376561	145718	4463534	4.54	89271
3	高原医疗保障费		1.530	172272	72014	7072	25000	26403	10217	312978	0.32	6260
4	高原习服费		1.640	184657	77192	7580	26797	28302	10951	335479	0.34	6710
5	施工企业配合调试费		0.530	59676	24946	2450	8661	9147	3538	108418	0.11	2168
三	利润		16.200	1824057	762503	74875	264702	279573	108187	3313897	3.37	66278
四	税金		10.000	2887222	1113151	108921	526338	400933	153496	5190061	5.28	103801
五	合计			31759440	35748209	1198136	16306772	11555297	1688465	98256319	100.00	1965126
	各项占总计(%)			32	36	1	17	12	2	100		
	单位投资(元/km)			635189	714964	23963	326135	231106	33769	1965126		

表 65-6　　典型方案 2XZC2-S 其他费用概算表　　金额单位：元

序号	工程或费用名称	编制依据及计算说明	合　价
1	建设场地征用及清理费	建设场地征用及清理费	6500000
2	项目建设管理费		2876086
2.1	项目法人管理费	（取费人工费×人工海拔调整系数）×4.92%	1006443
2.2	招标费	本体工程费×0.37%	363548
2.3	工程监理费		937750
2.5	工程结算审核费	本体工程费×0.35%	343897
2.6	工程保险费	（本体工程费+编制基准期价差）×0.21%	224448
3	项目建设技术服务费		8255928
3.1	项目前期工作费	（勘测费+基本设计费）×12.16%	618175
3.3	勘察设计费		5988733
3.3.1	勘察费		2645000
3.3.1.1	勘测费	45000 元/km×线路亘长	2250000
3.3.1.2	海拉瓦优化选线费	5900 元/km×线路亘长	295000
3.3.1.3	高清晰度卫片选线费	2000 元/km×线路亘长	100000
3.3.2	设计费		3343733
3.3.2.1	基本设计费	基本设计费	2833672
3.3.2.2	施工图预算编制费	基本设计费×10%	283367
3.3.2.3	竣工图编制费	基本设计费×8%	226694
3.4	设计文件评审费		694500
3.4.1	可行性研究设计文件评审费	（2200 元/km×线路亘长）×1.8	198000
3.4.2	初步设计文件评审费	（3300 元/km×线路亘长）×1.8	297000
3.4.3	施工图文件审查费		199500
3.5	项目后评价费	（取费人工费×人工海拔调整系数）×1.5%	306842
3.6	工程建设检测费		549422
3.6.1	电力工程质量检测费	（取费人工费×人工海拔调整系数）×1.2%	245474
3.6.3	环境监测验收费		150000
3.6.4	水土保持项目验收及补偿费		153948
3.7	电力工程技术经济标准编制管理费	本体工程费×0.1%	98256
4	生产准备费		241383
4.2	工器具及办公家具购置费	（取费人工费×人工海拔调整系数）×0.84%	171832
4.3	生产职工培训及提前进场费	（取费人工费×人工海拔调整系数）×0.34%	69551
	合计		17873397

第 66 章　典型方案 2XZC2-G 通用造价

66.1　基本技术条件

典型方案 2XZC2-G 为《国家电网公司输变电工程通用设计　西藏电网 110～500kV 输电线路分册（2015 年版）》中 2XZC2 模块在高山地形条件下的典型方案，直线塔与耐张塔采用鼓型铁塔，按照平均海拔 4500m 编制概算。典型方案 2XZC2-G 一般条件、交叉跨越、主要材料单位路径长度指标分别见表 66-1～表 66-3。

表 66-1　　**典型方案 2XZC2-G 一般条件表**

<table>
<tr><td colspan="2">电压等级（kV）</td><td colspan="3">220</td><td colspan="3">回路数</td><td colspan="3">双回路</td></tr>
<tr><td colspan="2">导线型号</td><td colspan="3">2×JL/G1A-240/30</td><td colspan="3">地线型号</td><td colspan="3">JLB20A-120</td></tr>
<tr><td colspan="2">路径长度（km）</td><td colspan="3">49.86</td><td colspan="3" rowspan="2">气象条件</td><td colspan="2">覆冰（mm）</td><td>风速（m/s）</td></tr>
<tr><td colspan="2">地形</td><td colspan="3">高山</td><td colspan="2">10</td><td>33</td></tr>
<tr><td rowspan="2">地质条件</td><td>条件</td><td>普通土</td><td>坚土</td><td>松砂石</td><td>水坑</td><td>泥水坑</td><td>流沙坑</td><td>干砂坑</td><td>岩石（爆破）</td><td>岩石（人工）</td></tr>
<tr><td>比例（%）</td><td>10</td><td>10</td><td>30</td><td></td><td></td><td></td><td></td><td>25</td><td>25</td></tr>
<tr><td rowspan="2">基础</td><td>型式</td><td colspan="2">板式</td><td>台阶</td><td colspan="2">掏挖</td><td>岩石嵌固</td><td colspan="2">岩石锚固</td><td>灌注桩</td></tr>
<tr><td>比例（%）</td><td colspan="2"></td><td></td><td colspan="2">90</td><td></td><td colspan="2">5</td><td>5</td></tr>
<tr><td rowspan="2">铁塔</td><td>类别</td><td colspan="2">直线</td><td>耐张</td><td colspan="2">总基数（基）</td><td rowspan="2">运距（km）</td><td colspan="2">人力</td><td>汽车</td></tr>
<tr><td>比例（%）</td><td colspan="2">65</td><td>35</td><td colspan="2">115</td><td colspan="2">1.2</td><td>25</td></tr>
<tr><td colspan="5" rowspan="2">路径长度单位造价（万元/km）</td><td colspan="3">本体造价</td><td colspan="3">263.46</td></tr>
<tr><td colspan="3">静态造价</td><td colspan="3">334.96</td></tr>
</table>

表 66-2　　**典型方案 2XZC2-G 交叉跨越表**

序号	被跨越物名称	跨　越　次　数	备　　注
1	铁路		
2	高速公路		双向四车道以上
	一般公路	5	
3	500kV 电力线		
	220kV 电力线		
	110kV 电力线		
	66kV 电力线		
	35kV 电力线		
	10kV 电力线	5	
	低压线	10	380V 及以下线路
4	通信线	10	
5	河流	1	
6	水库		

表 66-3　　**典型方案 2XZC2-G 主要材料路径长度单位指标**

<table>
<tr><td colspan="2">项目</td><td colspan="3">数据</td><td>项目</td><td>数据</td></tr>
<tr><td colspan="2">导线（t/km）</td><td colspan="3">11.06</td><td>地线（t/km）</td><td>1.62</td></tr>
<tr><td colspan="2">塔数（基/km）</td><td colspan="3">2.31</td><td>铁塔钢材（t/km）</td><td>72.09</td></tr>
<tr><td colspan="2">基础钢材（t/km）</td><td colspan="3">8.65</td><td>接地钢材（t/km）</td><td>0.49</td></tr>
<tr><td colspan="2">合成绝缘子（支/km）</td><td colspan="3"></td><td rowspan="2">间隔棒（个/km）</td><td rowspan="2"></td></tr>
<tr><td colspan="2">盘式绝缘子（片/km）</td><td colspan="3">1051.65</td></tr>
<tr><td colspan="2">防振锤（个/km）</td><td colspan="3">103.00</td><td>挂线金具（t/km）</td><td>1.24</td></tr>
<tr><td rowspan="2">土石方量（m^3/km）</td><td>类型</td><td>基面</td><td>基坑</td><td>接地</td><td>混凝土（m^3/km）</td><td>113.94</td></tr>
<tr><td>数量</td><td>10.00</td><td>149.00</td><td>88.19</td><td>护坡、排水沟、保坎（m^3/km）</td><td>30.00</td></tr>
</table>

66.2 概算书

概算投资为静态投资，编制依据见第 4 章。220kV 输电线路工程典型方案 2XZC2-G 总概算表、安装工程费用汇总概算表、其他费用概算表分别见表 66-4～表 66-6。

表 66-4　　典型方案 2XZC2-G 总概算表

序号	工程或费用名称	费用金额（万元）	各项占总计（%）	单位投资（万元/km）
一	架空输电线路本体工程	13136	78.65	263.46
二	辅助设施工程			
	小计	13136	78.65	263.46
三	编制期价差	1227	7.35	24.61
四	其他费用	2073	12.41	41.58
	其中：建设场地征用及清理费	648		
五	基本预备费	247	1.48	4.95
六	特殊项目（现场人员管理系统）	18	0.11	0.36
	工程静态投资	16701	100.00	334.96

表 66-5　　典型方案 2XZC2-G 安装工程费用汇总概算表　　金额单位：元

序号	工程或费用名称	取费基数	费率（%）	基础工程	杆塔工程	接地工程	架线工程	附件工程	辅助工程	合计	各项占总计（%）	单位投资（元/km）
一	直接费			28366155	37730865	782969	15232208	11840120	2102482	96054799	73.12	1926490
1	直接工程费			24277907	35404828	664456	14470259	11016813	1762779	87597042	66.68	1756860
1.1	定额直接费			20275815	8464988	567369	3982653	3227942	1616200	38134967	29.03	764841
1.1.1	人工费		123.700	18026057	7448731	528729	2024829	2835230	1537816	32401392	24.67	649847
1.1.2	材料费			448385	23775	16705	55101	19670	17812	581448	0.44	11662
1.1.3	施工机械使用费		108.700	1801373	992482	21935	1902723	373042	60572	5152127	3.92	103332
1.2	装置性材料费			4002092	26939840	97087	10487606	7788871	146579	49462075	37.65	992019
2	措施费			4088248	2326037	118513	761949	823307	339703	8457757	6.44	169630
2.1	冬雨季施工增加费		7.230	1303284	538543	38227	146395	204987	111184	2342620	1.78	46984
2.2	夜间施工增加费											
2.3	施工工具用具使用费		2.700	486703	201116	14275	54671	76551	41521	874837	0.67	17546
2.4	临时设施费		6.590	1187917	490872	34844	133436	186842	101341	2135252	1.63	42825
2.5	施工机构转移费		2.200	396573	163872	11632	44547	62375	33832	712831	0.54	14297
2.6	安全文明施工费		2.940	713771	931634	19535	382900	292552	51825	2392217	1.82	47979
二	间接费			12366596	5110127	362728	1389113	1945082	1055005	22228651	16.92	445821
1	规费			7766346	3209211	227798	872377	1221529	662553	13959814	10.63	279980
1.1	社会保险费		29.254	5273342	2179051	154675	592343	829417	449873	9478701	7.22	190106
1.2	住房公积金		12.240	2206390	911725	64717	247839	347032	188229	3965932	3.02	79541
1.3	危险作业意外伤害保险费		1.590	286614	118435	8406	32195	45080	24451	515181	0.39	10333
2	企业管理费		21.820	3933286	1625313	115369	441817	618648	335552	7069985	5.38	141797
3	高原医疗保障费		1.530	275799	113966	8089	30979	43379	23529	495741	0.38	9943

续表 66-5

序号	工程或费用名称	取费基数	费率（%）	基础工程	杆塔工程	接地工程	架线工程	附件工程	辅助工程	合计	各项占总计（%）	单位投资（元/km）
4	高原习服费		1.640	295627	122159	8671	33208	46499	25221	531385	0.40	10658
5	施工企业配合调试费		0.530	95538	39478	2801	10732	15027	8150	171726	0.13	3444
三	利润		16.200	2920222	1206694	85655	328022	459307	249127	5249027	4.00	105275
四	税金		10.000	4365297	1710784	123135	646174	645563	340661	7831614	5.96	157072
五	合计			48018270	45758470	1354487	17595517	14890072	3747275	131364091	100.00	2634659
	各项占总计（%）			37	35	1	13	11	3	100		
	单位投资（元/km）			963062	917739	27166	352898	298638	75156	2634659		

表 66-6　　典型方案 2XZC2-G 其他费用概算表　　金额单位：元

序号	工程或费用名称	编制依据及计算说明	合　价
1	建设场地征用及清理费	建设场地征用及清理费	6481800
2	项目建设管理费		3861731
2.1	项目法人管理费	（取费人工费×人工海拔调整系数）×4.92%	1594148
2.2	招标费	本体工程费×0.37%	486047
2.3	工程监理费		1020136
2.5	工程结算审核费	本体工程费×0.35%	459774
2.6	工程保险费	（本体工程费+编制基准期价差）×0.21%	301626
3	项目建设技术服务费		10004898
3.1	项目前期工作费	（勘测费+基本设计费）×12.16%	752840
3.3	勘察设计费		7250671
3.3.1	勘察费		2886894
3.3.1.1	勘测费	50000 元/km×线路亘长	2493000
3.3.1.2	海拉瓦优化选线费	5900 元/km×线路亘长	294174
3.3.1.3	高清晰度卫片选线费	2000 元/km×线路亘长	99720
3.3.2	设计费		4363777
3.3.2.1	基本设计费	基本设计费	3698116
3.3.2.2	施工图预算编制费	基本设计费×10%	369812
3.3.2.3	竣工图编制费	基本设计费×8%	295849
3.4	设计文件评审费		692652
3.4.1	可行性研究设计文件评审费	（2200 元/km×线路亘长）×1.8	197446
3.4.2	初步设计文件评审费	（3300 元/km×线路亘长）×1.8	296168
3.4.3	施工图文件审查费		199038
3.5	项目后评价费	（取费人工费×人工海拔调整系数）×1.5%	486021
3.6	工程建设检测费		691350
3.6.1	电力工程质量检测费	（取费人工费×人工海拔调整系数）×1.2%	388817
3.6.3	环境监测验收费		150000
3.6.4	水土保持项目验收及补偿费		152533

续表 66-6

序号	工程或费用名称	编制依据及计算说明	合　价
3.7	电力工程技术经济标准编制管理费	本体工程费×0.1%	131364
4	生产准备费		382337
4.2	工器具及办公家具购置费	（取费人工费×人工海拔调整系数）×0.84%	272172
4.3	生产职工培训及提前进场费	（取费人工费×人工海拔调整系数）×0.34%	110165
	合计		20730766

第 67 章　典型方案 2XZC2-J 通用造价

67.1　基本技术条件

典型方案 2XZC2-J 为《国家电网公司输变电工程通用设计　西藏电网 110～500kV 输电线路分册（2015 年版）》中 2XZC2 模块在峻岭地形条件下的典型方案，直线塔与耐张塔采用鼓型铁塔，按照平均海拔 4500m 编制概算。典型方案 2XZC2-J 一般条件、交叉跨越、主要材料单位路径长度指标分别见表 67-1～表 67-3。

表 67-1　　典型方案 2XZC2-J 一般条件表

电压等级（kV）		220			回路数			双回路		
导线型号		2×JL/G1A-240/30			地线型号			JLB20A-120		
路径长度（km）		50.36			气象条件			覆冰（mm）		风速（m/s）
地形		峻岭						10		33
地质条件	条件	普通土	坚土	松砂石	水坑	泥水坑	流沙坑	干砂坑	岩石（爆破）	岩石（人工）
	比例（%）	10	10	30					25	25
基础	型式	板式	台阶		掏挖	岩石嵌固		岩石锚固		灌注桩
	比例（%）				90			5		5
铁塔	类别	直线	耐张		总基数（基）	运距（km）		人力		汽车
	比例（%）	50	50		120			1.5		25
路径长度单位造价（万元/km）					本体造价			351.23		
					静态造价			442.52		

表 67-2　　典型方案 2XZC2-J 交叉跨越表

序号	被跨越物名称	跨　越　次　数	备　　注
1	铁路		
2	高速公路		双向四车道以上
	一般公路	5	
3	500kV 电力线		
	220kV 电力线		
	110kV 电力线		
	66kV 电力线		
	35kV 电力线		
	10kV 电力线	5	
	低压线	10	380V 及以下线路

续表 67-2

序号	被跨越物名称	跨越次数	备注
4	通信线	10	
5	河流	1	
6	水库		

表 67-3　　典型方案 2XZC2-J 主要材料路径长度单位指标

项目		数据			项目	数据
导线（t/km）		11.06			地线（t/km）	1.62
塔数（基/km）		2.38			铁塔钢材（t/km）	84.39
基础钢材（t/km）		9.96			接地钢材（t/km）	0.54
合成绝缘子（支/km）					间隔棒（个/km）	
盘式绝缘子（片/km）		1335.27				
防振锤（个/km）		101.00			挂线金具（t/km）	1.58
土石方量（m^3/km）	类型	基面	基坑	接地	混凝土（m^3/km）	133.68
	数量	10.00	173.00	93.23	护坡、排水沟、保坎（m^3/km）	30.00

67.2　概算书

概算投资为静态投资，编制依据见第 4 章。220kV 输电线路工程典型方案 2XZC2-J 总概算表、安装工程费用汇总概算表、其他费用概算表分别见表 67-4～表 67-6。

表 67-4　　典型方案 2XZC2-J 总概算表

序号	工程或费用名称	费用金额（万元）	各项占总计（%）	单位投资（万元/km）
一	架空输电线路本体工程	17688	79.37	351.23
二	辅助设施工程			
	小计	17688	79.37	351.23
三	编制期价差	1717	7.70	34.09
四	其他费用	2533	11.37	50.30
	其中：建设场地征用及清理费	655		
五	基本预备费	329	1.48	6.53
六	特殊项目（现场人员管理系统）	18	0.08	0.36
	工程静态投资	22285	100.00	442.51

表 67-5　　典型方案 2XZC2-J 安装工程费用汇总概算表　　金额单位：元

序号	工程或费用名称	取费基数	费率（%）	基础工程	杆塔工程	接地工程	架线工程	附件工程	辅助工程	合计	各项占总计（%）	单位投资（元/km）
一	直接费			42603381	46323253	881830	15608317	16118648	2811205	124346634	70.30	2469155
1	直接工程费			36162329	43222271	747850	14814078	14877944	2346586	112171058	63.42	2227384
1.1	定额直接费			31507130	11686293	640484	4221301	5103048	2198536	55356792	31.30	1099221
1.1.1	人工费		123.700	28727997	10460236	598256	2145608	4501155	2113417	48546669	27.45	963993
1.1.2	材料费			524791	27732	17857	55466	27145	17918	670909	0.38	13322

续表 67-5

序号	工程或费用名称	取费基数	费率（%）	基础工程	杆塔工程	接地工程	架线工程	附件工程	辅助工程	合计	各项占总计（%）	单位投资（元/km）
1.1.3	施工机械使用费		108.700	2254342	1198325	24371	2020227	574748	67201	6139214	3.47	121907
1.2	装置性材料费			4655199	31535978	107366	10592777	9774896	148050	56814266	32.12	1128163
2	措施费			6441052	3100982	133980	794239	1240704	464619	12175576	6.88	241771
2.1	冬雨季施工增加费		7.230	2077034	756275	43254	155127	325433	152800	3509923	1.98	69697
2.2	夜间施工增加费											
2.3	施工工具用具使用费		2.700	775656	282427	16153	57932	121531	57062	1310761	0.74	26028
2.4	临时设施费		6.590	1893174	689330	39425	141396	296626	139273	3199224	1.81	63527
2.5	施工机构转移费		2.200	632016	230125	13161	47203	99024	46495	1068024	0.60	21208
2.6	安全文明施工费		2.940	1063172	1142825	21987	392581	398090	68989	3087644	1.75	61311
二	间接费			19708556	7176140	410429	1471975	3087974	1449887	33304961	18.83	661338
1	规费			12377171	4506688	257753	924414	1939278	910543	20915847	11.83	415327
1.1	社会保险费		29.254	8404088	3060037	175014	627676	1316768	618259	14201842	8.03	282006
1.2	住房公积金		12.240	3516307	1280333	73227	262622	550941	258682	5942112	3.36	117993
1.3	危险作业意外伤害保险费		1.590	456776	166318	9512	34116	71569	33602	771893	0.44	15328
2	企业管理费		21.820	6268449	2282424	130540	468172	982152	461149	10592886	5.99	210343
3	高原医疗保障费		1.530	439539	160041	9154	32828	68868	32335	742765	0.42	14749
4	高原习服费		1.640	471139	171548	9812	35189	73819	34660	796167	0.45	15810
5	施工企业配合调试费		0.530	152258	55439	3170	11372	23857	11200	257296	0.15	5109
三	利润		16.200	4653936	1694558	96917	347588	729187	342373	7864559	4.45	156167
四	税金		10.000	6696587	2365797	138918	683511	1016092	460346	11361251	6.42	225601
五	合计			73662460	57559748	1528094	18111391	20951901	5063811	176877405	100.00	3512260
	各项占总计（%）			41	33	1	10	12	3	100		
	单位投资（元/km）			1462718	1142966	30343	359638	416042	100552	3512260		

表 67-6　　典型方案 2XZC2-J 其他费用概算表　　金额单位：元

序号	工程或费用名称	编制依据及计算说明	合　价
1	建设场地征用及清理费	建设场地征用及清理费	6546800
2	项目建设管理费		5185741
2.1	项目法人管理费	（取费人工费×人工海拔调整系数）×4.92%	2388496
2.2	招标费	本体工程费×0.37%	654446
2.3	工程监理费		1116229
2.5	工程结算审核费	本体工程费×0.35%	619071
2.6	工程保险费	（本体工程费+编制基准期价差）×0.21%	407499
3	项目建设技术服务费		13019809
3.1	项目前期工作费	（勘测费+基本设计费）×12.16%	1005766
3.3	勘察设计费		9523206

续表 67-6

序号	工程或费用名称	编制依据及计算说明	合　价
3.3.1	勘察费		3923044
3.3.1.1	勘测费	70000 元/km×线路亘长	3525200
3.3.1.2	海拉瓦优化选线费	5900 元/km×线路亘长	297124
3.3.1.3	高清晰度卫片选线费	2000 元/km×线路亘长	100720
3.3.2	设计费		5600162
3.3.2.1	基本设计费	基本设计费	4745900
3.3.2.2	施工图预算编制费	基本设计费×10%	474590
3.3.2.3	竣工图编制费	基本设计费×8%	379672
3.4	设计文件评审费		699252
3.4.1	可行性研究设计文件评审费	（2200 元/km×线路亘长）×1.8	199426
3.4.2	初步设计文件评审费	（3300 元/km×线路亘长）×1.8	299138
3.4.3	施工图文件审查费		200688
3.5	项目后评价费	（取费人工费×人工海拔调整系数）×1.5%	728200
3.6	工程建设检测费		886508
3.6.1	电力工程质量检测费	（取费人工费×人工海拔调整系数）×1.2%	582560
3.6.3	环境监测验收费		150000
3.6.4	水土保持项目验收及补偿费		153948
3.7	电力工程技术经济标准编制管理费	本体工程费×0.1%	176877
4	生产准备费		572851
4.2	工器具及办公家具购置费	（取费人工费×人工海拔调整系数）×0.84%	407792
4.3	生产职工培训及提前进场费	（取费人工费×人工海拔调整系数）×0.34%	165059
	合计		25325201

第 68 章　典型方案 2XZD1-P 通用造价

68.1　基本技术条件

典型方案 2XZD1-P 为《国家电网公司输变电工程通用设计　西藏电网 110～500kV 输电线路分册（2015 年版）》中 2XZD1 模块在平地地形条件下的典型方案，直线塔与耐张塔采用鼓型铁塔，按照平均海拔高度 3500m 编制概算。典型方案 2XZD1-P 一般条件、交叉跨越、主要材料单位路径长度指标分别见表 68-1～表 68-3。

表 68-1　　典型方案 2XZD1-P 一般条件表

电压等级（kV）		220			回路数		双回路			
导线型号		2×JL/G1A-400/50			地线型号		JLB20A-120			
路径长度（km）		49.97			气象条件		覆冰（mm）			风速（m/s）
地形		平地					10			29
地质条件	条件	普通土	坚土	松砂石	水坑	泥水坑	流沙坑	干砂坑	岩石（爆破）	岩石（人工）
	比例（%）	5	40	50	5					

续表 68-1

基础	型式	板式	台阶	掏挖	岩石嵌固	岩石锚固	灌注桩
	比例（%）	70		20			10
铁塔	类别	直线	耐张	总基数（基）	运距（km）	人力	汽车
	比例（%）	81	19	135		0.25	25
路径长度单位造价（万元/km）				本体造价		150.92	
				静态造价		193.66	

表 68-2　　典型方案 2XZD1-P 交叉跨越表

序号	被跨越物名称	跨 越 次 数	备 注
1	铁路		
2	高速公路		双向四车道以上
	一般公路	5	
3	500kV 电力线		
	220kV 电力线		
	110kV 电力线	1	
	66kV 电力线		
	35kV 电力线	2	
	10kV 电力线	10	
	低压线	20	380V 及以下线路
4	通信线	15	
5	河流	1	
6	水库		

表 68-3　　典型方案 2XZD1-P 主要材料路径长度单位指标

项目		数据			项目	数据
导线（t/km）		18.12			地线（t/km）	1.62
塔数（基/km）		2.70			铁塔钢材（t/km）	67.83
基础钢材（t/km）		8.84			接地钢材（t/km）	0.22
合成绝缘子（支/km）					间隔棒（个/km）	
盘式绝缘子（片/km）		827.51				
防振锤（个/km）		103.00			挂线金具（t/km）	1.02
土石方量（m^3/km）	类型	基面	基坑	接地	混凝土（m^3/km）	104.76
	数量		505.00	71.52	护坡、排水沟、保坎（m^3/km）	

68.2　概算书

概算投资为静态投资，编制依据见第 4 章。220kV 输电线路工程典型方案 2XZD1-P 总概算表、安装工程费用汇总概算表、其他费用概算表分别见表 68-4～表 68-6。

表 68-4　　典型方案 2XZD1-P 总概算表

序号	工程或费用名称	费用金额（万元）	各项占总计（%）	单位投资（万元/km）
一	架空输电线路本体工程	7542	77.93	150.92
二	辅助设施工程			

续表 68-4

序号	工程或费用名称	费用金额（万元）	各项占总计（%）	单位投资（万元/km）
	小计	7542	77.93	150.92
三	编制期价差	546	5.64	10.93
四	其他费用	1429	14.76	28.59
	其中：建设场地征用及清理费	650		
五	基本预备费	143	1.48	2.86
六	特殊项目（现场人员管理系统）	18	0.19	0.36
	工程静态投资	9678	100.00	193.66

表 68-5　典型方案 2XZD1-P 安装工程费用汇总概算表　金额单位：元

序号	工程或费用名称	取费基数	费率（%）	基础工程	杆塔工程	接地工程	架线工程	附件工程	辅助工程	合计	各项占总计（%）	单位投资（元/km）
一	直接费			9637530	29009964	189901	19225828	7839846	34128	65937197	87.43	1319430
1	直接工程费			8640711	27909763	164333	18536133	7465048	31199	62747187	83.20	1255597
1.1	定额直接费			5069583	2559644	120968	2359457	1137285	31199	11278136	14.95	225680
1.1.1	人工费		100.000	3967853	2043129	110767	1123584	965795	10751	8221879	10.90	164523
1.1.2	材料费			281556	23208	670	97813	14506	7212	424965	0.56	8504
1.1.3	施工机械使用费		100.000	820174	493307	9531	1138060	156984	13236	2631292	3.49	52653
1.2	装置性材料费			3571128	25350119	43365	16176676	6327763		51469051	68.25	1029917
2	措施费			996819	1100201	25568	689695	374798	2929	3190010	4.23	63833
2.1	冬雨季施工增加费		7.230	286875	147718	8009	81236	69828	777	594443	0.79	11895
2.2	夜间施工增加费											
2.3	施工工具用具使用费		2.700	107132	55165	2991	30336	26077	290	221991	0.29	4442
2.4	临时设施费		6.590	261482	134642	7300	74044	63646	708	541822	0.72	10842
2.5	施工机构转移费		2.200	87293	44949	2437	24719	21248	237	180883	0.24	3620
2.6	安全文明施工费		2.940	254037	717727	4831	479360	193999	917	1650871	2.19	33035
二	间接费			2722109	1401667	75992	770825	662575	7375	5640543	7.48	112870
1	规费			1709512	880262	47723	484085	416104	4632	3542318	4.70	70883
1.1	社会保险费		29.254	1160756	597697	32404	328694	282534	3145	2405230	3.19	48130
1.2	住房公积金		12.240	485666	250079	13558	137527	118214	1316	1006360	1.33	20138
1.3	危险作业意外伤害保险费		1.590	63090	32486	1761	17864	15356	171	130728	0.17	2616
2	企业管理费		21.820	865785	445811	24170	245166	210736	2346	1794014	2.38	35899
3	高原医疗保障费		1.530	60708	31259	1695	17191	14777	164	125794	0.17	2517
4	高原习服费		1.640	65074	33507	1817	18428	15839	176	134841	0.18	2698
5	施工企业配合调试费		0.530	21030	10828	587	5955	5119	57	43576	0.06	872
三	利润		16.200	642792	330987	17944	182021	156459	1742	1331945	1.77	26653
四	税金		10.000	1300244	539250	28383	400200	233112	4325	2505514	3.32	50136
五	合计			14302675	31281868	312220	20578874	8891992	47570	75415199	100.00	1509089
	各项占总计（%）			20	41	0	27	12	0	100		
	单位投资（元/km）			286202	625963	6248	411792	177932	952	1509089		

表 68-6　　典型方案 2XZD1-P 其他费用概算表　　金额单位：元

序号	工程或费用名称	编制依据及计算说明	合　价
1	建设场地征用及清理费	建设场地征用及清理费	6496620
2	项目建设管理费		1969395
2.1	项目法人管理费	（取费人工费×人工海拔调整系数）×4.92%	404516
2.2	招标费	本体工程费×0.37%	279036
2.3	工程监理费		852057
2.5	工程结算审核费	本体工程费×0.35%	263953
2.6	工程保险费	（本体工程费+编制基准期价差）×0.21%	169833
3	项目建设技术服务费		5724720
3.1	项目前期工作费	（勘测费+基本设计费）×12.16%	393591
3.3	勘察设计费		4034278
3.3.1	勘察费		1394275
3.3.1.1	勘测费	20000 元/km×线路亘长	999480
3.3.1.2	海拉瓦优化选线费	5900 元/km×线路亘长	294847
3.3.1.3	高清晰度卫片选线费	2000 元/km×线路亘长	99948
3.3.2	设计费		2640003
3.3.2.1	基本设计费	基本设计费	2237291
3.3.2.2	施工图预算编制费	基本设计费×10%	223729
3.3.2.3	竣工图编制费	基本设计费×8%	178983
3.4	设计文件评审费		694157
3.4.1	可行性研究设计文件评审费	（2200 元/km×线路亘长）×1.8	197897
3.4.2	初步设计文件评审费	（3300 元/km×线路亘长）×1.8	296846
3.4.3	施工图文件审查费		199414
3.5	项目后评价费	（取费人工费×人工海拔调整系数）×1.5%	123328
3.6	工程建设检测费		403951
3.6.1	电力工程质量检测费	（取费人工费×人工海拔调整系数）×1.2%	98663
3.6.3	环境监测验收费		150000
3.6.4	水土保持项目验收及补偿费		155288
3.7	电力工程技术经济标准编制管理费	本体工程费×0.1%	75415
4	生产准备费		97018
4.2	工器具及办公家具购置费	（取费人工费×人工海拔调整系数）×0.84%	69064
4.3	生产职工培训及提前进场费	（取费人工费×人工海拔调整系数）×0.34%	27954
	合计		14287753

第 69 章　典型方案 2XZD1-H 通用造价

69.1　基本技术条件

典型方案 2XZD1-H 为《国家电网公司输变电工程通用设计　西藏电网 110～500kV 输电线路分册（2015 年版）》中 2XZD1 模块在河网泥沼地形条件下的典型方案，直线塔与耐张塔采用鼓型铁塔，按照平均海拔 3500m 编制概算。典型方案 2XZD1-H 一般条件、交叉跨越、主要材料单位路径长度指标分别见表 69-1～表 69-3。

表 69-1　　　　典型方案 2XZD1-H 一般条件表

<table>
<tr><td colspan="2">电压等级（kV）</td><td colspan="3">220</td><td colspan="2">回路数</td><td colspan="4">双回路</td></tr>
<tr><td colspan="2">导线型号</td><td colspan="3">2×JL/G1A-400/50</td><td colspan="2">地线型号</td><td colspan="4">JLB20A-120</td></tr>
<tr><td colspan="2">路径长度（km）</td><td colspan="3">50</td><td colspan="2" rowspan="2">气象条件</td><td colspan="2">覆冰（mm）</td><td colspan="2">风速（m/s）</td></tr>
<tr><td colspan="2">地形</td><td colspan="3">河网泥沼</td><td colspan="2">10</td><td colspan="2">29</td></tr>
<tr><td rowspan="2">地质条件</td><td>条件</td><td>普通土</td><td>坚土</td><td>松砂石</td><td>水坑</td><td>泥水坑</td><td>流沙坑</td><td>干砂坑</td><td>岩石（爆破）</td><td>岩石（人工）</td></tr>
<tr><td>比例（%）</td><td></td><td></td><td></td><td>50</td><td>50</td><td></td><td></td><td></td><td></td></tr>
<tr><td rowspan="2">基础</td><td>型式</td><td>板式</td><td colspan="2">台阶</td><td>掏挖</td><td colspan="2">岩石嵌固</td><td colspan="2">岩石锚固</td><td>灌注桩</td></tr>
<tr><td>比例（%）</td><td>80</td><td colspan="2"></td><td></td><td colspan="2"></td><td colspan="2"></td><td>20</td></tr>
<tr><td rowspan="2">铁塔</td><td>类别</td><td>直线</td><td colspan="2">耐张</td><td>总基数（基）</td><td colspan="2">运距（km）</td><td colspan="2">人力</td><td>汽车</td></tr>
<tr><td>比例（%）</td><td>81</td><td colspan="2">19</td><td>135</td><td colspan="2"></td><td colspan="2">0.6</td><td>25</td></tr>
<tr><td colspan="4" rowspan="2">路径长度单位造价（万元/km）</td><td colspan="3">本体造价</td><td colspan="4">185.02</td></tr>
<tr><td colspan="3">静态造价</td><td colspan="4">238.36</td></tr>
</table>

表 69-2　　　　典型方案 2XZD1-H 交叉跨越表

序号	被跨越物名称	跨越次数	备注
1	铁路		
2	高速公路		双向四车道以上
	一般公路	3	
3	500kV 电力线		
	220kV 电力线		
	110kV 电力线	1	
	66kV 电力线		
	35kV 电力线		
	10kV 电力线	7	
	低压线	15	380V 及以下线路
4	通信线	10	
5	河流	8	
6	水库		

表 69-3　　　　典型方案 2XZD1-H 主要材料路径长度单位指标

<table>
<tr><td colspan="2">项目</td><td colspan="3">数据</td><td>项目</td><td>数据</td></tr>
<tr><td colspan="2">导线（t/km）</td><td colspan="3">18.12</td><td>地线（t/km）</td><td>1.62</td></tr>
<tr><td colspan="2">塔数（基/km）</td><td colspan="3">2.70</td><td>铁塔钢材（t/km）</td><td>67.85</td></tr>
<tr><td colspan="2">基础钢材（t/km）</td><td colspan="3">16.40</td><td>接地钢材（t/km）</td><td>0.21</td></tr>
<tr><td colspan="2">合成绝缘子（支/km）</td><td colspan="3"></td><td rowspan="2">间隔棒（个/km）</td><td rowspan="2"></td></tr>
<tr><td colspan="2">盘式绝缘子（片/km）</td><td colspan="3">827.08</td></tr>
<tr><td colspan="2">防振锤（个/km）</td><td colspan="3">103.00</td><td>挂线金具（t/km）</td><td>1.02</td></tr>
<tr><td rowspan="2">土石方量（m³/km）</td><td>类型</td><td>基面</td><td>基坑</td><td>接地</td><td>混凝土（m³/km）</td><td>162.48</td></tr>
<tr><td>数量</td><td></td><td>1032.00</td><td>67.23</td><td>护坡、排水沟、保坎（m³/km）</td><td></td></tr>
</table>

69.2 概算书

概算投资为静态投资，编制依据见第 4 章。220kV 输电线路工程典型方案 2XZD1-H 总概算表、安装工程费用汇总概算表、其他费用概算表分别见表 69-4～表 69-6。

表 69-4　　典型方案 2XZD1-H 总概算表

序号	工程或费用名称	费用金额（万元）	各项占总计（%）	单位投资（万元/km）
一	架空输电线路本体工程	9251	77.62	185.02
二	辅助设施工程			
	小计	9251	77.62	185.02
三	编制期价差	799	6.70	15.98
四	其他费用	1674	14.05	33.48
	其中：建设场地征用及清理费	650		
五	基本预备费	176	1.48	3.52
六	特殊项目（现场人员管理系统）	18	0.15	0.36
	工程静态投资	11918	100.00	238.36

表 69-5　　典型方案 2XZD1-H 安装工程费用汇总概算表　　金额单位：元

序号	工程或费用名称	取费基数	费率（%）	基础工程	杆塔工程	接地工程	架线工程	附件工程	辅助工程	合计	各项占总计（%）	单位投资（元/km）
一	直接费			19629740	29782858	202173	19261349	7929404	34128	76839652	83.06	1536793
1	直接工程费			17471680	28554756	173999	18571366	7539852	31199	72342852	78.20	1446857
1.1	定额直接费			11839319	3198770	133266	2386278	1212089	31199	18800921	20.32	376018
1.1.1	人工费		100.000	8784155	2625195	123174	1119778	1032877	10751	13695930	14.80	273919
1.1.2	材料费			816097	23214	652	78922	14506	7212	940603	1.02	18812
1.1.3	施工机械使用费		100.000	2239067	550361	9440	1187578	164706	13236	4164388	4.50	83288
1.2	装置性材料费			5632361	25355986	40733	16185088	6327763		53541931	57.88	1070839
2	措施费			2158060	1228102	28174	689983	389552	2929	4496800	4.86	89936
2.1	冬雨季施工增加费		7.230	635094	189802	8906	80960	74676	777	990215	1.07	19804
2.2	夜间施工增加费											
2.3	施工工具用具使用费		2.700	237171	70880	3326	30234	27888	290	369789	0.40	7396
2.4	临时设施费		6.590	578876	173000	8117	73794	68067	708	902562	0.98	18051
2.5	施工机构转移费		2.200	193251	57754	2710	24634	22723	237	301309	0.33	6026
2.6	安全文明施工费		2.940	513668	736666	5115	480361	196198	917	1932925	2.09	38659
二	间接费			6026280	1800991	84502	768214	708594	7375	9395956	10.16	187919
1	规费			3784564	1131040	53068	482445	445005	4632	5900754	6.38	118015
1.1	社会保险费		29.254	2569716	767975	36033	327581	302157	3145	4006607	4.33	80132
1.2	住房公积金		12.240	1075180	321324	15077	137060	126425	1316	1676382	1.81	33528
1.3	危险作业意外伤害保险费		1.590	139668	41741	1958	17804	16423	171	217765	0.24	4355
2	企业管理费		21.820	1916702	572818	26877	244336	225373	2346	2988452	3.23	59769
3	高原医疗保障费		1.530	134398	40166	1885	17133	15803	164	209549	0.23	4191

续表 69-5

序号	工程或费用名称	取费基数	费率（%）	基础工程	杆塔工程	接地工程	架线工程	附件工程	辅助工程	合计	各项占总计（%）	单位投资（元/km）
4	高原习服费		1.640	144060	43053	2020	18365	16939	176	224613	0.24	4492
5	施工企业配合调试费		0.530	46556	13914	652	5935	5474	57	72588	0.08	1452
三	利润		16.200	1423033	425282	19954	181404	167325	1742	2218740	2.40	44375
四	税金		10.000	2707906	665314	30663	402589	247756	4325	4058553	4.39	81171
五	合计			29786959	32674445	337292	20613556	9053079	47570	92512901	100.00	1850258
	各项占总计（%）			33	35	0	22	10	0	100		
	单位投资（元/km）			595739	653489	6746	412271	181062	951	1850258		

表 69-6　　**典型方案 2XZD1-H 其他费用概算表**　　金额单位：元

序号	工程或费用名称	编制依据及计算说明	合　价
1	建设场地征用及清理费	建设场地征用及清理费	6500000
2	项目建设管理费		2488747
2.1	项目法人管理费	（取费人工费×人工海拔调整系数）×4.92%	673840
2.2	招标费	本体工程费×0.37%	342298
2.3	工程监理费		937750
2.5	工程结算审核费	本体工程费×0.35%	323795
2.6	工程保险费	（本体工程费+编制基准期价差）×0.21%	211064
3	项目建设技术服务费		7593410
3.1	项目前期工作费	（勘测费+基本设计费）×12.16%	569539
3.3	勘察设计费		5561780
3.3.1	勘察费		2395000
3.3.1.1	勘测费	40000 元/km×线路亘长	2000000
3.3.1.2	海拉瓦优化选线费	5900 元/km×线路亘长	295000
3.3.1.3	高清晰度卫片选线费	2000 元/km×线路亘长	100000
3.3.2	设计费		3166780
3.3.2.1	基本设计费	基本设计费	2683712
3.3.2.2	施工图预算编制费	基本设计费×10%	268371
3.3.2.3	竣工图编制费	基本设计费×8%	214697
3.4	设计文件评审费		694500
3.4.1	可行性研究设计文件评审费	（2200 元/km×线路亘长）×1.8	198000
3.4.2	初步设计文件评审费	（3300 元/km×线路亘长）×1.8	297000
3.4.3	施工图文件审查费		199500
3.5	项目后评价费	（取费人工费×人工海拔调整系数）×1.5%	205439
3.6	工程建设检测费		469639
3.6.1	电力工程质量检测费	（取费人工费×人工海拔调整系数）×1.2%	164351
3.6.3	环境监测验收费		150000
3.6.4	水土保持项目验收及补偿费		155288

续表 69-6

序号	工程或费用名称	编制依据及计算说明	合　价
3.7	电力工程技术经济标准编制管理费	本体工程费×0.1%	92513
4	生产准备费		161612
4.2	工器具及办公家具购置费	（取费人工费×人工海拔调整系数）×0.84%	115046
4.3	生产职工培训及提前进场费	（取费人工费×人工海拔调整系数）×0.34%	46566
	合计		16743769

第 70 章　典型方案 2XZD1-Q 通用造价

70.1　基本技术条件

典型方案 2XZD1-Q 为《国家电网公司输变电工程通用设计　西藏电网 110～500kV 输电线路分册（2015 年版）》中 2XZD1 模块在丘陵地形条件下的典型方案，直线塔与耐张塔采用鼓型铁塔，按照平均海拔 3500m 编制概算。典型方案 2XZD1-Q 一般条件、交叉跨越、主要材料单位路径长度指标分别见表 70-1～表 70-3。

表 70-1　　典型方案 2XZD1-Q 一般条件表

电压等级（kV）		220			回路数		双回路			
导线型号		2×JL/G1A-400/50			地线型号		JLB20A-120			
路径长度（km）		50.40			气象条件		覆冰（mm）		风速（m/s）	
地形		丘陵					10		29	
地质条件	条件	普通土	坚土	松砂石	水坑	泥水坑	流沙坑	干砂坑	岩石（爆破）	岩石（人工）
	比例（%）	25	25	30					10	10
基础	型式	板式	台阶	掏挖	岩石嵌固	岩石锚固	灌注桩			
	比例（%）	40		60						
铁塔	类别	直线	耐张	总基数（基）	运距（km）	人力	汽车			
	比例（%）	80	20	130		0.5	25			
路径长度单位造价（万元/km）				本体造价		156.61				
				静态造价		202.26				

表 70-2　　典型方案 2XZD1-Q 交叉跨越表

序号	被跨越物名称	跨　越　次　数	备　注
1	铁路		
2	高速公路		双向四车道以上
	一般公路	5	
3	500kV 电力线		
	220kV 电力线		
	110kV 电力线	1	
	66kV 电力线		
	35kV 电力线	1	
	10kV 电力线	10	
	低压线	20	380V 及以下线路

续表 70-2

序号	被跨越物名称	跨越次数	备注
4	通信线	15	
5	河流	1	
6	水库		

表 70-3　　典型方案 2XZD1-Q 主要材料路径长度单位指标

<table>
<tr><th colspan="2">项目</th><th colspan="3">数据</th><th>项目</th><th>数据</th></tr>
<tr><td colspan="2">导线（t/km）</td><td colspan="3">18.12</td><td>地线（t/km）</td><td>1.62</td></tr>
<tr><td colspan="2">塔数（基/km）</td><td colspan="3">2.58</td><td>铁塔钢材（t/km）</td><td>65.61</td></tr>
<tr><td colspan="2">基础钢材（t/km）</td><td colspan="3">7.74</td><td>接地钢材（t/km）</td><td>0.42</td></tr>
<tr><td colspan="2">合成绝缘子（支/km）</td><td colspan="3"></td><td rowspan="2">间隔棒（个/km）</td><td rowspan="2"></td></tr>
<tr><td colspan="2">盘式绝缘子（片/km）</td><td colspan="3">832.12</td></tr>
<tr><td colspan="2">防振锤（个/km）</td><td colspan="3">108.00</td><td>挂线金具（t/km）</td><td>1.05</td></tr>
<tr><td rowspan="2">土石方量（m^3/km）</td><td>类型</td><td>基面</td><td>基坑</td><td>接地</td><td>混凝土（m^3/km）</td><td>94.04</td></tr>
<tr><td>数量</td><td>5.00</td><td>335.00</td><td>87.82</td><td>护坡、排水沟、保坎（m^3/km）</td><td>10.00</td></tr>
</table>

70.2 概算书

概算投资为静态投资，编制依据见第 4 章。220kV 输电线路工程典型方案 2XZD1-Q 总概算表、安装工程费用汇总概算表、其他费用概算表分别见表 70-4～表 70-6。

表 70-4　　典型方案 2XZD1-Q 总概算表

序号	工程或费用名称	费用金额（万元）	各项占总计（%）	单位投资（万元/km）
一	架空输电线路本体工程	7893	77.43	156.61
二	辅助设施工程			
	小计	7893	77.43	156.61
三	编制期价差	580	5.69	11.51
四	其他费用	1553	15.23	30.81
	其中：建设场地征用及清理费	655		
五	基本预备费	150	1.47	2.98
六	特殊项目（现场人员管理系统费用）	18	0.18	0.36
	工程静态投资	10194	100.00	202.26

表 70-5　　典型方案 2XZD1-Q 安装工程费用汇总概算表　　金额单位：元

序号	工程或费用名称	取费基数	费率（%）	基础工程	杆塔工程	接地工程	架线工程	附件工程	辅助工程	合计	各项占总计（%）	单位投资（元/km）
一	直接费			10461971	28828425	442726	19492191	8084329	260669	67570311	85.61	1340680.774
1	直接工程费			9281215	27638426	384843	18786419	7690504	226462	64007869	81.10	1269997.401
1.1	定额直接费			5988519	3120543	274557	2471859	1217329	177476	13250283	16.79	262902.441
1.1.1	人工费		100.000	4849837	2547398	248760	1173160	1035168	147165	10001488	12.67	198442.222
1.1.2	材料费			322508	22443	8254	93700	14666	8641	470212	0.60	9329.603
1.1.3	施工机械使用费		100.000	816174	550702	17543	1204999	167495	21670	2778583	3.52	55130.615

续表 70-5

序号	工程或费用名称	取费基数	费率（%）	基础工程	杆塔工程	接地工程	架线工程	附件工程	辅助工程	合计	各项占总计（%）	单位投资（元/km）
1.2	装置性材料费			3292696	24517883	110286	16314560	6473175	48986	50757586	64.31	1007094.960
2	措施费			1180756	1189999	57883	705772	393825	34207	3562442	4.51	70683.373
2.1	冬雨季施工增加费		7.230	350643	184177	17985	84819	74843	10639	723106	0.92	14347.341
2.2	夜间施工增加费											
2.3	施工工具用具使用费		2.700	130945	68780	6717	31675	27950	3974	270041	0.34	5357.956
2.4	临时设施费		6.590	319604	167874	16393	77311	68217	9698	659097	0.84	13077.321
2.5	施工机构转移费		2.200	106696	56043	5473	25809	22774	3238	220033	0.28	4365.734
2.6	安全文明施工费		2.940	272868	713125	11315	486158	200041	6658	1690165	2.14	33535.020
二	间接费			3327182	1747619	170657	804834	710167	100960	6861419	8.69	136139.266
1	规费			2089504	1097522	107175	505444	445992	63405	4309042	5.46	85496.865
1.1	社会保险费		29.254	1418771	745216	72772	343196	302828	43052	2925835	3.71	58052.282
1.2	住房公积金		12.240	593620	311802	30448	143595	126705	18012	1224182	1.55	24289.325
1.3	危险作业意外伤害保险费		1.590	77113	40504	3955	18653	16459	2341	159025	0.20	3155.258
2	企业管理费		21.820	1058234	555842	54279	255983	225873	32111	2182322	2.77	43300.040
3	高原医疗保障费		1.530	74202	38976	3806	17949	15839	2251	153023	0.19	3036.171
4	高原习服费		1.640	79537	41778	4079	19240	16977	2413	164024	0.21	3254.444
5	施工企业配合调试费		0.530	25705	13501	1318	6218	5486	780	53008	0.07	1051.746
三	利润		16.200	785674	412678	40299	190052	167698	23841	1620242	2.05	32147.659
四	税金		10.000	1457483	647084	65368	417252	248902	38547	2874636	3.64	57036.429
五	合计			16032310	31635806	719050	20904329	9211096	424017	78926608	100.00	1566004.127
	各项占总计（%）			20	40	1	26	12	1	100		
	单位投资（元/km）			318101	627695	14267	414768	182760	8413	1566004		

表 70-6　　典型方案 2XZD1-Q 其他费用概算表　　金额单位：元

序号	工程或费用名称	编制依据及计算说明	合　价
1	建设场地征用及清理费	建设场地征用及清理费	6552000
2	项目建设管理费		2097592
2.1	项目法人管理费	（取费人工费×人工海拔调整系数）×4.92%	492073
2.2	招标费	本体工程费×0.37%	292028
2.3	工程监理费		859320
2.5	工程结算审核费	本体工程费×0.35%	276243
2.6	工程保险费	（本体工程费+编制基准期价差）×0.21%	177928
3	项目建设技术服务费		6760783
3.1	项目前期工作费	（勘测费+基本设计费）×12.16%	497706
3.3	勘察设计费		4910349
3.3.1	勘察费		2162160

续表 70-6

序号	工程或费用名称	编制依据及计算说明	合　　价
3.3.1.1	勘测费	35000 元/km×线路亘长	1764000
3.3.1.2	海拉瓦优化选线费	5900 元/km×线路亘长	297360
3.3.1.3	高清晰度卫片选线费	2000 元/km×线路亘长	100800
3.3.2	设计费		2748189
3.3.2.1	基本设计费	基本设计费	2328974
3.3.2.2	施工图预算编制费	基本设计费×10%	232897
3.3.2.3	竣工图编制费	基本设计费×8%	186318
3.4	设计文件评审费		699780
3.4.1	可行性研究设计文件评审费	（2200 元/km×线路亘长）×1.8	199584
3.4.2	初步设计文件评审费	（3300 元/km×线路亘长）×1.8	299376
3.4.3	施工图文件审查费		200820
3.5	项目后评价费	（取费人工费×人工海拔调整系数）×1.5%	150022
3.6	工程建设检测费		423999
3.6.1	电力工程质量检测费	（取费人工费×人工海拔调整系数）×1.2%	120018
3.6.3	环境监测验收费		150000
3.6.4	水土保持项目验收及补偿费		153981
3.7	电力工程技术经济标准编制管理费	本体工程费×0.1%	78927
4	生产准备费		118017
4.2	工器具及办公家具购置费	（取费人工费×人工海拔调整系数）×0.84%	84012
4.3	生产职工培训及提前进场费	（取费人工费×人工海拔调整系数）×0.34%	34005
	合计		15528392

第 71 章　典型方案 2XZD1-S 通用造价

71.1　基本技术条件

典型方案 2XZD1-S 为《国家电网公司输变电工程通用设计　西藏电网 110～500kV 输电线路分册（2015 年版）》中 2XZD1 模块在平地地形条件下的典型方案，直线塔与耐张塔采用鼓型铁塔，按照平均海拔 3500m 编制概算。典型方案 2XZD1-S 一般条件、交叉跨越、主要材料单位路径长度指标分别见表 71-1～表 71-3。

表 71-1　　　　典型方案 2XZD1-S 一般条件表

<table>
<tr><td colspan="2">电压等级（kV）</td><td colspan="3">220</td><td colspan="2">回路数</td><td colspan="4">双回路</td></tr>
<tr><td colspan="2">导线型号</td><td colspan="3">2×JL/G1A-400/50</td><td colspan="2">地线型号</td><td colspan="4">JLB20A-120</td></tr>
<tr><td colspan="2">路径长度（km）</td><td colspan="3">50</td><td colspan="2" rowspan="2">气象条件</td><td colspan="3">覆冰（mm）</td><td>风速（m/s）</td></tr>
<tr><td colspan="2">地形</td><td colspan="3">山地</td><td colspan="3">10</td><td>29</td></tr>
<tr><td rowspan="2">地质条件</td><td>条件</td><td>普通土</td><td>坚土</td><td>松砂石</td><td>水坑</td><td>泥水坑</td><td>流沙坑</td><td>干砂坑</td><td>岩石（爆破）</td><td>岩石（人工）</td></tr>
<tr><td>比例（%）</td><td>10</td><td>10</td><td>30</td><td></td><td></td><td></td><td></td><td>25</td><td>25</td></tr>
<tr><td rowspan="2">基础</td><td>型式</td><td>板式</td><td colspan="2">台阶</td><td colspan="2">掏挖</td><td>岩石嵌固</td><td colspan="2">岩石锚固</td><td>灌注桩</td></tr>
<tr><td>比例（%）</td><td>20</td><td colspan="2"></td><td colspan="2">70</td><td></td><td colspan="2">5</td><td>5</td></tr>
</table>

续表 71-1

铁塔	类别	直线	耐张	总基数（基）	运距（km）	人力	汽车
	比例（%）	75	25	120		0.8	25
路径长度单位造价（万元/km）			本体造价		196.42		
			静态造价		252.18		

表 71-2　　典型方案 2XZD1-S 交叉跨越表

序号	被跨越物名称	跨越次数	备注
1	铁路		
2	高速公路		双向四车道以上
	一般公路	5	
3	500kV 电力线		
	220kV 电力线		
	110kV 电力线		
	66kV 电力线		
	35kV 电力线	1	
	10kV 电力线	5	
	低压线	10	380V 及以下线路
4	通信线	10	
5	河流	1	
6	水库		

表 71-3　　典型方案 2XZD1-S 主要材料路径长度单位指标

项目		数据			项目	数据
导线（t/km）		18.12			地线（t/km）	1.62
塔数（基/km）		2.40			铁塔钢材（t/km）	66.21
基础钢材（t/km）		8.48			接地钢材（t/km）	0.48
合成绝缘子（支/km）					间隔棒（个/km）	
盘式绝缘子（片/km）		877.50				
防振锤（个/km）		107.00			挂线金具（t/km）	1.13
土石方量（m^3/km）	类型	基面	基坑	接地	混凝土（m^3/km）	111.61
	数量	5.00	254.00	85.11	护坡、排水沟、保坎（m^3/km）	20.00

71.2 概算书

概算投资为静态投资，编制依据见第 4 章。220kV 输电线路工程典型方案 2XZD1-S 总概算表、安装工程费用汇总概算表、其他费用概算表分别见表 71-4～表 71-6。

表 71-4　　典型方案 2XZD1-S 总概算表

序号	工程或费用名称	费用金额（万元）	各项占总计（%）	单位投资（万元/km）
一	架空输电线路本体工程	9821	77.88	196.42
二	辅助设施工程			
	小计	9821	77.88	196.42

续表 71-4

序号	工程或费用名称	费用金额（万元）	各项占总计（%）	单位投资（万元/km）
三	编制期价差	824	6.54	16.48
四	其他费用	1760	13.96	35.20
	其中：建设场地征用及清理费	650		
五	基本预备费	186	1.48	3.72
六	特殊项目（现场人员管理系统费用）	18	0.14	0.36
	工程静态投资	12609	100.00	252.18

表 71-5　　典型方案 2XZD1-S 安装工程费用汇总概算表　　金额单位：元

序号	工程或费用名称	取费基数	费率（%）	基础工程	杆塔工程	接地工程	架线工程	附件工程	辅助工程	合计	各项占总计（%）	单位投资（元/km）
一	直接费			17488971	31133039	590185	19978356	8846426	809733	78846710	80.29	1576934
1	直接工程费			15242604	29596946	505074	19215368	8367625	688431	73616048	74.96	1472321
1.1	定额直接费			11417300	4852984	410394	3030280	1624272	590450	21925680	22.33	438514
1.1.1	人工费		100.000	9605961	4093507	375330	1408615	1388557	539877	17411847	17.73	348237
1.1.2	材料费			450797	22583	16250	69929	16034	14298	589891	0.60	11798
1.1.3	施工机械使用费		100.000	1360542	736894	18814	1551736	219681	36275	3923942	4.00	78479
1.2	装置性材料费			3825304	24743962	94680	16185088	6743353	97981	51690368	52.63	1033807
2	措施费			2246367	1536093	85111	762988	478801	121302	5230662	5.33	104613
2.1	冬雨季施工增加费		7.230	694510	295961	27136	101843	100393	39032	1258875	1.28	25178
2.2	夜间施工增加费											
2.3	施工工具用具使用费		2.700	259361	110525	10134	38033	37492	14577	470122	0.48	9402
2.4	临时设施费		6.590	633033	269762	24734	92828	91505	35577	1147439	1.17	22949
2.5	施工机构转移费		2.200	211331	90057	8258	30989	30549	11877	383061	0.39	7661
2.6	安全文明施工费		2.940	448132	769788	14849	499295	218862	20239	1971165	2.01	39423
二	间接费			6590075	2808310	257492	966367	952606	370377	11945227	12.16	238905
1	规费			4138632	1763647	161708	606888	598246	232601	7501722	7.64	150034
1.1	社会保险费		29.254	2810127	1197515	109800	412077	406208	157936	5093663	5.19	101873
1.2	住房公积金		12.240	1175770	501046	45940	172414	169960	66081	2131211	2.17	42624
1.3	危险作业意外伤害保险费		1.590	152735	65086	5968	22397	22078	8584	276848	0.28	5537
2	企业管理费		21.820	2096021	893203	81897	307359	302983	117801	3799264	3.87	75985
3	高原医疗保障费		1.530	146972	62631	5743	21552	21245	8260	266403	0.27	5328
4	高原习服费		1.640	157538	67134	6155	23102	22772	8853	285554	0.29	5711
5	施工企业配合调试费		0.530	50912	21695	1989	7466	7360	2862	92284	0.09	1846
三	利润		16.200	1556166	663148	60803	228196	224946	87460	2820719	2.87	56414
四	税金		10.000	2563521	986053	90848	498783	328062	126758	4594025	4.68	91881
五	合计			28198733	35590550	999328	21671702	10352040	1394328	98206681	100.00	1964134
	各项占总计（%）			29	36	1	22	11	1	100		
	单位投资（元/km）			563975	711811	19987	433434	207041	27887	1964134		

表 71-6　　典型方案 2XZD1-S 其他费用概算表　　金额单位：元

序号	工程或费用名称	编制依据及计算说明	合　价
1	建设场地征用及清理费	建设场地征用及清理费	6500000
2	项目建设管理费		2725048
2.1	项目法人管理费	（取费人工费×人工海拔调整系数）×4.92%	856663
2.2	招标费	本体工程费×0.37%	363365
2.3	工程监理费		937750
2.5	工程结算审核费	本体工程费×0.35%	343723
2.6	工程保险费	（本体工程费+编制基准期价差）×0.21%	223547
3	项目建设技术服务费		8169415
3.1	项目前期工作费	（勘测费+基本设计费）×12.16%	618017
3.3	勘察设计费		5987204
3.3.1	勘察费		2645000
3.3.1.1	勘测费	45000 元/km×线路亘长	2250000
3.3.1.2	海拉瓦优化选线费	5900 元/km×线路亘长	295000
3.3.1.3	高清晰度卫片选线费	2000 元/km×线路亘长	100000
3.3.2	设计费		3342204
3.3.2.1	基本设计费	基本设计费	2832376
3.3.2.2	施工图预算编制费	基本设计费×10%	283238
3.3.2.3	竣工图编制费	基本设计费×8%	226590
3.4	设计文件评审费		694500
3.4.1	可行性研究设计文件评审费	（2200 元/km×线路亘长）×1.8	198000
3.4.2	初步设计文件评审费	（3300 元/km×线路亘长）×1.8	297000
3.4.3	施工图文件审查费		199500
3.5	项目后评价费	（取费人工费×人工海拔调整系数）×1.5%	261178
3.6	工程建设检测费		510309
3.6.1	电力工程质量检测费	（取费人工费×人工海拔调整系数）×1.2%	208942
3.6.3	环境监测验收费		150000
3.6.4	水土保持项目验收及补偿费		151367
3.7	电力工程技术经济标准编制管理费	本体工程费×0.1%	98207
4	生产准备费		205460
4.2	工器具及办公家具购置费	（取费人工费×人工海拔调整系数）×0.84%	146260
4.3	生产职工培训及提前进场费	（取费人工费×人工海拔调整系数）×0.34%	59200
	合计		17599923

第 72 章　典型方案 2XZD1-G 通用造价

72.1　基本技术条件

典型方案 2XZD1-G 为《国家电网公司输变电工程通用设计　西藏电网 110～500kV 输电线路分册（2015 年版）》中 2XZD1 模块在高山地形条件下的典型方案，直线塔与耐张塔采用鼓型铁塔，按照平均海拔 3500m 编制概算。典型方案 2XZD1-G 一般条件、交叉跨越、主要材料单位路径长度指标分别见表 72-1～表 72-3。

表 72-1　　　　**典型方案 2XZD1-G 一般条件表**

电压等级（kV）		220			回路数			双回路		
导线型号		2×JL/G1A-400/50			地线型号			JLB20A-120		
路径长度（km）		49.86			气象条件			覆冰（mm）		风速（m/s）
地形		高山						10		29
地质条件	条件	普通土	坚土	松砂石	水坑	泥水坑	流沙坑	干砂坑	岩石（爆破）	岩石（人工）
	比例（%）	10	10	30					25	25
基础	型式	板式		台阶	掏挖	岩石嵌固		岩石锚固		灌注桩
	比例（%）				90			5		5
铁塔	类别	直线		耐张	总基数（基）	运距（km）		人力		汽车
	比例（%）	65		35	115			1.2		25
路径长度单位造价（万元/km）					本体造价			248.11		
					静态造价			315.12		

表 72-2　　　　**典型方案 2XZD1-G 交叉跨越表**

序号	被跨越物名称	跨　越　次　数	备　　注
1	铁路		
2	高速公路		双向四车道以上
	一般公路	5	
3	500kV 电力线		
	220kV 电力线		
	110kV 电力线		
	66kV 电力线		
	35kV 电力线		
	10kV 电力线	5	
	低压线	10	380V 及以下线路
4	通信线	10	
5	河流	1	
6	水库		

表 72-3　　　　**典型方案 2XZD1-G 主要材料路径长度单位指标**

项目		数据			项目	数据
导线（t/km）		18.12			地线（t/km）	1.62
塔数（基/km）		2.31			铁塔钢材（t/km）	72.92
基础钢材（t/km）		8.75			接地钢材（t/km）	0.49
合成绝缘子（支/km）					间隔棒（个/km）	
盘式绝缘子（片/km）		975.18				
防振锤（个/km）		103.00			挂线金具（t/km）	1.24
土石方量（m^3/km）	类型	基面	基坑	接地	混凝土（m^3/km）	115.27
	数量	10.00	150.00	88.19	护坡、排水沟、保坎（m^3/km）	30.00

72.2 概算书

概算投资为静态投资，编制依据见第 4 章。220kV 输电线路工程典型方案 2XZD1-G 总概算表、安装工程费用汇总概算表、其他费用概算表分别见表 72-4～表 72-6。

表 72-4　　典型方案 2XZD1-G 总概算表

序号	工程或费用名称	费用金额（万元）	各项占总计（%）	单位投资（万元/km）
一	架空输电线路本体工程	12371	78.74	248.11
二	辅助设施工程			
	小计	12371	78.74	248.11
三	编制期价差	1103	7.02	22.12
四	其他费用	1988	12.65	39.87
	其中：建设场地征用及清理费	648		
五	基本预备费	232	1.48	4.65
六	特殊项目（现场人员管理系统费用）	18	0.11	0.36
	工程静态投资	15712	100.00	315.12

表 72-5　　典型方案 2XZD1-G 安装工程费用汇总概算表　　金额单位：元

序号	工程或费用名称	取费基数	费率（%）	基础工程	杆塔工程	接地工程	架线工程	附件工程	辅助工程	合计	各项占总计（%）	单位投资（元/km）
一	直接费			24294733	36435116	659182	20699412	10675862	1739042	94503347	76.39	1895374
1	直接工程费			20920263	34376196	562459	19878062	9985187	1463297	87185464	70.47	1748605
1.1	定额直接费			16870383	7124159	465372	3738291	2639403	1316718	32154326	25.99	644892
1.1.1	人工费		100.000	14740461	6190138	428345	1741447	2279245	1243182	26622818	21.52	533951
1.1.2	材料费			453479	24717	16734	65288	19517	17812	597547	0.48	11984
1.1.3	施工机械使用费		100.000	1676443	909304	20293	1931556	340641	55724	4933961	3.99	98956
1.2	装置性材料费			4049880	27252037	97087	16139771	7345784	146579	55031138	44.48	1103713
2	措施费			3374470	2058920	96723	821350	690675	275745	7317883	5.92	146769
2.1	冬雨季施工增加费		7.230	1065736	447547	30969	125907	164789	89882	1924830	1.56	38605
2.2	夜间施工增加费											
2.3	施工工具用具使用费		2.700	397992	167134	11566	47019	61539	33565	718815	0.58	14417
2.4	临时设施费		6.590	971397	407930	28228	114761	150202	81926	1754444	1.42	35187
2.5	施工机构转移费		2.200	324290	136183	9424	38311	50144	27351	585703	0.47	11747
2.6	安全文明施工费		2.940	615055	900126	16536	495352	264001	43021	2334091	1.89	46813
二	间接费			10112546	4246680	293864	1194701	1563651	852873	18264315	14.76	366312
1	规费			6350780	2666957	184549	750285	981989	535614	11470174	9.27	230048
1.1	社会保险费		29.254	4312174	1810862	125308	509443	666771	363681	7788239	6.30	156202
1.2	住房公积金		12.240	1804233	757672	52430	213153	278979	152166	3258633	2.63	65356
1.3	危险作业意外伤害保险费		1.590	234373	98423	6811	27689	36239	19767	423302	0.34	8490
2	企业管理费		21.820	3216369	1350688	93465	379984	497331	271263	5809100	4.70	116508
3	高原医疗保障费		1.530	225529	94709	6554	26644	34873	19020	407329	0.33	8169

续表 72-5

序号	工程或费用名称	取费基数	费率（%）	基础工程	杆塔工程	接地工程	架线工程	附件工程	辅助工程	合计	各项占总计（%）	单位投资（元/km）
4	高原习服费		1.640	241743	101518	7026	28559	37379	20387	436612	0.35	8757
5	施工企业配合调试费		0.530	78125	32808	2270	9229	12079	6589	141100	0.11	2830
三	利润		16.200	2387955	1002803	69392	282115	369237	201396	4312898	3.49	86500
四	税金		10.000	3679524	1443257	102244	603646	526296	279332	6634299	5.36	133059
五	合计			40474758	43127856	1124682	22779874	13135046	3072643	123714859	100.00	2481245
	各项占总计（%）			33	35	1	18	11	2	100		
	单位投资（元/km）			811768	864979	22557	456877	263439	61625	2481245		

表 72-6　　典型方案 2XZD1-G 其他费用概算表　　金额单位：元

序号	工程或费用名称	编制依据及计算说明	合　价
1	建设场地征用及清理费	建设场地征用及清理费	6481800
2	项目建设管理费		3503686
2.1	项目法人管理费	（取费人工费×人工海拔调整系数）×4.92%	1309843
2.2	招标费	本体工程费×0.37%	457745
2.3	工程监理费		1020136
2.5	工程结算审核费	本体工程费×0.35%	433002
2.6	工程保险费	（本体工程费+编制基准期价差）×0.21%	282960
3	项目建设技术服务费		9578797
3.1	项目前期工作费	（勘测费+基本设计费）×12.16%	728554
3.3	勘察设计费		7015000
3.3.1	勘察费		2886894
3.3.1.1	勘测费	50000 元/km×线路亘长	2493000
3.3.1.2	海拉瓦优化选线费	5900 元/km×线路亘长	294174
3.3.1.3	高清晰度卫片选线费	2000 元/km×线路亘长	99720
3.3.2	设计费		4128106
3.3.2.1	基本设计费	基本设计费	3498395
3.3.2.2	施工图预算编制费	基本设计费×10%	349839
3.3.2.3	竣工图编制费	基本设计费×8%	279872
3.4	设计文件评审费		692652
3.4.1	可行性研究设计文件评审费	（2200 元/km×线路亘长）×1.8	197446
3.4.2	初步设计文件评审费	（3300 元/km×线路亘长）×1.8	296168
3.4.3	施工图文件审查费		199038
3.5	项目后评价费	（取费人工费×人工海拔调整系数）×1.5%	399342
3.6	工程建设检测费		619534
3.6.1	电力工程质量检测费	（取费人工费×人工海拔调整系数）×1.2%	319474
3.6.3	环境监测验收费		150000
3.6.4	水土保持项目验收及补偿费		150060

续表 72-6

序号	工程或费用名称	编制依据及计算说明	合　价
3.7	电力工程技术经济标准编制管理费	本体工程费×0.1%	123715
4	生产准备费		314150
4.2	工器具及办公家具购置费	（取费人工费×人工海拔调整系数）×0.84%	223632
4.3	生产职工培训及提前进场费	（取费人工费×人工海拔调整系数）×0.34%	90518
	合计		19878433

第 73 章　典型方案 2XZD1-J 通用造价

73.1　基本技术条件

典型方案 2XZD1-J 为《国家电网公司输变电工程通用设计　西藏电网 110～500kV 输电线路分册（2015 年版）》中 2XZD1 模块在峻岭地形条件下的典型方案，直线塔与耐张塔采用鼓型铁塔，按照平均海拔 3500m 编制概算。典型方案 2XZD1-J 一般条件、交叉跨越、主要材料单位路径长度指标分别见表 73-1～表 73-3。

表 73-1　　典型方案 2XZD1-J 一般条件表

<table>
<tr><td colspan="2">电压等级（kV）</td><td colspan="3">220</td><td colspan="2">回路数</td><td colspan="4">双回路</td></tr>
<tr><td colspan="2">导线型号</td><td colspan="3">2×JL/G1A-400/50</td><td colspan="2">地线型号</td><td colspan="4">JLB20A-120</td></tr>
<tr><td colspan="2">路径长度（km）</td><td colspan="3">50.36</td><td colspan="2" rowspan="2">气象条件</td><td colspan="2">覆冰（mm）</td><td colspan="2">风速（m/s）</td></tr>
<tr><td colspan="2">地形</td><td colspan="3">峻岭</td><td colspan="2">10</td><td colspan="2">29</td></tr>
<tr><td rowspan="2">地质条件</td><td>条件</td><td>普通土</td><td>坚土</td><td>松砂石</td><td>水坑</td><td>泥水坑</td><td>流沙坑</td><td>干砂坑</td><td>岩石（爆破）</td><td>岩石（人工）</td></tr>
<tr><td>比例（%）</td><td>10</td><td>10</td><td>30</td><td></td><td></td><td></td><td></td><td>25</td><td>25</td></tr>
<tr><td rowspan="2">基础</td><td>型式</td><td>板式</td><td colspan="2">台阶</td><td colspan="2">掏挖</td><td>岩石嵌固</td><td colspan="2">岩石锚固</td><td>灌注桩</td></tr>
<tr><td>比例（%）</td><td></td><td colspan="2"></td><td colspan="2">90</td><td></td><td colspan="2">5</td><td>5</td></tr>
<tr><td rowspan="2">铁塔</td><td>类别</td><td>直线</td><td colspan="2">耐张</td><td colspan="2">总基数（基）</td><td>运距（km）</td><td colspan="2">人力</td><td>汽车</td></tr>
<tr><td>比例（%）</td><td>50</td><td colspan="2">50</td><td colspan="2">120</td><td></td><td colspan="2">1.5</td><td>25</td></tr>
<tr><td colspan="5" rowspan="2">路径长度单位造价（万元/km）</td><td colspan="3">本体造价</td><td colspan="3">328.34</td></tr>
<tr><td colspan="3">静态造价</td><td colspan="3">413.58</td></tr>
</table>

表 73-2　　典型方案 2XZD1-J 交叉跨越表

序号	被跨越物名称	跨越次数	备　注
1	铁路		
2	高速公路		
	一般公路	5	双向四车道以上
3	500kV 电力线		
	220kV 电力线		
	110kV 电力线		
	66kV 电力线		
	35kV 电力线		
	10kV 电力线	5	
	低压线	10	380V 及以下线路

续表 73-2

序号	被跨越物名称	跨越次数	备注
4	通信线	10	
5	河流	1	
6	水库		

表 73-3 典型方案 2XZD1-J 主要材料路径长度单位指标

项目		数据			项目	数据
导线（t/km）		18.12			地线（t/km）	1.62
塔数（基/km）		2.38			铁塔钢材（t/km）	87.51
基础钢材（t/km）		10.33			接地钢材（t/km）	0.54
合成绝缘子（支/km）					间隔棒（个/km）	
盘式绝缘子（片/km）		1238.48				
防振锤（个/km）		101.00			挂线金具（t/km）	1.58
土石方量（m^3/km）	类型	基面	基坑	接地	混凝土（m^3/km）	138.63
	数量	10.00	179.00	93.23	护坡、排水沟、保坎（m^3/km）	30.00

73.2 概算书

概算投资为静态投资，编制依据见第 4 章。220kV 输电线路工程典型方案 2XZD1-J 总概算表、安装工程费用汇总概算表、其他费用概算表分别见表 73-4～表 73-6。

表 73-4 典型方案 2XZD1-J 总概算表

序号	工程或费用名称	费用金额（万元）	各项占总计（%）	单位投资（万元/km）
一	架空输电线路本体工程	16535	79.39	328.34
二	辅助设施工程			
	小计	16535	79.39	328.34
三	编制期价差	1548	7.43	30.74
四	其他费用	2419	11.61	48.03
	其中：建设场地征用及清理费	655		
五	基本预备费	308	1.48	6.12
六	特殊项目（现场人员管理系统费用）	18	0.09	0.36
	工程静态投资	20828	100.00	413.58

表 73-5 典型方案 2XZD1-J 安装工程费用汇总概算表 金额单位：元

序号	工程或费用名称	取费基数	费率（%）	基础工程	杆塔工程	接地工程	架线工程	附件工程	辅助工程	合计	各项占总计（%）	单位投资（元/km）
一	直接费			37036156	45529499	741534	21134557	14414875	2313074	121169695	73.28	2406070
1	直接工程费			31599938	42742191	632250	20259750	13381702	1936312	110552143	66.86	2195237
1.1	定额直接费			26771093	10038894	524884	3958141	4167906	1788262	47249180	28.57	938228
1.1.1	人工费		100.000	24076814	8885319	484477	1844451	3615487	1708520	40615068	24.56	806495
1.1.2	材料费			543822	29537	17882	65756	26951	17919	701867	0.42	13937
1.1.3	施工机械使用费		100.000	2150457	1124038	22525	2047934	525468	61823	5932245	3.59	117797

续表 73-5

序号	工程或费用名称	取费基数	费率（%）	基础工程	杆塔工程	接地工程	架线工程	附件工程	辅助工程	合计	各项占总计（%）	单位投资（元/km）
1.2	装置性材料费			4828845	32703297	107366	16301609	9213796	148050	63302963	38.28	1257009
2	措施费			5436218	2787308	109284	874807	1033173	376762	10617552	6.42	210833
2.1	冬雨季施工增加费		7.230	1740754	642408	35028	133354	261400	123525	2936469	1.78	58310
2.2	夜间施工增加费											
2.3	施工工具用具使用费		2.700	650074	239904	13081	49800	97618	46130	1096607	0.66	21775
2.4	临时设施费		6.590	1586662	585543	31928	121549	238261	112592	2676535	1.62	53148
2.5	施工机构转移费		2.200	529690	195477	10659	40577	79541	37589	893533	0.54	17743
2.6	安全文明施工费		2.940	929038	1123976	18588	529527	356353	56926	3014408	1.82	59857
二	间接费			16517659	6095683	332371	1265365	2480369	1172112	27863559	16.85	553288
1	规费			10373255	3828150	208733	794662	1557697	736098	17498595	10.58	347470
1.1	社会保险费		29.254	7043432	2599311	141729	539575	1057675	499810	11881532	7.19	235932
1.2	住房公积金		12.240	2947002	1087563	59301	225760	442536	209123	4971285	3.01	98715
1.3	危险作业意外伤害保险费		1.590	382821	141276	7703	29327	57486	27165	645778	0.39	12823
2	企业管理费		21.820	5253561	1938777	105713	402459	788900	372799	8862209	5.36	175977
3	高原医疗保障费		1.530	368376	135945	7412	28220	55316	26140	621409	0.38	12339
4	高原习服费		1.640	394860	145719	7945	30249	59293	28020	666086	0.40	13226
5	施工企业配合调试费		0.530	127607	47092	2568	9775	19163	9055	215260	0.13	4274
三	利润		16.200	3900443	1439421	78485	298802	585709	276781	6579641	3.98	130652
四	税金		10.000	5745426	2036131	115239	639712	826715	376197	9739420	5.89	193396
五	合计			63199684	55100734	1267629	23338436	18307668	4138164	165352315	100.00	3283406
	各项占总计(%)			38	33	1	14	11	3	100		
	单位投资(元/km)			1254958	1094137	25171	463432	363536	82172	3283406		

表 73-6　　典型方案 2XZD1-J 其他费用概算表　　金额单位：元

序号	工程或费用名称	编制依据及计算说明	合　价
1	建设场地征用及清理费	建设场地征用及清理费	6546800
2	项目建设管理费		4684771
2.1	项目法人管理费	（取费人工费×人工海拔调整系数）×4.92%	1998261
2.2	招标费	本体工程费×0.37%	611804
2.3	工程监理费		1116229
2.5	工程结算审核费	本体工程费×0.35%	578733
2.6	工程保险费	（本体工程费+编制基准期价差）×0.21%	379744
3	项目建设技术服务费		12478328
3.1	项目前期工作费	（勘测费+基本设计费）×12.16%	976503
3.3	勘察设计费		9239247
3.3.1	勘察费		3923044

续表 73-6

序号	工程或费用名称	编制依据及计算说明	合　价
3.3.1.1	勘测费	70000 元/km×线路亘长	3525200
3.3.1.2	海拉瓦优化选线费	5900 元/km×线路亘长	297124
3.3.1.3	高清晰度卫片选线费	2000 元/km×线路亘长	100720
3.3.2	设计费		5316203
3.3.2.1	基本设计费	基本设计费	4505256
3.3.2.2	施工图预算编制费	基本设计费×10%	450526
3.3.2.3	竣工图编制费	基本设计费×8%	360421
3.4	设计文件评审费		699252
3.4.1	可行性研究设计文件评审费	（2200 元/km×线路亘长）×1.8	199426
3.4.2	初步设计文件评审费	（3300 元/km×线路亘长）×1.8	299138
3.4.3	施工图文件审查费		200688
3.5	项目后评价费	（取费人工费×人工海拔调整系数）×1.5%	609226
3.6	工程建设检测费		788748
3.6.1	电力工程质量检测费	（取费人工费×人工海拔调整系数）×1.2%	487381
3.6.3	环境监测验收费		150000
3.6.4	水土保持项目验收及补偿费		151367
3.7	电力工程技术经济标准编制管理费	本体工程费×0.1%	165352
4	生产准备费		479258
4.2	工器具及办公家具购置费	（取费人工费×人工海拔调整系数）×0.84%	341167
4.3	生产职工培训及提前进场费	（取费人工费×人工海拔调整系数）×0.34%	138091
	合计		24189157

第 74 章　典型方案 2XZD2-P 通用造价

74.1　基本技术条件

典型方案 2XZD2-P 为《国家电网公司输变电工程通用设计　西藏电网 110～500kV 输电线路分册（2015 年版）》中 2XZD2 模块在平地地形条件下的典型方案，直线塔与耐张塔采用鼓型铁塔，按照平均海拔 4500m 编制概算。典型方案 2XZD2-P 一般条件、交叉跨越、主要材料单位路径长度指标分别见表 74-1～表 74-3。

表 74-1　　典型方案 2XZD2-P 一般条件表

<table>
<tr><td colspan="2">电压等级（kV）</td><td colspan="4">220</td><td colspan="4">回路数</td><td colspan="5">双回路</td></tr>
<tr><td colspan="2">导线型号</td><td colspan="4">2×JL/G1A-400/50</td><td colspan="4">地线型号</td><td colspan="5">JLB20A-120</td></tr>
<tr><td colspan="2">路径长度（km）</td><td colspan="4">49.97</td><td colspan="4" rowspan="2">气象条件</td><td colspan="3">覆冰（mm）</td><td colspan="2">风速（m/s）</td></tr>
<tr><td colspan="2">地形</td><td colspan="4">平地</td><td colspan="3">10</td><td colspan="2">33</td></tr>
<tr><td rowspan="2">地质条件</td><td>条件</td><td>普通土</td><td colspan="2">坚土</td><td>松砂石</td><td>水坑</td><td colspan="2">泥水坑</td><td colspan="2">流沙坑</td><td>干砂坑</td><td colspan="2">岩石（爆破）</td><td>岩石（人工）</td></tr>
<tr><td>比例（%）</td><td>5</td><td colspan="2">40</td><td>50</td><td>5</td><td colspan="2"></td><td colspan="2"></td><td></td><td colspan="2"></td><td></td></tr>
<tr><td rowspan="2">基础</td><td>型式</td><td colspan="2">板式</td><td colspan="2">台阶</td><td colspan="2">掏挖</td><td colspan="3">岩石嵌固</td><td colspan="2">岩石锚固</td><td colspan="2">灌注桩</td></tr>
<tr><td>比例（%）</td><td colspan="2">70</td><td colspan="2"></td><td colspan="2">20</td><td colspan="3"></td><td colspan="2"></td><td colspan="2">10</td></tr>
</table>

续表 74-1

铁塔	类别	直线	耐张	总基数（基）	运距（km）	人力	汽车
	比例（%）	81	19	135		0.25	25
路径长度单位造价（万元/km）				本体造价		181.05	
				静态造价		229.74	

表 74-2　　典型方案 2XZD2-P 交叉跨越表

序号	被跨越物名称	跨越次数	备注
1	铁路		
2	高速公路		双向四车道以上
	一般公路	5	
3	500kV 电力线		
	220kV 电力线		
	110kV 电力线	1	
	66kV 电力线		
	35kV 电力线	2	
	10kV 电力线	10	
	低压线	20	380V 及以下线路
4	通信线	15	
5	河流	1	
6	水库		

表 74-3　　典型方案 2XZD2-P 主要材料路径长度单位指标

项目		数据			项目	数据
导线（t/km）		18.12			地线（t/km）	1.62
塔数（基/km）		2.70			铁塔钢材（t/km）	82.19
基础钢材（t/km）		10.71			接地钢材（t/km）	0.22
合成绝缘子（支/km）					间隔棒（个/km）	
盘式绝缘子（片/km）		892.71				
防振锤（个/km）		103.00			挂线金具（t/km）	1.02
土石方量（m^3/km）	类型	基面	基坑	接地	混凝土（m^3/km）	126.93
	数量		612.00	71.52	护坡、排水沟、保坎（m^3/km）	

74.2 概算书

概算投资为静态投资，编制依据见第 4 章。220kV 输电线路工程典型方案 2XZD2-P 总概算表、安装工程费用汇总概算表、其他费用概算表分别见表 74-4～表 74-6。

表 74-4　　典型方案 2XZD2-P 总概算表

序号	工程或费用名称	费用金额（万元）	各项占总计（%）	单位投资（万元/km）
一	架空输电线路本体工程	9048	78.81	181.05
二	辅助设施工程			
	小计	9048	78.81	181.05

续表 74-4

序号	工程或费用名称	费用金额（万元）	各项占总计（%）	单位投资（万元/km）
三	编制期价差	720	6.27	14.41
四	其他费用	1526	13.29	30.54
	其中：建设场地征用及清理费	650		
五	基本预备费	169	1.47	3.38
六	特殊项目（现场人员管理系统费用）	18	0.16	0.36
	工程静态投资	11481	100.00	229.74

表 74-5　　典型方案 2XZD2-P 安装工程费用汇总概算表　　金额单位：元

序号	工程或费用名称	取费基数	费率（%）	基础工程	杆塔工程	接地工程	架线工程	附件工程	辅助工程	合计	各项占总计（%）	单位投资（元/km）
一	直接费			12979892	35865588	222689	19651716	8525887	38415	77284187	85.41	1546488
1	直接工程费			11545284	34412368	191413	18901433	8091022	34899	73176419	80.87	1464290
1.1	定额直接费			7223019	3695994	148048	2724757	1383360	34899	15210077	16.81	304360
1.1.1	人工费		123.700	5850302	3023939	137018	1389873	1196517	13299	11610948	12.83	232340
1.1.2	材料费			336287	27709	670	97813	14639	7212	484330	0.54	9692
1.1.3	施工机械使用费		108.700	1036430	644346	10360	1237071	172204	14388	3114799	3.44	62328
1.2	装置性材料费			4322265	30716374	43365	16176676	6707662		57966342	64.06	1159930
2	措施费			1434608	1453220	31276	750283	434865	3516	4107768	4.54	82198
2.1	冬雨季施工增加费		7.230	422977	218630	9906	100488	86508	962	839471	0.93	16798
2.2	夜间施工增加费											
2.3	施工工具用具使用费		2.700	157958	81647	3700	37526	32306	359	313496	0.35	6273
2.4	临时设施费		6.590	385535	199278	9029	91592	78850	876	765160	0.85	15311
2.5	施工机构转移费		2.200	128707	66526	3014	30578	26324	293	255442	0.28	5111
2.6	安全文明施工费		2.940	339431	887139	5627	490099	210877	1026	1934199	2.14	38704
二	间接费			4013539	2074542	94001	953507	820861	9122	7965572	8.80	159394
1	规费			2520543	1302834	59034	598812	515508	5729	5002460	5.53	100101
1.1	社会保险费		29.254	1711446	884623	40084	406593	350029	3890	3396665	3.75	67969
1.2	住房公积金		12.240	716077	370130	16771	170120	146454	1628	1421180	1.57	28438
1.3	危险作业意外伤害保险费		1.590	93020	48081	2179	22099	19025	211	184615	0.20	3694
2	企业管理费		21.820	1276536	659823	29897	303270	261080	2902	2533508	2.80	50697
3	高原医疗保障费		1.530	89509	46266	2097	21265	18307	203	177647	0.20	3555
4	高原习服费		1.640	95945	49592	2247	22794	19624	218	190420	0.21	3810
5	施工企业配合调试费		0.530	31006	16027	726	7366	6342	70	61537	0.07	1231
三	利润		16.200	947748	489878	22197	225159	193835	2154	1880971	2.08	37639
四	税金		10.000	1794118	771364	33888	465372	283293	4969	3353004	3.71	67095
五	合计			19735297	39201372	372775	21295754	9823876	54660	90483734	100.00	1810616
	各项占总计（%）			22	43	0	24	11	0	100		
	单位投资（元/km）			394911	784435	7459	426137	196580	1094	1810616		

表 74-6　　典型方案 2XZD2-P 其他费用概算表　　金额单位：元

序号	工程或费用名称	编制依据及计算说明	合　价
1	建设场地征用及清理费	建设场地征用及清理费	6496620
2	项目建设管理费		2279944
2.1	项目法人管理费	（取费人工费×人工海拔调整系数）×4.92%	571259
2.2	招标费	本体工程费×0.37%	334790
2.3	工程监理费		852057
2.5	工程结算审核费	本体工程费×0.35%	316693
2.6	工程保险费	（本体工程费+编制基准期价差）×0.21%	205145
3	项目建设技术服务费		6349315
3.1	项目前期工作费	（勘测费+基本设计费）×12.16%	441434
3.3	勘察设计费		4498536
3.3.1	勘察费		1394275
3.3.1.1	勘测费	20000 元/km×线路亘长	999480
3.3.1.2	海拉瓦优化选线费	5900 元/km×线路亘长	294847
3.3.1.3	高清晰度卫片选线费	2000 元/km×线路亘长	99948
3.3.2	设计费		3104261
3.3.2.1	基本设计费	基本设计费	2630730
3.3.2.2	施工图预算编制费	基本设计费×10%	263073
3.3.2.3	竣工图编制费	基本设计费×8%	210458
3.4	设计文件评审费		694157
3.4.1	可行性研究设计文件评审费	（2200 元/km×线路亘长）×1.8	197897
3.4.2	初步设计文件评审费	（3300 元/km×线路亘长）×1.8	296846
3.4.3	施工图文件审查费		199414
3.5	项目后评价费	（取费人工费×人工海拔调整系数）×1.5%	174164
3.6	工程建设检测费		450540
3.6.1	电力工程质量检测费	（取费人工费×人工海拔调整系数）×1.2%	139331
3.6.3	环境监测验收费		150000
3.6.4	水土保持项目验收及补偿费		161209
3.7	电力工程技术经济标准编制管理费	本体工程费×0.1%	90484
4	生产准备费		137009
4.2	工器具及办公家具购置费	（取费人工费×人工海拔调整系数）×0.84%	97532
4.3	生产职工培训及提前进场费	（取费人工费×人工海拔调整系数）×0.34%	39477
	合计		15262888

第 75 章　典型方案 2XZD2-H 通用造价

75.1　基本技术条件

典型方案 2XZD2-H 为《国家电网公司输变电工程通用设计　西藏电网 110～500kV 输电线路分册（2015 年版）》中 2XZD2 模块在河网泥沼地形条件下的典型方案，直线塔与耐张塔采用鼓型铁塔，按照平均海拔 4500m 编制概算。典型方案 2XZD2-H 一般条件、交叉跨越、主要材料单位路径长度指标分别见表 75-1～表 75-3。

表 75-1 **典型方案 2XZD2-H 一般条件表**

电压等级（kV）		220			回路数			双回路		
导线型号		2×JL/G1A-400/50			地线型号			JLB20A-120		
路径长度（km）		50			气象条件			覆冰（mm）		风速（m/s）
地形		河网泥沼						10		33
地质条件	条件	普通土	坚土	松砂石	水坑	泥水坑	流沙坑	干砂坑	岩石（爆破）	岩石（人工）
	比例（%）				50	50				
基础	型式	板式		台阶	掏挖		岩石嵌固	岩石锚固		灌注桩
	比例（%）	80								20
铁塔	类别	直线		耐张	总基数（基）		运距（km）	人力		汽车
	比例（%）	81		19	135			0.6		25
路径长度单位造价（万元/km）					本体造价			229.12		
					静态造价			291.58		

表 75-2 **典型方案 2XZD2-H 交叉跨越表**

序号	被跨越物名称	跨越次数	备注
1	铁路		
2	高速公路		双向四车道以上
	一般公路	3	
3	500kV 电力线		
	220kV 电力线		
	110kV 电力线	1	
	66kV 电力线		
	35kV 电力线		
	10kV 电力线	7	
	低压线	15	380V 及以下线路
4	通信线	10	
5	河流	8	
6	水库		

表 75-3 **典型方案 2XZD2-H 主要材料路径长度单位指标**

项目		数据			项目	数据
导线（t/km）		18.12			地线（t/km）	1.62
塔数（基/km）		2.70			铁塔钢材（t/km）	82.27
基础钢材（t/km）		19.89			接地钢材（t/km）	0.21
合成绝缘子（支/km）					间隔棒（个/km）	
盘式绝缘子（片/km）		892.25				
防振锤（个/km）		103.00			挂线金具（t/km）	1.02
土石方量（m³/km）	类型	基面	基坑	接地	混凝土（m^3/km）	197.01
	数量		1252.00	67.23	护坡、排水沟、保坎（m^3/km）	

75.2 概算书

概算投资为静态投资，编制依据见第 4 章。220kV 输电线路工程典型方案 2XZD2-H 总概算表、安装工程费用汇总概算表、其他费用概算表分别见表 75-4～表 75-6。

表 75-4　　典型方案 2XZD2-H 总概算表

序号	工程或费用名称	费用金额（万元）	各项占总计（%）	单位投资（万元/km）
一	架空输电线路本体工程	11456	78.59	229.12
二	辅助设施工程			
	小计	11456	78.59	229.12
三	编制期价差	1064	7.30	21.28
四	其他费用	1826	12.52	36.52
	其中：建设场地征用及清理费	650		
五	基本预备费	215	1.47	4.30
六	特殊项目（现场人员管理系统费用）	18	0.12	0.36
	工程静态投资	14579	100.00	291.58

表 75-5　　典型方案 2XZD2-H 安装工程费用汇总概算表　　金额单位：元

序号	工程或费用名称	取费基数	费率（%）	基础工程	杆塔工程	接地工程	架线工程	附件工程	辅助工程	合计	各项占总计（%）	单位投资（元/km）
一	直接费			26706406	37027232	238532	19690576	8637313	38415	92338474	80.61	1846769
1	直接工程费			23589658	35383220	204013	18940073	8183912	34899	86335775	75.37	1726716
1.1	定额直接费			16767019	4637913	163280	2754985	1476250	34899	25834346	22.55	516687
1.1.1	人工费		123.700	12944505	3891278	152366	1385165	1280942	13299	19667555	17.17	393351
1.1.2	材料费			981289	27732	652	78922	14639	7212	1110446	0.97	22209
1.1.3	施工机械使用费		108.700	2841225	718903	10262	1290898	180669	14388	5056345	4.41	101127
1.2	装置性材料费			6822639	30745307	40733	16185088	6707662		60501429	52.81	1210029
2	措施费			3116748	1644012	34519	750503	453401	3516	6002699	5.24	120054
2.1	冬雨季施工增加费		7.230	935887	281340	11016	100147	92612	962	1421964	1.24	28439
2.2	夜间施工增加费											
2.3	施工工具用具使用费		2.700	349502	105065	4113	37399	34585	359	531023	0.46	10620
2.4	临时设施费		6.590	853043	256435	10040	91283	84414	876	1296091	1.13	25922
2.5	施工机构转移费		2.200	284780	85608	3352	30473	28182	293	432688	0.38	8654
2.6	安全文明施工费		2.940	693536	915564	5998	491201	213608	1026	2320933	2.03	46419
二	间接费			8880450	2669573	104529	950280	878778	9122	13492732	11.78	269855
1	规费			5577012	1676519	65646	596786	551882	5729	8473574	7.40	169471
1.1	社会保险费		29.254	3786786	1138354	44573	405216	374727	3890	5753546	5.02	115071
1.2	住房公积金		12.240	1584408	476293	18650	169545	156787	1628	2407311	2.10	48146
1.3	危险作业意外伤害保险费		1.590	205818	61872	2423	22025	20368	211	312717	0.27	6254
2	企业管理费		21.820	2824491	849077	33247	302243	279501	2902	4291461	3.75	85829
3	高原医疗保障费		1.530	198051	59536	2331	21193	19598	203	300912	0.26	6018

续表 75-5

序号	工程或费用名称	取费基数	费率（%）	基础工程	杆塔工程	接地工程	架线工程	附件工程	辅助工程	合计	各项占总计（%）	单位投资（元/km）
4	高原习服费		1.640	212291	63817	2498	22717	21008	218	322549	0.28	6451
5	施工企业配合调试费		0.530	68605	20624	807	7341	6789	70	104236	0.09	2085
三	利润		16.200	2097011	630387	24684	224396	207513	2154	3186145	2.78	63723
四	税金		10.000	3768387	958188	36775	468016	301595	4969	5537930	4.83	110759
五	合计			41452254	41285380	404520	21333268	10025199	54660	114555281	100.00	2291106
	各项占总计（%）			36	36	0	19	9	0	100		
	单位投资（元/km）			829045	825708	8090	426665	200504	1093	2291105		

表 75-6　　典型方案 2XZD2-H 其他费用概算表　　金额单位：元

序号	工程或费用名称	编制依据及计算说明	合　价
1	建设场地征用及清理费	建设场地征用及清理费	6500000
2	项目建设管理费		2993109
2.1	项目法人管理费	（取费人工费×人工海拔调整系数）×4.92%	967644
2.2	招标费	本体工程费×0.37%	423855
2.3	工程监理费		937750
2.5	工程结算审核费	本体工程费×0.35%	400943
2.6	工程保险费	（本体工程费+编制基准期价差）×0.21%	262917
3	项目建设技术服务费		8531712
3.1	项目前期工作费	（勘测费+基本设计费）×12.16%	639523
3.3	勘察设计费		6240901
3.3.1	勘察费		2395000
3.3.1.1	勘测费	40000 元/km×线路亘长	2000000
3.3.1.2	海拉瓦优化选线费	5900 元/km×线路亘长	295000
3.3.1.3	高清晰度卫片选线费	2000 元/km×线路亘长	100000
3.3.2	设计费		3845901
3.3.2.1	基本设计费	基本设计费	3259238
3.3.2.2	施工图预算编制费	基本设计费×10%	325924
3.3.2.3	竣工图编制费	基本设计费×8%	260739
3.4	设计文件评审费		694500
3.4.1	可行性研究设计文件评审费	（2200 元/km×线路亘长）×1.8	198000
3.4.2	初步设计文件评审费	（3300 元/km×线路亘长）×1.8	297000
3.4.3	施工图文件审查费		199500
3.5	项目后评价费	（取费人工费×人工海拔调整系数）×1.5%	295013
3.6	工程建设检测费		547220
3.6.1	电力工程质量检测费	（取费人工费×人工海拔调整系数）×1.2%	236011
3.6.3	环境监测验收费		150000
3.6.4	水土保持项目验收及补偿费		161209

续表 75-6

序号	工程或费用名称	编制依据及计算说明	合　价
3.7	电力工程技术经济标准编制管理费	本体工程费×0.1%	114555
4	生产准备费		232077
4.2	工器具及办公家具购置费	（取费人工费×人工海拔调整系数）×0.84%	165207
4.3	生产职工培训及提前进场费	（取费人工费×人工海拔调整系数）×0.34%	66870
	合计		18256898

第 76 章　典型方案 2XZD2-Q 通用造价

76.1　基本技术条件

典型方案 2XZD2-Q 为《国家电网公司输变电工程通用设计　西藏电网 110～500kV 输电线路分册（2015 年版）》中 2XZD2 模块在丘陵地形条件下的典型方案，直线塔与耐张塔采用鼓型铁塔，按照平均海拔 4500m 编制概算。典型方案 2XZD2-Q 一般条件、交叉跨越、主要材料单位路径长度指标分别见表 76-1～表 76-3。

表 76-1　　典型方案 2XZD2-Q 一般条件表

电压等级（kV）		220			回路数			双回路		
导线型号		2×JL/G1A-400/50			地线型号			JLB20A-120		
路径长度（km）		50.40			气象条件			覆冰（mm）		风速（m/s）
地形		丘陵						10		33
地质条件	条件	普通土	坚土	松砂石	水坑	泥水坑	流沙坑	干砂坑	岩石（爆破）	岩石（人工）
	比例（%）	25	25	30					10	10
基础	型式	板式	台阶		掏挖	岩石嵌固		岩石锚固		灌注桩
	比例（%）	40			60					
铁塔	类别	直线	耐张		总基数（基）	运距（km）		人力		汽车
	比例（%）	80	20		130			0.5		25
路径长度单位造价（万元/km）					本体造价			190.04		
					静态造价			242.36		

表 76-2　　典型方案 2XZD2-Q 交叉跨越表

序号	被跨越物名称	跨越次数	备　注
1	铁路		
2	高速公路		双向四车道以上
	一般公路	5	
3	500kV 电力线		
	220kV 电力线		
	110kV 电力线	1	
	66kV 电力线		
	35kV 电力线	1	
	10kV 电力线	10	
	低压线	20	380V 及以下线路

续表 76-2

序号	被跨越物名称	跨 越 次 数	备 注
4	通信线	15	
5	河流	1	
6	水库		

表 76-3　　典型方案 2XZD2-Q 主要材料路径长度单位指标

<table>
<tr><td colspan="2">项目</td><td colspan="3">数据</td><td>项目</td><td>数据</td></tr>
<tr><td colspan="2">导线（t/km）</td><td colspan="3">18.12</td><td>地线（t/km）</td><td>1.62</td></tr>
<tr><td colspan="2">塔数（基/km）</td><td colspan="3">2.58</td><td>铁塔钢材（t/km）</td><td>79.48</td></tr>
<tr><td colspan="2">基础钢材（t/km）</td><td colspan="3">9.38</td><td>接地钢材（t/km）</td><td>0.42</td></tr>
<tr><td colspan="2">合成绝缘子（支/km）</td><td colspan="3"></td><td rowspan="2">间隔棒（个/km）</td><td rowspan="2"></td></tr>
<tr><td colspan="2">盘式绝缘子（片/km）</td><td colspan="3">897.70</td></tr>
<tr><td colspan="2">防振锤（个/km）</td><td colspan="3">108.00</td><td>挂线金具（t/km）</td><td>1.05</td></tr>
<tr><td rowspan="2">土石方量（m³/km）</td><td>类型</td><td>基面</td><td>基坑</td><td>接地</td><td>混凝土（m³/km）</td><td>113.92</td></tr>
<tr><td>数量</td><td>5.00</td><td>406.00</td><td>87.82</td><td>护坡、排水沟、保坎（m³/km）</td><td>10.00</td></tr>
</table>

76.2 概算书

概算投资为静态投资，编制依据见第 4 章。220kV 输电线路工程典型方案 2XZD2-Q 总概算表、安装工程费用汇总概算表、其他费用概算表分别见表 76-4～表 76-6。

表 76-4　　典型方案 2XZD2-Q 总概算表

序号	工程或费用名称	费用金额（万元）	各项占总计（%）	单位投资（万元/km）
一	架空输电线路本体工程	9578	78.41	190.04
二	辅助设施工程			
	小计	9578	78.41	190.04
三	编制期价差	773	6.33	15.34
四	其他费用	1666	13.64	33.06
	其中：建设场地征用及清理费	655		
五	基本预备费	180	1.47	3.57
六	特殊项目（现场人员管理系统费用）	18	0.15	0.36
	工程静态投资	12215	100.00	242.36

表 76-5　　典型方案 2XZD2-Q 安装工程费用汇总概算表　　金额单位：元

序号	工程或费用名称	取费基数	费率（%）	基础工程	杆塔工程	接地工程	架线工程	附件工程	辅助工程	合计	各项占总计（%）	单位投资（元/km）
一	直接费			14430377	35809678	516022	19938372	8799208	305042	79798699	83.31	1583308
1	直接工程费			12699548	34218295	445325	19169292	8341240	263225	75136925	78.45	1490812
1.1	定额直接费			8713681	4516302	335039	2854732	1482557	214239	18116550	18.91	359455
1.1.1	人工费		123.700	7251409	3770494	307716	1451198	1283898	182043	14246758	14.87	282674
1.1.2	材料费			388513	26776	8254	93700	14800	8641	540684	0.56	10728
1.1.3	施工机械使用费		108.700	1073759	719032	19069	1309834	183859	23555	3329108	3.48	66054

续表 76-5

序号	工程或费用名称	取费基数	费率（%）	基础工程	杆塔工程	接地工程	架线工程	附件工程	辅助工程	合计	各项占总计（%）	单位投资（元/km）
1.2	装置性材料费			3985867	29701993	110286	16314560	6858683	48986	57020375	59.53	1131357
2	措施费			1730829	1591383	70697	769080	457968	41817	4661774	4.87	92496
2.1	冬雨季施工增加费		7.230	524277	272606	22248	104922	92826	13162	1030041	1.08	20437
2.2	夜间施工增加费											
2.3	施工工具用具使用费		2.700	195788	101803	8308	39183	34665	4915	384662	0.40	7632
2.4	临时设施费		6.590	477868	248476	20279	95634	84608	11996	938861	0.98	18628
2.5	施工机构转移费		2.200	159530	82951	6770	31926	28246	4005	313428	0.33	6219
2.6	安全文明施工费		2.940	373366	885547	13092	497415	217623	7739	1994782	2.08	39579
二	间接费			4974758	2586707	211107	995579	880805	124887	9773843	10.20	193925
1	规费			3124198	1624479	132578	625234	553155	78430	6138074	6.41	121787
1.1	社会保险费		29.254	2121327	1103021	90020	424534	375592	53254	4167748	4.35	82693
1.2	住房公积金		12.240	887573	461508	37665	177626	157149	22282	1743803	1.82	34599
1.3	危险作业意外伤害保险费		1.590	115298	59950	4893	23074	20414	2894	226523	0.24	4495
2	企业管理费		21.820	1582257	822721	67144	316651	280146	39722	3108641	3.25	61679
3	高原医疗保障费		1.530	110947	57688	4708	22203	19644	2785	217975	0.23	4325
4	高原习服费		1.640	118923	61836	5046	23799	21056	2986	233646	0.24	4636
5	施工企业配合调试费		0.530	38433	19983	1631	7692	6804	964	75507	0.08	1498
三	利润		16.200	1174728	610820	49850	235094	207991	29490	2307973	2.41	45793
四	税金		10.000	2057987	930521	77697	485449	302933	45942	3900529	4.07	77391
五	合计			22637850	39937726	854676	21654494	10190937	505361	95781044	100.00	1900418
	各项占总计（%）			24	41	1	23	10	1	100		
	单位投资（元/km）			449164	792415	16958	429653	202201	10027	1900418		

表 76-6　　典型方案 2XZD2-Q 其他费用概算表　　金额单位：元

序号	工程或费用名称	编制依据及计算说明	合　价
1	建设场地征用及清理费	建设场地征用及清理费	6552000
2	项目建设管理费		2467248
2.1	项目法人管理费	（取费人工费×人工海拔调整系数）×4.92%	700941
2.2	招标费	本体工程费×0.37%	354390
2.3	工程监理费		859320
2.5	工程结算审核费	本体工程费×0.35%	335234
2.6	工程保险费	（本体工程费+编制基准期价差）×0.21%	217363
3	项目建设技术服务费		7470754
3.1	项目前期工作费	（勘测费+基本设计费）×12.16%	551218
3.3	勘察设计费		5429630
3.3.1	勘察费		2162160
3.3.1.1	勘测费	35000 元/km×线路亘长	1764000

续表 76-6

序号	工程或费用名称	编制依据及计算说明	合价
3.3.1.2	海拉瓦优化选线费	5900 元/km×线路亘长	297360
3.3.1.3	高清晰度卫片选线费	2000 元/km×线路亘长	100800
3.3.2	设计费		3267470
3.3.2.1	基本设计费	基本设计费	2769043
3.3.2.2	施工图预算编制费	基本设计费×10%	276904
3.3.2.3	竣工图编制费	基本设计费×8%	221523
3.4	设计文件评审费		699780
3.4.1	可行性研究设计文件评审费	（2200 元/km×线路亘长）×1.8	199584
3.4.2	初步设计文件评审费	（3300 元/km×线路亘长）×1.8	299376
3.4.3	施工图文件审查费		200820
3.5	项目后评价费	（取费人工费×人工海拔调整系数）×1.5%	213701
3.6	工程建设检测费		480644
3.6.1	电力工程质量检测费	（取费人工费×人工海拔调整系数）×1.2%	170961
3.6.3	环境监测验收费		150000
3.6.4	水土保持项目验收及补偿费		159683
3.7	电力工程技术经济标准编制管理费	本体工程费×0.1%	95781
4	生产准备费		168112
4.2	工器具及办公家具购置费	（取费人工费×人工海拔调整系数）×0.84%	119673
4.3	生产职工培训及提前进场费	（取费人工费×人工海拔调整系数）×0.34%	48439
	合计		16658114

第 77 章　典型方案 2XZD2-S 通用造价

77.1　基本技术条件

典型方案 2XZD2-S 为《国家电网公司输变电工程通用设计　西藏电网 110～500kV 输电线路分册（2015 年版）》中 2XZD2 模块在山地地形条件下的典型方案，直线塔与耐张塔采用鼓型铁塔，按照平均海拔 4500m 编制概算。典型方案 2XZD2-S 一般条件、交叉跨越、主要材料单位路径长度指标分别见表 77-1～表 77-3。

表 77-1　　典型方案 2XZD2-S 一般条件表

电压等级（kV）		220			回路数		双回路			
导线型号		2×JL/G1A-400/50			地线型号		JLB20A-120			
路径长度（km）		50			气象条件		覆冰（mm）		风速（m/s）	
地形		山地					10		33	
地质条件	条件	普通土	坚土	松砂石	水坑	泥水坑	流沙坑	干砂坑	岩石（爆破）	岩石（人工）
	比例（%）	10	10	30					25	25
基础	型式	板式	台阶		掏挖	岩石嵌固		岩石锚固	灌注桩	
	比例（%）	20			70			5	5	

续表 77-1

铁塔	类别	直线	耐张	总基数（基）	运距（km）	人力	汽车
	比例（%）	75	25	120		0.8	25
路径长度单位造价（万元/km）			本体造价			245.46	
			静态造价			311.28	

表 77-2　　典型方案 2XZD2-S 交叉跨越表

序号	被跨越物名称	跨越次数	备注
1	铁路		
2	高速公路		双向四车道以上
	一般公路	5	
3	500kV 电力线		
	220kV 电力线		
	110kV 电力线		
	66kV 电力线		
	35kV 电力线	1	
	10kV 电力线	5	
	低压线	10	380V 及以下线路
4	通信线	10	
5	河流	1	
6	水库		

表 77-3　　典型方案 2XZD2-S 主要材料路径长度单位指标

项目		数据			项目	数据
导线（t/km）		18.12			地线（t/km）	1.62
塔数（基/km）		2.40			铁塔钢材（t/km）	79.81
基础钢材（t/km）		10.22			接地钢材（t/km）	0.48
合成绝缘子（支/km）					间隔棒（个/km）	
盘式绝缘子（片/km）		946.55				
防振锤（个/km）		107.00			挂线金具（t/km）	1.13
土石方量（m^3/km）	类型	基面	基坑	接地	混凝土（m^3/km）	134.53
	数量	5.00	306.00	85.11	护坡、排水沟、保坎（m^3/km）	20.00

77.2 概算书

概算投资为静态投资，编制依据见第 4 章。220kV 输电线路工程典型方案 2XZD2-S 总概算表、安装工程费用汇总概算表、其他费用概算表分别见表 77-4～表 77-6。

表 77-4　　典型方案 2XZD2-S 总概算表

序号	工程或费用名称	费用金额（万元）	各项占总计（%）	单位投资（万元/km）
一	架空输电线路本体工程	12273	78.86	245.46
二	辅助设施工程			
	小计	12273	78.86	245.46

续表 77-4

序号	工程或费用名称	费用金额（万元）	各项占总计（%）	单位投资（万元/km）
三	编制期价差	1107	7.11	22.14
四	其他费用	1936	12.44	38.72
	其中：建设场地征用及清理费	650		
五	基本预备费	230	1.48	4.60
六	特殊项目（现场人员管理系统费用）	18	0.12	0.36
	工程静态投资	15564	100.00	311.28

表 77-5　　**典型方案 2XZD2-S 安装工程费用汇总概算表**　　金额单位：元

序号	工程或费用名称	取费基数	费率（%）	基础工程	杆塔工程	接地工程	架线工程	附件工程	辅助工程	合计	各项占总计（%）	单位投资（元/km）
一	直接费			24483260	38929868	700091	20523475	9690850	968651	95296195	77.64	1905924
1	直接工程费			21189787	36839114	595663	19684210	9128179	819539	88256492	71.91	1765130
1.1	定额直接费			16582587	7013976	500983	3499122	1983146	721558	30301372	24.69	606027
1.1.1	人工费		123.700	14265461	6029130	464283	1742456	1725761	667828	24894919	20.28	497898
1.1.2	材料费			536396	26787	16250	69929	16174	14298	679834	0.55	13597
1.1.3	施工机械使用费		108.700	1780730	958059	20450	1686737	241211	39432	4726619	3.85	94532
1.2	装置性材料费			4607200	29825138	94680	16185088	7145033	97981	57955120	47.22	1159102
2	措施费			3293473	2090754	104428	839265	562671	149112	7039703	5.74	140794
2.1	冬雨季施工增加费		7.230	1031393	435906	33568	125979	124773	48284	1799903	1.47	35998
2.2	夜间施工增加费											
2.3	施工工具用具使用费		2.700	385167	162787	12536	47046	46596	18031	672163	0.55	13443
2.4	临时设施费		6.590	940094	397320	30596	114827	113727	44010	1640574	1.34	32811
2.5	施工机构转移费		2.200	313840	132641	10215	38334	37967	14693	547690	0.45	10954
2.6	安全文明施工费		2.940	622979	962100	17513	513079	239608	24094	2379373	1.94	47587
二	间接费			9786675	4136224	318516	1195395	1183941	458153	17078904	13.92	341578
1	规费			6146130	2597590	200031	750720	743528	287725	10725724	8.74	214514
1.1	社会保险费		29.254	4173218	1763762	135821	509738	504854	195365	7282758	5.93	145655
1.2	住房公积金		12.240	1746092	737965	56828	213277	211234	81742	3047138	2.48	60943
1.3	危险作业意外伤害保险费		1.590	226820	95863	7382	27705	27440	10618	395828	0.32	7917
2	企业管理费		21.820	3112723	1315556	101306	380204	376561	145721	5432071	4.43	108641
3	高原医疗保障费		1.530	218262	92245	7104	26659	26403	10217	380890	0.31	7618
4	高原习服费		1.640	233953	98878	7614	28577	28302	10952	408276	0.33	8166
5	施工企业配合调试费		0.530	75607	31955	2461	9235	9147	3538	131943	0.11	2639
三	利润		16.200	2311005	976719	75213	282278	279573	108189	4032977	3.29	80660
四	税金		10.000	3658095	1421767	109382	581605	400933	153499	6325281	5.15	126506
五	合计			40239035	45464578	1203202	22582753	11555297	1688492	122733357	100.00	2454667
	各项占总计（%）			34	37	1	18	9	1	100		
	单位投资（元/km）			804781	909291	24064	451655	231106	33770	2454667		

表 77-6　　典型方案 2XZD2-S 其他费用概算表　　金额单位：元

序号	工程或费用名称	编制依据及计算说明	合　价
1	建设场地征用及清理费	建设场地征用及清理费	6500000
2	项目建设管理费		3327240
2.1	项目法人管理费	（取费人工费×人工海拔调整系数）×4.92%	1224830
2.2	招标费	本体工程费×0.37%	454113
2.3	工程监理费		937750
2.5	工程结算审核费	本体工程费×0.35%	429567
2.6	工程保险费	（本体工程费+编制基准期价差）×0.21%	280980
3	项目建设技术服务费		9234781
3.1	项目前期工作费	（勘测费+基本设计费）×12.16%	695889
3.3	勘察设计费		6742866
3.3.1	勘察费		2645000
3.3.1.1	勘测费	35000 元/km×线路亘长	2250000
3.3.1.2	海拉瓦优化选线费	5900 元/km×线路亘长	295000
3.3.1.3	高清晰度卫片选线费	2000 元/km×线路亘长	100000
3.3.2	设计费		4097866
3.3.2.1	基本设计费	基本设计费	3472768
3.3.2.2	施工图预算编制费	基本设计费×10%	347277
3.3.2.3	竣工图编制费	基本设计费×8%	277821
3.4	设计文件评审费		694500
3.4.1	可行性研究设计文件评审费	（2200 元/km×线路亘长）×1.8	198000
3.4.2	初步设计文件评审费	（3300 元/km×线路亘长）×1.8	297000
3.4.3	施工图文件审查费		199500
3.5	项目后评价费	（取费人工费×人工海拔调整系数）×1.5%	373424
3.6	工程建设检测费		605369
3.6.1	电力工程质量检测费	（取费人工费×人工海拔调整系数）×1.2%	298739
3.6.3	环境监测验收费		150000
3.6.4	水土保持项目验收及补偿费		156630
3.7	电力工程技术经济标准编制管理费	本体工程费×0.1%	122733
4	生产准备费		293760
4.2	工器具及办公家具购置费	（取费人工费×人工海拔调整系数）×0.84%	209117
4.3	生产职工培训及提前进场费	（取费人工费×人工海拔调整系数）×0.34%	84643
	合计		19355781

第 78 章　典型方案 2XZD2-G 通用造价

78.1　基本技术条件

典型方案 2XZD2-G 为《国家电网公司输变电工程通用设计　西藏电网 110～500kV 输电线路分册（2015 年版）》中 2XZD1 模块在高山地形条件下的典型方案，直线塔与耐张塔采用鼓型铁塔，按照平均海拔 4500m 编制概算。典型方案 2XZD2-G 一般条件、交叉跨越、主要材料单位路径长度指标分别见表 78-1～表 78-3。

表 78-1 典型方案 2XZD2-G 一般条件表

电压等级（kV）		220			回路数		双回路		
导线型号		2×JL/G1A-400/50			地线型号		JLB20A-120		
路径长度（km）		49.86			气象条件		覆冰（mm）		风速（m/s）
地形		高山					10		33
地质条件	条件	普通土	坚土	松砂石	水坑	泥水坑	流沙坑	干砂坑	岩石（爆破）	岩石（人工）
	比例（%）	10	10	30					25	25
基础	型式	板式	台阶		掏挖	岩石嵌固	岩石锚固		灌注桩	
	比例（%）				90		5		5	
铁塔	类别	直线	耐张		总基数（基）	运距（km）	人力		汽车	
	比例（%）	65	35		115		1.2		25	
路径长度单位造价（万元/km）					本体造价		321.86			
					静态造价		403.85			

表 78-2 典型方案 2XZD2-G 交叉跨越表

序号	被跨越物名称	跨越次数	备注
1	铁路		
2	高速公路		双向四车道以上
	一般公路	5	
3	500kV 电力线		
	220kV 电力线		
	110kV 电力线		
	66kV 电力线		
	35kV 电力线		
	10kV 电力线	5	
	低压线	10	380V 及以下线路
4	通信线	10	
5	河流	1	
6	水库		

表 78-3 典型方案 2XZD2-G 主要材料路径长度单位指标

项目		数据			项目	数据
导线（t/km）		18.12			地线（t/km）	1.62
塔数（基/km）		2.31			铁塔钢材（t/km）	89.54
基础钢材（t/km）		10.75			接地钢材（t/km）	0.49
合成绝缘子（支/km）					间隔棒（个/km）	
盘式绝缘子（片/km）		1051.65				
防振锤（个/km）		103.00			挂线金具（t/km）	1.24
土石方量（m^3/km）	类型	基面	基坑	接地	混凝土（m^3/km）	141.54
	数量	10.00	185.00	88.19	护坡、排水沟、保坎（m^3/km）	30.00

78.2 概算书

概算投资为静态投资，编制依据见第 4 章。220kV 输电线路工程典型方案 2XZD2-G 总概算表、安装工程费用汇总概算表、其他费用概算表分别见表 78-4～表 78-6。

表 78-4　　典型方案 2XZD2-G 总概算表

序号	工程或费用名称	费用金额（万元）	各项占总计（%）	单位投资（万元/km）
一	架空输电线路本体工程	16048	79.71	321.86
二	辅助设施工程			
	小计	16048	79.71	321.86
三	编制期价差	1521	7.55	30.51
四	其他费用	2252	11.18	45.17
	其中：建设场地征用及清理费	648		
五	基本预备费	297	1.47	5.96
六	特殊项目（现场人员管理系统费用）	18	0.09	0.36
	工程静态投资	20136	100.00	403.85

表 78-5　　典型方案 2XZD2-G 安装工程费用汇总概算表　　金额单位：元

序号	工程或费用名称	取费基数	费率（%）	基础工程	杆塔工程	接地工程	架线工程	附件工程	辅助工程	合计	各项占总计（%）	单位投资（元/km）
一	直接费			35177012	46950608	784506	21398127	11839898	2102482	118252633	73.69	2371693
1	直接工程费			30108167	44043095	665742	20458830	11016628	1762779	108055241	67.33	2167173
1.1	定额直接费			25139231	10579562	568655	4319059	3227757	1616200	45450464	28.32	911562
1.1.1	人工费		123.700	22348637	9339598	529863	2154170	2835057	1537816	38745141	24.14	777079
1.1.2	材料费			554663	29813	16734	65288	19670	17812	703980	0.44	14119
1.1.3	施工机械使用费		108.700	2235931	1210151	22058	2099601	373030	60572	6001343	3.74	120364
1.2	装置性材料费			4968936	33463533	97087	16139771	7788871	146579	62604777	39.01	1255611
2	措施费			5068845	2907513	118764	939297	823270	339703	10197392	6.35	204520
2.1	冬雨季施工增加费		7.230	1615807	675253	38309	155746	204975	111184	2801274	1.75	56183
2.2	夜间施工增加费											
2.3	施工工具用具使用费		2.700	603413	252169	14306	58163	76547	41521	1046119	0.65	20981
2.4	临时设施费		6.590	1472775	615480	34919	141960	186830	101341	2553305	1.59	51209
2.5	施工机构转移费		2.200	491670	205472	11657	47392	62371	33832	852394	0.53	17096
2.6	安全文明施工费		2.940	885180	1159139	19573	536036	292547	51825	2944300	1.83	59051
二	间接费			15332057	6407337	363507	1477847	1944964	1055005	26580717	16.56	533107
1	规费			9628686	4023872	228287	928102	1221456	662553	16692956	10.40	334797
1.1	社会保险费		29.254	6537869	2732206	155007	630181	829367	449873	11334503	7.06	227327
1.2	住房公积金		12.240	2735474	1143167	64856	263670	347011	188229	4742407	2.96	95114
1.3	危险作业意外伤害保险费		1.590	355343	148499	8424	34251	45078	24451	616046	0.38	12356
2	企业管理费		21.820	4876472	2037900	115616	470040	618610	335552	8454190	5.27	169559
3	高原医疗保障费		1.530	341934	142896	8107	32958	43376	23529	592800	0.37	11889

续表 78-5

序号	工程或费用名称	取费基数	费率（%）	基础工程	杆塔工程	接地工程	架线工程	附件工程	辅助工程	合计	各项占总计（%）	单位投资（元/km）
4	高原习服费		1.640	366518	153169	8690	35329	46496	25221	635423	0.40	12744
5	施工企业配合调试费		0.530	118447	49500	2807	11418	15026	8150	205348	0.13	4118
三	利润		16.200	3620479	1513015	85839	348975	459279	249127	6276714	3.91	125887
四	税金		10.000	5412955	2140743	123385	708518	645526	340661	9371788	5.84	187962
五	合计			59542503	57011703	1357237	23933467	14889667	3747275	160481852	100.00	3218649
	各项占总计（%）			37	36	1	15	9	2	100		
	单位投资（元/km）			1194194	1143436	27221	480013	298629	75156	3218649		

表 78-6　　**典型方案 2XZD2-G 其他费用概算表**　　金额单位：元

序号	工程或费用名称	编制依据及计算说明	合　价
1	建设场地征用及清理费	建设场地征用及清理费	6481800
2	项目建设管理费		4450815
2.1	项目法人管理费	（取费人工费×人工海拔调整系数）×4.92%	1906261
2.2	招标费	本体工程费×0.37%	593783
2.3	工程监理费		1020136
2.5	工程结算审核费	本体工程费×0.35%	561686
2.6	工程保险费	（本体工程费+编制基准期价差）×0.21%	368949
3	项目建设技术服务费		11126075
3.1	项目前期工作费	（勘测费+基本设计费）×12.16%	838622
3.3	勘察设计费		8083096
3.3.1	勘察费		2886894
3.3.1.1	勘测费	50000 元/km×线路亘长	2493000
3.3.1.2	海拉瓦优化选线费	5900 元/km×线路亘长	294174
3.3.1.3	高清晰度卫片选线费	2000 元/km×线路亘长	99720
3.3.2	设计费		5196202
3.3.2.1	基本设计费	基本设计费	4403561
3.3.2.2	施工图预算编制费	基本设计费×10%	440356
3.3.2.3	竣工图编制费	基本设计费×8%	352285
3.4	设计文件评审费		692652
3.4.1	可行性研究设计文件评审费	（2200 元/km×线路亘长）×1.8	197446
3.4.2	初步设计文件评审费	（3300 元/km×线路亘长）×1.8	296168
3.4.3	施工图文件审查费		199038
3.5	项目后评价费	（取费人工费×人工海拔调整系数）×1.5%	581177
3.6	工程建设检测费		770046
3.6.1	电力工程质量检测费	（取费人工费×人工海拔调整系数）×1.2%	464942
3.6.3	环境监测验收费		150000
3.6.4	水土保持项目验收及补偿费		155104

续表 78-6

序号	工程或费用名称	编制依据及计算说明	合　价
3.7	电力工程技术经济标准编制管理费	本体工程费×0.1%	160482
4	生产准备费		457192
4.2	工器具及办公家具购置费	（取费人工费×人工海拔调整系数）×0.84%	325459
4.3	生产职工培训及提前进场费	（取费人工费×人工海拔调整系数）×0.34%	131733
	合计		22515882

第 79 章　典型方案 2XZD2-J 通用造价

79.1　基本技术条件

典型方案 2XZD2-J 为《国家电网公司输变电工程通用设计　西藏电网 110～500kV 输电线路分册（2015 年版）》中 2XZD1 模块在峻岭地形条件下的典型方案，直线塔与耐张塔采用鼓型铁塔，按照平均海拔 4500m 编制概算。典型方案 2XZD2-J 一般条件、交叉跨越、主要材料单位路径长度指标分别见表 79-1～表 79-3。

表 79-1　　典型方案 2XZD2-J 一般条件表

<table>
<tr><td colspan="2">电压等级（kV）</td><td colspan="3">220</td><td colspan="2">回路数</td><td colspan="4">双回路</td></tr>
<tr><td colspan="2">导线型号</td><td colspan="3">2×JL/G1A-400/50</td><td colspan="2">地线型号</td><td colspan="4">JLB20A-120</td></tr>
<tr><td colspan="2">路径长度（km）</td><td colspan="3">50.36</td><td colspan="2" rowspan="2">气象条件</td><td colspan="2">覆冰（mm）</td><td colspan="2">风速（m/s）</td></tr>
<tr><td colspan="2">地形</td><td colspan="3">峻岭</td><td colspan="2">10</td><td colspan="2">33</td></tr>
<tr><td rowspan="2">地质条件</td><td>条件</td><td>普通土</td><td>坚土</td><td>松砂石</td><td>水坑</td><td>泥水坑</td><td>流沙坑</td><td>干砂坑</td><td>岩石（爆破）</td><td>岩石（人工）</td></tr>
<tr><td>比例（%）</td><td>10</td><td>10</td><td>30</td><td></td><td></td><td></td><td></td><td>25</td><td>25</td></tr>
<tr><td rowspan="2">基础</td><td>型式</td><td>板式</td><td>台阶</td><td>掏挖</td><td>岩石嵌固</td><td>岩石锚固</td><td>灌注桩</td></tr>
<tr><td>比例（%）</td><td></td><td></td><td>90</td><td></td><td>5</td><td>5</td></tr>
<tr><td rowspan="2">铁塔</td><td>类别</td><td>直线</td><td>耐张</td><td>总基数（基）</td><td rowspan="2">运距（km）</td><td>人力</td><td>汽车</td></tr>
<tr><td>比例（%）</td><td>50</td><td>50</td><td>120</td><td>1.5</td><td>25</td></tr>
<tr><td colspan="4" rowspan="2">路径长度单位造价（万元/km）</td><td colspan="3">本体造价</td><td colspan="4">432.21</td></tr>
<tr><td colspan="3">静态造价</td><td colspan="4">538.07</td></tr>
</table>

表 79-2　　典型方案 2XZD2-J 交叉跨越表

序号	被跨越物名称	跨　越　次　数	备　注
1	铁路		
2	高速公路		双向四车道以上
	一般公路	5	
3	500kV 电力线		
	220kV 电力线		
	110kV 电力线		
	66kV 电力线		
	35kV 电力线		
	10kV 电力线	5	
	低压线	10	380V 及以下线路

续表 79-2

序号	被跨越物名称	跨 越 次 数	备 注
4	通信线	10	
5	河流	1	
6	水库		

表 79-3　　典型方案 2XZD2-J 主要材料路径长度单位指标

项目		数据			项目	数据
导线（t/km）		18.12			地线（t/km）	1.62
塔数（基/km）		2.38			铁塔钢材（t/km）	106.48
基础钢材（t/km）		12.57			接地钢材（t/km）	0.54
合成绝缘子（支/km）					间隔棒（个/km）	
盘式绝缘子（片/km）		1335.27				
防振锤（个/km）		101			挂线金具（t/km）	1.58
土石方量（m^3/km）	类型	基面	基坑	接地	混凝土（m^3/km）	168.68
	数量	10	218	93.23	护坡、排水沟、保坎（m^3/km）	30

79.2　概算书

概算投资为静态投资，编制依据见第 4 章。220kV 输电线路工程典型方案 2XZD2-J 总概算表、安装工程费用汇总概算表、其他费用概算表分别见表 79-4～表 79-6。

表 79-4　　典型方案 2XZD2-J 总概算表

序号	工程或费用名称	费用金额（万元）	各项占总计（%）	单位投资（万元/km）
一	架空输电线路本体工程	21766	80.31	432.21
二	辅助设施工程			
	小计	21766	80.31	432.21
三	编制期价差	2145	7.92	42.59
四	其他费用	2768	10.22	54.96
	其中：建设场地征用及清理费	655		
五	基本预备费	400	1.48	7.94
六	特殊项目（现场人员管理系统费用）	18	0.07	0.36
	工程静态投资	27097	100.00	538.07

表 79-5　　典型方案 2XZD2-J 安装工程费用汇总概算表　　金额单位：元

序号	工程或费用名称	取费基数	费率（%）	基础工程	杆塔工程	接地工程	架线工程	附件工程	辅助工程	合计	各项占总计（%）	单位投资（元/km）
一	直接费			53673384	58523428	883242	21849784	16118648	2811237	153859723	70.69	3055197
1	直接工程费			45559914	54593735	749031	20875054	14877944	2346611	139002289	63.86	2760173
1.1	定额直接费			39688081	14802668	641665	4573445	5103048	2198561	67007468	30.79	1330569
1.1.1	人工费		123.700	36185939	13280077	599298	2281585	4501155	2113440	58961494	27.09	1170800
1.1.2	材料费			659582	35216	17882	65756	27145	17919	823500	0.38	16352
1.1.3	施工机械使用费		108.700	2842560	1487375	24485	2226104	574748	67202	7222474	3.32	143417

续表 79-5

序号	工程或费用名称	取费基数	费率（%）	基础工程	杆塔工程	接地工程	架线工程	附件工程	辅助工程	合计	各项占总计（%）	单位投资（元/km）
1.2	装置性材料费			5871833	39791067	107366	16301609	9774896	148050	71994821	33.08	1429603
2	措施费			8113470	3929693	134211	974730	1240704	464626	14857434	6.83	295025
2.1	冬雨季施工增加费		7.230	2616244	960150	43330	164958	325433	152802	4262917	1.96	84649
2.2	夜间施工增加费											
2.3	施工工具用具使用费		2.700	977021	358562	16181	61604	121531	57063	1591962	0.73	31612
2.4	临时设施费		6.590	2384653	875157	39494	150356	296626	139275	3885561	1.79	77156
2.5	施工机构转移费		2.200	796091	292161	13184	50196	99024	46496	1297152	0.60	25758
2.6	安全文明施工费		2.940	1339461	1443663	22022	547616	398090	68990	3819842	1.75	75851
二	间接费			24825003	9110665	411144	1565262	3087974	1449903	40449951	18.58	803216
1	规费			15590351	5721589	258202	983000	1939278	910553	25402973	11.67	504428
1.1	社会保险费		29.254	10585835	3884954	175319	667455	1316768	618265	17248596	7.92	342506
1.2	住房公积金		12.240	4429160	1625482	73354	279267	550941	258685	7216889	3.32	143306
1.3	危险作业意外伤害保险费		1.590	575356	211153	9529	36278	71569	33603	937488	0.43	18616
2	企业管理费		21.820	7895772	2897713	130767	497842	982152	461154	12865400	5.91	255469
3	高原医疗保障费		1.530	553645	203185	9170	34908	68868	32336	902112	0.41	17913
4	高原习服费		1.640	593450	217794	9829	37419	73819	34660	966971	0.44	19201
5	施工企业配合调试费		0.530	191785	70384	3176	12093	23857	11200	312495	0.14	6205
三	利润		16.200	5862123	2151373	97086	369617	729187	342377	9551763	4.39	189670
四	税金		10.000	8436051	2999440	139148	748306	1016092	460352	13799389	6.34	274015
五	合计			92796561	72784906	1530620	24532969	20951901	5063869	217660826	100.00	4322097
	各项占总计（%）			43	33	1	11	10	2	100		
	单位投资（元/km）			1842664	1445292	30394	487152	416042	100553	4322097		

表 79-6　　典型方案 2XZD2-J 其他费用概算表　　金额单位：元

序号	工程或费用名称	编制依据及计算说明	合　价
1	建设场地征用及清理费	建设场地征用及清理费	6546800
2	项目建设管理费		5984943
2.1	项目法人管理费	（取费人工费×人工海拔调整系数）×4.92%	2900906
2.2	招标费	本体工程费×0.37%	805345
2.3	工程监理费		1014754
2.5	工程结算审核费	本体工程费×0.35%	761813
2.6	工程保险费	（本体工程费+编制基准期价差）×0.21%	502125
3	项目建设技术服务费		14452863
3.1	项目前期工作费	（勘测费+基本设计费）×12.16%	1109315
3.3	勘察设计费		10528045
3.3.1	勘察费		3923044

续表 79-6

序号	工程或费用名称	编制依据及计算说明	合　价
3.3.1.1	勘测费	70000 元/km×线路亘长	3525200
3.3.1.2	海拉瓦优化选线费	5900 元/km×线路亘长	297124
3.3.1.3	高清晰度卫片选线费	2000 元/km×线路亘长	100720
3.3.2	设计费		6605001
3.3.2.1	基本设计费	基本设计费	5597458
3.3.2.2	施工图预算编制费	基本设计费×10%	559746
3.3.2.3	竣工图编制费	基本设计费×8%	447797
3.4	设计文件评审费		699252
3.4.1	可行性研究设计文件评审费	（2200 元/km×线路亘长）×1.8	199426
3.4.2	初步设计文件评审费	（3300 元/km×线路亘长）×1.8	299138
3.4.3	施工图文件审查费		200688
3.5	项目后评价费	（取费人工费×人工海拔调整系数）×1.5%	884422
3.6	工程建设检测费		1014168
3.6.1	电力工程质量检测费	（取费人工费×人工海拔调整系数）×1.2%	707538
3.6.3	环境监测验收费		150000
3.6.4	水土保持项目验收及补偿费		156630
3.7	电力工程技术经济标准编制管理费	本体工程费×0.1%	217661
4	生产准备费		695746
4.2	工器具及办公家具购置费	（取费人工费×人工海拔调整系数）×0.84%	495277
4.3	生产职工培训及提前进场费	（取费人工费×人工海拔调整系数）×0.34%	200469
	合计		27680352

第 80 章　典型方案 1XZA1-P 通用造价

80.1　基本技术条件

典型方案 1XZA1-P 为《国家电网公司输变电工程通用设计　西藏电网 110～500kV 输电线路分册（2015 年版）》中 1XZA1 模块在平地地形条件下的典型方案，直线塔与耐张塔采用酒杯型铁塔，按照平均海拔 3500m 编制概算。典型方案 1XZA1-P 一般条件、交叉跨越、主要材料单位路径长度指标分别见表 80-1～表 80-3。

表 80-1　　典型方案 1XZA1-P 一般条件表

<table>
<tr><td colspan="2">电压等级（kV）</td><td colspan="3">110</td><td colspan="2">回路数</td><td colspan="4">单回路</td></tr>
<tr><td colspan="2">导线型号</td><td colspan="3">JL/G1A-185/30</td><td colspan="2">地线型号</td><td colspan="4">JLB20A-100</td></tr>
<tr><td colspan="2">路径长度（km）</td><td colspan="3">49.974</td><td colspan="2" rowspan="2">气象条件</td><td colspan="3">覆冰（mm）</td><td>风速（m/s）</td></tr>
<tr><td colspan="2">地形</td><td colspan="3">平地</td><td colspan="3">10</td><td>29</td></tr>
<tr><td rowspan="2">地质条件</td><td>条件</td><td>普通土</td><td>坚土</td><td>松砂石</td><td>水坑</td><td>泥水坑</td><td>流沙坑</td><td>干砂坑</td><td>岩石（爆破）</td><td>岩石（人工）</td></tr>
<tr><td>比例（%）</td><td>5</td><td>40</td><td>50</td><td>5</td><td></td><td></td><td></td><td></td><td></td></tr>
<tr><td rowspan="2">基础</td><td>型式</td><td>板式</td><td colspan="2">台阶</td><td>掏挖</td><td colspan="2">岩石嵌固</td><td colspan="2">岩石锚固</td><td>灌注桩</td></tr>
<tr><td>比例（%）</td><td>70</td><td colspan="2"></td><td>20</td><td colspan="2"></td><td colspan="2"></td><td>10</td></tr>
</table>

续表 80-1

铁塔	类别	直线	耐张	总基数（基）	运距（km）	人力	汽车
	比例（%）	78	22	140		0.25	25
路径长度单位造价（万元/km）				本体造价		43.98	
				静态造价		63.67	

表 80-2　　典型方案 1XZA1-P 交叉跨越表

序号	被跨越物名称	跨越次数	备注
1	铁路		
2	高速公路		双向四车道以上
	一般公路	5	
3	500kV 电力线		
	220kV 电力线		
	110kV 电力线	1	
	66kV 电力线		
	35kV 电力线	2	
	10kV 电力线	10	
	低压线	20	380V 及以下线路
4	通信线	15	
5	河流	1	
6	水库		

表 80-3　　典型方案 1XZA1-P 主要材料路径长度单位指标

项目		数据			项目	数据
导线（t/km）		2.19			地线（t/km）	1.35
塔数（基/km）		2.80			铁塔钢材（t/km）	17.94
基础钢材（t/km）		3.71			接地钢材（t/km）	0.23
合成绝缘子（支/km）					间隔棒（个/km）	
盘式绝缘子（片/km）		239.22				
防振锤（个/km）		41.00			挂线金具（t/km）	0.24
土石方量（m^3/km）	类型	基面	基坑	接地	混凝土（m^3/km）	44.15
	数量		215.00	72.54	护坡、排水沟、保坎（m^3/km）	

80.2 概算书

概算投资为静态投资，编制依据见第 4 章。110kV 输电线路工程典型方案 1XZA1-P 总概算表、安装工程费用汇总概算表、其他费用概算表分别见表 80-4～表 80-6。

表 80-4　　典型方案 1XZA1-P 总概算表

序号	工程或费用名称	费用金额（万元）	各项占总计（%）	单位投资（万元/km）
一	架空输电线路本体工程	2198	69.08	43.98
二	辅助设施工程			
	小计	2198	69.08	43.98

续表 80-4

序号	工程或费用名称	费用金额（万元）	各项占总计（%）	单位投资（万元/km）
三	编制期价差	206	6.47	4.12
四	其他费用	701	22.03	14.03
	其中：建设场地征用及清理费	350		
五	基本预备费	62	1.95	1.24
六	特殊项目（现场人员管理系统费用）	15	0.47	0.30
	工程静态投资	3182	100.00	63.67

表 80-5　　典型方案 1XZA1-P 安装工程费用汇总概算表　　金额单位：元

序号	工程或费用名称	取费基数	费率（%）	基础工程	杆塔工程	接地工程	架线工程	附件工程	辅助工程	合计	各项占总计（%）	单位投资（元/km）
一	直接费			4242516	7804474	193219	4005273	1915533	12414	18173429	82.69	363658
1	直接工程费			3790942	7491890	167232	3817467	1817019	11132	17095682	77.78	342092
1.1	定额直接费			2347535	789893	122979	1016139	318438	11132	4606116	20.96	92170
1.1.1	人工费		100.000	1816876	638392	112558	464377	272823	5100	3310126	15.06	66237
1.1.2	材料费			134636	8318	690	60116	3409	1898	209067	0.95	4184
1.1.3	施工机械使用费		100.000	396023	143183	9731	491646	42206	4134	1086923	4.95	21750
1.2	装置性材料费			1443407	6701997	44253	2801328	1498581		12489566	56.83	249921
2	措施费			451574	312584	25987	187806	98514	1282	1077747	4.90	21566
2.1	冬雨季施工增加费		7.230	131360	46155	8137	33575	19725	369	239321	1.09	4789
2.2	夜间施工增加费											
2.3	施工工具用具使用费		2.700	49056	17237	3039	12538	7366	138	89374	0.41	1788
2.4	临时设施费		6.590	119733	42070	7418	30603	17979	336	218139	0.99	4365
2.5	施工机构转移费		2.200	39971	14044	2476	10216	6002	112	72821	0.33	1457
2.6	安全文明施工费		2.940	111454	193078	4917	100874	47442	327	458092	2.08	9167
二	间接费			1246450	437962	77217	318582	187169	3499	2270879	10.33	45441
1	规费			782782	275045	48493	200072	117543	2197	1426132	6.49	28537
1.1	社会保险费		29.254	531509	186755	32927	135848	79812	1492	968343	4.41	19377
1.2	住房公积金		12.240	222385	78139	13777	56840	33393	624	405158	1.84	8107
1.3	危险作业意外伤害保险费		1.590	28888	10151	1789	7384	4338	81	52631	0.24	1053
2	企业管理费		21.820	396443	139297	24560	101327	59530	1113	722270	3.29	14453
3	高原医疗保障费		1.530	27799	9767	1722	7105	4175	78	50646	0.23	1013
4	高原习服费		1.640	29797	10469	1846	7616	4475	84	54287	0.25	1086
5	施工企业配合调试费		0.530	9629	3384	596	2462	1446	27	17544	0.08	351
三	利润		16.200	294334	103419	18235	75229	44197	826	536240	2.44	10730
四	税金		10.000	578330	164386	28868	159776	64832	1674	997866	4.54	19968
五	合计			6361630	8510241	317539	4558860	2211731	18413	21978414	100.00	439797
	各项占总计(%)			29	39	1	21	10	0	100		
	单位投资(元/km)			127299	170293	6354	91225	44258	368	439797		

表 80-6　　典型方案 1XZA1-P 其他费用概算表　　金额单位：元

序号	工程或费用名称	编制依据及计算说明	合　价
1	建设场地征用及清理费	建设场地征用及清理费	3498180
2	项目建设管理费		790941
2.1	项目法人管理费	（取费人工费×人工海拔调整系数）×5.3%	175437
2.2	招标费	本体工程费×0.37%	81320
2.3	工程监理费		406788
2.5	工程结算审核费	本体工程费×0.35%	76924
2.6	工程保险费	（本体工程费+编制基准期价差）×0.21%	50472
3	项目建设技术服务费		2676766
3.1	项目前期工作费	（勘测费+基本设计费）×12.16%	167853
3.3	勘察设计费		1833726
3.3.1	勘察费		1089433
3.3.1.1	勘测费	15000 元/km×线路亘长	749610
3.3.1.2	海拉瓦优化选线费	4800 元/km×线路亘长	239875
3.3.1.3	高清晰度卫片选线费	2000 元/km×线路亘长	99948
3.3.2	设计费		744293
3.3.2.1	基本设计费	基本设计费	630756
3.3.2.2	施工图预算编制费	基本设计费×10%	63076
3.3.2.3	竣工图编制费	基本设计费×8%	50461
3.4	设计文件评审费		347832
3.4.1	可行性研究设计文件评审费	1700 元/km×线路亘长	84956
3.4.2	初步设计文件评审费	2400 元/km×线路亘长	119938
3.4.3	施工图文件审查费		142938
3.5	项目后评价费	（取费人工费×人工海拔调整系数）×1.5%	49652
3.6	工程建设检测费		255725
3.6.1	电力工程质量检测费	（取费人工费×人工海拔调整系数）×1.2%	39722
3.6.3	环境监测验收费		100000
3.6.4	水土保持项目验收及补偿费		116003
3.7	电力工程技术经济标准编制管理费	本体工程费×0.1%	21978
4	生产准备费		45349
4.2	工器具及办公家具购置费	（取费人工费×人工海拔调整系数）×0.95%	31446
4.3	生产职工培训及提前进场费	（取费人工费×人工海拔调整系数）×0.42%	13903
	合计		7011236

第 81 章　典型方案 1XZA1-H 通用造价

81.1　基本技术条件

典型方案 1XZA1-H 为《国家电网公司输变电工程通用设计　西藏电网 110～500kV 输电线路分册（2015 年版）》中 1XZA1 模块在河网泥沼地形条件下的典型方案，直线塔与耐张塔采用酒杯型铁塔，按照平均海拔 3500m 编制概算。典型方案 1XZA1-H 一般条件、交叉跨越、主要材料单位路径长度指标分别见表 81-1～表 81-3。

表 81-1　　**典型方案 1XZA1-H 一般条件表**

电压等级（kV）		110			回路数		单回路			
导线型号		JL/G1A-185/30			地线型号		JLB20A-120			
路径长度（km）		50			气象条件		覆冰（mm）		风速（m/s）	
地形		河网泥沼					10		29	
地质条件	条件	普通土	坚土	松砂石	水坑	泥水坑	流沙坑	干砂坑	岩石（爆破）	岩石（人工）
	比例（%）				50	50				
基础	型式	板式	台阶	掏挖	岩石嵌固	岩石锚固	灌注桩			
	比例（%）	80					20			
铁塔	类别	直线	耐张	总基数（基）	运距（km）	人力	汽车			
	比例（%）	78	22	140		0.6	25			
路径长度单位造价（万元/km）					本体造价		53.86			
					静态造价		76.42			

表 81-2　　**方案 1XZA1-H 交叉跨越表**

序号	被跨越物名称	跨越次数	备注
1	铁路		
2	高速公路		双向四车道以上
	一般公路	3	
3	500kV 电力线		
	220kV 电力线		
	110kV 电力线	1	
	66kV 电力线		
	35kV 电力线		
	10kV 电力线	7	
	低压线	15	380V 及以下线路
4	通信线	10	
5	河流	8	
6	水库		

表 81-3　　**方案 1XZA1-H 主要材料路径长度单位指标**

项目		数据			项目	数据
导线（t/km）		2.19			地线（t/km）	1.35
塔数（基/km）		2.80			铁塔钢材（t/km）	18.26
基础钢材（t/km）		4.96			接地钢材（t/km）	0.22
合成绝缘子（支/km）					间隔棒（个/km）	
盘式绝缘子（片/km）		239.10				
防振锤（个/km）		41.00			挂线金具（t/km）	0.24
土石方量（m^3/km）	类型	基面	基坑	接地	混凝土（m^3/km）	53.98
	数量		322.00	69.80	护坡、排水沟、保坎（m^3/km）	

81.2 概算书

概算投资为静态投资，编制依据见第 4 章。110kV 输电线路工程典型方案 1XZA1-H 总概算表、安装工程费用汇总概算表、其他费用概算表分别见表 81-4～表 81-6。

表 81-4 典型方案 1XZA1-H 总概算表

序号	工程或费用名称	费用金额（万元）	各项占总计（%）	单位投资（万元/km）
一	架空输电线路本体工程	2693	70.49	53.86
二	辅助设施工程			
	小计	2693	70.49	53.86
三	编制期价差	268	7.01	5.36
四	其他费用	770	20.15	15.40
	其中：建设场地征用及清理费	350		
五	基本预备费	75	1.96	1.50
六	特殊项目（现场人员管理系统费用）	15	0.39	0.30
	工程静态投资	3821	100.00	76.42

表 81-5 典型方案 1XZA1-H 安装工程费用汇总概算表 金额单位：元

序号	工程或费用名称	取费基数	费率（%）	基础工程	杆塔工程	接地工程	架线工程	附件工程	辅助工程	合计	各项占总计（%）	单位投资（元/km）
一	直接费			6936938	8176564	209902	4016589	1939027	12414	21291434	79.08	425829
1	直接工程费			6150528	7819727	180653	3828285	1836650	11132	19826975	73.64	396540
1.1	定额直接费			4382616	997627	138353	1025501	338069	11132	6893298	25.60	137866
1.1.1	人工费		100.000	3234955	825900	127876	465384	290369	5100	4949584	18.38	98992
1.1.2	材料费			289764	8453	677	43385	3409	1898	347586	1.29	6952
1.1.3	施工机械使用费		100.000	857897	163274	9800	516732	44291	4134	1596128	5.93	31923
1.2	装置性材料费			1767912	6822100	42300	2802784	1498581		12933677	48.04	258674
2	措施费			786410	356837	29249	188304	102377	1282	1464459	5.44	29289
2.1	冬雨季施工增加费		7.230	233887	59713	9245	33647	20994	369	357855	1.33	7157
2.2	夜间施工增加费											
2.3	施工工具用具使用费		2.700	87344	22299	3452	12565	7840	138	133638	0.50	2673
2.4	临时设施费		6.590	213184	54427	8426	30668	19136	336	326177	1.21	6524
2.5	施工机构转移费		2.200	71169	18169	2814	10238	6389	112	108891	0.40	2178
2.6	安全文明施工费		2.940	180826	202229	5312	101186	48018	327	537898	2.00	10758
二	间接费			2219307	566600	87730	319272	199206	3499	3395614	12.61	67912
1	规费			1393748	355830	55095	200506	125103	2197	2132479	7.92	42650
1.1	社会保险费		29.254	946354	241608	37409	136143	84945	1492	1447951	5.38	28959
1.2	住房公积金		12.240	395958	101090	15652	56963	35541	624	605828	2.25	12117
1.3	危险作业意外伤害保险费		1.590	51436	13132	2034	7400	4617	81	78700	0.29	1574
2	企业管理费		21.820	705867	180212	27903	101547	63358	1113	1080000	4.01	21600
3	高原医疗保障费		1.530	49494	12636	1957	7120	4443	78	75728	0.28	1515

续表 81-5

序号	工程或费用名称	取费基数	费率（%）	基础工程	杆塔工程	接地工程	架线工程	附件工程	辅助工程	合计	各项占总计（%）	单位投资（元/km）
4	高原习服费		1.640	53053	13545	2097	7632	4763	84	81174	0.30	1623
5	施工企业配合调试费		0.530	17145	4377	678	2467	1539	27	26233	0.10	525
三	利润		16.200	524063	133795	20716	75392	47039	826	801831	2.98	16037
四	税金		10.000	968030	205486	31834	160848	68669	1674	1436541	5.34	28731
五	合计			10648338	9082445	350182	4572101	2253941	18413	26925420	100.00	538508
	各项占总计（%）			40	34	1	17	8	0	100		
	单位投资（元/km）			212967	181649	7004	91442	45079	368	538509		

表 81-6　　典型方案 1XZA1-H 其他费用概算表　　金额单位：元

序号	工程或费用名称	编制依据及计算说明	合　价
1	建设场地征用及清理费	建设场地征用及清理费	3500000
2	项目建设管理费		966071
2.1	项目法人管理费	（取费人工费×人工海拔调整系数）×5.3%	262328
2.2	招标费	本体工程费×0.37%	99624
2.3	工程监理费		447700
2.5	工程结算审核费	本体工程费×0.35%	94239
2.6	工程保险费	（本体工程费+编制基准期价差）×0.21%	62180
3	项目建设技术服务费		3166332
3.1	项目前期工作费	（勘测费+基本设计费）×12.16%	213170
3.3	勘察设计费		2228595
3.3.1	勘察费		1340000
3.3.1.1	勘测费	20000 元/km×线路亘长	1000000
3.3.1.2	海拉瓦优化选线费	4800 元/km×线路亘长	240000
3.3.1.3	高清晰度卫片选线费	2000 元/km×线路亘长	100000
3.3.2	设计费		888595
3.3.2.1	基本设计费	基本设计费	753046
3.3.2.2	施工图预算编制费	基本设计费×10%	75305
3.3.2.3	竣工图编制费	基本设计费×8%	60244
3.4	设计文件评审费		348000
3.4.1	可行性研究设计文件评审费	1700 元/km×线路亘长	85000
3.4.2	初步设计文件评审费	2400 元/km×线路亘长	120000
3.4.3	施工图文件审查费		143000
3.5	项目后评价费	（取费人工费×人工海拔调整系数）×1.5%	74244
3.6	工程建设检测费		275398
3.6.1	电力工程质量检测费	（取费人工费×人工海拔调整系数）×1.2%	59395
3.6.3	环境监测验收费		100000
3.6.4	水土保持项目验收及补偿费		116003

续表 81-6

序号	工程或费用名称	编制依据及计算说明	合　价
3.7	电力工程技术经济标准编制管理费	本体工程费×0.1%	26925
4	生产准备费		67809
4.2	工器具及办公家具购置费	（取费人工费×人工海拔调整系数）×0.95%	47021
4.3	生产职工培训及提前进场费	（取费人工费×人工海拔调整系数）×0.42%	20788
	合计		7700212

第 82 章　典型方案 1XZA1-Q 通用造价

82.1　基本技术条件

典型方案 1XZA1-Q 为《国家电网公司输变电工程通用设计　西藏电网 110～500kV 输电线路分册（2015 年版）》中 1XZA1 模块在丘陵地形条件下的典型方案，直线塔与耐张塔采用酒杯型铁塔，按照平均海拔 3500m 编制概算。典型方案 1XZA1-Q 一般条件、交叉跨越、主要材料单位路径长度指标分别见表 82-1～表 82-3。

表 82-1　　方案 1XZA1-Q 一般条件表

电压等级（kV）		110			回路数		单回路			
导线型号		JL/G1A-185/30			地线型号		JLB20A-100			
路径长度（km）		50.40			气象条件		覆冰（mm）		风速（m/s）	
地形		丘陵					10		29	
地质条件	条件	普通土	坚土	松砂石	水坑	泥水坑	流沙坑	干砂坑	岩石（爆破）	岩石（人工）
	比例（%）	25	25	30					10	10
基础	型式	板式	台阶	掏挖	岩石嵌固	岩石锚固	灌注桩			
	比例（%）	40		60						
铁塔	类别	直线	耐张	总基数（基）	运距（km）	人力	汽车			
	比例（%）	78	22	135		0.5	25			
路径长度单位造价（万元/km）			本体造价		45.50					
			静态造价		65.89					

表 82-2　　方案 1XZA1-Q 交叉跨越表

序号	被跨越物名称	跨越次数	备　注
1	铁路		
2	高速公路		双向四车道以上
	一般公路	5	
3	500kV 电力线		
	220kV 电力线		
	110kV 电力线	1	
	66kV 电力线		
	35kV 电力线	1	
	10kV 电力线	10	
	低压线	20	380V 及以下线路

续表 82-2

序号	被跨越物名称	跨　越　次　数	备　　注
4	通信线	15	
5	河流	1	
6	水库		

表 82-3　　方案 1XZA1-Q 要材料路径长度单位指标

项目		数据			项目	数据
导线（t/km）		2.19			地线（t/km）	1.35
塔数（基/km）		2.68			铁塔钢材（t/km）	16.86
基础钢材（t/km）		2.99			接地钢材（t/km）	0.45
合成绝缘子（支/km）					间隔棒（个/km）	
盘式绝缘子（片/km）		228.45				
防振锤（个/km）		42.00			挂线金具（t/km）	0.23
土石方量（m³/km）	类型	基面	基坑	接地	混凝土（m³/km）	36.50
	数量	5.00	125.00	90.66	护坡、排水沟、保坎（m³/km）	10.00

82.2　概算书

概算投资为静态投资，编制依据见第 4 章。110kV 输电线路工程典型方案 1XZA1-Q 总概算表、安装工程费用汇总概算表、其他费用概算表分别见表 82-4～表 82-6。

表 82-4　　典型方案 1XZA1-Q 总概算表

序号	工程或费用名称	费用金额（万元）	各项占总计（%）	单位投资（万元/km）
一	架空输电线路本体工程	2293	69.05	45.50
二	辅助设施工程			
	小计	2293	69.05	45.50
三	编制期价差	216	6.50	4.29
四	其他费用	732	22.04	14.52
	其中：建设场地征用及清理费	353		
五	基本预备费	65	1.96	1.29
六	特殊项目（现场人员管理系统费用）	15	0.45	0.30
	工程静态投资	3321	100.00	65.89

表 82-5　　典型方案 1XZA1-Q 安装工程费用汇总概算表　　金额单位：元

序号	工程或费用名称	取费基数	费率（%）	基础工程	杆塔工程	接地工程	架线工程	附件工程	辅助工程	合计	各项占总计（%）	单位投资（元/km）
一	直接费			4268065	7621509	390194	4075863	1888485	238955	18483071	80.60	366728
1	直接工程费			3778113	7288560	337903	3882884	1788901	206395	17282756	75.37	342912
1.1	定额直接费			2527278	936923	249220	1057677	328906	157409	5257413	22.93	104314
1.1.1	人工费		100.000	2023895	771514	226266	482264	282138	141514	3927591	17.13	77928
1.1.2	材料费			139479	7880	7501	55800	3398	3327	217385	0.95	4313
1.1.3	施工机械使用费		100.000	363904	157529	15453	519613	43370	12568	1112437	4.85	22072

续表 82-5

序号	工程或费用名称	取费基数	费率（%）	基础工程	杆塔工程	接地工程	架线工程	附件工程	辅助工程	合计	各项占总计（%）	单位投资（元/km）
1.2	装置性材料费			1250835	6351637	88683	2825207	1459995	48986	12025343	52.44	238598
2	措施费			489952	332949	52291	192979	99584	32560	1200315	5.23	23816
2.1	冬雨季施工增加费		7.230	146328	55781	16359	34868	20398	10231	283965	1.24	5634
2.2	夜间施工增加费											
2.3	施工工具用具使用费		2.700	54646	20830	6110	13021	7618	3822	106047	0.46	2104
2.4	临时设施费		6.590	133376	50843	14911	31781	18593	9326	258830	1.13	5136
2.5	施工机构转移费		2.200	44526	16973	4977	10610	6207	3113	86406	0.38	1714
2.6	安全文明施工费		2.940	111076	188522	9934	102699	46768	6068	465067	2.03	9228
二	间接费			1388475	529289	155227	330851	193557	97084	2694483	11.75	53462
1	规费			871976	332399	97484	207778	121555	60970	1692162	7.38	33575
1.1	社会保险费		29.254	592070	225699	66191	141081	82536	41399	1148976	5.01	22797
1.2	住房公积金		12.240	247725	94433	27695	59029	34533	17320	480735	2.10	9538
1.3	危险作业意外伤害保险费		1.590	32181	12267	3598	7668	4486	2251	62451	0.27	1239
2	企业管理费		21.820	441614	168344	49371	105229	61563	30878	856999	3.74	17004
3	高原医疗保障费		1.530	30966	11804	3462	7379	4317	2165	60093	0.26	1192
4	高原习服费		1.640	33192	12653	3711	7909	4627	2321	64413	0.28	1278
5	施工企业配合调试费		0.530	10727	4089	1199	2556	1495	750	20816	0.09	413
三	利润		16.200	327871	124985	36655	78127	45706	22925	636269	2.77	12624
四	税金		10.000	598441	192415	58208	165964	66776	35896	1117700	4.87	22177
五	合计			6582852	8468198	640284	4650805	2194524	394860	22931523	100.00	454991
	各项占总计（%）			28	37	3	20	10	2	100		
	单位投资（元/km）			130612	168020	12704	92278	43542	7835	454991		

表 82-6　　典型方案 1XZA1-H 其他费用概算表　　金额单位：元

序号	工程或费用名称	编制依据及计算说明	合　价
1	建设场地征用及清理费	建设场地征用及清理费	3528000
2	项目建设管理费		836220
2.1	项目法人管理费	（取费人工费×人工海拔调整系数）×5.3%	208162
2.2	招标费	本体工程费×0.37%	84847
2.3	工程监理费		410256
2.5	工程结算审核费	本体工程费×0.35%	80260
2.6	工程保险费	（本体工程费+编制基准期价差）×0.21%	52695
3	项目建设技术服务费		2906903
3.1	项目前期工作费	（勘测费+基本设计费）×12.16%	189880
3.3	勘察设计费		2022014
3.3.1	勘察费		1249920
3.3.1.1	勘测费	18000 元/km×线路亘长	907200

续表 82-6

序号	工程或费用名称	编制依据及计算说明	合　价
3.3.1.2	海拉瓦优化选线费	4800 元/km×线路亘长	241920
3.3.1.3	高清晰度卫片选线费	2000 元/km×线路亘长	100800
3.3.2	设计费		772094
3.3.2.1	基本设计费	基本设计费	654317
3.3.2.2	施工图预算编制费	基本设计费×10%	65432
3.3.2.3	竣工图编制费	基本设计费×8%	52345
3.4	设计文件评审费		350600
3.4.1	可行性研究设计文件评审费	1700 元/km×线路亘长	85680
3.4.2	初步设计文件评审费	2400 元/km×线路亘长	120960
3.4.3	施工图文件审查费		143960
3.5	项目后评价费	（取费人工费×人工海拔调整系数）×1.5%	58914
3.6	工程建设检测费		262563
3.6.1	电力工程质量检测费	（取费人工费×人工海拔调整系数）×1.2%	47131
3.6.3	环境监测验收费		100000
3.6.4	水土保持项目验收及补偿费		115432
3.7	电力工程技术经济标准编制管理费	本体工程费×0.1%	22932
4	生产准备费		53808
4.2	工器具及办公家具购置费	（取费人工费×人工海拔调整系数）×0.95%	37312
4.3	生产职工培训及提前进场费	（取费人工费×人工海拔调整系数）×0.42%	16496
	总计		7324931

第 83 章　典型方案 1XZA1-S 通用造价

83.1　基本技术条件

典型方案 1XZA1-S 为《国家电网公司输变电工程通用设计　西藏电网 110～500kV 输电线路分册（2015 年版）》中 1XZA1 模块在山地地形条件下的典型方案，直线塔与耐张塔采用酒杯型铁塔，按照平均海拔 3500m 编制概算。典型方案 1XZA1-S 一般条件、交叉跨越、主要材料单位路径长度指标分别见表 83-1～表 83-3。

表 83-1　　典型方案 1XZA1-S 一般条件表

<table>
<tr><td colspan="2">电压等级（kV）</td><td colspan="4">110</td><td colspan="4">回路数</td><td colspan="5">单回路</td></tr>
<tr><td colspan="2">导线型号</td><td colspan="4">JL/G1A-185/30</td><td colspan="4">地线型号</td><td colspan="5">JLB20A-100</td></tr>
<tr><td colspan="2">路径长度（km）</td><td colspan="4">50</td><td colspan="4" rowspan="2">气象条件</td><td colspan="3">覆冰（mm）</td><td colspan="2">风速（m/s）</td></tr>
<tr><td colspan="2">地形</td><td colspan="4">山地</td><td colspan="3">10</td><td colspan="2">29</td></tr>
<tr><td rowspan="2">地质条件</td><td>条件</td><td>普通土</td><td colspan="2">坚土</td><td>松砂石</td><td>水坑</td><td colspan="2">泥水坑</td><td colspan="2">流沙坑</td><td>干砂坑</td><td colspan="2">岩石（爆破）</td><td>岩石（人工）</td></tr>
<tr><td>比例（%）</td><td>10</td><td colspan="2">10</td><td>30</td><td></td><td colspan="2"></td><td colspan="2"></td><td></td><td colspan="2">25</td><td>25</td></tr>
<tr><td rowspan="2">基础</td><td>型式</td><td colspan="2">板式</td><td colspan="2">台阶</td><td colspan="2">掏挖</td><td colspan="3">岩石嵌固</td><td colspan="2">岩石锚固</td><td colspan="2">灌注桩</td></tr>
<tr><td>比例（%）</td><td colspan="2">20</td><td colspan="2">70</td><td colspan="2"></td><td colspan="3"></td><td colspan="2">5</td><td colspan="2">5</td></tr>
</table>

续表 83-1

铁塔	类别	直线	耐张	总基数（基）	运距（km）	人力	汽车
	比例（%）	75	25	125		0.8	25
路径长度单位造价（万元/km）				本体造价		62.96	
				静态造价		87.94	

表 83-2　典型方案 1XZA1-S 交叉跨越表

序号	被跨越物名称	跨越次数	备注
1	铁路		
2	高速公路		双向四车道以上
	一般公路	5	
3	500kV 电力线		
	220kV 电力线		
	110kV 电力线	1	
	66kV 电力线		
	35kV 电力线		
	10kV 电力线	5	
	低压线	10	380V 及以下线路
4	通信线	10	
5	河流	1	
6	水库		

表 83-3　典型方案 1XZA1-S 主要材料路径长度单位指标

项目		数据			项目	数据
导线（t/km）		2.19			地线（t/km）	1.35
塔数（基/km）		2.50			铁塔钢材（t/km）	18.56
基础钢材（t/km）		3.62			接地钢材（t/km）	0.50
合成绝缘子（支/km）					间隔棒（个/km）	
盘式绝缘子（片/km）		225.86				
防振锤（个/km）		40.00			挂线金具（t/km）	0.23
土石方量（m^3/km）	类型	基面	基面	接地	混凝土（m^3/km）	43.84
	数量	5.00	93.00	88.37	护坡、排水沟、保坎（m^3/km）	20.00

83.2 概算书

概算投资为静态投资，编制依据见第 4 章。110kV 输电线路工程典型方案 1XZA1-S 总概算表、安装工程费用汇总概算表、其他费用概算表分别见表 83-4～表 83-6。

表 83-4　典型方案 1XZA1-S 总概算表

序号	工程或费用名称	费用金额（万元）	各项占总计（%）	单位投资（万元/km）
一	架空输电线路本体工程	3148	71.59	62.96
二	辅助设施工程			
	小计	3148	71.59	62.96

续表 83-4

序号	工程或费用名称	费用金额（万元）	各项占总计（%）	单位投资（万元/km）
三	编制期价差	328	7.46	6.56
四	其他费用	820	18.65	16.40
	其中：建设场地征用及清理费	350		
五	基本预备费	86	1.96	1.72
六	特殊项目（现场人员管理系统费用）	15	0.34	0.30
	工程静态投资	4397	100.00	87.94

表 83-5　　典型方案 1XZA1-S 安装工程费用汇总概算表　　金额单位：元

序号	工程或费用名称	取费基数	费率（%）	基础工程	杆塔工程	接地工程	架线工程	附件工程	辅助工程	合计	各项占总计（%）	单位投资（元/km）
一	直接费			7082611	8956968	610648	4297768	1932263	788008	23668266	75.19	473365
1	直接工程费			6174991	8488662	522645	4082080	1820962	668354	21757694	69.12	435154
1.1	定额直接费			4633108	1553231	424157	1279296	393360	570373	8853525	28.13	177071
1.1.1	人工费		100.000	3878604	1318746	388012	571789	339003	534217	7030371	22.34	140607
1.1.2	材料费			191147	8546	16810	34147	3323	8983	262956	0.84	5259
1.1.3	施工机械使用费		100.000	563357	225939	19335	673360	51034	27173	1560198	4.96	31204
1.2	装置性材料费			1541883	6935431	98488	2802784	1427602	97981	12904169	41.00	258083
2	措施费			907620	468306	88003	215688	111301	119654	1910572	6.07	38211
2.1	冬雨季施工增加费		7.230	280423	95345	28053	41341	24510	38624	508296	1.61	10166
2.2	夜间施工增加费											
2.3	施工工具用具使用费		2.700	104723	35606	10476	15438	9153	14424	189820	0.60	3796
2.4	临时设施费		6.590	255600	86905	25571	37681	22340	35205	463302	1.47	9266
2.5	施工机构转移费		2.200	85329	29013	8537	12580	7458	11752	154669	0.49	3093
2.6	安全文明施工费		2.940	181545	221437	15366	108648	47840	19649	594485	1.89	11890
二	间接费			2660876	904713	266195	392268	232571	366496	4823119	15.32	96462
1	规费			1671057	568169	167172	246349	146057	230163	3028967	9.62	60579
1.1	社会保险费		29.254	1134647	385786	113509	167270	99172	156281	2056665	6.53	41133
1.2	住房公积金		12.240	474741	161415	47493	69988	41495	65388	860520	2.73	17210
1.3	危险作业意外伤害保险费		1.590	61669	20968	6170	9091	5390	8494	111782	0.36	2236
2	企业管理费		21.820	846311	287750	84665	124764	73971	116566	1534027	4.87	30681
3	高原医疗保障费		1.530	59342	20177	5937	8748	5187	8174	107565	0.34	2151
4	高原习服费		1.640	63610	21628	6364	9377	5559	8761	115299	0.37	2306
5	施工企业配合调试费		0.530	20556	6989	2057	3030	1797	2832	37261	0.12	745
三	利润		16.200	628334	213636	62859	92630	54918	86543	1138920	3.62	22778
四	税金		10.000	1037183	313989	93970	197988	79215	124105	1846450	5.87	36929
五	合计			11409004	10389306	1033672	4980654	2298967	1365152	31476755	100.00	629535
	各项占总计（%）			37	33	3	16	7	4	100		
	单位投资（元/km）			228180	207786	20673	99613	45979	27303	629535		

表 83-6　　典型方案 1XZA1-S 其他费用概算表　　金额单位：元

序号	工程或费用名称	编制依据及计算说明	合　价
1	建设场地征用及清理费	建设场地征用及清理费	3500000
2	项目建设管理费		1119933
2.1	项目法人管理费	（取费人工费×人工海拔调整系数）×5.3%	372610
2.2	招标费	本体工程费×0.37%	116464
2.3	工程监理费		447700
2.5	工程结算审核费	本体工程费×0.35%	110169
2.6	工程保险费	（本体工程费+编制基准期价差）×0.21%	72990
3	项目建设技术服务费		3483953
3.1	项目前期工作费	（勘测费+基本设计费）×12.16%	239012
3.3	勘察设计费		2461355
3.3.1	勘察费		1440000
3.3.1.1	勘测费	22000 元/km×线路亘长	1100000
3.3.1.2	海拉瓦优化选线费	4800 元/km×线路亘长	240000
3.3.1.3	高清晰度卫片选线费	2000 元/km×线路亘长	100000
3.3.2	设计费		1021355
3.3.2.1	基本设计费	基本设计费	865555
3.3.2.2	施工图预算编制费	基本设计费×10%	86556
3.3.2.3	竣工图编制费	基本设计费×8%	69244
3.4	设计文件评审费		348000
3.4.1	可行性研究设计文件评审费	1700 元/km×线路亘长	85000
3.4.2	初步设计文件评审费	2400 元/km×线路亘长	120000
3.4.3	施工图文件审查费		143000
3.5	项目后评价费	（取费人工费×人工海拔调整系数）×1.5%	105456
3.6	工程建设检测费		298653
3.6.1	电力工程质量检测费	（取费人工费×人工海拔调整系数）×1.2%	84364
3.6.3	环境监测验收费		100000
3.6.4	水土保持项目验收及补偿费		114289
3.7	电力工程技术经济标准编制管理费	（本体工程费）×0.1%	31477
4	生产准备费		96317
4.2	工器具及办公家具购置费	（取费人工费×人工海拔调整系数）×0.95%	66789
4.3	生产职工培训及提前进场费	（取费人工费×人工海拔调整系数）×0.42%	29528
	总计		8200203

第 84 章　典型方案 1XZA1-G 通用造价

84.1　基本技术条件

典型方案 1XZA1-G 为《国家电网公司输变电工程通用设计　西藏电网 110～500kV 输电线路分册（2015 年版）》中 1XZA1 模块在高山地形条件下的典型方案，直线塔与耐张塔采用酒杯型铁塔，按照平均海拔 3500m 编制概算。典型方案 1XZA1-G 一般条件、交叉跨越、主要材料单位路径长度指标分别见表 84-1～表 84-3。

表 84-1　　**典型方案 1XZA1-G 一般条件表**

电压等级（kV）		110			回路数			单回路		
导线型号		JL/G1A-185/30			地线型号			JLB20A-100		
路径长度（km）		49.86			气象条件			覆冰（mm）		风速（m/s）
地形		高山						10		29
地质条件	条件	普通土	坚土	松砂石	水坑	泥水坑	流沙坑	干砂坑	岩石（爆破）	岩石（人工）
	比例（%）	10	10	30					25	25
基础	型式	板式	台阶		掏挖	岩石嵌固		岩石锚固		灌注桩
	比例（%）				90			5		5
铁塔	类别	直线	耐张		总基数（基）	运距（km）		人力		汽车
	比例（%）	65	35		120			1.2		25
路径长度单位造价（万元/km）					本体造价			84.58		
					静态造价			114.68		

表 84-2　　**典型方案 1XZA1-G 交叉跨越表**

序号	被跨越物名称	跨　越　次　数	备　　注
1	铁路		
2	高速公路		双向四车道以上
	一般公路	5	
3	500kV 电力线		
	220kV 电力线		
	110kV 电力线		
	66kV 电力线		
	35kV 电力线		
	10kV 电力线	5	
	低压线	10	380V 及以下线路
4	通信线	10	
5	河流	1	
6	水库		

表 84-3　　**典型方案 1XZA1-G 主要材料路径长度单位指标**

项目		数据			项目	数据
导线（t/km）		2.19			地线（t/km）	1.35
塔数（基/km）		2.41			铁塔钢材（t/km）	20.17
基础钢材（t/km）		3.73			接地钢材（t/km）	0.51
合成绝缘子（支/km）					间隔棒（个/km）	
盘式绝缘子（片/km）		272.14				
防振锤（个/km）		39.00			挂线金具（t/km）	0.27
土石方量（m^3/km）	类型	基面	基坑	接地	混凝土（m^3/km）	46.90
	数量	10.00	62.00	91.46	护坡、排水沟、保坎（m^3/km）	30.00

84.2 概算书

概算投资为静态投资，编制依据见第 4 章。110kV 输电线路工程典型方案 1XZA1-G 总概算表、安装工程费用汇总概算表、其他费用概算表分别见表 84-4～表 84-6。

表 84-4　　典型方案 1XZA1-G 总概算表

序号	工程或费用名称	费用金额（万元）	各项占总计（%）	单位投资（万元/km）
一	架空输电线路本体工程	4217	73.75	84.58
二	辅助设施工程			
	小计	4217	73.75	84.58
三	编制期价差	451	7.89	9.05
四	其他费用	923	16.14	18.51
	其中：建设场地征用及清理费	349		
五	基本预备费	112	1.96	2.25
六	特殊项目（现场人员管理系统费用）	15	0.26	0.30
	工程静态投资	5718	100.00	114.68

表 84-5　　典型方案 1XZA1-G 安装工程费用汇总概算表　　金额单位：元

序号	工程或费用名称	取费基数	费率（%）	基础工程	杆塔工程	接地工程	架线工程	附件工程	辅助工程	合计	各项占总计（%）	单位投资（元/km）
一	直接费			10157951	10357727	682662	4636742	2481035	1717134	30033251	71.21	602352
1	直接工程费			8742318	9738962	582537	4386305	2314608	1443067	27207797	64.51	545684
1.1	定额直接费			7097876	2222563	481642	1591368	644751	1296508	13334708	31.62	267443
1.1.1	人工费		100.000	6189150	1938715	443367	709484	561103	1237391	11079210	26.27	222206
1.1.2	材料费			198833	9040	17327	29657	3688	12498	271043	0.64	5436
1.1.3	施工机械使用费		100.000	709893	274808	20948	852227	79960	46619	1984455	4.71	39801
1.2	装置性材料费			1644442	7516399	100895	2794937	1669857	146559	13873089	32.90	278241
2	措施费			1415633	618765	100125	250437	166427	274067	2825454	6.70	56668
2.1	冬雨季施工增加费		7.230	447475	140169	32056	51296	40567	89464	801027	1.90	16066
2.2	夜间施工增加费											
2.3	施工工具用具使用费		2.700	167107	52345	11971	19156	15150	33410	299139	0.71	6000
2.4	临时设施费		6.590	407866	127761	29218	46755	36976	81544	730120	1.73	14643
2.5	施工机构转移费		2.200	136161	42651	9754	15608	12344	27223	243741	0.58	4889
2.6	安全文明施工费		2.940	257024	255839	17126	117622	61390	42426	751427	1.78	15071
二	间接费			4246003	1330034	304167	486737	384939	848900	7600780	18.02	152442
1	规费			2666533	835275	191020	305675	241745	533118	4773366	11.32	95735
1.1	社会保险费		29.254	1810574	567152	129703	207553	164144	361986	3241112	7.69	65004
1.2	住房公积金		12.240	757552	237298	54268	86841	68679	151457	1356095	3.22	27198
1.3	危险作业意外伤害保险费		1.590	98407	30825	7049	11281	8922	19675	176159	0.42	3533
2	企业管理费		21.820	1350473	423027	96742	154810	122433	269999	2417484	5.73	48485
3	高原医疗保障费		1.530	94693	29662	6784	10856	8585	18932	169512	0.40	3400

续表 84-5

序号	工程或费用名称	取费基数	费率（%）	基础工程	杆塔工程	接地工程	架线工程	附件工程	辅助工程	合计	各项占总计（%）	单位投资（元/km）
4	高原习服费		1.640	101502	31795	7271	11636	9202	20293	181699	0.43	3644
5	施工企业配合调试费		0.530	32802	10275	2350	3760	2974	6558	58719	0.14	1178
三	利润		16.200	1002642	314072	71825	114937	90899	200457	1794832	4.26	35997
四	税金		10.000	1540660	448543	105865	244348	128702	276649	2744767	6.51	55049
五	合计			16947256	12450376	1164519	5482764	3085575	3043140	42173630	100.00	845841
	各项占总计（%）			40	30	3	13	7	7	100		
	单位投资（元/km）			339897	249707	23356	109963	61885	61034	845841		

表 84-6　　典型方案 1XZA1-G 其他费用概算表　　金额单位：元

序号	工程或费用名称	编制依据及计算说明	合　价
1	建设场地征用及清理费	建设场地征用及清理费	3490200
2	项目建设管理费		1475918
2.1	项目法人管理费	（取费人工费×人工海拔调整系数）×5.3%	587198
2.2	招标费	本体工程费×0.37%	156042
2.3	工程监理费		487032
2.5	工程结算审核费	本体工程费×0.35%	147608
2.6	工程保险费	（本体工程费+编制基准期价差）×0.21%	98038
3	项目建设技术服务费		4110027
3.1	项目前期工作费	（勘测费+基本设计费）×12.16%	288980
3.3	勘察设计费		2918927
3.3.1	勘察费		1585548
3.3.1.1	勘测费	25000 元/km×线路亘长	1246500
3.3.1.2	海拉瓦优化选线费	4800 元/km×线路亘长	239328
3.3.1.3	高清晰度卫片选线费	2000 元/km×线路亘长	99720
3.3.2	设计费		1333379
3.3.2.1	基本设计费	基本设计费	1129982
3.3.2.2	施工图预算编制费	基本设计费×10%	112998
3.3.2.3	竣工图编制费	基本设计费×8%	90399
3.4	设计文件评审费		347090
3.4.1	可行性研究设计文件评审费	1700 元/km×线路亘长	84762
3.4.2	初步设计文件评审费	2400 元/km×线路亘长	119664
3.4.3	施工图文件审查费		142664
3.5	项目后评价费	（取费人工费×人工海拔调整系数）×1.5%	166188
3.6	工程建设检测费		346668
3.6.1	电力工程质量检测费	（取费人工费×人工海拔调整系数）×1.2%	132951
3.6.3	环境监测验收费		100000
3.6.4	水土保持项目验收及补偿费		113717

续表 84-6

序号	工程或费用名称	编制依据及计算说明	合　价
3.7	电力工程技术经济标准编制管理费	本体工程费×0.1%	42174
4	生产准备费		151785
4.2	工器具及办公家具购置费	（取费人工费×人工海拔调整系数）×0.95%	105252
4.3	生产职工培训及提前进场费	（取费人工费×人工海拔调整系数）×0.42%	46533
	合计		9227930

第 85 章　典型方案 1XZA1-J 通用造价

85.1　基本技术条件

典型方案 1XZA1-J 为《国家电网公司输变电工程通用设计　西藏电网 110～500kV 输电线路分册（2015 年版）》中 1XZA1 模块在峻岭地形条件下的典型方案，直线塔与耐张塔采用酒杯型铁塔，按照平均海拔 3500m 编制概算。典型方案 1XZA1-J 一般条件、交叉跨越、主要材料单位路径长度指标分别见表 85-1～表 85-3。

表 85-1　　典型方案 1XZA1-J 一般条件表

<table>
<tr><td colspan="2">电压等级（kV）</td><td colspan="3">110</td><td colspan="3">回路数</td><td colspan="3">单回路</td></tr>
<tr><td colspan="2">导线型号</td><td colspan="3">JL/G1A-185/30</td><td colspan="3">地线型号</td><td colspan="3">JLB20A-100</td></tr>
<tr><td colspan="2">路径长度（km）</td><td colspan="3">50.36</td><td colspan="3" rowspan="2">气象条件</td><td colspan="2">覆冰（mm）</td><td>风速（m/s）</td></tr>
<tr><td colspan="2">地形</td><td colspan="3">峻岭</td><td colspan="2">10</td><td>29</td></tr>
<tr><td rowspan="2">地质条件</td><td>条件</td><td>普通土</td><td>坚土</td><td>松砂石</td><td>水坑</td><td>泥水坑</td><td>流沙坑</td><td>干砂坑</td><td>岩石（爆破）</td><td>岩石（人工）</td></tr>
<tr><td>比例（%）</td><td>10</td><td>10</td><td>30</td><td></td><td></td><td></td><td></td><td>25</td><td>25</td></tr>
<tr><td rowspan="2">基础</td><td>型式</td><td colspan="2">板式</td><td>台阶</td><td colspan="2">掏挖</td><td colspan="2">岩石嵌固</td><td>岩石锚固</td><td>灌注桩</td></tr>
<tr><td>比例（%）</td><td colspan="2"></td><td></td><td colspan="2">90</td><td colspan="2"></td><td>5</td><td>5</td></tr>
<tr><td rowspan="2">铁塔</td><td>类别</td><td colspan="2">直线</td><td>耐张</td><td colspan="2">总基数（基）</td><td colspan="2" rowspan="2">运距（km）</td><td>人力</td><td>汽车</td></tr>
<tr><td>比例（%）</td><td colspan="2">50</td><td>50</td><td colspan="2">120</td><td>1.5</td><td>25</td></tr>
<tr><td colspan="5" rowspan="2">路径长度单位造价（万元/km）</td><td colspan="3">本体造价</td><td colspan="3">105.38</td></tr>
<tr><td colspan="3">静态造价</td><td colspan="3">140.69</td></tr>
</table>

表 85-2　　典型方案 1XZA1-J 交叉跨越表

序号	被跨越物名称	跨　越　次　数	备　　注
1	铁路		
2	高速公路		双向四车道以上
	一般公路	5	
3	500kV 电力线		
	220kV 电力线		
	110kV 电力线		
	66kV 电力线		
	35kV 电力线		
	10kV 电力线	5	
	低压线	10	380V 及以下线路

续表 85-2

序号	被跨越物名称	跨越次数	备注
4	通信线	10	
5	河流	1	
6	水库		

表 85-3　　典型方案 1XZA1-J 主要材料路径长度单位指标

<table>
<tr><td colspan="2">项目</td><td colspan="3">2.19</td><td>项目</td><td>数据</td></tr>
<tr><td colspan="2">导线（t/km）</td><td colspan="3">2.38</td><td>地线（t/km）</td><td>1.35</td></tr>
<tr><td colspan="2">塔数（基/km）</td><td colspan="3">4.11</td><td>铁塔钢材（t/km）</td><td>20.17</td></tr>
<tr><td colspan="2">基础钢材（t/km）</td><td colspan="3"></td><td>接地钢材（t/km）</td><td>0.54</td></tr>
<tr><td colspan="2">合成绝缘子（支/km）</td><td colspan="3">328.71</td><td rowspan="2">间隔棒（个/km）</td><td rowspan="2"></td></tr>
<tr><td colspan="2">盘式绝缘子（片/km）</td><td colspan="3">42.00</td></tr>
<tr><td colspan="2">防振锤（个/km）</td><td colspan="3">2.19</td><td>挂线金具（t/km）</td><td>0.33</td></tr>
<tr><td rowspan="2">土石方量（m³/km）</td><td>类型</td><td>基面</td><td>基坑</td><td>接地</td><td>混凝土（m³/km）</td><td>51.84</td></tr>
<tr><td>数量</td><td>10.00</td><td>69.00</td><td>92.71</td><td>护坡、排水沟、保坎（m³/km）</td><td>30.00</td></tr>
</table>

85.2　概算书

概算投资为静态投资，编制依据见第 4 章。110kV 输电线路工程典型方案 1XZA1-J 总概算表、安装工程费用汇总概算表、其他费用概算表分别见表 85-4～表 85-6。

表 85-4　　典型方案 1XZA1-J 总概算表

序号	工程或费用名称	费用金额（万元）	各项占总计（%）	单位投资（万元/km）
一	架空输电线路本体工程	5307	74.90	105.38
二	辅助设施工程			
	小计	5307	74.90	105.38
三	编制期价差	575	8.12	11.42
四	其他费用	1049	14.81	20.83
	其中：建设场地征用及清理费	353		
五	基本预备费	139	1.96	2.76
六	特殊项目（现场人员管理系统费用）	15	0.21	0.30
	工程静态投资	7085	100.00	140.69

表 85-5　　典型方案 1XZA1-J 安装工程费用汇总概算表　　金额单位：元

序号	工程或费用名称	取费基数	费率（%）	基础工程	杆塔工程	接地工程	架线工程	附件工程	辅助工程	合计	各项占总计（%）	单位投资（元/km）
一	直接费			14373848	10881087	736409	4773296	3215933	2291009	36271582	68.35	720246
1	直接工程费			12258613	10182859	627906	4511314	2978619	1915951	32475262	61.20	644862
1.1	定额直接费			10440984	2590581	521073	1688353	963356	1767922	17972269	33.87	356876
1.1.1	人工费		100.000	9374102	2295113	481002	752128	842833	1702607	15447785	29.11	306747
1.1.2	材料费			221145	8864	17760	29811	4490	12602	294672	0.56	5851
1.1.3	施工机械使用费		100.000	845737	286604	22311	906414	116033	52713	2229812	4.20	44277

续表 85-5

序号	工程或费用名称	取费基数	费率（%）	基础工程	杆塔工程	接地工程	架线工程	附件工程	辅助工程	合计	各项占总计（%）	单位投资（元/km）
1.2	装置性材料费			1817629	7592278	106833	2822961	2015263	148029	14502993	27.33	287986
2	措施费			2115235	698228	108503	261982	237314	375058	3796320	7.15	75384
2.1	冬雨季施工增加费		7.230	677748	165937	34777	54379	60938	123100	1116879	2.10	22178
2.2	夜间施工增加费											
2.3	施工工具用具使用费		2.700	253101	61968	12986	20307	22756	45971	417089	0.79	8282
2.4	临时设施费		6.590	617753	151248	31698	49565	55542	112202	1018008	1.92	20215
2.5	施工机构转移费		2.200	206230	50493	10582	16546	18542	37457	339850	0.64	6748
2.6	安全文明施工费		2.940	360403	268582	18460	121185	79536	56328	904494	1.70	17961
二	间接费			6431012	1574539	329985	515992	578217	1168054	10597799	19.97	210441
1	规费			4038739	988826	207234	324048	363126	733550	6655523	12.54	132159
1.1	社会保险费		29.254	2742299	671412	140712	220028	246562	498080	4519093	8.52	89736
1.2	住房公积金		12.240	1147391	280922	58875	92061	103163	208399	1890811	3.56	37546
1.3	危险作业意外伤害保险费		1.590	149049	36492	7647	11959	13401	27071	245619	0.46	4877
2	企业管理费		21.820	2045430	500794	104955	164115	183906	371509	3370709	6.35	66932
3	高原医疗保障费		1.530	143424	35115	7359	11508	12895	26049	236350	0.45	4693
4	高原习服费		1.640	153736	37640	7888	12335	13823	27923	253345	0.48	5031
5	施工企业配合调试费		0.530	49683	12164	2549	3986	4467	9023	81872	0.15	1626
三	利润		16.200	1518604	371808	77923	121845	136539	275821	2502540	4.72	49693
四	税金		10.000	2232347	523516	114432	258817	191542	373489	3694143	6.96	73355
五	合计			24555811	13350950	1258749	5669950	4122231	4108373	53066064	100.00	1053734
	各项占总计（%）			46	25	2	11	8	8	100		
	单位投资（元/km）			487605	265110	24995	112588	81855	81580	1053734		

表 85-6　　典型方案 1XZA1-J 其他费用概算表　　金额单位：元

序号	工程或费用名称	编制依据及计算说明	合　价
1	建设场地征用及清理费	建设场地征用及清理费	3525200
2	项目建设管理费		1857227
2.1	项目法人管理费	（取费人工费×人工海拔调整系数）×5.3%	818733
2.2	招标费	本体工程费×0.37%	196344
2.3	工程监理费		532910
2.5	工程结算审核费	本体工程费×0.35%	185731
2.6	工程保险费	（本体工程费+编制基准期价差）×0.21%	123509
3	项目建设技术服务费		4892428
3.1	项目前期工作费	（勘测费+基本设计费）×12.16%	353861
3.3	勘察设计费		3504354
3.3.1	勘察费		1853248
3.3.1.1	勘测费	30000 元/km×线路亘长	1510800

续表 85-6

序号	工程或费用名称	编制依据及计算说明	合　价
3.3.1.2	海拉瓦优化选线费	4800 元/km×线路亘长	241728
3.3.1.3	高清晰度卫片选线费	2000 元/km×线路亘长	100720
3.3.2	设计费		1651106
3.3.2.1	基本设计费	基本设计费	1399243
3.3.2.2	施工图预算编制费	基本设计费×10%	139924
3.3.2.3	竣工图编制费	基本设计费×8%	111939
3.4	设计文件评审费		350340
3.4.1	可行性研究设计文件评审费	1700 元/km×线路亘长	85612
3.4.2	初步设计文件评审费	2400 元/km×线路亘长	120864
3.4.3	施工图文件审查费		143864
3.5	项目后评价费	(取费人工费×人工海拔调整系数)×1.5%	231717
3.6	工程建设检测费		399090
3.6.1	电力工程质量检测费	(取费人工费×人工海拔调整系数)×1.2%	185373
3.6.3	环境监测验收费		100000
3.6.4	水土保持项目验收及补偿费		113717
3.7	电力工程技术经济标准编制管理费	本体工程费×0.1%	53066
4	生产准备费		211635
4.2	工器具及办公家具购置费	(取费人工费×人工海拔调整系数)×0.95%	146754
4.3	生产职工培训及提前进场费	(取费人工费×人工海拔调整系数)×0.42%	64881
	合计		10486490

第 86 章　典型方案 1XZA2-P 通用造价

86.1　基本技术条件

典型方案 1XZA2-P 为《国家电网公司输变电工程通用设计　西藏电网 110～500kV 输电线路分册（2015 年版）》中 1XZA2 模块在平地地形条件下的典型方案，直线塔与耐张塔采用酒杯型铁塔，按照平均海拔 4500m 编制概算。典型方案 1XZA2-P 一般条件、交叉跨越、主要材料单位路径长度指标分别见表 86-1～表 86-3。

表 86-1　　典型方案 1XZA2-P 一般条件表

<table>
<tr><td colspan="2">电压等级（kV）</td><td colspan="4">110</td><td colspan="4">回路数</td><td colspan="5">单回路</td></tr>
<tr><td colspan="2">导线型号</td><td colspan="4">JL/G1A-185/30</td><td colspan="4">地线型号</td><td colspan="5">JLB20A-100</td></tr>
<tr><td colspan="2">路径长度（km）</td><td colspan="4">49.974</td><td colspan="4" rowspan="2">气象条件</td><td colspan="3">覆冰（mm）</td><td colspan="2">风速（m/s）</td></tr>
<tr><td colspan="2">地形</td><td colspan="4">平地</td><td colspan="3">10</td><td colspan="2">33</td></tr>
<tr><td rowspan="2">地质条件</td><td>条件</td><td>普通土</td><td colspan="2">坚土</td><td>松砂石</td><td>水坑</td><td colspan="2">泥水坑</td><td colspan="2">流沙坑</td><td>干砂坑</td><td colspan="2">岩石（爆破）</td><td>岩石（人工）</td></tr>
<tr><td>比例（%）</td><td>5</td><td colspan="2">40</td><td>50</td><td>5</td><td colspan="2"></td><td colspan="2"></td><td></td><td colspan="2"></td><td></td></tr>
<tr><td rowspan="2">基础</td><td>型式</td><td colspan="2">板式</td><td colspan="2">台阶</td><td colspan="2">掏挖</td><td colspan="3">岩石嵌固</td><td colspan="2">岩石锚固</td><td colspan="2">灌注桩</td></tr>
<tr><td>比例（%）</td><td colspan="2">70</td><td colspan="2"></td><td colspan="2">20</td><td colspan="3"></td><td colspan="2"></td><td colspan="2">10</td></tr>
</table>

续表 86-1

铁塔	类别	直线	耐张	总基数（基）	运距（km）	人力	汽车
	比例（%）	78	22	140		0.25	25
路径长度单位造价（万元/km）			本体造价			50.27	
			静态造价			71.30	

表 86-2　　典型方案 1XZA2-P 交叉跨越表

序号	被跨越物名称	跨越次数	备注
1	铁路		
2	高速公路		双向四车道以上
	一般公路	5	
3	500kV 电力线		
	220kV 电力线		
	110kV 电力线	1	
	66kV 电力线		
	35kV 电力线	2	
	10kV 电力线	10	
	低压线	20	380V 及以下线路
4	通信线	15	
5	河流	1	
6	水库		

表 86-3　　典型方案 1XZA2-P 主要材料路径长度单位指标

项目		数据			项目	数据
导线（t/km）		2.19			地线（t/km）	1.35
塔数（基/km）		2.80			铁塔钢材（t/km）	19.35
基础钢材（t/km）		3.90			接地钢材（t/km）	0.23
合成绝缘子（支/km）					间隔棒（个/km）	
盘式绝缘子（片/km）		257.05				
防振锤（个/km）		41.00			挂线金具（t/km）	0.24
土石方量（m^3/km）	类型	基面	基坑	接地	混凝土（m^3/km）	47.61
	数量		232.00	72.54	护坡、排水沟、保坎（m^3/km）	

86.2 概算书

概算投资为静态投资，编制依据见第 4 章。110kV 输电线路工程典型方案 1XZA2-P 总概算表、安装工程费用汇总概算表、其他费用概算表分别见表 86-4～表 86-6。

表 86-4　　典型方案 1XZA2-P 总概算表

序号	工程或费用名称	费用金额（万元）	各项占总计（%）	单位投资（万元/km）
一	架空输电线路本体工程	2512	70.50	50.27
二	辅助设施工程			
	小计	2512	70.50	50.27

续表 86-4

序号	工程或费用名称	费用金额（万元）	各项占总计（%）	单位投资（万元/km）
三	编制期价差	242	6.79	4.84
四	其他费用	724	20.33	14.49
	其中：建设场地征用及清理费	350		
五	基本预备费	70	1.96	1.40
六	特殊项目（现场人员管理系统费用）	15	0.42	0.30
	工程静态投资	3563	100.00	71.30

表 86-5　典型方案 1XZA2-P 安装工程费用汇总概算表

金额单位：元

序号	工程或费用名称	取费基数	费率（%）	基础工程	杆塔工程	接地工程	架线工程	附件工程	辅助工程	合计	各项占总计（%）	单位投资（元/km）
一	直接费			5109095	8623347	226545	4183198	2081622	14255	20238062	80.57	404972
1	直接工程费			4527047	8250925	194754	3970298	1966859	12701	18922584	75.33	378649
1.1	定额直接费			2992112	1025406	150501	1168970	387393	12701	5737083	22.84	114801
1.1.1	人工费		123.700	2398256	850180	139234	574435	337806	6309	4306220	17.14	86169
1.1.2	材料费			140206	8925	690	60116	3433	1898	215268	0.86	4308
1.1.3	施工机械使用费		108.700	453650	166301	10577	534419	46154	4494	1215595	4.84	24325
1.2	装置性材料费			1534935	7225519	44253	2801328	1579466		13185501	52.49	263847
2	措施费			582048	372422	31791	212900	114763	1554	1315478	5.24	26323
2.1	冬雨季施工增加费		7.230	173393	61468	10067	41532	24424	456	311340	1.24	6230
2.2	夜间施工增加费											
2.3	施工工具用具使用费		2.700	64753	22954	3759	15510	9120	170	116266	0.46	2327
2.4	临时设施费		6.590	158045	56026	9176	37855	22261	416	283779	1.13	5679
2.5	施工机构转移费		2.200	52762	18704	3063	12638	7432	139	94738	0.38	1896
2.6	安全文明施工费		2.940	133095	213270	5726	105365	51526	373	509355	2.03	10192
二	间接费			1645301	583258	95522	394087	231749	4328	2954245	11.76	59116
1	规费			1033265	366291	59990	247490	145541	2718	1855295	7.39	37125
1.1	社会保险费		29.254	701586	248711	40732	168045	98822	1846	1259742	5.02	25208
1.2	住房公积金		12.240	293547	104062	17043	70311	41347	772	527082	2.10	10547
1.3	危险作业意外伤害保险费		1.590	38132	13518	2215	9134	5372	100	68471	0.27	1370
2	企业管理费		21.820	523300	185510	30381	125342	73709	1377	939619	3.74	18802
3	高原医疗保障费		1.530	36693	13008	2130	8789	5169	97	65886	0.26	1318
4	高原习服费		1.640	39331	13943	2283	9421	5539	103	70620	0.28	1413
5	施工企业配合调试费		0.530	12712	4506	738	3045	1791	33	22825	0.09	457
三	利润		16.200	388517	137729	22556	93059	54724	1022	697607	2.78	13959
四	税金		10.000	714291	211881	34462	186902	78863	1961	1228360	4.89	24580
五	合计			7857204	9556215	379085	4857246	2446958	21566	25118274	100.00	502627
	各项占总计（%）			31	38	2	19	10	0	100		
	单位投资（元/km）			157226	191224	7586	97195	48965	432	502627		

表 86-6　典型方案 1XZA2-P 其他费用概算表　金额单位：元

序号	工程或费用名称	编制依据及计算说明	合价
1	建设场地征用及清理费	建设场地征用及清理费	3498180
2	项目建设管理费		873697
2.1	项目法人管理费	（取费人工费×人工海拔调整系数）×5.3%	228230
2.2	招标费	本体工程费×0.37%	92938
2.3	工程监理费		406788
2.5	工程结算审核费	本体工程费×0.35%	87914
2.6	工程保险费	（本体工程费+编制基准期价差）×0.21%	57827
3	项目建设技术服务费		2807826
3.1	项目前期工作费	（勘测费+基本设计费）×12.16%	177291
3.3	勘察设计费		1925314
3.3.1	勘察费		1089433
3.3.1.1	勘测费	15000 元/km×线路亘长	749610
3.3.1.2	高清卫片费用	4800 元/km×线路亘长	239875
3.3.1.3	海拉瓦费用	2000 元/km×线路亘长	99948
3.3.2	设计费		835881
3.3.2.1	基本设计费	基本设计费	708374
3.3.2.2	预算编制费	基本设计费×10%	70837
3.3.2.3	竣工图文件编制费	基本设计费×8%	56670
3.4	设计文件评审费		347832
3.4.1	可行性研究设计文件评审费	1700 元/km×线路亘长	84956
3.4.2	初步设计文件评审费	2400 元/km×线路亘长	119938
3.4.3	施工图文件审查费		142938
3.5	项目后评价费	（取费人工费×人工海拔调整系数）×1.5%	64593
3.6	工程建设检测费		267678
3.6.1	电力工程质量检测费	（取费人工费×人工海拔调整系数）×1.2%	51675
3.6.3	环境监测验收费		100000
3.6.4	水土保持项目验收及补偿费		116003
3.7	电力工程技术经济标准编制管理费	本体工程费×0.1%	25118
4	生产准备费		58995
4.2	工器具及办公家具购置费	（取费人工费×人工海拔调整系数）×0.95%	40909
4.3	生产职工培训及提前进场费	（取费人工费×人工海拔调整系数）×0.42%	18086
	合计		7238698

第 87 章　典型方案 1XZA2-H 通用造价

87.1　基本技术条件

典型方案 1XZA2-H 为《国家电网公司输变电工程通用设计　西藏电网 110～500kV 输电线路分册（2015 年版）》中 1XZA2 模块在河网泥沼地形条件下的典型方案，直线塔与耐张塔采用酒杯型铁塔，按照平均海拔 4500m 编制概算。典型方案 1XZA2-H 一般条件、交叉跨越、主要材料单位路径长度指标分别见表 87-1～表 87-3。

表 87-1　　**典型方案 1XZA2-H 一般条件表**

电压等级（kV）		110			回路数		单回路			
导线型号		JL/G1A-185/30			地线型号		JLB20A-100			
路径长度（km）		50			气象条件		覆冰（mm）		风速（m/s）	
地形		河网泥沼					10		33	
地质条件	条件	普通土	坚土	松砂石	水坑	泥水坑	流沙坑	干砂坑	岩石（爆破）	岩石（人工）
	比例（%）				50	50				
基础	型式	板式	台阶	掏挖	岩石嵌固	岩石锚固	灌注桩			
	比例（%）	80					20			
铁塔	类别	直线	耐张	总基数（基）	运距（km）	人力	汽车			
	比例（%）	78	22	140		0.60	25			
路径长度单位造价（万元/km）				本体造价		62.62				
				静态造价		87.06				

表 87-2　　**典型方案 1XZA2-H 交叉跨越表**

序号	被跨越物名称	跨 越 次 数	备　注
1	铁路		
2	高速公路		双向四车道以上
	一般公路	3	
3	500kV 电力线		
	220kV 电力线		
	110kV 电力线	1	
	66kV 电力线		
	35kV 电力线		
	10kV 电力线	7	
	低压线	15	380V 及以下线路
4	通信线	10	
5	河流	8	
6	水库		

表 87-3　　**典型方案 1XZA2-H 主要材料路径长度单位指标**

项目		数据			项目	数据
导线（t/km）		2.19			地线（t/km）	1.35
塔数（基/km）		2.80			铁塔钢材（t/km）	19.60
基础钢材（t/km）		5.32			接地钢材（t/km）	0.22
合成绝缘子（支/km）					间隔棒（个/km）	
盘式绝缘子（片/km）		256.92				
防振锤（个/km）		41.00			挂线金具（t/km）	0.24
土石方量（m^3/km）	类型	基面	基坑	接地	混凝土（m^3/km）	57.95
	数量		345.00	69.80	护坡、排水沟、保坎（m^3/km）	

87.2 概算书

概算投资为静态投资，编制依据见第 4 章。110kV 输电线路工程典型方案 1XZA2-H 总概算表、安装工程费用汇总概算表、其他费用概算表分别见表 87-4～表 87-6。

表 87-4 典型方案 1XZA2-H 总概算表

序号	工程或费用名称	费用金额（万元）	各项占总计（%）	单位投资（万元/km）
一	架空输电线路本体工程	3131	71.93	62.62
二	辅助设施工程			
	小计	3131	71.93	62.62
三	编制期价差	319	7.33	6.38
四	其他费用	803	18.45	16.06
	其中：建设场地征用及清理费	350		
五	基本预备费	85	1.95	1.70
六	特殊项目（现场人员管理系统费用）	15	0.34	0.30
	工程静态投资	4353	100.00	87.06

表 87-5 典型方案 1XZA2-H 安装工程费用汇总概算表 金额单位：元

序号	工程或费用名称	取费基数	费率（%）	基础工程	杆塔工程	接地工程	架线工程	附件工程	辅助工程	合计	各项占总计（%）	单位投资（元/km）
一	直接费			8443706	9048181	247652	4197050	2110685	14255	24061529	76.86	481231
1	直接工程费			7430357	8619368	211812	3983536	1991096	12701	22248870	71.07	444977
1.1	定额直接费			5533234	1293628	169512	1180752	411630	12701	8601457	27.48	172029
1.1.1	人工费		123.700	4246252	1095705	158182	575680	359766	6309	6441894	20.58	128838
1.1.2	材料费			309149	9038	677	43385	3433	1898	367580	1.17	7352
1.1.3	施工机械使用费		108.700	977833	188885	10653	561687	48431	4494	1791983	5.72	35840
1.2	装置性材料费			1897123	7325740	42300	2802784	1579466		13647413	43.59	272948
2	措施费			1013349	428813	35840	213514	119589	1554	1812659	5.79	36253
2.1	冬雨季施工增加费		7.230	307003	79220	11437	41621	26011	456	465748	1.49	9315
2.2	夜间施工增加费											
2.3	施工工具用具使用费		2.700	114648	29584	4271	15544	9714	170	173931	0.56	3479
2.4	临时设施费		6.590	279829	72207	10425	37936	23708	416	424521	1.36	8490
2.5	施工机构转移费		2.200	93417	24106	3480	12665	7916	139	141723	0.45	2834
2.6	安全文明施工费		2.940	218452	223696	6227	105748	52240	373	606736	1.94	12135
二	间接费			2913100	751698	108518	394940	246814	4328	4419398	14.12	88388
1	规费			1829456	472073	68150	248026	155001	2718	2775424	8.87	55508
1.1	社会保险费		29.254	1242199	320537	46274	168410	105245	1846	1884511	6.02	37690
1.2	住房公积金		12.240	519741	134114	19362	70463	44035	772	788487	2.52	15770
1.3	危险作业意外伤害保险费		1.590	67516	17422	2514	9153	5721	100	102426	0.33	2049
2	企业管理费		21.820	926532	239083	34516	125614	78501	1377	1405623	4.49	28112
3	高原医疗保障费		1.530	64968	16765	2420	8808	5505	97	98563	0.31	1971

续表 87-5

序号	工程或费用名称	取费基数	费率（%）	基础工程	杆塔工程	接地工程	架线工程	附件工程	辅助工程	合计	各项占总计（%）	单位投资（元/km）
4	高原习服费		1.640	69639	17970	2594	9441	5900	103	105647	0.34	2113
5	施工企业配合调试费		0.530	22505	5807	838	3051	1907	33	34141	0.11	683
三	利润		16.200	687894	177504	25625	93260	58282	1022	1043587	3.33	20872
四	税金		10.000	1204470	265164	38179	188246	83631	1961	1781651	5.69	35633
五	合计			13249170	10242547	419974	4873496	2499412	21566	31306165	100.00	626123
	各项占总计（%）			42	33	1	16	8	0	100		
	单位投资（元/km）			264983	204851	8400	97470	49988	431	626123		

表 87-6　　典型方案 1XZA2-H 其他费用概算表　　金额单位：元

序号	工程或费用名称	编制依据及计算说明	合　价
1	建设场地征用及清理费	建设场地征用及清理费	3500000
2	项目建设管理费		1086962
2.1	项目法人管理费	（取费人工费×人工海拔调整系数）×5.3%	341420
2.2	招标费	本体工程费×0.37%	115833
2.3	工程监理费		447700
2.5	工程结算审核费	本体工程费×0.35%	109572
2.6	工程保险费	（本体工程费+编制基准期价差）×0.21%	72437
3	项目建设技术服务费		3351958
3.1	项目前期工作费	（勘测费+基本设计费）×12.16%	226339
3.3	勘察设计费		2356379
3.3.1	勘察费		1340000
3.3.1.1	勘测费	20000 元/km×线路亘长	1000000
3.3.1.2	高清卫片费用	4800 元/km×线路亘长	240000
3.3.1.3	海拉瓦费用	2000 元/km×线路亘长	100000
3.3.2	设计费		1016379
3.3.2.1	基本设计费	基本设计费	861338
3.3.2.2	预算编制费	基本设计费×10%	86134
3.3.2.3	竣工图文件编制费	基本设计费×8%	68907
3.4	设计文件评审费		348000
3.4.1	可行性研究设计文件评审费	1700 元/km×线路亘长	85000
3.4.2	初步设计文件评审费	2400 元/km×线路亘长	120000
3.4.3	施工图文件审查费		143000
3.5	项目后评价费	（取费人工费×人工海拔调整系数）×1.5%	96628
3.6	工程建设检测费		293306
3.6.1	电力工程质量检测费	（取费人工费×人工海拔调整系数）×1.2%	77303
3.6.3	环境监测验收费		100000
3.6.4	水土保持项目验收及补偿费		116003

续表 87-6

序号	工程或费用名称	编制依据及计算说明	合　　价
3.7	电力工程技术经济标准编制管理费	本体工程费×0.1%	31306
4	生产准备费		88254
4.2	工器具及办公家具购置费	（取费人工费×人工海拔调整系数）×0.95%	61198
4.3	生产职工培训及提前进场费	（取费人工费×人工海拔调整系数）×0.42%	27056
	合计		8027174

第 88 章　典型方案 1XZA2-Q 通用造价

88.1　基本技术条件

典型方案 1XZA2-Q 为《国家电网公司输变电工程通用设计　西藏电网 110～500kV 输电线路分册（2015 年版）》中 1XZA2 模块在丘陵地形条件下的典型方案，直线塔与耐张塔采用酒杯型铁塔，按照平均海拔 4500m 编制概算。典型方案 1XZA2-Q 一般条件、交叉跨越、主要材料单位路径长度指标分别见表 88-1～表 88-3。

表 88-1　　典型方案 1XZA2-Q 一般条件表

<table>
<tr><td colspan="2">电压等级（kV）</td><td colspan="4">110</td><td colspan="4">回路数</td><td colspan="5">单回路</td></tr>
<tr><td colspan="2">导线型号</td><td colspan="4">JL/G1A-185/30</td><td colspan="4">地线型号</td><td colspan="5">JLB20A-100</td></tr>
<tr><td colspan="2">路径长度（km）</td><td colspan="4">50.40</td><td colspan="4" rowspan="2">气象条件</td><td colspan="3">覆冰（mm）</td><td colspan="2">风速（m/s）</td></tr>
<tr><td colspan="2">地形</td><td colspan="4">丘陵</td><td colspan="3">10</td><td colspan="2">33</td></tr>
<tr><td rowspan="2">地质条件</td><td>条件</td><td>普通土</td><td colspan="2">坚土</td><td>松砂石</td><td>水坑</td><td colspan="2">泥水坑</td><td colspan="2">流沙坑</td><td>干砂坑</td><td colspan="2">岩石（爆破）</td><td>岩石（人工）</td></tr>
<tr><td>比例（%）</td><td>25</td><td colspan="2">25</td><td>30</td><td></td><td colspan="2"></td><td colspan="2"></td><td></td><td colspan="2">10</td><td>10</td></tr>
<tr><td rowspan="2">基础</td><td>型式</td><td colspan="2">板式</td><td colspan="2">台阶</td><td colspan="2">掏挖</td><td colspan="3">岩石嵌固</td><td colspan="2">岩石锚固</td><td colspan="2">灌注桩</td></tr>
<tr><td>比例（%）</td><td colspan="2">40</td><td colspan="2"></td><td colspan="2">60</td><td colspan="3"></td><td colspan="2"></td><td colspan="2"></td></tr>
<tr><td rowspan="2">铁塔</td><td>类别</td><td colspan="2">直线</td><td colspan="2">耐张</td><td colspan="2">总基数（基）</td><td colspan="3" rowspan="2">运距（km）</td><td colspan="2">人力</td><td colspan="2">汽车</td></tr>
<tr><td>比例（%）</td><td colspan="2">78</td><td colspan="2">22</td><td colspan="2">135</td><td colspan="2">0.6</td><td colspan="2">25</td></tr>
<tr><td colspan="6" rowspan="2">路径长度单位造价（万元/km）</td><td colspan="5">本体造价</td><td colspan="4">52.04</td></tr>
<tr><td colspan="5">静态造价</td><td colspan="4">77.86</td></tr>
</table>

表 88-2　　典型方案 1XZA2-Q 交叉跨越表

序号	被跨越物名称	跨　越　次　数	备　　注
1	铁路		
2	高速公路		双向四车道以上
	一般公路	5	
3	500kV 电力线		
	220kV 电力线		
	110kV 电力线	1	
	66kV 电力线		
	35kV 电力线		
	10kV 电力线	10	
	低压线	20	380V 及以下线路

续表 88-2

序号	被跨越物名称	跨越次数	备注
4	通信线	15	
5	河流	1	
6	水库		

表 88-3　　典型方案 1XZA2-Q 主要材料路径长度单位指标

项目		数据			项目	数据
导线（t/km）		2.19			地线（t/km）	1.35
塔数（基/km）		2.68			铁塔钢材（t/km）	18.09
基础钢材（t/km）		3.21			接地钢材（t/km）	0.45
合成绝缘子（支/km）					间隔棒（个/km）	
盘式绝缘子（片/km）		245.48				
防振锤（个/km）		42.00			挂线金具（t/km）	0.23
土石方量（m^3/km）	类型	基面	基坑	接地	混凝土（m^3/km）	39.16
	数量	5.00	135.00	90.66	护坡、排水沟、保坎（m^3/km）	10.00

88.2　概算书

概算投资为静态投资，编制依据见第 4 章。110kV 输电线路工程典型方案 1XZA2-Q 总概算表、安装工程费用汇总概算表、其他费用概算表分别见表 88-4～表 88-6。

表 88-4　　典型方案 1XZA2-Q 总概算表

序号	工程或费用名称	费用金额（万元）	各项占总计（%）	单位投资（万元/km）
一	架空输电线路本体工程	2623	66.85	52.04
二	辅助设施工程			
	小计	2623	66.85	52.04
三	编制期价差	254	6.47	5.04
四	其他费用	955	24.34	18.95
	其中：建设场地征用及清理费	554		
五	基本预备费	77	1.96	1.53
六	特殊项目（现场人员管理系统费用）	15	0.38	0.30
	工程静态投资	3924	100.00	77.86

表 88-5　　典型方案 1XZA2-Q 安装工程费用汇总概算表　　金额单位：元

序号	工程或费用名称	取费基数	费率（%）	基础工程	杆塔工程	接地工程	架线工程	附件工程	辅助工程	合计	各项占总计（%）	单位投资（元/km）
一	直接费			5111182	8425438	459950	4261449	2054619	280882	20593520	78.50	408602
1	直接工程费			4490688	8025724	395496	4042388	1938325	241027	19133648	72.94	379636
1.1	定额直接费			3149611	1212855	306813	1217181	400441	192041	6478942	24.70	128550
1.1.1	人工费		123.700	2609351	1022380	282189	596561	349576	175053	5035110	19.19	99903
1.1.2	材料费			148994	8415	7576	55800	3420	3327	227532	0.87	4515
1.1.3	施工机械使用费		108.700	391266	182060	17048	564820	47445	13661	1216300	4.64	24133

续表 88-5

序号	工程或费用名称	取费基数	费率（%）	基础工程	杆塔工程	接地工程	架线工程	附件工程	辅助工程	合计	各项占总计（%）	单位投资（元/km）
1.2	装置性材料费			1341077	6812869	88683	2825207	1537884	48986	12654706	48.24	251085
2	措施费			620494	399714	64454	219061	116294	39855	1459872	5.57	28966
2.1	冬雨季施工增加费		7.230	188655	73918	20403	43131	25275	12656	364038	1.39	7223
2.2	夜间施工增加费											
2.3	施工工具用具使用费		2.700	70452	27604	7619	16106	9439	4726	135946	0.52	2697
2.4	临时设施费		6.590	171956	67375	18596	39313	23037	11536	331813	1.26	6584
2.5	施工机构转移费		2.200	57405	22493	6208	13124	7691	3851	110772	0.42	2198
2.6	安全文明施工费		2.940	132026	208324	11628	107387	50852	7086	517303	1.97	10264
二	间接费			1790120	701393	193592	409263	239823	120093	3454284	13.17	68537
1	规费			1124214	440481	121578	257022	150611	75419	2169325	8.27	43042
1.1	社会保险费		29.254	763340	299087	82551	174518	102265	51210	1472971	5.62	29226
1.2	住房公积金		12.240	319385	125139	34540	73019	42788	21426	616297	2.35	12228
1.3	危险作业意外伤害保险费		1.590	41489	16255	4487	9485	5558	2783	80057	0.31	1588
2	企业管理费		21.820	569360	223083	61573	130169	76277	38197	1098659	4.19	21799
3	高原医疗保障费		1.530	39923	15643	4318	9127	5349	2679	77039	0.29	1529
4	高原习服费		1.640	42793	16767	4628	9783	5733	2871	82575	0.31	1638
5	施工企业配合调试费		0.530	13830	5419	1495	3162	1853	927	26686	0.10	529
三	利润		16.200	422715	165626	45714	96643	56631	28358	815687	3.11	16184
四	税金		10.000	732402	247959	69926	194215	81319	42934	1368755	5.22	27158
五	合计			8056419	9540416	769182	4961570	2432392	472267	26232246	100.00	520481
	各项占总计（%）			31	36	3	19	9	2	100		
	单位投资（元/km）			159850	189294	15262	98444	48262	9370	520481		

表 88-6　　典型方案 1XZA2-Q 其他费用概算表　　金额单位：元

序号	工程或费用名称	编制依据及计算说明	合　价
1	建设场地征用及清理费	建设场地征用及清理费	5544000
2	项目建设管理费		889111
2.1	项目法人管理费	（取费人工费×人工海拔调整系数）×5.3%	266861
2.2	招标费	本体工程费×0.37%	97059
2.3	工程监理费		372960
2.5	工程结算审核费	本体工程费×0.35%	91813
2.6	工程保险费	（本体工程费+编制基准期价差）×0.21%	60418
3	项目建设技术服务费		3046309
3.1	项目前期工作费	（勘测费+基本设计费）×12.16%	199802
3.3	勘察设计费		2118295
3.3.1	勘察费		1249920
3.3.1.1	勘测费	18000.00 元/km×线路亘长	907200

续表 88-6

序号	工程或费用名称	编制依据及计算说明	合　价
3.3.1.2	高清卫片费用	4800 元/km×线路亘长	241920
3.3.1.3	海拉瓦费用	2000 元/km×线路亘长	100800
3.3.2	设计费		868375
3.3.2.1	基本设计费	基本设计费	735911
3.3.2.2	预算编制费	基本设计费×10%	73591
3.3.2.3	竣工图文件编制费	基本设计费×8%	58873
3.4	设计文件评审费		350600
3.4.1	可行性研究设计文件评审费	1700 元/km×线路亘长	85680
3.4.2	初步设计文件评审费	2400 元/km×线路亘长	120960
3.4.3	施工图文件审查费		143960
3.5	项目后评价费	（取费人工费×人工海拔调整系数）×1.5%	75527
3.6	工程建设检测费		275853
3.6.1	电力工程质量检测费	（取费人工费×人工海拔调整系数）×1.2%	60421
3.6.2	环境监测验收费		100000
3.6.3	水土保持项目验收及补偿费		115432
3.7	电力工程技术经济标准编制管理费	本体工程费×0.1%	26232
4	生产准备费		68981
4.2	工器具及办公家具购置费	（取费人工费×人工海拔调整系数）×0.95%	47834
4.3	生产职工培训及提前进场费	（取费人工费×人工海拔调整系数）×0.42%	21147
	合计		9548401

第 89 章　典型方案 1XZA2-S 通用造价

89.1　基本技术条件

典型方案 1XZA2-S 为《国家电网公司输变电工程通用设计　西藏电网 110～500kV 输电线路分册（2015 年版）》中 1XZA2 模块在山地地形条件下的典型方案，直线塔与耐张塔采用酒杯型铁塔，按照平均海拔 4500m 编制概算。典型方案 1XZA2-S 一般条件、交叉跨越、主要材料单位路径长度指标分别见表 89-1～表 89-3。

表 89-1　　典型方案 1XZA2-S 一般条件表

<table>
<tr><td colspan="2">电压等级（kV）</td><td colspan="3">110</td><td colspan="2">回路数</td><td colspan="4">单回路</td></tr>
<tr><td colspan="2">导线型号</td><td colspan="3">JL/G1A-185/30</td><td colspan="2">地线型号</td><td colspan="4">JLB20A-100</td></tr>
<tr><td colspan="2">路径长度（km）</td><td colspan="3">50</td><td colspan="2" rowspan="2">气象条件</td><td colspan="3">覆冰（mm）</td><td>风速（m/s）</td></tr>
<tr><td colspan="2">地形</td><td colspan="3">山地</td><td colspan="3">10</td><td>33</td></tr>
<tr><td rowspan="2">地质条件</td><td>条件</td><td>普通土</td><td>坚土</td><td>松砂石</td><td>水坑</td><td>泥水坑</td><td>流沙坑</td><td>干砂坑</td><td>岩石（爆破）</td><td>岩石（人工）</td></tr>
<tr><td>比例（%）</td><td>10</td><td>10</td><td>30</td><td></td><td></td><td></td><td></td><td>25</td><td>25</td></tr>
<tr><td rowspan="2">基础</td><td>型式</td><td colspan="2">板式</td><td>台阶</td><td>掏挖</td><td colspan="2">岩石嵌固</td><td colspan="2">岩石锚固</td><td>灌注桩</td></tr>
<tr><td>比例（%）</td><td colspan="2">20</td><td>70</td><td></td><td colspan="2"></td><td colspan="2">5</td><td>5</td></tr>
</table>

续表 89-1

铁塔	类别	直线	耐张	总基数（基）	运距（km）	人力	汽车
	比例（%）	75	25	125		0.8	25
路径长度单位造价（万元/km）			本体造价		75.18		
			静态造价		102.78		

表 89-2　典型方案 1XZA2-S 交叉跨越表

序号	被跨越物名称	跨越次数	备注
1	铁路		
2	高速公路		双向四车道以上
	一般公路	5	
3	500kV 电力线		
	220kV 电力线		
	110kV 电力线	1	
	66kV 电力线		
	35kV 电力线		
	10kV 电力线	5	
	低压线	10	380V 及以下线路
4	通信线	10	
5	河流	1	
6	水库		

表 89-3　典型方案 1XZA2-S 主要材料路径长度单位指标

项目		数据			项目	数据
导线（t/km）		2.19			地线（t/km）	1.35
塔数（基/km）		2.50			铁塔钢材（t/km）	20.16
基础钢材（t/km）		3.93			接地钢材（t/km）	0.50
合成绝缘子（支/km）					间隔棒（个/km）	
盘式绝缘子（片/km）		242.66				
防振锤（个/km）		40.00			挂线金具（t/km）	0.23
土石方量（m^3/km）	类型	基面	基坑	接地	混凝土（m^3/km）	47.61
	数量	5.00	101.00	88.37	护坡、排水沟、保坎（m^3/km）	20.00

89.2　概算书

概算投资为静态投资，编制依据见第 4 章。110kV 输电线路工程典型方案 1XZA2-S 总概算表、安装工程费用汇总概算表、其他费用概算表分别见表 89-4～表 89-6。

表 89-4　典型方案 1XZA2-S 总概算表

序号	工程或费用名称	费用金额（万元）	各项占总计（%）	单位投资（万元/km）
一	架空输电线路本体工程	3759	73.15	75.18
二	辅助设施工程			
	小计	3759	73.15	75.18

续表 89-4

序号	工程或费用名称	费用金额（万元）	各项占总计（%）	单位投资（万元/km）
三	编制期价差	398	7.74	7.96
四	其他费用	867	16.87	17.34
	其中：建设场地征用及清理费	350		
五	基本预备费	100	1.95	2.00
六	特殊项目（现场人员管理系统）	15	0.29	0.30
	工程静态投资	5139	100.00	102.78

表 89-5　　典型方案 1XZA2-S 安装工程费用汇总概算表　　金额单位：元

序号	工程或费用名称	取费基数	费率（%）	基础工程	杆塔工程	接地工程	架线工程	附件工程	辅助工程	合计	各项占总计（%）	单位投资（元/km）
一	直接费			8942494	10158945	727284	4522935	2114747	944491	27410896	72.93	548218
1	直接工程费			7741833	9576624	618821	4276176	1983683	797341	24994478	66.50	499890
1.1	定额直接费			6069439	2043393	520333	1473392	479826	699360	11285743	30.03	225715
1.1.1	人工费		123.700	5197931	1769890	482197	707303	420627	660838	9238786	24.58	184776
1.1.2	材料费			206911	9242	16876	34147	3345	8984	279505	0.74	5590
1.1.3	施工机械使用费		108.700	664597	264261	21260	731942	55854	29538	1767452	4.70	35349
1.2	装置性材料费			1672394	7533231	98488	2802784	1503857	97981	13708735	36.47	274175
2	措施费			1200661	582321	108463	246759	131064	147150	2416418	6.43	48328
2.1	冬雨季施工增加费		7.230	375810	127963	34863	51138	30411	47778	667963	1.78	13359
2.2	夜间施工增加费											
2.3	施工工具用具使用费		2.700	140344	47787	13020	19098	11357	17842	249448	0.66	4989
2.4	临时设施费		6.590	342544	116636	31777	46612	27720	43550	608839	1.62	12177
2.5	施工机构转移费		2.200	114354	38937	10609	15560	9254	14539	203253	0.54	4065
2.6	安全文明施工费		2.940	227609	250998	18194	114351	52322	23441	686915	1.83	13738
二	间接费			3565989	1214213	330806	485239	288566	453359	6338172	16.86	126763
1	规费			2239477	762538	207749	304734	181222	284714	3980434	10.59	79609
1.1	社会保险费		29.254	1520603	517763	141062	206914	123050	193321	2702713	7.19	54054
1.2	住房公积金		12.240	636227	216634	59021	86574	51484	80886	1130826	3.01	22617
1.3	危险作业意外伤害保险费		1.590	82647	28141	7666	11246	6688	10507	146895	0.39	2938
2	企业管理费		21.820	1134189	386190	105216	154334	91781	144196	2015906	5.36	40318
3	高原医疗保障费		1.530	79528	27079	7378	10822	6435	10111	141353	0.38	2827
4	高原习服费		1.640	85247	29026	7907	11600	6899	10837	151516	0.40	3030
5	施工企业配合调试费		0.530	27548	9380	2556	3749	2229	3501	48963	0.13	979
三	利润		16.200	842065	286722	78116	114583	68141	107057	1496684	3.98	29934
四	税金		10.000	1335055	412665	113621	231997	96760	150491	2340589	6.23	46812

续表 89-5

序号	工程或费用名称	取费基数	费率（%）	基础工程	杆塔工程	接地工程	架线工程	附件工程	辅助工程	合计	各项占总计（%）	单位投资（元/km）
五	合计			14685603	12072545	1249827	5354754	2568214	1655398	37586341	100.00	751727
	各项占总计（%）			40	32	3	14	7	4	100		
	单位投资（元/km）			293712	241451	24997	107095	51364	33108	751727		

表 89-6　　典型方案 1XZA2-S 其他费用概算表　　金额单位：元

序号	工程或费用名称	编制依据及计算说明	合　价
1	建设场地征用及清理费	建设场地征用及清理费	3500000
2	项目建设管理费		1295263
2.1	项目法人管理费	（取费人工费×人工海拔调整系数）×5.3%	489656
2.2	招标费	本体工程费×0.37%	139069
2.3	工程监理费		447700
2.5	工程结算审核费	本体工程费×0.35%	131552
2.6	工程保险费	（本体工程费+编制基准期价差）×0.21%	87286
3	项目建设技术服务费		3746268
3.1	项目前期工作费	（勘测费+基本设计费）×12.16%	257377
3.3	勘察设计费		2639569
3.3.1	勘察费		1440000
3.3.1.1	勘测费	22000 元/km×线路亘长	1100000
3.3.1.2	海拉瓦优化选线费	4800 元/km×线路亘长	240000
3.3.1.3	卫片选线费	2000 元/km×线路亘长	100000
3.3.2	设计费		1199569
3.3.2.1	基本设计费	基本设计费	1016584
3.3.2.2	预算编制费	基本设计费×10%	101658
3.3.2.3	竣工图文件编制费	基本设计费×8%	81327
3.4	设计文件评审费		348000
3.4.1	可行性研究设计文件评审费	1700 元/km×线路亘长	85000
3.4.2	初步设计文件评审费	2400 元/km×线路亘长	120000
3.4.3	施工图文件审查费		143000
3.5	项目后评价费	（取费人工费×人工海拔调整系数）×1.5%	138582
3.6	工程建设检测费		325154
3.6.1	电力工程质量检测费	（取费人工费×人工海拔调整系数）×1.2%	110865
3.6.3	环境监测验收费		100000
3.6.4	水土保持项目验收及补偿费		114289
3.7	电力工程技术经济标准编制管理费	本体工程费×0.1%	37586
4	生产准备费		126571
4.2	工器具及办公家具购置费	（取费人工费×人工海拔调整系数）×0.95%	87768
4.3	生产职工培训及提前进场费	（取费人工费×人工海拔调整系数）×0.42%	38803
	合计		8668102

第 90 章　典型方案 1XZA2-G 通用造价

90.1　基本技术条件

典型方案 1XZA2-G 为《国家电网公司输变电工程通用设计　西藏电网 110～500kV 输电线路分册（2015 年版）》中 1XZA2 模块在高山地形条件下的典型方案，直线塔与耐张塔采用酒杯型铁塔，按照平均海拔 4500m 编制概算。典型方案 1XZA2-G 一般条件、交叉跨越、主要材料单位路径长度指标分别见表 90-1～表 90-3。

表 90-1　　典型方案 1XZA2-G 一般条件表

<table>
<tr><td colspan="2">电压等级（kV）</td><td colspan="4">110</td><td colspan="4">回路数</td><td colspan="4">单回路</td></tr>
<tr><td colspan="2">导线型号</td><td colspan="4">JL/G1A-185/30</td><td colspan="4">地线型号</td><td colspan="4">JLB20A-120</td></tr>
<tr><td colspan="2">路径长度（km）</td><td colspan="4">49.86</td><td colspan="4" rowspan="2">气象条件</td><td colspan="2">覆冰（mm）</td><td colspan="2">风速（m/s）</td></tr>
<tr><td colspan="2">地形</td><td colspan="4">高山</td><td colspan="2">10</td><td colspan="2">33</td></tr>
<tr><td rowspan="2">地质条件</td><td>条件</td><td>普通土</td><td colspan="2">坚土</td><td>松砂石</td><td>水坑</td><td colspan="2">泥水坑</td><td>流沙坑</td><td>干砂坑</td><td colspan="2">岩石（爆破）</td><td>岩石（人工）</td></tr>
<tr><td>比例（%）</td><td>10</td><td colspan="2">10</td><td>30</td><td></td><td colspan="2"></td><td></td><td></td><td colspan="2">25</td><td>25</td></tr>
<tr><td rowspan="2">基础</td><td>型式</td><td colspan="2">板式</td><td colspan="2">台阶</td><td colspan="2">掏挖</td><td colspan="2">岩石嵌固</td><td colspan="2">岩石锚固</td><td colspan="2">灌注桩</td></tr>
<tr><td>比例（%）</td><td colspan="2"></td><td colspan="2"></td><td colspan="2">90</td><td colspan="2"></td><td colspan="2">5</td><td colspan="2">5</td></tr>
<tr><td rowspan="2">铁塔</td><td>类别</td><td colspan="2">直线</td><td colspan="2">耐张</td><td colspan="2">总基数（基）</td><td colspan="2" rowspan="2">运距（km）</td><td colspan="2">人力</td><td colspan="2">汽车</td></tr>
<tr><td>比例（%）</td><td colspan="2">65</td><td colspan="2">35</td><td colspan="2">120</td><td colspan="2">1.2</td><td colspan="2">25</td></tr>
<tr><td colspan="6" rowspan="2">路径长度单位造价（万元/km）</td><td colspan="4">本体造价</td><td colspan="4">102.95</td></tr>
<tr><td colspan="4">静态造价</td><td colspan="4">137.00</td></tr>
</table>

表 90-2　　典型方案 1XZA2-G 交叉跨越表

序号	被跨越物名称	跨　越　次　数	备　　注
1	铁路		
2	高速公路		双向四车道以上
	一般公路	5	
3	500kV 电力线		
	220kV 电力线		
	110kV 电力线		
	66kV 电力线		
	35kV 电力线		
	10kV 电力线	5	
	低压线	10	380V 及以下线路
4	通信线	10	
5	河流	1	
6	水库		

表 90-3　　典型方案 1XZA2-G 主要材料路径长度单位指标

项目		数据			项目	数据
导线（t/km）		2.19			地线（t/km）	1.35
塔数（基/km）		2.41			铁塔钢材（t/km）	22.06
基础钢材（t/km）		4.08			接地钢材（t/km）	0.51
合成绝缘子（支/km）					间隔棒（个/km）	
盘式绝缘子（片/km）		292.30				
防振锤（个/km）		39			挂线金具（t/km）	0.27
土石方量（m³/km）	类型	基面	基坑	接地	混凝土（m³/km）	51.30
	数量	10	68	91.46	护坡、排水沟、保坎（m³/km）	30

90.2　概算书

概算投资为静态投资，编制依据见第 4 章。110kV 输电线路工程典型方案 1XZA2-G 总概算表、安装工程费用汇总概算表、其他费用概算表分别见表 90-4～表 90-6。

表 90-4　　典型方案 1XZA2-G 总概算表

序号	工程或费用名称	费用金额（万元）	各项占总计（%）	单位投资（万元/km）
一	架空输电线路本体工程	5133	75.15	102.95
二	辅助设施工程			
	小计	5133	75.15	102.95
三	编制期价差	555	8.12	11.13
四	其他费用	994	14.55	19.94
	其中：建设场地征用及清理费	349		
五	基本预备费	134	1.96	2.69
六	特殊项目（现场人员管理系统）	15	0.22	0.30
	工程静态投资	6831	100.00	137.00

表 90-5　　典型方案 1XZA2-G 安装工程费用汇总概算表　　金额单位：元

序号	工程或费用名称	取费基数	费率（%）	基础工程	杆塔工程	接地工程	架线工程	附件工程	辅助工程	合计	各项占总计（%）	单位投资（元/km）
一	直接费			13108912	11835829	814135	4917632	2747312	2078322	35502142	69.16	712037
1	直接工程费			11214831	11071042	690912	4628595	2548959	1740581	31894920	62.13	639690
1.1	定额直接费			9416842	2849364	590017	1833658	787868	1594002	17071751	33.26	342394
1.1.1	人工费		123.700	8356653	2524811	549744	877631	696764	1530826	14536429	28.32	291545
1.1.2	材料费			216723	8617	17360	29657	3715	12498	288570	0.56	5788
1.1.3	施工机械使用费		108.700	843466	315936	22913	926370	87389	50678	2246752	4.38	45061
1.2	装置性材料费			1797989	8221678	100895	2794937	1761091	146579	14823169	28.88	297296
2	措施费			1894081	764787	123223	289037	198353	337741	3607222	7.03	72347
2.1	冬雨季施工增加费		7.230	604186	182544	39746	63453	50376	110678	1050983	2.05	21079
2.2	夜间施工增加费											

续表 90-5

序号	工程或费用名称	取费基数	费率（%）	基础工程	杆塔工程	接地工程	架线工程	附件工程	辅助工程	合计	各项占总计（%）	单位投资（元/km）
2.3	施工工具用具使用费		2.700	225630	68170	14842	23696	18813	41332	392483	0.76	7872
2.4	临时设施费		6.590	550703	166385	36228	57836	45917	100881	957950	1.87	19213
2.5	施工机构转移费		2.200	183846	55546	12095	19308	15329	33678	319802	0.62	6414
2.6	安全文明施工费		2.940	329716	292142	20312	124744	67918	51172	886004	1.73	17770
二	间接费			5732998	1732121	377147	602091	478008	1050211	9972576	19.43	200012
1	规费			3600380	1087789	236852	378119	300194	659542	6262876	12.20	125609
1.1	社会保险费		29.254	2444656	738608	160822	256743	203831	447829	4252489	8.28	85289
1.2	住房公积金		12.240	1022854	309037	67289	107422	85284	187373	1779259	3.47	35685
1.3	危险作业意外伤害保险费		1.590	132870	40144	8741	13954	11079	24340	231128	0.45	4636
2	企业管理费		21.820	1823422	550914	119954	191499	152034	334027	3171850	6.18	63615
3	高原医疗保障费		1.530	127857	38630	8411	13428	10660	23423	222409	0.43	4461
4	高原习服费		1.640	137049	41407	9016	14394	11427	25106	238399	0.46	4781
5	施工企业配合调试费		0.530	44290	13381	2914	4651	3693	8113	77042	0.15	1545
三	利润		16.200	1353777	409020	89059	142176	112876	247995	2354903	4.59	47230
四	税金		10.000	2019569	575530	128034	286697	157710	337653	3505193	6.83	70301
五	合计			22215256	14552500	1408375	5948596	3495906	3714181	51334814	100.00	1029579
	各项占总计（%）			43	28	3	12	7	7	100		
	单位投资（元/km）			445553	291867	28247	119306	70114	74492	1029579		

表 90-6　　典型方案 1XZA2-G 其他费用概算表　　金额单位：元

序号	工程或费用名称	编制依据及计算说明	合　价
1	建设场地征用及清理费	建设场地征用及清理费	3490200
2	项目建设管理费		1746532
2.1	项目法人管理费	（取费人工费×人工海拔调整系数）×5.3%	770431
2.2	招标费	本体工程费×0.37%	189939
2.3	工程监理费		487032
2.5	工程结算审核费	本体工程费×0.35%	179672
2.6	工程保险费	（本体工程费+编制基准期价差）×0.21%	119458
3	项目建设技术服务费		4507299
3.1	项目前期工作费	（勘测费+基本设计费）×12.16%	316518
3.3	勘察设计费		3186156
3.3.1	勘察费		1585548
3.3.1.1	勘测费	25000 元/km×线路亘长	1246500

续表 90-6

序号	工程或费用名称	编制依据及计算说明	合　价
3.3.1.2	海拉瓦优化选线费	4800 元/km×线路亘长	239328
3.3.1.3	卫片选线费	2000 元/km×线路亘长	99720
3.3.2	设计费		1600608
3.3.2.1	基本设计费	基本设计费	1356447
3.3.2.2	预算编制费	基本设计费×10%	135645
3.3.2.3	竣工图文件编制费	基本设计费×8%	108516
3.4	设计文件评审费		347090
3.4.1	可行性研究设计文件评审费	1700 元/km×线路亘长	84762
3.4.2	初步设计文件评审费	2400 元/km×线路亘长	119664
3.4.3	施工图文件审查费		142664
3.5	项目后评价费	（取费人工费×人工海拔调整系数）×1.5%	218046
3.6	工程建设检测费		388154
3.6.1	电力工程质量检测费	（取费人工费×人工海拔调整系数）×1.2%	174437
3.6.3	环境监测验收费		100000
3.6.4	水土保持项目验收及补偿费		113717
3.7	电力工程技术经济标准编制管理费	本体工程费×0.1%	51335
4	生产准备费		199149
4.2	工器具及办公家具购置费	（取费人工费×人工海拔调整系数）×0.95%	138096
4.3	生产职工培训及提前进场费	（取费人工费×人工海拔调整系数）×0.42%	61053
	合计		9943180

第 91 章　典型方案 1XZA2-J 通用造价

91.1　基本技术条件

典型方案 1XZA2-J 为《国家电网公司输变电工程通用设计　西藏电网 110～500kV 输电线路分册（2015 年版）》中 1XZA2 模块在峻岭地形条件下的典型方案，直线塔与耐张塔采用酒杯型铁塔，按照平均海拔 4500m 编制概算。典型方案 1XZA2-J 一般条件、交叉跨越、主要材料单位路径长度指标分别见表 91-1～表 91-3。

表 91-1　　典型方案 1XZA2-J 一般条件表

<table>
<tr><td colspan="2">电压等级（kV）</td><td colspan="3">110</td><td colspan="2">回路数</td><td colspan="4">单回路</td></tr>
<tr><td colspan="2">导线型号</td><td colspan="3">JL/G1A-185/30</td><td colspan="2">地线型号</td><td colspan="4">JLB20A-100</td></tr>
<tr><td colspan="2">路径长度（km）</td><td colspan="3">50.36</td><td colspan="2" rowspan="2">气象条件</td><td colspan="2">覆冰（mm）</td><td colspan="2">风速（m/s）</td></tr>
<tr><td colspan="2">地形</td><td colspan="3">峻岭</td><td colspan="2">10</td><td colspan="2">33</td></tr>
<tr><td rowspan="2">地质条件</td><td>条件</td><td>普通土</td><td>坚土</td><td>松砂石</td><td>水坑</td><td>泥水坑</td><td>流沙坑</td><td>干砂坑</td><td>岩石（爆破）</td><td>岩石（人工）</td></tr>
<tr><td>比例（%）</td><td>10</td><td>10</td><td>30</td><td></td><td></td><td></td><td></td><td>25</td><td>25</td></tr>
</table>

续表 91-1

基础	型式	板式	台阶	掏挖	岩石嵌固	岩石锚固	灌注桩
	比例（%）			90		5	5
铁塔	类别	直线	耐张	总基数（基）	运距（km）	人力	汽车
	比例（%）	50	50	120		1.5	25
路径长度单位造价（万元/km）				本体造价		129.31	
				静态造价		169.68	

表 91-2　　典型方案 1XZA2-J 交叉跨越表

序号	被跨越物名称	跨　越　次　数	备　　注
1	铁路		
2	高速公路		双向四车道以上
	一般公路	5	
3	500kV 电力线		
	220kV 电力线		
	110kV 电力线		
	66kV 电力线		
	35kV 电力线		
	10kV 电力线	5	
	低压线	10	380V 及以下线路
4	通信线	10	
5	河流	1	
6	水库		

表 91-3　　典型方案 1XZA2-J 主要材料路径长度单位指标

<table>
<tr><td colspan="2">项目</td><td colspan="3">数据</td><td>项目</td><td>数据</td></tr>
<tr><td colspan="2">导线（t/km）</td><td colspan="3">2.19</td><td>地线（t/km）</td><td>1.35</td></tr>
<tr><td colspan="2">塔数（基/km）</td><td colspan="3">2.38</td><td>铁塔钢材（t/km）</td><td>21.82</td></tr>
<tr><td colspan="2">基础钢材（t/km）</td><td colspan="3">4.45</td><td>接地钢材（t/km）</td><td>0.54</td></tr>
<tr><td colspan="2">合成绝缘子（支/km）</td><td colspan="3"></td><td rowspan="2">间隔棒（个/km）</td><td rowspan="2"></td></tr>
<tr><td colspan="2">盘式绝缘子（片/km）</td><td colspan="3">352.90</td></tr>
<tr><td colspan="2">防振锤（个/km）</td><td colspan="3">42.00</td><td>挂线金具（t/km）</td><td>0.33</td></tr>
<tr><td rowspan="2">土石方量（m³/km）</td><td>类型</td><td>基面</td><td>基坑</td><td>接地</td><td>混凝土（m³/km）</td><td>56.09</td></tr>
<tr><td>数量</td><td>10.00</td><td>75.00</td><td>92.71</td><td>护坡、排水沟、保坎（m³/km）</td><td>30.00</td></tr>
</table>

91.2　概算书

概算投资为静态投资，编制依据见第 4 章。110kV 输电线路工程典型方案 1XZA2-J 总概算表、安装工程费用汇总概算表、其他费用概算表分别见表 91-4～表 91-6。

表 91-4　　　　典型方案 1XZA2-J 总概算表

序号	工程或费用名称	费用金额（万元）	各项占总计（%）	单位投资（万元/km）
一	架空输电线路本体工程	6512	76.21	129.31
二	辅助设施工程			
	小计	6512	76.21	129.31
三	编制期价差	710	8.31	14.10
四	其他费用	1141	13.35	22.66
	其中：建设场地征用及清理费	353		
五	基本预备费	167	1.95	3.32
六	特殊项目（现场人员管理系统）	15	0.18	0.30
	工程静态投资	8545	100.00	169.68

表 91-5　　　　典型方案 1XZA2-J 安装工程费用汇总概算表　　　　金额单位：元

序号	工程或费用名称	取费基数	费率（%）	基础工程	杆塔工程	接地工程	架线工程	附件工程	辅助工程	合计	各项占总计（%）	单位投资（元/km）
一	直接费			18534584	12409268	878652	5071337	3589140	2787077	43270058	66.44	859215
1	直接工程费			15727022	11543081	745145	4768426	3304402	2324413	38412489	58.98	762758
1.1	定额直接费			13760653	3328802	638312	1945465	1178569	2176363	23028164	35.36	457271
1.1.1	人工费		123.700	12527714	2992184	596147	930382	1047331	2106450	20200208	31.02	401116
1.1.2	材料费			238649	8610	17788	29811	4522	12605	311985	0.48	6195
1.1.3	施工机械使用费		108.700	994290	328008	24377	985272	126716	57308	2515971	3.86	49960
1.2	装置性材料费			1966369	8214279	106833	2822961	2125833	148050	15384325	23.62	305487
2	措施费			2807562	866187	133507	302911	284738	462664	4857569	7.46	96457
2.1	冬雨季施工增加费		7.230	905753	216335	43101	67267	75722	152296	1460474	2.24	29001
2.2	夜间施工增加费											
2.3	施工工具用具使用费		2.700	338248	80789	16096	25120	28278	56874	545405	0.84	10830
2.4	临时设施费		6.590	825576	197185	39287	61313	69020	138815	1331196	2.04	26434
2.5	施工机构转移费		2.200	275610	65828	13115	20469	23042	46342	444406	0.68	8825
2.6	安全文明施工费		2.940	462375	306050	21908	128742	88676	68337	1076088	1.65	21368
二	间接费			8594513	2052758	408980	638279	718511	1445109	13858150	21.28	275182
1	规费			5397440	1289152	256843	400846	451233	907542	8703056	13.36	172817
1.1	社会保险费		29.254	3664857	875333	174396	272174	306387	616221	5909368	9.07	117342
1.2	住房公积金		12.240	1533392	366243	72968	113879	128193	257829	2472504	3.80	49097
1.3	危险作业意外伤害保险费		1.590	199191	47576	9479	14793	16653	33492	321184	0.49	6378
2	企业管理费		21.820	2733547	652895	130080	203009	228528	459629	4407688	6.77	87524
3	高原医疗保障费		1.530	191675	45780	9121	14235	16024	32230	309065	0.47	6137
4	高原习服费		1.640	205455	49072	9776	15258	17176	34545	331282	0.51	6578
5	施工企业配合调试费		0.530	66396	15859	3160	4931	5550	11163	107059	0.16	2126
三	利润		16.200	2029490	484734	96576	150722	169668	341245	3272435	5.02	64981
四	税金		10.000	2915859	673248	138421	303738	235148	457344	4723758	7.25	93800

续表 91-5

序号	工程或费用名称	取费基数	费率（%）	基础工程	杆塔工程	接地工程	架线工程	附件工程	辅助工程	合计	各项占总计（%）	单位投资（元/km）
五	合计			32074446	15620008	1522629	6164076	4712467	5030775	65124401	100.00	1293177
	各项占总计(%)			50	24	2	9	7	8	100		
	单位投资(元/km)			636903	310167	30235	122400	93576	99896	1293177		

表 91-6　　典型方案 1XZA2-J 其他费用概算表　　金额单位：元

序号	工程或费用名称	编制依据及计算说明	合　价
1	建设场地征用及清理费	建设场地征用及清理费	3525200
2	项目建设管理费		2224096
2.1	项目法人管理费	（取费人工费×人工海拔调整系数）×5.3%	1070611
2.2	招标费	本体工程费×0.37%	240960
2.3	工程监理费		532910
2.5	工程结算审核费	本体工程费×0.35%	227935
2.6	工程保险费	（本体工程费+编制基准期价差）×0.21%	151680
3	项目建设技术服务费		5387837
3.1	项目前期工作费	（勘测费+基本设计费）×12.16%	387030
3.3	勘察设计费		3826221
3.3.1	勘察费		1853248
3.3.1.1	勘测费	30000 元/km×线路亘长	1510800
3.3.1.2	海拉瓦优化选线费	4800 元/km×线路亘长	241728
3.3.1.3	卫片选线费	2000 元/km×线路亘长	100720
3.3.2	设计费		1972973
3.3.2.1	基本设计费	基本设计费	1672011
3.3.2.2	预算编制费	基本设计费×10%	167201
3.3.2.3	竣工图文件编制费	基本设计费×8%	133761
3.4	设计文件评审费		350340
3.4.1	可行性研究设计文件评审费	1700 元/km×线路亘长	85612
3.4.2	初步设计文件评审费	2400 元/km×线路亘长	120864
3.4.3	施工图文件审查费		143864
3.5	项目后评价费	（取费人工费×人工海拔调整系数）×1.5%	303003
3.6	工程建设检测费		456119
3.6.1	电力工程质量检测费	（取费人工费×人工海拔调整系数）×1.2%	242402
3.6.3	环境监测验收费		100000
3.6.4	水土保持项目验收及补偿费		113717
3.7	电力工程技术经济标准编制管理费	本体工程费×0.1%	65124
4	生产准备费		276743
4.2	工器具及办公家具购置费	（取费人工费×人工海拔调整系数）×0.95%	191902
4.3	生产职工培训及提前进场费	（取费人工费×人工海拔调整系数）×0.42%	84841
	合计		11413876

第 92 章　典型方案 1XZB1-P 通用造价

92.1 基本技术条件

典型方案 1XZB1-P 为《国家电网公司输变电工程通用设计　西藏电网 110～500kV 输电线路分册（2015 年版）》中 1XZB1 模块在平地地形条件下的典型方案，直线塔与耐张塔采用鼓型铁塔，按照平均海拔 3500m 编制概算。典型方案 1XZB1-P 一般条件、交叉跨越、主要材料单位路径长度指标分别见表 92-1～表 92-3。

表 92-1　　典型方案 1XZB1-P 一般条件表

<table>
<tr><td colspan="2">电压等级（kV）</td><td colspan="3">110</td><td colspan="2">回路数</td><td colspan="4">单回路</td></tr>
<tr><td colspan="2">导线型号</td><td colspan="3">JL/G1A-240/30</td><td colspan="2">地线型号</td><td colspan="4">JLB20A-100</td></tr>
<tr><td colspan="2">路径长度（km）</td><td colspan="3">49.974</td><td colspan="2" rowspan="2">气象条件</td><td colspan="2">覆冰（mm）</td><td colspan="2">风速（m/s）</td></tr>
<tr><td colspan="2">地形</td><td colspan="3">平地</td><td colspan="2">10</td><td colspan="2">29</td></tr>
<tr><td rowspan="2">地质条件</td><td>条件</td><td>普通土</td><td>坚土</td><td>松砂石</td><td>水坑</td><td>泥水坑</td><td>流沙坑</td><td>干砂坑</td><td>岩石（爆破）</td><td>岩石（人工）</td></tr>
<tr><td>比例（%）</td><td>5</td><td>40</td><td>50</td><td>5</td><td></td><td></td><td></td><td></td><td></td></tr>
<tr><td rowspan="2">基础</td><td>型式</td><td>板式</td><td colspan="2">台阶</td><td colspan="2">掏挖</td><td colspan="2">岩石嵌固</td><td>岩石锚固</td><td>灌注桩</td></tr>
<tr><td>比例（%）</td><td>70</td><td colspan="2"></td><td colspan="2">20</td><td colspan="2"></td><td></td><td>10</td></tr>
<tr><td rowspan="2">铁塔</td><td>类别</td><td>直线</td><td colspan="2">耐张</td><td colspan="2">总基数（基）</td><td colspan="2" rowspan="2">运距（km）</td><td>人力</td><td>汽车</td></tr>
<tr><td>比例（%）</td><td>78</td><td colspan="2">22</td><td colspan="2">140</td><td>0.25</td><td>25</td></tr>
<tr><td colspan="5" rowspan="2">路径长度单位造价（万元/km）</td><td colspan="3">本体造价</td><td colspan="3">70.66</td></tr>
<tr><td colspan="3">静态造价</td><td colspan="3">96.51</td></tr>
</table>

表 92-2　　典型方案 1XZB1-P 交叉跨越表

序号	被跨越物名称	跨越次数	备注
1	铁路		
2	高速公路		双向四车道以上
	一般公路	5	
3	500kV 电力线		
	220kV 电力线		
	110kV 电力线	1	
	66kV 电力线		
	35kV 电力线		
	10kV 电力线	10	
	低压线	20	380V 及以下线路
4	通信线	15	
5	河流	1	
6	水库		

表 92-3 典型方案 1XZB1-P 主要材料路径长度单位指标

项目		数据			项目	数据
导线（t/km）		5.53			地线（t/km）	1.35
塔数（基/km）		2.80			铁塔钢材（t/km）	28.22
基础钢材（t/km）		6.72			接地钢材（t/km）	0.23
合成绝缘子（支/km）					间隔棒（个/km）	
盘式绝缘子（片/km）		478.45				
防振锤（个/km）		62.00			挂线金具（t/km）	0.44
土石方量（m^3/km）	类型	基面	基坑	接地	混凝土（m^3/km）	61.36
	数量		317.00	72.54	护坡、排水沟、保坎（m^3/km）	

92.2 概算书

概算投资为静态投资，编制依据见第 4 章。110kV 输电线路工程典型方案 1XZB1-P 总概算表、安装工程费用汇总概算表、其他费用概算表分别见表 92-4～表 92-6。

表 92-4 典型方案 1XZB1-P 总概算表

序号	工程或费用名称	费用金额（万元）	各项占总计（%）	单位投资（万元/km）
一	架空输电线路本体工程	3531	73.21	70.66
二	辅助设施工程			
	小计	3531	73.21	70.66
三	编制期价差	290	6.01	5.80
四	其他费用	893	18.52	17.87
	其中：建设场地征用及清理费	450		
五	基本预备费	94	1.95	1.88
六	特殊项目（现场人员管理系统）	15	0.31	0.30
	工程静态投资	4823	100.00	96.51

表 92-5 典型方案 1XZB1-P 安装工程费用汇总概算表 金额单位：元

序号	工程或费用名称	取费基数	费率（%）	基础工程	杆塔工程	接地工程	架线工程	附件工程	辅助工程	合计	各项占总计（%）	单位投资（元/km）
一	直接费			6165376	12175909	193389	7481055	3709972	21104	29746805	84.24	595246
1	直接工程费			5532626	11702177	167396	7157113	3516642	18925	28094879	79.56	562190
1.1	定额直接费			3209955	1159921	122997	1549862	626107	18925	6687767	18.94	133825
1.1.1	人工费		100.000	2511165	921189	112569	727878	536536	8670	4818007	13.64	96410
1.1.2	材料费			182753	10311	690	72513	5864	3227	275358	0.78	5510
1.1.3	施工机械使用费		100.000	516037	228421	9738	749471	83707	7028	1594402	4.52	31905
1.2	装置性材料费			2322671	10542256	44399	5607251	2890535		21407112	60.62	428365
2	措施费			632750	473732	25993	323942	193330	2179	1651926	4.68	33056
2.1	冬雨季施工增加费		7.230	181557	66602	8138	52626	38791	627	348341	0.99	6970
2.2	夜间施工增加费											
2.3	施工工具用具使用费		2.700	67802	24872	3039	19654	14487	234	130088	0.37	2603

续表 92-5

序号	工程或费用名称	取费基数	费率（%）	基础工程	杆塔工程	接地工程	架线工程	附件工程	辅助工程	合计	各项占总计（%）	单位投资（元/km）
2.4	临时设施费		6.590	165485	60707	7419	47967	35357	571	317506	0.90	6353
2.5	施工机构转移费		2.200	55246	20266	2476	16014	11804	191	105997	0.30	2121
2.6	安全文明施工费		2.940	162660	301285	4921	187681	92891	556	749994	2.12	15008
二	间接费			1722761	631972	77225	499352	368083	5948	3305341	9.36	66141
1	规费			1081910	396885	48498	313599	231160	3735	2075787	5.88	41537
1.1	社会保险费		29.254	734616	269484	32930	212934	156958	2536	1409458	3.99	28204
1.2	住房公积金		12.240	307366	112754	13779	89092	65671	1061	589723	1.67	11801
1.3	危险作业意外伤害保险费		1.590	39928	14647	1789	11573	8531	138	76606	0.22	1533
2	企业管理费		21.820	547937	201004	24563	158823	117071	1892	1051290	2.98	21037
3	高原医疗保障费		1.530	38420	14094	1722	11136	8209	133	73714	0.21	1475
4	高原习服费		1.640	41184	15107	1846	11936	8799	142	79014	0.22	1581
5	施工企业配合调试费		0.530	13310	4882	596	3858	2844	46	25536	0.07	511
三	利润		16.200	406809	149232	18236	117916	86919	1405	780517	2.21	15618
四	税金		10.000	829495	241486	28886	249107	127444	2846	1479264	4.19	29601
五	合计			9124441	13198599	317736	8347430	4292418	31303	35311927	100.00	706606
	各项占总计（%）			26	37	1	24	12	0	100		
	单位投资（元/km）			182584	264109	6358	167035	85893	626	706606		

表 92-6　　典型方案 1XZB1-P 其他费用概算表　　金额单位：元

序号	工程或费用名称	编制依据及计算说明	合　价
1	建设场地征用及清理费	建设场地征用及清理费	4497660
2	项目建设管理费		1101077
2.1	项目法人管理费	（取费人工费×人工海拔调整系数）×5.3%	255354
2.2	招标费	本体工程费×0.37%	130654
2.3	工程监理费		511234
2.5	工程结算审核费	本体工程费×0.35%	123592
2.6	工程保险费	（本体工程费+编制基准期价差）×0.21%	80243
3	项目建设技术服务费		3262589
3.1	项目前期工作费	（勘测费+基本设计费）×12.16%	207932
3.3	勘察设计费		2237651
3.3.1	勘察费		1104425
3.3.1.1	勘测费	15000 元/km×线路亘长	749610
3.3.1.2	海拉瓦优化选线费	5100 元/km×线路亘长	254867
3.3.1.3	卫片选线费	2000 元/km×线路亘长	99948

续表 92-6

序号	工程或费用名称	编制依据及计算说明	合　价
3.3.2	设计费		1133226
3.3.2.1	基本设计费	基本设计费	960361
3.3.2.2	预算编制费	基本设计费×10%	96036
3.3.2.3	竣工图文件编制费	基本设计费×8%	76829
3.4	设计文件评审费		433594
3.4.1	可行性研究设计文件评审费	1700 元/km×线路亘长	84956
3.4.2	初步设计文件评审费	2400 元/km×线路亘长	119938
3.4.3	施工图文件审查费		228700
3.5	项目后评价费	（取费人工费×人工海拔调整系数）×1.5%	72270
3.6	工程建设检测费		275830
3.6.1	电力工程质量检测费	（取费人工费×人工海拔调整系数）×1.2%	57816
3.6.3	环境监测验收费		100000
3.6.4	水土保持项目验收及补偿费		118014
3.7	电力工程技术经济标准编制管理费	本体工程费×0.1%	35312
4	生产准备费		66007
4.2	工器具及办公家具购置费	（取费人工费×人工海拔调整系数）×0.95%	45771
4.3	生产职工培训及提前进场费	（取费人工费×人工海拔调整系数）×0.42%	20236
	合计		8927333

第 93 章　典型方案 1XZB1-H 通用造价

93.1　基本技术条件

典型方案 1XZB1-H 为《国家电网公司输变电工程通用设计　西藏电网 110～500kV 输电线路分册（2015 年版）》中 1XZB1 模块在河网泥沼地形条件下的典型方案，直线塔与耐张塔采用鼓型铁塔，按照平均海拔 3500m 编制概算。典型方案 1XZB1-H 一般条件、交叉跨越、主要材料单位路径长度指标分别见表 93-1～表 93-3。

表 93-1　　典型方案 1XZB1-H 一般条件表

<table>
<tr><td colspan="2">电压等级（kV）</td><td colspan="3">110</td><td colspan="2">回路数</td><td colspan="4">双回路</td></tr>
<tr><td colspan="2">导线型号</td><td colspan="3">JL/G1A-240/30</td><td colspan="2">地线型号</td><td colspan="4">JLB20A-100</td></tr>
<tr><td colspan="2">路径长度（km）</td><td colspan="3">50</td><td colspan="2" rowspan="2">气象条件</td><td colspan="2">覆冰（mm）</td><td colspan="2">风速（m/s）</td></tr>
<tr><td colspan="2">地形</td><td colspan="3">河网泥沼</td><td colspan="2">10</td><td colspan="2">29</td></tr>
<tr><td rowspan="2">地质条件</td><td>条件</td><td>普通土</td><td>坚土</td><td>松砂石</td><td>水坑</td><td>泥水坑</td><td>流沙坑</td><td>干砂坑</td><td>岩石（爆破）</td><td>岩石（人工）</td></tr>
<tr><td>比例（%）</td><td></td><td></td><td></td><td>50</td><td>50</td><td></td><td></td><td></td><td></td></tr>
<tr><td rowspan="2">基础</td><td>型式</td><td colspan="2">板式</td><td>台阶</td><td colspan="2">掏挖</td><td>岩石嵌固</td><td colspan="2">岩石锚固</td><td>灌注桩</td></tr>
<tr><td>比例（%）</td><td colspan="2">80</td><td></td><td colspan="2"></td><td></td><td colspan="2"></td><td>20</td></tr>
<tr><td rowspan="2">铁塔</td><td>类别</td><td colspan="2">直线</td><td>耐张</td><td colspan="2">总基数（基）</td><td rowspan="2">运距（km）</td><td colspan="2">人力</td><td>汽车</td></tr>
<tr><td>比例（%）</td><td colspan="2">78</td><td>22</td><td colspan="2">140</td><td colspan="2">0.6</td><td>25</td></tr>
<tr><td colspan="5" rowspan="2">路径长度单位造价（万元/km）</td><td colspan="3">本体造价</td><td colspan="3">83.36</td></tr>
<tr><td colspan="3">静态造价</td><td colspan="3">112.70</td></tr>
</table>

表 93-2　　　　　　　　　　　　　　**典型方案 1XZB1-H 交叉跨越表**

序号	被跨越物名称	跨 越 次 数	备　注
1	铁路		
2	高速公路		双向四车道以上
	一般公路	3	
3	500kV 电力线		
	220kV 电力线		
	110kV 电力线	1	
	66kV 电力线		
	35kV 电力线		
	10kV 电力线	7	
	低压线	15	380V 及以下线路
4	通信线	10	
5	河流	8	
6	水库		

表 93-3　　　　　　　　　　**典型方案 1XZB1-H 主要材料路径长度单位指标**

<table>
<tr><td colspan="2">项目</td><td colspan="3">数据</td><td>项目</td><td>数据</td></tr>
<tr><td colspan="2">导线（t/km）</td><td colspan="3">5.53</td><td>地线（t/km）</td><td>1.35</td></tr>
<tr><td colspan="2">塔数（基/km）</td><td colspan="3">2.80</td><td>铁塔钢材（t/km）</td><td>28.67</td></tr>
<tr><td colspan="2">基础钢材（t/km）</td><td colspan="3">7.95</td><td>接地钢材（t/km）</td><td>0.22</td></tr>
<tr><td colspan="2">合成绝缘子（支/km）</td><td colspan="3"></td><td rowspan="2">间隔棒（个/km）</td><td rowspan="2"></td></tr>
<tr><td colspan="2">盘式绝缘子（片/km）</td><td colspan="3">478.20</td></tr>
<tr><td colspan="2">防振锤（个/km）</td><td colspan="3">62.00</td><td>挂线金具（t/km）</td><td>0.44</td></tr>
<tr><td rowspan="2">土石方量（m³/km）</td><td>类型</td><td>基面</td><td>基坑</td><td>接地</td><td>混凝土（m³/km）</td><td>74.08</td></tr>
<tr><td>数量</td><td></td><td>491.00</td><td>69.80</td><td>护坡、排水沟、保坎（m³/km）</td><td></td></tr>
</table>

93.2 概算书

概算投资为静态投资，编制依据见第 4 章。110kV 输电线路工程典型方案 1XZB1-H 总概算表、安装工程费用汇总概算表、其他费用概算表分别见表 93-4～表 93-6。

表 93-4　　　　　　　　　　　　　　**典型方案 1XZB1-H 总概算表**

序号	工程或费用名称	费用金额（万元）	各项占总计（%）	单位投资（万元/km）
一	架空输电线路本体工程	4168	73.96	83.36
二	辅助设施工程			
	小计	4168	73.96	83.36
三	编制期价差	369	6.55	7.38
四	其他费用	973	17.27	19.46
	其中：建设场地征用及清理费	450		
五	基本预备费	110	1.95	2.20
六	特殊项目（现场人员管理系统）	15	0.27	0.30
	工程静态投资	5635	100.00	112.70

表 93-5　　典型方案 1XZB1-H 安装工程费用汇总概算表　　金额单位：元

序号	工程或费用名称	取费基数	费率（%）	基础工程	杆塔工程	接地工程	架线工程	附件工程	辅助工程	合计	各项占总计（%）	单位投资（元/km）
一	直接费			9536903	12719725	210083	7513298	3754985	21104	33756098	80.99	675122
1	直接工程费			8482637	12181151	180825	7187260	3555121	18925	31605919	75.83	632118
1.1	定额直接费			5833461	1466914	138376	1577090	664586	18925	9699352	23.27	193987
1.1.1	人工费		100.000	4299552	1196068	127890	734413	570880	8670	6937473	16.64	138749
1.1.2	材料费			411453	10465	678	55521	5864	3227	487208	1.17	9744
1.1.3	施工机械使用费		100.000	1122456	260381	9808	787156	87842	7028	2274671	5.46	45493
1.2	装置性材料费			2649176	10714237	42449	5610170	2890535		21906567	52.56	438131
2	措施费			1054266	538574	29258	326038	199864	2179	2150179	5.16	43004
2.1	冬雨季施工增加费		7.230	310858	86476	9246	53097	41274	627	501578	1.20	10032
2.2	夜间施工增加费											
2.3	施工工具用具使用费		2.700	116088	32294	3453	19830	15413	234	187312	0.45	3746
2.4	临时设施费		6.590	283341	78821	8428	48398	37622	571	457181	1.10	9144
2.5	施工机构转移费		2.200	94590	26314	2814	16157	12559	191	152625	0.37	3053
2.6	安全文明施工费		2.940	249389	314669	5317	188556	92996	556	851483	2.04	17030
二	间接费			2949665	820551	87739	503836	391647	5948	4759386	11.42	95188
1	规费			1852420	515314	55101	316414	245959	3735	2988943	7.17	59779
1.1	社会保险费		29.254	1257791	349897	37413	214845	167006	2536	2029488	4.87	40590
1.2	住房公积金		12.240	526266	146399	15654	89892	69876	1061	849148	2.04	16983
1.3	危险作业意外伤害保险费		1.590	68363	19018	2034	11677	9077	138	110307	0.26	2206
2	企业管理费		21.820	938162	260982	27906	160249	124566	1892	1513757	3.63	30275
3	高原医疗保障费		1.530	65783	18300	1957	11237	8735	133	106145	0.25	2123
4	高原习服费		1.640	70513	19616	2097	12044	9362	142	113774	0.27	2275
5	施工企业配合调试费		0.530	22787	6339	678	3892	3025	46	36767	0.09	735
三	利润		16.200	696528	193763	20719	118974	92483	1405	1123872	2.70	22477
四	税金		10.000	1318309	301980	31854	252594	134858	2846	2042441	4.90	40849
五	合计			14501405	14036019	350395	8388702	4373973	31303	41681797	100.00	833636
	各项占总计（%）			35	34	1	20	10	0	100		
	单位投资（元/km）			290028	280720	7008	167774	87479	626	833636		

表 93-6　　典型方案 1XZB1-H 其他费用概算表　　金额单位：元

序号	工程或费用名称	编制依据及计算说明	合　价
1	建设场地征用及清理费	建设场地征用及清理费	4500000
2	项目建设管理费		1325719

续表 93-6

序号	工程或费用名称	编制依据及计算说明	合　价
2.1	项目法人管理费	（取费人工费×人工海拔调整系数）×5.3%	367686
2.2	招标费	本体工程费×0.37%	154223
2.3	工程监理费		562650
2.5	工程结算审核费	本体工程费×0.35%	145886
2.6	工程保险费	（本体工程费+编制基准期价差）×0.21%	95274
3	项目建设技术服务费		3812367
3.1	项目前期工作费	（勘测费+基本设计费）×12.16%	257527
3.3	勘察设计费		2674032
3.3.1	勘察费		1355000
3.3.1.1	勘测费	20000 元/km×线路亘长	1000000
3.3.1.2	海拉瓦优化选线费	5100 元/km×线路亘长	255000
3.3.1.3	卫片选线费	2000 元/km×线路亘长	100000
3.3.2	设计费		1319032
3.3.2.1	基本设计费	基本设计费	1117824
3.3.2.2	预算编制费	基本设计费×10%	111782
3.3.2.3	竣工图文件编制费	基本设计费×8%	89426
3.4	设计文件评审费		433800
3.4.1	可行性研究设计文件评审费	1700 元/km×线路亘长	85000
3.4.2	初步设计文件评审费	2400 元/km×线路亘长	120000
3.4.3	施工图文件审查费		228800
3.5	项目后评价费	（取费人工费×人工海拔调整系数）×1.5%	104062
3.6	工程建设检测费		301264
3.6.1	电力工程质量检测费	（取费人工费×人工海拔调整系数）×1.2%	83250
3.6.3	环境监测验收费		100000
3.6.4	水土保持项目验收及补偿费		118014
3.7	电力工程技术经济标准编制管理费	本体工程费×0.1%	41682
4	生产准备费		95043
4.2	工器具及办公家具购置费	（取费人工费×人工海拔调整系数）×0.95%	65906
4.3	生产职工培训及提前进场费	（取费人工费×人工海拔调整系数）×0.42%	29137
	合计		9733129

第 94 章　典型方案 1XZB1-Q 通用造价

94.1　基本技术条件

典型方案 1XZB1-Q 为《国家电网公司输变电工程通用设计　西藏电网 110～500kV 输电线路分册（2015 年版）》中 1XZB1 模块在丘陵地形条件下的典型方案，直线塔与耐张塔采用鼓型铁塔，按照平均海拔 3500m 编制概算。典型方案 1XZB1-Q 一般条件、交叉跨越、主要材料单位路径长度指标分别见表 94-1～表 94-3。

表 94-1　　**典型方案 1XZB1-Q 一般条件表**

电压等级（kV）		110			回路数			双回路		
导线型号		JL/G1A-240/30			地线型号			JLB20A-100		
路径长度（km）		50.4			气象条件			覆冰（mm）		风速（m/s）
地形		丘陵						10		29
地质条件	条件	普通土	坚土	松砂石	水坑	泥水坑	流沙坑	干砂坑	岩石（爆破）	岩石（人工）
	比例（%）	25	25	30					10	10
基础	型式	板式	台阶	掏挖	岩石嵌固	岩石锚固	灌注桩			
	比例（%）	40		60						
铁塔	类别	直线	耐张	总基数（基）	运距（km）	人力	汽车			
	比例（%）	78	22	135		0.5	25			
路径长度单位造价（万元/km）					本体造价			73.95		
					静态造价			101.01		

表 94-2　　**典型方案 1XZB1-Q 交叉跨越表**

序号	被跨越物名称	跨越次数	备注
1	铁路		
2	高速公路		双向四车道以上
	一般公路	5	
3	500kV 电力线		
	220kV 电力线		
	110kV 电力线	1	
	66kV 电力线		
	35kV 电力线	1	
	10kV 电力线	10	
	低压线	20	380V 及以下线路
4	通信线	15	
5	河流	1	
6	水库		

表 94-3　　**典型方案 1XZB1-Q 主要材料路径长度单位指标**

项目		数据			项目	数据
导线（t/km）		5.53			地线（t/km）	1.35
塔数（基/km）		2.68			铁塔钢材（t/km）	26.63
基础钢材（t/km）		5.74			接地钢材（t/km）	0.45
合成绝缘子（支/km）					间隔棒（个/km）	
盘式绝缘子（片/km）		456.90				
防振锤（个/km）		66.00			挂线金具（t/km）	0.42
土石方量（m^3/km）	类型	基面	基坑	接地	混凝土（m^3/km）	56.54
	数量	5.00	191.00	90.66	护坡、排水沟、保坎（m^3/km）	10.00

94.2 概算书

概算投资为静态投资，编制依据见第 4 章。110kV 输电线路工程典型方案 1XZB1-Q 总概算表、安装工程费用汇总概算表、其他费用概算表分别见表 94-4～表 94-6。

表 94-4　　典型方案 1XZB1-Q 总概算表

序号	工程或费用名称	费用金额（万元）	各项占总计（%）	单位投资（万元/km）
一	架空输电线路本体工程	3727	73.21	73.95
二	辅助设施工程			
	小计	3727	73.21	73.95
三	编制期价差	315	6.19	6.25
四	其他费用	934	18.35	18.53
	其中：建设场地征用及清理费	454		
五	基本预备费	100	1.96	1.98
六	特殊项目（现场人员管理系统）	15	0.29	0.30
	工程静态投资	5091	100.00	101.01

表 94-5　　典型方案 1XZB1-Q 安装工程费用汇总概算表　　金额单位：元

序号	工程或费用名称	取费基数	费率（%）	基础工程	杆塔工程	接地工程	架线工程	附件工程	辅助工程	合计	各项占总计（%）	单位投资（元/km）
一	直接费			6737235	11921702	390322	7606998	3661655	247626	30565538	82.01	606459
1	直接工程费			5983943	11416365	338026	7274138	3467045	214173	28693690	76.99	569319
1.1	定额直接费			3825411	1385972	249237	1619088	647082	165187	7891977	21.18	156587
1.1.1	人工费		100.000	3084213	1123829	226276	758185	555148	145073	5892724	15.81	116919
1.1.2	材料费			210389	9819	7501	68279	5915	4655	306558	0.82	6083
1.1.3	施工机械使用费		100.000	530809	252324	15460	792624	86019	15459	1692695	4.54	33585
1.2	装置性材料费			2158532	10030393	88789	5655050	2819963	48986	20801713	55.82	412732
2	措施费			753292	505337	52296	332860	194610	33453	1871848	5.02	37140
2.1	冬雨季施工增加费		7.230	222988	81252	16359	54817	40137	10489	426042	1.14	8453
2.2	夜间施工增加费											
2.3	施工工具用具使用费		2.700	83274	30343	6110	20470	14989	3917	159103	0.43	3157
2.4	临时设施费		6.590	203250	74060	14912	49965	36584	9560	388331	1.04	7705
2.5	施工机构转移费		2.200	67852	24724	4978	16680	12214	3191	129639	0.35	2572
2.6	安全文明施工费		2.940	175928	294958	9937	190928	90686	6296	768733	2.06	15253
二	间接费			2115889	770992	155234	520145	380853	99527	4042640	10.85	80211
1	规费			1328800	484191	97489	326655	239180	62504	2538819	6.81	50373
1.1	社会保险费		29.254	902255	328765	66195	221799	162403	42440	1723857	4.63	34204
1.2	住房公积金		12.240	377507	137557	27696	92801	67950	17756	721267	1.94	14311
1.3	危险作业意外伤害保险费		1.590	49038	17869	3598	12055	8827	2308	93695	0.25	1859

续表 94-5

序号	工程或费用名称	取费基数	费率（%）	基础工程	杆塔工程	接地工程	架线工程	附件工程	辅助工程	合计	各项占总计（%）	单位投资（元/km）
2	企业管理费		21.820	672975	245220	49373	165436	121133	31655	1285792	3.45	25512
3	高原医疗保障费		1.530	47188	17194	3462	11601	8493	2220	90158	0.24	1789
4	高原习服费		1.640	50581	18431	3711	12434	9104	2379	96640	0.26	1917
5	施工企业配合调试费		0.530	16345	5956	1199	4019	2943	769	31231	0.08	620
三	利润		16.200	499643	182061	36657	122826	89934	23502	954623	2.56	18941
四	税金		10.000	935277	284437	58221	259492	131248	37066	1705741	4.58	33844
五	合计			10288044	13159192	640434	8509461	4263690	407721	37268542	100.00	739455
	各项占总计（%）			28	35	2	23	11	1	100		
	单位投资（元/km）			204128	261095	12707	168838	84597	8090	739455		

表 94-6　　典型方案 1XZB1-Q 其他费用概算表　　金额单位：元

序号	工程或费用名称	编制依据及计算说明	合　价
1	建设场地征用及清理费	建设场地征用及清理费	4536000
2	项目建设管理费		1181128
2.1	项目法人管理费	（取费人工费×人工海拔调整系数）×5.3%	312314
2.2	招标费	本体工程费×0.37%	137894
2.3	工程监理费		515592
2.5	工程结算审核费	本体工程费×0.35%	130440
2.6	工程保险费	（本体工程费+编制基准期价差）×0.21%	84888
3	项目建设技术服务费		3539036
3.1	项目前期工作费	（勘测费+基本设计费）×12.16%	232977
3.3	勘察设计费		2455339
3.3.1	勘察费		1265040
3.3.1.1	勘测费	18000 元/km×线路亘长	907200
3.3.1.2	海拉瓦优化选线费	5100 元/km×线路亘长	257040
3.3.1.3	卫片选线费	2000 元/km×线路亘长	100800
3.3.2	设计费		1190299
3.3.2.1	基本设计费	基本设计费	1008728
3.3.2.2	预算编制费	基本设计费×10%	100873
3.3.2.3	竣工图文件编制费	基本设计费×8%	80698
3.4	设计文件评审费		436976
3.4.1	可行性研究设计文件评审费	1700 元/km×线路亘长	85680
3.4.2	初步设计文件评审费	2400 元/km×线路亘长	120960
3.4.3	施工图文件审查费		230336

续表 94-6

序号	工程或费用名称	编制依据及计算说明	合　价
3.5	项目后评价费	（取费人工费×人工海拔调整系数）×1.5%	88391
3.6	工程建设检测费		288084
3.6.1	电力工程质量检测费	（取费人工费×人工海拔调整系数）×1.2%	70713
3.6.3	环境监测验收费		100000
3.6.4	水土保持项目验收及补偿费		117371
3.7	电力工程技术经济标准编制管理费	本体工程费×0.1%	37269
4	生产准备费		80730
4.2	工器具及办公家具购置费	（取费人工费×人工海拔调整系数）×0.95%	55981
4.3	生产职工培训及提前进场费	（取费人工费×人工海拔调整系数）×0.42%	24749
	合计		9336894

第 95 章　典型方案 1XZB1-S 通用造价

95.1　基本技术条件

典型方案 1XZB1-S 为《国家电网公司输变电工程通用设计　西藏电网 110～500kV 输电线路分册（2015 年版）》中 1XZB1 模块在山地地形条件下的典型方案，直线塔与耐张塔采用鼓型铁塔，按照平均海拔 3500m 编制概算。典型方案 1XZB1-S 一般条件、交叉跨越、主要材料单位路径长度指标分别见表 95-1～表 95-3。

表 95-1　　典型方案 1XZB1-S 一般条件表

<table>
<tr><td colspan="2">电压等级（kV）</td><td colspan="3">110</td><td colspan="2">回路数</td><td colspan="4">双回路</td></tr>
<tr><td colspan="2">导线型号</td><td colspan="3">JL/G1A-240/30</td><td colspan="2">地线型号</td><td colspan="4">JLB20A-100</td></tr>
<tr><td colspan="2">路径长度（km）</td><td colspan="3">50</td><td colspan="2" rowspan="2">气象条件</td><td colspan="2">覆冰（mm）</td><td colspan="2">风速（m/s）</td></tr>
<tr><td colspan="2">地形</td><td colspan="3">山地</td><td colspan="2">10</td><td colspan="2">29</td></tr>
<tr><td rowspan="2">地质条件</td><td>条件</td><td>普通土</td><td>坚土</td><td>松砂石</td><td>水坑</td><td>泥水坑</td><td>流沙坑</td><td>干砂坑</td><td>岩石（爆破）</td><td>岩石（人工）</td></tr>
<tr><td>比例（%）</td><td>10</td><td>10</td><td>30</td><td></td><td></td><td></td><td></td><td>25</td><td>25</td></tr>
<tr><td rowspan="2">基础</td><td>型式</td><td colspan="2">板式</td><td>台阶</td><td>掏挖</td><td colspan="2">岩石嵌固</td><td colspan="2">岩石锚固</td><td>灌注桩</td></tr>
<tr><td>比例（%）</td><td colspan="2">20</td><td>70</td><td></td><td colspan="2"></td><td colspan="2">5</td><td>5</td></tr>
<tr><td rowspan="2">铁塔</td><td>类别</td><td colspan="2">直线</td><td>耐张</td><td>总基数（基）</td><td colspan="2" rowspan="2">运距（km）</td><td colspan="2">人力</td><td>汽车</td></tr>
<tr><td>比例（%）</td><td colspan="2">75</td><td>25</td><td>125</td><td colspan="2">0.8</td><td>25</td></tr>
<tr><td colspan="5" rowspan="2">路径长度单位造价（万元/km）</td><td colspan="3">本体造价</td><td colspan="3">96.40</td></tr>
<tr><td colspan="3">静态造价</td><td colspan="3">129.08</td></tr>
</table>

表 95-2　　典型方案 1XZB1-S 交叉跨越表

序号	被跨越物名称	跨越次数	备　注
1	铁路		
2	高速公路		双向四车道以上
	一般公路	5	

续表 95-2

序号	被跨越物名称	跨 越 次 数	备 注
3	500kV 电力线		
	220kV 电力线		
	110kV 电力线	1	
	66kV 电力线		
	35kV 电力线		
	10kV 电力线	5	
	低压线	10	380V 及以下线路
4	通信线	10	
5	河流	1	
6	水库		

表 95-3　　典型方案 1XZB1-S 主要材料路径长度单位指标

项目		数据			项目	数据
导线（t/km）		5.53			地线（t/km）	1.35
塔数（基/km）		2.50			铁塔钢材（t/km）	29.02
基础钢材（t/km）		6.21			接地钢材（t/km）	0.50
合成绝缘子（支/km）					间隔棒（个/km）	
盘式绝缘子（片/km）		451.71				
防振锤（个/km）		65.00			挂线金具（t/km）	0.41
土石方量（m^3/km）	类型	基面	基坑	接地	混凝土（m^3/km）	61.43
	数量	5.00	130.00	88.37	护坡、排水沟、保坎（m^3/km）	20.00

95.2 概算书

概算投资为静态投资，编制依据见第 4 章。110kV 输电线路工程典型方案 1XZB1-S 总概算表、安装工程费用汇总概算表、其他费用概算表分别见表 95-4～表 95-6。

表 95-4　　典型方案 1XZB1-S 总概算表

序号	工程或费用名称	费用金额（万元）	各项占总计（%）	单位投资（万元/km）
一	架空输电线路本体工程	4820	74.69	96.40
二	辅助设施工程			
	小计	4820	74.69	96.40
三	编制期价差	453	7.02	9.06
四	其他费用	1040	16.11	20.80
	其中：建设场地征用及清理费	450		
五	基本预备费	126	1.95	2.52
六	特殊项目（现场人员管理系统）	15	0.23	0.30
	工程静态投资	6454	100.00	129.08

表 95-5 典型方案 1XZB1-S 安装工程费用汇总概算表 金额单位：元

序号	工程或费用名称	取费基数	费率（%）	基础工程	杆塔工程	接地工程	架线工程	附件工程	辅助工程	合计	各项占总计（%）	单位投资（元/km）
一	直接费			10219876	13832432	610667	7962954	3753287	796698	37175914	77.13	743518
1	直接工程费			8933500	13131465	522663	7592184	3535400	676147	34391359	71.36	687827
1.1	定额直接费			6533974	2286662	424159	1982014	774541	578166	12579516	26.10	251590
1.1.1	人工费		100.000	5468652	1917136	388014	909766	667485	537787	9888840	20.52	197777
1.1.2	材料费			264772	10493	16810	46282	5821	10312	354490	0.74	7090
1.1.3	施工机械使用费		100.000	800550	359033	19335	1025966	101235	30067	2336186	4.85	46724
1.2	装置性材料费			2399526	10844803	98504	5610170	2760859	97981	21811843	45.26	436237
2	措施费			1286376	700967	88004	370770	217887	120551	2784555	5.78	55691
2.1	冬雨季施工增加费		7.230	395383	138609	28054	65777	48259	38882	714964	1.48	14299
2.2	夜间施工增加费											
2.3	施工工具用具使用费		2.700	147653	51763	10476	24564	18023	14520	266999	0.55	5340
2.4	临时设施费		6.590	360384	126339	25571	59953	43988	35440	651675	1.35	13034
2.5	施工机构转移费		2.200	120311	42177	8537	20015	14685	11831	217556	0.45	4351
2.6	安全文明施工费		2.940	262645	342079	15366	200461	92932	19878	933361	1.94	18667
二	间接费			3751714	1315231	266195	624139	457921	368945	6784145	14.08	135683
1	规费			2356115	825978	167172	391966	287580	231701	4260512	8.84	85210
1.1	社会保险费		29.254	1599800	560839	113509	266144	195266	157325	2892883	6.00	57858
1.2	住房公积金		12.240	669363	234657	47493	111356	81700	65825	1210394	2.51	24208
1.3	危险作业意外伤害保险费		1.590	86952	30482	6170	14466	10614	8551	157235	0.33	3145
2	企业管理费		21.820	1193260	418319	84665	198511	145645	117345	2157745	4.48	43155
3	高原医疗保障费		1.530	83670	29332	5937	13920	10212	8229	151300	0.31	3026
4	高原习服费		1.640	89686	31441	6364	14920	10946	8819	162176	0.34	3244
5	施工企业配合调试费		0.530	28983	10161	2057	4822	3538	2851	52412	0.11	1048
三	利润		16.200	885921	310576	62859	147382	108132	87122	1601992	3.32	32040
四	税金		10.000	1485751	461344	93972	312430	155848	125277	2634622	5.47	52692
五	合计			16343262	15919583	1033693	9046905	4475188	1378042	48196673	100.00	963933
	各项占总计（%）			34	33	2	19	9	3	100		
	单位投资（元/km）			326865	318392	20674	180938	89504	27561	963933		

表 95-6 典型方案 1XZB1-S 其他费用概算表 金额单位：元

序号	工程或费用名称	编制依据及计算说明	合　价
1	建设场地征用及清理费	建设场地征用及清理费	4500000
2	项目建设管理费		1544491

续表 95-6

序号	工程或费用名称	编制依据及计算说明	合　价
2.1	项目法人管理费	（取费人工费×人工海拔调整系数）×5.3%	524109
2.2	招标费	本体工程费×0.37%	178328
2.3	工程监理费		562650
2.5	工程结算审核费	本体工程费×0.35%	168688
2.6	工程保险费	（本体工程费+编制基准期价差）×0.21%	110716
3	项目建设技术服务费		4218420
3.1	项目前期工作费	（勘测费+基本设计费）×12.16%	289271
3.3	勘察设计费		2964069
3.3.1	勘察费		1455000
3.3.1.1	勘测费	22000 元/km×线路亘长	1100000
3.3.1.2	海拉瓦优化选线费	5100 元/km×线路亘长	255000
3.3.1.3	卫片选线费	2000 元/km×线路亘长	100000
3.3.2	设计费		1509069
3.3.2.1	基本设计费	基本设计费	1278872
3.3.2.2	预算编制费	基本设计费×10%	127887
3.3.2.3	竣工图文件编制费	基本设计费×8%	102310
3.4	设计文件评审费		433800
3.4.1	可行性研究设计文件评审费	1700 元/km×线路亘长	85000
3.4.2	初步设计文件评审费	2400 元/km×线路亘长	120000
3.4.3	施工图文件审查费		228800
3.5	项目后评价费	（取费人工费×人工海拔调整系数）×1.5%	148333
3.6	工程建设检测费		334750
3.6.1	电力工程质量检测费	（取费人工费×人工海拔调整系数）×1.2%	118666
3.6.3	环境监测验收费		100000
3.6.4	水土保持项目验收及补偿费		116084
3.7	电力工程技术经济标准编制管理费	本体工程费×0.1%	48197
4	生产准备费		135477
4.2	工器具及办公家具购置费	（取费人工费×人工海拔调整系数）×0.95%	93944
4.3	生产职工培训及提前进场费	（取费人工费×人工海拔调整系数）×0.42%	41533
	合计		10398388

第 96 章　典型方案 1XZB1-G 通用造价

96.1　基本技术条件

典型方案 1XZB1-G 为《国家电网公司输变电工程通用设计　西藏电网 110～500kV 输电线路分册（2015 年版）》中 1XZB1 模块在高山地形条件下的典型方案，直线塔与耐张塔采用鼓型铁塔，按照平均海拔 3500m 编制概算。典型方案 1XZB1-G 一般条件、交叉跨越、主要材料单位路径长度指标分别见表 96-1～表 96-3。

表 96-1　　典型方案 1XZB1-G 一般条件表

电压等级（kV）		110			回路数		双回路		
导线型号		JL/G1A-240/30			地线型号		JLB20A-100		
路径长度（km）		49.86			气象条件		覆冰（mm）		风速（m/s）
地形		高山					10		29
地质条件	条件	普通土	坚土	松砂石	水坑	泥水坑	流沙坑	干砂坑	岩石（爆破）	岩石（人工）
	比例（%）	10	10	30					25	25
基础	型式	板式	台阶	掏挖	岩石嵌固	岩石锚固	灌注桩			
	比例（%）			90		5	5			
铁塔	类别	直线	耐张	总基数（基）	运距（km）	人力	汽车			
	比例（%）	65	35	120		1.2	25			
路径长度单位造价（万元/km）			本体造价		125.13					
			静态造价		164.30					

表 96-2　　典型方案 1XZB1-G 交叉跨越表

序号	被跨越物名称	跨　越　次　数	备　　注
1	铁路		
2	高速公路		双向四车道以上
	一般公路	5	
3	500kV 电力线		
	220kV 电力线		
	110kV 电力线		
	66kV 电力线		
	35kV 电力线		
	10kV 电力线	5	
	低压线	10	380V 及以下线路
4	通信线	10	
5	河流	1	
6	水库		

表 96-3　　典型方案 1XZB1-G 主要材料路径长度单位指标

项目		数据			项目	数据
导线（t/km）		5.53			地线（t/km）	1.35
塔数（基/km）		2.41			铁塔钢材（t/km）	31.29
基础钢材（t/km）		6.46			接地钢材（t/km）	0.51
合成绝缘子（支/km）					间隔棒（个/km）	
盘式绝缘子（片/km）		544.28				
防振锤（个/km）		64.00			挂线金具（t/km）	0.50
土石方量（m^3/km）	类型	基面	基坑	接地	混凝土（m^3/km）	63.95
	数量	10.00	85.00	91.46	护坡、排水沟、保坎（m^3/km）	30.00

96.2　概算书

概算投资为静态投资，编制依据见第 4 章。110kV 输电线路工程典型方案 1XZB1-G 总概算表、安装工程费用汇总概算表、其他费用概算表分别见表 96-4～表 96-6。

表 96-4　　典型方案 1XZB1-G 总概算表

序号	工程或费用名称	费用金额（万元）	各项占总计（%）	单位投资（万元/km）
一	架空输电线路本体工程	6239	76.16	125.13
二	辅助设施工程			
	小计	6239	76.16	125.13
三	编制期价差	610	7.45	12.23
四	其他费用	1168	14.26	23.43
	其中：建设场地征用及清理费	449		
五	基本预备费	160	1.95	3.21
六	特殊项目（现场人员管理系统）	15	0.18	0.30
	工程静态投资	8192	100.00	164.30

表 96-5　　典型方案 1XZB1-G 安装工程费用汇总概算表　　金额单位：元

序号	工程或费用名称	取费基数	费率（%）	基础工程	杆塔工程	接地工程	架线工程	附件工程	辅助工程	合计	各项占总计（%）	单位投资（元/km）
一	直接费			14231644	15745551	682571	8486462	4845937	1725790	45717955	73.28	916926
1	直接工程费			12280399	14842603	582453	8060457	4518506	1450833	41735251	66.90	837049
1.1	定额直接费			9746911	3183906	481625	2465990	1274088	1304274	18456794	29.59	370172
1.1.1	人工费		100.000	8494676	2744995	443354	1130953	1108537	1240936	15163451	24.31	304121
1.1.2	材料费			269412	11101	17327	41740	6564	13825	359969	0.58	7220
1.1.3	施工机械使用费		100.000	982823	427810	20944	1293297	158987	49513	2933374	4.70	58832
1.2	装置性材料费			2533488	11658697	100828	5594467	3244418	146559	23278457	37.31	466876
2	措施费			1951245	902948	100118	426005	327431	274957	3982704	6.38	79878
2.1	冬雨季施工增加费		7.230	614165	198463	32054	81767	80148	89720	1096317	1.76	21988
2.2	夜间施工增加费											
2.3	施工工具用具使用费		2.700	229356	74115	11970	30536	29930	33505	409412	0.66	8211
2.4	临时设施费		6.590	559798	180895	29216	74530	73053	81777	999269	1.60	20041
2.5	施工机构转移费		2.200	186883	60390	9754	24881	24388	27301	333597	0.53	6691
2.6	安全文明施工费		2.940	361043	389085	17124	214291	119912	42654	1144109	1.83	22946
二	间接费			5827685	1883177	304159	775880	760500	851330	10402731	16.68	208639
1	规费			3659845	1182654	191015	487260	477602	534644	6533020	10.47	131027
1.1	社会保险费		29.254	2485032	803021	129699	330848	324292	363022	4435914	7.11	88967
1.2	住房公积金		12.240	1039748	335988	54267	138429	135685	151891	1856008	2.98	37224
1.3	危险作业意外伤害保险费		1.590	135065	43645	7049	17983	17625	19731	241098	0.39	4835
2	企业管理费		21.820	1853538	598958	96739	246774	241882	270772	3308663	5.30	66359

续表 96-5

序号	工程或费用名称	取费基数	费率（%）	基础工程	杆塔工程	接地工程	架线工程	附件工程	辅助工程	合计	各项占总计（%）	单位投资（元/km）
3	高原医疗保障费		1.530	129968	41998	6784	17304	16961	18986	232001	0.37	4653
4	高原习服费		1.640	139312	45018	7271	18548	18180	20351	248680	0.40	4988
5	施工企业配合调试费		0.530	45022	14549	2350	5994	5875	6577	80367	0.13	1612
三	利润		16.200	1376138	444689	71823	183214	179583	201032	2456479	3.94	49268
四	税金		10.000	2143548	641472	105856	385110	254161	277816	3807963	6.10	76373
五	合计			23579015	18714889	1164409	9830666	6040181	3055968	62385128	100.00	1251206
	各项占总计（%）			37	30	2	16	10	5	100		
	单位投资（元/km）			472905	375349	23354	197165	121143	61291	1251206		

表 96-6　　典型方案 1XZB1-G 其他费用概算表　　金额单位：元

序号	工程或费用名称	编制依据及计算说明	合　价
1	建设场地征用及清理费	建设场地征用及清理费	4487400
2	项目建设管理费		2008737
2.1	项目法人管理费	（取费人工费×人工海拔调整系数）×5.3%	803663
2.2	招标费	本体工程费×0.37%	230825
2.3	工程监理费		612081
2.5	工程结算审核费	本体工程费×0.35%	218348
2.6	工程保险费	（本体工程费+编制基准期价差）×0.21%	143820
3	项目建设技术服务费		4977772
3.1	项目前期工作费	（勘测费+基本设计费）×12.16%	348302
3.3	勘察设计费		3509543
3.3.1	勘察费		1600506
3.3.1.1	勘测费	25000 元/km×线路亘长	1246500
3.3.1.2	海拉瓦费用	5100 元/km×线路亘长	254286
3.3.1.3	卫片选线费	2000 元/km×线路亘长	99720
3.3.2	设计费		1909037
3.3.2.1	基本设计费	基本设计费	1617828
3.3.2.2	预算编制费	基本设计费×10%	161783
3.3.2.3	竣工图文件编制费	基本设计费×8%	129426
3.4	设计文件评审费		432688
3.4.1	可行性研究设计文件评审费	1700 元/km×线路亘长	84762
3.4.2	初步设计文件评审费	2400 元/km×线路亘长	119664
3.4.3	施工图文件审查费		228262
3.5	项目后评价费	（取费人工费×人工海拔调整系数）×1.5%	227452

续表 96-6

序号	工程或费用名称	编制依据及计算说明	合　价
3.6	工程建设检测费		397402
3.6.1	电力工程质量检测费	（取费人工费×人工海拔调整系数）×1.2%	181961
3.6.3	环境监测验收费		100000
3.6.4	水土保持项目验收及补偿费		115441
3.7	电力工程技术经济标准编制管理费	本体工程费×0.1%	62385
4	生产准备费		207739
4.2	工器具及办公家具购置费	（取费人工费×人工海拔调整系数）×0.95%	144053
4.3	生产职工培训及提前进场费	（取费人工费×人工海拔调整系数）×0.42%	63686
	合计		11681648

第 97 章　典型方案 1XZB1-J 通用造价

97.1　基本技术条件

典型方案 1XZB1-J 为《国家电网公司输变电工程通用设计　西藏电网 110～500kV 输电线路分册（2015 年版）》中 1XZB1 模块在峻岭地形条件下的典型方案，直线塔与耐张塔采用鼓型铁塔，按照平均海拔 3500m 编制概算。典型方案 1XZB1-J 一般条件、交叉跨越、主要材料单位路径长度指标分别见表 97-1～表 97-3。

表 97-1　　典型方案 1XZB1-J 一般条件表

电压等级（kV）	110	回路数	双回路	
导线型号	JL/G1A-240/30	地线型号	JLB20A-100	
路径长度（km）	50.36	气象条件	覆冰（mm）	风速（m/s）
地形	峻岭		10	29

地质条件	条件	普通土	坚土	松砂石	水坑	泥水坑	流沙坑	干砂坑	岩石（爆破）	岩石（人工）
	比例（%）	10	10	30					25	25

基础	型式	板式	台阶	掏挖	岩石嵌固	岩石锚固	灌注桩
	比例（%）			90		5	5
铁塔	类别	直线	耐张	总基数（基）	运距（km）	人力	汽车
	比例（%）	50	50	120		1.5	25

路径长度单位造价（万元/km）	本体造价	154.05
	静态造价	200.02

表 97-2　　典型方案 1XZB1-J 交叉跨越表

序号	被跨越物名称	跨　越　次　数	备　注
1	铁路		
2	高速公路		双向四车道以上
	一般公路	5	

续表 97-2

序号	被跨越物名称	跨越次数	备注
3	500kV 电力线		
	220kV 电力线		
	110kV 电力线		
	66kV 电力线		
	35kV 电力线		
	10kV 电力线	5	
	低压线	10	380V 及以下线路
4	通信线	10	
5	河流	1	
6	水库		

表 97-3　　典型方案 1XZB1-J 主要材料路径长度单位指标

项目		数据			项目	数据
导线（t/km）		5.53			地线（t/km）	1.35
塔数（基/km）		2.38			铁塔钢材（t/km）	31.15
基础钢材（t/km）		7.15			接地钢材（t/km）	0.54
合成绝缘子（支/km）					间隔棒（个/km）	
盘式绝缘子（片/km）		657.43				
防振锤（个/km）		70.00			挂线金具（t/km）	0.61
土石方量（m^3/km）	类型	基面	基坑	接地	混凝土（m^3/km）	70.82
	数量	10.00	94.00	92.71	护坡、排水沟、保坎（m^3/km）	30. 00

97.2 概算书

概算投资为静态投资，编制依据见第 4 章。110kV 输电线路工程典型方案 1XZB1-J 总概算表、安装工程费用汇总概算表、其他费用概算表分别见表 97-4～表 97-6。

表 97-4　　典型方案 1XZB1-J 总概算表

序号	工程或费用名称	费用金额（万元）	各项占总计（%）	单位投资（万元/km）
一	架空输电线路本体工程	7758	77.02	154.05
二	辅助设施工程			
	小计	7758	77.02	154.05
三	编制期价差	782	7.76	15.53
四	其他费用	1321	13.11	26.23
	其中：建设场地征用及清理费	453		
五	基本预备费	197	1.96	3.91
六	特殊项目（现场人员管理系统）	15	0.15	0.30
	工程静态投资	10073	100.00	200.02

表 97-5　　**典型方案 1XZB1-J 安装工程费用汇总概算表**　　金额单位：元

序号	工程或费用名称	取费基数	费率（%）	基础工程	杆塔工程	接地工程	架线工程	附件工程	辅助工程	合计	各项占总计（%）	单位投资（元/km）
一	直接费			20086666	16503454	736260	8710945	6119358	2299721	54456404	70.20	1081342
1	直接工程费			17169491	15479043	627768	8266327	5659986	1923762	49126377	63.33	975504
1.1	定额直接费			14360318	3753392	521037	2615761	1881731	1775733	24907972	32.11	494598
1.1.1	人工费		100.000	12886708	3295334	480973	1199260	1645396	1706193	21213864	27.35	421244
1.1.2	材料费			300516	11161	17759	42012	7020	13932	392400	0.51	7792
1.1.3	施工机械使用费		100.000	1173094	446897	22305	1374489	229315	55608	3301708	4.26	65562
1.2	装置性材料费			2809173	11725651	106731	5650566	3778255	148029	24218405	31.22	480906
2	措施费			2917175	1024411	108492	444618	459372	375959	5330027	6.87	105839
2.1	冬雨季施工增加费		7.230	931709	238253	34774	86707	118961	123359	1533763	1.98	30456
2.2	夜间施工增加费											
2.3	施工工具用具使用费		2.700	347941	88974	12986	32380	44426	46067	572774	0.74	11374
2.4	临时设施费		6.590	849234	217162	31695	79031	108431	112438	1397991	1.80	27760
2.5	施工机构转移费		2.200	283508	72497	10581	26384	36198	37537	466705	0.60	9267
2.6	安全文明施工费		2.940	504783	407525	18456	220116	151356	56558	1358794	1.75	26982
二	间接费			8840797	2260731	329967	822740	1128808	1170516	14553559	18.76	288990
1	规费			5552108	1419762	207223	516688	708902	735096	9139779	11.78	181489
1.1	社会保险费		29.254	3769877	964017	140704	350831	481344	499129	6205902	8.00	123231
1.2	住房公积金		12.240	1577333	403349	58872	146789	201396	208838	2596577	3.35	51560
1.3	危险作业意外伤害保险费		1.590	204898	52396	7647	19068	26162	27129	337300	0.43	6698
2	企业管理费		21.820	2811879	719042	104948	261679	359026	372291	4628865	5.97	91916
3	高原医疗保障费		1.530	197167	50419	7359	18349	25175	26105	324574	0.42	6445
4	高原习服费		1.640	211343	54043	7888	19668	26985	27981	347908	0.45	6908
5	施工企业配合调试费		0.530	68300	17465	2549	6356	8720	9043	112433	0.14	2233
三	利润		16.200	2087647	533844	77918	194280	266555	276403	3436647	4.43	68242
四	税金		10.000	3101511	757238	114415	407741	373646	374664	5129215	6.61	101851
五	合计			34116621	20055267	1258560	10135706	7888367	4121304	77575825	100.00	1540425
	各项占总计（%）			44	26	2	13	10	5	100		
	单位投资（元/km）			677455	398238	24991	201265	156640	81837	1540426		

表 97-6　　**典型方案 1XZB1-J 其他费用概算表**　　金额单位：元

序号	工程或费用名称	编制依据及计算说明	合　价
1	建设场地征用及清理费	建设场地征用及清理费	4532400
2	项目建设管理费		2531942
2.1	项目法人管理费	（取费人工费×人工海拔调整系数）×5.3%	1124335

续表 97-6

序号	工程或费用名称	编制依据及计算说明	合　价
2.2	招标费	本体工程费×0.37%	287031
2.3	工程监理费		669738
2.5	工程结算审核费	本体工程费×0.35%	271515
2.6	工程保险费	（本体工程费+编制基准期价差）×0.21%	179323
3	项目建设技术服务费		5851378
3.1	项目前期工作费	（勘测费+基本设计费）×12.16%	416979
3.3	勘察设计费		4131950
3.3.1	勘察费		1868356
3.3.1.1	勘测费	30000 元/km×线路亘长	1510800
3.3.1.2	海拉瓦费用	5100 元/km×线路亘长	256836
3.3.1.3	高清卫片费用	2000 元/km×线路亘长	100720
3.3.2	设计费		2263594
3.3.2.1	基本设计费	基本设计费	1918300
3.3.2.2	预算编制费	基本设计费×10%	191830
3.3.2.3	竣工图文件编制费	基本设计费×8%	153464
3.4	设计文件评审费		436658
3.4.1	可行性研究设计文件评审费	1700 元/km×线路亘长	85612
3.4.2	初步设计文件评审费	2400 元/km×线路亘长	120864
3.4.3	施工图文件审查费		230182
3.5	项目后评价费	（取费人工费×人工海拔调整系数）×1.5%	318208
3.6	工程建设检测费		470007
3.6.1	电力工程质量检测费	（取费人工费×人工海拔调整系数）×1.2%	254566
3.6.3	环境监测验收费		100000
3.6.4	水土保持项目验收及补偿费		115441
3.7	电力工程技术经济标准编制管理费	本体工程费×0.1%	77576
4	生产准备费		290630
4.2	工器具及办公家具购置费	（取费人工费×人工海拔调整系数）×0.95%	201532
4.3	生产职工培训及提前进场费	（取费人工费×人工海拔调整系数）×0.42%	89098
	合计		13206350

第 98 章　典型方案 1XZB2-P 通用造价

98.1　基本技术条件

典型方案 1XZB2-P 为《国家电网公司输变电工程通用设计　西藏电网 110～500kV 输电线路分册（2015 年版）》中 1XZB2 模块在平地地形条件下的典型方案，直线塔与耐张塔采用鼓型铁塔，按照平均海拔 4500m 编制概算。典型方案 1XZB2-P 一般条件、交叉跨越、主要材料单位路径长度指标分别见表 98-1～表 98-3。

表 98-1　**典型方案 1XZB2-P 一般条件表**

电压等级（kV）		110			回路数		双回路			
导线型号		JL/G1A-240/30			地线型号		JLB20A-100			
路径长度（km）		49.974			气象条件		覆冰（mm）		风速（m/s）	
地形		平地					10		33	
地质条件	条件	普通土	坚土	松砂石	水坑	泥水坑	流沙坑	干砂坑	岩石（爆破）	岩石（人工）
	比例（%）	5	40	50	5					
基础	型式	板式		台阶	掏挖		岩石嵌固	岩石锚固		灌注桩
	比例（%）	70			20					10
铁塔	类别	直线		耐张	总基数（基）		运距（km）	人力		汽车
	比例（%）	78		22	140			0.25		25
路径长度单位造价（万元/km）					本体造价		82.78			
					静态造价		111.20			

表 98-2　**典型方案 1XZB2-P 交叉跨越表**

序号	被跨越物名称	跨越次数	备注
1	铁路		
2	高速公路		双向四车道以上
	一般公路	5	
3	500kV 电力线		
	220kV 电力线		
	110kV 电力线	1	
	66kV 电力线		
	35kV 电力线	2	
	10kV 电力线	10	
	低压线	20	380V 及以下线路
4	通信线	15	
5	河流	1	
6	水库		

表 98-3　**典型方案 1XZB2-P 主要材料路径长度单位指标**

项目			数据		项目	数据
导线（t/km）			5.53		地线（t/km）	1.35
塔数（基/km）			2.80		铁塔钢材（t/km）	32.31
基础钢材（t/km）			7.69		接地钢材（t/km）	0.23
合成绝缘子（支/km）					间隔棒（个/km）	
盘式绝缘子（片/km）			514.11			
防振锤（个/km）			62.00		挂线金具（t/km）	0.44
土石方量（m^3/km）	类型	基面	基坑	接地	混凝土（m^3/km）	70.24
	数量		362.00	72.54	护坡、排水沟、保坎（m^3/km）	

98.2 概算书

概算投资为静态投资，编制依据见第 4 章。110kV 输电线路工程典型方案 1XZB2-P 总概算表、安装工程费用汇总概算表、其他费用概算表分别见表 98-4～表 98-6。

表 98-4　　典型方案 1XZB2-P 总概算表

序号	工程或费用名称	费用金额（万元）	各项占总计（%）	单位投资（万元/km）
一	架空输电线路本体工程	4137	74.45	82.78
二	辅助设施工程			
	小计	4137	74.45	82.78
三	编制期价差	362	6.51	7.24
四	其他费用	934	16.81	18.69
	其中：建设场地征用及清理费	450		
五	基本预备费	109	1.96	2.18
六	特殊项目（现场人员管理系统）	15	0.27	0.30
	工程静态投资	5557	100.00	111.20

表 98-5　　典型方案 1XZB2-P 安装工程费用汇总概算表　　金额单位：元

序号	工程或费用名称	取费基数	费率（%）	基础工程	杆塔工程	接地工程	架线工程	附件工程	辅助工程	合计	各项占总计（%）	单位投资（元/km）
一	直接费			7731206	14257566	226720	7758046	4038433	24234	34036205	82.28	681078
1	直接工程费			6889486	13661330	194922	7394824	3814099	21591	31976252	77.30	639858
1.1	定额直接费			4232228	1592479	150523	1787573	761794	21591	8546188	20.66	171013
1.1.1	人工费		123.700	3414361	1300982	139248	900385	664341	10725	6430042	15.54	128668
1.1.2	材料费			197894	11681	690	72513	5911	3227	291916	0.71	5841
1.1.3	施工机械使用费		108.700	619973	279816	10585	814675	91542	7639	1824230	4.41	36504
1.2	装置性材料费			2657258	12068851	44399	5607251	3052305		23430064	56.64	468845
2	措施费			841720	596236	31798	363222	224334	2643	2059953	4.98	41220
2.1	冬雨季施工增加费		7.230	246858	94061	10068	65097	48032	775	464891	1.12	9303
2.2	夜间施工增加费											
2.3	施工工具用具使用费		2.700	92188	35127	3760	24311	17938	290	173614	0.42	3474
2.4	临时设施费		6.590	225007	85735	9176	59336	43780	707	423741	1.02	8479
2.5	施工机构转移费		2.200	75116	28622	3063	19809	14615	236	141461	0.34	2831
2.6	安全文明施工费		2.940	202551	352691	5731	194669	99969	635	856246	2.07	17134
二	间接费			2342389	892527	95531	617701	455763	7358	4411269	10.66	88271
1	规费			1471043	560515	59995	387922	286224	4621	2770320	6.70	55435
1.1	社会保险费		29.254	998837	380589	40736	263399	194346	3137	1881044	4.55	37640
1.2	住房公积金		12.240	417917	159240	17044	110207	81315	1313	787036	1.90	15749
1.3	危险作业意外伤害保险费		1.590	54289	20686	2215	14316	10563	171	102240	0.25	2046
2	企业管理费		21.820	745013	283874	30384	196464	144959	2340	1403034	3.39	28075

续表 98-5

序号	工程或费用名称	取费基数	费率（%）	基础工程	杆塔工程	接地工程	架线工程	附件工程	辅助工程	合计	各项占总计（%）	单位投资（元/km）
3	高原医疗保障费		1.530	52240	19906	2131	13776	10164	164	98381	0.24	1969
4	高原习服费		1.640	55996	21336	2283	14767	10895	176	105453	0.25	2110
5	施工企业配合调试费		0.530	18097	6896	738	4772	3521	57	34081	0.08	682
三	利润		16.200	553127	210759	22558	145862	107623	1737	1041666	2.52	20844
四	税金		10.000	1062672	329200	34481	291436	154951	3333	1876073	4.54	37541
五	合计			11689394	15690052	379290	8813045	4756770	36662	41365213	100.00	827735
	各项占总计（%）			28	38	1	21	12	0	100		
	单位投资（元/km）			233909	313964	7590	176353	95185	734	827735		

表 98-6　　典型方案 1XZB2-P 其他费用概算表　　金额单位：元

序号	工程或费用名称	编制依据及计算说明	合　价
1	建设场地征用及清理费	建设场地征用及清理费	4497660
2	项目建设管理费		1244328
2.1	项目法人管理费	（取费人工费×人工海拔调整系数）×5.3%	340792
2.2	招标费	本体工程费×0.37%	153051
2.3	工程监理费		511234
2.5	工程结算审核费	本体工程费×0.35%	144778
2.6	工程保险费	（本体工程费+编制基准期价差）×0.21%	94473
3	项目建设技术服务费		3509066
3.1	项目前期工作费	（勘测费+基本设计费）×12.16%	226128
3.3	勘察设计费		2414223
3.3.1	勘察费		1104425
3.3.1.1	勘测费	15000 元/km×线路亘长	749610
3.3.1.2	海拉瓦优化选线费	5100 元/km×线路亘长	254867
3.3.1.3	卫片选线费	2000 元/km×线路亘长	99948
3.3.2	设计费		1309798
3.3.2.1	基本设计费	基本设计费	1109998
3.3.2.2	预算编制费	基本设计费×10%	111000
3.3.2.3	竣工图文件编制费	基本设计费×8%	88800
3.4	设计文件评审费		433594
3.4.1	可行性研究设计文件评审费	1700 元/km×线路亘长	84956
3.4.2	初步设计文件评审费	2400 元/km×线路亘长	119938
3.4.3	施工图文件审查费		228700
3.5	项目后评价费	（取费人工费×人工海拔调整系数）×1.5%	96451
3.6	工程建设检测费		297305
3.6.1	电力工程质量检测费	（取费人工费×人工海拔调整系数）×1.2%	77161

续表 98-6

序号	工程或费用名称	编制依据及计算说明	合　价
3.6.3	环境监测验收费		100000
3.6.4	水土保持项目验收及补偿费		120144
3.7	电力工程技术经济标准编制管理费	本体工程费×0.1%	41365
4	生产准备费		88091
4.2	工器具及办公家具购置费	（取费人工费×人工海拔调整系数）×0.95%	61085
4.3	生产职工培训及提前进场费	（取费人工费×人工海拔调整系数）×0.42%	27006
	合计		9339145

第 99 章　典型方案 1XZB2-H 通用造价

99.1　基本技术条件

典型方案 1XZB2-H 为《国家电网公司输变电工程通用设计　西藏电网 110～500kV 输电线路分册（2015 年版）》中 1XZB2 模块在河网泥沼地形条件下的典型方案，直线塔与耐张塔采用鼓型铁塔，按照平均海拔 4500m 编制概算。典型方案 1XZB2-H 一般条件、交叉跨越、主要材料单位路径长度指标分别见表 99-1～表 99-3。

表 99-1　　典型方案 1XZB2-H 一般条件表

电压等级（kV）	110	回路数	双回路	
导线型号	JL/G1A-240/30	地线型号	JLB20A-100	
路径长度（km）	50	气象条件	覆冰（mm）	风速（m/s）
地形	河网泥沼		10	33

地质条件	条件	普通土	坚土	松砂石	水坑	泥水坑	流沙坑	干砂坑	岩石（爆破）	岩石（人工）
	比例（%）				50	50				

基础	型式	板式	台阶	掏挖	岩石嵌固	岩石锚固	灌注桩
	比例（%）	80					20

铁塔	类别	直线	耐张	总基数（基）	运距（km）	人力	汽车
	比例（%）	78	22	140		0.6	25

路径长度单位造价（万元/km）	本体造价	100.56
	静态造价	133.56

表 99-2　　典型方案 1XZB2-H 交叉跨越表

序号	被跨越物名称	跨越次数	备　注
1	铁路		
2	高速公路		双向四车道以上
	一般公路	3	
3	500kV 电力线		
	220kV 电力线		
	110kV 电力线	1	

续表 99-2

序号	被跨越物名称	跨越次数	备注
3	66kV 电力线		
	35kV 电力线		
	10kV 电力线	7	
	低压线	15	380V 及以下线路
4	通信线	10	
5	河流	8	
6	水库		

表 99-3　　典型方案 1XZB2-H 主要材料路径长度单位指标

项目		数据			项目	数据
导线（t/km）		5.53			地线（t/km）	1.35
塔数（基/km）		2.80			铁塔钢材（t/km）	33.00
基础钢材（t/km）		9.15			接地钢材（t/km）	0.22
合成绝缘子（支/km）					间隔棒（个/km）	
盘式绝缘子（片/km）		513.84				
防振锤（个/km）		62.00			挂线金具（t/km）	0.44
土石方量（m^3/km）	类型	基面	基坑	接地	混凝土（m^3/km）	85.27
	数量		565.00	69.80	护坡、排水沟、保坎（m^3/km）	

99.2　概算书

概算投资为静态投资，编制依据见第 4 章。110kV 输电线路工程典型方案 1XZB2-H 总概算表、安装工程费用汇总概算表、其他费用概算表分别见表 99-4～表 99-6。

表 99-4　　典型方案 1XZB2-H 总概算表

序号	工程或费用名称	费用金额（万元）	各项占总计（%）	单位投资（万元/km）
一	架空输电线路本体工程	5028	75.30	100.56
二	辅助设施工程			
	小计	5028	75.30	100.56
三	编制期价差	470	7.04	9.40
四	其他费用	1034	15.48	20.68
	其中：建设场地征用及清理费	450		
五	基本预备费	131	1.96	2.62
六	特殊项目（现场人员管理系统）	15	0.22	0.30
	工程静态投资	6678	100.00	133.56

表 99-5　　典型方案 1XZB2-H 安装工程费用汇总概算表　　金额单位：元

序号	工程或费用名称	取费基数	费率（%）	基础工程	杆塔工程	接地工程	架线工程	附件工程	辅助工程	合计	各项占总计（%）	单位投资（元/km）
一	直接费			12337743	15054344	247835	7795550	4095395	24234	39555101	78.68	791102
1	直接工程费			10890770	14364073	211989	7429798	3861614	21591	36779835	73.16	735597
1.1	定额直接费			7845207	2030838	169540	1819628	809309	21591	12696113	25.25	253922

续表 99-5

序号	工程或费用名称	取费基数	费率（%）	基础工程	杆塔工程	接地工程	架线工程	附件工程	辅助工程	合计	各项占总计（%）	单位投资（元/km）
1.1.1	人工费		123.700	6019151	1698670	158200	908469	707336	10725	9502551	18.90	190051
1.1.2	材料费			469619	11918	678	55521	5911	3227	546874	1.09	10937
1.1.3	施工机械使用费		108.700	1356437	320250	10662	855638	96062	7639	2646688	5.26	52934
1.2	装置性材料费			3045563	12333235	42449	5610170	3052305		24083722	47.90	481674
2	措施费			1446973	690271	35846	365752	233781	2643	2775266	5.52	55505
2.1	冬雨季施工增加费		7.230	435185	122814	11438	65682	51141	775	687035	1.37	13741
2.2	夜间施工增加费											
2.3	施工工具用具使用费		2.700	162517	45864	4271	24529	19098	290	256569	0.51	5131
2.4	临时设施费		6.590	396662	111942	10425	59868	46614	707	626218	1.25	12524
2.5	施工机构转移费		2.200	132421	37371	3480	19987	15562	236	209057	0.42	4181
2.6	安全文明施工费		2.940	320188	372280	6232	195686	101366	635	996387	1.98	19928
二	间接费			4129379	1165356	108531	623247	485259	7358	6519130	12.97	130383
1	规费			2593292	731855	68158	391406	304748	4621	4094080	8.14	81882
1.1	社会保险费		29.254	1760843	496929	46279	265764	206924	3137	2779876	5.53	55598
1.2	住房公积金		12.240	736745	207917	19364	111197	86578	1313	1163114	2.31	23262
1.3	危险作业意外伤害保险费		1.590	95704	27009	2515	14445	11246	171	151090	0.30	3022
2	企业管理费		21.820	1313379	370650	34520	198228	154341	2340	2073458	4.12	41469
3	高原医疗保障费		1.530	92093	25990	2420	13899	10822	164	145388	0.29	2908
4	高原习服费		1.640	98714	27858	2594	14899	11600	176	155841	0.31	3117
5	施工企业配合调试费		0.530	31901	9003	839	4815	3748	57	50363	0.10	1007
三	利润		16.200	975103	275185	25628	147172	114588	1737	1539413	3.06	30788
四	税金		10.000	1744223	416165	38199	295580	164294	3333	2661794	5.29	53236
五	合计			19186448	16911050	420193	8861549	4859536	36662	50275438	100.00	1005509
	各项占总计（%）			37	34	1	18	10	0	100		
	单位投资（元/km）			383729	338221	8404	177231	97191	733	1005509		

表 99-6　　典型方案 1XZB2-H 其他费用概算表　　金额单位：元

序号	工程或费用名称	编制依据及计算说明	合　价
1	建设场地征用及清理费	建设场地征用及清理费	4500000
2	项目建设管理费		1543723
2.1	项目法人管理费	（取费人工费×人工海拔调整系数）×5.3%	503635
2.2	招标费	本体工程费×0.37%	186019

续表 99-6

序号	工程或费用名称	编制依据及计算说明	合　价
2.3	工程监理费		562650
2.5	工程结算审核费	本体工程费×0.35%	175964
2.6	工程保险费	（本体工程费+编制基准期价差）×0.21%	115455
3	项目建设技术服务费		4168853
3.1	项目前期工作费	（勘测费+基本设计费）×12.16%	283359
3.3	勘察设计费		2924706
3.3.1	勘察费		1355000
3.3.1.1	勘测费	20000 元/km×线路亘长	1000000
3.3.1.2	海拉瓦优化选线费	5100 元/km×线路亘长	255000
3.3.1.3	卫片选线费	2000 元/km×线路亘长	100000
3.3.2	设计费		1569706
3.3.2.1	基本设计费	基本设计费	1330259
3.3.2.2	预算编制费	基本设计费×10%	133026
3.3.2.3	竣工图文件编制费	基本设计费×8%	106421
3.4	设计文件评审费		433800
3.4.1	可行性研究设计文件评审费	1700 元/km×线路亘长	85000
3.4.2	初步设计文件评审费	2400 元/km×线路亘长	120000
3.4.3	施工图文件审查费		228800
3.5	项目后评价费	（取费人工费×人工海拔调整系数）×1.5%	142538
3.6	工程建设检测费		334175
3.6.1	电力工程质量检测费	（取费人工费×人工海拔调整系数）×1.2%	114031
3.6.3	环境监测验收费		100000
3.6.4	水土保持项目验收及补偿费		120144
3.7	电力工程技术经济标准编制管理费	本体工程费×0.1%	50275
4	生产准备费		130185
4.2	工器具及办公家具购置费	（取费人工费×人工海拔调整系数）×0.95%	90274
4.3	生产职工培训及提前进场费	（取费人工费×人工海拔调整系数）×0.42%	39911
	合计		10342761

第 100 章　典型方案 1XZB2-Q 通用造价

100.1　基本技术条件

典型方案 1XZB2-Q 为《国家电网公司输变电工程通用设计　西藏电网 110～500kV 输电线路分册（2015 年版）》中 1XZB2 模块在丘陵地形条件下的典型方案，直线塔与耐张塔采用鼓型铁塔，按照平均海拔 4500m 编制概算。典型方案 1XZB2-Q 一般条件、交叉跨越、主要材料单位路径长度指标分别见表 100-1～表 100-3。

表 100-1　　　　**典型方案 1XZB2-Q 一般条件表**

电压等级（kV）		110			回路数		双回路			
导线型号		JL/G1A-240/30			地线型号		JLB20A-100			
路径长度（km）		50.4			气象条件		覆冰（mm）		风速（m/s）	
地形		丘陵					10		33	
地质条件	条件	普通土	坚土	松砂石	水坑	泥水坑	流沙坑	干砂坑	岩石（爆破）	岩石（人工）
	比例（%）	25	25	30					10	10
基础	型式	板式	台阶	掏挖	岩石嵌固	岩石锚固	灌注桩			
	比例（%）	40		60						
铁塔	类别	直线	耐张	总基数（基）	运距（km）	人力	汽车			
	比例（%）	78	22	135		0.5	25			
路径长度单位造价（万元/km）			本体造价		88.12					
			静态造价		118.23					

表 100-2　　　　**典型方案 1XZB2-Q 交叉跨越表**

序号	被跨越物名称	跨越次数	备注
1	铁路		
2	高速公路		双向四车道以上
	一般公路	5	
3	500kV 电力线		
	220kV 电力线		
	110kV 电力线	1	
	66kV 电力线		
	35kV 电力线	1	
	10kV 电力线	10	
	低压线	20	380V 及以下线路
4	通信线	15	
5	河流	1	
6	水库		

表 100-3　　　　**典型方案 1XZB2-Q 主要材料路径长度单位指标**

项目					数据	项目	数据
导线（t/km）					5.53	地线（t/km）	1.35
塔数（基/km）					2.68	铁塔钢材（t/km）	30.42
基础钢材（t/km）					6.56	接地钢材（t/km）	0.45
合成绝缘子（支/km）						间隔棒（个/km）	
盘式绝缘子（片/km）					490.95		
防振锤（个/km）					66.00	挂线金具（t/km）	0.42
土石方量（m^3/km）	类型	基面	基坑	接地		混凝土（m^3/km）	64.59
	数量	5.00	218.00	90.66		护坡、排水沟、保坎（m^3/km）	10.00

100.2 概算书

概算投资为静态投资，编制依据见第 4 章。110kV 输电线路工程典型方案 1XZB2-Q 总概算表、安装工程费用汇总概算表、其他费用概算表分别见表 100-4～表 100-6。

表 100-4 典型方案 1XZB2-Q 总概算表

序号	工程或费用名称	费用金额（万元）	各项占总计（%）	单位投资（万元/km）
一	架空输电线路本体工程	4441	74.53	88.12
二	辅助设施工程			
	小计	4441	74.53	88.12
三	编制期价差	402	6.75	7.98
四	其他费用	984	16.51	19.52
	其中：建设场地征用及清理费	454		
五	基本预备费	117	1.96	2.32
六	特殊项目（现场人员管理系统）	15	0.25	0.30
	工程静态投资	5959	100.00	118.23

表 100-5 典型方案 1XZB2-Q 安装工程费用汇总概算表 金额单位：元

序号	工程或费用名称	取费基数	费率（%）	基础工程	杆塔工程	接地工程	架线工程	附件工程	辅助工程	合计	各项占总计（%）	单位投资（元/km）
一	直接费			8754277	14006074	456949	7896595	3991217	290840	35395952	79.71	702301
1	直接工程费			7713183	13363114	392997	7522786	3763660	249899	33005639	74.32	654874
1.1	定额直接费			5247845	1903619	304208	1867736	787919	200913	10312240	23.22	204608
1.1.1	人工费		123.700	4350029	1584210	279903	937875	687855	179455	8019327	18.06	159114
1.1.2	材料费			239146	11102	7501	68279	5960	4655	336643	0.76	6679
1.1.3	施工机械使用费		108.700	658670	308307	16804	861582	94104	16803	1956270	4.41	38815
1.2	装置性材料费			2465338	11459495	88789	5655050	2975741	48986	22693399	51.10	450266
2	措施费			1041094	642960	63952	373809	227557	40941	2390313	5.38	47427
2.1	冬雨季施工增加费		7.230	314508	114539	20237	67808	49732	12974	579798	1.31	11504
2.2	夜间施工增加费											
2.3	施工工具用具使用费		2.700	117450	42773	7557	25322	18573	4845	216520	0.49	4296
2.4	临时设施费		6.590	286667	104399	18446	61806	45331	11826	528475	1.19	10486
2.5	施工机构转移费		2.200	95701	34853	6158	20634	15132	3948	176426	0.40	3501
2.6	安全文明施工费		2.940	226768	346396	11554	198239	98789	7348	889094	2.00	17641
二	间接费			2984296	1086832	192022	643420	471897	123115	5501582	12.39	109158
1	规费			1874168	682540	120592	404074	296355	77317	3455046	7.78	68553
1.1	社会保险费		29.254	1272558	463444	81882	274366	201225	52497	2345972	5.28	46547
1.2	住房公积金		12.240	532444	193907	34260	114796	84193	21966	981566	2.21	19476
1.3	危险作业意外伤害保险费		1.590	69166	25189	4450	14912	10937	2854	127508	0.29	2530
2	企业管理费		21.820	949177	345675	61074	204644	150090	39157	1749817	3.94	34719

续表 100-5

序号	工程或费用名称	取费基数	费率（%）	基础工程	杆塔工程	接地工程	架线工程	附件工程	辅助工程	合计	各项占总计（%）	单位投资（元/km）
3	高原医疗保障费		1.530	66555	24239	4283	14350	10525	2746	122698	0.28	2434
4	高原习服费		1.640	71341	25981	4590	15382	11281	2944	131519	0.30	2610
5	施工企业配合调试费		0.530	23055	8397	1483	4970	3646	951	42502	0.10	843
三	利润		16.200	704704	256642	45344	151936	111433	29071	1299130	2.93	25776
四	税金		10.000	1244328	389006	69432	303690	159881	44303	2210640	4.98	43862
五	合计			13687605	15738554	763747	8995641	4734428	487329	44407304	100.00	881097
	各项占总计（%）			31	35	2	20	11	1	100		
	单位投资（元/km）			271579	312273	15154	178485	93937	9669	881097		

表 100-6　　典型方案 1XZB2-Q 其他费用概算表　　金额单位：元

序号	工程或费用名称	编制依据及计算说明	合　价
1	建设场地征用及清理费	建设场地征用及清理费	4536000
2	项目建设管理费		1362036
2.1	项目法人管理费	（取费人工费×人工海拔调整系数）×5.3%	425024
2.2	招标费	本体工程费×0.37%	164307
2.3	工程监理费		515592
2.5	工程结算审核费	本体工程费×0.35%	155426
2.6	工程保险费	（本体工程费+编制基准期价差）×0.21%	101687
3	项目建设技术服务费		3835341
3.1	项目前期工作费	（勘测费+基本设计费）×12.16%	254436
3.3	勘察设计费		2663575
3.3.1	勘察费		1265040
3.3.1.1	勘测费	18000 元/km×线路亘长	907200
3.3.1.2	海拉瓦优化选线费	5100 元/km×线路亘长	257040
3.3.1.3	卫片选线费	2000 元/km×线路亘长	100800
3.3.2	设计费		1398535
3.3.2.1	基本设计费	基本设计费	1185199
3.3.2.2	预算编制费	基本设计费×10%	118520
3.3.2.3	竣工图文件编制费	基本设计费×8%	94816
3.4	设计文件评审费		436976
3.4.1	可行性研究设计文件评审费	1700 元/km×线路亘长	85680
3.4.2	初步设计文件评审费	2400 元/km×线路亘长	120960
3.4.3	施工图文件审查费		230336
3.5	项目后评价费	（取费人工费×人工海拔调整系数）×1.5%	120290
3.6	工程建设检测费		315657
3.6.1	电力工程质量检测费	（取费人工费×人工海拔调整系数）×1.2%	96232

续表 100-6

序号	工程或费用名称	编制依据及计算说明	合　价
3.6.3	环境监测验收费		100000
3.6.4	水土保持项目验收及补偿费		119425
3.7	电力工程技术经济标准编制管理费	本体工程费×0.1%	44407
4	生产准备费		109865
4.2	工器具及办公家具购置费	（取费人工费×人工海拔调整系数）×0.95%	76184
4.3	生产职工培训及提前进场费	（取费人工费×人工海拔调整系数）×0.42%	33681
	合计		9843242

第 101 章　典型方案 1XZB2-S 通用造价

101.1　基本技术条件

典型方案 1XZB2-S 为《国家电网公司输变电工程通用设计　西藏电网 110～500kV 输电线路分册（2015 年版）》中 1XZB2 模块在山地地形条件下的典型方案，直线塔与耐张塔采用鼓型铁塔，按照平均海拔 4500m 编制概算，典型方案 1XZB2-S 一般条件、交叉跨越、主要材料单位路径长度指标分别见表 101-1～表 101-3。

表 101-1　　典型方案 1XZB2-S 一般条件表

<table>
<tr><td colspan="2">电压等级（kV）</td><td colspan="3">110</td><td colspan="2">回路数</td><td colspan="4">双回路</td></tr>
<tr><td colspan="2">导线型号</td><td colspan="3">JL/G1A-240/30</td><td colspan="2">地线型号</td><td colspan="4">JLB20A-100</td></tr>
<tr><td colspan="2">路径长度（km）</td><td colspan="3">50</td><td colspan="2" rowspan="2">气象条件</td><td colspan="2">覆冰（mm）</td><td colspan="2">风速（m/s）</td></tr>
<tr><td colspan="2">地形</td><td colspan="3">山地</td><td colspan="2">10</td><td colspan="2">33</td></tr>
<tr><td rowspan="2">地质条件</td><td>条件</td><td>普通土</td><td>坚土</td><td>松砂石</td><td>水坑</td><td>泥水坑</td><td>流沙坑</td><td>干砂坑</td><td>岩石（爆破）</td><td>岩石（人工）</td></tr>
<tr><td>比例（%）</td><td>10</td><td>10</td><td>30</td><td></td><td></td><td></td><td></td><td>25</td><td>25</td></tr>
<tr><td rowspan="2">基础</td><td>型式</td><td colspan="2">板式</td><td>台阶</td><td>掏挖</td><td colspan="2">岩石嵌固</td><td>岩石锚固</td><td colspan="2">灌注桩</td></tr>
<tr><td>比例（%）</td><td colspan="2">20</td><td>70</td><td></td><td colspan="2"></td><td>5</td><td colspan="2">5</td></tr>
<tr><td rowspan="2">铁塔</td><td>类别</td><td colspan="2">直线</td><td>耐张</td><td>总基数（基）</td><td colspan="2" rowspan="2">运距（km）</td><td>人力</td><td colspan="2">汽车</td></tr>
<tr><td>比例（%）</td><td colspan="2">75</td><td>25</td><td>125</td><td>0.8</td><td colspan="2">25</td></tr>
<tr><td colspan="4" rowspan="2">路径长度单位造价（万元/km）</td><td colspan="3">本体造价</td><td colspan="4">119.90</td></tr>
<tr><td colspan="3">静态造价</td><td colspan="4">157.60</td></tr>
</table>

表 101-2　　典型方案 1XZB2-S 交叉跨越表

序号	被跨越物名称	跨越次数	备　注
1	铁路		
2	高速公路		双向四车道以上
	一般公路	5	
3	500kV 电力线		
	220kV 电力线		
	110kV 电力线	1	
	66kV 电力线		

续表 101-2

序号	被跨越物名称	跨越次数	备注
3	35kV 电力线		
	10kV 电力线	5	
	低压线	10	380V 及以下线路
4	通信线	10	
5	河流	1	
6	水库		

表 101-3　　典型方案 1XZB2-S 主要材料路径长度单位指标

项目		数据			项目	数据
导线（t/km）		5.53			地线（t/km）	1.35
塔数（基/km）		2.50			铁塔钢材（t/km）	34.08
基础钢材（t/km）		7.29			接地钢材（t/km）	0.50
合成绝缘子（支/km）					间隔棒（个/km）	
盘式绝缘子（片/km）		485.31				
防振锤（个/km）		65.00			挂线金具（t/km）	0.41
土石方量（m^3/km）	类型	基面	基坑	接地	混凝土（m^3/km）	72.14
	数量	5.00	153.00	88.37	护坡、排水沟、保坎（m^3/km）	20.00

101.2　概算书

概算投资为静态投资，编制依据见第 4 章。110kV 输电线路工程典型方案 1XZB2-S 总概算表、安装工程费用汇总概算表、其他费用概算表分别见表 101-4～表 101-6。

表 101-4　　典型方案 1XZB2-S 总概算表

序号	工程或费用名称	费用金额（万元）	各项占总计（%）	单位投资（万元/km）
一	架空输电线路本体工程	5995	76.08	119.90
二	辅助设施工程			
	小计	5995	76.08	119.90
三	编制期价差	590	7.49	11.80
四	其他费用	1126	14.29	22.52
	其中：建设场地征用及清理费	450		
五	基本预备费	154	1.95	3.08
六	特殊项目（现场人员管理系统）	15	0.19	0.30
	工程静态投资	7880	100.00	157.60

表 101-5　　典型方案 1XZB2-S 安装工程费用汇总概算表　　金额单位：元

序号	工程或费用名称	取费基数	费率（%）	基础工程	杆塔工程	接地工程	架线工程	附件工程	辅助工程	合计	各项占总计（%）	单位投资（元/km）
一	直接费			13906079	16791788	724276	8317154	4115142	954456	44808895	74.75	896178
1	直接工程费			12068263	15874217	616304	7897059	3858277	806219	41120339	68.59	822407
1.1	定额直接费			9252202	3139230	517800	2286889	944908	708238	16849267	28.11	336985
1.1.1	人工费		123.700	7922046	2684417	479973	1125381	828237	665243	13705297	22.86	274106

续表 101-5

序号	工程或费用名称	取费基数	费率（%）	基础工程	杆塔工程	接地工程	架线工程	附件工程	辅助工程	合计	各项占总计（%）	单位投资（元/km）
1.1.2	材料费			309321	12089	16810	46282	5865	10312	400679	0.67	8014
1.1.3	施工机械使用费		108.700	1020835	442724	21017	1115226	110806	32683	2743291	4.58	54866
1.2	装置性材料费			2816061	12734987	98504	5610170	2913369	97981	24271072	40.49	485421
2	措施费			1837816	917571	107972	420095	256865	148237	3688556	6.15	73771
2.1	冬雨季施工增加费		7.230	572765	194083	34702	81366	59881	48096	990893	1.65	19818
2.2	夜间施工增加费											
2.3	施工工具用具使用费		2.700	213895	72479	12960	30385	22362	17962	370043	0.62	7401
2.4	临时设施费		6.590	522063	176903	31630	74163	54581	43840	903180	1.51	18064
2.5	施工机构转移费		2.200	174286	59057	10560	24758	18221	14636	301518	0.50	6030
2.6	安全文明施工费		2.940	354807	415049	18120	209423	101820	23703	1122922	1.87	22458
二	间接费			5434840	1841619	329280	772056	568203	456381	9402379	15.68	188048
1	规费			3413135	1156554	206791	484859	356838	286613	5904790	9.85	118096
1.1	社会保险费		29.254	2317516	785299	140412	329219	242293	194609	4009348	6.69	80187
1.2	住房公积金		12.240	969658	328573	58748	137747	101376	81426	1677528	2.80	33551
1.3	危险作业意外伤害保险费		1.590	125961	42682	7631	17893	13169	10578	217914	0.36	4358
2	企业管理费		21.820	1728590	585740	104730	245559	180721	145156	2990496	4.99	59810
3	高原医疗保障费		1.530	121207	41072	7344	17218	12672	10178	209691	0.35	4194
4	高原习服费		1.640	129921	44025	7871	18456	13583	10909	224765	0.37	4495
5	施工企业配合调试费		0.530	41987	14228	2544	5964	4389	3525	72637	0.12	1453
三	利润		16.200	1283372	434875	77756	182312	134175	107770	2220260	3.70	44405
四	税金		10.000	2062429	633330	113131	366135	190415	151860	3517300	5.87	70346
五	合计			22686720	19701612	1244443	9637657	5007935	1670467	59948834	100.00	1198977
	各项占总计（%）			38	33	2	16	8	3	100		
	单位投资（元/km）			453734	394032	24889	192753	100159	33409	1198977		

表 101-6　典型方案 1XZB2-S 其他费用概算表　金额单位：元

序号	工程或费用名称	编制依据及计算说明	合　价
1	建设场地征用及清理费	建设场地征用及清理费	4500000
2	项目建设管理费		1858954
2.1	项目法人管理费	（取费人工费×人工海拔调整系数）×5.3%	726381
2.2	招标费	本体工程费×0.37%	221811
2.3	工程监理费		562650
2.5	工程结算审核费	本体工程费×0.35%	209821
2.6	工程保险费	（本体工程费+编制基准期价差）×0.21%	138291

续表 101-6

序号	工程或费用名称	编制依据及计算说明	合　价
3	项目建设技术服务费		4713250
3.1	项目前期工作费	（勘测费+基本设计费）×12.16%	324597
3.3	勘察设计费		3306875
3.3.1	勘察费		1455000
3.3.1.1	勘测费	22000 元/km×线路亘长	1100000
3.3.1.2	海拉瓦优化选线费	5100 元/km×线路亘长	255000
3.3.1.3	卫片选线费	2000 元/km×线路亘长	100000
3.3.2	设计费		1851875
3.3.2.1	基本设计费	基本设计费	1569385
3.3.2.2	预算编制费	基本设计费×10%	156939
3.3.2.3	竣工图文件编制费	基本设计费×8%	125551
3.4	设计文件评审费		433800
3.4.1	可行性研究设计文件评审费	1700 元/km×线路亘长	85000
3.4.2	初步设计文件评审费	2400 元/km×线路亘长	120000
3.4.3	施工图文件审查费		228800
3.5	项目后评价费	（取费人工费×人工海拔调整系数）×1.5%	205579
3.6	工程建设检测费		382450
3.6.1	电力工程质量检测费	（取费人工费×人工海拔调整系数）×1.2%	164464
3.6.3	环境监测验收费		100000
3.6.4	水土保持项目验收及补偿费		117986
3.7	电力工程技术经济标准编制管理费	本体工程费×0.1%	59949
4	生产准备费		187762
4.2	工器具及办公家具购置费	（取费人工费×人工海拔调整系数）×0.95%	130200
4.3	生产职工培训及提前进场费	（取费人工费×人工海拔调整系数）×0.42%	57562
	合计		11259966

第 102 章　典型方案 1XZB2-G 通用造价

102.1　基本技术条件

典型方案 1XZB2-G 为《国家电网公司输变电工程通用设计　西藏电网 110～500kV 输电线路分册（2015 年版）》中 1XZB2 模块在高山地形条件下的典型方案，直线塔与耐张塔采用鼓型铁塔，按照平均海拔 4500m 编制概算。典型方案 1XZB2-G 一般条件、交叉跨越、主要材料单位路径长度指标分别见表 102-1～表 102-3。

表 102-1　　典型方案 1XZB2-G 一般条件表

电压等级（kV）	110	回路数	双回路	
导线型号	JL/G1A-240/30	地线型号	JLB20A-100	
路径长度（km）	49.86	气象条件	覆冰（mm）	风速（m/s）
地形	高山		10	33

续表 102-1

地质条件	条件	普通土	坚土	松砂石	水坑	泥水坑	流沙坑	干砂坑	岩石（爆破）	岩石（人工）
	比例（%）	10	10	30					25	25
基础	型式	板式	台阶	掏挖	岩石嵌固	岩石锚固	灌注桩			
	比例（%）			90		5	5			
铁塔	类别	直线	耐张	总基数（基）	运距（km）	人力	汽车			
	比例（%）	65	35	120		1.2	25			
路径长度单位造价（万元/km）	本体造价	159.67								
	静态造价	206.04								

表 102-2　　典型方案 1XZB2-G 交叉跨越表

序号	被跨越物名称	跨越次数	备注
1	铁路		
2	高速公路		双向四车道以上
	一般公路	5	
3	500kV 电力线		
	220kV 电力线		
	110kV 电力线		
	66kV 电力线		
	35kV 电力线		
	10kV 电力线	5	
	低压线	10	380V 及以下线路
4	通信线	10	
5	河流	1	
6	水库		

表 102-3　　典型方案 1XZB2-G 主要材料路径长度单位指标

<table>
<tr><td colspan="2">项目</td><td colspan="3">数据</td><td>项目</td><td>数据</td></tr>
<tr><td colspan="2">导线（t/km）</td><td colspan="3">5.53</td><td>地线（t/km）</td><td>1.35</td></tr>
<tr><td colspan="2">塔数（基/km）</td><td colspan="3">2.41</td><td>铁塔钢材（t/km）</td><td>36.87</td></tr>
<tr><td colspan="2">基础钢材（t/km）</td><td colspan="3">7.61</td><td>接地钢材（t/km）</td><td>0.51</td></tr>
<tr><td colspan="2">合成绝缘子（支/km）</td><td colspan="3"></td><td rowspan="2">间隔棒（个/km）</td><td rowspan="2"></td></tr>
<tr><td colspan="2">盘式绝缘子（片/km）</td><td colspan="3">584.60</td></tr>
<tr><td colspan="2">防振锤（个/km）</td><td colspan="3">64.00</td><td>挂线金具（t/km）</td><td>0.50</td></tr>
<tr><td rowspan="2">土石方量（m^3/km）</td><td>类型</td><td>基面</td><td>基坑</td><td>接地</td><td>混凝土（m^3/km）</td><td>75.37</td></tr>
<tr><td>数量</td><td>10.00</td><td>100.00</td><td>91.46</td><td>护坡、排水沟、保坎（m^3/km）</td><td>30.00</td></tr>
</table>

102.2　概算书

概算投资为静态投资，编制依据见第 4 章。110kV 输电线路工程典型方案 1XZB2-G 总概算表、安装工程费用汇总概算表、其他费用概算表分别见表 102-4～表 102-6。

表 102-4　　典型方案 1XZB2-G 总概算表

序号	工程或费用名称	费用金额（万元）	各项占总计（%）	单位投资（万元/km）
一	架空输电线路本体工程	7961	77.48	159.67
二	辅助设施工程			
	小计	7961	77.48	159.67
三	编制期价差	808	7.87	16.21
四	其他费用	1288	12.54	25.83
	其中：建设场地征用及清理费	449		
五	基本预备费	201	1.96	4.03
六	特殊项目（现场人员管理系统）	15	0.15	0.30
	工程静态投资	10273	100.00	206.04

表 102-5　　典型方案 1XZB2-G 安装工程费用汇总概算表　　金额单位：元

序号	工程或费用名称	取费基数	费率（%）	基础工程	杆塔工程	接地工程	架线工程	附件工程	辅助工程	合计	各项占总计（%）	单位投资（元/km）
一	直接费			19732453	19513750	812283	8928379	5374468	2088030	56449363	70.91	1132157
1	直接工程费			16920656	18284300	689350	8441010	4983892	1749242	51068450	64.15	1024237
1.1	定额直接费			13937427	4544834	588522	2846543	1557007	1602683	25077016	31.50	502949
1.1.1	人工费		123.700	12362863	3993690	548429	1398989	1376625	1535038	21215634	26.65	425504
1.1.2	材料费			316227	12953	17327	41740	6617	13825	408689	0.51	8197
1.1.3	施工机械使用费		108.700	1258337	538191	22766	1405814	173765	53820	3452693	4.34	69248
1.2	装置性材料费			2983229	13739466	100828	5594467	3426885	146559	25991434	32.65	521288
2	措施费			2811797	1229450	122933	487369	390576	338788	5380913	6.76	107920
2.1	冬雨季施工增加费		7.230	893835	288744	39652	101147	99530	110983	1533891	1.93	30764
2.2	夜间施工增加费											
2.3	施工工具用具使用费		2.700	333798	107829	14807	37772	37169	41446	572821	0.72	11489
2.4	临时设施费		6.590	814713	263184	36142	92193	90720	101160	1398112	1.76	28041
2.5	施工机构转移费		2.200	271983	87862	12065	30777	30286	33771	466744	0.59	9361
2.6	安全文明施工费		2.940	497468	481831	20267	225480	132871	51428	1409345	1.77	28266
二	间接费			8481418	2739831	376244	959762	944419	1053098	14554772	18.28	291913
1	规费			5326415	1720642	236285	602740	593104	661357	9140543	11.48	183324
1.1	社会保险费		29.254	3616632	1168314	160437	409260	402718	449060	6206421	7.80	124477
1.2	住房公积金		12.240	1513214	488828	67128	171236	168498	187889	2596793	3.26	52082
1.3	危险作业意外伤害保险费		1.590	196569	63500	8720	22244	21888	24408	337329	0.42	6766
2	企业管理费		21.820	2697577	871423	119667	305259	300379	334945	4629250	5.81	92845
3	高原医疗保障费		1.530	189152	61103	8391	21405	21063	23486	324600	0.41	6510
4	高原习服费		1.640	202751	65496	8994	22943	22577	25174	347935	0.44	6978
5	施工企业配合调试费		0.530	65523	21167	2907	7415	7296	8136	112444	0.14	2255
三	利润		16.200	2002785	646978	88845	226637	223013	248676	3436934	4.32	68932

续表 102-5

序号	工程或费用名称	取费基数	费率（%）	基础工程	杆塔工程	接地工程	架线工程	附件工程	辅助工程	合计	各项占总计（%）	单位投资（元/km）
四	税金		10.000	3021666	916109	127738	452031	311502	338980	5168026	6.49	103651
五	合计			33238322	23816668	1405110	10566809	6853402	3728784	79609095	100.00	1596653
	各项占总计（%）			41	30	2	13	9	5	100		
	单位投资（元/km）			666633	477671	28181	211930	137453	74785	1596652		

表 102-6　　典型方案 **1XZB2-G** 其他费用概算表　　金额单位：元

序号	工程或费用名称	编制依据及计算说明	合　价
1	建设场地征用及清理费	建设场地征用及清理费	4487400
2	项目建设管理费		2493852
2.1	项目法人管理费	（取费人工费×人工海拔调整系数）×5.3%	1124429
2.2	招标费	本体工程费×0.37%	294554
2.3	工程监理费		612081
2.5	工程结算审核费	本体工程费×0.35%	278632
2.6	工程保险费	（本体工程费+编制基准期价差）×0.21%	184156
3	项目建设技术服务费		5603674
3.1	项目前期工作费	（勘测费+基本设计费）×12.16%	389730
3.3	勘察设计费		3911557
3.3.1	勘察费		1600506
3.3.1.1	勘测费	25000 元/km×线路亘长	1246500
3.3.1.2	海拉瓦优化选线费	5100 元/km×线路亘长	254286
3.3.1.3	卫片选线费	2000 元/km×线路亘长	99720
3.3.2	设计费		2311051
3.3.2.1	基本设计费	基本设计费	1958518
3.3.2.2	预算编制费	基本设计费×10%	195852
3.3.2.3	竣工图文件编制费	基本设计费×8%	156681
3.4	设计文件评审费		432688
3.4.1	可行性研究设计文件评审费	1700 元/km×线路亘长	84762
3.4.2	初步设计文件评审费	2400 元/km×线路亘长	119664
3.4.3	施工图文件审查费		228262
3.5	项目后评价费	（取费人工费×人工海拔调整系数）×1.5%	318235
3.6	工程建设检测费		471855
3.6.1	电力工程质量检测费	（取费人工费×人工海拔调整系数）×1.2%	254588
3.6.3	环境监测验收费		100000
3.6.4	水土保持项目验收及补偿费		117267
3.7	电力工程技术经济标准编制管理费	本体工程费×0.1%	79609
4	生产准备费		290655
4.2	工器具及办公家具购置费	（取费人工费×人工海拔调整系数）×0.95%	201549
4.3	生产职工培训及提前进场费	（取费人工费×人工海拔调整系数）×0.42%	89106
	合计		12875581

第103章　典型方案1XZB2-J通用造价

103.1　基本技术条件

典型方案1XZB2-J为《国家电网公司输变电工程通用设计　西藏电网110～500kV输电线路分册（2015年版）》中1XZB2模块在峻岭地形条件下的典型方案，直线塔与耐张塔采用鼓型铁塔，按照平均海拔4500m编制概算。典型方案1XZB2-J一般条件、交叉跨越、主要材料单位路径长度指标分别见表103-1～表103-3。

表103-1　　典型方案1XZB2-J一般条件表

<table>
<tr><td colspan="2">电压等级（kV）</td><td colspan="3">110</td><td colspan="2">回路数</td><td colspan="4">双回路</td></tr>
<tr><td colspan="2">导线型号</td><td colspan="3">JL/G1A-240/30</td><td colspan="2">地线型号</td><td colspan="4">JLB20A-100</td></tr>
<tr><td colspan="2">路径长度（km）</td><td colspan="3">50.36</td><td colspan="2" rowspan="2">气象条件</td><td colspan="2">覆冰（mm）</td><td colspan="2">风速（m/s）</td></tr>
<tr><td colspan="2">地形</td><td colspan="3">峻岭</td><td colspan="2">10</td><td colspan="2">33</td></tr>
<tr><td rowspan="2">地质条件</td><td>条件</td><td>普通土</td><td>坚土</td><td>松砂石</td><td>水坑</td><td>泥水坑</td><td>流沙坑</td><td>干砂坑</td><td>岩石（爆破）</td><td>岩石（人工）</td></tr>
<tr><td>比例（%）</td><td>10</td><td>10</td><td>30</td><td></td><td></td><td></td><td></td><td>25</td><td>25</td></tr>
<tr><td rowspan="2">基础</td><td>型式</td><td>板式</td><td colspan="2">台阶</td><td colspan="2">掏挖</td><td>岩石嵌固</td><td>岩石锚固</td><td colspan="2">灌注桩</td></tr>
<tr><td>比例（%）</td><td></td><td colspan="2"></td><td colspan="2">90</td><td></td><td>5</td><td colspan="2">5</td></tr>
<tr><td rowspan="2">铁塔</td><td>类别</td><td>直线</td><td colspan="2">耐张</td><td colspan="2">总基数（基）</td><td rowspan="2">运距（km）</td><td>人力</td><td colspan="2">汽车</td></tr>
<tr><td>比例（%）</td><td>50</td><td colspan="2">50</td><td colspan="2">120</td><td>1.5</td><td colspan="2">25</td></tr>
<tr><td colspan="4" rowspan="2">路径长度单位造价（万元/km）</td><td colspan="3">本体造价</td><td colspan="4">198.69</td></tr>
<tr><td colspan="3">静态造价</td><td colspan="4">254.01</td></tr>
</table>

表103-2　　典型方案1XZB2-J交叉跨越表

序号	被跨越物名称	跨越次数	备注
1	铁路		
2	高速公路		双向四车道以上
	一般公路	5	
3	500kV电力线		
	220kV电力线		
	110kV电力线		
	66kV电力线		
	35kV电力线		
	10kV电力线	5	
	低压线	10	380V及以下线路
4	通信线	10	
5	河流	1	
6	水库		

表 103-3　　**典型方案 1XZB2-J 主要材料路径长度单位指标**

项目		数据			项目	数据
导线（t/km）		5.53			地线（t/km）	1.35
塔数（基/km）		2.38			铁塔钢材（t/km）	36.38
基础钢材（t/km）		8.35			接地钢材（t/km）	0.54
合成绝缘子（支/km）					间隔棒（个/km）	
盘式绝缘子（片/km）		705.80				
防振锤（个/km）		70.00			挂线金具（t/km）	82.71
土石方量（m^3/km）	类型	基面	基坑	接地	混凝土（m^3/km）	88.07
	数量	10.00	110.00	92.71	护坡、排水沟、保坎（m^3/km）	30.00

103.2　概算书

概算投资为静态投资，编制依据见第 4 章。110kV 输电线路工程典型方案 1XZB2-J 总概算表、安装工程费用汇总概算表、其他费用概算表分别见表 103-4～表 103-6。

表 103-4　　**典型方案 1XZB2-J 总概算表**

序号	工程或费用名称	费用金额（万元）	各项占总计（%）	单位投资（万元/km）
一	架空输电线路本体工程	10006	78.22	198.69
二	辅助设施工程			
	小计	10006	78.22	198.69
三	编制期价差	1039	8.12	20.63
四	其他费用	1481	11.58	29.41
	其中：建设场地征用及清理费	453		
五	基本预备费	251	1.96	4.98
六	特殊项目（现场人员管理系统）	15	0.12	0.30
	工程静态投资	12792	100.00	254.01

表 103-5　　**典型方案 1XZB2-J 安装工程费用汇总概算表**　　金额单位：元

序号	工程或费用名称	取费基数	费率（%）	基础工程	杆塔工程	接地工程	架线工程	附件工程	辅助工程	合计	各项占总计（%）	单位投资（元/km）
一	直接费			27885846	20411172	876942	9179829	6853914	2796656	68004359	67.96	1350365
1	直接工程费			23708504	19017843	743700	8670133	6301769	2332969	60774918	60.74	1206809
1.1	定额直接费			20429646	5323492	636969	3019567	2302374	2184940	33896988	33.88	673093
1.1.1	人工费		123.700	18591409	4752934	594964	1483485	2044851	2110562	29578205	29.56	587335
1.1.2	材料费			349737	12913	17759	42012	7084	13932	443437	0.44	8805
1.1.3	施工机械使用费		108.700	1488500	557645	24246	1494070	250439	60446	3875346	3.87	76953
1.2	装置性材料费			3278858	13694351	106731	5650566	3999395	148029	26877930	26.86	533716
2	措施费			4177342	1393329	133242	509696	552145	463687	7229441	7.22	143555
2.1	冬雨季施工增加费		7.230	1344159	343637	43015	107255	147843	152593	2138502	2.14	42464
2.2	夜间施工增加费											
2.3	施工工具用具使用费		2.700	501967	128329	16064	40053	55211	56985	798609	0.80	15858

续表 103-5

序号	工程或费用名称	取费基数	费率（%）	基础工程	杆塔工程	接地工程	架线工程	附件工程	辅助工程	合计	各项占总计（%）	单位投资（元/km）
2.4	临时设施费		6.590	1225173	313219	39208	97762	134756	139086	1949204	1.95	38705
2.5	施工机构转移费		2.200	409012	104564	13090	32637	44987	46433	650723	0.65	12921
2.6	安全文明施工费		2.940	697031	503580	21865	231989	169348	68590	1692403	1.69	33606
二	间接费			12754448	3260701	408168	1017730	1402847	1447929	20291823	20.28	402935
1	规费			8009921	2047754	256335	639144	881002	909314	12743470	12.74	253047
1.1	社会保险费		29.254	5438730	1390423	174051	433979	598201	617422	8652806	8.65	171819
1.2	住房公积金		12.240	2275588	581759	72824	181578	250289	258333	3620371	3.62	71890
1.3	危险作业意外伤害保险费		1.590	295603	75572	9460	23587	32512	33559	470293	0.47	9339
2	企业管理费		21.820	4056645	1037090	129821	323696	446187	460525	6453964	6.45	128157
3	高原医疗保障费		1.530	284449	72719	9102	22698	31286	32291	452545	0.45	8986
4	高原习服费		1.640	304899	77948	9757	24329	33535	34613	485081	0.48	9632
5	施工企业配合调试费		0.530	98534	25190	3153	7863	10837	11186	156763	0.16	3113
三	利润		16.200	3011809	769975	96385	240325	331266	341911	4791671	4.79	95148
四	税金		10.000	4365211	1074750	138149	478732	458863	458650	6974355	6.97	138490
五	合计			48017314	25516598	1519644	10916616	9046890	5045146	100062208	100.00	1986938
	各项占总计（%）			47	26	2	11	9	5	100		
	单位投资（元/km）			953481	506684	30176	216772	179644	100182	1986938		

表 103-6 **典型方案 1XZB2-J 其他费用概算表** 金额单位：元

序号	工程或费用名称	编制依据及计算说明	合价
1	建设场地征用及清理费	建设场地征用及清理费	4532400
2	项目建设管理费		3189775
2.1	项目法人管理费	（取费人工费×人工海拔调整系数）×5.3%	1567645
2.2	招标费	本体工程费×0.37%	370230
2.3	工程监理费		669738
2.5	工程结算审核费	本体工程费×0.35%	350218
2.6	工程保险费	（本体工程费+编制基准期价差）×0.21%	231944
3	项目建设技术服务费		6680452
3.1	项目前期工作费	（勘测费+基本设计费）×12.16%	471064
3.3	勘察设计费		4656790
3.3.1	勘察费		1868356
3.3.1.1	勘测费	30000 元/km×线路亘长	1510800
3.3.1.2	海拉瓦优化选线费	5100 元/km×线路亘长	256836
3.3.1.3	卫片选线费	2000 元/km×线路亘长	100720
3.3.2	设计费		2788434

续表 103-6

序号	工程或费用名称	编制依据及计算说明	合　价
3.3.2.1	基本设计费	基本设计费	2363080
3.3.2.2	预算编制费	基本设计费×10%	236308
3.3.2.3	竣工图文件编制费	基本设计费×8%	189046
3.4	设计文件评审费		436658
3.4.1	可行性研究设计文件评审费	1700 元/km×线路亘长	85612
3.4.2	初步设计文件评审费	2400 元/km×线路亘长	120864
3.4.3	施工图文件审查费		230182
3.5	项目后评价费	（取费人工费×人工海拔调整系数）×1.5%	443673
3.6	工程建设检测费		572205
3.6.1	电力工程质量检测费	（取费人工费×人工海拔调整系数）×1.2%	354938
3.6.3	环境监测验收费		100000
3.6.4	水土保持项目验收及补偿费		117267
3.7	电力工程技术经济标准编制管理费	本体工程费×0.1%	100062
4	生产准备费		405221
4.2	工器具及办公家具购置费	（取费人工费×人工海拔调整系数）×0.95%	280993
4.3	生产职工培训及提前进场费	（取费人工费×人工海拔调整系数）×0.42%	124228
	合计		14807848

第 104 章　典型方案 5GD3-J 通用造价

104.1　基本技术条件

典型方案 5GD3-J 为《国家电网公司标准化建设成果（35～750kV 输变电工程通用设计、通用设备）应用目录（2018 年版）》中 5D3 模块在峻岭地形条件下的典型方案，直线塔、耐张塔均采用鼓型铁塔。按照平均海拔 3500m 编制概算。典型方案 5GD3-J 一般条件、交叉跨越、主要材料单位路径长度指标分别见表 104-1～表 104-3。

表 104-1　　典型方案 5GD3-J 一般条件表

<table>
<tr><td colspan="2">电压等级（kV）</td><td colspan="3">500</td><td colspan="2">回路数</td><td colspan="4">双回路</td></tr>
<tr><td colspan="2">导线型号</td><td colspan="3">4×JL/G1A-500/45</td><td colspan="2">地线型号</td><td colspan="4">JLB20A-150</td></tr>
<tr><td colspan="2">路径长度（km）</td><td colspan="3">50</td><td colspan="2" rowspan="2">气象条件</td><td colspan="2">覆冰（mm）</td><td colspan="2">风速（m/s）</td></tr>
<tr><td colspan="2">地形</td><td colspan="3">峻岭</td><td colspan="2">15</td><td colspan="2">27</td></tr>
<tr><td rowspan="2">地质条件</td><td>条件</td><td>普通土</td><td>坚土</td><td>松砂石</td><td>水坑</td><td>泥水坑</td><td>流沙坑</td><td>干砂坑</td><td>岩石（爆破）</td><td>岩石（人工）</td></tr>
<tr><td>比例（%）</td><td>10</td><td>10</td><td>30</td><td></td><td></td><td></td><td></td><td>25</td><td>25</td></tr>
<tr><td rowspan="2">基础</td><td>型式</td><td>板式</td><td colspan="2">台阶</td><td colspan="2">掏挖</td><td>岩石嵌固</td><td>岩石锚固</td><td colspan="2">灌注桩</td></tr>
<tr><td>比例（%）</td><td></td><td colspan="2"></td><td colspan="2">100</td><td></td><td></td><td colspan="2"></td></tr>
<tr><td rowspan="2">铁塔</td><td>类别</td><td>直线</td><td colspan="2">耐张</td><td>总基数（基）</td><td colspan="2" rowspan="2">运距（km）</td><td>人力</td><td colspan="2">汽车</td></tr>
<tr><td>比例（%）</td><td>45</td><td colspan="2">55</td><td>120</td><td>1.5</td><td colspan="2">25</td></tr>
<tr><td colspan="5" rowspan="2">路径长度单位造价（万元/km）</td><td colspan="3">本体造价</td><td colspan="3">830.08</td></tr>
<tr><td colspan="3">静态造价</td><td colspan="3">1002.92</td></tr>
</table>

表 104-2　　**典型方案 5GD3-J 交叉跨越表**

序号	被跨越物名称	跨越次数	备注
1	铁路	1	
2	高速公路	1	双向四车道以上
	一般公路	2	
3	500kV 电力线	1	
	220kV 电力线	1	
	110kV 电力线	4	
	66kV 电力线		
	35kV 电力线	1	
	10kV 电力线	16	
	低压线	32	380V 及以下线路
4	通信线	15	
5	河流	1	
6	水库		

表 104-3　　**典型方案 5GD3-J 主要材料路径长度单位指标**

<table>
<tr><td colspan="2">项目</td><td colspan="3">数据</td><td>项目</td><td>数据</td></tr>
<tr><td colspan="2">导线（t/km）</td><td colspan="3">41.58</td><td>地线（t/km）</td><td>1.43</td></tr>
<tr><td colspan="2">塔数（基/km）</td><td colspan="3">2.40</td><td>铁塔钢材（t/km）</td><td>253.34</td></tr>
<tr><td colspan="2">基础钢材（t/km）</td><td colspan="3">30.20</td><td>接地钢材（t/km）</td><td>1.19</td></tr>
<tr><td colspan="2">合成绝缘子（支/km）</td><td colspan="3"></td><td rowspan="2">间隔棒（个/km）</td><td rowspan="2">134.00</td></tr>
<tr><td colspan="2">盘式绝缘子（片/km）</td><td colspan="3">1742.98</td></tr>
<tr><td colspan="2">防振锤（个/km）</td><td colspan="3">104.00</td><td>挂线金具（t/km）</td><td>6.12</td></tr>
<tr><td rowspan="2">土石方量（m³/km）</td><td>类型</td><td>基面</td><td>基坑</td><td>接地</td><td>混凝土（m³/km）</td><td>342.10</td></tr>
<tr><td>数量</td><td>30.00</td><td>366.05</td><td>281.88</td><td>护坡、排水沟、保坎（m³/km）</td><td>35.00</td></tr>
</table>

104.2　概算书

概算投资为静态投资，编制依据见第 4 章。500kV 输电线路工程典型方案 5GD3-J 总概算表、安装工程费用汇总概算表、其他费用概算表分别见表 104-4～表 104-6。

表 104-4　　**典型方案 5GD3-J 总概算表**

序号	工程或费用名称	费用金额（万元）	各项占总计（%）	单位投资（万元/km）
一	架空输电线路本体工程	41504	82.77	830.08
二	辅助设施工程			
	小计	41504	82.77	830.08
三	编制期价差	3582	7.14	71.64
四	其他费用	4545	9.06	90.9
	其中：建设场地征用及清理费	1000	1.99	20
五	基本预备费	496	0.99	9.92
六	特殊项目（工程现场人员管理系统费用）	19	0.04	0.38
	工程静态投资	50146	100.00	1002.92

表 104-5　　　　**典型方案 5GD3-J 安装工程费用汇总概算表**　　　　金额单位：元

序号	工程或费用名称	取费基数	费率（%）	基础工程	杆塔工程	接地工程	架线工程	附件工程	辅助工程	合计	各项占总计（%）	单位投资（元/km）
一	直接费（C）			65500015	138905775	2031690	44151368	55939738	6747409	313275995	75.48	6265519.90
1	直接工程费（B）	1）+2）		56066963	129665082	1721918	42521929	52338179	5649752	287963823	69.38	5759276.46
1）	定额直接费			45141374	34988385	1488165	6460044	13759004	5257556	107094528	25.80	2141890.56
	其中：人工费（A）			41584858	31049926	1384337	2807606	11853612	4976258	93656597	22.57	1873131.94
	机械费			2995965	3448185	51863	3388635	1829641	259194	11973483	2.88	239469.66
2）	装置性材料费			10925589	94676697	233753	36061885	38579175	392196	180869295	43.58	3617385.90
2	措施费			9433052	9240693	309772	1629439	3601559	1097657	25312172	6.10	506243.44
1）	冬雨季施工增加费	A	7.23	3006584	2244910	100087	202989	857016	359783	6771369	1.63	135427.38
2）	施工工具用具使用费	A	2.7	1122791	838348	37376	75806	320047	134359	2528727	0.61	50574.54
3）	临时设施费	B	6.59	2740442	2046190	91228	185021	781154	327935	6171970	1.49	123439.40
4）	施工机构迁移费	A	2.20	914867	683099	30456	61767	260779	109477	2060445	0.50	41208.90
5）	安全文明施工费	B	2.94	1648368	3428146	50625	1103856	1382563	166103	7779661	1.87	155593.22
二	间接费			28528875	21301493	949711	1926133	8132050	3413911	64252173	15.48	1285043.46
1	规费			17916420	13377551	596428	1209630	5107009	2143970	40351008	9.72	807020.16
1）	社会保险费	A	29.25	12165235	9083346	404974	821337	3467655	1455754	27398301	6.60	547966.02
2）	住房公积金	A	12.24	5089986	3800511	169443	343652	1450882	609094	11463568	2.76	229271.36
3）	危险作业意外伤害保险费	A	1.59	661199	493694	22011	44641	188472	79122	1489139	0.36	29782.78
2	企业管理费	A	21.82	9073816	6775094	302062	612620	2586458	1085819	20435869	4.92	408717.38
3	高原医疗保障费	A	1.53	636248	475064	21180	42957	181360	76138	1432947	0.35	28658.94
4	高原习服费	A	1.64	681991	509219	22704	46045	194399	81610	1535968	0.37	30719.36
5	施工企业配合调试费	C	0.53	220400	164565	7337	14881	62824	26374	496381	0.12	9927.62
三	利润	一+二	16.2	6736747	5030088	224263	454832	1920285	806154	15172369	3.66	303447.38
四	税金	一+二+三	10.0	10076564	7056066	320566	1047044	2741290	1096748	22338278	5.38	446765.56
	安装工程费合计	一～四合计		110842201	172293422	3526230	47579377	68733363	12064222	415038815	100.00	8300776.30
	各项占总计（%）			27	42	1	10	17	3	100		
	单位投资（元/km）			2216844	3445868	70525	951588	1374667	241285	8300776		

表 104-6　　　　**典型方案 5GD3-J 其他费用概算表**　　　　金额单位：元

序号	工程或费用名称	编制依据及计算说明	合　价
1	建设场地征用及清理费		10000000
2	项目建设管理费		9408214

续表 104-6

序号	工程或费用名称	编制依据及计算说明	合　价
2.1	项目法人管理费	（取费人工费×人工海拔调整系数）×4.75%	4448688
2.2	招标费	安装工程费×0.28%	1162109
2.3	工程监理费		1605500
2.5	工程结算审核费	安装工程费×0.30%	1245116
2.6	工程保险费	（安装工程费+编制年价差）×0.21%	946801
3	项目建设技术服务费		25226181
3.1	项目前期工作费	（勘察费+基本设计费）×12.16%	1880427
3.3	勘察设计费		18780763
3.3.1	勘察费		3500000
3.3.2	海拉瓦优化选线	50km×0.93 万元/km	465000
3.3.3	高清晰度卫片选线	50km×0.20 万元/km	100000
3.3.4	设计费	国家电网电定〔2014〕19 号	14715763
3.4	设计文件评审费		1189000
3.4.1	可行性研究设计文件评审费	50km×0.36 万元/km×1.8	324000
3.4.2	初步设计文件评审费	50km×0.49 万元/km×1.8	441000
3.4.3	施工图文件审查费	50km×0.53 万元/km×1.6	424000
3.5	项目后评价费	（取费人工费×人工海拔调整系数）×1.50%	1404849
3.6	工程建设检测费		1556103
3.6.1	电力工程质量检测费	（取费人工费×人工海拔调整系数）×1.20%	1123879
3.6.3	环境监测验收费		200000
3.6.4	水土保持项目验收及补偿费		232224
3.7	电力工程技术经济标准编制管理费	安装工程费×0.10%	415039
4	生产准备费		814812
4.2	工器具及办公家具购置费	（取费人工费×人工海拔调整系数）×0.62%	580671
4.3	生产职工培训及提前进场费	（取费人工费×人工海拔调整系数）×0.25%	234141
	合计		45449207

第 105 章　典型方案 5GE11-J 通用造价

105.1　基本技术条件

典型方案 5GE11-J 为《国家电网公司标准化建设成果（35～750kV 输变电工程通用设计、通用设备）应用目录（2018 年版）》中 5E11 模块在峻岭地形条件下的典型方案，直线塔、耐张塔均采用鼓型铁塔。按照平均海拔 3500m 编制概算。典型方案 5GE11-J 一般条件、交叉跨越、主要材料单位路径长度指标分别见表 105-1～表 105-3。

表 105-1　　典型方案 5E11-J 一般条件表

电压等级（kV）	500	回路数	双回路	
导线型号	4×JL/G1A-630/45	地线型号	JLB20A-150	
路径长度（km）	50	气象条件	覆冰（mm）	风速（m/s）

续表 105-1

地形		峻岭			气象条件			10		27
地质条件	条件	普通土	坚土	松砂石	水坑	泥水坑	流沙坑	干砂坑	岩石（爆破）	岩石（人工）
	比例（%）	10	10	30					25	25
基础	型式	板式	台阶		掏挖	岩石嵌固		岩石锚固	灌注桩	
	比例（%）				100					
铁塔	类别	直线	耐张		总基数（基）	运距（km）		人力	汽车	
	比例（%）	45	55		120			1.5	25	
路径长度单位造价（万元/km）					本体造价			860.94		
					静态造价			1034.38		

表 105-2　　典型方案 5GE11-J 交叉跨越表

序号	被跨越物名称	跨越次数	备注
1	铁路	1	
2	高速公路	1	双向四车道以上
	一般公路	2	
3	500kV 电力线	1	
	220kV 电力线	1	
	110kV 电力线	4	
	66kV 电力线		
	35kV 电力线	1	
	10kV 电力线	16	
	低压线	32	380V 及以下线路
4	通信线	15	
5	河流	1	
6	水库		

表 105-3　　典型方案 5GE11-J 主要材料路径长度单位指标

项目		数据			项目	数据
导线（t/km）		51.29			地线（t/km）	1.43
塔数（基/km）		2.40			铁塔钢材（t/km）	248.49
基础钢材（t/km）		32.10			接地钢材（t/km）	1.19
合成绝缘子（支/km）					间隔棒（个/km）	134.00
盘式绝缘子（片/km）		1742.98				
防振锤（个/km）		104.00			挂线金具（t/km）	6.33
土石方量（m^3/km）	类型	基面	基坑	接地	混凝土（m^3/km）	365.30
	数量	30.00	390.87	281.88	护坡、排水沟、保坎（m^3/km）	35.00

105.2　概算书

概算投资为静态投资，编制依据见第 4 章。500kV 输电线路工程典型方案 5GE11-J 总概算表、安装工程费用汇总概算表、其他费用概算表分别见表 105-4～表 105-6。

表 105-4　　　　典型方案 5GE11-J 总概算表

序号	工程或费用名称	费用金额（万元）	各项占总计（%）	单位投资（万元/km）
一	架空输电线路本体工程	43047	83.23	860.94
二	辅助设施工程			
	小计	43047	83.23	860.94
三	编制期价差	3523	6.81	70.46
四	其他费用	4618	8.93	92.36
	其中：建设场地征用及清理费	1000	1.93	20
五	基本预备费	512	0.99	10.24
六	特殊项目（工程现场人员管理系统费用）	19	0.04	0.38
	工程静态投资	51719	100.00	1034.38

表 105-5　　　　典型方案 5GE11-J 安装工程费用汇总概算表　　　　金额单位：元

序号	工程或费用名称	取费基数	费率（%）	基础工程	杆塔工程	接地工程	架线工程	附件工程	辅助工程	合计	各项占总计（%）	单位投资（元/km）
一	直接费（C）			69687818	135619107	2031690	55851784	56760316	6747409	326698124	75.89	6533962.48
1	直接工程费（B）	1)+2)		59636696	126654539	1721918	53928024	53123676	5649752	300714605	69.86	6014292.10
1）	定额直接费			48116043	33791826	1488165	6557861	13843292	5257556	109054743	25.33	2181094.86
	其中：人工费（A）			44325868	30008414	1384337	2833372	11932830	4976258	95461079	22.18	1909221.58
	机械费			3193823	3328157	51863	3460591	1834633	259194	12128261	2.82	242565.22
2）	装置性材料费			11520653	92862713	233753	47370163	39280384	392196	191659862	44.52	3833197.24
2	措施费			10051122	8964568	309772	1923760	3636640	1097657	25983519	6.04	519670.38
1）	冬雨季施工增加费	A	7.23	3204760	2169609	100087	204852	862744	359783	6901835	1.60	138036.70
2）	施工工具用具使用费	A	2.7	1196799	810227	37376	76501	322186	134359	2577448	0.60	51548.96
3）	临时设施费	B	6.59	2921074	1977554	91228	186719	786374	327935	6290884	1.46	125817.68
4）	施工机构迁移费	A	2.20	975169	660185	30456	62334	262522	109477	2100143	0.49	42002.86
5）	安全文明施工费	B	2.94	1753320	3346993	50625	1393354	1402814	166103	8113209	1.88	162264.18
二	间接费			30409321	20586971	949711	1943808	8186397	3413911	65490119	15.21	1309802.38
1	规费			19097359	12928824	596428	1220730	5141140	2143970	41128451	9.55	822569.02
1）	社会保险费	A	29.25	12967090	8778661	404974	828874	3490830	1455754	27926183	6.49	558523.66
2）	住房公积金	A	12.24	5425487	3673030	169443	346805	1460578	609094	11684437	2.71	233688.74
3）	危险作业意外伤害保险费	A	1.59	704782	477133	22011	45051	189732	79122	1517831	0.35	30356.62
2	企业管理费	A	21.82	9671904	6547836	302062	618242	2603743	1085819	20829606	4.84	416592.12
3	高原医疗保障费	A	1.53	678186	459129	21180	43351	182572	76138	1460556	0.34	29211.12
4	高原习服费	A	1.64	726944	492138	22704	46467	195698	81610	1565561	0.36	31311.22
5	施工企业配合调试费	C	0.53	234928	159044	7337	15018	63244	26374	505945	0.12	10118.90
三	利润	一+二	16.2	7180791	4861363	224263	459006	1933118	806154	15464695	3.59	309293.90

续表 105-5

序号	工程或费用名称	取费基数	费率（%）	基础工程	杆塔工程	接地工程	架线工程	附件工程	辅助工程	合计	各项占总计（%）	单位投资（元/km）
四	税金	一+二+三	10.0	10727794	6820473	320566	1088444	2759945	1096748	22813970	5.30	456279.40
	安装工程费合计	一～四合计		118005724	167887914	3526230	59343042	69639776	12064222	430466908	100.00	8609338.16
	各项占总计（%）			27	39	1	14	16	3	100		
	单位投资（元/km）			2360114	3357758	70525	1186861	1392796	241285	8609338		

表 105-6　　**典型方案 5GE11-J 其他费用概算表**　　金额单位：元

序号	工程或费用名称	编制依据及计算说明	合　价
1	建设场地征用及清理费		10000000
2	项目建设管理费		9614583
2.1	项目法人管理费	（取费人工费×人工海拔调整系数）×4.75%	4534401
2.2	招标费	安装工程费×0.28%	1205307
2.3	工程监理费		1605500
2.5	工程结算审核费	安装工程费×0.30%	1291401
2.6	工程保险费	（安装工程费+编制年价差）×0.21%	977974
3	项目建设技术服务费		25739078
3.1	项目前期工作费	（勘察费+基本设计费）×12.16%	1920799
3.3	勘察设计费		19189139
3.3.1	勘察费		3500000
3.3.1.1	海拉瓦优化选线	50km×0.93 万元/km	465000
3.3.1.2	高清晰度卫片选线	50km×0.20 万元/km	100000
3.3.2	设计费	国家电网电定〔2014〕19 号	15124139
3.4	设计文件评审费		1189000
3.4.1	可行性研究设计文件评审费	50km×0.36 万元/km×1.8	324000
3.4.2	初步设计文件评审费	50km×0.49 万元/km×1.8	441000
3.4.3	施工图文件审查费	50km×0.53 万元/km×1.6	424000
3.5	项目后评价费	（取费人工费×人工海拔调整系数）×1.5%	1431916
3.6	工程建设检测费		1577757
3.6.1	电力工程质量检测费	（取费人工费×人工海拔调整系数）×1.2%	1145533
3.6.3	环境监测验收费		200000
3.6.4	水土保持项目验收及补偿费		232224
3.7	电力工程技术经济标准编制管理费	安装工程费×0.1%	430467
4	生产准备费		830512
4.2	工器具及办公家具购置费	（取费人工费×人工海拔调整系数）×0.62%	591859
4.3	生产职工培训及提前进场费	（取费人工费×人工海拔调整系数）×0.25%	238653
	合计		46184173

第 106 章　典型方案 5GE12-J 通用造价

106.1　基本技术条件

典型方案 5GE12-J 为《国家电网公司标准化建设成果（35～750kV 输变电工程通用设计、通用设备）应用目录（2018 年版）》中 5GE12 模块在峻岭地形条件下的典型方案，直线塔、耐张塔均采用鼓型铁塔。按照平均海拔 3500m 编制概算。典型方案 5GE12-J 一般条件、交叉跨越、主要材料单位路径长度指标分别见表 106-1～表 106-3。

表 106-1　　典型方案 5GE12-J 一般条件表

电压等级（kV）		500			回路数		双回路			
导线型号		4×JL/G1A-630/45			地线型号		JLB20A-150			
路径长度（km）		50			气象条件		覆冰（mm）		风速（m/s）	
地形		峻岭					15		27	
地质条件	条件	普通土	坚土	松砂石	水坑	泥水坑	流沙坑	干砂坑	岩石（爆破）	岩石（人工）
	比例（%）	10	10	30					25	25
基础	型式	板式	台阶	掏挖	岩石嵌固	岩石锚固	灌注桩			
	比例（%）			100						
铁塔	类别	直线	耐张	总基数（基）	运距（km）	人力	汽车			
	比例（%）	45	55	120		1.5	25			
路径长度单位造价（万元/km）				本体造价		928.86				
				静态造价		1113.94				

表 106-2　　典型方案 5GE12-J 交叉跨越表

序号	被跨越物名称	跨越次数	备注
1	铁路	1	
2	高速公路	1	双向四车道以上
	一般公路	2	
3	500kV 电力线	1	
	220kV 电力线	1	
	110kV 电力线	4	
	66kV 电力线		
	35kV 电力线	1	
	10kV 电力线	16	
	低压线	32	380V 及以下线路
4	通信线	15	
5	河流	1	
6	水库		

表 106-3　　典型方案 5GE12-J 主要材料路径长度单位指标

项目	数据	项目	数据
导线（t/km）	51.29	地线（t/km）	1.43
塔数（基/km）	2.40	铁塔钢材（t/km）	287.32

续表 106-3

项目		数据			项目	数据
基础钢材（t/km）		34.10			接地钢材（t/km）	1.19
合成绝缘子（支/km）					间隔棒（个/km）	138.00
盘式绝缘子（片/km）		1742.98				
防振锤（个/km）		104.00			挂线金具（t/km）	6.33
土石方量（m^3/km）	类型	基面	基坑	接地	混凝土（m^3/km）	387.90
	数量	30.00	415.05	281.88	护坡、排水沟、保坎（m^3/km）	35.00

106.2　概算书

概算投资为静态投资，编制依据见第 4 章。500kV 输电线路工程典型方案 5E12-J 总概算表、安装工程费用汇总概算表、其他费用概算表分别见表 106-4～表 106-6。

表 106-4　　典型方案 5GE12-J 总概算表

序号	工程或费用名称	费用金额（万元）	各项占总计（%）	单位投资（万元/km）
一	架空输电线路本体工程	46443	83.39	928.86
二	辅助设施工程			
	小计	46443	83.39	928.86
三	编制期价差	3873	6.95	77.46
四	其他费用	4811	8.64	96.22
	其中：建设场地征用及清理费	1000	1.80	20
五	基本预备费	551	0.99	11.02
六	特殊项目（工程现场人员管理系统费用）	19	0.03	0.38
	工程静态投资	55697	100.00	1113.94

表 106-5　　典型方案 5GE12-J 安装工程费用汇总概算表　　金额单位：元

序号	工程或费用名称	取费基数	费率（%）	基础工程	杆塔工程	接地工程	架线工程	附件工程	辅助工程	合计	各项占总计（%）	单位投资（元/km）
一	直接费（C）			74093709	156516133	2031690	56328963	56760316	6747409	352478220	75.90	7049564.40
1	直接工程费（B）	1)+2)		63421038	146201033	1721918	54323569	53123676	5649752	324440986	69.86	6488819.72
1）	定额直接费			51076018	38829881	1488165	6953406	13843292	5257556	117448318	25.29	2348966.36
	其中：人工费（A）			47051770	34467334	1384337	3207328	11932830	4976258	103019857	22.18	2060397.14
	机械费			3392350	3819224	51863	3482157	1834633	259194	12839421	2.76	256788.42
2）	装置性材料费			12345020	107371152	233753	47370163	39280384	392196	206992668	44.57	4139853.36
2	措施费			10672671	10315100	309772	2005394	3636640	1097657	28037234	6.04	560744.68
1）	冬雨季施工增加费	A	7.23	3401843	2491989	100087	231889	862744	359783	7448335	1.60	148966.70
2）	施工工具用具使用费	A	2.7	1270398	930618	37376	86598	322186	134359	2781535	0.60	55630.70
3）	临时设施费	B	6.59	3100712	2271398	91228	211363	786374	327935	6789010	1.46	135780.20
4）	施工机构迁移费	A	2.20	1035139	758281	30456	70561	262522	109477	2266436	0.49	45328.72

续表 106-5

序号	工程或费用名称	取费基数	费率(%)	基础工程	杆塔工程	接地工程	架线工程	附件工程	辅助工程	合计	各项占总计(%)	单位投资(元/km)
5)	安全文明施工费	B	2.94	1864579	3862814	50625	1404983	1402814	166103	8751918	1.88	175038.36
二	间接费			32279394	23645970	949711	2200357	8186397	3413911	70675740	15.22	1413514.80
1	规费			20271784	14849904	596428	1381846	5141140	2143970	44385072	9.56	887701.44
1)	社会保险费	A	29.25	13764525	10083073	404974	938271	3490830	1455754	30137427	6.49	602748.54
2)	住房公积金	A	12.24	5759137	4218801	169443	392578	1460578	609094	12609631	2.72	252192.62
3)	危险作业意外伤害保险费	A	1.59	748122	548030	22011	50997	189732	79122	1638014	0.35	32760.28
2	企业管理费	A	21.82	10266696	7520773	302062	699839	2603743	1085819	22478932	4.84	449578.64
3	高原医疗保障费	A	1.53	719891	527351	21180	49072	182572	76138	1576204	0.34	31524.08
4	高原习服费	A	1.64	771649	565265	22704	52600	195698	81610	1689526	0.36	33790.52
5	施工企业配合调试费	C	0.53	249374	182677	7337	17000	63244	26374	546006	0.12	10920.12
三	利润	一+二	16.2	7622387	5583708	224263	519587	1933118	806154	16689217	3.59	333784.34
四	税金	一+二+三	10.0	11399549	7837466	320566	1167875	2759945	1096748	24582149	5.29	491642.98
	安装工程费合计	一～四合计		125395039	193583277	3526230	60216782	69639776	12064222	464425326	100.00	9288506.52
	各项占总计(%)			27	42	1	13	15	2	100		
	单位投资(元/km)			2507901	3871666	70525	1204336	1392796	241285	9288507		

表 106-6　　典型方案 5GE12-J 其他费用概算表　　金额单位：元

序号	工程或费用名称	编制依据及计算说明	合　价
1	建设场地征用及清理费		10000000
2	项目建设管理费		10249230
2.1	项目法人管理费	（取费人工费×人工海拔调整系数）×4.75%	4893443
2.2	招标费	安装工程费×0.28%	1300391
2.3	工程监理费		1605500
2.5	工程结算审核费	安装工程费×0.30%	1393276
2.6	工程保险费	（安装工程费+编制年价差）×0.21%	1056620
3	项目建设技术服务费		26964853
3.1	项目前期工作费	（勘察费+基本设计费）×12.16%	2009663
3.3	勘察设计费		20088005
3.3.1	勘察费		3500000
3.3.1.1	海拉瓦优化选线	50km×0.93 万元/km	465000
3.3.1.2	高清晰度卫片选线	50km×0.20 万元/km	100000
3.3.2	设计费	国家电网电定〔2014〕19 号	16023005
3.4	设计文件评审费		1189000

续表 106-6

序号	工程或费用名称	编制依据及计算说明	合　价
3.4.1	可行性研究设计文件评审费	50km×0.36 万元/km×1.8	324000
3.4.2	初步设计文件评审费	50km×0.49 万元/km×1.8	441000
3.4.3	施工图文件审查费	50km×0.53 万元/km×1.6	424000
3.5	项目后评价费	（取费人工费×人工海拔调整系数）×1.50%	1545298
3.6	工程建设检测费		1668462
3.6.1	电力工程质量检测费	（取费人工费×人工海拔调整系数）×1.20%	1236238
3.6.3	环境监测验收费		200000
3.6.4	水土保持项目验收及补偿费		232224
3.7	电力工程技术经济标准编制管理费	安装工程费×0.10%	464425
4	生产准备费		896273
4.2	工器具及办公家具购置费	（取费人工费×人工海拔调整系数）×0.62%	638723
4.3	生产职工培训及提前进场费	（取费人工费×人工海拔调整系数）×0.25%	257550
	合计		48110356

第 107 章　典型方案 3GA3-P 通用造价

107.1　基本技术条件

典型方案 3GA3-P 为《国家电网公司输变电工程通用设计 500（330）kV 输电线路分册（2011 年版）》中 3A3 模块在平地地形条件下的典型方案，直线塔采用猫头型铁塔，耐张塔采用干字型铁塔，按照平均海拔 3250m 编制概算。典型方案 3GA3-P 一般条件、交叉跨越、主要材料单位路径长度指标分别见表 107-1～表 107-3。

表 107-1　　典型方案 3GA3-P 一般条件表

<table>
<tr><td colspan="2">电压等级（kV）</td><td colspan="3">330</td><td colspan="2">回路数</td><td colspan="4">单回路</td></tr>
<tr><td colspan="2">导线型号</td><td colspan="3">2×JL/G1A-400/35</td><td colspan="2">地线型号</td><td colspan="4">JLB20A-120</td></tr>
<tr><td colspan="2">路径长度（km）</td><td colspan="3">50</td><td colspan="2" rowspan="2">气象条件</td><td colspan="2">覆冰（mm）</td><td colspan="2">风速（m/s）</td></tr>
<tr><td colspan="2">地形</td><td colspan="3">平地</td><td colspan="2">10</td><td colspan="2">27</td></tr>
<tr><td rowspan="2">地质条件</td><td>条件</td><td>普通土</td><td>坚土</td><td>松砂石</td><td>水坑</td><td>泥水坑</td><td>流沙坑</td><td>干砂坑</td><td>岩石（爆破）</td><td>岩石（人工）</td></tr>
<tr><td>比例（%）</td><td>5</td><td>40</td><td>50</td><td>5</td><td></td><td></td><td></td><td></td><td></td></tr>
<tr><td rowspan="2">基础</td><td>型式</td><td colspan="2">板式</td><td>台阶</td><td colspan="2">掏挖</td><td>岩石嵌固</td><td colspan="2">岩石锚固</td><td colspan="2">灌注桩</td></tr>
<tr><td>比例（%）</td><td colspan="2">70</td><td></td><td colspan="2">20</td><td></td><td colspan="2"></td><td colspan="2">10</td></tr>
<tr><td rowspan="2">铁塔</td><td>类别</td><td colspan="2">直线</td><td>耐张</td><td colspan="2">总基数（基）</td><td rowspan="2">运距（km）</td><td colspan="2">人力</td><td colspan="2">汽车</td></tr>
<tr><td>比例（%）</td><td colspan="2">84</td><td>16</td><td colspan="2">130</td><td colspan="2">0.3</td><td colspan="2">25</td></tr>
<tr><td colspan="5" rowspan="2">路径长度单位造价（万元/km）</td><td colspan="3">本体造价</td><td colspan="3">83.60</td></tr>
<tr><td colspan="3">静态造价</td><td colspan="3">116.80</td></tr>
</table>

表 107-2　　典型方案 3GA3-P 交叉跨越表

序号	被跨越物名称	跨 越 次 数	备　注
1	铁路	1	
2	高速公路	1	双向四车道以上

续表 107-2

序号	被跨越物名称	跨越次数	备注
2	一般公路	27	
3	500kV 电力线		
	220kV 电力线		
	110kV 电力线	6	
	66kV 电力线		
	35kV 电力线	4	
	10kV 电力线	40	
	低压线	31	380V 及以下线路
4	通信线	36	
5	河流	1	
6	水库		

表 107-3　　典型方案 3GA3-P 主要材料路径长度单位指标

<table>
<tr><td colspan="2">项目</td><td colspan="3">数据</td><td>项目</td><td>数据</td></tr>
<tr><td colspan="2">导线（t/km）</td><td colspan="3">8.38</td><td>地线（t/km）</td><td>1.70</td></tr>
<tr><td colspan="2">塔数（基/km）</td><td colspan="3">2.60</td><td>铁塔钢材（t/km）</td><td>35.07</td></tr>
<tr><td colspan="2">基础钢材（t/km）</td><td colspan="3">4.22</td><td>接地钢材（t/km）</td><td>0.30</td></tr>
<tr><td colspan="2">合成绝缘子（支/km）</td><td colspan="3">12.72</td><td rowspan="2">间隔棒（个/km）</td><td rowspan="2">58.00</td></tr>
<tr><td colspan="2">盘式绝缘子（片/km）</td><td colspan="3">189.44</td></tr>
<tr><td colspan="2">防振锤（个/km）</td><td colspan="3">69.00</td><td>挂线金具（t/km）</td><td>0.70</td></tr>
<tr><td rowspan="2">土石方量（m^3/km）</td><td>类型</td><td>基面</td><td>基坑</td><td>接地</td><td>混凝土（m^3/km）</td><td>48.16</td></tr>
<tr><td>数量</td><td></td><td>391.06</td><td>117.00</td><td>护坡、排水沟、保坎（m^3/km）</td><td></td></tr>
</table>

107.2　概算书

概算投资为静态投资，编制依据见第 4 章。330kV 输电线路工程典型方案 3GA3-P 总概算表、安装工程费用汇总概算表、其他费用概算表分别见表 107-4～表 107-6。

表 107-4　　典型方案 3GA3-P 总概算表

序号	工程或费用名称	费用金额（万元）	各项占总计（%）	单位投资（万元/km）
一	架空输电线路本体工程	4180	71.58	83.60
二	辅助设施工程			
	小计	4180	71.58	83.60
三	编制期价差	223	3.82	4.46
四	其他费用	1360	23.29	27.20
	其中：建设场地征用及清理费	650		
五	基本预备费	58	0.99	1.16
六	特殊项目（工程现场人员管理系统费用）	19	0.33	0.38
	工程静态投资	5840	100.00	116.80

表 107-5　　典型方案 3GA3-P 安装工程费用汇总概算表　　金额单位：元

序号	工程或费用名称	取费基数	费率（%）	基础工程	杆塔工程	接地工程	架线工程	附件工程	辅助工程	合计	各项占总计（%）	单位投资（元/km）
一	直接费			5143684	15056797	1083914	10739900	3819451	26269	35870015	85.81	717400
1	直接工程费			4597615	14488028	1017745	10275447	3618006	24240	34021081	81.39	680422
1.1	定额直接费			2929479	1317467	211710	2024373	682271	24240	7189540	17.20	143791
1.1.1	人工费		95.7	2194982	1048412	193633	1046034	571379	7028	5061468	12.11	101229
1.1.2	材料费			147571	12130	1931	221399	11522	6787	401340	0.96	8027
1.1.3	施工机械使用费		98.4	586926	256925	16146	756940	99370	10425	1726732	4.13	34535
1.2	装置性材料费			1668136	13170561	806035	8251074	2935735		26831541	64.19	536631
1.2.1	甲供装置性材料费				13170561		8251074	2935735		24357370	58.27	487147
1.2.2	乙供装置性材料费			1668136		806035				2474171	5.92	49483
2	措施费			546069	568769	66169	464453	201445	2029	1848934	4.42	36979
2.1	冬雨季施工增加费		7.23	158696	75801	14000	75628	41311	508	365944	0.88	7319
2.2	夜间施工增加费											
2.3	施工工具用具使用费		2.7	59264	28307	5228	28242	15427	190	136658	0.33	2733
2.4	临时设施费		6.59	144649	69091	12760	68933	37654	463	333550	0.80	6671
2.5	施工机构转移费		2.2	48290	23065	4260	23013	12570	155	111353	0.27	2227
2.6	安全文明施工费		2.94	135170	372505	29921	268637	94483	713	901429	2.16	18029
二	间接费			1528676	730156	134855	728501	397932	4895	3525015	8.43	70500
1	规费			968515	462601	85439	461553	252115	3101	2233324	5.34	44666
1.1	社会保险费		30.294	664948	317605	58659	316886	173093	2129	1533320	3.67	30666
1.2	住房公积金		12.240	268666	128326	23701	128035	69937	860	619525	1.48	12391
1.3	危险作业意外伤害保险费		1.59	34901	16670	3079	16632	9085	112	80479	0.19	1610
2	企业管理费		21.82	478945	228764	42251	228245	124675	1534	1104414	2.64	22088
3	高原医疗保障费		1.53	33584	16040	2962	16004	8742	108	77440	0.19	1549
4	高原习服费		1.64	35998	17194	3176	17155	9371	115	83009	0.20	1660
5	施工企业配合调试费		0.53	11634	5557	1027	5544	3029	37	26828	0.06	537
三	利润		16.2	355588	169843	31368	169457	92564	1139	819959	1.96	16399
四	税金		10.	702794	278624	125014	338678	137422	3230	1585762	3.79	31715
五	合计			7730742	16235420	1375151	11976536	4447369	35533	41800751	100.00	836015
	各项占总计（%）			18	39	3	29	11	0	100		
	单位投资（元/km）			154615	324708	27503	239531	88947	711	836015		

表 107-6　　典型方案 3GA3-P 其他费用概算表　　金额单位：元

序号	工程或费用名称	编制依据及计算说明	合　价
1	建设场地征用及清理费	建设场地征用及清理费	6500000
2	项目建设管理费		1438837
2.1	项目法人管理费	（取费人工费×人工海拔调整系数）×4.75%	240420
2.2	招标费	本体工程费×0.28%	117042
2.3	工程监理费		863500
2.5	工程结算审核费	本体工程费×0.3%	125402
2.6	工程保险费	（本体工程费+编制基准期价差）×0.21%	92473
3	项目建设技术服务费		5619772
3.1	项目前期工作费	（勘测费+基本设计费）×12.16%	402080
3.3	勘察设计费		4016759
3.3.1	勘察费		2475000
3.3.1.1	勘测费		2000000
3.3.1.2	高清卫片费用	2000 元/km×线路亘长	100000
3.3.1.3	海拉瓦费用	7500 元/km×线路亘长	375000
3.3.2	设计费		1541759
3.3.2.1	基本设计费	执行国家电网电定〔2014〕19 号	1306575
3.3.2.2	预算编制费	基本设计费×10%	130658
3.3.2.3	竣工图文件编制费	基本设计费×8%	104526
3.4	设计文件评审费		649000
3.4.1	可行性研究设计文件评审费	3600 元/km×线路亘长	180000
3.4.2	初步设计文件评审费	4900 元/km×线路亘长	245000
3.4.3	施工图文件审查费	执行定额〔2018〕40 号	224000
3.5	项目后评价费	（取费人工费×人工海拔调整系数）×1.5%	75922
3.6	工程建设检测费		434210
3.6.1	电力工程质量检测费	（取费人工费×人工海拔调整系数）×1.2%	60738
3.6.3	环境监测验收费		200000
3.6.4	水土保持项目验收及补偿费		173472
3.7	电力工程技术经济标准编制管理费	本体工程费×0.1%	41801
4	生产准备费		44035
4.2	工器具及办公家具购置费	（取费人工费×人工海拔调整系数）×0.62%	31381
4.3	生产职工培训及提前进场费	（取费人工费×人工海拔调整系数）×0.25%	12654
	合计		13602644

第 108 章　典型方案 3GA3-Q 通用造价

108.1　基本技术条件

典型方案 3GA3-Q 为《国家电网公司输变电工程通用设计 500（330）kV 输电线路分册（2011 年版）》中 3A3 模块在山地形条件下的典型方案，直线塔采用猫头型铁塔，耐张塔采用干字型铁塔，按照平均海拔 3250m 编制概算。典型方案 3GA3-Q 一般条件、交叉跨越、主要材料单位路径长度指标分别见表 108-1～表 108-3。

表 108-1　　典型方案 3GA3-Q 一般条件表

电压等级（kV）		330			回路数			单回路		
导线型号		2×JL/G1A-400/35			地线型号			JLB20A-120		
路径长度（km）		50			气象条件			覆冰　（mm）		风速（m/s）
地形		平地						10		27
地质条件	条件	普通土	坚土	松砂石	水坑	泥水坑	流沙坑	干砂坑	岩石（爆破）	岩石（人工）
	比例（%）	25	25	30					10	10
基础	型式	板式	台阶		掏挖	岩石嵌固		岩石锚固	灌注桩	
	比例（%）	40			60					
铁塔	类别	直线	耐张		总基数（基）	运距（km）		人力	汽车	
	比例（%）	81	19		125			0.6	25	
路径长度单位造价（万元/km）					本体造价			87.6		
					静态造价			123.42		

表 108-2　　典型方案 3GA3-Q 交叉跨越表

序号	被跨越物名称	跨　越　次　数	备　　注
1	铁路	1	
2	高速公路	1	双向四车道以上
	一般公路	8	
3	500kV 电力线		
	220kV 电力线		
	110kV 电力线	8	
	66kV 电力线	0	
	35kV 电力线	5	
	10kV 电力线	12	
	低压线	11	380V 及以下线路
4	通信线	21	
5	河流	1	
6	水库		

表 108-3　　典型方案 3GA3-Q 主要材料路径长度单位指标

项目		数据			项目	数据
导线（t/km）		8.38			地线（t/km）	1.70
塔数（基/km）		2.50			铁塔钢材（t/km）	34.24
基础钢材（t/km）		4.09			接地钢材（t/km）	0.30
合成绝缘子（支/km）		11.68			间隔棒（个/km）	57.00
盘式绝缘子（片/km）		162.28				
防振锤（个/km）		88.00			挂线金具（t/km）	0.70
土石方量（m^3/km）	类型	基面	基坑	接地	混凝土（m^3/km）	48.69
	数量	5.00	218.54	112.50	护坡、排水沟、保坎（m^3/km）	10.00

108.2 概算书

概算投资为静态投资，编制依据见第 4 章。330kV 输电线路工程典型方案 3GA3-Q 总概算表、安装工程费用汇总概算表、其他费用概算表分别见表 108-4～表 108-6。

表 108-4　　典型方案 3GA3-Q 总概算表

序号	工程或费用名称	费用金额（万元）	各项占总计（%）	单位投资（万元/km）
一	架空输电线路本体工程	4380	70.98	87.60
二	辅助设施工程			
	小计	4380	70.98	87.60
三	编制期价差	277	4.49	5.54
四	其他费用	1434	23.24	28.68
	其中：建设场地征用及清理费	650		
五	基本预备费	61	0.99	1.22
六	特殊项目（工程现场人员管理系统费用）	19	0.30	0.38
	工程静态投资	6171	100.00	123.42

表 108-5　　典型方案 3GA3-Q 安装工程费用汇总概算表　　金额单位：元

序号	工程或费用名称	取费基数	费率（%）	基础工程	杆塔工程	接地工程	架线工程	附件工程	辅助工程	合计	各项占总计（%）	单位投资（元/km）
一	直接费			5884674	15097184	1145578	10449991	3886055	353873	36817355	84.05	736347
1	直接工程费			5221049	14475297	1066520	10029219	3663873	306049	34762007	79.36	695240
1.1	定额直接费			3411111	1617725	287897	1778145	800132	260247	8155257	18.62	163105
1.1.1	人工费		95.700	2725023	1327382	254827	851361	673409	207402	6039404	13.79	120788
1.1.2	材料费			201543	11826	16478	168630	12164	8193	418834	0.96	8377
1.1.3	施工机械使用费		98.400	484545	278517	16592	758154	114559	44652	1697019	3.87	33940
1.2	装置性材料费			1809938	12857572	778623	8251074	2863741	45802	26606750	60.74	532135
1.2.1	甲供装置性材料费				12857572		8251074	2863741		23972387	54.73	479448
1.2.2	乙供装置性材料费			1809938		778623			45802	2634363	6.01	52687
2	措施费			663625	621887	79058	420772	222182	47824	2055348	4.69	41107
2.1	冬雨季施工增加费		7.230	197019	95970	18424	61554	48688	14995	436650	1.00	8733
2.2	夜间施工增加费											
2.3	施工工具用具使用费		2.700	73576	35839	6880	22986	18182	5600	163063	0.37	3261
2.4	临时设施费		6.590	179580	87475	16792	56104	44377	13668	397996	0.91	7960
2.5	施工机构转移费		2.200	59951	29202	5606	18730	14815	4563	132867	0.30	2657
2.6	安全文明施工费		2.940	153499	373401	31356	261398	96120	8998	924772	2.11	18495
二	间接费			1897814	924441	177470	592921	468989	144445	4206080	9.60	84122
1	规费			1202388	585693	112439	375654	297135	91515	2664824	6.08	53296
1.1	社会保险费		30.294	825518	402117	77197	257911	204002	62831	1829576	4.18	36592

续表 108-5

序号	工程或费用名称	取费基数	费率（%）	基础工程	杆塔工程	接地工程	架线工程	附件工程	辅助工程	合计	各项占总计（%）	单位投资（元/km）
1.2	住房公积金		12.240	333543	162471	31191	104207	82425	25386	739223	1.69	14784
1.3	危险作业意外伤害保险费		1.590	43327	21105	4051	13536	10708	3298	96025	0.22	1921
2	企业管理费		21.820	594601	289635	55603	185767	146938	45256	1317800	3.01	26356
3	高原医疗保障费		1.530	41692	20309	3899	13026	10303	3174	92403	0.21	1848
4	高原习服费		1.640	44691	21769	4179	13962	11044	3401	99046	0.23	1981
5	施工企业配合调试费		0.530	14442	7035	1350	4512	3569	1099	32007	0.07	640
三	利润		16.200	441453	215035	41282	137920	109092	33600	978382	2.23	19568
四	税金		10.000	822395	337909	136433	292976	160040	53191	1802944	4.12	36059
五	合计			9046336	16574569	1500763	11473808	4624176	585109	43804761	100.00	876095
	各项占总计（%）			21	38	3	26	11	1	100		
	单位投资（元/km）			180927	331491	30015	229476	92483	11702	876095		

表 108-6　　典型方案 3GA3-Q 其他费用概算表　　金额单位：元

序号	工程或费用名称	编制依据及计算说明	合　价
1	建设场地征用及清理费	建设场地征用及清理费	6500000
2	项目建设管理费		1502253
2.1	项目法人管理费	（取费人工费×人工海拔调整系数）×4.75%	286872
2.2	招标费	本体工程费×0.28%	122653
2.3	工程监理费		863500
2.5	工程结算审核费	本体工程费×0.3%	131414
2.6	工程保险费	（本体工程费+编制基准期价差）×0.21%	97814
3	项目建设技术服务费		6283398
3.1	项目前期工作费	（勘测费+基本设计费）×12.16%	469832
3.3	勘察设计费		4584225
3.3.1	勘察费		2975000
3.3.1.1	勘测费		2500000
3.3.1.2	高清卫片费用	2000 元/km×线路亘长	100000
3.3.1.3	海拉瓦费用	7500 元/km×线路亘长	375000
3.3.2	设计费		1609225
3.3.2.1	基本设计费	执行国家电网电定〔2014〕19 号	1363750
3.3.2.2	预算编制费	基本设计费×10%	136375
3.3.2.3	竣工图文件编制费	基本设计费×8%	109100
3.4	设计文件评审费		649000
3.4.1	可行性研究设计文件评审费	3600 元/km×线路亘长	180000
3.4.2	初步设计文件评审费	4900 元/km×线路亘长	245000
3.4.3	施工图文件审查费	执行定额〔2018〕40 号	224000
3.5	项目后评价费	（取费人工费×人工海拔调整系数）×1.5%	90591
3.6	工程建设检测费		445945

续表 108-6

序号	工程或费用名称	编制依据及计算说明	合　价
3.6.1	电力工程质量检测费	（取费人工费×人工海拔调整系数）×1.2%	72473
3.6.3	环境监测验收费		200000
3.6.4	水土保持项目验收及补偿费		173472
3.7	电力工程技术经济标准编制管理费	本体工程费×0.1%	43805
4	生产准备费		52543
4.2	工器具及办公家具购置费	（取费人工费×人工海拔调整系数）×0.62%	37444
4.3	生产职工培训及提前进场费	（取费人工费×人工海拔调整系数）×0.25%	15099
	合计		14338194

第 109 章　典型方案 3GA3-S 通用造价

109.1　基本技术条件

典型方案 3GA3-S 为《国家电网公司输变电工程通用设计 500（330）kV 输电线路分册（2011 年版）》中 3GA3 模块在山地形条件下的典型方案，直线塔采用猫头型铁塔，耐张塔采用干字型铁塔，按照平均海拔 3250m 编制概算。典型方案 3GA3-S 一般条件、交叉跨越、主要材料单位路径长度指标分别见表 109-1～表 109-3。

表 109-1　　典型方案 3GA3-S 一般条件表

<table>
<tr><td colspan="2">电压等级（kV）</td><td colspan="3">330</td><td colspan="2">回路数</td><td colspan="4">单回路</td></tr>
<tr><td colspan="2">导线型号</td><td colspan="3">2×JL/G1A-400/35</td><td colspan="2">地线型号</td><td colspan="4">JLB20A-120</td></tr>
<tr><td colspan="2">路径长度（km）</td><td colspan="3">50</td><td colspan="2" rowspan="2">气象条件</td><td colspan="2">覆冰　（mm）</td><td colspan="2">风速（m/s）</td></tr>
<tr><td colspan="2">地形</td><td colspan="3">山地</td><td colspan="2">10</td><td colspan="2">27</td></tr>
<tr><td rowspan="2">地质条件</td><td>条件</td><td>普通土</td><td>坚土</td><td>松砂石</td><td>水坑</td><td>泥水坑</td><td>流沙坑</td><td>干砂坑</td><td>岩石（爆破）</td><td>岩石（人工）</td></tr>
<tr><td>比例（%）</td><td>10</td><td>10</td><td>30</td><td></td><td></td><td></td><td></td><td>25</td><td>25</td></tr>
<tr><td rowspan="2">基础</td><td>型式</td><td>板式</td><td colspan="2">台阶</td><td colspan="2">掏挖</td><td>岩石嵌固</td><td>岩石锚固</td><td colspan="2">灌注桩</td></tr>
<tr><td>比例（%）</td><td>20</td><td colspan="2"></td><td colspan="2">70</td><td>5</td><td>5</td><td colspan="2"></td></tr>
<tr><td rowspan="2">铁塔</td><td>类别</td><td>直线</td><td colspan="2">耐张</td><td colspan="2">总基数（基）</td><td rowspan="2">运距（km）</td><td>人力</td><td colspan="2">汽车</td></tr>
<tr><td>比例（%）</td><td>75</td><td colspan="2">25</td><td colspan="2">115</td><td>0.9</td><td colspan="2">25</td></tr>
<tr><td colspan="5" rowspan="2">路径长度单位造价（万元/km）</td><td colspan="3">本体造价</td><td colspan="3">106.72</td></tr>
<tr><td colspan="3">静态造价</td><td colspan="3">147.02</td></tr>
</table>

表 109-2　　典型方案 3GA3-S 交叉跨越表

序号	被跨越物名称	跨　越　次　数	备　注
1	铁路	1	
2	高速公路	1	双向四车道以上
	一般公路	2	
3	500kV 电力线		
	220kV 电力线		

续表 109-2

序号	被跨越物名称	跨越次数	备注
3	110kV 电力线	10	
	66kV 电力线	0	
	35kV 电力线	7	
	10kV 电力线	5	
	低压线	23	380V 及以下线路
4	通信线	13	
5	河流	1	
6	水库		

表 109-3　　典型方案 3GA3-S 主要材料路径长度单位指标

项目		数据			项目	数据
导线（t/km）		8.42			地线（t/km）	1.70
塔数（基/km）		2.30			铁塔钢材（t/km）	35.09
基础钢材（t/km）		3.83			接地钢材（t/km）	0.30
合成绝缘子（支/km）		10.57			间隔棒（个/km）	55.00
盘式绝缘子（片/km）		156.63				
防振锤（个/km）		81.00			挂线金具（t/km）	0.70
土石方量（m^3/km）	类型	基面	基坑	接地	混凝土（m^3/km）	47.21
	数量	5.00	159.73	103.50	护坡、排水沟、保坎（m^3/km）	20.00

109.2　概算书

概算投资为静态投资，编制依据见第 4 章。330kV 输电线路工程典型方案 3GA3-S 总概算表、安装工程费用汇总概算表、其他费用概算表分别见表 109-4～表 109-6。

表 109-4　　典型方案 3GA3-S 总概算表

序号	工程或费用名称	费用金额（万元）	各项占总计（%）	单位投资（万元/km）
一	架空输电线路本体工程	5336	72.59	106.72
二	辅助设施工程			
	小计	5336	72.59	106.72
三	编制期价差	378	5.14	7.56
四	其他费用	1545	21.02	30.90
	其中：建设场地征用及清理费	650		
五	基本预备费	73	0.99	1.46
六	特殊项目（工程现场人员管理系统费用）	19	0.26	0.38
	工程静态投资	7351	100.00	147.02

表 109-5　　典型方案 3GA3-S 安装工程费用汇总概算表　　金额单位：元

序号	工程或费用名称	取费基数	费率（%）	基础工程	杆塔工程	接地工程	架线工程	附件工程	辅助工程	合计	各项占总计（%）	单位投资（元/km）
一	直接费			8275707	16558721	1340035	10897545	4095804	1148576	42316388	79.30	846328
1	直接工程费			7220073	15743323	1219203	10438005	3825446	978839	39424889	73.88	788498

续表 109-5

序号	工程或费用名称	取费基数	费率（%）	基础工程	杆塔工程	接地工程	架线工程	附件工程	辅助工程	合计	各项占总计（%）	单位投资（元/km）
1.1	定额直接费			5444181	2573498	495403	2162323	1069081	887237	12631723	23.67	252634
1.1.1	人工费		95.700	4505149	2168706	453996	994772	903040	752974	9778637	18.33	195573
1.1.2	材料费			230005	12064	20245	179556	12500	11477	465847	0.87	9317
1.1.3	施工机械使用费		98.400	709027	392728	21162	987995	153541	122786	2387239	4.47	47745
1.2	装置性材料费			1775892	13169825	723800	8275682	2756365	91602	26793166	50.21	535863
1.2.1	甲供装置性材料费				13169825		8275682	2756365		24201872	45.35	484037
1.2.2	乙供装置性材料费			1775892		723800			91602	2591294	4.86	51826
2	措施费			1055634	815398	120832	459540	270358	169737	2891499	5.42	57830
2.1	冬雨季施工增加费		7.230	325722	156797	32823	71923	65290	54441	706996	1.32	14140
2.2	夜间施工增加费											
2.3	施工工具用具使用费		2.700	121639	58555	12258	26859	24382	20330	264023	0.49	5280
2.4	临时设施费		6.590	296890	142918	29919	65556	59510	49621	644414	1.21	12888
2.5	施工机构转移费		2.200	99113	47712	9988	21885	19867	16567	215132	0.40	4303
2.6	安全文明施工费		2.940	212270	409416	35844	273317	101309	28778	1060934	1.99	21219
二	间接费			3137567	1510376	316182	692798	628913	524403	6810239	12.76	136205
1	规费			1987852	956921	200321	438932	398457	332243	4314726	8.09	86295
1.1	社会保险费		30.294	1364790	656988	137533	301356	273567	228106	2962340	5.55	59247
1.2	住房公积金		12.240	551430	265450	55570	121760	110532	92164	1196906	2.24	23938
1.3	危险作业意外伤害保险费		1.590	71632	34483	7218	15816	14358	11973	155480	0.29	3110
2	企业管理费		21.820	983024	473212	99062	217059	197044	164300	2133701	4.00	42674
3	高原医疗保障费		1.530	68929	33182	6947	15220	13816	11521	149615	0.28	2992
4	高原习服费		1.640	73885	35566	7445	16315	14810	12348	160369	0.30	3207
5	施工企业配合调试费		0.530	23877	11495	2407	5272	4786	3991	51828	0.10	1037
三	利润		16.200	729833	351330	73547	161153	146292	121983	1584138	2.97	31683
四	税金		10.000	1214311	525060	172976	347582	211464	179496	2650889	4.97	53018
五	合计			13357418	18945487	1902740	12099078	5082473	1974458	53361654	100.00	1067233
	各项占总计（%）			25	36	4	23	10	4	100		
	单位投资（元/km）			267148	378910	38055	241982	101650	39489	1067233		

表 109-6　　典型方案 3GA3-S 其他费用概算表　　金额单位：元

序号	工程或费用名称	编制依据及计算说明	合　价
1	建设场地征用及清理费	建设场地征用及清理费	6500000
2	项目建设管理费		1835984

续表 109-6

序号	工程或费用名称	编制依据及计算说明	合　价
2.1	项目法人管理费	（取费人工费×人工海拔调整系数）×4.75%	464485
2.2	招标费	本体工程费×0.28%	149413
2.3	工程监理费		942000
2.5	工程结算审核费	本体工程费×0.3%	160085
2.6	工程保险费	（本体工程费+编制基准期价差）×0.21%	120001
3	项目建设技术服务费		7029207
3.1	项目前期工作费	（勘测费+基本设计费）×12.16%	533387
3.3	勘察设计费		5155962
3.3.1	勘察费		3225000
3.3.1.1	勘测费		2750000
3.3.1.2	高清卫片费用	2000 元/km×线路亘长	100000
3.3.1.3	海拉瓦费用	7500 元/km×线路亘长	375000
3.3.2	设计费		1930962
3.3.2.1	基本设计费	执行国家电网电定〔2014〕19 号	1636408
3.3.2.2	预算编制费	基本设计费×10%	163641
3.3.2.3	竣工图文件编制费	基本设计费×8%	130913
3.4	设计文件评审费		649000
3.4.1	可行性研究设计文件评审费	3600 元/km×线路亘长	180000
3.4.2	初步设计文件评审费	4900 元/km×线路亘长	245000
3.4.3	施工图文件审查费	执行定额〔2018〕40 号	224000
3.5	项目后评价费	（取费人工费×人工海拔调整系数）×1.5%	146680
3.6	工程建设检测费		490816
3.6.1	电力工程质量检测费	（取费人工费×人工海拔调整系数）×1.2%	117344
3.6.3	环境监测验收费		200000
3.6.4	水土保持项目验收及补偿费		173472
3.7	电力工程技术经济标准编制管理费	本体工程费×0.1%	53362
4	生产准备费		85075
4.2	工器具及办公家具购置费	（取费人工费×人工海拔调整系数）×0.62%	60628
4.3	生产职工培训及提前进场费	（取费人工费×人工海拔调整系数）×0.25%	24447
	合计		15450266

第 110 章　典型方案 2GB11-J 通用造价

110.1　基本技术条件

典型方案 2GB11-J 为《国家电网公司标准化建设成果（35～750kV 输变电工程通用设计、通用设备）应用目录（2018 年版）》中 2B11 模块在峻岭地形条件下的典型方案，直线塔采用猫头型铁塔，耐张塔采用干字型铁塔，按照平均海拔 2750m 编制概算。典型方案 2GB11-J 一般条件、交叉跨越、主要材料单位路径长度指标分别见表 110-1～表 110-3。

表 110-1　　　　典型方案 2GB11-J 一般条件表

电压等级（kV）		220			回路数		单回路			
导线型号		2×JL/GIA-400/50			地线型号		JLB20A-150			
路径长度（km）		50			气象条件		覆冰（mm）		风速（m/s）	
地形		峻岭					10		27	
地质条件	条件	普通土	坚土	松砂石	水坑	泥水坑	流沙坑	干砂坑	岩石（爆破）	岩石（人工）
	比例（%）	10	10	30					25	25
基础	型式	板式	台阶	掏挖	岩石嵌固	岩石锚固	灌注桩			
	比例（%）	10		80	10					
铁塔	类别	直线	耐张	总基数（基）	运距（km）	人力	汽车			
	比例（%）	45	55	106		1.5	25			
路径长度单位造价（万元/km）				本体造价		162.20				
				静态造价		215.46				

表 110-2　　　　典型方案 2GB11-J 交叉跨越表

序号	被跨越物名称	跨越次数	备注
1	铁路	1	
2	高速公路		双向四车道以上
	一般公路	2	
3	500kV 电力线		
	220kV 电力线		
	110kV 电力线	3	
	66kV 电力线		
	35kV 电力线	2	
	10kV 电力线	19	
	低压线	16	380V 及以下线路
4	通信线	15	
5	河流	3	
6	水库		

表 110-3　　　　典型方案 2GB11-J 主要材料路径长度单位指标

项目		数据			项目	数据
导线（t/km）		9.06			地线（t/km）	1.98
塔数（基/km）		2.12			铁塔钢材（t/km）	34.5
基础钢材（t/km）		7.20			接地钢材（t/km）	0.22
合成绝缘子（支/km）					间隔棒（个/km）	
盘式绝缘子（片/km）		363.00				
防振锤（个/km）		36.00			挂线金具（t/km）	0.94
土石方量（m³/km）	类型	基面	基坑	接地	混凝土（m³/km）	88.90
	数量	60.00	106.68	76.60	护坡、排水沟、保坎（m³/km）	55.00

110.2　概算书

概算投资为静态投资，编制依据见第 4 章。220kV 输电线路工程典型方案 2GB11-J 总概算表、安装工程费用汇总概算表、其他费用概算表分别见表 110-4～表 110-6。

表 110-4　　典型方案 2GB11-J 总概算表

序号	工程或费用名称	费用金额（万元）	各项占总计（%）	单位投资（万元/km）
一	架空输电线路本体工程	8110	75.27	162.20
二	辅助设施工程			
	小计	8110	75.27	162.20
三	编制期价差	829	7.70	16.58
四	其他费用	1657	15.38	33.14
	其中：建设场地征用及清理费	500		
五	基本预备费	159	1.48	3.18
六	特殊项目（现场人员管理系统）	18	0.17	0.36
	工程静态投资	10773	100.00	215.46

表 110-5　　典型方案 2GB11-J 安装工程费用汇总概算表　　金额单位：元

序号	工程或费用名称	取费基数	费率（%）	基础工程	杆塔工程	接地工程	架线工程	附件工程	辅助工程	合计	各项占总计（%）	单位投资（元/km）
一	直接费			19776710	17622602	464759	11925238	4906421	3571956	58267686	71.85	1165354
1	直接工程费			16935918	16585527	393194	11429013	4539435	2993020	52876107	65.20	1057522
1.1	定额直接费			13937547	3683977	348945	2407557	1523271	2723573	24624870	30.36	492497
1.1.1	人工费		84.540	12515367	3214685	320548	1051271	1312268	2622556	21036695	25.94	420734
1.1.2	材料费			293156	17604	14305	111514	12747	10131	459457	0.57	9189
1.1.3	施工机械使用费		94.200	1129024	451688	14092	1244772	198256	90886	3128718	3.86	62574
1.2	装置性材料费			2998371	12901550	44249	9021456	3016164	269447	28251237	34.84	565025
2	措施费			2840792	1037075	71565	496225	366986	578936	5391579	6.65	107832
2.1	冬雨季施工增加费		7.230	904861	232422	23175	76007	94877	189610	1520952	1.88	30419
2.2	夜间施工增加费											
2.3	施工工具用具使用费		2.700	337915	86797	8654	28384	35431	70808	567989	0.70	11360
2.4	临时设施费		6.590	824762	211848	21124	69279	86478	172826	1386317	1.71	27726
2.5	施工机构转移费		2.200	275338	70723	7052	23129	28870	57697	462809	0.57	9256
2.6	安全文明施工费		2.940	497916	435285	11560	299426	121330	87995	1453512	1.79	29070
二	间接费			8518333	2188010	218174	715526	893171	1784991	14318205	17.66	286364
1	规费			5324412	1367622	136371	447242	558279	1115714	8949640	11.04	178993
1.1	社会保险费		28.713	3593537	923032	92039	301851	376792	753015	6040266	7.45	120805
1.2	住房公积金		12.240	1531881	393477	39235	128676	160621	321000	2574890	3.17	51498
1.3	危险作业意外伤害保险费		1.590	198994	51113	5097	16715	20866	41699	334484	0.41	6690
2	企业管理费		21.820	2730853	701444	69943	229387	286337	572241	4590205	5.66	91804

续表 110-5

序号	工程或费用名称	取费基数	费率（%）	基础工程	杆塔工程	接地工程	架线工程	附件工程	辅助工程	合计	各项占总计（%）	单位投资（元/km）
3	高原医疗保障费		1.530	191485	49185	4904	16084	20078	40126	321862	0.40	6437
4	高原习服费		1.640	205252	52721	5257	17241	21521	43011	345003	0.43	6900
5	施工企业配合调试费		0.530	66331	17038	1699	5572	6956	13899	111495	0.14	2230
三	利润		16.200	2027489	520779	51929	170306	212587	424855	3407945	4.20	68159
四	税金		10.000	3032253	742984	73487	378962	299601	578181	5105468	6.30	102109
五	合计			33354785	21074375	808349	13190032	6311780	6359983	81099304	100.00	1621986
	各项占总计（%）			41	26	1	16	8	8	100		
	单位投资（元/km）			667096	421488	16167	263801	126236	127200	1621986		

表 110-6　　典型方案 2GB11-J 其他费用概算表　　金额单位：元

序号	工程或费用名称	编制依据及计算说明	合价
1	建设场地征用及清理费	建设场地征用及清理费	5000000
2	项目建设管理费		2498371
2.1	项目法人管理费	（取费人工费×人工海拔调整系数）×4.92%	1035006
2.2	招标费	本体工程费×0.37%	300067
2.3	工程监理费		879450
2.5	工程结算审核费	本体工程费×0.35%	283848
3	项目建设技术服务费		8818555
3.1	项目前期工作费	（勘测费+基本设计费）×12.16%	715701
3.3	勘察设计费		6690129
3.3.1	勘察费		3875000
3.3.1.1	勘测费	70000 元/km×线路亘长	3500000
3.3.1.2	海拉瓦优化选线费	5500 元/km×线路亘长	275000
3.3.1.3	卫片选线费	2000 元/km×线路亘长	100000
3.3.2	设计费		2815129
3.3.2.1	基本设计费	基本设计费	2385703
3.3.2.2	预算编制费	基本设计费×10%	238570
3.3.2.3	竣工图文件编制费	基本设计费×8%	190856
3.4	设计文件评审费		474500
3.4.1	可行性研究设计文件评审费	2200 元/km×线路亘长	110000
3.4.2	初步设计文件评审费	3300 元/km×线路亘长	165000
3.4.3	施工图文件审查费		199500
3.5	项目后评价费	（取费人工费×人工海拔调整系数）×1.5%	315550
3.6	工程建设检测费		541576
3.6.1	电力工程质量检测费	（取费人工费×人工海拔调整系数）×1.2%	252440
3.6.3	环境监测验收费		150000

续表 110-6

序号	工程或费用名称	编制依据及计算说明	合　价
3.6.4	水土保持项目验收及补偿费		139136
3.7	电力工程技术经济标准编制管理费	本体工程费×0.1%	81099
4	生产准备费		248233
4.2	工器具及办公家具购置费	（取费人工费×人工海拔调整系数）×0.84%	176708
4.3	生产职工培训及提前进场费	（取费人工费×人工海拔调整系数）×0.34%	71525
	合计		16565159

第 111 章　典型方案 2GB12-J 通用造价

111.1　基本技术条件

典型方案 2GB12-J 为《国家电网公司标准化建设成果（35～750kV 输变电工程通用设计、通用设备）应用目录（2018 年版）》中 2GB12 模块在峻岭地形条件下的典型方案，直线塔采用猫头型铁塔，耐张塔采用干字型铁塔，按照平均海拔 2750m 编制概算。典型方案 2GB12-J 一般条件、交叉跨越、主要材料单位路径长度指标分别见表 111-1～表 111-3。

表 111-1　　典型方案 2GB12-J 一般条件表

电压等级（kV）		220			回路数		单回路			
导线型号		2×JL/G1A-400/50			地线型号		JLB20A-150			
路径长度（km）		50			气象条件		覆冰（mm）		风速（m/s）	
地形		峻岭					15		27	
地质条件	条件	普通土	坚土	松砂石	水坑	泥水坑	流沙坑	干砂坑	岩石（爆破）	岩石（人工）
	比例（%）	10	10	30					25	25
基础	型式	板式	台阶		掏挖	岩石嵌固	岩石锚固	灌注桩		
	比例（%）	10			80	10				
铁塔	类别	直线	耐张		总基数（基）	运距（km）	人力	汽车		
	比例（%）	45	55		106		1.5	25		
路径长度单位造价（万元/km）				本体造价			171.72			
				静态造价			229.94			

表 111-2　　典型方案 2GB12-J 交叉跨越表

序号	被跨越物名称	跨　越　次　数	备　　注
1	铁路	1	
2	高速公路		双向四车道以上
	一般公路	2	
3	500kV 电力线		
	220kV 电力线		
	110kV 电力线	3	
	66kV 电力线		

续表 111-2

序号	被跨越物名称	跨越次数	备注
3	35kV 电力线	2	
	10kV 电力线	19	
	低压线	16	380V 及以下线路
4	通信线	15	
5	河流	3	
6	水库		

表 111-3　　典型方案 2GB12-J 主要材料路径长度单位指标

<table>
<tr><td colspan="2">项目</td><td colspan="3">数据</td><td>项目</td><td>数据</td></tr>
<tr><td colspan="2">导线（t/km）</td><td colspan="3">9.06</td><td>地线（t/km）</td><td>1.98</td></tr>
<tr><td colspan="2">塔数（基/km）</td><td colspan="3">2.12</td><td>铁塔钢材（t/km）</td><td>38.9</td></tr>
<tr><td colspan="2">基础钢材（t/km）</td><td colspan="3">7.70</td><td>接地钢材（t/km）</td><td>0.22</td></tr>
<tr><td colspan="2">合成绝缘子（支/km）</td><td colspan="3"></td><td rowspan="2">间隔棒（个/km）</td><td rowspan="2"></td></tr>
<tr><td colspan="2">盘式绝缘子（片/km）</td><td colspan="3">363.00</td></tr>
<tr><td colspan="2">防振锤（个/km）</td><td colspan="3">36.00</td><td>挂线金具（t/km）</td><td>0.94</td></tr>
<tr><td rowspan="2">土石方量（m³/km）</td><td>类型</td><td>基面</td><td>基坑</td><td>接地</td><td>混凝土（m³/km）</td><td>94.50</td></tr>
<tr><td>数量</td><td>60.00</td><td>113.38</td><td>76.60</td><td>护坡、排水沟、保坎（m³/km）</td><td>55.00</td></tr>
</table>

111.2　概算书

概算投资为静态投资，编制依据见第 4 章。220kV 输电线路工程典型方案 2GB12-J 总概算表、安装工程费用汇总概算表、其他费用概算表分别见表 111-4～表 111-6。

表 111-4　　典型方案 2GB12-J 总概算表

序号	工程或费用名称	费用金额（万元）	各项占总计（%）	单位投资（万元/km）
一	架空输电线路本体工程	8586	74.67	171.72
二	辅助设施工程			
	小计	8586	74.67	171.72
三	编制期价差	886	7.71	17.72
四	其他费用	1837	15.98	36.74
	其中：建设场地征用及清理费	650		
五	基本预备费	170	1.48	3.40
六	特殊项目（现场人员管理系统）	18	0.16	0.36
	工程静态投资	11497	100.00	229.94

表 111-5　　典型方案 2GB12-J 安装工程费用汇总概算表　　金额单位：元

序号	工程或费用名称	取费基数	费率（%）	基础工程	杆塔工程	接地工程	架线工程	附件工程	辅助工程	合计	各项占总计（%）	单位投资（元/km）
一	直接费			21059132	19851215	464759	11917237	4874639	3571956	61738938	71.91	1234779
1	直接工程费			18038453	18684856	393194	11420945	4508242	2993020	56038710	65.27	1120774
1.1	定额直接费			14814737	4135413	348945	2407369	1524433	2723573	25954470	30.23	519089

续表 111-5

序号	工程或费用名称	取费基数	费率（%）	基础工程	杆塔工程	接地工程	架线工程	附件工程	辅助工程	合计	各项占总计（%）	单位投资（元/km）
1.1.1	人工费		84.540	13303143	3611308	320548	1052737	1313318	2622556	22223610	25.88	444472
1.1.2	材料费			306175	19790	14305	111512	12763	10131	474676	0.55	9494
1.1.3	施工机械使用费		94.200	1205419	504315	14092	1243120	198352	90886	3256184	3.79	65124
1.2	装置性材料费			3223716	14549443	44249	9013576	2983809	269447	30084240	35.04	601685
2	措施费			3020679	1166359	71565	496292	366397	578936	5700228	6.64	114005
2.1	冬雨季施工增加费		7.230	961817	261098	23175	76113	94953	189610	1606766	1.87	32135
2.2	夜间施工增加费											
2.3	施工工具用具使用费		2.700	359185	97505	8654	28423	35460	70808	600035	0.70	12001
2.4	临时设施费		6.590	876678	237985	21124	69375	86547	172826	1464535	1.71	29291
2.5	施工机构转移费		2.200	292669	79449	7052	23160	28893	57697	488920	0.57	9778
2.6	安全文明施工费		2.940	530330	490322	11560	299221	120544	87995	1539972	1.79	30799
二	间接费			9054519	2457965	218174	716521	893885	1784991	15126055	17.62	302521
1	规费			5659558	1536359	136371	447863	558726	1115714	9454591	11.01	189092
1.1	社会保险费		28.713	3819732	1036915	92039	302271	377094	753015	6381066	7.43	127621
1.2	住房公积金		12.240	1628305	442024	39235	128854	160750	321000	2720168	3.17	54403
1.3	危险作业意外伤害保险费		1.590	211521	57420	5097	16738	20882	41699	353357	0.41	7067
2	企业管理费		21.820	2902746	787988	69943	229707	286566	572241	4849191	5.65	96984
3	高原医疗保障费		1.530	203538	55253	4904	16106	20094	40126	340021	0.40	6800
4	高原习服费		1.640	218171	59225	5257	17265	21538	43011	364467	0.42	7289
5	施工企业配合调试费		0.530	70506	19140	1699	5580	6961	13899	117785	0.14	2356
三	利润		16.200	2155109	585032	51929	170543	212757	424855	3600225	4.19	72005
四	税金		10.000	3226876	834477	73487	379073	299747	578181	5391841	6.28	107837
五	合计			35495636	23728689	808349	13183374	6281028	6359983	85857059	100.00	1717141
	各项占总计（%）			42	28	1	15	7	7	100		
	单位投资（元/km）			709913	474574	16167	263668	125621	127200	1717141		

表 111-6　　典型方案 2GB12-J 其他费用概算表　　金额单位：元

序号	工程或费用名称	编制依据及计算说明	合　价
1	建设场地征用及清理费	建设场地征用及清理费	6500000
2	项目建设管理费		2591023
2.1	项目法人管理费	取费人工费×人工海拔调整系数×4.92%	1093402
2.2	招标费	本体工程费×0.37%	317671
2.3	工程监理费		879450

续表 111-6

序号	工程或费用名称	编制依据及计算说明	合　价
2.5	工程结算审核费	本体工程费×0.35%	300500
3	项目建设技术服务费		9017052
3.1	项目前期工作费	（勘测费+基本设计费）×12.16%	730807
3.3	勘察设计费		6836715
3.3.1	勘察费		3875000
3.3.1.1	勘测费	70000 元/km×线路亘长	3500000
3.3.1.2	海拉瓦优化选线费	5500 元/km×线路亘长	275000
3.3.1.3	高清晰度卫片选线费	2000 元/km×线路亘长	100000
3.3.2	设计费		2961715
3.3.2.1	基本设计费	基本设计费	2509928
3.3.2.2	施工图预算编制费	基本设计费×10%	250993
3.3.2.3	竣工图编制费	基本设计费×8%	200794
3.4	设计文件评审费		474500
3.4.1	可行性研究设计文件评审费	2200 元/km×线路亘长	110000
3.4.2	初步设计文件评审费	3300 元/km×线路亘长	165000
3.4.3	施工图文件审查费		199500
3.5	项目后评价费	（取费人工费×人工海拔调整系数）×1.5%	333354
3.6	工程建设检测费		555819
3.6.1	电力工程质量检测费	（取费人工费×人工海拔调整系数）×1.2%	266683
3.6.3	环境监测验收费		150000
3.6.4	水土保持项目验收及补偿费		139136
3.7	电力工程技术经济标准编制管理费	本体工程费×0.1%	85857
4	生产准备费		262238
4.2	工器具及办公家具购置费	（取费人工费×人工海拔调整系数）×0.84%	186678
4.3	生产职工培训及提前进场费	（取费人工费×人工海拔调整系数）×0.34%	75560
	合计		18370313

第 112 章　典型方案 2GD4-J 通用造价

112.1　基本技术条件

典型方案 2GD4-J 为《国家电网公司标准化建设成果（35～750kV 输变电工程通用设计、通用设备）应用目录（2018 年版）》中 2D4 模块在峻岭地形条件下的典型方案，直线塔采用鼓型铁塔，耐张塔采用鼓型铁塔，按照平均海拔 2750m 编制概算。典型方案 2GD4-J 一般条件、交叉跨越、主要材料单位路径长度指标分别见表 112-1～表 112-3。

表 112-1　　典型方案 2GD4-J 一般条件表

电压等级（kV）	220	回路数	双回路	
导线型号	2×JL/G1A-300/40	地线型号	JLB20A-150	
路径长度（km）	50	气象条件	覆冰　（mm）	风速（m/s）

续表 112-1

地形		峻岭			气象条件		15		27	
地质条件	条件	普通土	坚土	松砂石	水坑	泥水坑	流沙坑	干砂坑	岩石（爆破）	岩石（人工）
	比例（%）	10	10	30					25	25
基础	型式	板式	台阶	掏挖	岩石嵌固	岩石锚固	灌注桩			
	比例（%）	10		80	10					
铁塔	类别	直线	耐张	总基数（基）	运距（km）	人力	汽车			
	比例（%）	45	55	106		1.5	25			
路径长度单位造价（万元/km）				本体造价		256.86				
				静态造价		331.04				

表 112-2　　典型方案 2GD4-J 交叉跨越表

序号	被跨越物名称	跨　越　次　数	备　　注
1	铁路	1	
2	高速公路		双向四车道以上
	一般公路	2	
3	500kV 电力线		
	220kV 电力线		
	110kV 电力线	3	
	66kV 电力线		
	35kV 电力线	2	
	10kV 电力线	19	
	低压线	16	380V 及以下线路
4	通信线	15	
5	河流	3	
6	水库		

表 112-3　　典型方案 2GD4-J 主要材料路径长度单位指标

项目		数据			项目	数据
导线（t/km）		13.57			地线（t/km）	1.98
塔数（基/km）		2.12			铁塔钢材（t/km）	61.40
基础钢材（t/km）		10.80			接地钢材（t/km）	0.22
合成绝缘子（支/km）					间隔棒（个/km）	
盘式绝缘子（片/km）		642.00				
防振锤（个/km）		72.00			挂线金具（t/km）	1.64
土石方量（m^3/km）	类型	基面	基坑	接地	混凝土（m^3/km）	132.40
	数量	60.00	158.78	76.60	护坡、排水沟、保坎（m^3/km）	55.00

112.2　概算书

概算投资为静态投资，编制依据见第 4 章。220kV 输电线路工程典型方案 2GD4-J 总概算表、安装工程费用汇总概算表、其他费用概算表分别见表 112-4～表 112-6。

表 112-4　　典型方案 2GD4-J 总概算表

序号	工程或费用名称	费用金额（万元）	各项占总计（%）	单位投资（万元/km）
一	架空输电线路本体工程	12843	77.60	256.86
二	辅助设施工程			
	小计	12843	77.60	256.86
三	编制期价差	1288	7.78	25.76
四	其他费用	2159	13.04	43.18
	其中：建设场地征用及清理费	650		
五	基本预备费	244	1.47	4.88
六	特殊项目（现场人员管理系统）	18	0.11	0.36
	工程静态投资	16552	100.00	331.04

表 112-5　　典型方案 2GD4-J 安装工程费用汇总概算表　　金额单位：元

序号	工程或费用名称	取费基数	费率（%）	基础工程	杆塔工程	接地工程	架线工程	附件工程	辅助工程	合计	各项占总计（%）	单位投资（元/km）
一	直接费			29391661	31130521	464759	17059433	9515035	5185408	92746817	72.22	1854936
1	直接工程费			25169121	29319372	393194	16327096	8739808	4325167	84273758	65.62	1685475
1.1	定额直接费			20718136	6375425	348945	3591356	3374611	4055720	38464193	29.95	769284
1.1.1	人工费		84.540	18603461	5567412	320548	1623756	2883898	3916032	32915107	25.63	658302
1.1.2	材料费			421908	29152	14305	128793	24983	16727	635868	0.50	12717
1.1.3	施工机械使用费		94.200	1692767	778861	14092	1838807	465730	122961	4913218	3.83	98264
1.2	装置性材料费			4450985	22943947	44249	12735740	5365197	269447	45809565	35.67	916191
2	措施费			4222540	1811149	71565	732337	775227	860241	8473059	6.60	169461
2.1	冬雨季施工增加费		7.230	1345030	402524	23175	117398	208507	283129	2379763	1.85	47595
2.2	夜间施工增加费											
2.3	施工工具用具使用费		2.700	502294	150320	8654	43842	77865	105732	888707	0.69	17774
2.4	临时设施费		6.590	1225968	366893	21124	107005	190049	258066	2169105	1.69	43382
2.5	施工机构转移费		2.200	409276	122483	7052	35723	63446	86154	724134	0.56	14483
2.6	安全文明施工费		2.940	739972	768929	11560	428369	235360	127160	2311350	1.80	46227
二	间接费			12662073	3789350	218174	1105178	1962869	2665370	22403014	17.44	448060
1	规费			7914472	2368545	136371	690795	1226897	1665998	14003078	10.90	280062
1.1	社会保险费		28.713	5341612	1598571	92039	466229	828054	1124411	9450916	7.36	189018
1.2	住房公积金		12.240	2277064	681452	39235	198748	352989	479322	4028810	3.14	80576
1.3	危险作业意外伤害保险费		1.590	295796	88522	5097	25818	45854	62265	523352	0.41	10467
2	企业管理费		21.820	4059275	1214810	69943	354304	629267	854478	7182077	5.59	143642
3	高原医疗保障费		1.530	284632	85181	4904	24843	44124	59916	503600	0.39	10072
4	高原习服费		1.640	305096	91306	5257	26630	47296	64223	539808	0.42	10796
5	施工企业配合调试费		0.530	98598	29508	1699	8606	15285	20755	174451	0.14	3489

续表 112-5

序号	工程或费用名称	取费基数	费率（%）	基础工程	杆塔工程	接地工程	架线工程	附件工程	辅助工程	合计	各项占总计（%）	单位投资（元/km）
三	利润		16.200	3013761	901921	51929	263048	467192	634397	5332248	4.15	106645
四	税金		10.000	4506749	1287785	73487	569193	657991	848517	7943722	6.19	158874
五	合计			49574244	37109577	808349	18996852	12603087	9333692	128425801	100.00	2568516
	各项占总计（%）			38	29	1	15	10	7	100		
	单位投资（元/km）			991485	742191	16167	379937	252062	186674	2568516		

表 112-6　　典型方案 2GD4-J 其他费用概算表　　金额单位：元

序号	工程或费用名称	编制依据及计算说明	合　价
1	建设场地征用及清理费	建设场地征用及清理费	6500000
2	项目建设管理费		3652338
2.1	项目法人管理费	（取费人工费×人工海拔调整系数）×4.92%	1619423
2.2	招标费	本体工程费×0.37%	475175
2.3	工程监理费		1108250
2.4	工程结算审核费	本体工程费×0.35%	449490
3	项目建设技术服务费		11051919
3.1	项目前期工作费	（勘测费+基本设计费）×12.16%	865962
3.3	勘察设计费		8168250
3.3.1	勘察费		3895000
3.3.1.1	勘测费	70000 元/km×线路亘长	3500000
3.3.1.2	海拉瓦优化选线费	5900 元/km×线路亘长	295000
3.3.1.3	高清晰度卫片选线费	2000 元/km×线路亘长	100000
3.3.2	设计费		4273250
3.3.2.1	基本设计费	基本设计费	3621398
3.3.2.2	施工图预算编制费	基本设计费×10%	362140
3.3.2.3	竣工图编制费	基本设计费×8%	289712
3.4	设计文件评审费		694500
3.4.1	可行性研究设计文件评审费	（2200 元/km×线路亘长）×1.8	198000
3.4.2	初步设计文件评审费	（3300 元/km×线路亘长）×1.8	297000
3.4.3	施工图文件审查费		199500
3.5	项目后评价费	（取费人工费×人工海拔调整系数）×1.5%	493727
3.6	工程建设检测费		701054
3.6.1	电力工程质量检测费	（取费人工费×人工海拔调整系数）×1.2%	394981
3.6.3	环境监测验收费		150000
3.6.4	水土保持项目验收及补偿费		156073
3.7	电力工程技术经济标准编制管理费	本体工程费×0.1%	128426
4	生产准备费		388398

续表 112-6

序号	工程或费用名称	编制依据及计算说明	合　价
4.2	工器具及办公家具购置费	（取费人工费×人工海拔调整系数）×0.84%	276487
4.3	生产职工培训及提前进场费	（取费人工费×人工海拔调整系数）×0.34%	111911
	合计		21592655

第 113 章　典型方案 2GE16-J 通用造价

113.1　基本技术条件

典型方案 2GE16-J 为《国家电网公司标准化建设成果（35～750kV 输变电工程通用设计、通用设备）应用目录（2018 年版）》中 2E16 模块在峻岭地形条件下的典型方案，直线塔采用鼓型铁塔，耐张塔采用鼓型铁塔，按照平均海拔 2750m 编制概算。典型方案 2GE16-J 一般条件、交叉跨越、主要材料单位路径长度指标分别见表 113-1～表 113-3。

表 113-1　　典型方案 2GE16-J 一般条件表

电压等级（kV）		220			回路数		双回路			
导线型号		2×JL/G1A-400/50			地线型号		JLB20A-150			
路径长度（km）		50			气象条件		覆冰（mm）		风速（m/s）	
地形		峻岭					10		27	
地质条件	条件	普通土	坚土	松砂石	水坑	泥水坑	流沙坑	干砂坑	岩石（爆破）	岩石（人工）
	比例（%）	10	10	30					25	25
基础	型式	板式	台阶	掏挖	岩石嵌固	岩石锚固	灌注桩			
	比例（%）	10		80		10				
铁塔	类别	直线	耐张	总基数（基）	运距（km）	人力	汽车			
	比例（%）	45	55	106		1.5	25			
路径长度单位造价（万元/km）					本体造价		283.54			
					静态造价		361.70			

表 113-2　　典型方案 2GE16-J 交叉跨越表

序号	被跨越物名称	跨越次数	备　注
1	铁路	1	
2	高速公路		双向四车道以上
	一般公路	2	
3	500kV 电力线		
	220kV 电力线		
	110kV 电力线	3	
	66kV 电力线		
	35kV 电力线	2	
	10kV 电力线	19	
	低压线	16	380V 及以下线路

续表 113-2

序号	被跨越物名称	跨越次数	备注
4	通信线	15	
5	河流	3	
6	水库		

表 113-3　　典型方案 2GE16-J 主要材料路径长度单位指标

项目		数据			项目	数据
导线（t/km）		18.12			地线（t/km）	1.98
塔数（基/km）		2.12			铁塔钢材（t/km）	72.90
基础钢材（t/km）		11.96			接地钢材（t/km）	0.22
合成绝缘子（支/km）					间隔棒（个/km）	
盘式绝缘子（片/km）		642.00				
防振锤（个/km）		72.00			挂线金具（t/km）	1.64
土石方量（m^3/km）	类型	基面	基坑	接地	混凝土（m^3/km）	150.43
	数量	60.00	180.50	76.60	护坡、排水沟、保坎（m^3/km）	55.00

113.2 概算书

概算投资为静态投资，编制依据见第 4 章。220kV 输电线路工程典型方案 2GE16-J 总概算表、安装工程费用汇总概算表、其他费用概算表分别见表 113-4～表 113-6。

表 113-4　　典型方案 2GE16-J 总概算表

序号	工程或费用名称	费用金额（万元）	各项占总计（%）	单位投资（万元/km）
一	架空输电线路本体工程	14177	78.38	283.54
二	辅助设施工程			
	小计	14177	78.38	283.54
三	编制期价差	1392	7.70	27.84
四	其他费用	2231	12.34	44.62
	其中：建设场地征用及清理费	650		
五	基本预备费	267	1.48	5.34
六	特殊项目（现场人员管理系统）	18	0.10	0.36
	工程静态投资	18085	100.00	361.70

表 113-5　　典型方案 2GE16-J 安装工程费用汇总概算表　　金额单位：元

序号	工程或费用名称	取费基数	费率（%）	基础工程	杆塔工程	接地工程	架线工程	附件工程	辅助工程	合计	各项占总计（%）	单位投资（元/km）
一	直接费			33455642	36752477	464759	21049195	8759128	3616685	104097886	73.43	2081958
1	直接工程费			28657383	34619965	393194	20209064	8096697	3031673	95007976	67.02	1900160
1.1	定额直接费			23530056	7484137	348945	3739828	2731500	2762226	40596692	28.64	811934
1.1.1	人工费		84.540	21131042	6542455	320548	1670789	2382365	2648946	34696145	24.47	693923
1.1.2	材料费			480262	33454	14305	133488	22325	16727	700561	0.49	14011
1.1.3	施工机械使用费		94.200	1918752	908228	14092	1935551	326810	96553	5199986	3.67	104000

续表 113-5

序号	工程或费用名称	取费基数	费率（%）	基础工程	杆塔工程	接地工程	架线工程	附件工程	辅助工程	合计	各项占总计（%）	单位投资（元/km）
1.2	装置性材料费			5127327	27135828	44249	16469236	5365197	269447	54411284	38.38	1088226
2	措施费			4798259	2132512	71565	840131	662431	585012	9089910	6.41	181798
2.1	冬雨季施工增加费		7.230	1527774	473019	23175	120799	172246	191518	2508531	1.77	50171
2.2	夜间施工增加费											
2.3	施工工具用具使用费		2.700	570539	176646	8654	45112	64324	71520	936795	0.66	18736
2.4	临时设施费		6.590	1392536	431148	21124	110105	156997	174565	2286475	1.61	45730
2.5	施工机构转移费		2.200	464883	143934	7052	36758	52412	58278	763317	0.54	15266
2.6	安全文明施工费		2.940	842527	907765	11560	527357	216452	89131	2594792	1.83	51896
二	间接费			14382420	4452990	218174	1137190	1621508	1802953	23615235	16.66	472305
1	规费			8989779	2783356	136371	710804	1013529	1126942	14760781	10.41	295216
1.1	社会保险费		28.713	6067356	1878535	92039	479733	684048	760593	9962304	7.03	199246
1.2	住房公积金		12.240	2586440	800796	39235	204505	291601	324230	4246807	3.00	84936
1.3	危险作业意外伤害保险费		1.590	335983	104025	5097	26566	37880	42119	551670	0.39	11033
2	企业管理费		21.820	4610793	1427563	69943	364566	519832	578000	7570697	5.34	151414
3	高原医疗保障费		1.530	323305	100100	4904	25563	36450	40529	530851	0.37	10617
4	高原习服费		1.640	346549	107296	5257	27401	39070	43443	569016	0.40	11380
5	施工企业配合调试费		0.530	111994	34675	1699	8856	12627	14039	183890	0.13	3678
三	利润		16.200	3423228	1059877	51929	270667	385943	429129	5620773	3.96	112415
四	税金		10.000	5126129	1512952	73487	598781	540139	584876	8436364	5.95	168727
五	合计			56387419	43778296	808349	23055833	11306718	6433643	141770258	100.00	2835405
	各项占总计（%）			39	31	1	16	8	5	100		
	单位投资（元/km）			1127748	875566	16167	461117	226134	128673	2835405		

表 113-6　　典型方案 2GE16-J 其他费用概算表　　金额单位：元

序号	工程或费用名称	编制依据及计算说明	合　价
1	建设场地征用及清理费	建设场地征用及清理费	6500000
2	项目建设管理费		3836046
2.1	项目法人管理费	（取费人工费×人工海拔调整系数）×4.92%	1707050
2.2	招标费	本体工程费×0.37%	524550
2.3	工程监理费		1108250
2.5	工程结算审核费	本体工程费×0.35%	496196
3	项目建设技术服务费		11566580

续表 113-6

序号	工程或费用名称	编制依据及计算说明	合　价
3.1	项目前期工作费	（勘测费+基本设计费）×12.16%	908330
3.3	勘察设计费		8579389
3.3.1	勘察费		3895000
3.3.1.1	勘测费	70000 元/km×线路亘长	3500000
3.3.1.2	海拉瓦优化选线费	5900 元/km×线路亘长	295000
3.3.1.3	卫片选线费	2000 元/km×线路亘长	100000
3.3.2	设计费		4684389
3.3.2.1	基本设计费	基本设计费	3969821
3.3.2.2	预算编制费	基本设计费×10%	396982
3.3.2.3	竣工图文件编制费	基本设计费×8%	317586
3.4	设计文件评审费		694500
3.4.1	可行性研究设计文件评审费	（2200 元/km×线路亘长）×1.8	198000
3.4.2	初步设计文件评审费	（3300 元/km×线路亘长）×1.8	297000
3.4.3	施工图文件审查费		199500
3.5	项目后评价费	（取费人工费×人工海拔调整系数）×1.5%	520442
3.6	工程建设检测费		722149
3.6.1	电力工程质量检测费	（取费人工费×人工海拔调整系数）×1.2%	416354
3.6.3	环境监测验收费		150000
3.6.4	水土保持项目验收及补偿费		155795
3.7	电力工程技术经济标准编制管理费	本体工程费×0.1%	141770
4	生产准备费		409415
4.2	工器具及办公家具购置费	（取费人工费×人工海拔调整系数）×0.84%	291448
4.3	生产职工培训及提前进场费	（取费人工费×人工海拔调整系数）×0.34%	117967
	合计		22312041

第 114 章　典型方案 1GD18-S 通用造价

114.1　基本技术条件

典型方案 1GD18-S 为《国家电网公司标准化建设成果（35~750kV 输变电工程通用设计、通用设备）应用目录（2018 年版）》中 1GD18 模块在山地地形条件下的典型方案，直线塔采用鼓型铁塔，耐张塔采用鼓型铁塔，按照平均海拔 3000m 编制概算。典型方案 1GD18-S 一般条件、交叉跨越、主要材料单位路径长度指标分别见表 114-1～表 114-3。

表 114-1　　典型方案 1GD18-S 一般条件表

电压等级（kV）	110	回路数	双回路	
导线型号	JL/G1A-300/40	地线型号	JLB20A-100	
路径长度（km）	50	气象条件	覆冰（mm）	风速（m/s）
地形	山地		15	29

续表 114-1

地质条件	条件	普通土	坚土	松砂石	水坑	泥水坑	流沙坑	干砂坑	岩石（爆破）	岩石（人工）
	比例（%）	10	10	30					25	25
基础	型式	板式	台阶	掏挖	岩石嵌固	岩石锚固	灌注桩			
	比例（%）	55	15	30						
铁塔	类别	直线	耐张	总基数（基）	运距（km）	人力	汽车			
	比例（%）	70	30	134		0.8	25			
路径长度单位造价（万元/km）			本体造价		118.88					
			静态造价		143.46					

表 114-2　　典型方案 1GD18-S 交叉跨越表

序号	被跨越物名称	跨越次数	备注
1	铁路		
2	高速公路		双向四车道以上
	一般公路	7	
3	500kV 电力线		
	220kV 电力线		
	110kV 电力线		
	66kV 电力线		
	35kV 电力线	3	
	10kV 电力线	17	
	低压线	26	380V 及以下线路
4	通信线	20	
5	河流	3	
6	水库		

表 114-3　　典型方案 1GD18-S 主要材料路径长度单位指标

项目		数据			项目	数据
导线（t/km）		6.90			地线（t/km）	1.36
塔数（基/km）		2.68			铁塔钢材（t/km）	35.10
基础钢材（t/km）		6.20			接地钢材（t/km）	0.46
合成绝缘子（支/km）					间隔棒（个/km）	
盘式绝缘子（片/km）		459.00				
防振锤（个/km）		68.40			挂线金具（t/km）	0.45
土石方量（m^3/km）	类型	基面	基坑	接地	混凝土（m^3/km）	80.81
	数量	12.90	198.73	104.00	护坡、排水沟、保坎（m^3/km）	16.10

114.2　概算书

概算投资为静态投资，编制依据见第 4 章。110kV 输电线路工程典型方案 1GD18-S 总概算表、安装工程费用汇总概算表、其他费用概算表分别见表 114-4～表 114-6。

表 114-4 典型方案 1GD18-S 总概算表

序号	工程或费用名称	费用金额（万元）	各项占总计（%）	单位投资（万元/km）
一	架空输电线路本体工程	5389	75.13	107.78
二	辅助设施工程			
	小计	5389	75.13	107.78
三	编制期价差	555	7.74	11.10
四	其他费用	1076	15.00	21.52
	其中：建设场地征用及清理费	450		
五	基本预备费	140	1.95	2.80
六	特殊项目（工程现场人员管理系统费用）	13	0.18	0.26
	工程静态投资	7173	100.00	143.46

表 114-5 典型方案 1GD18-S 安装工程费用汇总概算表 金额单位：元

序号	工程或费用名称	取费基数	费率（%）	基础工程	杆塔工程	接地工程	架线工程	附件工程	辅助工程	合计	各项占总计（%）	单位投资（元/km）
一	直接费（C）			11481566	16441651	433124	9210164	3287284	854368	41708157	77.39	834163
1	直接工程费（B）	1)+2)		10031731	15635804	374089	8765661	3061452	730166	38598903	71.62	771978
1)	定额直接费			7323407	2518894	283761	2102153	902772	653649	13784636	25.58	275693
	其中：人工费（A）		92.40	6169349	2133315	256605	1134490	772312	548807	11014878	20.44	220298
	材料费			315288	11817	11965	81085	7436	5997	433588	0.80	8672
	施工机械使用费		97.10	838770	373762	15191	886578	123024	98845	2336170	4.33	46723
2)	装置性材料费			2708324	13116910	90328	6663508	2158680	76517	24814267	46.04	496285
2	措施费			1449835	805847	59035	444503	225832	124202	3109254	5.77	62185
1)	冬雨季施工增加费	A	7.23	446044	154239	18553	82024	55837	39679	796376	1.48	15928
2)	施工工具用具使用费	A	2.70	166573	57599	6928	30631	20852	14817	297400	0.55	5948
3)	临时设施费	A	6.59	406560	140585	16911	74763	50896	36166	725881	1.35	14518
4)	施工机构迁移费	A	2.20	135725	46933	5645	24958	16991	12073	242325	0.45	4847
5)	安全文明施工费	B	2.94	294933	406491	10998	232127	81256	21467	1047272	1.94	20945
二	间接费			4199045	1451997	174653	772169	525658	373535	7497057	13.91	149941
1	规费			2624627	907576	109168	482647	328562	233480	4686060	8.69	93721
1)	社会保险费	A	28.71	1771406	612539	73679	325746	221753	157579	3162702	5.87	63254
2)	住房公积金	A	12.24	755129	261117	31409	138862	94530	67175	1348222	2.50	26964
3)	危险作业意外伤害保险费	A	1.59	98092	33920	4080	18039	12279	8726	175136	0.32	3503
2	企业管理费	A	21.82	1346152	465489	55991	247545	168519	119750	2403446	4.46	48069
3	高原医疗保障费	A	1.53	94391	32639	3926	17358	11817	8397	168528	0.31	3371
4	高原习服费	A	1.64	101178	34986	4209	18606	12666	8999	180644	0.34	3613
5	施工企业配合调试费	A	0.53	32697	11307	1359	6013	4094	2909	58379	0.11	1168

续表 114-5

序号	工程或费用名称	取费基数	费率（%）	基础工程	杆塔工程	接地工程	架线工程	附件工程	辅助工程	合计	各项占总计（%）	单位投资（元/km）
三	利润	A	16.20	999434	345597	41570	183787	125115	88907	1784410	3.31	35688
四	税金	一+二+三	10.00	1668004	512233	64934	350262	177938	131681	2905052	5.39	58101
五	安装工程费合计	一～四合计		18348049	18751478	714281	10516382	4115995	1448491	53894676	100.00	1077894
	各项占总计（%）			34	35	1	19	8	3	100		
	单位投资（元/km）			366961	375030	14286	210328	82320	28970	1077894		

表 114-6　　典型方案 1GD18-S 其他费用概算表　　金额单位：元

序号	工程或费用名称	编制依据及计算说明	合　价
1	建设场地征用及清理费	建设场地征用及清理费	4500000
2	项目建设管理费		1534480
2.1	项目法人管理费	（取费人工费×人工海拔调整系数）×5.3%	583789
2.2	招标费	本体工程费×0.37%	199410
2.3	工程监理费		562650
2.4	工程结算审核费	本体工程费×0.35%	188631
3	项目建设技术服务费		4571753
3.1	项目前期工作费	（勘测费+基本设计费）×12.16%	306399
3.3	勘察设计费		3130277
3.3.1	勘察费		1455000
3.3.1.1	勘测费	22000 元/km×线路亘长	1100000
3.3.1.2	海拉瓦优化选线	5100 元/km×线路亘长	255000
3.3.1.3	高清晰度卫片选线	2000 元/km×线路亘长	100000
3.3.2	设计费		1675277
3.3.2.1	基本设计费	基本设计费	1419726
3.3.2.2	施工图预算费	基本设计费×10%	141973
3.3.2.3	竣工图编制费	基本设计费×8%	113578
3.4	设计文件评审费		561000
3.4.1	可行性研究设计文件评审费	（1700 元/km×线路亘长）×1.8	153000
3.4.2	初步设计文件评审费	（2400 元/km×线路亘长）×1.8	216000
3.4.3	施工图文件审查费	（2400 元/km×线路亘长）×1.6	192000
3.5	项目后评价费	（取费人工费×人工海拔调整系数）×1.5%	165223
3.6	工程建设检测费		354959
3.6.1	电力工程质量检测费	（取费人工费×人工海拔调整系数）×1.2%	132179
3.6.3	环境监测验收费		100000
3.6.4	水土保持项目验收及补偿费		122780
3.7	电力工程技术经济标准编制管理费	本体工程费×0.10%	53895

续表 114-6

序号	工程或费用名称	编制依据及计算说明	合 价
4	生产准备费		150903
4.2	工器具及办公家具购置费	（取费人工费×人工海拔调整系数）×0.95%	104641
4.3	生产职工培训及提前进场费	（取费人工费×人工海拔调整系数）×0.42%	46262
	合计		10757136

第 115 章 典型方案 1GD18-G 通用造价

115.1 基本技术条件

典型方案 1GD18-G 为《国家电网公司标准化建设成果（35～750kV 输变电工程通用设计、通用设备）应用目录（2018 年版）》中 1GD18 模块在高山地形条件下的典型方案，直线塔采用鼓型铁塔，耐张塔采用鼓型铁塔，按照平均海拔 3000m 编制概算。典型方案 1GD18-G 一般条件、交叉跨越、主要材料单位路径长度指标分别见表 115-1～表 115-3。

表 115-1　　典型方案 1GD18-G 一般条件表

电压等级（kV）		110			回路数		双回路			
导线型号		JL/G1A-300/40			地线型号		JLB20A-100			
路径长度（km）		50			气象条件		覆冰（mm）		风速（m/s）	
地形		高山					15		29	
地质条件	条件	普通土	坚土	松砂石	水坑	泥水坑	流沙坑	干砂坑	岩石（爆破）	岩石（人工）
	比例（%）	10	10	30					25	25
基础	型式	板式	台阶		掏挖	岩石嵌固		岩石锚固	灌注桩	
	比例（%）	15			85					
铁塔	类别	直线	耐张		总基数（基）	运距（km）		人力	汽车	
	比例（%）	60	40		128			1.2	25	
路径长度单位造价（万元/km）					本体造价			158.86		
					静态造价			187.34		

表 115-2　　典型方案 1GD18-G 交叉跨越表

序号	被跨越物名称	跨 越 次 数	备 注
1	铁路		
2	高速公路		双向四车道以上
	一般公路	6	
3	500kV 电力线		
	220kV 电力线		
	110kV 电力线		
	66kV 电力线		
	35kV 电力线	3	
	10kV 电力线	16	
	低压线	24	380V 及以下线路

续表 115-2

序号	被跨越物名称	跨越次数	备注
4	通信线	15	
5	河流	2	
6	水库		

表 115-3　　典型方案 1GD18-G 主要材料路径长度单位指标

项目					数据	项目	数据
导线（t/km）					6.90	地线（t/km）	1.36
塔数（基/km）					2.56	铁塔钢材（t/km）	35.00
基础钢材（t/km）					8.35	接地钢材（t/km）	0.44
合成绝缘子（支/km）						间隔棒（个/km）	
盘式绝缘子（片/km）					508.00		
防振锤（个/km）					66.90	挂线金具（t/km）	0.51
土石方量（m^3/km）	类型	基面	基坑	接地		混凝土（m^3/km）	93.30
	数量	16.90	188.88	99.00		护坡、排水沟、保坎（m^3/km）	17.80

115.2 概算书

概算投资为静态投资，编制依据见第 4 章。110kV 输电线路工程典型方案 1GD18-G 总概算表、安装工程费用汇总概算表、其他费用概算表分别见表 115-4～表 115-6。

表 115-4　　典型方案 1GD18-G 总概算表

序号	工程或费用名称	费用金额（万元）	各项占总计（%）	单位投资（万元/km）
一	架空输电线路本体工程	7169	76.53	143.38
二	辅助设施工程			
	小计	7169	76.53	143.38
三	编制期价差	774	8.26	15.48
四	其他费用	1228	13.11	24.56
	其中：建设场地征用及清理费	450		
五	基本预备费	183	1.95	3.66
六	特殊项目（工程现场人员管理系统费用）	13	0.14	0.26
	工程静态投资	9367	100.00	187.34

表 115-5　　典型方案 1GD18-G 安装工程费用汇总概算表　　金额单位：元

序号	工程或费用名称	取费基数	费率（%）	基础工程	杆塔工程	接地工程	架线工程	附件工程	辅助工程	合计	各项占总计（%）	单位投资（元/km）
一	直接费（C）			18390025	17421729	431794	10167699	4079001	1426780	51917028	72.42	1038341
1	直接工程费（B）	1)+2)		15868351	16443256	372212	9586306	3751070	1204908	47226103	65.88	944522
1)	定额直接费			12499733	3361847	285811	2922798	1405255	1119428	21594872	30.12	431897
	其中：人工费（A）		92.40	10978335	2927879	259812	1736857	1213461	995988	18112332	25.27	362247
	材料费			358742	11785	10854	77784	8066	6546	473777	0.66	9476

续表 115-5

序号	工程或费用名称	取费基数	费率（%）	基础工程	杆塔工程	接地工程	架线工程	附件工程	辅助工程	合计	各项占总计（%）	单位投资（元/km）
	施工机械使用费		97.10	1162656	422183	15145	1108157	183728	116894	3008763	4.20	60175
2）	装置性材料费			3368618	13081409	86401	6663508	2345815	85480	25631231	35.75	512625
2	措施费			2521674	978473	59582	581393	327931	221872	4690925	6.54	93819
1）	冬雨季施工增加费	A	7.23	793734	211685	18785	125576	87733	72010	1309523	1.83	26190
2）	施工工具用具使用费	A	2.70	296415	79053	7016	46895	32763	26891	489033	0.68	9781
3）	临时设施费	A	6.59	723472	192947	17122	114459	79967	65635	1193602	1.66	23872
4）	施工机构迁移费	A	2.20	241523	64414	5716	38210	26696	21912	398471	0.56	7969
5）	安全文明施工费	B	2.94	466530	430374	10943	256253	100772	35424	1300296	1.81	26006
二	间接费			7472183	1992799	176836	1182155	825920	677896	12327789	17.20	246556
1	规费			4670512	1245606	110532	738911	516244	423722	7705527	10.75	154111
1）	社会保险费	A	28.71	3152209	840681	74599	498704	348421	285978	5200592	7.25	104012
2）	住房公积金	A	12.24	1343748	358372	31802	212591	148528	121909	2216950	3.09	44339
3）	危险作业意外伤害保险费	A	1.59	174555	46553	4131	27616	19295	15835	287985	0.40	5760
2	企业管理费	A	21.82	2395473	638863	56691	378982	264777	217324	3952110	5.51	79042
3	高原医疗保障费	A	1.53	167968	44796	3976	26573	18566	15239	277118	0.39	5542
4	高原习服费	A	1.64	180045	48017	4261	28484	19901	16334	297042	0.41	5941
5	施工企业配合调试费	A	0.53	58185	15517	1376	9205	6432	5277	95992	0.13	1920
三	利润	A	16.20	1778491	474316	42089	281370	196581	161351	2934198	4.09	58684
四	税金	一+二+三	10.00	2764071	680744	65072	496771	275569	226603	4508830	6.29	90177
五	安装工程费合计	一～四合计		30404770	20569588	715791	12127995	5377071	2492630	71687845	100.00	1433757
	各项占总计（%）			42	29	1	17	8	3	100		
	单位投资（元/km）			608095	411392	14316	242560	107541	49853	1433757		

表 115-6　　**典型方案 1GD18-G 其他费用概算表**　　金额单位：元

序号	工程或费用名称	编制依据及计算说明	合　价
1	建设场地征用及清理费	建设场地征用及清理费	4500000
2	项目建设管理费		2089906
2.1	项目法人管理费	（取费人工费×人工海拔调整系数）×5.3%	959954
2.2	招标费	本体工程费×0.37%	265245
2.3	工程监理费		613800
2.5	工程结算审核费	本体工程费×0.35%	250907
3	项目建设技术服务费		5445751
3.1	项目前期工作费	（勘测费+基本设计费）×12.16%	371103

续表 155-6

序号	工程或费用名称	编制依据及计算说明	合　价
3.3	勘察设计费		3731167
3.3.1	勘察费		1605000
3.3.1.1	勘测费	25000 元/km×线路亘长	1250000
3.3.1.2	海拉瓦优化选线	5100 元/km×线路亘长	255000
3.3.1.3	高清晰度卫片选线	2000 元/km×线路亘长	100000
3.3.2	设计费		2126167
3.3.2.1	基本设计费	基本设计费	1801836
3.3.2.2	施工图预算费	基本设计费×10%	180184
3.3.2.3	竣工图编制费	基本设计费×8%	144147
3.4	设计文件评审费		561000
3.4.1	可行性研究设计文件评审费	（1700 元/km×线路亘长）×1.8	153000
3.4.2	初步设计文件评审费	（2400 元/km×线路亘长）×1.8	216000
3.4.3	施工图文件审查费	（2400 元/km×线路亘长）×1.6	192000
3.5	项目后评价费	（取费人工费×人工海拔调整系数）×1.5%	271685
3.6	工程建设检测费		439108
3.6.1	电力工程质量检测费	（取费人工费×人工海拔调整系数）×1.2%	217348
3.6.3	环境监测验收费		100000
3.6.4	水土保持项目验收及补偿费		121760
3.7	电力工程技术经济标准编制管理费	本体工程费×0.10%	71688
4	生产准备费		248139
4.2	工器具及办公家具购置费	（取费人工费×人工海拔调整系数）×0.95%	172067
4.3	生产职工培训及提前进场费	（取费人工费×人工海拔调整系数）×0.42%	76072
	合计		12283796

第 116 章　典型方案 1GD18-J 通用造价

116.1　基本技术条件

典型方案 1GD18-J 为《国家电网公司标准化建设成果（35～750kV 输变电工程通用设计、通用设备）应用目录（2018 年版）》中 1GD18 模块在峻岭地形条件下的典型方案，直线塔采用鼓型铁塔，耐张塔采用鼓型铁塔，按照平均海拔 3000m 编制概算。典型方案 1GD18-J 一般条件、交叉跨越、主要材料单位路径长度指标分别见表 116-1～表 116-3。

表 116-1　　　　**典型方案 1GD18-J 一般条件表**

电压等级（kV）		110			回路数		双回路			
导线型号		JL/G1A-300/40			地线型号		JLB20A-100			
路径长度（km）		50			气象条件		覆冰（mm）		风速（m/s）	
地形		峻岭					15		29	
地质条件	条件	普通土	坚土	松砂石	水坑	泥水坑	流沙坑	干砂坑	岩石（爆破）	岩石（人工）
	比例（%）	10	10	30					25	25

续表 116-1

基础	型式	板式	台阶	掏挖	岩石嵌固	岩石锚固	灌注桩
	比例（%）	8		92			
铁塔	类别	直线	耐张	总基数（基）	运距（km）	人力	汽车
	比例（%）	45	55	123		1.5	25
路径长度单位造价（万元/km）			本体造价			202.80	
			静态造价			235.72	

表 116-2　　典型方案 1GD18-J 交叉跨越表

序号	被跨越物名称	跨越次数	备注
1	铁路		
2	高速公路		双向四车道以上
	一般公路	4	
3	500kV 电力线		
	220kV 电力线		
	110kV 电力线		
	66kV 电力线		
	35kV 电力线	2	
	10kV 电力线	10	
	低压线	15	380V 及以下线路
4	通信线	14	
5	河流	1	
6	水库		

表 116-3　　典型方案 1GD18-J 主要材料路径长度单位指标

项目		数据			项目	数据
导线（t/km）		6.90			地线（t/km）	1.36
塔数（基/km）		2.46			铁塔钢材（t/km）	36.34
基础钢材（t/km）		9.19			接地钢材（t/km）	0.43
合成绝缘子（支/km）					间隔棒（个/km）	
盘式绝缘子（片/km）		592.00				
防振锤（个/km）		66.50			挂线金具（t/km）	0.59
土石方量（m^3/km）	类型	基面	基坑	接地	混凝土（m^3/km）	103.82
	数量	19.90	184.85	95.00	护坡、排水沟、保坎（m^3/km）	23.70

116.2　概算书

概算投资为静态投资，编制依据见第 4 章。110kV 输电线路工程典型方案 1GD18-J 总概算表、安装工程费用汇总概算表、其他费用概算表分别见表 116-4～表 116-6。

表 116-4　　典型方案 1GD18-J 总概算表

序号	工程或费用名称	费用金额（万元）	各项占总计（%）	单位投资（万元/km）
一	架空输电线路本体工程	9133	77.49	182.66
二	辅助设施工程			

续表 116-4

序号	工程或费用名称	费用金额（万元）	各项占总计（%）	单位投资（万元/km）
	小计	9133	77.49	182.66
三	编制期价差	1007	8.54	20.14
四	其他费用	1402	11.90	28.04
	其中：建设场地征用及清理费	450		
五	基本预备费	231	1.96	4.62
六	特殊项目（工程现场人员管理系统费用）	13	0.11	0.26
	工程静态投资	11786	100.00	235.72

表 116-5　　典型方案 1GD18-J 安装工程费用汇总概算表　　金额单位：元

序号	工程或费用名称	取费基数	费率（%）	基础工程	杆塔工程	接地工程	架线工程	附件工程	辅助工程	合计	各项占总计（%）	单位投资（元/km）
一	直接费（C）			25655751	18801291	404496	10716789	5071255	2557631	63207213	69.20	1264144
1	直接工程费（B）	1)+2)		21938600	17660389	349148	10042590	4626354	2145962	56763043	62.15	1135261
1）	定额直接费			18206548	4082463	264711	3379082	1967234	2030731	29930769	32.77	598615
	其中：人工费（A）		92.40	16411075	3615153	240827	2160952	1707618	1862071	25997696	28.46	519954
	材料费			390547	12232	9395	59327	9166	7400	488067	0.53	9761
	施工机械使用费		97.10	1404926	455078	14489	1158803	250450	161260	3445006	3.77	68900
2）	装置性材料费			3732052	13577926	84437	6663508	2659120	115231	26832274	29.38	536645
2	措施费			3717151	1140902	55348	674199	444901	411669	6444170	7.06	128883
1）	冬雨季施工增加费	A	7.23	1186521	261376	17412	156237	123461	134627	1879634	2.06	37593
2）	施工工具用具使用费	A	2.70	443100	97610	6502	58346	46106	50275	701939	0.77	14039
3）	临时设施费	A	6.59	1081490	238238	15870	142407	112532	122710	1713247	1.88	34265
4）	施工机构迁移费	A	2.20	361044	79534	5299	47541	37567	40966	571951	0.63	11439
5）	安全文明施工费	B	2.94	644996	464144	10265	269668	125235	63091	1577399	1.73	31548
二	间接费			11169870	2460581	163913	1470810	1162255	1267380	17694809	19.37	353896
1	规费			6981763	1537995	102455	919333	726471	792181	11060198	12.11	221204
1）	社会保险费	A	28.71	4712112	1038019	69149	620474	490308	534656	7464718	8.17	149294
2）	住房公积金	A	12.24	2008715	442495	29477	264500	209013	227918	3182118	3.48	63642
3）	危险作业意外伤害保险费	A	1.59	260936	57481	3829	34359	27150	29607	413362	0.45	8267
2	企业管理费	A	21.82	3580896	788826	52548	471520	372602	406304	5672696	6.21	113454
3	高原医疗保障费	A	1.53	251090	55311	3684	33063	26127	28490	397765	0.44	7955
4	高原习服费	A	1.64	269142	59288	3949	35440	28005	30537	426361	0.47	8527
5	施工企业配合调试费	A	0.53	86979	19161	1277	11454	9050	9868	137789	0.15	2756
三	利润	A	16.20	2658594	585655	39014	350074	276635	301656	4211628	4.61	84233
四	税金	一+二+三	10.00	3948422	826960	60742	587417	385102	412667	6221310	6.81	124426

续表 116-5

序号	工程或费用名称	取费基数	费率（%）	基础工程	杆塔工程	接地工程	架线工程	附件工程	辅助工程	合计	各项占总计（%）	单位投资（元/km）
五	安装工程费合计	一～四合计		43432637	22674487	668165	13125090	6895247	4539334	91334960	100.00	1826699
	各项占总计（%）			47	25	1	14	8	5	100		
	单位投资（元/km）			868653	453490	13363	262502	137905	90787	1826699		

表 116-6　　典型方案 1GD18-J 其他费用概算表　　金额单位：元

序号	工程或费用名称	编制依据及计算说明	合　价
1	建设场地征用及清理费	建设场地征用及清理费	4500000
2	项目建设管理费		2700439
2.1	项目法人管理费	(取费人工费×人工海拔调整系数)×5.3%	1377878
2.2	招标费	本体工程费×0.37%	337939
2.3	工程监理费		664950
2.5	工程结算审核费	本体工程费×0.35%	319672
3	项目建设技术服务费		6463679
3.1	项目前期工作费	（勘测费+基本设计费）×12.16%	448759
3.3	勘察设计费		4439738
3.3.1	勘察费		1855000
3.3.1.1	勘测费	30000 元/km×线路亘长	1500000
3.3.1.2	海拉瓦优化选线	5100 元/km×线路亘长	255000
3.3.1.3	高清晰度卫片选线	2000 元/km×线路亘长	100000
3.3.2	设计费		2584738
3.3.2.1	基本设计费	基本设计费	2190456
3.3.2.2	施工图预算费	基本设计费×10%	219046
3.3.2.3	竣工图编制费	基本设计费×8%	175236
3.4	设计文件评审费		561000
3.4.1	可行性研究设计文件评审费	（1700 元/km×线路亘长）×1.8	153000
3.4.2	初步设计文件评审费	（2400 元/km×线路亘长）×1.8	216000
3.4.3	施工图文件审查费	（2400 元/km×线路亘长）×1.6	192000
3.5	项目后评价费	(取费人工费×人工海拔调整系数)×1.5%	389965
3.6	工程建设检测费		532882
3.6.1	电力工程质量检测费	(取费人工费×人工海拔调整系数)×1.2%	311972
3.6.3	环境监测验收费		100000
3.6.4	水土保持项目验收及补偿费		120910
3.7	电力工程技术经济标准编制管理费	本体工程费×0.10%	91335
4	生产准备费		356168
4.2	工器具及办公家具购置费	(取费人工费×人工海拔调整系数)×0.95%	246978
4.3	生产职工培训及提前进场费	(取费人工费×人工海拔调整系数)×0.42%	109190
	合计		14020286

第117章　典型方案1GX3-P通用造价

117.1　基本技术条件

典型方案1GX3-P为《国家电网公司标准化建设成果（35～750kV输变电工程通用设计、通用设备）应用目录（2018年版）》中1GX3模块在平地地形条件下的典型方案，直线塔采用酒杯型铁塔，耐张塔采用酒杯型铁塔，按照平均海拔3000m编制概算。典型方案1GX3-P一般条件、交叉跨越、主要材料单位路径长度指标分别见表117-1～表117-3。

表117-1　　典型方案1GX3-P一般条件表

电压等级（kV）		110			回路数		单回			
导线型号		JL/G1A-240/30			地线型号		JLB20A-100			
路径长度（km）		50			气象条件		覆冰（mm）		风速（m/s）	
地形		平地					15		28.5	
地质条件	条件	普通土	坚土	松砂石	水坑	泥水坑	流沙坑	干砂坑	岩石（爆破）	岩石（人工）
	比例（%）	30	30	20		10			5	5
基础	型式	板式	台阶		掏挖	岩石嵌固		岩石锚固		灌注桩
	比例（%）	80			20					
铁塔	类别	直线	耐张		总基数（基）	运距（km）		人力		汽车
	比例（%）	80	20		152			0.25		25
路径长度单位造价（万元/km）					本体造价			56.22		
					静态造价			72.20		

表117-2　　典型方案1GX3-P交叉跨越表

序号	被跨越物名称	跨越次数	备注
1	铁路		
2	高速公路		双向四车道以上
	一般公路	8	
3	500kV电力线		
	220kV电力线		
	110kV电力线	2	
	66kV电力线		
	35kV电力线	2	
	10kV电力线	10	
	低压线	15	380V及以下线路
4	通信线	15	
5	河流	2	
6	水库		

表 117-3　　典型方案 1GX3-P 主要材料路径长度单位指标

项目				数据	项目	数据
导线（t/km）				2.76	地线（t/km）	1.35
塔数（基/km）				3.04	铁塔钢材（t/km）	23.30
基础钢材（t/km）				4.10	接地钢材（t/km）	0.35
合成绝缘子（支/km）					间隔棒（个/km）	
盘式绝缘子（片/km）				252.00		
防振锤（个/km）				26.80	挂线金具（t/km）	0.31
土石方量（m^3/km）	类型	基面	基坑	接地	混凝土（m^3/km）	45.30
	数量	5.00	400.00	68.00	护坡、排水沟、保坎（m^3/km）	15.00

117.2 概算书

概算投资为静态投资，编制依据见第 4 章。110kV 输电线路工程典型方案 1GX3-P 总概算表、安装工程费用汇总概算表、其他费用概算表分别见表 117-4～表 117-6。

表 117-4　　典型方案 1GX3-P 总概算表

序号	工程或费用名称	费用金额（万元）	各项占总计（%）	单位投资（万元/km）
一	架空输电线路本体工程	2565	71.05	51.30
二	辅助设施工程			
	小计	2565	71.05	51.30
三	编制期价差	246	6.81	4.92
四	其他费用	715	19.81	14.30
	其中：建设场地征用及清理费	350		
五	基本预备费	71	1.97	1.42
六	特殊项目（工程现场人员管理系统费用）	13	0.36	0.26
	工程静态投资	3610	100.00	72.20

表 117-5　　典型方案 1GX3-P 安装工程费用汇总概算表　　金额单位：元

序号	工程或费用名称	取费基数	费率（%）	基础工程	杆塔工程	接地工程	架线工程	附件工程	辅助工程	合计	各项占总计（%）	单位投资（元/km）
一	直接费（C）			4374909	10043488	399590	4508137	1543480	386562	21256166	82.88	425123
1	直接工程费（B）	1）+2）		3894064	9650979	343091	4307484	1460438	340469	19996525	77.97	399931
1）	定额直接费			2403107	944091	274442	1012849	284043	264257	5182789	20.21	103656
	其中：人工费（A）		92.40	1957037	769689	247911	456890	239712	192751	3863990	15.07	77280
	材料费			212221	10800	13046	70816	3243	4295	314421	1.23	6288
	施工机械使用费		97.10	233849	163602	13485	485143	41088	67211	1004378	3.92	20088
2）	装置性材料费			1490957	8706888	68649	3294635	1176395	76212	14813736	57.76	296275
2	措施费			480845	392509	56499	200653	83042	46093	1259641	4.91	25193
1）	冬雨季施工增加费	A	7.23	141494	55649	17925	33033	17331	13936	279368	1.09	5587
2）	施工工具用具使用费	A	2.70	52841	20782	6694	12335	6472	5204	104328	0.41	2087

续表 117-5

序号	工程或费用名称	取费基数	费率（%）	基础工程	杆塔工程	接地工程	架线工程	附件工程	辅助工程	合计	各项占总计（%）	单位投资（元/km）
3）	临时设施费	A	6.59	128969	50722	16338	30109	15797	12703	254638	0.99	5093
4）	施工机构迁移费	A	2.20	43055	16933	5455	10051	5274	4240	85008	0.33	1700
5）	安全文明施工费	B	2.94	114486	248423	10087	115125	38168	10010	536299	2.09	10726
二	间接费			1332018	523873	168735	310973	163155	131193	2629947	10.26	52599
1	规费			832582	327449	105468	194374	101981	82003	1643857	6.41	32877
1）	社会保险费	A	28.71	561924	221001	71183	131187	68828	55345	1109468	4.33	22189
2）	住房公积金	A	12.24	239541	94210	30344	55923	29341	23593	472952	1.84	9459
3）	危险作业意外伤害保险费	A	1.59	31117	12238	3941	7264	3812	3065	61437	0.24	1229
2	企业管理费	A	21.82	427026	167946	54094	99693	52305	42058	843122	3.29	16862
3	高原医疗保障费	A	1.53	29942	11777	3793	6991	3668	2950	59121	0.23	1182
4	高原习服费	A	1.64	32096	12622	4066	7493	3931	3160	63368	0.25	1267
5	施工企业配合调试费	A	0.53	10372	4079	1314	2422	1270	1022	20479	0.08	410
三	利润	A	16.20	317040	124690	40162	74016	38833	31225	625966	2.44	12519
四	税金	一+二+三	10.00	602396	198516	60849	159849	56907	54898	1133415	4.42	22668
五	安装工程费合计	一～四合计		6626363	10890567	669336	5052975	1802375	603878	25645494	100.00	512910
	各项占总计（%）			26	42	3	20	7	2	100		
	单位投资（元/km）			132527	217811	13387	101060	36047	12078	512910		

表 117-6 典型方案 1GX3-P 其他费用概算表 金额单位：元

序号	工程或费用名称	编制依据及计算说明	合 价
1	建设场地征用及清理费	建设场地征用及清理费	3500000
2	项目建设管理费		796439
2.1	项目法人管理费	（取费人工费×人工海拔调整系数）×5.3%	204792
2.2	招标费	本体工程费×0.37%	94888
2.3	工程监理费		407000
2.5	工程结算审核费	本体工程费×0.35%	89759
3	项目建设技术服务费		2797551
3.1	项目前期工作费	（勘测费+基本设计费）×12.16%	178923
3.3	勘察设计费		1941261
3.3.1	勘察费		1090000
3.3.1.1	勘测费	15000 元/km×线路亘长	750000
3.3.1.2	海拉瓦优化选线	4800 元/km×线路亘长	240000
3.3.1.3	高清晰度卫片选线	2000 元/km×线路亘长	100000
3.3.2	设计费		851261
3.3.2.1	基本设计费	基本设计费	721407

续表 117-6

序号	工程或费用名称	编制依据及计算说明	合　价
3.3.2.2	施工图预算费	基本设计费×10%	72141
3.3.2.3	竣工图编制费	基本设计费×8%	57713
3.4	设计文件评审费		325000
3.4.1	可行性研究设计文件评审费	1700 元/km×线路亘长	85000
3.4.2	初步设计文件评审费	2400 元/km×线路亘长	120000
3.4.3	施工图文件审查费	2400 元/km×线路亘长	120000
3.5	项目后评价费	（取费人工费×人工海拔调整系数）×1.5%	57960
3.6	工程建设检测费		268762
3.6.1	电力工程质量检测费	（取费人工费×人工海拔调整系数）×1.2%	46368
3.6.3	环境监测验收费		100000
3.6.4	水土保持项目验收及补偿费		122394
3.7	电力工程技术经济标准编制管理费	本体工程费×0.10%	25645
4	生产准备费		52937
4.2	工器具及办公家具购置费	（取费人工费×人工海拔调整系数）×0.95%	36708
4.3	生产职工培训及提前进场费	（取费人工费×人工海拔调整系数）×0.42%	16229
	合计		7146927

第 118 章　典型方案 1GX3-Q 通用造价

118.1　基本技术条件

典型方案 1GX3-Q 为《国家电网公司标准化建设成果（35～750kV 输变电工程通用设计、通用设备）应用目录（2018 年版）》中 1GX3 模块在丘陵地形条件下的典型方案，直线塔采用酒杯型铁塔，耐张塔采用酒杯型铁塔，按照平均海拔 3000m 编制概算。典型方案 1GX3-Q 一般条件、交叉跨越、主要材料单位路径长度指标分别见表 118-1～表 118-3。

表 118-1　　典型方案 1GX3-Q 一般条件表

电压等级（kV）		110			回路数		单回路			
导线型号		JL/G1A-240/30			地线型号		JLB20A-100			
路径长度（km）		50			气象条件		覆冰（mm）		风速（m/s）	
地形		丘陵					15		28.5	
地质条件	条件	普通土	坚土	松砂石	水坑	泥水坑	流沙坑	干砂坑	岩石（爆破）	岩石（人工）
	比例（%）	25	25	30					10	10
基础	型式	板式	台阶	掏挖	岩石嵌固	岩石锚固	灌注桩			
	比例（%）	50		50						
铁塔	类别	直线	耐张	总基数（基）	运距（km）	人力	汽车			
	比例（%）	80	20	155		0.5	25			
路径长度单位造价（万元/km）			本体造价		64.74					
			静态造价		82.10					

表 118-2　　典型方案 1GX3-Q 交叉跨越表

序号	被跨越物名称	跨 越 次 数	备 注
1	铁路		
2	高速公路		双向四车道以上
	一般公路	8	
3	500kV 电力线		
	220kV 电力线		
	110kV 电力线	2	
	66kV 电力线		
	35kV 电力线	2	
	10kV 电力线	10	
	低压线	15	380V 及以下线路
4	通信线	15	
5	河流	2	
6	水库		

表 118-3　　典型方案 1GX3-Q 主要材料路径长度单位指标

<table>
<tr><th colspan="2">项目</th><th colspan="3">数据</th><th>项目</th><th>数据</th></tr>
<tr><td colspan="2">导线（t/km）</td><td colspan="3">2.76</td><td>地线（t/km）</td><td>1.35</td></tr>
<tr><td colspan="2">塔数（基/km）</td><td colspan="3">3.10</td><td>铁塔钢材（t/km）</td><td>24.5</td></tr>
<tr><td colspan="2">基础钢材（t/km）</td><td colspan="3">4.60</td><td>接地钢材（t/km）</td><td>0.40</td></tr>
<tr><td colspan="2">合成绝缘子（支/km）</td><td colspan="3"></td><td rowspan="2">间隔棒（个/km）</td><td rowspan="2"></td></tr>
<tr><td colspan="2">盘式绝缘子（片/km）</td><td colspan="3">257.00</td></tr>
<tr><td colspan="2">防振锤（个/km）</td><td colspan="3">28.50</td><td>挂线金具（t/km）</td><td>0.32</td></tr>
<tr><td rowspan="2">土石方量（m³/km）</td><td>类型</td><td>基面</td><td>基坑</td><td>接地</td><td>混凝土（m³/km）</td><td>52.20</td></tr>
<tr><td>数量</td><td>5.00</td><td>360.00</td><td>64.00</td><td>护坡、排水沟、保坎（m³/km）</td><td>15.00</td></tr>
</table>

118.2　概算书

概算投资为静态投资，编制依据见第 4 章。110kV 输电线路工程典型方案 1GX3-Q 总概算表、安装工程费用汇总概算表、其他费用概算表分别见表 118-4～表 118-6。

表 118-4　　典型方案 1GX3-Q 总概算表

序号	工程或费用名称	费用金额（万元）	各项占总计（%）	单位投资（万元/km）
一	架空输电线路本体工程	2942	71.67	58.84
二	辅助设施工程			
	小计	2942	71.67	58.84
三	编制期价差	295	7.19	5.90
四	其他费用	775	18.88	15.50
	其中：建设场地征用及清理费	350		
五	基本预备费	80	1.95	1.60
六	特殊项目（工程现场人员管理系统费用）	13	0.32	0.26
	工程静态投资	4105	100.00	82.10

表 118-5　　**典型方案 1GX3-Q 安装工程费用汇总概算表**　　金额单位：元

序号	工程或费用名称	取费基数	费率（%）	基础工程	杆塔工程	接地工程	架线工程	附件工程	辅助工程	合计	各项占总计（%）	单位投资（元/km）
一	直接费（C）			5644736	10859058	410932	4598405	1612168	506205	23631504	80.33	472630
1	直接工程费（B）	1）+2）		4969244	10397333	353943	4385558	1522859	440113	22069050	75.02	441381
1）	定额直接费			3303552	1241718	275417	1090923	312408	363901	6587919	22.39	131758
	其中：人工费（A）		92.40	2827984	1031934	248842	509765	264124	283929	5166578	17.56	103332
	材料费			183948	11352	12376	70816	3367	4295	286154	0.97	5723
	施工机械使用费		97.10	291620	198432	14199	510342	44917	75677	1135187	3.86	22704
2）	装置性材料费			1665692	9155615	78526	3294635	1210451	76212	15481131	52.63	309623
2	措施费			675492	461725	56989	212847	89309	66092	1562454	5.31	31249
1）	冬雨季施工增加费	A	7.23	204463	74609	17991	36856	19096	20528	373543	1.27	7471
2）	施工工具用具使用费	A	2.70	76355	27862	6719	13763	7131	7666	139496	0.47	2790
3）	临时设施费	A	6.59	186364	68005	16399	33593	17406	18712	340479	1.16	6810
4）	施工机构迁移费	A	2.20	62215	22702	5475	11215	5811	6247	113665	0.39	2273
5）	安全文明施工费	B	2.94	146095	268547	10405	117420	39865	12939	595271	2.02	11905
二	间接费			1924809	702366	169370	346960	179769	193250	3516524	11.95	70330
1	规费			1203108	439016	105866	216868	112366	120792	2198016	7.47	43960
1）	社会保险费	A	28.71	811999	296300	71450	146368	75837	81524	1483478	5.04	29670
2）	住房公积金	A	12.24	346145	126308	30459	62395	32329	34753	632389	2.15	12648
3）	危险作业意外伤害保险费	A	1.59	44964	16408	3957	8105	4200	4515	82149	0.28	1643
2	企业管理费	A	21.82	617066	225168	54297	111231	57631	61953	1127346	3.83	22547
3	高原医疗保障费	A	1.53	43268	15789	3808	7799	4041	4344	79049	0.27	1581
4	高原习服费	A	1.64	46379	16924	4081	8360	4331	4656	84731	0.29	1695
5	施工企业配合调试费	A	0.53	14988	5469	1318	2702	1400	1505	27382	0.09	548
三	利润	A	16.20	458134	167173	40312	82582	42788	45996	836985	2.85	16740
四	税金	一+二+三	10.00	802768	257298	62061	173331	62428	74545	1432431	4.87	28649
五	安装工程费合计	一～四合计		8830447	11985895	682675	5201278	1897153	819996	29417444	100.00	588349
	各项占总计（%）			30	41	2	18	6	3	100		
	单位投资（元/km）			176609	239718	13654	104026	37943	16400	588349		

表 118-6　　**典型方案 1GX3-Q 其他费用概算表**　　金额单位：元

序号	工程或费用名称	编制依据及计算说明	合　价
1	建设场地征用及清理费	建设场地征用及清理费	3500000
2	项目建设管理费		892635

续表 118-6

序号	工程或费用名称	编制依据及计算说明	合　价
2.1	项目法人管理费	（取费人工费×人工海拔调整系数）×5.3%	273829
2.2	招标费	本体工程费×0.37%	108845
2.3	工程监理费		407000
2.5	工程结算审核费	本体工程费×0.35%	102961
3	项目建设技术服务费		3284787
3.1	项目前期工作费	（勘测费+基本设计费）×12.16%	366738
3.3	勘察设计费		2201286
3.3.1	勘察费		1240000
3.3.1.1	勘测费	18000 元/km×线路亘长	900000
3.3.1.2	海拉瓦优化选线	4800 元/km×线路亘长	240000
3.3.1.3	高清晰度卫片选线	2000 元/km×线路亘长	100000
3.3.2	设计费		961286
3.3.2.1	基本设计费	基本设计费	814649
3.3.2.2	施工图预算费	基本设计费×10%	81465
3.3.2.3	竣工图编制费	基本设计费×8%	65172
3.4	设计文件评审费		325000
3.4.1	可行性研究设计文件评审费	1700 元/km×线路亘长	85000
3.4.2	初步设计文件评审费	2400 元/km×线路亘长	120000
3.4.3	施工图文件审查费	2400 元/km×线路亘长	120000
3.5	项目后评价费	（取费人工费×人工海拔调整系数）×1.5%	77499
3.6	工程建设检测费		284847
3.6.1	电力工程质量检测费	（取费人工费×人工海拔调整系数）×1.2%	61999
3.6.3	环境监测验收费		100000
3.6.4	水土保持项目验收及补偿费		122848
3.7	电力工程技术经济标准编制管理费	本体工程费×0.10%	29417
4	生产准备费		70782
4.2	工器具及办公家具购置费	（取费人工费×人工海拔调整系数）×0.95%	49082
4.3	生产职工培训及提前进场费	（取费人工费×人工海拔调整系数）×0.42%	21700
	合计		7748204

第 119 章　典型方案 1GX3-S 通用造价

119.1　基本技术条件

典型方案 1GX3-S 为《国家电网公司标准化建设成果（35～750kV 输变电工程通用设计、通用设备）应用目录（2018 年版）》中 1GX3 模块在山地地形条件下的典型方案，直线塔采用酒杯型铁塔，耐张塔采用酒杯型铁塔，按照平均海拔 3000m 编制概算。典型方案 1GX3-S 一般条件、交叉跨越、主要材料单位路径长度指标分别见表 119-1～表 119-3。

表 119-1　　典型方案 1GX3-S 一般条件表

电压等级（kV）		110			回路数		单回		
导线型号		JL/G1A-240/30			地线型号		JLB20A-100		
路径长度（km）		50			气象条件		覆冰（mm）		风速（m/s）
地形		山地					15		28.5
地质条件	条件	普通土	坚土	松砂石	水坑	泥水坑	流沙坑	干砂坑	岩石（爆破）	岩石（人工）
	比例（%）	10	10	30					25	25
基础	型式	板式	台阶	掏挖	岩石嵌固	岩石锚固	灌注桩			
	比例（%）	20		80						
铁塔	类别	直线	耐张	总基数（基）	运距（km）	人力	汽车			
	比例（%）	70	30	134		0.8	25			
路径长度单位造价（万元/km）			本体造价		83.32					
			静态造价		102.94					

表 119-2　　典型方案 1GX3-S 交叉跨越表

序号	被跨越物名称	跨　越　次　数	备　　注
1	铁路		
2	高速公路		双向四车道以上
	一般公路	8	
3	500kV 电力线		
	220kV 电力线		
	110kV 电力线	2	
	66kV 电力线		
	35kV 电力线	2	
	10kV 电力线	10	
	低压线	15	380V 及以下线路
4	通信线	15	
5	河流	2	
6	水库		

表 119-3　　典型方案 1GX3-S 主要材料路径长度单位指标

项目		数据			项目	数据
导线（t/km）		2.76			地线（t/km）	1.35
塔数（基/km）		2.68			铁塔钢材（t/km）	24.6
基础钢材（t/km）		5.70			接地钢材（t/km）	0.46
合成绝缘子（支/km）					间隔棒（个/km）	
盘式绝缘子（片/km）		264				
防振锤（个/km）		47.20			挂线金具（t/km）	0.34
土石方量（m^3/km）	类型	基面	基坑	接地	混凝土（m^3/km）	64.10
	数量	10.00	265.00	62.00	护坡、排水沟、保坎（m^3/km）	10.00

119.2 概算书

概算投资为静态投资，编制依据见第4章。110kV输电线路工程典型方案1GX3-S总概算表、安装工程费用汇总概算表、其他费用概算表分别见表119-4～表119-6。

表119-4　　典型方案1GX3-S总概算表

序号	工程或费用名称	费用金额（万元）	各项占总计（%）	单位投资（万元/km）
一	架空输电线路本体工程	3764	73.13	75.28
二	辅助设施工程			
	小计	3764	73.13	75.28
三	编制期价差	402	7.81	8.04
四	其他费用	867	16.84	17.34
	其中：建设场地征用及清理费	350		
五	基本预备费	101	1.96	2.02
六	特殊项目（工程现场人员管理系统费用）	13	0.25	0.26
	工程静态投资	5147	100.00	102.94

表119-5　　典型方案1GX3-S安装工程费用汇总概算表　　金额单位：元

序号	工程或费用名称	取费基数	费率（%）	基础工程	杆塔工程	接地工程	架线工程	附件工程	辅助工程	合计	各项占总计（%）	单位投资（元/km）
一	直接费（C）			8936749	11550541	433365	5033806	1946710	592488	28493659	75.71	569873
1	直接工程费（B）	1）+2）		7772795	10980137	374317	4768292	1824759	505635	26225935	69.68	524519
1）	定额直接费			5688500	1785993	283800	1473657	462046	454827	10148823	26.96	202976
	其中：人工费（A）		92.40	4996979	1521790	256631	730988	394374	384550	8285312	22.01	165706
	材料费			213151	9232	11966	70816	4282	4746	314193	0.83	6284
	施工机械使用费		97.10	478370	254971	15203	671853	63390	65531	1549318	4.12	30986
2）	装置性材料费			2084295	9194144	90517	3294635	1362713	50808	16077112	42.72	321542
2	措施费			1163954	570404	59048	265514	121951	86853	2267724	6.03	45354
1）	冬雨季施工增加费	A	7.23	361281	110026	18555	52851	28513	27804	599030	1.59	11981
2）	施工工具用具使用费	A	2.70	134919	41088	6929	19737	10648	10382	223703	0.59	4474
3）	临时设施费	A	6.59	329300	100286	16912	48172	25989	25341	546000	1.45	10920
4）	施工机构迁移费	A	2.20	109934	33480	5647	16082	8677	8461	182281	0.48	3646
5）	安全文明施工费	B	2.94	228520	285524	11005	128672	48124	14865	716710	1.90	14334
二	间接费			3401094	1035776	174672	497531	268421	261738	5639232	14.98	112785
1	规费			2125865	647416	109180	310983	167778	163600	3524822	9.37	70496
1）	社会保险费	A	28.71	1434782	436952	73687	209888	113236	110416	2378961	6.32	47579
2）	住房公积金	A	12.24	611630	186267	31412	89473	48271	47070	1014123	2.69	20282
3）	危险作业意外伤害保险费	A	1.59	79453	24197	4081	11622	6271	6114	131738	0.35	2635
2	企业管理费	A	21.82	1090340	332054	55996	159501	86052	83909	1807852	4.80	36157

续表 119-5

序号	工程或费用名称	取费基数	费率（%）	基础工程	杆塔工程	接地工程	架线工程	附件工程	辅助工程	合计	各项占总计（%）	单位投资（元/km）
3	高原医疗保障费	A	1.53	76454	23283	3927	11184	6034	5883	126765	0.34	2535
4	高原习服费	A	1.64	81951	24957	4209	11988	6467	6307	135879	0.36	2718
5	施工企业配合调试费	A	0.53	26484	8066	1360	3875	2090	2039	43914	0.12	878
三	利润	A	16.20	809510	246530	41574	118420	63889	62297	1342220	3.57	26844
四	税金	一+二+三	10.00	1314735	363871	64961	235512	91630	91652	2162361	5.75	43247
五	安装工程费合计	一～四合计		14462088	13196718	714572	5885269	2370650	1008175	37637472	100.00	752749
	各项占总计（%）			38	35	2	16	6	3	100		
	单位投资（元/km）			289242	263934	14291	117705	47413	20164	752749		

表 119-6　　**典型方案 1GX3-S 其他费用概算表**　　金额单位：元

序号	工程或费用名称	编制依据及计算说明	合　价
1	建设场地征用及清理费	建设场地征用及清理费	3500000
2	项目建设管理费		1157812
2.1	项目法人管理费	（取费人工费×人工海拔调整系数）×5.3%	439122
2.2	招标费	本体工程费×0.37%	139259
2.3	工程监理费		447700
2.5	工程结算审核费	本体工程费×0.35%	131731
3	项目建设技术服务费		3894991
3.1	项目前期工作费	（勘测费+基本设计费）×12.16%	444923
3.3	勘察设计费		2641061
3.3.1	勘察费		1440000
3.3.1.1	勘测费	22000 元/km×线路亘长	1100000
3.3.1.2	海拉瓦优化选线	4800 元/km×线路亘长	240000
3.3.1.3	高清晰度卫片选线	2000 元/km×线路亘长	100000
3.3.2	设计费		1201061
3.3.2.1	基本设计费	基本设计费	1017848
3.3.2.2	施工图预算费	基本设计费×10%	101785
3.3.2.3	竣工图编制费	基本设计费×8%	81428
3.4	设计文件评审费		325000
3.4.1	可行性研究设计文件评审费	1700 元/km×线路亘长	85000
3.4.2	初步设计文件评审费	2400 元/km×线路亘长	120000
3.4.3	施工图文件审查费	2400 元/km×线路亘长	120000
3.5	项目后评价费	（取费人工费×人工海拔调整系数）×1.5%	124280
3.6	工程建设检测费		322090
3.6.1	电力工程质量检测费	（取费人工费×人工海拔调整系数）×1.2%	99424

续表 119-6

序号	工程或费用名称	编制依据及计算说明	合　价
3.6.3	环境监测验收费		100000
3.6.4	水土保持项目验收及补偿费		122666
3.7	电力工程技术经济标准编制管理费	本体工程费×0.10%	37637
4	生产准备费		113508
4.2	工器具及办公家具购置费	（取费人工费×人工海拔调整系数）×0.95%	78710
4.3	生产职工培训及提前进场费	（取费人工费×人工海拔调整系数）×0.42%	34798
	合计		8666311

第 120 章　典型方案 1GX3-G 通用造价

120.1　基本技术条件

典型方案 1GX3-G 为《国家电网公司标准化建设成果（35～750kV 输变电工程通用设计、通用设备）应用目录（2018 年版）》中 1GX3 模块在高山地形条件下的典型方案，直线塔采用酒杯型铁塔，耐张塔采用酒杯型铁塔，按照平均海拔 3000m 编制概算。典型方案 1GX3-G 一般条件、交叉跨越、主要材料单位路径长度指标分别见表 120-1～表 120-3。

表 120-1　　典型方案 1GX3-G 一般条件表

<table>
<tr><td colspan="2">电压等级（kV）</td><td colspan="3">110</td><td colspan="2">回路数</td><td colspan="4">单回路</td></tr>
<tr><td colspan="2">导线型号</td><td colspan="3">JL/G1A-240/30</td><td colspan="2">地线型号</td><td colspan="4">JLB20A-100</td></tr>
<tr><td colspan="2">路径长度（km）</td><td colspan="3">50</td><td colspan="2" rowspan="2">气象条件</td><td colspan="2">覆冰（mm）</td><td colspan="2">风速（m/s）</td></tr>
<tr><td colspan="2">地形</td><td colspan="3">高山</td><td colspan="2">15</td><td colspan="2">28.5</td></tr>
<tr><td rowspan="2">地质条件</td><td>条件</td><td>普通土</td><td>坚土</td><td>松砂石</td><td>水坑</td><td>泥水坑</td><td>流沙坑</td><td>干砂坑</td><td>岩石（爆破）</td><td>岩石（人工）</td></tr>
<tr><td>比例（%）</td><td>10</td><td>10</td><td>30</td><td></td><td></td><td></td><td></td><td>25</td><td>25</td></tr>
<tr><td rowspan="2">基础</td><td>型式</td><td>板式</td><td colspan="2">台阶</td><td>掏挖</td><td colspan="2">岩石嵌固</td><td>岩石锚固</td><td colspan="2">灌注桩</td></tr>
<tr><td>比例（%）</td><td>10</td><td colspan="2"></td><td>90</td><td colspan="2"></td><td></td><td colspan="2"></td></tr>
<tr><td rowspan="2">铁塔</td><td>类别</td><td>直线</td><td colspan="2">耐张</td><td>总基数（基）</td><td colspan="2" rowspan="2">运距（km）</td><td>人力</td><td colspan="2">汽车</td></tr>
<tr><td>比例（%）</td><td>60</td><td colspan="2">40</td><td>128</td><td>1.2</td><td colspan="2">25</td></tr>
<tr><td colspan="5" rowspan="2">路径长度单位造价（万元/km）</td><td colspan="2">本体造价</td><td colspan="4">104.66</td></tr>
<tr><td colspan="2">静态造价</td><td colspan="4">126.70</td></tr>
</table>

表 120-2　　典型方案 1GX3-G 交叉跨越表

序号	被跨越物名称	跨 越 次 数	备　注
1	铁路		
2	高速公路		双向四车道以上
	一般公路	8	
3	500kV 电力线		
	220kV 电力线		
	110kV 电力线	2	

续表 120-2

序号	被跨越物名称	跨　越　次　数	备　　注
3	66kV 电力线		
	35kV 电力线	2	
	10kV 电力线	10	
	低压线	15	380V 及以下线路
4	通信线	15	
5	河流	2	
6	水库		

表 120-3　　典型方案 1GX3-G 主要材料路径长度单位指标

项目		数据			项目	数据
导线（t/km）		2.76			地线（t/km）	1.35
塔数（基/km）		2.56			铁塔钢材（t/km）	25.1
基础钢材（t/km）		6.10			接地钢材（t/km）	0.44
合成绝缘子（支/km）					间隔棒（个/km）	
盘式绝缘子（片/km）		292.00				
防振锤（个/km）		49.20			挂线金具（t/km）	0.37
土石方量（m^3/km）	类型	基面	基坑	接地	混凝土（m^3/km）	73.50
	数量	15.00	190.00	56.00	护坡、排水沟、保坎（m^3/km）	10.00

120.2 概算书

概算投资为静态投资，编制依据见第 4 章。110kV 输电线路工程典型方案 1GX3-G 总概算表、安装工程费用汇总概算表、其他费用概算表分别见表 120-4～表 120-6。

表 120-4　　典型方案 1GX3-G 总概算表

序号	工程或费用名称	费用金额（万元）	各项占总计（%）	单位投资（万元/km）
一	架空输电线路本体工程	4716	74.44	94.32
二	辅助设施工程			
	小计	4716	74.44	94.32
三	编制期价差	517	8.16	10.34
四	其他费用	965	15.23	19.30
	其中：建设场地征用及清理费	350		
五	基本预备费	124	1.96	2.48
六	特殊项目（工程现场人员管理系统费用）	13	0.21	0.26
	工程静态投资	6335	100.00	126.70

表 120-5　　典型方案 1GX3-G 安装工程费用汇总概算表　　金额单位：元

序号	工程或费用名称	取费基数	费率（%）	基础工程	杆塔工程	接地工程	架线工程	附件工程	辅助工程	合计	各项占总计（%）	单位投资（元/km）
一	直接费（C）			12226035	12392618	431873	5644798	2380866	902693	33978883	72.06	679578
1	直接工程费（B）	1）+2）		10519988	11708564	372288	5297951	2205547	761549	30865887	65.45	617318

续表 120-5

序号	工程或费用名称	取费基数	费率（%）	基础工程	杆塔工程	接地工程	架线工程	附件工程	辅助工程	合计	各项占总计（%）	单位投资（元/km）
1）	定额直接费			8244328	2328163	285825	2003316	721112	710741	14293485	30.31	285870
	其中：人工费（A）		92.40	7461328	2018535	259823	1082279	622299	634365	12078629	25.61	241573
	材料费			189377	8446	10854	70816	4713	5682	289888	0.61	5798
	施工机械使用费		97.10	593623	301182	15148	850221	94100	70694	1924968	4.08	38499
2）	装置性材料费			2275660	9380401	86463	3294635	1484435	50808	16572402	35.14	331448
2	措施费			1706047	684054	59585	346847	175319	141144	3112996	6.60	62260
1）	冬雨季施工增加费	A	7.23	539454	145940	18785	78249	44992	45866	873286	1.85	17466
2）	施工工具用具使用费	A	2.70	201455	54500	7016	29221	16802	17127	326121	0.69	6522
3）	临时设施费	A	6.59	491702	133021	17123	71322	41009	41806	795983	1.69	15920
4）	施工机构迁移费	A	2.20	164149	44408	5716	23810	13691	13956	265730	0.56	5315
5）	安全文明施工费	B	2.94	309287	306185	10945	144245	58825	22389	851876	1.81	17038
二	间接费			5078404	1373874	176844	736631	423554	431768	8221075	17.43	164422
1	规费			3174274	858745	110537	460432	264745	269878	5138611	10.90	102772
1）	社会保险费	A	28.71	2142371	579582	74603	310754	178680	182144	3468134	7.35	69363
2）	住房公积金	A	12.24	913267	247069	31803	132470	76170	77647	1478426	3.14	29569
3）	危险作业意外伤害保险费	A	1.59	118636	32094	4131	17208	9895	10087	192051	0.41	3841
2	企业管理费	A	21.82	1628061	440444	56694	236153	135786	138418	2635556	5.59	52711
3	高原医疗保障费	A	1.53	114159	30883	3976	16559	9520	9706	184803	0.39	3696
4	高原习服费	A	1.64	122365	33104	4261	17750	10205	10403	198088	0.42	3962
5	施工企业配合调试费	A	0.53	39545	10698	1376	5737	3298	3363	64017	0.14	1280
三	利润	A	16.20	1208735	327003	42091	175329	100813	102767	1956738	4.15	39135
四	税金	一+二+三	10.00	1851317	471309	65080	326212	142081	143723	2999722	6.36	59994
五	安装工程费合计	一～四合计		20364491	14564804	715888	6882970	3047314	1580951	47156418	100.00	943128
	各项占总计（%）			43	31	2	15	6	3	100		
	单位投资（元/km）			407290	291296	14318	137659	60946	31619	943128		

表 120-6　　**典型方案 1GX3-G 其他费用概算表**　　金额单位：元

序号	工程或费用名称	编制依据及计算说明	合　价
1	建设场地征用及清理费	建设场地征用及清理费	3500000
2	项目建设管理费		1468093
2.1	项目法人管理费	（取费人工费×人工海拔调整系数）×5.3%	640167
2.2	招标费	本体工程费×0.37%	174479
2.3	工程监理费		488400

续表 120-6

序号	工程或费用名称	编制依据及计算说明	合　价
2.5	工程结算审核费	本体工程费×0.35%	165047
3	项目建设技术服务费		4515756
3.1	项目前期工作费	（勘测费+基本设计费）×12.16%	525541
3.3	勘察设计费		3068726
3.3.1	勘察费		1590000
3.3.1.1	勘测费	25000 元/km×线路亘长	1250000
3.3.1.2	海拉瓦优化选线	4800 元/km×线路亘长	240000
3.3.1.3	高清晰度卫片选线	2000 元/km×线路亘长	100000
3.3.2	设计费		1478726
3.3.2.1	基本设计费	基本设计费	1253157
3.3.2.2	施工图预算费	基本设计费×10%	125316
3.3.2.3	竣工图编制费	基本设计费×8%	100253
3.4	设计文件评审费		325000
3.4.1	可行性研究设计文件评审费	1700 元/km×线路亘长	85000
3.4.3	初步设计文件评审费	2400 元/km×线路亘长	120000
3.4.4	施工图文件审查费	2400 元/km×线路亘长	120000
3.5	项目后评价费	（取费人工费×人工海拔调整系数）×1.5%	181179
3.6	工程建设检测费		368154
3.6.1	电力工程质量检测费	（取费人工费×人工海拔调整系数）×1.2%	144944
3.6.3	环境监测验收费		100000
3.6.4	水土保持项目验收及补偿费		123210
3.7	电力工程技术经济标准编制管理费	本体工程费×0.10%	47156
4	生产准备费		165477
4.2	工器具及办公家具购置费	（取费人工费×人工海拔调整系数）×0.95%	114747
4.3	生产职工培训及提前进场费	（取费人工费×人工海拔调整系数）×0.42%	50730
	合计		9649326

第 121 章　典型方案 1GX3-J 通用造价

121.1　基本技术条件

典型方案 1GX3-J 为《国家电网公司标准化建设成果（35～750kV 输变电工程通用设计、通用设备）应用目录（2018 年版）》中 1GX3 模块在峻岭地形条件下的典型方案，直线塔采用酒杯型铁塔，耐张塔采用酒杯型铁塔，按照平均海拔 3000m 编制概算。典型方案 1GX3-J 一般条件、交叉跨越、主要材料单位路径长度指标分别见表 121-1～表 121-3。

表 121-1　　典型方案 1GX3-J 一般条件表

电压等级（kV）	110	回路数	单回路
导线型号	JL/G1A-240/30	地线型号	JLB20A-100

续表 121-1

路径长度（km）		50			气象条件		覆冰（mm）		风速（m/s）	
地形		峻岭					15		28.5	
地质条件	条件	普通土	坚土	松砂石	水坑	泥水坑	流沙坑	干砂坑	岩石（爆破）	岩石（人工）
	比例（%）	10	10	30					25	25
基础	型式	板式	台阶		掏挖	岩石嵌固	岩石锚固		灌注桩	
	比例（%）				100					
铁塔	类别	直线	耐张		总基数（基）	运距（km）	人力		汽车	
	比例（%）	45	55		123		1.5		25	
路径长度单位造价（万元/km）					本体造价		129.38			
					静态造价		153.48			

表 121-2 典型方案 1GX3-J 交叉跨越表

序号	被跨越物名称	跨越次数	备注
1	铁路		
2	高速公路		双向四车道以上
	一般公路	8	
3	500kV 电力线		
	220kV 电力线		
	110kV 电力线	2	
	66kV 电力线		
	35kV 电力线	2	
	10kV 电力线	10	
	低压线	15	380V 及以下线路
4	通信线	15	
5	河流	2	
6	水库		

表 121-3 典型方案 1GX3-J 主要材料路径长度单位指标

项目		数据			项目	数据
导线（t/km）		2.76			地线（t/km）	1.35
塔数（基/km）		2.46			铁塔钢材（t/km）	26.8
基础钢材（t/km）		6.70			接地钢材（t/km）	0.43
合成绝缘子（支/km）					间隔棒（个/km）	
盘式绝缘子（片/km）		338.00				
防振锤（个/km）		53.10			挂线金具（t/km）	0.37
土石方量（m^3/km）	类型	基面	基坑	接地	混凝土（m^3/km）	81.20
	数量	15.00	80.00	48.00	护坡、排水沟、保坎（m^3/km）	10.00

121.2 概算书

概算投资为静态投资，编制依据见第 4 章。110kV 输电线路工程典型方案 1GX3-J 总概算表、安装工程费用汇总概算表、其他费用概算表分别见表 121-4～表 121-6。

表 121-4　　**典型方案 1GX3-J 总概算表**

序号	工程或费用名称	费用金额（万元）	各项占总计（%）	单位投资（万元/km）
一	架空输电线路本体工程	5822	75.87	116.44
二	辅助设施工程			
	小计	5822	75.87	116.44
三	编制期价差	647	8.43	12.94
四	其他费用	1042	13.58	20.84
	其中：建设场地征用及清理费	350		
五	基本预备费	150	1.95	3.00
六	特殊项目（工程现场人员管理系统费用）	13	0.17	0.26
	工程静态投资	7674	100.00	153.48

表 121-5　　**典型方案 1GX3-J 安装工程费用汇总概算表**　　金额单位：元

序号	工程或费用名称	取费基数	费率（%）	基础工程	杆塔工程	接地工程	架线工程	附件工程	辅助工程	合计	各项占总计（%）	单位投资（元/km）
一	直接费（C）			16122242	13880137	404637	5988297	2887433	1192799	40475545	69.52	809511
1	直接工程费（B）	1)+2)		13769775	13037456	349281	5587312	2651877	1000462	36396163	62.52	727923
1）	定额直接费			11267037	3022333	264746	2292677	1010508	949654	18806955	32.30	376139
	其中：人工费（A）		92.40	10404031	2670952	240853	1326044	877379	870319	16389578	28.15	327792
	材料费			147204	9114	9395	70816	5424	5682	247635	0.43	4953
	施工机械使用费		97.10	715802	342267	14498	895817	127705	73653	2169742	3.73	43395
2）	装置性材料费			2502738	10015123	84535	3294635	1641369	50808	17589208	30.21	351784
2	措施费			2352467	842681	55356	400985	235556	192337	4079382	7.01	81588
1）	冬雨季施工增加费	A	7.23	752212	193109	17413	95873	63434	62924	1184965	2.04	23699
2）	施工工具用具使用费	A	2.70	280910	72116	6503	35803	23690	23498	442520	0.76	8850
3）	临时设施费	A	6.59	685625	176015	15872	87386	57819	57355	1080072	1.86	21601
4）	施工机构迁移费	A	2.20	228888	58761	5299	29172	19302	19147	360569	0.62	7211
5）	安全文明施工费	B	2.94	404832	342680	10269	152751	71311	29413	1011256	1.74	20225
二	间接费			7081294	1817931	163933	902544	597173	592367	11155242	19.16	223105
1	规费			4426186	1136304	102467	564138	373265	370261	6972621	11.98	139452
1）	社会保险费	A	28.71	2987309	766910	69156	380747	251923	249895	4705940	8.08	94119
2）	住房公积金	A	12.24	1273453	326925	29481	162308	107391	106527	2006085	3.45	40122
3）	危险作业意外伤害保险费	A	1.59	165424	42469	3830	21083	13951	13839	260596	0.45	5212
2	企业管理费	A	21.82	2270159	582801	52554	289343	191445	189904	3576206	6.14	71524
3	高原医疗保障费	A	1.53	159181	40866	3684	20288	13424	13316	250759	0.43	5015
4	高原习服费	A	1.64	170626	43804	3951	21747	14389	14273	268790	0.46	5376
5	施工企业配合调试费	A	0.53	55142	14156	1277	7028	4650	4613	86866	0.15	1737

续表 121-5

序号	工程或费用名称	取费基数	费率（%）	基础工程	杆塔工程	接地工程	架线工程	附件工程	辅助工程	合计	各项占总计（%）	单位投资（元/km）
三	利润	A	16.20	1685453	432694	39018	214819	142135	140992	2655111	4.56	53102
四	税金	一+二+三	10.00	2488899	611564	60758	381103	198537	192616	3933477	6.76	78670
五	安装工程费合计	一～四合计		27377888	16742326	668346	7486763	3825278	2118774	58219375	100.00	1164388
	各项占总计（%）			47	28	1	13	7	4	100		
	单位投资（元/km）			547558	334847	13367	149735	76505	42375	1164388		

表 121-6　　典型方案 1GX3-J 其他费用概算表　　金额单位：元

序号	工程或费用名称	编制依据及计算说明	合　价
1	建设场地征用及清理费	建设场地征用及清理费	3500000
2	项目建设管理费		1816928
2.1	项目法人管理费	（取费人工费×人工海拔调整系数）×5.3%	868648
2.2	招标费	本体工程费×0.37%	215412
2.3	工程监理费		529100
2.5	工程结算审核费	本体工程费×0.35%	203768
3	项目建设技术服务费		4877896
3.1	项目前期工作费	（勘测费+基本设计费）×12.16%	185639
3.3	勘察设计费		3641427
3.3.1	勘察费		1840000
3.3.1.1	勘测费	30000 元/km×线路亘长	1500000
3.3.1.2	海拉瓦优化选线	4800 元/km×线路亘长	240000
3.3.1.3	高清晰度卫片选线	2000 元/km×线路亘长	100000
3.3.2	设计费		1801427
3.3.2.1	基本设计费	基本设计费	1526633
3.3.2.2	施工图预算费	基本设计费×10%	152663
3.3.2.3	竣工图编制费	基本设计费×8%	122131
3.4	设计文件评审费		325000
3.4.1	可行性研究设计文件评审费	1700 元/km×线路亘长	85000
3.4.2	初步设计文件评审费	2400 元/km×线路亘长	120000
3.4.3	施工图文件审查费	2400 元/km×线路亘长	120000
3.5	项目后评价费	（取费人工费×人工海拔调整系数）×1.5%	245844
3.6	工程建设检测费		421767
3.6.1	电力工程质量检测费	（取费人工费×人工海拔调整系数）×1.2%	196675
3.6.3	环境监测验收费		100000
3.6.4	水土保持项目验收及补偿费		125092
3.7	电力工程技术经济标准编制管理费	本体工程费×0.10%	58219

续表 121-6

序号	工程或费用名称	编制依据及计算说明	合　价
4	生产准备费		224537
4.2	工器具及办公家具购置费	（取费人工费×人工海拔调整系数）×0.95%	155701
4.3	生产职工培训及提前进场费	（取费人工费×人工海拔调整系数）×0.42%	68836
	合计		10419361

第四篇　使用说明与工程示例

第122章　使　用　说　明

架空线路通用造价可为公司系统电网建设和管理部门提供科学的依据与客观的标准，既可以规范电网工程建设市场行为，又可以使电网企业合理控制建设标准与工程造价，提高投资效益，实现精细化管理、集约化发展，促进电网建设健康和谐发展；为评审单位审查造价提供控制标尺，为设计单位编制、比较分析造价提供依据；为统一施工建设标准、设备标准、集中招投标提供依据。此外，还有利于通用设计的推广与应用，有利于电网建设标准化。

（1）选择相应的典型方案，按所占比例计算参考造价。架空线路通用造价为单一模块、单一地形的单位长度造价，实际工程应用通用造价时，应按工程条件选择对应的典型方案造价，按地形比例加权计算相应的参考造价。具体计算公式如下

$$CI=\sum_{i=1}^{n}P_{Ii}\times\frac{L_i}{L}$$

式中　CI——实际工程参考造价；

P_{Ii}——第 i 个典型方案造价；

L_i——第 i 典型方案对应的实际工程的路径长度；

L——实际工程的总路径长度。

（2）对照典型方案技术条件分析造价。对于未采用通用设计铁塔的或技术条件与通用造价典型方案差别较大的工程，可找出与设计条件（电压等级、回路数、导线截面、气象条件）相近的通用造价典型方案，对照通用造价典型方案的技术条件表、交叉跨越、主要材料单位长度指标以及第4章编制依据中规定的各项费用取费标准、材料价格等条件，从安装工程费用、材料价格、其他费用、地区特点等多个方面进行综合分析比较。

1）安装工程费用分析。对照通用造价的技术条件（气象条件、耐张杆塔比例、地质条件、基础配置、交叉跨越、材料运输距离等方面）分析实际工程量的合理性。

2）材料价格分析。通用造价设备、材料以2018年上半年材料价格水平为基准，实际工程使用的材料价格与通用造价不同时可以通过设备材料单价的对比，分析材料价格对整体造价水平的影响。

3）其他费用分析。对照编制依据中的取费标准，通过固定费率取费部分的差异和独立计算费用的差异进行对比分析，找出是因本体投资增加而使取费基数增大造成其他费用增加，还是因特殊费用项目的增加而导致其他费用增加。

4）地区特点分析。针对所分析地区的取费标准和材料价格进行修正并按价差方式表示，分析不同地区架空线路工程造价水平的特点。

（3）分析实际工程造价是否合理。与通用造价相应指标比较，从总体造价或者单位造价方面论述实际工程造价是否合理。

第123章　工　程　示　例

本示例仅供参考，实际工程应做严格认真的分析。

123.1 所选工程主要参数

所选工程全长 65.4km，参照典型方案特征，主要参数见表 123-1。

表 123-1 工程主要参数表

段号	回路数	导线型号	气象条件	海拔高度（m）	地形	长度及比例	对应典型方案编号
1	单回路	JL/G1A-500/45	覆冰 10mm，风速 29m/s	3750～4000	山地	13.73km，21%	5XZA1-S
2	单回路	JL/G1A -500/45	覆冰 10mm，风速 29m/s	3750～4000	高山	31.39km，48%	5XZA1-G
3	单回路	JL/G1A -500/45	覆冰 10mm，风速 29m/s	3750～4000	峻岭	20.28km，31%	5XZA1-J

123.2 主要条件与典型方案差异

主要条件与典型方案差异见表 123-2。

表 123-2 主要条件与典型方案差异表

主要条件	差异对比表		主要条件	差异对比	
	实际工程	典型方案		实际工程	典型方案
地线型号	JLB40A-120	JLB20A-150	主要跨越	一般公路 4 处，35kV 线路 4 处，10kV 线路 2 处	一般公路 12 处，220kV 线路 1 处，110kV 线路 1 处，35kV 线路 2 处，10kV 线路 6 处
主要塔型	5XZA1 模块塔形	5XZA1 模块塔形	林区长度	26.5km	0km
耐张比例	52%	35%	房屋拆迁	含在建设场地清理费用中	含在建设场地清理费用中
绝缘配置	耐张：瓷质 悬垂：复合 跳线：复合	耐张：瓷质 悬垂：复合 跳线：复合	场地清理费用	791 万元	800 万元

注 1. OPGW 光缆材料费用另计。

2. 表中典型方案的耐张塔比例为按地形加权平均后的数值。

123.3 主要技术经济指标比较

主要技术经济指标比较表见表 123-3。

表 123-3 主要技术经济指标比较表

项目	数据（实际/典型）	项目	数据（实际/典型）
导线（t/km）	21.82/20.94	地线（t/km）	0.12/2.00
塔数（基/km）	1.96/2.17	铁塔钢材（t/km）	93.48/73.87
基础钢材（t/km）	14.01/10.08	防振锤（个/km）	33.87/84.00
盘式绝缘子（片/km）	248.38/446.4	挂线金具（t/km）	1.69/3.63
土方量（m^3/km）	269.24/647.96	混凝土（m^3/km）	142.19/116.84
路径长度单位造价（万元/km）		本体造价	320.84/271.91
		静态投资	425.00/345.81

注 表中典型方案造价的指标为按地形加权平均后的数值。

123.4 简要分析及结论

本工程静态投资 27795 万元，按典型方案造价加权值为 17291 万元，实际投资同比高 10504 万元，造成造价差额的主要原因如下：

（1）本工程耐张比例同比典型方案高 17%，因此，实际使用的塔材比典型方案铁塔钢材高 19.61t/km，杆塔工程费用增加 2885 万元。

（2）本工程耐张塔同比典型方案多，故基础混凝土用量同比典型方案高 25.35m^3/km，基础工程费用增加 4540 万元。

（3）本工程导线指标同比典型方案增加 0.88t/km，架线工程费用增加 708 万元。

（4）附件材料中，由于本工程盘式绝缘子指标较典型方案低 198.02 片/km、金具指标较典型方案低 1.94t/km，附件工程费用减少 47 万元。

（5）本工程接地工程费用较典型方案增加 18 万元。

（6）典型方案采用大量的护坡、排水沟，辅助工程费用本工程较典型方案减少 717 万元。

（7）本工程辅助设施工程费用较典型方案增加 581 万元。

（8）根据工程实际情况，本工程建设场地征用及清理费较典型方案减少 9 万元。

（9）由于取费基数的增加，本工程其他费用（不含场地清理费）增加 693 万元。

（10）编制期价差比典型方案增加 1474 万元。

（11）基本预备费比典型方案增加 388 万元。

（12）特殊项目费比典型方案减少 19 万元。

考虑上述因素后，本工程实际造价指标是合理的。